PETIT DICTIONNAIRE

DE

CUISINE

PETIT DICTIONNAIRE

DE

CUISINE

PAR

ALEXANDRE DUMAS

FAC ET SPERA

PARIS

ONSE LEMERRE, ÉDITEUR

27-31, PASSAGE CHOISEUL, 27-31

—

M D CCC LXXXII

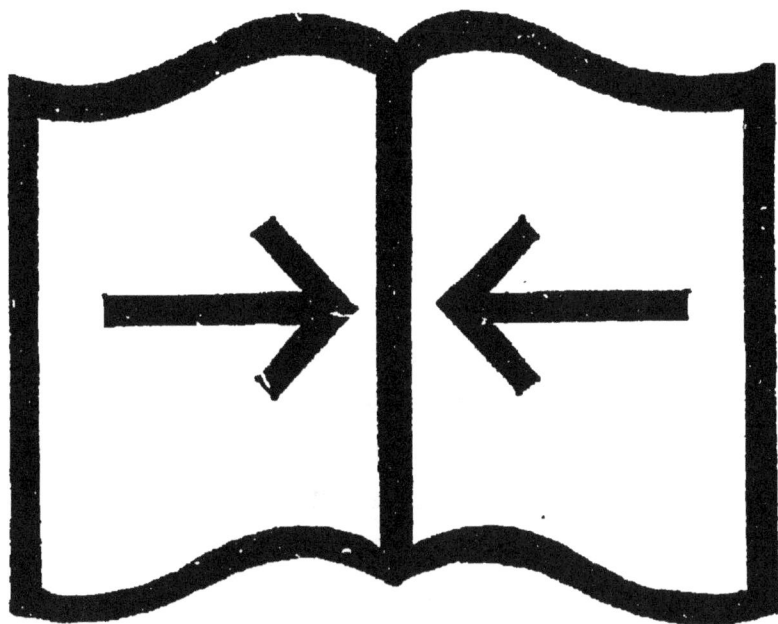

Reliure serrée
Absence de marges intérieures

Page I et II conformes au document original

UN MOT AU PUBLIC

---

e j'eus pris la décision d'écrire ce volume et
, pour ainsi dire, dans un moment de délas-
le couronnement d'une œuvre littéraire de
 cinq cents volumes, je me trouvai, je l'avoue,
barrassé, non pas sur le fond, mais sur la
lonner à mon ouvrage.

lque manière que je m'y prisse, on attendrait
lus que je ne pourrais donner.

 faisais un livre de fantaisie et d'esprit
 Physiologie du Goût de *Brillat-Savarin*,
du métier, cuisiniers et cuisinières, ne lui
nent aucune attention.

tait pas mon but : je voulais être lu par les
nonde et pratiqué par les gens de l'art.

*Grimod de la Reynière, au commencement de ce siècle, avait publié avec un certain succès l'*Almanach des Gourmands, *mais c'était un simple livre de gastronomie et non pas un livre de recettes culinaires.*

Ce qui me tentait surtout, moi, c'était au contraire, voyageur infatigable, ayant traversé l'Italie et l'Espagne, pays où l'on mange mal, le Caucase et l'Afrique, pays où l'on ne mange pas du tout, d'indiquer tous les moyens de manger mieux dans les pays où l'on mange mal, et de manger tant bien que mal dans les pays où l'on ne mange pas du tout; bien entendu que, pour arriver à ce résultat, il faut être chasseur de sa personne.

Après une longue délibération avec moi-même, voici ce à quoi je m'arrêtai :

*Prendre dans les livres classiques de la cuisine tombés dans le domaine public, comme le *Dictionnaire *de l'auteur des *Mémoires de Mme de Créqui, *dans* l'Art du Cuisinier *de Beauvilliers, le dernier praticien, dans le père Durand de Nîmes, dans les grands dispensaires du temps de Louis XIV et de Louis XV, toutes les recettes culinaires qui ont acquis droit d cité sur les meilleures tables. Emprunter à Carême cet apôtre des gastronomes, ce que MM. Garnier, s éditeurs, me permettront de lui prendre; revoir écrits si spirituels du marquis de Cussy et m'app prier ses meilleures inventions, relire Elzéar-Blaz, joignant mes instincts de chasseur aux siens, tâc d'inventer quelque chose de nouveau sur la cuisson cailles et des ortolans; ajouter à cela des plats in* nus, recueillis dans tous les pays du monde, faire la physiologie de tous les animaux et de toutes les plantes comestibles qui en vaudraient la peine.

Ainsi mon livre, par la science et par l'esprit qu'il contiendra, n'effrayera pas trop les praticiens, et méritera peut-être la lecture des hommes sérieux et même des femmes légères dont les doigts ne craindront pas de se fatiguer en soulevant des pages dont quelques-unes tiendront de M. de Maistre et d'autres de Sterne.

Ceci posé, je commence tout naturellement par la lettre A.

P. S. N'oublions pas de dire, car ce serait une ingratitude, que nous avons consulté pour certaines recettes à part les grands restaurateurs de Paris et même de la province, tels que Verdier, Brébant, Magny, les Frères-Provençaux, le café Anglais, Pascal, Grignon, Peter's, Véfour, Véry et surtout mon vieil ami Vuillemot.

Partout où ils ont eu la bonté de se mettre à notre disposition, on trouvera leur nom : qu'ils reçoivent ici nos remerciements.

ALEXANDRE DUMAS.

A

*L'homme ne vit pas de ce qu'il mange,
mais de ce qu'il digère.*

ABAISSE. — Pâtisserie qui occupe le fond d'une tourte ou d'un vol-au-vent. (V. Pâtisserie.)

ABATIS. — On appelle *abatis* les crêtes et les rognons de coq, les ailerons de poularde, les moelles épinières, les ailerons, les pattes, le gésier et le cou du dindon, ris et cervelle de veau, langues de mouton, etc...

Les crêtes et les rognons de coq s'emploient pour la garniture de tous les grands ragoûts comme aussi pour celle des pâtes chaudes et des vol-au-vent; mais quand on veut en faire un plat à part, il faut les faire cuire dans une casserole avec du bouillon, où l'on ajoutera de la moelle de bœuf à laquelle on adjoindra des champignons, des tranches de fonds d'artichaux aux truffes, ou des rouelles de céleri, selon la saison. On leur

1

fait prendre au moment de servir une liaison composée de quatre jaunes d'œufs et du jus de la moitié d'un citron; ne laissez pas épaissir la sauce, la substance de ce ragoût étant déjà très mucilagineuse; il est d'habitude de le servir dans une casserole au riz ou dans un vol-au-vent, c'est un plat de famille dont on n'use guère pour les grands repas. Le véritable abatis populaire est l'abatis de dinde, et c'est un des meilleurs plats de la cuisine bourgeoise.

Abatis de dinde aux navets. — Prenez les abatis de deux dindes, blanchissez-les, prenez 125 gram-mes de lard, coupez-le en carrés, faites-le blan-chir également pour enlever le sel; faites un roux bien blond, passez vos lardons dedans; rissolez-les, ajoutez vos membres coupés, faites revenir également avec un bouquet de thym, laurier, per-sil; mouillez le tout à l'eau chaude, ajoutez-y une demi-bouteille de vin blanc.

Laissez cuire doucement; prenez un peu de beurre, passez à la poêle les oignons et les navets comme garniture avec un peu de sel et de sucre en poudre; faites blondiner les légumes, jetez le tout dans le ragoût, ajoutez quelques pommes de terre, tournez, dégraissez à fond et servez chaud. (*Recette Villemot.*)

ABLE. — Espèce de saumon que l'on trouve dans les mers de Suède; il a les propriétés du saumon et s'accommode comme lui. (*V.* Saumon.)

ABLETTE. — Petit poisson de rivière et de lac,

plat et mince, long de trois à six pouces, couvert d'écailles, qui servent à donner aux fausses perles l'éclat des véritables ; sa chair est molle et fade, et ne se mange que frite, comme celle du goujon, dont elle est loin d'atteindre la saveur.

ABRICOT. — Au moyen de cet excellent fruit on parfume délicieusement des sorbets, des glaces ; on fait d'excellents gâteaux, des beignets, des tourtes, des flans, des crèmes, des compotes et des conserves, appelées vulgairement confitures sèches ou liquides. Parmi les recettes qui peuvent s'appliquer à l'emploi culinaire de l'abricot, nous mentionnerons celles de ces prescriptions qui sont le mieux garanties.

ENTREMETS. — *Flan d'abricots à la Metternich.* — Foncez l'abaisse d'une tourte en pâte brisée (*V.* PATISSERIE) avec douze abricots hâtifs dont vous aurez enlevé la peau et les noyaux et que vous aurez séparés par moitié. Joignez-y quarante cerises tardives ou soixante merises dont vous aurez fait sortir les noyaux, et qui doivent être également crues, succulentes et soigneusement choisies. Vous entremêlez ces deux espèces de fruits, de manière à ce que chacun de vos morceaux d'abricot se trouve séparé par quatre cerises ; vous saupoudrez le tout avec du sucre en poudre, en suffisante quantité, d'après le plus ou le moins de maturité des fruits, et vous faites cuire au four d'office ou bien au four de campagne. (*V.* TOURTIÈRE.) Vous aurez eu le soin de réserver les noyaux de vos fruits rouges, auxquels vous joindrez la moitié des amandes de vos abricots, que vous pilerez ou ferez piler ensemble au mortier de marbre et sous pilon de métal autant que possible, attendu que le pilon de bois reste toujours empreint de quelque goût antérieurement contracté. Vous sucrez ce mélange et puis vous y délayez de la crème bien fraîche, de manière à ce qu'il ait la consistance d'une sauce aux jaunes d'œufs après cuisson. Vous le versez sur le flan lorsqu'il est sorti du four, en ayant soin qu'il ne déborde pas sur les rebords ou muraille de la tourte, et vous attendez qu'elle soit à moitié refroidie pour la servir.

Crème aux abricots. — Faites cuire douze abricots avec 125 grammes de beau sucre, passez-les au tamis et laissez-les refroidir. Ajoutez ensuite un petit verre de ratafia des quatre fruits ou de ratafia de noyau (*V.* Ratafia), délayez-y huit jaunes d'œufs, passez ce mélange à l'étamine, afin qu'il n'y reste rien des germes, ajoutez-y le sucre nécessaire et faites cuire au bain-marie dans la même jatte, ou dans le moule, ou dans les petits pots que vous désirez servir sur table, en conduisant votre opération comme celle des autres crèmes analogues. On peut remplacer le ratafia par un demi-verre de vin blanc; mais il ne faut pas que ce soit un vin trop savoureux ou trop parfumé, parce qu'il aurait l'inconvénient de masquer le goût du fruit. La recette de cette excel-

lente crème est tirée d'un dispensaire manuscrit
du temps de Louis XIV.

Beignets d'abricots. — Faites macérer des moitiés
d'abricots qui ne soient pas trop mûrs, avec du
sucre pilé et un verre de bonne eau-de-vie. Au
bout d'une heure et demie, égouttez vos fruits et
plongez-les dans la pâte (*V.* Pate a friture), en
ayant soin de les faire frire au plus grand feu.
Vous les saupoudrez de sucre bien pilé, après les
avoir égouttés de la friture et vous les glacerez
au caramel avec la pelle rouge. Quelques personnes recherchées font ajouter une petite rouelle
d'angélique conflte au mil.eu des beignets, ce
qu'il est aisé d'opérer en les mettant dans la pâte
et s'y prenant avec attention. Dans quelques
hautes cuisines on ajoute au cœur des beignets,
au lieu d'angélique, une sorte de noyau factice
qui se compose de crème sucrée, de jaune d'œuf
et d'amandes amères pilées, dont on fait une
boulette ou quenelle assortie pour le volume à la
grosseur de chaque beignet. On en trouve la recette dans les anciens dispensaires de la Régence,
et nous n'omettrons pas de la reproduire,
attendu qu'on peut l'employer également pour
les beignets de pêches et de brugnons. (*V.* Crème
d'amandes.)

*Tourte ou gâteau fourré d'abricots à la bonne
femme.* — Ayant ouvert et pelé des abricots, faites-
les cuire au petit sucre et laissez refroidir cette
compote. Dressez-les ensuite par moitiés sur une

1.

abaisse en feuilletage, recouvrez ce gâteau d'une autre lame de pâte feuilletée qui devra être tailladée ou découpée, de peur qu'elle ne se boursoufle et ne se déjette en cuisant. Dorez la calotte et le crénail de la tourte avec un jaune d'œuf, et faites cuire au four de campagne. Le mélange de quelques cerises avec des abricots produit un excellent effet.

Abricots à la Condé. — *Abricots à la Génevoise.* — *Abricots à l'orge perlé.* (*V.* BRUGNONS ET PÊCHES.)

Poupelure de Sagou aux abricots, dite à la d'Escars. — Faites bouillir huit abricots de moyenne grosseur dans un demi-litre d'eau de rivière ou de fontaine, avec 250 grammes de sucre candi bien pilé; passez à l'étamine après cuisson, de manière à ce que votre eau d'abricots soit aussi purement translucide qu'elle sera colorée et parfumée, faites-y cuire 125 grammes du plus beau sagou, bien émondé, bien lavé, comme de coutume, et lorsque votre gelée sera parfaitement cuite et transparente, retirez-la du feu pour y délayer trois verres de liqueur des îles, au noyau. Immédiatement avant de servir, vous y mettrez douze moitiés d'abricots confits au sec à mi-sucre, et vous éviterez de les déformer en les manipulant. Cette préparation, qui compose un de nos entremets les plus modernes et les plus distingués, doit être servie chaudement et en casserole.

DESSERTS. — *Compote d'abricots à la minute.* — Faites un sirop où vous ferez bouillir vos abricots fendus, aussitôt qu'il aura pris assez de consistance; au bout de trois minutes, écumez cette compote, ajoutez-y le jus d'une orange et mettez-la refroidir.

Compote d'abricots grillés à la Breteuil. — Fendez quelques beaux abricots bien mûrs, saupoudrez-les de sucre candi, et faites-les griller sur une braise ardente. Il faut toujours éviter que ce soit de la braise de charbon sur laquelle on fasse griller les fruits, parce que leur égouttement et la vapeur qui s'ensuivrait pourrait leur communiquer un goût nauséabond. Il en est ainsi pour les compotes de poires ou de pommes à la *Portugaise*, et l'on se souviendra de ne jamais employer en pareille occasion que de la braise. Lorsque vos quartiers de fruits sont grillés suffisamment, vous les dressez dans un compotier, et vous les arroserez d'un sirop où vous aurez fait consommer des tranches d'abricots accompagnées de quelques framboises. Le même sirop doit être passé au tamis de soie, et vous aurez eu soin de l'avoir remis sur le feu, pour le verser bouillant sur les abricots dont il pénètre les chairs et dont il perfectionne la cuisson. Les abricots, apprêtés de cette manière, ne sauraient fatiguer les estomacs les plus susceptibles.

Compote d'abricots verts, dite compote au vert pré. — Pour obtenir l'emploi de cette immense quantité d'abricots dont on est obligé, presque tous les ans, de décharger les arbres avant qu'ils n'appro-

chent de la maturité, pelez soigneusement une
vingtaine de ces fruits verts, que vous mettrez au
fur et à mesure dans l'eau froide. Vous les ferez
ensuite dégorger tous ensemble dans l'eau tiède,
où vous aurez ajouté deux poignées de feuilles
d'oseille. Vous les couvrirez et les mettrez ensuite sur un bon feu de charbon, et vous les ferez
bouillir jusqu'à ce qu'ils vous paraissent d'une
belle couleur verte; alors vous les retirerez du
feu et les mettrez dans une jatte à refroidir avec
leur cuisson. Vous les égoutterez et les roulerez
dans du sucre candi, vous achèverez de les faire
cuire dans une grande poêle (*V.* Sirop), et au moment de la retirer du feu, vous y joindrez deux
cuillerées de suc d'épinards avec une cinquan-
taine de pistaches bien vertes, afin de leur
assurer cette franche couleur d'un beau vert qui
doit justifier le nom de la même compote.

Confiture d'abricots verts. — Si l'on habitait une
localité où les bons fruits fussent rares, ou si la
température de l'année faisait craindre la disette
des fruits, on pourrait utiliser ses abricots verts
en les employant en conserve, et se conformant à
la prescription suivante: Prenez 3 kilogrammes
de ces fruits avant que le bois du noyau soit à
l'état solide. Vous les éverdumerez dans de l'eau
froide où vous aurez ajouté 186 grammes de tartre, et vous les y frotterez avec un linge, afin d'en
détacher la bourre à l'extérieur. Vous mettrez
ensuite dans une poêle à confitures 3 kilogrammes

de beau sucre que vous aurez fait réduire à la petite plume avant d'y faire cuire vos fruits. Une demi-heure de bon feu doit suffire pour en déterminer la parfaite cuisson. Cette confiture bien faite est beaucoup plus savoureuse qu'on ne le supposerait dans nos climats tempérés, fertiles en productions esculentes.

Confiture d'abricots entiers ou par quartiers. — Commencez par faire blanchir vos fruits à l'eau bouillante, levez-les ensuite à l'écumoire, et mettez-les sur un tamis de crin pour égoutter. En supposant que vous ayez disposé 3 kilogrammes de fruits, prenez 3 kilogrammes de sucre que vous ferez cuire à la petite plume; vous y mettrez successivement vos abricots entiers ou coupés, à qui vous ferez prendre seulement deux ou trois bouillons; après quoi vous les mettrez à refroidir, afin qu'ils dégorgent et qu'ils prennent sucre. Vous ferez ensuite revenir votre sirop à la même cuisson de la petite plume, et vous y remettrez les fruits que vous laisserez bouillir cinq à six minutes, après quoi vous les placerez dans leurs pots de conserve, et les couvrirez de leur sirop, sans les fermer, jusqu'à ce qu'ils soient totalement refroidis.

Abricots secs à la Provençale. — Lorsque les fruits auront été préparés comme il est indiqué ci-dessus, vous les égoutterez et les placerez sur des ardoises ou des lames de grès, suivant la commodité du lieu; quand ils commenceront à sécher, vous les saupoudrerez de sucre au travers d'un tamis de soie, vous les mettrez à l'étuve ou bien dans un four après la sortie du bain. Il est suffisant, pour les conserver, de les tenir dans un lieu bien sec, enveloppés dans du papier gris, qu'on aura soin de changer si l'humidité s'y manifeste.

Marmelade d'abricots à la royale. — Choisissez les abricots les plus mûrs et les plus sains, faites-les blanchir à l'eau bouillante et les mettez à égoutter sur un tamis pour qu'ils jettent le superflu de leur aquosité. Pour 500 grammes de fruits, prenez 500 grammes de sucre royal que vous aurez fait cuire à la petite plume, et puis laissez tiédir votre sirop. Vous y jetterez ensuite les abricots que vous remuerez avec la spatule, afin de les réduire en marmelade, et vous remettrez un moment sur le feu pour en parachever l'incorporation. Deux ou trois bouillons suffisent. On y peut ajouter des pistaches, au lieu du noyau des fruits; c'est la plus parfaite et la meilleure marmelade dont on puisse se servir pour garnir les compotiers.

Marmelade d'abricots à la ménagère. — Pour confectionner les tourtes et les gâteaux, pour garnir les omelettes au sucre et pour illustrer les charlottes, il est bon de se trouver pourvu d'une confiture d'abricots moins dispendieuse et moins recherchée, quoiqu'elle soit d'une qualité fort estimable. Pour faire de la bonne marmelade de ménage, il faudra donc prendre 1 kilogr. de sucre pour 1 kilogr. de fruits ; on y joindra un plein verre d'eau de rivière ou de fontaine, et l'on fera bouillir le tout ensemble en ayant soin de bien écumer cette mixtion et de la triturer de manière à ce qu'il n'y reste aucune partie du fruit en grumeaux. Comme on profite en y laissant les peaux du fruit, on est obligé de les faire bien cuire afin qu'elles se dissolvent. On y joint ordinairement les amandes des abricots que l'on sépare en deux et qu'on mêle dans la confiture, après qu'elle est parfaitement cuite ; il faut les avoir fait bouillir à part de la marmelade avec un peu de sucre, car, sans cette précaution, l'effervescence naturelle à ces noyaux ferait tourner la confiture en fermentant et ne manquerait pas de chancir avec âcreté. C'est une observation sur laquelle on se néglige, ainsi que les personnes délicates ont souvent l'occasion de le remarquer. Pour garnir des gâteaux et des tourtes, il est d'un bon effet de mêler à la marmelade d'abricots la chair de quelques pommes cuites (au cuit-pomme et non pas en compote) ; on ne saurait dire combien cet appendice est d'un bon résultat pour y donner plus de consistance dans le comestible et plus de finesse dans la saveur.

Pâte d'Auvergne d'abricots. — Choisissez des abricots de plein vent, les plus mûrs et les plus chaudement colorés. Otez-en les peaux et les noyaux, faites-les dessécher sur de la cendre chaude et dans une terrine toute neuve, en les remuant souvent avec une spatule de buis bien échaudée de bonne lessive. Quand la dessication sera presque totale, et que la pâte aura pris une consistance assez solide, vous la jetterez dans une poêle à confitures où vous aurez fait monter du sucre à la cuisson de la grande plume. Vous la mêlerez fortement, vous la ferez chauffer sans bouillir, et puis vous la dresserez par cuillerée sur des lames d'ardoises, afin de la faire étuver à grand feu.

Fromage à la crème aux abricots glacés. — Moudez et pilez soigneusement douze abricots-pêches, et passez-en la chair au gros tamis de crin. Délayez-y le jus de 30 grammes de framboises, et que ce soit des blanches, s'il est possible ; ajoutez-y le suc de deux oranges de Malte ou de Portugal, avec 250 grammes de sucre bien pilé. Tenez ce mélange à la glace, et joignez-y un demi-litre de la meilleure crème, la plus fraîche et la plus consistante ; il faut qu'elle soit à moitié glacée d'avance, afin que l'acidité des fruits ne la fasse pas cailler, et la mixtion doit en être faite avec promptitude. Mettez le tout dans une sorbetière avec salpêtre et gros sel, ainsi qu'il est usité pour les glaces et les sorbets.

Si nous ne donnons ici aucune recette pour confectionner *les abricots à l'eau-de-vie*, c'est que cette préparation vulgaire et surannée n'est plus d'aucun usage, excepté dans les cafés et les restaurants de province.

ABSINTHE. — Plante vivace, dont les feuilles sont fort amères ; on la trouve dans toute l'Europe ; dans le nord on en fait un vin appelé vermouth.

Il y a deux sortes d'absinthe : la grande absinthe, appelée absinthe romaine, la petite, appelée absinthe pontique ou petite absinthe ; on connaît aussi cette plante sous le nom d'absinthe marine, on mange avec plaisir celle qui vient sur le bord de la mer et sur les montagnes, et c'est à cette dernière surtout, que la chair des animaux doit ce goût si estimé des gourmands connu sous le nom de pré-salé.

Crème d'absinthe au candi. — Prenez eau-de-vie, 8 litres ; sommités d'absinthe rectifiée, 500 grammes ; zestes de 4 citrons ou oranges ; eau de rivière, 4 litres ; sucre, 3 kilogrammes 500 grammes.

Vous distillez au bain-marie l'eau-de-vie, l'absinthe et les zestes, pour retirer quatre litres de liqueur ; lorsque le sucre est fondu, vous opérez le mélange que vous filtrez.

ÆGLEFIN. — Espèce de poisson du genre des gades qui ressemble à la morue ; il fréquente nos côtes où on le pêche de la même manière que la morue et il s'assaisonne de même. Sa chair varie selon son âge, selon le parage où on le pêche, selon son sexe et selon l'époque de l'année. Il est ordinairement de 6 à 7 mètres de long et du poids de 5 à 7 kilogr. Il fraye en mer.

AGARIC. — Genre de plante appartenant à la

famille des champignons ; il y en a de différentes espèces, et il faut bien se garder de confondre avec les vénéneux ceux dont on se sert pour assaisonner les sauces.

Parmi les espèces d'agarics les plus recherchées comme aliment nous citerons : L'*agaric comestible, champignon de couche*, dont le pédicule est blanc, court et charnu ; il soutient un chapeau de couleur fauve, couvert d'une pellicule qui s'enlève facilement. Ses lames sont rougeâtres à la naissance, puis pourpres ou noires, sa chair ferme et cassante ; c'est la seule espèce qu'il soit permis de vendre sur le marché de Paris.

L'*agaric mousseron* est d'un blanc jaunâtre à sa surface, son chapeau est presque sphérique et large de quatre centimètres. Il est très-commun au printemps et pendant une partie de l'été dans les bois découverts, les friches, les prés secs. On le préfère jeune et frais ; il entre dans les ragoûts comme assaisonnement. Pour le conserver, on l'enfile par le pied et on le laisse dessécher. Jusqu'à présent, on a essayé inutilement de le cultiver.

L'*agaric faux mousseron* se reconnaît à sa couleur jaune pâle, tirant sur le roux, à son pédicule très-grêle, à son chapeau convexe mamelonné au centre, large de quatre à cinq centimètres. Sa chair est dure, mais assez savoureuse, et d'une odeur agréable.

L'*oronge* est d'une odeur et d'un goût très-agréables ; malheureusement, on peut très-facilement la confondre avec l'*agaric moucheté* ou *fausse oronge* qui est extrêmement vénéneux. En Allemagne ce dernier sert à tuer les mouches.

L'*agaric du houx* qui croît en été sous les buissons de houx est, suivant Persoon, un de nos meilleurs champignons.

L'*agaric élevé* est l'espèce la plus haute du genre ; son pédicule est très-long, son chapeau roussâtre un peu panaché ; il croît en été dans les bois et les champs sablonneux ; on le mange en beaucoup d'endroits.

Il y a encore une quantité considérable d'agarics, servant à la nourriture de l'homme, mais il est préférable de s'en tenir à ceux que nous venons d'indiquer, les autres étant peu savoureux ou très-difficiles à distinguer des mauvaises espèces.

AGNEAU. — C'est du mois de décembre au mois d'avril que la chair d'agneau est bonne ; il faut que l'agneau ait au moins cinq mois et qu'il n'ait été nourri que de lait.

Agneau à la Hongroise. — Coupez une douzaine de gros oignons d'Espagne en rouelles, joignez-y un morceau de beurre en rapport avec la masse des oignons ; faites un roux avec un peu de farine, votre beurre et vos oignons. Ayez soin que les oignons roussissent, mais ne brûlent pas ; mettez-y un bouquet assorti, salez et poivrez, ajoutez-y une bonne pincée de poivre rouge hongrois, à défaut duquel vous mettrez quelques atomes de poivre de Cayenne ; pendant ce temps vous avez taillé votre poitrine d'agneau en morceaux grands comme des tablettes de chocolat et vous l'avez fait revenir dans du beurre frais. Quand vous le jugez bien revenu, vous versez sur votre agneau et sur votre beurre frais le contenu de la casserole où vous avez fait votre roux d'oignons avec votre bouquet assorti. Puis, comme les oignons ne cuisant que mouillés d'eau ou de bouillon et dans le beurre, ne feraient que rissoler, vous versez, de quart d'heure en quart d'heure, un quart de verre à boire de bon consommé, laissez mijoter cinq quarts d'heure et servez.

Grosse pièce d'agneau aux tomates farcies. —Prenez la moitié d'un agneau, la partie inférieure, retroussez-la, et enveloppez-la de papier beurré, faites rôtir à point, débrochez, dressez et glacez, mettez des papillotes au manche du gigot, garnissez votre moitié d'agneau de tomates farcies et servez à part une sauce à la D'Uxelles.

Agneau entier sauce poivrade. — Troussez un agneau entier, embrochez-le, enveloppez-le de feuilles de papier beurré, quelques instants avant de servir retirez le papier pour lui laisser prendre une jolie couleur, débrochez-le, dressez-le sur son plat, et mettez deux papillotes au manche du gigot.

Épigramme d'agneau aux pointes d'asperges. — Achetez un quartier de devant d'agneau, détachez-en l'épaule que vous ferez rôtir. Lorsqu'elle sera cuite, faites cuire la poitrine dans une braise, puis mettez-la à la presse entre deux couvercles de casserole avec un poids pour l'aplatir, retirez tous les os et réservez seulement ceux qui vous seront nécessaires pour faire des manches à vos côtelettes, taillez les côtelettes et les parez; disposez-les dans un sautoir, saupoudrez-les d'un peu de sel, saucez-les légèrement avec du beurre fondu ou, ce qui vaudrait mieux, avec de l'allemande réduite. Votre poitrine d'agneau découpée de manière à imiter des côtelettes, trempez-les dans une panure composée de mie de pain, d'huile et de pain rassis que vous aurez passé à travers le tamis de laiton, assaisonnez.

Passer les côtelettes dans le beurre clarifié, rangez-les dans le plat à sauter, faites frire les poitrines et égouttez-les.

Mettez dans chaque bout de poitrine la moitié d'un os taillé en pointe, de manière à former un manche à vos fausses côtelettes.

Dressez autour d'une croustade poitrine frite et côtelettes sautées en alternant, garnissez la croustade de pointes d'asperges et servez à part une légère béchamel.

Vous pouvez, en suivant le même procédé et en servant toujours votre béchamel ou votre demiglace ou enfin votre sauce à part, garnir la croustade de petits pois, d'une macédoine de légumes, de haricots verts, d'une purée de cardons, etc.

Veloutez à part le tout réduit avec essence de champignons ou, enfin, avec une garniture de concombres.

L'allemande doit être servie à part.

Selle d'agneau rôtie à l'anglaise. — Les doubles filets réunis sont la meilleure partie de l'agneau. On la rôtit, on la sert en relevé de potage ou en flanc de table.

On l'accompagne d'une sauce à l'anglaise composée comme suit :

Mettez un quart de litre de consommé dans une casserole, avec une pincée de sauge verte hâchée, faites bouillir cinq minutes, ajoutez-y deux échalotes pilées, deux ou trois cuillerées de vinaigre d'Orléans, 60 grammes de sucre et un peu de poivre noir ; salez, passez à l'étamine et servez à part dans une saucière.

Quartier d'agneau rôti à la maître d'hôtel. — Tirez votre quartier d'agneau de la broche, soulevez-en les côtes et introduisez dans la gerçure une boule froide du mélange appelé maître d'hôtel ; dont voici, à ce que nous croyons, la meilleure recette :

Prenez 125 grammes d'excellent beurre, ajoutez-y du sel en quantité suffisante, une demi-pincée de muscade rapée, trois fortes pincées de fines herbes, savoir : un quart de cerfeuil, une moitié de persil, un quart de cresson alénois, un quart

de pimprenelle et deux ou trois feuilles d'estragon. Mettez toutes ces herbes finement hâchées
avec le beurre froid, en les triturant et les mélangeant avec le jus d'un fort citron et le jaune cru
d'un œuf frais. Tenez cette sauce froide en réserve, à la cave, et servez-vous en selon vos
besoins.

Gigot d'agneau. — Faites rôtir, et présentez en
entrée de broche sur une purée d'oseille, sur une
sauce aux tomates ou sur une ravigote verte,
appelée communément *sauce au vert-pré.*

Issue d'agneau. — Depuis que chaque partie des
abatis d'agneau a été annexée aux principales
portions de la tête, on les a reconnues susceptibles
de recevoir un assaisonnement spécial et un
apprêt particulier; cependant, comme certains
gourmets ont une religion particulière pour les
plats de nos aïeux, l'issue d'agneau se composait
autrefois de la tête, du cœur, du mou, des riz, du
foie et des pieds de l'agneau que l'on faisait étuver,
ensemble, dans un blanc (*V. le mot* BLANC), et que
l'on servait avec une liaison de jaunes d'œufs crus
et de jus de citron dans le même pot à oille, en
façon de potage et quelquefois d'entrée. C'était
un ancien ragoût très-salutaire dans certains cas
d'inflammation des entrailles et de l'estomac.

Poitrine d'agneau aux groseilles vertes. — Prenez
deux poitrines d'agneau que vous braisez avec
quelques tranches de maigre de veau et de jambon
cru; au bout d'une heure et demie de cuisson,

vous les retirez, vous les défîcelez, vous les mettez
refroidir entre deux couvercles, puis vous les
trempez dans du beurre tiède et vous les pannez.
Vous les faites griller à petit feu et les colorez à
l'aide d'un four de campagne ; puis vous servez
cette entrée sur un ragoût de groseilles vertes,
assaisonné de muscat et de verjus. (*Recette de Che-
vriot, cuisinier du roi Stanislas Leckzinski.*)

Galantine d'agneau. —Désossez un agneau entier,
prenez une partie des chairs de gigot, autant de
panne de cochon, de la mie de pain trempée dans
du lait et bien égouttée ; hachez et pilez le tout
pour en faire une farce, dans laquelle vous mettrez
deux œufs, poivre, sel, un peu de quatre épices.
La galantine d'agneau demande au moins une
bonne heure pour la cuisson.

Tendrons d'agneau aux pointes d'asperges. — Coupez
et parez les tendrons de deux poitrines d'agneau,
couchez-les dans un sautoir, avec un peu de
consommé, faites-les mijoter jusqu'à ce qu'ils se
glacent ; ayez des asperges aux petits pois les plus
tendres, blanchissez-les à l'eau bouillante, légèrement salée, écumez, laissez bouillir un quart
d'heure, mettez dans l'eau froide, égouttez-les
sur un tamis, apprêtez à la poulette ou au consommé lié de jaunes d'œufs, où vous ferez fondre
une demi-cueillerée de sucre, vous verserez ce
ragoût d'asperges au milieu du plat et vous dresserez à l'entour les tendrons glacés au feu

Tendrons d'agneau aux petits pois. — Opérez

comme ci-dessus, mais ne blanchissez ni ne rafraîchissez. Vous ajouterez à ce ragoût quelques feuilles de sarriette, dont le goût s'allie bien à celui des pois verts.

Filets d'agneau à la Condé. — Parez des filets d'agneau depuis les carrés jusqu'au collet, après les avoir piqués d'anchois, de truffes et de cornichons ; faites-les mariner dans du beurre mêlé de bonne huile, et assaisonnez avec champignons, ciboule, échalotes, câpres, hâchez le plus fin possible, ajoutez-y sel, poivre, quatre épices, basilic en poudre, chapelure, deux jaunes d'œufs durs. Des morceaux de crépine vous serviront à envelopper les morceaux de filets sous une couche de cette farce. Mettez-les à la broche avec des attelets et enveloppés d'un papier huilé. Lorsqu'ils seront cuits, retirez-les, passez-les et versez sur le tout une sauce au blond de veau avec tranches de citron et muscade râpée. Cette sauce devra prendre sur le feu une consistance suffisante.

Tranches d'agneau à la Landgrave. — Coupez un filet d'agneau par tranches, salez, mettez des quatre épices et un peu de papricao, faites-les frire, puis les maintenez chaudes, versez dans une casserole 125 grammes de bouillon où vous avez jetez une demi-cuillerée de farine de seigle, ajoutez-y un peu de saumure de noix et un peu de catchup, essence de champignons, joignez-y 30 grammes de beurre frais, faites bouillir le tout en remuant avec assiduité, mettez-y alors vos tranches d'agneau que vous servirez après avoir passé la sauce.

AIL au singulier, Aulx au pluriel. — Plante potagère bulbeuse dont les gousses sont employées comme assaisonnement.

AILE. — C'est le nom que porte la partie, nous ne dirons pas précisément la plus sapide, mais la plus honorable de l'oiseau. C'est l'aile du poulet, du faisan, du perdreau, que l'on offre en général aux femmes et aux convives à qui l'on veut faire honneur. Cette portion commence au haut de l'estomac et, en se déchirant sous le couteau, s'étend presque sous les cuisses. Il y a trois morceaux dans l'aile des gros oiseaux, comme le dindon ou l'oie : le haut, le bas et le bout. L'aile des jeunes oiseaux bien nourris est délicate et nourrissante, et elle convient à tous les estomacs. L'aile des vieux, au contraire, est comme le reste du corps, maigre, sèche, dure, peu substantielle et peu estimée.

AIRELLE. — L'airelle veinée et l'airelle myrtile. Les feuilles de l'airelle veinée sont ovales et veinées ; son fruit est savoureux surtout en Amérique, dont elle semble originaire.

On mange ce fruit fraîchement cueilli ou on le sert avec du petit lait ou de la crème aromatisée.

L'airelle myrtile est un arbrisseau des bois, donnant de petits fruits rouges d'abord, puis tournant au bleu foncé en mûrissant ; leur goût est agréable. Les Suédois les emploient pour assaisonner certains aliments ; les marchands de vins s'en servent pour colorer les vins blancs. On fait, avec le fruit, du sirop et une espèce de conserves agréables à boire et à manger.

ALBERGE. — Espèce de pêche qu'on prépare en Touraine et dont la chair jaune et très-compacte est légèrement acidulée. On peut employer les conserves d'alberge en les coupant en petits morceaux de forme carrée et en garnissant le fond d'un plum pudding à la moelle et aux tranches de citrons confits.

ALBRAN. — Le jeune canard qui se chasse à la fin d'août, s'appelle albran. En septembre, il devient canardeau et passe définitivement canard au mois d'octobre. Les albrans, qui sont au canard ordinaire ce que la perdrix est à la poule, se cuisent à la broche et se servent couchés sur des rôties onctueusement imbibées de leur jus, auquel l'on ajoute un suc d'oranges amères, avec un peu de soya des Indes et des grains de mignonnette. C'est un plat de rôt délicat et distingué.

ALCOOL. — Mot arabe qui signifie une substance solide ou liquide volatil. On ne donne aujourd'hui vulgairement ce nom qu'au produit volatil et inflammable de la liqueur fermentée appelée esprit-de-vin.

Elle est le produit des substances sucrées. On peut la tirer du vin, de la bière, du cidre, du riz, du sucre et généralement des fruits, grains ou résines qui contiennent du sucre.

Faible, l'alcool s'appelle eau-de-vie ; fort, c'est l'esprit-de-vin inflammable, de saveur vigoureuse, causant l'ivresse et affaiblissant les facultés intellectuelles. Cette saveur est d'autant plus forte que l'alcool a été plus rectifié ou privé d'eau. Il se dissout parfaitement dans l'eau avec laquelle il s'unit, et forme l'eau-de-vie.

Il y a un tel rapport entre ces deux liquides, que nous dirons tout de suite, à propos de l'alcool, ce que nous avons à dire de l'eau-de-vie.

L'eau-de-vie, liqueur alcoolique très-aqueuse, contient un peu d'acide acétique ; on l'obtient par la distillation du vin, des grains, des pommes de terre, des marcs de raisin, du poivre, du cidre, de la mélasse, de la lie de vin, du riz, des cerises, des prunes, des carottes, des groseilles, du lait, des dattes, du coco, du genièvre, des· pois, des haricots, des betteraves et de l'érable. C'est toujours à Arnault de Villeneuve, médecin-alchimiste à Montpellier, qu'on doit les premiers essais réguliers sur la distillation du vin pour en obtenir l'eau-de-vie, qui est la base de toutes les liqueurs de table et qui même en fait partie.

C'est un liquide limpide, incolore, transparent, volatil, de saveur forte, de densité variable, suivant la quantité d'eau qu'il contient ; inflammable en raison directe de sa densité, ayant la propriété de dissoudre les résines et les principes aromatiques ; enfin de préserver de la putréfaction les substances végétales et animales. (*Dictionnaire des Boissons*, par M. F. Olagnier.)

ALE. — C'est une liqueur qu'on obtient par l'infusion du moult et qui ne diffère de la bière qu'en ce que le houblon n'y entre qu'en petite quantité. Cette boisson est agréable, mais enivrante ; bue à dose raisonnable, elle rafraîchit.

ALÉNOIS (Cresson). — Plante potagère la plus saine des fines herbes. Elle se trouve rarement sur les marchés des grandes villes, attendu qu'elle se fane aussitôt qu'elle est cueillie, et que d'ailleurs, sur la couche, elle monte en graine trop rapidement.

ALIMENT. — Qu'entend-on par aliment ?

Réponse populaire. — L'aliment est tout ce qui nous nourrit.

Réponse scientifique. — On entend par aliment les substances qui, soumises à l'estomac, sont assimilables par la digestion et propres à réparer les pertes que fait le corps humain.

Donc la première qualité de l'aliment est d'être aisément digestif. De là l'épigraphe de notre livre :

« On ne vit pas de ce que l'on mange, mais de ce que l'on digère. »

ALOÈS. — Plante. On donne aussi le nom d'aloès à une préparation faite avec le suc épaissi ou l'extrait des plantes de ce nom. On emploie différents procédés pour cette préparation.

ALOSE. — L'alose est un excellent poisson de mer qui remonte les rivières à une certaine époque de l'année; c'est pendant ce voyage qu'il perd sa trop forte salaison et s'engraisse. On emploie les aloses pour rôts ou pour entrées. Si on les emploie pour rôtis, on ne les écaille pas, on les fait cuire dans le court-bouillon comme le saumon et la carpe du Rhin; on les sert alors sur une assiette garnie de persil vert et de raifort rapé. Si on s'en sert comme entrées, on les écaille et on les sert à différentes sauces: à l'oseille, aux tomates, aux câpres.

Alose à l'oseille. — Écaillez, videz, lavez votre alose, enveloppez-la dans un papier beurré, après l'avoir garnie de fines herbes, faites cuire sur le gril et servez sur une farce d'oseille ou sur une copieuse maître-d'hôtel.

Alose à la broche. — Si vous pêchez ou si vous trouvez à acheter une alose de forte taille, ce qui arrive souvent à la fin de l'été, il est mieux de la mettre à la broche que sur le gril, où elle cuit plus facilement et plus également. Il faut l'inciser et la faire mariner dans l'huile avec du sel fin, du persil en branche et quelques ciboules coupées. Incisez-la sur le dos légèrement et en biais, retournez-la plusieurs fois dans son assaisonnement, mettez-la à la broche, arrosez-la soigneusement et servez-la comme plat de rôti pour être mangé à l'huile ou au vinaigre, ainsi que les grands poissons cuits au bleu.

Alose à la marinière. — Maniez 125 grammes de beurre et une pincée de fécule, trempez avec du consommé, faites cuire quelques aloses coupées en tranches avec de petits oignons, et masquez avec une sauce tamisée, garnissez de sardines fraîches bouillies pendant trois minutes.

Filets d'alose sautés. — Lavez et coupez les filets de l'alose, mettez-les sur un sautoir avec du beurre clarifié, salez, mettez le beurre sur un feu ardent. Retournez les filets, ne les laissez cuire que peu d'instants, égouttez, dressez en couronne et servez avec une sauce à votre gré.

Alose à la hollandaise. — N'écaillez pas, videz par les ouïes, faites bouillir deux ou trois fois avec de l'eau salée, retirez ; mettez pendant une demi-heure sur un feu doux, de façon à maintenir chaud sans laisser bouillir ; servez sur une serviette avec des pommes de terre et la sauce à part.

ALOUETTE. — Sa chair est fort délicate et estimée pour son goût. Elle n'est réellement bonne qu'au mois de novembre et les mois qui suivent jusqu'à février. Elle s'engraisse par le brouillard avec une rapidité surprenante.

Rôties et bardées, les alouettes sont très-agréables, mais à la suite d'un dîner solide. L'avis de Grimod de la Reynière est que l'alouette la plus grosse, ainsi que le meilleur rouge-gorge, ne sont, sous les doigts d'un homme de bon appétit, qu'un petit paquet de cure-dents, plus propres à nettoyer la bouche qu'à la remplir.

Alouettes à la casserole. — Prenez une ou deux douzaines d'alouettes, (cela dépend du nombre de vos convives,) plumez-les, videz-les, flambez-les. Ensuite vous les mettrez dans la casserole avec un peu de beurre et vous les ferez cuire à moitié. Quand ce sera fini, retirez vos oiseaux du feu pour les égoutter, videz-les et ôtez les gésiers que vous jetterez. Pilez tout le reste ensemble en y ajoutant quelques foies de volailles ou des foies gras et quelques truffes; faites-en une farce bien fine que vous assaisonnerez convenablement avec sel, poivre, muscades, etc.; bourrez l'abdomen de vos alouettes avec cette farce. Garnissez-en le fond d'un plat d'argent, enterrez-y vos oiseaux de manière qu'on les aperçoive à peine, et couvrez-les d'une barde de lard et d'un papier beurré. Mettez votre plat sur les cendres chaudes, placez un four de campagne au-dessus et laissez cuire pendant une demi-heure. Au moment de servir, ôtez le papier et le lard, égouttez le plat, saupoudrez-le de chapelure bien fine et soyez tranquille sur les résultats.

Ce mets divin peut se manger avec une sauce quelconque. Je m'en suis souvent régalé avec de la gelée de groseille, en avalant à chaque fois une demi-bouchée de l'un et de l'autre. (*Méthode d'Éléazar Blaze.*)

ALOYAU. — Pièce de bœuf prise le long des

vertèbres supérieurs du dos. Il se divise en trois
morceaux. Le premier est le plus estimé, comme
contenant une plus grande partie du filet. On le
cuit à la broche quand il est gras et tendre. Parez-
le en supprimant la graisse et les peaux, faites-le
mariner au moins douze heures dans de bonne
huile, avec sel, poivre, laurier et tranches
d'oignons, embrochez-le et faites-le cuire une
heure ou deux, si sa grosseur le nécessite. On le
sert dans son jus avec une sauce faite de ce jus,
filet de vinaigre, échalotes, sel et poivre ; servez
dans une saucière une sauce préparée ainsi, ou
faites un petit roux que vous mouillez de bouillon
ou d'eau et jus, ajoutez poivre, sel, échalotes,
cornichons, persil, le tout haché très-fin, et filet
de vinaigre.

Vous pouvez encore servir l'aloyau garni de
petits pâtés ou bien entouré de raifort ou sur du
céleri, des concombres ou des laitues farcies.
Servi au premier service il peut tenir lieu de gros
plat. Servez en fricandeau, à la Godard, à la braise,
à l'allemande.

Aloyau à la Godard. — Empruntons la recette à
celui-là même qui l'a trouvée. Otez le dos de l'é-
chine à votre aloyau sans le désosser tout à fait ;
lardez-le de gros lardons bien assaisonnés, ficelez-
le de manière à lui donner une belle forme ; mettez-le dans une brasière avec un bouquet garni
de fines herbes, oignons et carottes en suffisante
quantité ; mouillez-le avec du bon bouillon et une

3.

bouteille de vin de Madère; mettez-y sel et gros
poivre, faites-le cuire à petit feu et de manière
que son fond soit réduit presque en glace, retirez-
le de sa braise et servez-le avec ragoût énoncé
ci-après : — Mettez quatre cuillerées à dégraisser
de glace de viande dans une casserole; ajoutez-y
la cuisson de votre aloyau, que vous aurez fait
passer et dégraisser; coupez quelques ris de veau
en tranches, des champignons tournés, des fonds
d'artichauts en quartiers, des petits œufs; dégraissez le ragoût avant de servir et saucez votre
aloyau avec ce ragoût.

Aloyau rôti (d'après la prescription de M. BEAU-
VILLIERS, ancien cuisinier de Monsieur, frère du
roi.)—Ayez un aloyau de première ou de seconde
pièce ; ôtez en l'arrête, sans endommager ses filets;
mettez-le sur un plat, saupoudrez-le d'un peu de
sel fin, arrosez-le d'un peu d'excellente huile d'o-
live, en y joignant quelques tranches d'oignons et
de feuilles de laurier; laissez-le mortifier deux ou
trois jours, si le temps le permet, et ayez soin de
le retourner deux ou trois fois par jour; lorsque
vous voudrez le faire cuire, embrochez-le ou couchez-le sur fer, de la manière suivante : Passez
votre broche dans le gros filet en suivant l'arête
ou les os de l'échine; gardez-vous, dirai-je encore,
d'endommager le filet mignon ; attachez-y, du côté
du gros filet, un attelet, ou petite broche en fer,
liez-le avec de la ficelle fortement des deux bouts,
afin que votre aloyau ne tourne pas sur la broche;

roulez le flanc en dessous, pour mieux présenter
le filet mignon et la graisse de votre aloyau que
vous dégraissez légèrement; assujettissez ce flanc
avec des petits attelets, en les passant d'outre en
outre dans le gros filet; enveloppez de papier fort
cet aloyau et mettez-le à un feu vif, afin qu'il con-
centre son jus.

Filet d'aloyau braisé à la royale. (D'après la tradition de VINCENT DE LA CHAPELLE, premier cuisinier du roi Louis XV, reproduite par l'auteur des
Mémoires de la marquise de Créquy.) On lève le
filet d'un aloyau dont on tire toute la graisse ; on
aura soin de le ficeler pour lui donner la forme
qu'on jugera la plus convenable, car il est bon de
calculer si l'on aura besoin de le servir comme
relevé sur un grand plat ovale, ou comme entrée
sur un moyen plat rond. Dans tous les cas, on
mettra au fond d'une brasière des bardes de lard
et des tranches de veau, cinq ou six oignons, deux
clous de girofle, avec un bouquet garni. On place
ensuite le filet dans la brasière, on le couvre de
lard, et l'on y verse 750 grammes d'excellent
bouillon où l'on ajoute un peu de sel; on commence par faire bouillir la braise sur un fourneau
bien ardent et on la met ensuite cuire à petit feu
pendant six heures. Au bout de ce temps, on
prend le fond du ragoût que l'on fait réduire et
clarifier; on le dégraisse exactement et l'on en
forme une demi-glace bien claire que l'on sert
sous le même filet de bœuf, après lui avoir donné

une belle couleur. Si l'on veut que le filet de bœuf
ait encore une plus belle apparence, on doit le
laisser refroidir pour le parer avec plus de goût;
on le fait réchauffer dans une partie du mouillement où il a été cuit. On pourrait également le
servir à la gelée, en ayant eu soin d'ajouter dans
la brasière un peu de veau, avec 30 grammes de
corne de cerf.

Après ces grandes façons de préparer et de
servir l'aloyau, nous en citerons quelques-unes
qui ne sont pas moins bonnes pour être plus
simples.

Filet d'aloyau à la bourgeoise. — Lardez fortement
un filet d'aloyau : mettez votre filet à la casserole
sur un fond de parures, avec oignons, carottes et
céleri, fonds d'artichauts, bouquet garni et 250
grammes de bouillon sans graisse.

Filet d'aloyau aux concombres. — Parez votre filet,
piquez, faites rôtir avec concombres farcis à la
chair de volaille et à la moelle de bœuf.

*Filet d'aloyau aux oignons glacés ou aux laitues
farcies.* — Parez et faites cuire; comme ci-dessus,
dégraissez et entourez de laitues farcies et d'oignons glacés.

Filet d'aloyau aux conserves. — Parez comme
pour un aloyau braisé, lardez et faites rôtir; mettez filets de cornichons, rouelles de betterave
confite, oignons, choux-fleurs, guignes, cassis,
alises, mirabelles, etc., avec quelques cuillerées à
dégraisser de glace de viande et une de vinaigre,

le tout dans la casserole, faites chauffer sans bouillir et servez très-chaud sous le bœuf.

Filet d'aloyau aux cornichons à la bonne-femme. — Modification du précédent, qui consiste à remplacer la glace de viande par un roux léger; mouillez avec du consommé dans lequel nageront des cornichons coupés en tranches.

Filet d'aloyau au vin de Malaga. — Même parure que pour l'aloyau rôti; lardez fortement; garnissez la casserole d'un lit de bardes de lard, d'une tranche de noix de veau, d'une tranche de jambon cru, de carottes, d'oignons, mousserons, fonds d'artichauts, bouquet garni; mettez l'aloyau sur le tout; mouillez de deux verres de malaga, coupez de deux ou trois cuillerées à pot de bouillon réduit; laissez cuire sur un feu léger pendant un peu plus de deux heures et tamisez afin de glacer avec consistance et transparence. Plat recommandable.

Filet d'aloyau au vin de Madère, à la bourgeoise. — Mettre à la broche, arroser de son propre jus et d'une demi-bouteille de madère, avec rocambole pilée et mignonnette.

AMANDES DOUCES, AMANDES AMÈRES. — On donne le nom d'amande à la semence de tous les arbres à noyaux

Crème d'amandes. — Pilez et émondez 460 grammes d'amandes douces, mêlez-y trois amandes amères seulement, passez cette composition à l'étamine, après l'avoir délayée avec de la crème bouillante, ajoutez des jaunes d'œufs ainsi que de l'eau double de fleur d'orange, et faites prendre cette crème au bain-marie. On peut garnir ce plat d'amandes pralinées. Consignons ici en passant que c'est à Bourges qu'on fait les meilleures amandes pralinées.

Amandes pralinées. — Ce nom leur vient de la maréchale de Praslin dont le chef d'office avait inventé cette friandise. Vous mettez dans une poêle 500 grammes d'amandes, 500 grammes de sucre, un verre d'eau distillée, vous faites bouillir le tout jusqu'au pétillement des amandes; retirez du feu et remuez jusqu'à ce que le sucre n'adhère plus aux amandes. Enlevez une partie du sucre, remettez l'autre sur le feu; remuez jusqu'à nouvelle adhérence du sucre et des amandes, et mettez les pralines au sec. Les pistaches pralinées, les avelines pralinées, se préparent comme les amandes, et, comme elles, se conservent dans un endroit sec.

Gâteau d'amandes. — Prenez un demi-litre de farine; mettez dedans environ 50 grammes de beurre, deux œufs complets, un peu de sel, 63 grammes de sucre blanc, 90 grammes d'amandes douces pilées, pétrissez le tout, faites cuire comme un gâteau ordinaire et glacez avec sucre et pelle rouge.

Gâteau d'amandes massif. — Prenez un kilogr. d'amandes douces mondées, lavées, pilées, mêlées à 15 grammes d'amandes amères. Ajoutez-y des épidermes de citrons confits, de l'angélique, de la fleur d'orange pralinée, un peu de sel, 1 kilogramme de sucre, dix-sept jaunes et seulement cinq blancs d'œufs; mélangez, beurrez votre moule, mettez-y le tout garni de papier beurré, et cuisez à four doucement chauffé.

M. de Courchamps donne le conseil, et je ne puis qu'inviter le lecteur à le suivre, de mettre à proximité de cet entremets une crème liquide aux jaunes d'œufs, dans laquelle vous aurez versé du lait d'amandes au lieu de lait ordinaire et que vous aurez fait cuire au bain-marie.

Compotes d'amandes vertes. — Préparez comme une compote d'abricots verts, mais versez avant le refroidissement une petite cuillerée de kirsch.

Petits gâteaux d'amandes. — Mondez 250 grammes d'amandes douces et deux ou trois amandes amères; pilez-les; mettez un blanc d'œuf; ajoutez-y 590 grammes de sucre, un peu de fleur d'orange pralinée, et de crème; abaissez du feuilletage à l'épaisseur de cinq millimètres. Coupez cette pâte ainsi que pour des petits pâtés; garnissez chaque morceau de feuilletage avec votre préparation d'amandes; faites-les cuire à un four chaud et poudrez-les de sucre blanc.

Gâteau d'amandes à la manière dite de Pithiviers. — Opérez comme ci-dessus, sinon que le gâteau doit être recouvert d'une lame de pâte feuilletée.

Macarons d'amandes amères. — Écossez les amandes mouillées; pilez avec quatre blancs d'œufs

pour 500 grammes d'amandes, et mettez dans une
terrine; jetez-y 1 kil. 500 grammes de sucre en
poudre; si la pâte était trop sèche, on y ajouterait des blancs d'œufs; dressez la pâte sur des
feuilles de papier par petites portions, et faites
cuire à un feu doux et bien clos.

Macarons d'amandes douces. — Procédez ainsi
que pour les autres macarons, seulement mettez
1 kilog. de sucre par 500 grammes d'amandes.

Biscuits d'amandes. — Prenez 250 grammes d'a-
mandes douces, 30 grammes d'amandes amères,
60 grammes de farine et 1 kilog. de sucre en poudre, cassez une douzaine d'œufs; mettez les blancs
dans une tasse, les jaunes dans une autre, mondez les amandes, pilez-les en y ajoutant deux
blancs d'œufs, battez le reste en neige, battez les
jaunes à part avec la moitié du sucre, mélangez
tous ces jaunes et tous ces blancs avec vos amandes pilées de manière à en former une pâte, incorporez-y le reste du sucre avec de la farine;
préparez des caisses de papier, emplissez-les de
de votre pâte, et glacez-les avec votre mélange de
sucre et de farine que vous aurez étendu sur un
tamis et que vous agiterez au-dessus de vos caisses pour en faire tomber une pluie fine, faites
cuire ces biscuits dans un four médiocrement
chaud.

Biscuits aux avelines, biscuits aux pistaches,
biscuits au chocolat, biscuits aux marrons glacés,
biscuits au rhum, biscuits à l'orange, au citron,

à l'ananas, enfin biscuits à la crème salée, se
préparent de la même manière. (*Méthode de M. de
Courchamps.*)

Lait d'amandes. — Prenez 250 grammes d'amandes douces, un litre d'eau chaude, 15 grammes
de fleur d'oranger, 180 grammes de sucre ; mondez, pilez les amandes, trempez-les de temps à
autre d'un peu d'eau ; lorsque la pâte est devenue
fine, délayez-la dans l'eau chaude et passez le tout
au travers d'un linge, et faites bouillir jusqu'à réduction de moitié. Tamisez et laissez refroidir.

ANANAS. — Fruit originaire du Pérou ; sa
couleur en maturité tire sur le bleu, son odeur
ressemble à celle de la framboise ; sa saveur est
douce, le suc approche du goût de vin de Malvoisie. Pour manger l'ananas, on le coupe par
tranches, on lui fait perdre son âcreté, en le
laissant tremper dans l'eau, et on le met dans le
vin en y ajoutant du sucre. Dans l'Inde, on fait du
suc d'ananas mêlé avec l'eau une boisson rafraîchissante préférable à la limonade. Au Brésil, on
en tire de l'eau-de-vie, qui ressemble au Meskal.

ANCHOIS. — Poisson de mer plus petit que le
doigt, sans écailles et qui a la tête grosse, les
yeux larges et noirs, la gueule très-grande, le
corps argenté et le dos rond. On le trouve abondamment sur les côtes de Provence, et c'est de là
qu'il nous arrive confit ou mariné. La chair d'anchois a une saveur délicate, on la fait griller et
elle est de facile digestion. On la confit aussi avec

du vinaigre et du sel, ce qui forme une saumure
dans laquelle on le conserve. L'anchois conservé
ne figure sur nos tables que pour hors-d'œuvre,
où il ne s'emploie que comme assaisonnement. Il
doit à sa nature et à sa préparation une propriété
excitante qui facilite la digestion quand on en use
modérément. C'est avec les anchois qu'on farcit
les olives. On pêche pendant la nuit ce poisson
sur les côtes occidentales de l'Italie, de la France
et de l'Espagne.

Anchois en salade verte. — Lavez des anchois
dans du vin, levez par filets et faites-en une
salade avec du cerfeuil et de la laitue.

Beurre d'anchois. — Pilez des filets d'anchois
dessalés, avec de la crème, tamisez, mélangez
avec 125 grammes de beurre et servez comme
hors-d'œuvre.

Rôties d'anchois. — Faites frire dans l'huile des
tranches de pain longues et minces, préparez-les
dans un plat en versant par dessus une sauce
faite avec de l'huile vierge, du jus de citron, du
gros poivre, du persil, de la ciboule et de la rocambole hâchée. Couvrez à moitié les rôties avec
des filets d'anchois que vous aurez lavés avec du
vin blanc.

Anchois farcis. — Les anchois seront entiers;
nettoyez-les en les faisant glisser de toute leur
longueur dans une serviette, fendez-les en deux,
ôtez-en l'arête, mettez à la place une petite farce
de chair de poisson, bien liée avec des œufs, trem-

pez-les dans une pâte à beignets, et faites-les frire.

Canapé d'anchois. — Taillez une mince rondelle de pain, faites-la frire à l'huile et placez-la sur un fond de fromage parmesan; arrangez sur la rondelle de pain deux douzaines d'anchois trempés dans du lait, arrosez d'huile de Provence, couvrez de parmesan, mettez au four, et faites servir.

Anchois à la parisienne. — Levez par filets des anchois dessalés, hâchez des œufs durs avec du cerfeuil et de la pimprenelle, disposez vos filets d'anchois en les entre-croisant en losanges sur le fond d'une assiette, de manière à laisser un peu de vide entre chaque losange. Remplissez les intervalles et remplissez le tour de votre assiette, avec votre hachis de jaunes d'œufs, de vos fines herbes et de vos blancs d'œufs que vous placerez en les alternant, de manière que leurs couleurs ne puissent se confondre; battez ensuite de l'huile surfine, du verjus, de la mignonnette avec quelques gouttes de soya de la Chine que vous verserez sur le fond de votre plat, afin qu'ils s'incorporent avec l'assaisonnement.

ANDOUILLES DE COCHON. — Tirez des boyaux de cochon propres à faire des andouilles, coupez-les de la grandeur et de la grosseur de celles que vous voulez faire; nettoyez-les bien pour leur ôter le goût de charcuterie, faites-les tremper dans un peu de vin blanc, pendant cinq à six heures, avec thym, basilic et deux gousses d'ail;

ensuite coupez en filets du porc frais, de la panne et des boyaux ; mêlez le tout, assaisonnez-le de sel fin, d'épices fines, d'un peu d'anis pilé, remplissez-en vos boyaux, prenez garde qu'ils ne le soient trop (ce qui les ferait crever) ; ficelez-les et mettez-les cuire dans un vase juste à leur longueur, avec moitié lait et moitié eau, un bouquet de persil et ciboules, une gousse d'ail, thym, basilic, laurier, sel, poivre, panne : vos andouilles cuites, laissez-les refroidir dans leur assaisonnement ; retirez-les, essuyez-les bien, ciselez un peu, faites-les griller et servez-les.

On fait également des andouilles de bœuf, de veau, de lapin, de sanglier.

ANDOUILLETTES. — Les meilleures andouillettes que j'ai mangées, et je n'en excepte pas les andouillettes de Troyes, sont les andouillettes de Villers-Cotterets. Le charcutier qui les fabrique se nomme Lemerré, et demeure en face de la fontaine.

ANE. — La chair de l'âne n'est pas très recherchée, mais celle de l'ânon, au dire de tous ceux qui en ont mangé et qui l'ont trouvée excellente, vaudrait certainement mieux que celle du cheval la plus tendre et la plus savoureuse.

ANGÉLIQUE. — Plante aromatique, originaire de Syrie, et qui croît en général le long des rivières qui avoisinent les montagnes. Cette plante est un grand régal pour les Lapons ; ils en mangent les feuilles et les racines bouillies dans du lait; c'est en la mâchant et en mangeant les baies qu'ils trouvent sous la neige qu'ils complètent leur dessert. La meilleure angélique se fabrique à Niort, où l'on a pieusement gardé la tradition et les formules employées par les religieuses de la Visitation de Sainte-Marie pour la confection de cette excellente conserve.

ANGELOT. — Excellent petit fromage que l'on fabrique en Normandie et en Lorraine.

ANGLET. — Vin blanc fort estimé qui se fabrique à Anglet, département des Basses-Pyrénées.

ANGOBERT. — Grosse poire ressemblant au beurré; elle se conserve pendant l'hiver; sa chair est ferme, douce, excellente à manger en compote.

ANGUILLE. — *Anguille à la broche.* — Ayez une belle anguille, dépouillez-la, limonez-la; à cet effet, mettez-la sur des charbons ardents, retournez-la de manière qu'elle se grille partout; essuyez-la avec un torchon, grattez-la avec votre couteau, supprimez-en les nageoires dorsales et celles de dessous le ventre, ôtez-lui toute la peau, coupez-lui la tête et le bord de la queue: pour la vider, ouvrez-lui le haut de la gorge et un peu le bas du nombril; introduisez-lui par le nombril une lardoire, du côté du gros bout, et que vous ferez sortir par le haut, ce qui emportera les intestins; faites qu'il ne lui reste rien dans le corps; lavez-la, tournez-la en rond comme une

gimblette ; passez au travers des petits hâtelets
d'argent (faute de ces hâtelets, servez-vous de
brochettes de bois), fixez-la ainsi avec de la ficelle ; mettez-la dans une casserole, versez dessus une bonne mirepois (*V.* Mirepois et façon de
la faire, article Sauces), faites cuire à moitié votre
anguille, égouttez-la, mettez-la sur une broche,
emballez-la ; faites-la cuire, déballez-la ; faites-la
un peu sécher, glacez-la, dressez-la sur votre plat,
ôtez-en les hâtelets, et servez dessous une italienne rousse ou une ravigote (*V.* l'article
Sauces).

Anguille à la Sainte-Menehould. — Préparez cette
anguille comme la précédente sous tous les rapports, excepté qu'au lieu de la mettre à la broche,
vous la poserez sur une tourtière ; couvrez toutes
les parties de cette anguille d'une Sainte-Menehould (*V.* Sauce Sainte-Menehould) ; panez-la,
mettez-la au four ou sous un four de campagne
pour achever de la cuire et lui faire prendre une
belle couleur ; ces deux objets remplis, dressez-
la sur votre plat ; ôtez-en les hâtelets ou les brochettes et la ficelle ; servez dans son puits une
italienne blanche, bien corsée, ou une ravigote
blanche.

Anguille à la poulette. — Prenez une anguille,
dépouillez-la, limonez-la comme les précédentes ;
supprimez-en la tête et le bout de la queue ; coupez-la par tronçons égaux ; lavez-la et laissez-la
dégorger ; ôtez bien le sang qui se trouve proche

l'arête, et grattez-la ; mettez dans une casserole un morceau de beurre, ainsi que votre anguille et des champignons tournés, passez-la un instant sur le feu, singez-la avec de la farine passée au tamis, mouillez-la avec du bouillon gras ou maigre et une demi-bouteille de vin blanc ; ayez soin de la remuer avec une cuiller de bois jusqu'à ce qu'elle bouille ; une fois partie, mettez-y un bouquet de persil et ciboules, garni d'une demi-feuille de laurier, d'un clou de girofle, avec sel et poivre ; ajoutez-y, si vous le voulez, une trentaine de petits oignons ; laissez cuire et réduire votre ragoût ; dégraissez-le, ôtez-en le bouquet, et liez le avec deux ou trois jaunes d'œufs ; délayez avec de la sauce de votre anguille et un jus de citron ; dressez-la sur votre plat, et masquez-la de sa garniture.

Anguille à la Tartare. — Ayez une anguille, dépouillez-la, limonez-la, videz-la, comme il est dit ci-dessus; coupez-la par tronçons de 15 à 20 centimètres; ôtez le sang qui se trouve près de l'arête ; lavez-la, mettez-la dans une casserole, avec tranches d'oignons, zeste de carottes, quelques branches de persil, deux ou trois ciboules coupées en deux, du vin blanc, du sel, une feuille de laurier, un ou deux clous de girofle et un peu de thym ; mettez au feu vos tronçons, faites-les cuire, et, leur cuisson faite, égouttez-les, roulez-les dans de la mie de pain, trempez-les dans une anglaise (*V.* ANGLAISE, article CÔTELETTES DE PI-

GEON); repanez-les ; un quart-d'heure avant de
servir, faites-les griller, retournez-les sur les quatre faces, pour qu'ils soient d'une belle couleur;
mettez dans votre plat une sauce à la Tartare,
dressez-les dessus et servez.

Matelote d'anguille marinière. — Prenez une
carpe de Seine, une anguille, une tanche, une
perche; coupez-les par morceaux. Préparez un
chaudron d'airain, récurez le fond légèrement,
coupez deux gros oignons en rouelles, mettez
vos têtes de poissons par-dessus, et ainsi de suite,
en ayant soin d'assaisonner de gros sel et poivre,
un bon bouquet garni et quelques pointes d'ail ;
mouillez le tout avec deux bouteilles de vin Narbonne, faites partir sur un grand feu de cheminée ; aussitôt l'ébullition, ajoutez un verre de
cognac, faites flamber, préparez vingt ou trente
petits oignons, que **vous** passez à la poêle avec
un peu de beurre, rissolez-les, jetez-les dans la
matelote; faites, avec un quart de beurre mêlé
à deux cuillerées de farine, de petites boulettes,
parsemez-en le poisson et agitez l'anse du chaudron pour lier le tout ensemble; dressez votre
matelote, garnissez avec vos croûtons et douze
écrevisses cuites au vin du Rhin, et servez chaud.
(*Recette Vuillemot.*)

*Anguille en matelote aux œufs ou aux laitances de
carpes.* — J'ai toujours remarqué la préoccupation
des gastronomes qui mangent une matelote faite
avec du barbillon, de la carpe, de la perche et de

la tanche ; cette préoccupation est la crainte de s'étrangler; on n'ose pas tremper son pain dans cette sauce, si excellente, que c'est elle, la plupart du temps, qui fait passer le poisson. On a peur qu'une arête ne s'y dérobe et ne se révèle tout à coup à votre œsophage. Je vais vous offrir un moyen bien simple : c'est de faire votre matelote avec des objets dans lesquels il n'entre point d'arêtes, c'est-à-dire avec l'anguille dont les arêtes sont impalpables, et avec des laitances et des œufs où les arêtes sont absentes ; les préparations sont les mêmes, l'assaisonnement est le même, l'adjonction des vingt ou trente petits oignons est aussi importante que dans la matelote ordinaire; seulement vous pouvez faire frire, l'un après l'autre, quatre ou cinq œufs à qui la capacité de la poêle permette de prendre toute leur extension, puis vous garnirez le fond de votre plat de vos quatre ou cinq œufs, vous déposerez dessus, avec la pointe d'une fourchette, vos tronçons d'anguille ainsi que vos œufs ou vos laites, vous verserez sur le tout votre sauce, sur laquelle vous épancherez un petit verre de rhum ou d'eau-de-vie, auquel vous mettrez le feu et que vous servirez chaud.

Accolade d'anguille à la broche. — L'accolade d'anguille était un des grands plats que l'on servait toujours à la reine Anne d'Autriche, à ses dîners du samedi. Pour faire un beau plat relevé, il faut avoir de fortes anguilles, d'égale grosseur,

à qui l'on coupera la tête et le bout de la queue;
on les ficellera dos à dos sur un hâtelet de fer,
en contrariant leur accolade, c'est-à-dire en mettant la queue de l'une à la tête de l'autre, afin
que le volume en soit égal aux deux extrémités;
ensuite on les mettra dans une poissonnière avec
un bon jus de racine, mêlé d'un demi-litre de vin
d'Espagne, et on les fera cuire au four pendant
une demi-heure; au bout de ce temps, il faut les
retirer pour les paner et les mettre à la broche,
toujours bien attachées sur leur hâtelet, ayant
soin de les entourer d'un fort papier beurré;
vingt minutes suffiront pour achever la cuisson.
On servira cette accolade rôtie, sur un grand plat
ovale, avec une sauce composée de jus des quatre racines réduites en glace, un quart de litre de
vin de Paqueret sec ou de vieux xérès, après
avoir épicé ladite sauce avec du poivre blanc, de
la fleur de muscade et de la coriandre. Nous avons
suivi l'ancienne formule textuellement, mais on
peut remplacer les deux vins indiqués par du vin
de Madère.

Anguille à la minute. — Dépouillez une anguille,
coupez-la par morceaux, faites-la cuire à gros sel
pendant dix ou quinze minutes, selon sa grosseur, et servez-la dressée sur un plat, avec une
sauce maître d'hôtel chaude, aiguisée avec du
verjus ou du citron; entourez le plat d'un cordon de pommes de terre bouillies ou frites, et
servez pour entrée au déjeuner.

Anguille à la Suffren. — Prenez une anguille, piquez-la avec des filets d'anchois et de cornichons, roulez-la en cercle avec une ficelle beurrée, mettez-la ensuite sur un sautoir, avec une marinade cuite, et puis sur le four de campagne. Une fois cuite, versez une sauce aux tomates relevée de poivre rouge.

Anguille aux montants de laitues romaines.—Coupez votre anguille, faites-la cuire en fricassée de poulet; quand elle est presque cuite, épluchez des montants de laitues romaines, cuites à l'eau, salées et beurrées, mettez-les égoutter, faites-leur prendre goût avec l'anguille, vous liez avec trois jaunes d'œufs et le jus d'un citron, sur le feu, et servez entouré de croûtes frites.

Anguille au soleil. — Quand vous aurez coupé une anguille par tronçons, faites-la cuire dans une marinade, laissez-la refroidir et égoutter, trempez-la dans des œufs battus, assaisonnez de sel et de poivre, roulez-la dans de la mie de pain et mettez-la dans de la friture bien chaude; lorsqu'elle est arrivée à une belle couleur dorée, entourez-la d'olives farcies sur une ravigote verte.

Pâté d'anguille. — Dressez une caisse de pâtes, garnissez-en le fond d'un peu de quenelles de carpe, de champignons, de culs d'artichauts et de tronçons d'anguille, que vous aurez fait cuire dans un bon assaisonnement (*V.* ci-dessus); achevez de remplir votre pâté de quenelles de carpe, que vous aurez roulées dans de la farine et desquelles vous aurez formé des andouillettes ; couvrez votre pâté, mettez-lui un faux couvercle ; faites-le cuire, et, aux trois quarts de sa cuisson, cernez le couvercle ; lorsque votre pâté sera cuit, découvrez-le, saucez-le d'une bonne espagnole maigre et réduite, dans laquelle vous aurez mis quelques laitances de carpe.

Bastion d'anguille. — Prendre une belle anguille de Seine, la dépouiller, la désosser, préparer une farce fine de poisson, composée de merlans, carpes ; pilez les chairs dans un mortier, assaisonnez de sel, poivre, muscades, épices ; faites tremper un peu de mie de pain dans un consommé, laissez-le sécher sur le feu, joignez-y quatre jaunes d'œufs crus, un peu de beurre, assaisonnez le tout. Garnissez votre anguille avec un peu de truffes hachées dans la farce, mettez la galantine d'anguille dans un torchon beurré, faites-la cuire dans une mirepois, ajoutez-y vin blanc, aromates, bouillon ; laissez cuire une heure et refroidir. Faites une infusion de cerfeuil, estragon, cornichons, un demi-verre de vinaigre, un peu de gelée de viande ; passez le tout après infusion, ajoutez du beurre frais, faites avec quelques feuilles d'épinards un peu de vert que vous passez au torchon, laissez prendre sur le feu, passez de nouveau et versez avec votre beurre. Coupez votre anguille par tronçons, cinq d'égale hauteur, mettez sur un plat froid du beurre de Montpellier, dressez-les droit sur le plat, masquez-les de beurre, faites quatre autres morceaux d'anguille, que vous superposez sur les autres plus petits, masquez-les également. Prenez de la bonne gelée de viande bien clarifiée, coupez-la par petits croûtons, garnissez votre plat de ces croûtons, hachez de la gelée que vous mettez par-dessus vos morceaux d'anguille, et servez bien froid.

ANGUILLE DE MER. — (*V.* CONGRE.)

ANIS. — Plante aromatique, de la famille naturelle des ombellifères; on en met dans la pâtisserie, dans le pain; les Napolitains en mettent dans tout. En Allemagne, elle est le principal condiment d'un pain de fantaisie.

ANISETTE. — Malgré notre amour-propre national, nous sommes forcés d'avouer que la première anisette du monde vient de chez Fockink, à Amsterdam; celle de Bordeaux ne vient qu'après et longtemps après.

ANON. — Petit poisson ressemblant beaucoup au merlan, et très abondant dans la Manche en janvier et en février. Il a les mêmes propriétés alimentaires que le merlan, et les pêcheurs des côtes en font un très grand cas; on l'apprête comme le merlan, soit rôti sur le gril soit frit dans le beurre.

ANSÉRINE.—Vulgairement appelée *patte d'oie*. Il y a plusieurs sortes d'ansérines : l'*ansérine bon-Henri*, encore appelée *toute-bonne, épinard sauvage*, est une grande plante potagère, qui croît

5

dans les lieux incultes, le long des murs et des chemins; dans plusieurs pays on mange ses jeunes pousses comme des asperges, et ses feuilles en guise d'épinards; elle passe pour émolliente, résolutive et détersive.

L'*ansérine polysperme*, ainsi nommée à cause de la grande quantité de graines qu'elle produit; l'*ansérine à balais*, appelée vulgairement *belvédère*, et dont les tiges grêles, chargées de rameaux dressés, servent en Italie à faire des petits balais; l'*ansérine botride*, l'*ansérine ambroisie*, l'*ansérine vermifuge*, l'*ansérine hybride*, l'*ansérine fétide*, qui servent à des préparations pharmaceutiques; et enfin, l'*ansérine quinoa*, qui est l'espèce la plus digne de toutes. Cette ansérine est un aliment très-sain et de facile digestion; fermentée avec le millet, on en obtient une espèce de bière très-bonne et très-rafraîchissante.

APHYE. — On l'appelle aussi *loche de mer*; c'est un poisson de la Méditerranée.

API. — Petites pommes dont un des côtés exposé au soleil devient très-rouge, tandis que l'autre reste blanc; la peau en est fine; la chair, quoique sucrée, est dure, ce qui la rend pesante et indigeste.

APOGON. — C'est le roi des rougets; sa chair est exquise et fort recherchée; on le trouve dans les environs de la mer de Malte.

APPLE'S CAKE. — Ayez des pommes de Locart (franche reinette) ou d'autres également rouges et très-acides. Après avoir retiré les cœurs de ces fruits, faites-les fondre sur le feu avec 90 grammes de moëlle, pour six pommes environ. Ajoutez un bâton de cannelle, et tamisez. Mettez-les alors dans une bassine, avec deux cuillerées de poudre de Salep et d'arrow-root, substances orientales que l'on pourra remplacer par une forte cuillerée de fécule. Joignez-y 375 grammes de beau sucre et faites bouillir à petit feu pendant sept à huit minutes, retirez alors de la bassine et laissez refroidir cette marmelade. Quand elle sera froide, vous y mêlerez six jaunes d'œufs et deux autres œufs avec leurs blancs; placez-la dans un moule graissé de moëlle, et faites cuire au bain-marie pendant quarante minutes. Vous renverserez ce gâteau dans un plat d'entremets, assez profond, pour pouvoir contenir un chaudeau dont voici la formule:

Délayez quatre jaunes d'œufs frais avec de l'eau distillée, sucrez suffisamment avec du sucre candi pulvérisé; joignez-y une cuillerée de fine liqueur des îles à la cannelle, faites cuire au bain-marie, en remuant sans relâche et sans laisser durcir, jusqu'à ce que cette crème soit bien liée et qu'elle ait acquis une juste épaisseur.

Apple's Cake dit *de la reine Anne*. — Faites une marmelade de belles pommes que vous passerez deux fois au tamis et que vous mettrez à refroidir; mêlez-y pour lors le sucre nécessaire, en y joignant des zestes de citron confits, roulés et prali-

nés. Ayez six blancs d'œufs que vous battrez
jusqu'à ce qu'ils soient en neige ; mélangez peu à
peu votre purée de fruits avec ces blancs d'œufs
battus, et continuez à fouetter ce mélange jusqu'à
lui donner toute la légèreté possible. Dressez cette
mousse en forme de rocher, sur un plat d'entremets qui sera foncé d'une gelée transparente au
ratafia d'écorces de citron. Il ne faudra pas donner
à cette gelée beaucoup de consistance.

APRON. — Poisson d'eau douce dont la chair
est agréable et de bon goût. On le fait frire comme
le goujon.

ARACHIDE. — Appelée aussi *Pistache de terre*,
parce qu'elle présente une singularité très-remar-
quable : à mesure que les gousses succèdent aux
fleurs, elles se courbent vers la terre et y entrent
pour y achever leur maturité.

L'arachide produit un fruit qui n'est pas plus
gros qu'une noisette, et ressemble à la pistache ;
son amande, à la fois alimentaire et oléagineuse,
se mange crue ou cuite ; elle fournit la moitié de
son poids d'une excellente huile comestible, saine,
économique, et que ses propriétés siccatives permettent d'employer utilement dans les arts. La
tige de cette plante est très-agréable au bétail, et
ses racines ont un goût de réglisse.

Les Américains appellent ce fruit *Mani*; ils en
font des pralines, des tartes au sucre, et ils trouvent sa saveur plus délicate et plus agréable que
celle de la pistache.

L'arachide mangée crue occasionne, paraît-il,
des maux de tête et de gorge violents ; la cuisson
et la torréfaction lui ôtent ces propriétés malfai-
santes.

Les Espagnols lui donnent le nom de *Cacohuette*,
parce qu'elle a le goût du cacao, et la font entrer,
en la mêlant avec un peu de cacao, dans la confection d'un chocolat pour les pauvres, dont l'usage
n'est pas malsain.

ARBENNE. — Oiseau appelé aussi *Perdrix
blanche*, quoique ce ne soit qu'une gelinotte ; il est
de la grosseur d'une perdrix et a les plumes très-
blanches, excepté celles de la queue qui sont en
général noires ; on le trouve en Savoie. Il s'apprête comme la gelinotte.

ARBOUSIER. — Appelé aussi *Arbre à fraises* ou
Fraisiers en arbres; est fort répandu dans l'Europe
australe.

ARTICHAUT. — Plante potagère dont les feuilles sont longues, larges, découpées sans unifor-
mité, de couleur verte ou blanchâtre.

On peut conserver les artichauts de la manière
suivante pour l'hiver :

On les fait cuire à demi, on en sépare les feuilles et le foin pour n'en avoir que le fond. On les
jette dans l'eau froide lorsqu'ils sont encore
chauds, on les met ensuite sur des claies pour
les essuyer ; enfin on les enfourne jusqu'à quatre
fois lorsqu'on a retiré le pain ; ces parties se
tiennent minces, dures et transparentes, mais

elles reprennent leur forme lorsqu'on les remet dans l'eau chaude et qu'on veut les employer à des assaisonnements.

Artichauts à la barigoule au maigre. — Coupez les feuilles à moitié, ôtez le foin et nettoyez-le. Hachez menu échalottes, ail, persil ; mélangez avec une grosse mie de pain émiettée. Faites fondre du beurre, faites-y revenir les herbes et la mie de pain. Mettez sur chaque artichaut un bon morceau de beurre ; garnissez-en aussi le fond de la tourtière, mettez la farce dans les artichauts sur le fond et entre les feuilles, couvrez avec un four de campagne, feu dessus et dessous. Arrosez de temps en temps jusqu'à ce qu'ils soient cuits.

Artichauts à la barigoule au gras. — Prenez des artichauts de moyenne grosseur bien tendres, parez, ôtez le foin, faites blanchir, hachez persil, parez avec 125 gr. de beurre et 125 gr. de lard pour quatre artichauts environ. Garnissez-en l'intérieur de l'artichaut et fixez le tout pour que rien ne se déforme. Mettez dans une tourtière entre deux bardes ; faites cuire lentement, feu dessus feu dessous ; huilez légèrement ; faites réduire un verre de vin blanc dans une sauce italienne, et servez sur cette sauce.

Artichauts à la d'Uxelles. — Prenez des champignons hachés, passez au torchon pour en enlever la partie aqueuse ; ajoutez échalottes hachées, persil, pointe d'ail, au maigre du beurre, au gras du lard râpé. Ayez bien soin, après avoir paré la

tête de l'artichaut, d'en enlever le foin, et faites
rissoler la tête des feuilles dans la friture ; préparez une mie de pain, faites-les revenir dans une
casserole avec lard dessus et papier beurré, mouillez avec consommé et vin blanc, braisez comme
le fricandeau, jetez votre fond dans votre sauce
italienne. Dressez et servez.

Artichauts frits. — Enlevez les trois ou quatre
premières rangées de feuilles d'artichaut ; faites
dix ou douze morceaux de chacun ; enlevez le
foin, rognez le bout des feuilles, sautez-les dans
une marinade d'huile, de sel, de poivre, avec un
filet de vinaigre ; composez la pâte suivante, qui
vous servira pour toutes sortes de friture :

Mettez de la farine dans une terrine, faites un
trou, versez-y un ou deux jaunes d'œufs, une
cuillerée d'huile, un ou deux verres d'eau-de-vie,
du sel ; remuez d'une main en tournant toujours
dans le même sens et en versant de l'eau peu à
peu, pour donner une bonne épaisseur ; au
moment de vous en servir, ajoutez et mêlez le
blanc de vos œufs battus en neige : mais faites
attention que ce blanc la rendra trop claire, si
votre sauce n'est pas trop épaisse : si vous voulez
que votre pâte soit plus légère, faites-la la veille.
Si c'est pour friture sucrée, telle que beignets,
mettez-y très peu de sel et ajoutez de l'eau de
fleur d'oranger. Revenons à notre pâte. Lorsqu'elle est faite, mettez-y vos artichauts et mêlez
le tout ensemble, votre friture étant bien chaude,

prenez avec votre écumoire des artichauts que
vous laisserez tomber morceau par morceau dans
cette friture, tant qu'elle en pourra contenir ;
remuez-les, détachez ceux qui se collent les uns
contre les autres, lorsqu'ils sont d'une belle couleur blonde, retirez-les de la friture sur une passoire, jetez une bonne poignée de persil en branche dans la friture, et lorsque la friture cessera
de faire du bruit, sortez-le et égouttez-le sur un
linge ; saupoudrez-le d'un peu de sel, dressez vos
artichauts en pyramide, et couronnez-les de persil frit.

Artichauts à la sauce. — Coupez les bouts des
feuilles, la queue, les feuilles dures ou filandreu-
ses de dessous, placez-les au fond d'un chaudron,
dans de l'eau bouillante qui les couvre aux trois
quarts ; salez, faites cuire, de trois quarts d'heure
à une heure, tirez une feuille ; si elle se détache
facilement, vos artichauts sont cuits ; retirez-les
de l'eau, mettez-les égoutter sens dessus dessous ;
si vous voulez qu'ils se conservent verts, mettez
gros comme un œuf de cendre de bois dans un
petit sac de toile ou de calicot ; versez sur cette
cendre l'eau qui doit servir à les faire cuire. Les
artichauts cuits de la façon que nous venons de
dire se mangent à la sauce blanche, à la sauce
blonde ou à la sauce hollandaise.

Artichauts sautés. — Coupez en quatre des artichauts moyens et tendres, ôtez le foin et parez-
les en leur laissant à chacun trois feuilles, lavez

et essuyez. Mettez du beurre dans une casserole
où vous arrangerez vos artichauts et les mettez
sur un feu doux seulement vingt minutes avant
de servir. Dressez sur le plat en turban, mettez
une cuillerée de chapelure dans le beurre, autant
de persil haché et un jus de citron, un peu de
sel ; servez cette sauce dans le milieu des artichauts. Il ne faut pas les faire blanchir.

Artichauts à la provençale. Entremets. — Prenez
des artichauts que vous appropriez dessus et dessous ; faites-les cuire dans l'eau assez pour pouvoir enlever le foin ; mettez-les sur une tourtière
avec huile, gousses d'ail, sel, poivre. Faites cuire
sur la cendre chaude avec bon feu dessus ; quand
ils sont cuits, ôtez les gousses d'ail, et servez à
sec avec un jus de citron.

Artichauts farcis, demi-barigoule. Entremets. —
Préparez comme ci-dessus ; le foin enlevé, farcissez-les de hachis de viande ou de mie de pain
assaisonnée de fines herbes et champignons. Mettez dans une casserole un fort morceau de beurre
ou de graisse, et faites-les revenir ; ôtez-les, faites un roux que vous mouillez de bouillon ; ou
d'eau faute de bouillon, remettez les artichauts
achever de cuire, feu dessus et dessous, en les
arrosant de temps en temps avec leur cuisson.
Servez sur cette cuisson pour sauce.

Artichauts farcis à la vraie barigoule. — Parez
trois artichauts, coupez *droit* les feuilles du dessus, faites blanchir assez pour retirer le foin après

les avoir rafraîchis à l'eau froide. Remplacez le
foin par une farce de lard gras, champignons, persil, échalottes, le tout haché fin, poivré ; liez-les
en croix avec du fil. Faites chauffer un peu d'huile
d'olive dans une poêle et rissoler les artichauts
dessus et dessous ; placez-les dans une casserole
sur une tranche de lard *désalé*, ou de veau, ou du
beurre et un verre de bouillon ou d'eau ; faites
cuire, feu dessus et dessous. Servez sans les tranches et sur une sauce faite du fond de la cuisson
liée de farine.

Artichauts à l'huile et à la poivrade. — Les gros
se servent cuits à l'eau, refroidis et accompagnés
de la sauce suivante dans une saucière. Les petits
se servent crus avec la même sauce, ou simplement du sel, en hors-d'œuvre.

Artichauts sauce à l'huile et au vinaigre. — Écrasez un jaune d'œuf dur dans une saucière et le
délayez avec une cuillerée de vinaigre, sel, poivre, fourniture de salade hachée très menu, ou
avec une échalotte aussi hachée menu ; ajoutez
deux cuillerées d'huile, délayez et servez.

Artichauts au gras. — Coupez en deux de gros
artichauts, ôtez-en le foin et les parez, faites-les
blanchir à l'eau et sel, mettez dans une casserole
des tranches de lard gras, deux oignons, une
carotte, un clou de girofle, une petite branche de
thym ; arrangez les artichauts sur des bardes de
veau, mettez-les sur un feu doux ; quand le veau
a pris couleur, mettez un peu d'eau, faites mijo-

ter ; servez les artichauts en turban et la sauce
que vous avez liée de fécule au milieu.

Artichauts à la lyonnaise. — Coupez-les en six
morceaux, faites blanchir, ôtez le foin ainsi que
le dessous, et ne laissez que trois feuilles à chaque partie ; mettez-les dans une casserole avec du
beurre étendu au fond, saupoudrez-les de sel fin,
faites-les cuire feu dessus feu dessous, faites
roussir dans une autre casserole de l'oignon
haché, et saucez-y vos artichauts au moment de
servir.

Artichauts farcis. — Faites cuire à demi dans
l'eau, puis farcissez de viande, de persil, de ciboule ; achevez la cuisson ; servez avec fines herbes, huile et jus de citron.

Artichauts à la Grimod de la Reynière. — Coupez
de l'oignon en gros dés, passez-les au beurre jusqu'à ce qu'ils soient bien colorés, assaisonnez de
sel et d'épices, et laissez refroidir dans le beurre,
mais dans une assiette à part, hors de la casserole ;
faites cuire des fonds d'artichauts séparés de
leurs feuilles, après les avoir fait égoutter, remplissez-les avec l'oignon, couvrez avec de la mie
de pain et du fromage râpé, faites prendre couleur au four de campagne, et servez à sec.

Artichauts à l'italienne. — Coupez trois artichauts
en six morceaux pareils, dépouillez-les de leur
foin, parez-en les feuilles, lavez-les ; mettez-les
dans une casserole avec un peu de beurre ; assaisonnez de jus de citron, d'un verre de vin blanc,

d'un demi-verre de bouillon. Faites cuire, égouttez, dressez et faites, pour les saucer, une sauce blanche à l'italienne.

ASPERGE. — Il y a la blanche, la violette et la verte. La blanche est la plus hâtive, sa saveur douce est agréable, mais elle contient peu de substance. La violette est la plus grosse et la plus substantielle. La verte est moins grosse, mais on la mange presque toute ; elle a une bonne saveur.

Après les avoir lavées, ratissées et coupées de même longueur, liez-les par bottillons, faites-les cuire croquantes dans l'eau et le sel, et les servez toutes chaudes sur une serviette pliée qui égoutte leur eau.

Asperges à l'huile. — On les fait cuire comme pour la sauce blanche. Elles se mangent froides avec la sauce à l'huile indiquée pour les artichauts.

Asperges au beurre. — Mettez dans une casserole deux cuillerées de farine, un peu d'eau, assaisonnez de sel, gros poivre, muscade ; faites cuire la farine, mouillez avec le bouillon d'asperges. Préparez quatre jaunes d'œufs, 125 grammes de beurre fin, liez votre sauce, en ayant soin que le jaune d'œuf soit cuit. Passez votre sauce à l'étamine ; un jus de citron, et servez.

Asperges en petits pois. — On emploie les plus petites et on coupe tout ce qui est tendre par petits morceaux. Faites-les cuire croquantes dans eau et sel, égouttez-les promptement sur une

passoire, faites-les sauter dans une casserole avec
beurre, sel, poivre et fines herbes, ou bien mettez-les dans la casserole saupoudrées d'un peu de
farine et d'un peu de sucre, ajoutez un peu de
bouillon ou d'eau, sautez-les un moment et
servez.

Pointes d'asperges au jus. — Coupez des pointes
d'asperges, faites fondre du lard, faites-y sauter
vos pointes d'asperges, ajoutez persil, cerfeuil
haché, sel, poivre blanc, muscade, faites fondre
le tout à petit feu dans du consommé, dégraissez
ensuite, servez chaud et arrosez de jus de mouton.

Asperges frites. — Enlevez la partie dure, faites-
les blanchir à l'eau et au sel, retirez-les de l'eau
pour les remettre dans de l'eau fraîche, ce qui
conserve leur verdeur ; retirez-les de cette eau
fraîche, farinez-les, liez-les avec du fil par petites
bottes de six ou sept, passez-les dans de l'œuf
battu, et faites frire.

Asperges à la Monselet. — Faites blanchir comme
ci-dessus la partie tendre, achevez de cuire dans
un jus clair de veau et de jambon, puis liez avec
un morceau de beurre manié de farine.

Ragoût de pointes d'asperges. — Coupez le vert
des asperges que vous avez fait blanchir, mettez-
les en casserole avec coulis de veau, cuisez à petit
feu jusqu'à réduction de la sauce à laquelle vous
ajouterez un peu de beurre et de farine, et liez en
remuant. Un peu de jus de citron donnera une
pointe d'acide.

Asperges au jus. — Ayez du jus de mouton rôti, de gigot, par exemple ; tranchez des asperges et n'en prenez que les pointes ; sautez-les avec du lard fondu ; ajoutez-y persil, cerfeuil haché, sel, poivre blanc et muscade ; faites mitonner le tout à petit feu dans du consommé, dégraissez ensuite et servez chaud en y mêlant votre jus de mouton rôti.

Œufs brouillés aux pointes d'asperges. — Profitez d'un jour où vous aurez du bouillon de poulet ; salez et poivrez vos œufs battus avec les pointes d'asperges ; mêlez-y, pour six œufs un demi verre, pour douze œufs un verre entier de ce bouillon. Puis achevez la cuisson de vos œufs comme d'habitude, et vous reconnaîtrez que l'adjonction de ce verre ou de ce demi-verre de bouillon donne à vos œufs un velouté extraordinaire.

ASPIC. — C'est ainsi que l'on nomme les filets de volaille, de gibier ou de poisson, qui sont enfermés avec des truffes, des œufs durs et des tranches de champignons dans une masse de gelée transparente et solidifiée au moule. L'aspic est une entrée froide, mais les grands maîtres dans l'art de cuisine nient qu'il existe des entrées froides ; aussi recommande-t-on de servir les aspics avec le rôti.

AUBERGINE. — Fruit d'une espèce de solanée. Ce fruit a la forme d'un gros œuf. Les blanches et les violettes sont les meilleures.

Aubergine à la languedocienne. — Fendez en

long vos aubergines, ôtez-en la graine et découpez-en la chair ; salez, poivrez, mettez de la muscade, grillez-les à petit feu et arrosez d'huile fine.

Salade d'aubergine à la provençale. — Pelez les aubergines, émincez-les, faites-en macérer les tranches pendant deux heures avec vinaigre, saumure de noix, sel gris, poivre noir et un peu d'ail ; puis étanchez-les en les pressant pour en extraire l'eau ; ensuite faites-en salade avec du cresson de fontaine et des raiponces, des œufs durs, des olives farcies et quelques filets de thon.

Aubergine à la parisienne. — Enlevez les chairs de quatre aubergines violettes, mais en respectant la peau ; hachez avec blanc de volaille ou chair d'agneau rôti, ou maigre de cochon de lait, ou toute autre viande blanche ou bien cuite ; mettez dans ce hachis 180 grammes de moëlle, ou, si vous le préférez, assaisonnez le tout avec une pincée de muscades, 180 grammes de gras de lard, un peu de sel. Faites entrer dans votre hachis de la mie de pain rassis, délayez avec quatre jaunes d'œufs, remplissez vos moitiés d'aubergines avec cette farce, et faites-les cuire sur la tourtière, en les arrosant avec de la moëlle ou du lard fondu.

AUTRUCHE. — La chair de l'autruche n'est pas très-bonne ; elle est dure et sans aucun goût ; cependant l'aile, qui en est la partie la plus tendre, et les filets bien assaisonnés peuvent encore se manger.

AVOINE. — La semence torréfiée de l'avoine

réduite en farine prend le nom de gruau de Bretagne et a un goût qui se rapproche de celui du
café.

AVELINES. — Sorte de grosse noisette pour-
prée.

AYA-PANA. — Plante du genre des eupatoires,
originaire des îles de France et de Bourbon ; ses
feuilles contiennent un arome infiniment suave et
souverainement fortifiant par diffusion, elles sont
stomachiques, apéritives et sudorifiques. Son infusion se fait comme celle du thé ; mais, comme
son arome est très-puissant, douze ou treize
feuilles suffisent pour une théière de six tasses.
La meilleure façon d'employer ce nouvel aromate
est d'abord de le prendre comme on prend le
thé, et ensuite d'en parfumer des soufflés, des
moufles et des glaces à la crème. L'aya-pana
s'allie admirablement avec les jaunes d'œufs et la
crème.

M. de Courchamps nous apprend qu'on a payé
l'aya-pana près de 300 francs les trente grammes,
et cela dans l'invasion du choléra, pour lequel il
était un excellent tonique ; à présent, on paye le
demi-kilog. 80 ou 90 francs.

AZEROLE. — Espèce de nèfle des pays chauds
où on l'appelle *pommotte* ; c'est le zazor des Arabes.

B

BABA. — Le baba est un gâteau d'origine polonaise, qui doit toujours présenter assez de volume pour être servi comme grosse pièce et entremets, et pour pouvoir figurer pendant plusieurs jours sur les buffets d'*en-cas*.

BAIN-MARIE. — Manière de faire prendre certaines sauces qui, posées directement sur le feu, se coaguleraient trop vite. Le procédé est si connu que nous jugeons inutile d'en donner l'explication. Ce nom de Marie vient de Marie la juive qui inventa le procédé, au V⁰ siècle de l'ère chrétienne.

BANANIER. — Plante des Indes orientales et occidentales. Elle rend aux pauvres gens le même service que chez nous la pomme de terre aux ouvriers. Aux Antilles et à Cayenne on en fait un vin, qui porte le nom de vin de bananes.

BAR. — Poisson de mer qui ressemble à notre

mulet ; très délicat lorsqu'il ne dépasse pas le poids de deux à trois kilos, il devient dur et désagréable à manger lorsqu'il atteint le poids de quinze à vingt kilos. Il n'y a guère qu'une façon de manger ce poisson ; c'est de l'apprêter avec un court-bouillon, composé de 125 grammes de beurre salé, de cinq ou six grandes tiges de persil auxquelles on aura laissé leurs racines, et on le mangera avec une sauce hollandaise.

BARAQUILLE. — Espèce de patisserie, composée d'une farce faite avec des filets de perdrix, de poulardes, des ris de veau, des champignons, des truffes vertes, hachés ensemble, et dans laquelle on ajoute un bon morceau de beurre bien frais et des fines herbes ; on enferme le tout dans une pâte de feuilletage très-légère : c'est un hors-d'œuvre de patisserie de la nature des rissoles.

BARBE DE BOUC. — Plante ressemblant au salsifis et se mangeant cuite à l'eau ou frite, comme ce dernier.

BARBE DE CAPUCIN. — Chicorée sauvage, variété de l'endive, dont on mange les feuilles en salade. La barbe de capucin est la seule salade que les médecins permettent quelquefois aux malades convalescents.

BARBE DE CHÈVRE. — Fleur en rose, espèce de champignons que l'on trouve au pied des arbres ; il a différentes couleurs, rouge ou violet, ou grenat, et n'est pas vénéneux, quoique en général un peu coriace et par conséquent de difficile digestion. On l'emploie comme les champignons ordinaires dans les sauces ; les barbes de chèvre se confisent aussi au vinaigre, après les avoir passées à l'eau bouillante.

BARBEAU, BARBILLON. — Poisson doué de deux noms, mais qui ne fait qu'un ; il est oblong, de grandeur moyenne, couvert de légères écailles, et doit son nom à quelques filaments de chair qui lui servent de moustaches. Ses œufs sont un purgatif assez violent, il n'y a donc pas de mal à les lui tirer du corps avant de le faire cuire, car leur seule présence dans l'animal pourrait amener des inconvénients. Prenez un barbillon de moyenne grandeur, videz, écaillez, et essuyez avec soin ; mettez-le dans un plat de terre, ajoutez quatre cuillerées à bouche d'huile, trois pincées de sel et trois prises de poivre ; une demi-heure après, faites-le griller à feu modéré ; mettez-le sur le plat, couvrez-le avec un hecto de maître d'hôtel, arrosez de citron, et servez.

Vous pouvez manger le barbillon en matelote en l'ajoutant à la carpe et à l'anguille ; il est indispensable à la matelote marinière.

Barbillon à l'étuvé. — Après avoir écaillé et vidé les barbillons, faites cuire au vin rouge, le Bourgogne est le meilleur, avec sel, poivre, girofle, bouquet garni, et un gros morceau de beurre ; quand ils sont cuits, liez un peu la sauce avec un peu de beurre manié de farine ou de farine de riz.

Barbillon au court-bouillon. — Prenez le plus beau barbillon que vous pourrez trouver, videz; n'écaillez pas, mettez dans un grand plat, sel et poivre, et arrosez de vinaigre bouillant, puis faites partir à grand feu, dans une poissonnière, vin, verjus, sel, poivre, clous de girofle, laurier, oignons blancs, zeste de citrons et bouquet garni; après ébullition, faites cuire dans la poissonnière jusqu'à suffisante réduction de bouillon. Ecaillez, dressez sur une serviette et garnissez de cresson.

Barbeau sur le gril. — Videz, écaillez, incisez sur le dos le poisson, frottez avec beurre et sel fin, et grillez. La chose faite, dressez une sauce aux anchois. On peut y ajouter des huîtres marinées. Toutes les sauces, d'ailleurs, vont à ce poisson d'excellent caractère.

BARBOTE. — Poisson de rivière et de lac. Les barbotes qui vivent dans un lac sont moins délicates que celles que l'on pêche dans la rivière. Le foie a une saveur très-agréable; il est fort gros relativement au volume du poisson; quelques gourmands prétendent même qu'il n'y a que le foie de bon à manger.

Limonez votre barbote à l'eau bouillante pour la nettoyer, videz-la et jetez les œufs; faites votre court-bouillon d'avance, parce qu'il ne leur faut qu'une vague de bouillon pour cuire. Petites, les barbotes entrent comme garniture de matelote, bouille-à-baisse, bouride et autres ragoûts de poisson, elles font d'excellentes fritures, et leur foie, dont j'ai déjà parlé, se compare comme finesse à celui de la lotte.

Barbote à la royale. — Videz, écaillez, farinez, faites frire les barbotes ; faites pendant ce temps un roux dans une casserole avec des anchois fendus, sel, poivre, muscade, jus d'oranges amères, câpres, grains de verjus ; faites cuire doucement, entourez de persil et écorces de citrons ; si vous n'avez pas de bigarades.

Barbote à la casserole. — Apprêtez comme à la royale ; mettez le foie à la casserole avec du beurre et une demi-cuillerée de farine ; mettez-y vos poissons, arrosez-les de vin blanc, salez, poivrez, laissez tomber un bouquet de fines herbes, un peu de citron vert, des champignons ; cuisez à point, garnissez de champignons et entourez-les de croûtons frits. Ajoutez-en d'autres de la même façon si vous jugez à propos ; pressez un citron vert et entourez vos barbotes de leur foie, que vous alternerez avec des croûtons de pain passés à la friture.

BARBUE. — A Paris, on donne souvent à la barbue le nom de carrelet ; elle pèse parfois jusqu'à 10 kilogr. Sa chair est ferme et exquise ; les amateurs la préfèrent à celle du turbot ; on ne doit cependant pas en faire excès, étant d'assez difficile digestion.

Videz, lavez, nettoyez l'intérieur de votre barbue ; faites une incision du côté droit jusqu'au milieu du dos, relevez les chairs des deux côtés et enlevez un morceau d'arêtes de trois joints ou nœuds, ce qui donnera de la souplesse et empêchera qu'il ne se fende: mettez de l'eau dans un chaudron en assez grande quantité pour que cette eau, versée du chaudron dans la turbotière, enveloppe entièrement votre barbue; joignez-y une poignée de gros sel, deux feuilles de laurier, du thym, du persil, six à dix oignons coupés par tranches; faites bouillir le tout un quart d'heure, passez au tamis et laissez reposer; versez sur la barbue que vous aurez placée le ventre en dessus, et dont vous aurez frotté le ventre avec du sel et du jus de citron, versez le court-bouillon bien éclairci et laissez lui donner quelques vagues; laissez mijoter une heure sans bouillir, plus si le poisson est très gros. En été, il faut le faire partir à feu vif, car à feu doux il pourrait se corrompre; couvrez-le pendant la cuisson d'une serviette ou d'un papier pour empêcher de noircir; quand il fléchit sous le doigt, il est cuit. La cuisson faite, vous le retirez cinq minutes avant de servir, vous le laissez égoutter; vous le parez sur un plat, le ventre en dessus; vous coupez les extrémités des barbes et le bout de la queue: masquez les déchirures, s'il y en a avec le persil dont vous l'entourez: servez dans une saucière une sauce aux câpres, une autre à l'huile, et une autre, si vous voulez à la hollandaise; on peut le mettre dans l'eau avec 500 grammes de sel blanc, un litre de lait et une pointe de citron; s'il n'est pas très frais mettez-le dans l'eau salée bouillante, et laissez mijoter une heure pour le raffermir.

Barbue marinée à la tomate ou à l'oseille. — Après l'avoir vidée, l'avoir incisée sur le dos pour lui faire prendre la marinade pendant deux heures, avec sel, poivre, verjus, ciboule, citron, poudrez-la de mie de pain et de fine chapelure, faites cuire au four dans une tourtière, et servez sur une purée de tomates ou d'oseille.

Barbue à la béchamel. — Faites bouillir votre court-bouillon composé avec moitié lait, moitié eau, avec des oignons coupés en tranches, du sel, des ciboules, du thym, du laurier, du persil, de l'ail, du girofle et du gros poivre; faites cuire sans gros bouillons et couvrez d'une béchamel au maigre (V. Béchamel).

Barbue à la permesane. — Levez les chairs d'une barbue après qu'on l'a desservie, faites-les chauffer dans une béchamel épaisse, arrangez le tout sur un plat en unissant bien le dessus, panez, saupoudrez de parmesan, faites prendre couleur sous un four de campagne ou avec une pelle rougie; beurre fondu et mie de pain par-dessus.

Barbue à la provençale. — Marinez et faites frire une barbue, levez la chair en filets, et servez avec une sauce aux anchois et des olives.

On sert les petits turbots et les petites barbues au gratin, comme on fait pour les merlans et les limandes.

BARDANE. — Plante ressemblant au chardon,

dont elle se distingue par son involucre presque globuleux, formé d'écailles allongées et droites, terminées à leur sommet par une pointe recourbée en crochet.

En Écosse on l'accommode comme les cardons ou bien on mange ses feuilles en salade. Cet aliment est sain, de saveur agréable, mais il nourrit peu.

BARDES. — Tranches de lard très-minces dont on couvre une pièce qu'on met rôtir. On garnit aussi souvent de bardes le fond des casseroles.

Barder. — Envelopper de bardes de lard : « On barde une volaille, mais on fonce une casserole. » (*Courchamps.*)

BARGE. — Oiseau aquatique, ressemblant au courlis ; il est fort commun en Égypte, où il est fort estimé à cause de l'excellente saveur de sa chair, qui nourrit et se digère bien.

BARNACHE. — Espèce d'oie de passage, qui habite généralement les côtes de la mer. Sa chair est assez bonne à manger, quoique de difficile digestion.

BARTAVELLE. — Un des noms de la perdrix grecque. Sa chair est blanche, fort estimée, quoique d'une saveur résineuse un peu amère ; on la trouve principalement dans les Alpes, quelquefois dans les vallées du Grésivaudan, du Viennois et du Valentinois.

BAVAROISE. — Boisson chaude, qui se fait avec du sirop de capillaire, délayé dans une in-

fusion de thé; selon la substance avec laquelle
elle se confectionne, on l'appelle bavaroise à l'eau,
bavaroise au thé, bavaroise au chocolat. Boisson
adoucissante et soporifique.

BÉCASSE, BÉCASSINE ET BÉCASSEAU. —
C'est le premier des oiseaux noirs et la reine des
marais. Pour son fumet délicieux et la finesse de
sa chair, elle est recherchée des gourmets. Les
bécasses à la broche sont, après le faisan, le rôti
le plus distingué. Des rôties mouillées d'un bon
jus de citron, reçoivent les déjections de la bécasse et sont mangées par les amateurs.

Éléazar Blaze, grand chasseur et en même temps
grand cuisinier, donnait en ces termes son opi-
nion sur la bécasse : « La bécasse est un excellent
gibier lorsqu'elle est grasse ; elle est toujours
meilleure pendant les gelées ; on ne la vide jamais.
En pilant les bécasses dans un mortier, on fait
une purée délicieuse ; si l'on met sur cette purée
des ailes de perdrix piquées, on obtient le plus
haut résultat de la science culinaire. Il ne faut
pas manger la bécasse trop tôt, son arome ne serait pas assez développé, vous auriez une chair
sans goût et sans saveur ; apprêtée en salmis,
son parfum se marie très bien avec celui des
truffes. Mise en broche avec une cuirasse de lard,
elle doit être surveillée par l'œil du chasseur ; une
bécasse trop cuite ne vaut rien. Mais une bécasse
cuite à point, placée sur sa rôtie dorée et onctueuse, est un des morceaux les plus délicats et

7

les plus savoureux qu'un galant homme puisse manger; et lorsqu'il a la précaution de l'arroser d'excellent vin de Bourgogne, il peut se flatter d'être un excellent logicien. »

Bécasse, Bécasseau ou Bécassine à la broche. — Prenez quatre bécasses, flambez-les, épluchez-les et retirez la peau de la tête, retroussez les pattes et percez-les avec leur propre bec. Piquez les maigres, bardez les grasses, traversez-les d'un hâtelet fixé des deux bouts. Disposez sous la broche des rôties de pain, qui recevront la graisse et devront être assaisonnées avec mignonnette, huile verte et citron. La cuisson des bécasses sera d'une demi-heure. Les bécasses seront dressées sur les rôties.

Autre manière de les servir à la broche. — Videz les entièrement par le dos et remplissez-les à moitié de lard rapé, avec persil, échalottes, ciboule, gros poivre et sel; farcissez ainsi vos bécasses, recousez-les, le reste comme ci-dessus. Si c'est pour les Anglais, servez-les avec une sauce au pain.

Salmis de bécasses. — Embrochez trois bécasses, levez-en les membres, procédez pour ce salmis comme pour celui de perdreaux, c'est-à-dire finissez-le un quart d'heure avant de servir, mettez les membres de votre gibier à part, ajoutez à votre sauce une cuillerée à dégraisser de gelée d'aspic, posez-le à plat sur la glace ou sur l'eau sortant du puits, remuez bien cette sauce jusqu'à ce qu'elle

prenne ; une fois à son degré trempez-y les membres des bécasses, les uns après les autres,
dressez-les sur votre plat de service, couvrez-les
du reste de la sauce, garnissez votre entrée de
croûtons passés dans le beurre, décorez-la tout
autour avec de la gelée taillée à facettes.

Bécasses aux truffes. — Prenez des bécasses,
flambez-les, videz-les par le dos, otez-en les intestins. Vous aurez eu le soin d'éplucher d'avance
des truffes, selon la quantité de bécasses que vous
aurez. Ayez soin de faire cuire ces truffes dans du
lard râpé avec sel, poivre, fines épices, ciboule et
persil hachés ; laissez bien refroidir aux trois
quarts, hachez les intestins, mêlez-les avec vos
truffes, remplissez de ce hachis le corps de vos
bécasses, cousez-leur le dos, retroussez-les, bardez-les, mettez-les à la broche ou dans une casserole et faites cuire feu dessus et dessous.

Bécasses à la minute. — Vous les flambez et parez,
vous les mettez dans une casserole avec un gros
morceau de beurre, sur un feu ardent, des échalotes hachées, de la muscade râpée, du sel et du
gros poivre, puis, quand vous les aurez fait sauter
pendant huit ou dix minutes, vous y mettrez le
jus d'un citron, un demi-verre de vin blanc, un
peu de chapelure de pain. Vous les laissez cuire
jusqu'à ce qu'elles aient jeté un ou deux bouillons
et vous servez.

Bécasses à la Périgueux. — Bridez trois bécasses
pour entrée, mettez-les dans une casserole, cou-

vrez-les d'une barde de lard, puis mouillez-les
avec deux décilitres de vin de Madère et quatre
décilitres de Mirepoix; faites cuire les bécasses
égouttez-les et débridez-les. Dressez-les en triangle sur le plat et saucez-les avec une sauce de
Périgueux à l'essence de bécasse. (*Recette de Jules
Gouffé.*)

Hachis de bécasses en croustades. — Faites cuire
trois bécasses à la broche; lorsqu'elles sont froides,
levez-en les chairs, hachez le plus fin possible
après avoir supprimé les peaux, ôtez le gésier du
corps de vos bécasses, pilez-en les débris ainsi
que les intestins, versez dans une casserole un
bon verre de vin de Champagne avec trois ou
quatre échalotes coupées. Lorsque ce vin aura
jeté un bouillon ou deux, mêlez-y quatre cuillerées à dégraisser pleines d'espagnole réduite;
faites bouillir, retirez vos carcasses du mortier,
mettez-les dans votre sauce et délayez-les sans les
faire bouillir; passez-les à l'étamine à force de
bras, ramassez le tout. Mettez dans une casserole
votre purée, tenez-la chaudement au bain-marie.
Faites d'égale grosseur et longueur sept ou neuf
croûtons en cœur ou en rond, le tout de l'épaisseur de trois travers de doigts; faites-les frire
dans du beurre, qu'ils soient d'une couleur agréable, vous leur aurez fait du côté où vous voudrez
les servir une petite incision convenable à leur
forme; videz-les comme vous feriez d'un pâté
chaud, mettez votre hachis dans votre sauce, in-

corporez bien le tout ensemble, ajoutez-y un pain de beurre, goûtez si ce hachis est d'un bon goût remplissez-en vos croustades, dressez-les, mettez sur chacune un œuf frais poché et servez.

Sauté de filets de bécasses. — Prenez quatre, six ou huit bécasses, selon le nombre de vos convives levez leurs filets, mettez-les sur un sautoir avec du beurre à demi fondu, du sel, du gros poivre et du romarin en poudre. Au moment de servir, faites passer sur un feu ardent; égouttez, dressez en couronne, séparez par un crouton chaque morceau. Mettez un verre de vin blanc pour huit bécasses, une feuille de laurier, un clou de girofle ; laissez réduire. Cela fait, ajoutez un demi-verre de vin blanc, une tasse de bouillon, tamisez et versez sur vos filets.

BEC-FIGUE *à la Charcot.* — Commencez par ôter le gésier, puis, prenez par le bec un petit oiseau bien gras, saupoudrez-le d'un peu de sel et de poivre; enfoncez-le adroitement dans votre bouche, sans le toucher des lèvres ni des dents, tranchez tout près de vos doigts et mâchez vivement. Il en résulte un suc assez abondant pour envelopper tout l'organe et dans cette mastication, vous goûterez un plaisir inconnu du vulgaire.

BÉCUNE. — Espèce de brochet de mer, très vorace et très gourmand. La chair du bécune est blanche, ferme, assez grasse et possède les mêmes propriétés alimentaires que celle du brochet;

mais il faut avoir bien soin de s'assurer, avant de
l'apprêter, s'il a les dents bien blanches et le foie
très sain, afin de ne pas risquer d'en être empoi-
sonné.

BEEF-STEAK ou **BIFTECK** *à l'anglaise*. —
Nous faisons notre bifteck avec un morceau de
filet d'aloyau, tandis que les Anglais prennent
pour leurs biftecks ce que nous appelons la sous-
noix du bœuf, c'est-à-dire le rump-steak ; mais
chez eux cette partie du bœuf est toujours plus
tendre qu'elle ne serait chez nous, parce qu'ils
nourrissent mieux leurs bœufs que nous et qu'ils
les tuent plus jeunes que nous ne les tuons en
France. Ils prennent donc cette partie du bœuf
et la coupent par lames épaisses d'un demi-pouce,
l'aplatissent un peu, la font cuire sur une plaque
de fonte faite exprès et avec du charbon de terre
au lieu d'employer le charbon de bois. Le bifteck vrai filet doit se mettre sur un gril bien chaud
avec une braise ardente, ne le retourner qu'une
fois, afin de conserver son bon jus qui se lie avec
la maître-d'hôtel.

Cette partie du bœuf anglais est infiniment plus
savoureuse que la partie avec laquelle nous faisons nos biftecks ; il faut la manger aux tavernes
anglaises, sautée au vin de Madère ou au beurre
d'anchois, ou sur une litière de cresson bien
vinaigrée. Je conseillerais de la manger aux cornichons, s'il y avait un seul peuple au monde qui
sût faire les cornichons. Quant au bifteck fran-

çais, la sauce à la maître-d'hôtel est la meilleure,
parce qu'on y sent dominer la saveur des fines
herbes et du citron ; mais il y a une observation
que je me permettrai de faire : Je vois nos cuisiniers aplatir leurs biftecks sur la table de cuisine,
à coups de plat de couperet ; je crois que c'est une
profonde hérésie qu'ils commettent et qu'ils font
ainsi jaillir hors de la viande certains principes
nutritifs qui joueraient très bien leur rôle dans
la scène de la mastication. (*V.* BŒUF).

BEIGNETS. — D'un mot celte qui signifie
enflure ou *tumeur*. C'est aux croisades que nous
avons fait la connaissance des beignets. Le sire
de Joinville nous apprend qu'en rendant la liberté
à saint Louis, les Sarrasins lui présentèrent des
beignets.

Le beignet est une sorte de pâte frite à la poêle
et qui enveloppe ordinairement une tranche de
quelque fruit. Nous empruntons à Carême la
manière de faire cette pâte :

Pâte à frire à la Carême. — « Mettez dans une
petite terrine 360 grammes de farine tamisée que
vous délayez avec de l'eau à peine tiède, où vous
aurez fait fondre 60 grammes de beurre fin ; vous
inclinez la casserole et vous soufflez sur l'eau afin
de verser le beurre le premier. Vous versez assez
d'eau de suite pour délayer la pâte de consistance
mollette et sans grumeaux ; autrement lorsqu'on
la rassemble trop ferme, la pâte se corde et fait
toujours mauvais effet à la poêle : elle est grise et

compacte ; ensuite vous ajoutez assez d'eau tiède
pour que la pâte devienne coulante et déliée,
quoique pourtant, elle doive masquer les objets
susceptibles d'y être trempés. Enfin, elle doit quitter la cuiller sans effort. Vous y mêlez une pincée
de sel fin, deux blancs d'œufs fouettés bien ferme
et l'employez tout de suite. »

Comme pendant à la pâte dont nous venons de
donner la recette, voici la pâte à la provençale.

Pâte à la Provençale. — Prenez 360 grammes de
farine, deux jaunes d'œufs, quatre cuillerées
d'huile d'Aix ; délayez avec de l'eau froide ; joignez-y deux blancs fouettés et employez.

Beignets de brioche. — Trempez des tranches de
brioches dans du lait sucré, farinez et faites-les
frire.

Beignets de crème. — Prenez un litre de lait,
faites-le réduire à peu près de moitié, laissez-le
refroidir, délayez-y cinq macarons dont un amer,
six jaunes d'œufs, une cuillerée de fleur d'orange,
deux cuillerées de fleur de farine et 125 grammes
de sucre en poudre. Ajoutez à cette pâte épaissie
de l'écorce de citron râpée.

Beignets de pommes. — Vos pommes une fois
pelées et coupées en tranches, macérez-les deux
heures dans de l'eau-de-vie, du sucre et de la
cannelle, égouttez, mettez-les dans une friture
modérée. Lorsque les pommes seront cuites,
sucrez-les et glacez-les. (Même recette pour les

beignets de poires, de pêches, d'abricots et de brugnons.)

Beignets à la Chantilly. — Prenez trois petits fromages à la crème très frais, cassez dans le même vase trois œufs et joignez-y 60 grammes de moelle de bœuf hachée et pilée; ajoutez 500 gr. de fleur de farine, détrempez et mêlez la pâte avec du vin blanc, salez, sucrez avec 30 grammes de sucre râpé, et condensez comme les beignets à la crème.

Beignets aux confitures. — Prenez des pains à chanter de 4 à 5 centimètres de diamètre, ou même découpez-en de plus grands, étendez sur chacun de la marmelade d'abricots ou de prunes; couvrez avec un autre pain à chanter et collez les bords; incorporez dans une pâte à frire au vin blanc trois blancs d'œufs à la neige; trempez-y les beignets, faites frire, égouttez, poudrez-les de sel fin et glacez-les.

Beignets soufflés à la bonne femme. — Mettez dans une casserole 30 grammes de beurre, 125 grammes sucre, un citron vert râpé, un verre d'eau, faites bouillir et délayez en pâte épaisse; remuez jusqu'à ce qu'elle s'attache à la casserole; alors mettez-la dans une autre, et cassez-y successivement des œufs en remuant toujours pour les bien mêler avec la pâte, jusqu'à ce qu'elle devienne molle; mettez-la sur un plat et étendez-la de l'épaisseur d'un doigt; faites chauffer de la friture, et quand elle est médiocrement chaude, trempez-

y le manche d'une cuiller, et avec ce manche enlevez gros comme une noix de pâte que vous faites
tomber dans la friture en la poussant avec le doigt,
continuez jusqu'à ce qu'il y en ait assez dans la
poêle, faites frire à petit feu en remuant sans
cesse; quand les beignets sont bien montés et de
belle couleur, retirez-les pour les égoutter et saupoudrez-les de sucre fin. Ce mets, dont la recette
ne nous appartient pas, est peu en usage aujour-
d'hui.

Autre crème faite au caramel et à la fleur d'orange.
— Mettez 30 grammes de sucre en poudre et une
cuillerée à bouche de fleur d'oranger pralinée
dans un petit poêlon d'office, tournez jusqu'à ce
que le sucre soit devenu brun, mettez-y un demi-
décilitre d'eau pour dissoudre le caramel, beurrez
huit moules à darioles, mettez dans une terrine
des jaunes d'œufs, 125 grammes de sucre en poudre et de caramel ; ajoutez une quantité de lait
que vous mesurerez en remplissant six fois un des
moules à darioles; passez à l'étamine après avoir
mêlé parfaitement, remplissez les moules à darioles avec l'appareil, faites pocher au bain marie à
doux feux dessus et dessous, retirez les crèmes
du feu, laissez-les refroidir et démoulez-les ; coupez chaque crème par le travers en trois parties
égales, trempez chaque morceau dans la pâte à
frire, faites frire, égouttez et saupoudrez de
sucre.

Beignets de céleri. — Épluchez des pieds de cé-

Ieri coupés à 8 ou 10 centimètres de la racine, faites-les blanchir un quart d'heure, mettez rafraîchir à l'eau froide, égouttez, ficelez par quatre entiers et achevez de cuire dans une casserole foncée de lard avec bouquet de persil, un peu de sel, bouillon; couvrez d'un rond de papier, égouttez, pressez; mettez mariner avec sucre et eau-de-vie, trempez dans la pâte dont la recette suit, faites frire, saupoudrez de sucre et servez.

Pâte pour toute sorte de fritures. — Mettez de la farine dans une terrine, faites un trou et versez-y un ou deux jaunes d'œufs, une cuillerée d'huile et une ou deux d'eau-de-vie, plus du sel, remuez d'une main en tournant toujours dans le même sens, et en versant de l'eau peu à peu pour donner une bonne épaisseur. Au moment de vous en servir, ajoutez et mêlez le blanc d'œufs battu en neige, mais ce blanc le rendrait trop claire; faite d'avance et même la veille, elle devient plus légère.

Si c'est pour friture sucrée, telle que beignets, on met très peu de sel et on ajoute de la fleur d'oranger.

Beignets de fruits à la Royale. — Cueillez douze petites pêches de vigne bien mûres et de bonne qualité, séparez-les par moitié, ôtez-en la pelure, sautez-les dans une terrine avec du sucre en poudre et une cuillerée de liqueur de noyaux; deux heures après vous les égouttez, les trempez tour à tour dans la pâte ordinaire, les faites frire [de belle couleur et les glacez dans 120 grammes de sucre cuit au caramel; à mesure que vous les glacez, vous semez dessus une pincée de gros sucre cristallisé. Les beignets de brugnons et d'abricots se préparent de même. Vous pouvez glacer seulement au sucre en poudre et à la pelle rouge, les beignets décrits ci-dessus; on en fait aussi de prunes de Mirabelle et de Reine-Claude, au moyen du même procédé. (*Courchamps.*)

Beignets garnis de fraises à la Dauphine. — Faites votre pâte à brioche, superposez trois belles fraises roulées dans du sucre en poudre, mouillez la pâte autour des fruits et détaillez comme précédemment. Même observation pour les beignets de framboises.

Beignets d'ananas. — Faites macérer vos tranches d'ananas pendant deux heures dans du vin d'Alicante et opérez comme ci-dessus.

Beignets garnis de raisin de Corinthe, à la Dauphine. — Prenez 60 grammes de raisin de Corinthe, épluchez et lavez; faites cuire deux minutes dans 60 grammes de sucre ; vous versez le quart d'une cuillerée sur un fond de pâte à brioche et procédez comme ci-dessus.

Beignets d'oranges de Malte, à la Régence. — Divisez vos oranges par quartiers, jetez-les dans 120 grammes de sucre pour six oranges, laissez mijoter, égouttez, baignez dans la pâte ordinaire, colorez et glacez.

Beignets garnis de pomme d'api, à la d'Orléans. — Tournez des pommes d'api, marquez-les par moitié et les faites cuire dans un sirop; laissez refroidir, trempez chaque moitié de pomme dans une abaisse de pâte à brioche; faites frire, finissez et servez selon la règle.

Beignets de fruits à l'eau-de-vie, à la Chartres. — Vous égouttez vos abricots confits à l'eau-de-vie, vous les coupez par moitié, vous les masquez de pain à chanter, vous les faites frire dans la pâte et vous les saupoudrez de sucre fin.

Beignets de pêches et de prunes. — Procéder de la même façon.

Beignets soufflés à la Vanille. — Mettez une gousse de vanille dans trois verres de lait bouillant, que vous laissez réduire de moitié, vous ôtez ensuite la vanille et ajoutez au lait 90 gram. de beurre d'Isigny. Faites bouillir; mêlez-y assez de farine tamisée pour former une pâte molle que vous desséchez pendant quelques minutes; changez de casserole et délayez votre pâte avec 90 grammes de sucre fin, six jaunes d'œufs et un peu de sel; fouettez trois blancs d'œufs bien fermes et mêlez-les dans l'appareil avec une cuillerée de crème fouettée, ce qui doit vous donner une pâte consistante, presque molle; roulez-la alors sur le tour, saupoudrez légèrement de farine, de la grosseur d'une noix verte en la plaçant à mesure sur un couvercle de casserole. La pâte étant ainsi détaillée et roulée, vous la versez dans la friture peu chaude afin qu'elle se boursoufle bien, et vous rendez le feu plus ardent vers la fin de sa cuisson ; dès qu'elle est colorée de belle couleur, vous l'égouttez sur une serviette, vous la saupoudrez de sucre fin et vous servez de suite.

Vous variez les formes de cette pâte en croissants, en carrés longs et en gimblettes. (*Grimaud de la Reynière.*)

Beignets de blanc-manger-gimblettes. — Même procédé pour la crème. Vous la coupez quand elle est bien froide avec un coupe-pâte et vous en formez des gimblettes, en coupant le milieu avec un coupe-pâte plus petit. Vous conservez les petits ronds que vous retirez des gimblettes et vous les masquez de mie de pain très fine ; vous les trempez ensuite dans quatre œufs battus, vous les égouttez et les roulez de nouveau sur la mie de pain. Les ronds doivent être préparés de la même manière, en plaçant le tout sur des couvercles, et au moment de les servir, vous les faites frire de belle couleur et les saupoudrez de sucre fin.

Beignets de blanc-manger en gimblettes au caramel. — Procédez comme ci-dessus, seulement vos beignets étant colorés d'un beau blond, vous les égouttez parfaitement et les glacez avec du caramel, vous pouvez, à mesure que vous les retirez de la friture, les semer de gros sucre avec des pistaches.

BELETTE. — Sa chair salée a, paraît-il, le goût du lièvre et pourrait servir à l'alimentation, mais dans les cas de nécessité seulement, car elle n'est ni tendre ni agréable.

BÉLIER. — La chair du bélier n'a pas grande valeur en cuisine et est considérée pour l'alimentation, comme la plus mauvaise après celle du bouc ; elle est de difficile digestion, ne nourrit pas et a une odeur fétide très désagréable.

BÉNARI. — Espèce d'ortolan, passager en Languedoc ; il devient très gras, aussi est-il servi sur les meilleures tables.

BENOITE. — Plante de la famille des rosacées, dont le nom signifie *herbe bénite* et vient des vertus médicinales et des propriétés merveilleuses qu'on lui attribue.

Elle passe pour vulnéraire, sudorifique et un peu astringente ; ses racines fraîches sont recommandées dans les cas de catarrhes chroniques ; sèches, on les emploie contre les hémorragies et les fièvres intermittentes. Elle pourrait, paraît-il, remplacer au besoin le quinquina dans certains cas.

En Norwége, on emploie cette plante pour empêcher la bière de devenir âcre ; une très petite quantité, ajoutée au houblon, suffit pour arriver à ce résultat et donner à la bière un parfum fort agréable.

BERGFORELLE. — Ce poisson, dont la chair molle et tendre devient légèrement rouge en cuisant, est très estimé dans le comté de Galles.

BERNARD L'ERMITE. — Espèce de cancre dont la chair est regardée comme un mets très friand; on le fait le plus ordinairement griller dans sa coquille avant de le manger.

BÉTEL. — Plante grimpante des Indes qui fait le principe du masticatoire de ce nom.

De tous les astringents connus, le bétel paraît être le plus énergique, le plus fort, le plus propre à soutenir l'estomac dans un degré de force et de ton nécessaire dans un pays où les sueurs excessives occasionnent des maladies redoutables; il stimule fortement les glandes salivaires et les organes digestifs; il diminue la sueur et prévient la faiblesse qui en résulte; enfin, il doit produire au dedans l'effet salutaire que les bains froids, les frictions huileuses déterminent au dehors.

BETTERAVE. — Espèce de bette ou poirée. Sa racine est couleur de sang au dedans et au dehors, les feuilles surtout; les pétioles sont d'un rouge foncé. La plante contient une plus grande quantité de matière sucrée que toutes les autres, ce qui fit venir, à l'époque du blocus continental, l'idée aux chimistes de substituer le sucre de betterave au sucre de canne.

Il y a cinq espèces de betteraves : la grosse rouge, la petite rouge, la jaune, la blanche et la veinée; c'est celle-là que l'on connaît aujourd'hui sous le nom de betterave champêtre.

On mêle ses feuilles à celles de l'oseille, pour

en adoucir la grande acidité ; on estime ses feuilles larges et blanches, que l'on nomme cardons
et que l'on mange avec plaisir. En hiver, il y
pousse de petites feuilles, qui se mangent en salade. On cuit la betterave au four ou dans la cendre, puis on la conserve dans du vinaigre après
l'avoir fait cuire. Les Allemands la mangent avec
le potage ; dans le Nord, on la fait fermenter et
on s'en sert comme préservatif du scorbut.

Lorsqu'on fait cuire les betteraves au four, et
c'est la meilleure manière de les faire cuire, il
faut d'abord les laver avec de l'eau-de-vie commune ; placez-les ensuite dans le four sur des
grils de cuisine, afin que par aucun point elles ne
touchent à la brique. Il faut que le four soit
chauffé comme pour un gros pain de pâte ferme.
Laissez-les dans le four jusqu'à ce qu'elles y re-
froidissent, et le lendemain faites-les cuire de la
même façon et au même degré de chaleur. La
betterave n'est véritablement cuite, ou plutôt
bien cuite, que lorsque sa peau est presque char-
bonnée.

Betteraves à la Chartreuse. — Coupez des rondelles de betterave jaune, veillez à ce qu'elle soit
bien cuite dans les conditions que nous venons
de dire, mettez sur chacune de ces rondelles une
rouelle d'oignon cru dont vous aurez enlevé le
cœur dans la circonférence d'une pièce d'un
franc, joignez-y de la pimprenelle, du cerfeuil,
de la muscade et du sel blanc, couvrez-les par

une nouvelle tranche de betterave de la même
grandeur que la première ; forcez les oignons et
betteraves d'adhérer par la pression, conduisez-la
comme toute autre friture et servez-la garnie de
persil frit.

La betterave se mange souvent en salade, avec
la mâche, le céleri, la raiponce, mais la meilleure
salade de betterave se fait avec de petits oignons
glacés, des tranches de pommes de terre violettes, des tronçons de fonds d'artichauts, des
haricots de Soissons cuits à la vapeur ; on y met
des fleurs de capucines, du cresson, ce qui constitue une salade que l'on peut opposer comme
sapidité à la salade russe.

La betterave se peut servir encore comme hors-
d'œuvre, avec les olives et les sardines, avec une
sauce de vinaigre à l'estragon, de fines échalotes,
du sel et du poivre, avec un cordon de jaunes et
de blancs d'œufs hachés. Dans ce cas ajoutez un
peu d'huile à l'assaisonnemeent de la betto-
rave.

Betteraves à la Poitevine. — Faites cuire des oignons hachés avec unbon morceau de beurre
manié de farine que vous conduisez jusqu'au roux
brun, joignez-y une pincée des quatre épices,
faites-y réchauffer des tranches de betterave assez
épaisses, et mettez-y au moment de servir une
demi-cuillerée de fort vinaigre d'Orléans.

Betteraves a la crème. — Coupez votre betterave
en tranches très minces, faites-la mijoter dans

une Béchamel (V. sauce Béchamel) où l'on aura soin d'ajouter un peu de coriandre et un peu de muscade.

Betteraves à la casserole. — Mettez des tranches de betterave dans une casserole avec du beurre, persil, ciboule hachée, un peu d'ail et de farine, du vinaigre, sel, poivre ; faites-les bouillir un quart-d'heure. On les sert encore à la sauce blanche.

BEURRE. — C'est une substance grasse, onctueuse, qui se forme de la crème du lait épaissie à force d'être battue. Tous les laits donnent du beurre ; le plus gras et le plus riche vient du lait de brebis.

Dans quelque pays que j'aie voyagé, j'ai toujours eu du beurre frais du jour même. Je donne ma recette aux voyageurs, elle est bien simple et en même temps immanquable. Partout où je pouvais me procurer du lait soit de vache, soit de chamelle, soit de jument, soit de brebis, et particulièrement de brebis, je m'en procurais, j'en emplissais une bouteille aux trois quarts, je la bouchais, je la suspendais au cou de mon cheval, et je laissais mon cheval faire le reste ; en arrivant le soir, je cassais le goulot et je trouvais à l'intérieur un morceau de beurre gros comme le poing qui s'était fait tout seul.

Beurre de Bambuk. — Les Maures et les nègres se servent dans l'alimentation d'un extrait de la graisse végétale que produit le fruit du Bambuk.

L'arbre est de médiocre grosseur, ses feuilles
sont petites et rudes, rendent un suc huileux
quand on les presse, le fruit est de la grosseur
d'une noix, rond et recouvert d'une coque de
couleur blanche, tirant sur le rouge et d'odeur
aromatique.

Beurre de cacao. — On donne le nom de beurre
aux huiles végétales lorsqu'elles sont concrètes.
On extrait ce beurre, dont il est question ici, de
l'amande du cacao, surtout de celui des îles, légèrement torréfié et chauffé dans l'eau bouillante.
La chaleur de l'eau fond cette huile qui se sépare
de l'amande et surnage à la surface du liquide.
Cette huile se fige par le refroidissement et on
purifie ce beurre par deux refontes successives.

Beurre rôti à la Landaise. — Salez d'abord la
bille de beurre, cassez quatre œufs entiers, battez-les en omelette, préparez de la mie de pain
blanche bien séchée, ajoutez un peu de sel fin,
roulez votre bille de beurre dans vos œufs et saupoudrez de mie de pain ; recommencez l'opération jusqu'à l'absorption des œufs ; mettez votre
beurre en broche ; à la cuisson, la croûte devient
ferme et vous en formez une croustade que vous
servez en place de pain pour les huîtres. Buvez
du vieux Barsac, mais n'arrosez pas avec. (*Formule de M. Vuillemot.*)

BIBE. — Poisson des mers d'Europe dont la
chair est excellente et de facile digestion. Il ressemble au merlan et s'apprête comme lui.

BIÈRE. — La bière est une des boissons les plus anciennes et les plus répandues ; les Egyptiens passent pour l'avoir connue les premiers. C'est certainement après le vin la meilleure liqueur fermentée, elle est infiniment plus répandue que ce dernier et se fabrique dans tout l'univers.

On la prépare avec de l'orge germée et séchée, du houblon, sans lequel la liqueur s'altèrerait promptement et de l'eau ; dans quelques pays, on la fait avec du froment, ou du seigle, ou du maïs ou bien encore du millet, mais la plus estimée est celle qui est préparée avec de l'orge qu'on a fait germer pour y développer un principe sucré, et torréfier afin de lui donner de l'amertume et de la couleur.

Plus on fait bouillir la bière et plus elle se conserve ; le houblon, qui y entre pour une grande partie, la rend par son amertune plus savoureuse et l'empêche de s'aigrir.

Nous avons dit qu'il fallait employer de l'orge germée ; trois conditions sont nécessaires pour que la germination ait lieu : de l'humidité, une certaine température et la présence de l'air. Pour cela, on fait tremper une certaine quantité d'orge dans un grand bassin en pierre ou en bois dans lequel on a mis de l'eau suffisamment pour recouvrir entièrement l'orge qu'on veut faire tremper jusqu'à ce que les grains s'écrasent entre les doigts. On renouvelle deux ou trois fois

l'eau du bassin pendant le cours de l'opération,
qui dure environ quarante heures, et quand les
grains sont arrivés au point convenable de gonflement, on soutire l'eau et on en passe une dernière pour les laver; on laisse égoutter les grains
qui lentement continuent à se gonfler, et au
bout de huit heures en été et de quinze en hiver
on retire l'orge que l'on réunit en tas, dans lesquels il se développe bientôt de la chaleur, et on
voit peu de temps après de petits points blancs
se former à l'extrémité du grain, ce qui dénote
la germination ; on remue ce tas de temps en
temps pour bien exposer toutes les parties à l'air,
puis, lorsque le grain est bien sec, on le met dans
un endroit également sec, où il se trouve exposé
à une température suffisante pour le torréfier légèrement ; on passe ensuite l'orge dans des cri-
bles pour en séparer tous les germes desséchés
et on la broie ensuite sous des meules, de façon
à obtenir une espèce de farine que l'on place
dans des cuves en bois faites exprès, on fait arriver dans ces cuves de l'eau à 40° en remuant
bien toute la masse afin que l'orge se mêle avec
l'eau, puis on laisse reposer un peu et on ajoute
encore de l'eau plus chaude, de façon à faire
monter la chaleur à 50°, on continue d'agiter, on
jette à la surface une certaine quantité de farine
de malt très-fine, on couvre bien la cuve et on
abandonne la liqueur à elle-même pendant quelques heures, puis on la retire et on la verse dans

une chaudière en y versant du houblon à mesure
que le moût de bière y arrive, on porte ainsi la
liqueur jusqu'à l'ébullition, puis on la fait refroidir dans des bacs, en prenant bien soin que le
moût ne s'aigrisse pas, et pour cela nous conseillons de faire passer la liqueur dans un appareil
où elle se trouve refroidie à mesure par un cou-
rant d'eau froide qui circule dans une double
enveloppe en sens inverse du moût, ce qui le fait
refroidir très promptement et l'empêche de s'aigrir.

Le moût de bière abaissé à une température
convenable, on y ajoute de la levure; bientôt une
fermentation s'y développe plus ou moins rapidement, selon la température; alors on soutire
la bière dans les tonneaux où la fermentation
s'achève après qu'une écume épaisse formée par
la levure s'est déversée au dehors; arrivée à ce
point, il suffit, pour que la bière puisse être bue,
de la clarifier avec de la colle de poisson et de la
tirer en bouteilles.

Les bières les plus estimées aujourd'hui à Paris, sont celles du Nord, de Lyon, de Strasbourg,
et depuis l'exposition, la fameuse bière de Vienne,
fabriquée par M. Dreher. Nous citerons aussi le
porter de Londres, l'ale d'Édimbourg, la bière
rouge d'Amsterdam et de Rotterdam, la bière
brune de Cologne, le faro de Bruxelles, la bière
de Louvain, celle de Morlaix, etc.

La bière est une boisson qui demande à être

tirée avec beaucoup de soins ; il ne faut pas manquer de bien rincer chaque fois les bouteilles, de n'employer que des bouchons neufs, de coucher les bouteilles au bout de trois jours et de les laisser ainsi sept à huit jours ; moyennant, cela votre bière se conservera longtemps.

Dans tout le nord de l'Europe, on fait avec la bière une soupe très substantielle et plus saine que la plupart des aliments usités chez les paysans, et tout le monde sait que le potage indigène et national de la Russie est cette fameuse soupe à la bière que Carême, alors qu'il était maître d'hôtel de l'empereur Alexandre, lui fit servir à tous les repas, lors de son séjour à Paris.

(Voir pour ce potage l'article *Soupe à la bière à la berlinoise*).

La bière, suivant le grain qu'on a employé pour la faire et le degré de fermentation où elle est arrivée, est plus ou moins bonne à la santé. La bière est en général nourrissante et rafraîchissante, mais elle cause quelquefois des viscosités, de la difficulté de respirer, des obstructions et des embarras dans les reins ; au reste cela dépend des tempéraments et beaucoup de personnes qui font un usage fréquent 'de la bière, s'en trouvent très bien.

BIGARADE. — Sorte de citron trop amer pour être mangé cru. On en fait des confitures agréables ; son suc, comme celui du verjus, sert à assaisonner une foule de mets.

Bigarade (en compote). — Aplatissez, dans un compotier, mais sans les écraser tout à fait, 250 grammes de marrons glacés, exprimez le jus de quatre bigarades grillées et mêlez-y un peu de sucre en poudre, avec une demi-cuillerée de curaçao, tournez, faites chauffer au bain-marie et versez sur les marrons, faites refroidir cette préparation, mais il faut toujours que le sirop soit bouillant quand on le transvase, afin que les marrons s'en laissent imprégner.

BIGARREAU. — Espèce de cerise bigarrée de rouge et de blanc; sa chair est ferme, et quoique mûre, elle reste croquante. Le bigarreau donne dès la mi-juillet, et se mange à demi-rouge. Il n'est d'ailleurs d'aucun usage culinaire.

BISCOTIN. — Pour opérer ce vieux mets de religieuse, on prendra en proportion du sucre à la plume, on y mêle une pâte saupoudrée de sucre, pilée dans un mortier avec blanc d'œufs, eau de fleur d'oranger et un peu d'ambre; le tout étant bien incorporé se roule en petites boules qu'on jette dans une poêle d'eau bouillante; on les égoutte et on les cuit à feu ouvert.

BISCOTTES. — Faites des brioches en couronnes plates, coupées par tranches minces et faites dessécher au four à petit feu, forcez un peu la levure et servez-les beurrées et sucrées avec le thé.

BISCUITS. — Pâtisseries fines et légères, composées d'œufs, dont les blancs doivent être battus jusqu'à lassitude de poignet, avec du sucre, de la fleur de farine ou de la fécule de pommes de terre, et quelques aromates ou d'autres substances que l'on incorpore dans la pâte.

Biscuit de Savoie. — Prenez douze œufs frais, séparez les jaunes des blancs, en ayant soin d'enlever tout le germe de l'œuf, c'est-à-dire le blanc (ce qui vous donne sur douze œufs beaucoup de neige), mettez les jaunes dans une terrine, ajoutez 500 grammes de sucre pilé bien sec, mettez votre essence vanille ou citron zesté ; prenez deux spatules, battez bien vos jaunes jusqu'à ce qu'ils blanchissent et que la pâte se boursoufle ; après manipulation, ajoutez 200 grammes de farine de gruau, 100 grammes de fécule de pommes de terre, faites bien sécher le tout ensemble ; passez au tamis de soie, amalgamez farine et fécule dans vos jaunes et lissez la pâte.

Prenez vos blancs dans un bassin d'office ; à l'aide d'un fouet en buis, fouettez doucement pour commencer, et lorsque vos blancs sont bien fermes, à l'état de neige, ajoutez-les aux jaunes d'œufs, ayant soin, avec une simple spatule, de manier la pâte légèrement et de la rendre malléable à entonner dans une bouteille ; faites clarifier un peu de beurre ; à l'aide d'un pinceau, beurrez bien toutes les parties du moule, laissez refroidir, saupoudrez avec de la glace de sucre bien sèche l'intérieur du moule, incorporez votre pâte dedans, à deux centimètres de la hauteur du

moule en le frappant sur votre genou, pour que
la pâte tienne bien au moule, mettez à four
doux ; deux heures de cuisson suffisent, démoulez, et la glace de votre sucre fera sortir du moule
un biscuit bien glacé et d'un jaune mat.

C'est ainsi que nous procédions avec MM. Allain
et Chrétien, deux pâtissiers émérites, attachés à
la maison du feu roi Charles X. Tous deux m'ont
donné les principes de la pâtisserie. (VUIL-
LEMOT).

Biscuit manqué. — Le biscuit manqué se fait à
seize œufs au lieu de douze ; même procédé que
ci-dessus, seulement ajoutez, après une manipulation légère, 250 grammes de bon beurre d'Isigny fondu dans la pâte, remuez le tout ensemble
et beurrez une caisse carrée de quatre centimètres de hauteur, renversez votre pâte dedans,
mettez à four doux ; après cuisson, prenez des
amandes hachées, sucrez-les, ajoutez deux blancs
d'œufs, faites-en une pâte, mouillez le dessus du
biscuit avec de l'œuf battu sur la surface, étendez
votre appareil dessus d'égale épaisseur, laissez
praliner au four doux, — découpez et détaillez
par petits gâteaux carrés ou ovales et dressez sur
une serviette. Cet entremets de pâtisserie est très
bon.

Biscuit aux pistaches. — Prenez 250 grammes de
pistaches bien fraîches, treize blancs d'œufs, neuf
jaunes, 50 grammes de farine séchée et passée
au tamis, enfin 50 grammes du plus beau sucre

que vous pourrez trouver, battez à part les jaunes avec le sucre, fouettez les blancs en neige, mêlez les blancs et les jaunes, répandez la farine sur le tout, ajoutez la pâte de pistaches et peignez ce mélange avec du vert d'épinards ; on verse dans des caisses de papier et on en glace le dessus au sucre et à la farine, on fait cuire dans un four peu chaud ou sous un four de campagne.

Biscuit aux amandes. — Les biscuits aux amandes avelines, noisettes, se font par la même méthode, sinon qu'il faut y ajouter un peu de fleur d'oranger pralinée en poudre ou de la râpure de citron vert, en retrancher le suc d'épinards.

Biscuits à la cuiller. — Faites une pâte plus légère que pour le biscuit de Savoie, seize œufs au lieu de douze, 500 grammes de sucre, maniez légèrement la pâte et couchez sur le papier avec une chausse. Glacez les biscuits au four doux pour laisser grêler le sucre dessus, attendez deux minutes avant de mettre au four.

Biscuits au chocolat. — Prenez douze œufs, 300 grammes de farine, 650 grammes de sucre, 90 grammes de chocolat fin à la vanille, le tout en poudre, battez les jaunes avec le chocolat et le sucre, ajoutez-y les blancs battus en neige, incorporez-y la farine, en remuant sans cesse, mettez la pâte en moule et glacez comme ci-dessus.

Biscuits à couper. — Quand vous aurez battu dix jaunes d'œufs dans une terrine avec 500 gr.

de sucre pulvérisé, un peu de sel, de fleur d'oranger et de zeste de citron, vous les mêlerez avec les blancs bien fouettés, passez dessus, en maniant légèrement, 60 grammes de farine sèche dans un tamis de crin, dressez vos biscuits dans une caisse de papier, glacez-les et mettez-les dans le four à feu doux pendant une heure au moins, retirez-les et, quand ils seront froids, coupez-les ; puis, si vous voulez en faire des biscuits à la bigarade, au cédrat, à l'orange, frottez votre fruit sur un morceau de sucre en pain pour qu'il prenne le zeste ; mettez ce parfum dans la glace et glacez-en vos biscuits avant de les mettre à l'étuve ; on peut encore les glacer à la fraise, à la framboise, à la groseille, en mêlant dans la glace les chairs de ces fruits écrasées et tamisées.

Biscuits soufflés à la fleur d'oranger. — En mêlant du sucre en poudre passé au tamis avec un blanc d'œuf frais séparé du jaune, faites une glace de suffisante consistance. Quand elle sera à point, mêlez-y trois ou quatre grammes de fleur d'oranger pralinée ; remplissez de cette préparation de très petits caissons de papier, faites cuire à feu doux et retirez, quand ils auront acquis de la consistance.

Petits biscuits soufflés aux amandes. — Faites praliner 250 grammes d'amandes douces coupées en petits dés, mêlez-les avec une pincée de fleur d'oranger pralinée, dans une glace royale, faite avec deux blancs d'œufs bien frais, encaissez et

9.

faites cuire vos biscuits comme ci-dessus. Les
petits biscuits soufflés au rhum, au vin d'alicante,
aux liqueurs des îles, à la crème, se préparent de
la même manière, c'est-à-dire au moyen de la
même pâte.

Biscuits à la génoise. — C'est un biscuit croquant et le type de tous les autres. Prenez 500
grammes de farine, 120 grammes de sucre, de la
coriandre et de l'anis en poudre, ajoutez quatre
œufs et quantité suffisante d'eau tiède, pour faire
une pâte levée ; faites cuire dans la tourtière,
coupez ensuite en tranches et faites *biscuire*.

Biscuits à la mère Jeanne. — Faites une pâte de
médiocre consistance avec deux blancs d'œufs,
quatre cuillerées de sucre en poudre, deux cuillerées de farine et 30 grammes de fleur d'oranger
pralinée en poudre. On prend de cette pâte plein
une cuiller à café, et on la couche sur des feuilles
de papier en formant des ronds de la grandeur
d'une pièce de cinq francs. On les met au four,
et on les retire lorsque les biscuits ont pris une
belle couleur ; pour les détacher du papier, on
mouille la feuille par derrière avec une éponge ;
on dépose les biscuits sur un tamis pour les faire
sécher et on les conserve dans des bocaux.

Biscuits à l'ursuline. — Prenez seize blancs
d'œufs, six jaunes, la râpure d'un citron, 180
grammes de farine de riz, 300 grammes de sucre
en poudre, 60 grammes de marmelade de pomme,
60 grammes d'abricots, 60 grammes de fleur

d'oranger pralinée. Pilez dans un mortier les marmelades et la fleur d'oranger, ajoutez-les ensuite aux blancs d'œufs fouettés en neige, battez les jaunes avec le sucre pendant un quart-d'heure, mélangez le tout et battez encore. Lorsque le mélange est parfait, ajoutez la farine et la râpure de citron, dressez dans des caisses et faites cuire à un feu très modéré. Avant de mettre les biscuits au four, saupoudrez-les de sucre passé au tamis de soie. Et faites servir.

BISET. — Espèce commune de pigeon; le biset mangé jeune est beaucoup plus tendre que le ramier et plus succulent que la grosse espèce appelée pigeon de pied. On le mange à la crapaudine, rôti, aux pois, de la même façon enfin que l'on mange les autres pigeons. A la broche, il est important de l'envelopper d'un triple rang de feuilles de vigne recouvert de bardes de lard.

BISHOP. — Liqueur dont les Anglais réclament l'invention et qu'ils ont appelée bishop, c'est-à-dire évêque. On appelle ainsi l'infusion de suc d'orange et de sucre dans un vin léger; c'est une boisson fort en usage en Allemagne.

BISON. — Le bison, ou bœuf sauvage, habite dans toutes les parties tempérées de l'Amérique septentrionale et produit avec nos vaches.

La viande du bison, coupée en larges et minces tranches, se fait sécher au soleil, à la fumée, et devient alors très savoureuse, elle se sale et se conserve plusieurs années, comme celle du jambon. Elle a la même saveur que celle du bœuf avec un petit goût âcre et sauvage qui la rapproche de celle du cerf; dans les vaches, ce sont la bosse et les langues que l'on estime le plus, elles sont très bonnes à manger fraîches, soit bouillies soit rôties.

Les marchands de comestibles de Paris, vendent des langues de bison conservées, dont le goût est excellent et qu'on mange bouillies.

BISQUE. — *Bisque d'écrevisses* (potage). — Lavez cinquante écrevisses: jetez-les dans une casserole, ajoutez une mirepoix composée de carottes émincées, oignons en rouelle, un bouquet garni, assaisonnez de sel, poivre, un peu de piment en poudre; mouillez avec une grande cuiller à pot de consommé et un verre de madère, après cuisson, retirez la chair des queues, coupez-les en dés et mettez-les à part. Faites blanchir 125 grammes de riz, faites-le crever au consommé, ajoutez-le aux carapaces d'écrevisses et à la mirepoix; pilez le tout dans un mortier, mouillez et passez le tout à l'étamine; ajoutez à votre purée le bouillon de vos écrevisses, tournez-la sur le fourneau avec une cuiller de bois, retirez-la avant son ébullition et enlevez la pulpe de votre purée; ajoutez un morceau de beurre frais, mettez-le avant de le servir au bain-marie, ajoutez avec vos queues d'écrevisses des petits croutons en dés passés au beurre, mettez le tout dans une soupière, versez le potage dessus et servez bien chaud. (VUILLEMOT.)

Bisque à la normande (ou potage aux pouparts),
— Faites cuire vingt minutes, avec de l'oignon,
du persil et des tranches de carottes, deux douzaines de petits crabes dans une eau salée, laissez refroidir dans leur cuisson, égouttez sans les
éplucher, pilez-les dans un mortier en y joignant
gros comme un œuf de mie de pain tendre ou
deux cuillerées de riz cuit à la vapeur; mouillez
cette pâte avec du consommé si c'est au gras, avec
des quatre' racines si c'est au maigre; faites-la
passer à l'étamine, puis, faites-la bien chauffer
au bain-marie en y ajoutant votre bouillon gras
ou maigre. Ces crustacés doivent-être de ceux
qu'on appelle pouparts sur la côte de Normandie,
ils contiennent plus d'œufs et de laitance que tous
les autres petits crabes connus sous d'autres
noms.

BLANC. — On appelle ainsi une composition
dont l'usage est souvent ordonné dans les formules culinaires: faites bouillir dans une petite quan
tité d'eau du lard râpé, des tranches de carottes,
autant d'oignons, une feuille de laurier, du persil
en branche, et un nouet de toile fine où vous
aurez mis du poivre en grains et quelques clous de
girofle; il faut laisser bouillir le tout en le tournant
sans cesse jusqu'à ce que l'eau soit entièrement
évaporée, mouillez alors avec une plus grande
quantité d'eau, faites bouillir de nouveau, écumez
avec soin et conservez cette préparation dans une
terrine pour vous en servir suivant la formule.

BLANC-MANGER (suivant l'ancienne recette).
— Pilez 125 grammes d'amandes mondées en y
joignant un peu d'eau, pour empêcher la séparation d'huile, ajoutez-y un litre de consommé
fait sans légumes et complètement dégraissé; à
la place des légumes on met, dans le pot où se
fait le consommé, deux clous de girofle, un bâton
de cannelle et un peu de sel; quand le bouillon
est bien mêlé avec les amandes on y ajoute 60
grammes de blanc de volaille rôtie, hachée et
pilée, après qu'on en aura ôté la peau, les tendons
et les os; au lieu de volaille on peut se servir de
veau rôti, on peut ajouter aussi gros comme un
œuf de mie de pain mollet, ce qui rendra le blanc-
manger plus épais. Le tout bien mêlé, on étamine
en tordant, et on reverse ce qui a passé sur le
marc en tordant encore pour en extraire tout ce
qui peut en être extrait; on verse ce qui a passé
dans un poêlon en y ajoutant le jus d'une orange
et 125 grammes de sucre; on met le poêlon sur
un feu vif, on remue d'abord pour que le blanc-
manger s'épaississe, et on le laisse un peu reposer, ensuite on le remue de temps en temps avec
une cuiller, il est cuit quand il est pris.

Blanc-manger frit. — Prenez une casserole avec
un demi-litre de crème, un quart de farine de riz,
des zestes de citron hachés et un peu de sel, laissez sur le feu trois heures en remuant par intervalles. Quand votre préparation sera presque
cuite, ajoutez-y du sucre, quatre massepains et six

macarons écrasés ; achevez de faire cuire, cassez
et incorporez avec elle trois œufs l'un après l'autre,
faites lier cette pâte, étalez-la sur un couvercle
fariné, poudrez de farine, et laissez-la refroidir.
Divisez-la en petites carrés, faites-en de petites
boules, faites chauffer la friture dans une poêle, et
au moment de servir, mettez-la dans une passoire
dans laquelle vous aurez versé vos pâtes, remuez
souvent la passoire et dès que vos boules auront
une belle couleur, retirez-les, dressez-les et saupoudrez de sucre. On peut hacher des blancs de
volaille rôtie et les incorporer dans cette préparation.

BLOND DE VEAU. — *Blond de veau à la Duchatelet.*
— Garnissez le fond d'une casserole avec des tranches de veau, ajoutez-y des abatis de volaille avec
un peu de beurre ou du lard fondu, des oignons,
des carottes et un bouquet garni : mouillez avec
une cuillerée de bouillon, laissez réduire sans laisser attacher, mouillez encore avec du bouillon en
suffisante quantité pour que tout soit couvert,
faites bouillir et écumez, ensuite amortissez le feu
et faites recuire doucement pendant deux heures.

Faites séparément un roux blanc, passez-y des
champignons pendant quelques minutes, et versez-y le jus de la viande en remuant toujours,
pour que le roux se mélange intimement, faites
bouillir et écumer, et tenez la casserole sur un
feu doux pendant une bonne heure, passez à l'é-
tamine après avoir dégraissé.

Blond de veau à la parisienne. — Prenez deux
casis et deux jarrets de veau, mettez-les dans une
casserole avec quatre oignons que vous mouillez
avec deux cuillerées de bon bouillon. Vous posez
le tout sur un fourneau tout allumé ; quand le
bouillon qui est dans la casserole est réduit, vous
transportez la casserole sur un feu doux, où votre
veau devra suer sans que la glace ait le temps de
s'attacher. Quand la glace du fond de la casserole
est de belle couleur, vous la remplissez de bouillon soigneusement écumé et surtout n'assaisonnez pas.

Blond de veau à la Beauvilliers. — Beurrez le
fond d'une casserole, mettez-y quelques lames de
jambon, deux à trois kilos de veau de bonne qualité, deux ou trois carottes tournées, autant d'oignons, mouillez le tout avec une cuillerée de
grand bouillon, faites-le suer sur un feu doux, et
réduire jusqu'à consistance de glace ; quand elle
sera d'une belle teinte jaune, retirez-la du feu,
piquez les chairs avec la pointe d'un couteau pour
en faire sortir le reste du jeu, couvrez votre blond
de veau, laissez-le suer ainsi un quart d'heure,
et mouillez-le de grand bouillon, selon la quantité
de vos viandes, mettez-y un bouquet de persil et
ciboule, assaisonné de la moitié d'une gousse
d'ail et piqué d'un clou de girofle, faites bouillir
ce blond de veau, écumez-le, mettez-le mijoter
sur le bord d'un fourneau ; vos viandes cuites,
dégraissez-le, passez-le comme il est dit à l'arti-

cle précédent, et servez-vous comme de *l'empotage*, pour le riz, le vermicelle et même vos sauces. (*Recette de M. Beauvilliers.*) Non seulement avec cette recette on peut faire d'excellents potages, mais un bon velouté et une bonne espagnole (*voir* SAUCES).

BŒUF. — Nous allons indiquer quelques-unes des nombreuses manières d'accommoder le bœuf et de le manger.

Les parties les plus recherchées sont la culotte, l'aloyau, la noix, les entre-côtes, les côtes et la poitrine ; l'épaule, que les bouchers nomment paleron, est inférieure aux parties élancées, le flanchet, le collier et la tête sont les parties les moins estimées comme le filet mignon est ce qu'il y a de plus délicat ; laissons de côté la cervelle qui est rarement bonne chez le bœuf, attendu l'habitude qu'on a en France de les assommer. On fait de la langue et du palais sous diverses formes des mets assez délicats, les rognons sont ce qu'il y a de plus grossier dans le bœuf, quoique ce soit souvent avec eux que l'on fasse des rognons au vin de champagne ; comme il semble que la destination naturelle du bœuf soit de faire du bouillon, commençons l'énumération des plats qu'il fournit par celle de bœuf bouilli.

Le bœuf bouilli est fort méprisé des gastronomes, qui l'appellent de la viande sans jus ; mais il est la providence des pauvres gens et des petits ménages, à qui il fournit, non seulement le

dîner du jour, mais le déjeuner du lendemain.

Nous dirons plus tard, à l'article bouillon, la
manière de faire le bouillon le meilleur possible;
ici nous ne nous occupons que du bœuf.

La manière la plus habituelle de servir le bœuf
et hâtons-nous de dire que, dans ce cas, le morceau qui offre le plus de sapidité est la pointe de
culotte, la manière, disons-nous, la plus habituelle de servir le bœuf, est, après l'avoir fait
égoutter, de le servir sur un plat entouré soit de
persil, soit de pommes de terre frites, soit d'une
sauce tomate, soit d'oignons glacés; vous trouverez tous ces accompagnateurs fidèles du bœuf,
chacun à sa lettre.

Bœuf garni aux choux. — Prenez deux ou trois
choux, coupez-les par quartiers, lavez-les, faites-
les blanchir; lorsqu'ils seront blanchis, rafraîchissez-les, ficelez-les, mettez-les dans une marmite,
mouillez-les avec du bouillon, si vous avez une
braise ou quelques bons fonds servez-vous en,
ajoutez-y quelques carottes, deux ou trois oignons,
dont un piquet de trois clous de girofle, une
gousse d'ail, du laurier et du thym; de plus,
pour que vos choux soient bien nourris, ajoutez-
y le derrière de votre marmite, laissez mijoter
trois ou quatre heures, égouttez vos choux sur un
linge blanc, pressez-les pour en faire sortir la
graisse en leur donnant la forme d'un rouleau à
pâte, dressez-les autour de votre pièce, masquez-

la, ainsi que vos choux, avec une espagnole réduite et servez.

Pièce de bœuf au pain perdu. — Si vous n'avez pas une culotte de bœuf, prenez un aloyau ou seulement une partie, levez le filet mignon, il vous servira pour faire une entrée, dressez le reste, ficelez-le, roulez-le en manchon, marquez-le comme une pièce de bœuf ordinaire et faites-le cuire, coupez des lames de pain mollet en queue de paon ou en cœur, cassez trois œufs, battez-les comme une omelette, assaisonnez d'un peu de sel de crème, trempez-y vos lames de pain, faites-les frire dans du beurre, ayez soin de les retourner les unes après les autres lorsqu'elles seront d'une belle couleur, égouttez-les sur un linge blanc, la cuisson de votre pièce de bœuf ou d'aloyau étant achevée, égouttez-la, après l'avoir déficelée, vous la poserez sur le plat, vous rangerez autour d'elle vos lames de pain, faites sauter le tout, soit avec une espagnole, soit avec une sauce hachée, et servez.

Pièce de bœuf à l'écarlate. — Prenez tout ou partie d'une culotte de bœuf, laissez-la se mortifier trois jours au plus; désossez, lardez, avec assaisonnement : persil, ciboules, poivre et épices, frottez de sel très sec tamisé avec 30 ou 60 grammes de salpêtre purifié, mettez votre pièce dans une terrine d'office, avec genièvre, thym, basilic, ciboule, ail, clou de girofle et oignon, enveloppez d'un linge et couvrez-la d'un

vase, laissez-la ainsi huit jours, retournez-la
et couvrez-la avec le même soin, et laissez-la
encore trois ou quatre jours, ensuite retirez-la
et faites-la égoutter, mettez dans une marmite
de l'eau, assaisonnée de carottes, oignons et
d'un bouquet, faites-la partir, et lorsque votre
eau sera au grand bouillon, mettez-y votre culotte, après l'avoir enveloppée d'un linge blanc,
que vous ficellerez, faites-la cuire ainsi pendant
quatre heures sans interruption, après retirez-la
pour la placer dans une terrine de sa forme, jetez
dessus l'assaisonnement dans lequel elle a cuit,
et laissez-la refroidir, servez-la sur une serviette
comme un jambon, avec du persil vert autour.

Si vous la voulez servir chaude, mettez-la sur
un plat comme une pièce de bœuf, avec un bon
jus de bœuf corsé, et autour du raifort ou du cran
râpé.

Rosbif, ou *rond-bif* ou *corne-bif.* — Prenez un morceau gras de cuisse de bœuf, coupez au-dessus de
la culotte, de façon que le gros os se trouve au
milieu, sciez cet os, faites sécher et piler 1 à
2 kilos de sel, tamisez ce sel, mêlez-y un peu
d'épices fines et d'aromates en poudre, frottez-en
toutes les parties de votre bœuf, mettez-le dans
une grande terrine de grès avec le restant de
votre assaisonnement ; couvrez-le d'abord d'un
linge, fixez ce linge avec de la ficelle autour de la
terrine et couvrez-le bien, mettez-la au frais trois
ou quatre jours; après, retournez dans son assai-

sonnement votre pièce de bœuf, faites-en de
même tous les deux jours, durant huit ou neuf
jours. Lorsque vous voudrez vous en servir, retirez-la, laissez-la égoutter et ficelez-la, mettez
de l'eau dans une casserole ronde, avec navets,
carottes, oignons, quatre clous de girofle, quatre
feuilles de laurier ; faites bouillir cet assaisonnement et mettez-y votre pièce de bœuf, posez-la
sur une feuille de turbotière, afin de pouvoir l'enlever, sa cuisson faite, sans la casser, faites-la
bouillir durant trois heures, retirez-la, dressez-la
sur votre plat, garnissez-la des légumes avec
lesquels elle aura cuit, et servez-la avec deux
saucières, une de sauce au beurre et l'autre de
jus de bœuf. Surtout n'oubliez pas deux pieds de
veau désossés pour gélatine.

Bœuf à la mode, à la bourgeoise. — Prenez de
préférence le milieu de la culotte ou tranche
grasse, lardez-la de gros lard, mettez-la dans une
terrine avec deux carottes, quatre oignons dont
un piqué de deux clous de girofle, ail, thym,
laurier, sel et poivre, vous verserez sur le tout un
grand verre d'eau, un demi-verre de vin blanc ou
une cuillerée d'eau-de-vie, faites cuire jusqu'à
ce que votre viande soit très tendre, ensuite dégraissez, passez votre jus au tamis, et servez; il
faut cinq ou six heures pour faire un bon bœuf à
la mode.

Langue de bœuf, sauce hachée. — Il faut la mettre
pendant vingt-quatre heures dégorger à l'eau

fraîche en la changeant plusieurs fois d'eau,
plongez-la plusieurs fois dans l'eau bouillante
pour la blanchir, râtissez-la pour enlever la peau
et la parer, piquez-la de gros lardons, assaisonnez-les de poivre, de sel, de muscade, persil, échalotes hachées, faites-la cuire cinq heures dans
une braise.

Composition de la braise. — Garnissez une braisière ou une daubière de bardes de lard, d'un pied
de veau découpé, pour rendre la sauce gélatineuse, à défaut de pied de veau, prenez un bon
morceau de couenne de lard salé, mettez sel,
poivre, bouquet de persil, ciboule, thym, laurier,
clous de girofle, oignons et carottes, mettez sur
cet assaisonnement votre langue de bœuf, ajoutez
un verre de vin blanc, un demi-verre d'eau-de-
vie, un verre d'eau ou de bouillon, couvrez d'un
papier beurré, recouvrez bien hermétiquement
votre casserole, afin qu'il n'y ait point d'évaporation, faites cuire à petit feu pendant plusieurs
heures, puis retirez votre langue, fendez-la en
long sans la séparer, dressez-la sur un plat,
dégraissez la cuisson, passez-la, mouillez-en un
roux, faites réduire, joignez-y un peu d'échalotes,
de persil, de champignons, de cornichons hachés
fin, poivre, faites bouillir pendant cinq minutes
et servez.

Langue de bœuf piquée rôtie. — Préparez votre
langue comme une braise, faites-la cuire avec
deux cuillerées de bouillon, **tranches de lard,**

bouquet garni, deux oignons dont un piqué de
deux clous de girofle; lorsqu'elle sera aux trois
quarts cuite, retirez-la, faites-la refroidir, piquez-
la de gros lard dans l'intérieur et de fin par-
dessus, mettez-la ensuite à la broche pendant une
heure, servez ensuite une sauce piquante dans
une saucière.

Langue de bœuf au gratin. — Coupez en tranches
très minces une langue de bœuf cuite à la broche
ou à la braise, prenez le plat sur lequel vous
comptez la servir sur la table, mettez dans le fond
un peu de bouillon, un filet de vinaigre, des cornichons, persil, ciboules, échalotes, un peu de
cerfeuil, le tout haché très fin, sel, gros poivre,
chapelure de pain. Couchez en dessus cette préparation les tranches de votre langue, assaisonnez-
la dessus comme vous avez fait dessous, finissez
par la chapelure, mettez le plat sur un fourneau à
petit feu, faites bouillir jusqu'à ce qu'il se gra-
tine, et en le servant délayez-le d'un peu de
bouillon.

Les restes de langue cuite à la braise ou à la
broche peuvent être coupés par tranches, panés à
la Sainte-Menehould, servis sur une sauce à volonté, en papillottes comme les cotelettes de veau.

Remarque pour la cuisson des biftecks. — Il faut
bien se garder d'assaisonner les biftecks pendant leur cuisson, c'est une grave erreur dont
nous devons faire connaître les conséquences.
Le sel, qui sur le feu devient un dissolvant,

fait saigner les viandes et leur enlève ainsi le suc, qui est leur qualité la plus précieuse. Vous remarquerez alors que la braise, sur laquelle cuisent les viandes, se trouve toute arrosée de leur cuisson, et c'est ce qui a donné l'idée pour remédier à cet inconvénient, d'établir des grils inclinés, avec réservoir, destiné à recevoir le jus et la graisse provenant de la cuisson ; cette invention peut être un moyen d'éviter la fumée, mais elle n'a aucun effet pour la cuisson, qui doit être pratiquée comme nous l'avons dit.

Gardez-vous bien aussi, une fois que les biftecks sont sur le gril, de les tourner et retourner plusieurs fois. Il suffit d'avoir un peu d'expérience et de bon sens pour s'abstenir d'un procédé routinier, dont le résultat est de compromettre la bonne cuisson. Suivez à cet égard la méthode que nous avons indiquée.

Filet de bœuf sauté. — Coupez par tranches de quatre ou cinq doigts d'épaisseur votre filet de bœuf que vous aplatissez légèrement, en lui donnant une forme ronde. Placez les tranches sur du beurre que vous aurez fait fondre sur un plat à sauter, saupoudrez de sel et de poivre, mettez les à un feu un peu ardent, quand ils ont pris une belle couleur d'un côté, retournez-les, faites-leur prendre couleur de l'autre, dressez-les en couronne sur le plat, égouttez le beurre du sautoir, mettez-y un peu de jus pour détacher la glace qui s'est formée au fond par la cuisson des filets, ajoutez une cuillerée d'espagnole, faites réduire et servez avec un jus de citron.

Le filet de bœuf sauté dans sa glace, le filet sauté au madère, le filet sauté aux olives, le filet sauté aux truffes, aux champignons, le filet sauté aux écrevisses ou au beurre d'anchois, se préparent de la même façon, si ce n'est qu'au filet sauté dans sa glace on ajoute un peu de glace de veau et de jus pour détacher celle du sautoir.

Le filet sauté au madère, en mettant au lieu de jus un verre de madère et une cuillerée à bouche d'espagnole.

Le filet sauté aux olives, en ajoutant, lorsque le plat est dressé, un ragoût d'olives au milieu.

Le filet sauté aux truffes et aux champignons, en ajoutant à l'espagnole des champignons sautés au beurre ou des truffes.

Le filet sauté au beurre d'écrevisses ou au beurre d'anchois, en ajoutant à l'espagnole l'un ou l'autre de ces beurres, mais alors on ne remet plus le filet au feu ; enfin tous les filets se préparent et se font sauter de la même manière, seulement les titres changent selon le légume dont on les garnit.

Filet de bœuf à la broche. — V. ALOYAU.

Tourne-dos. — S'il vous reste une moitié ou un quart de filet de bœuf, coupez-le par tranches, faites chauffer ces tranches sans les faire bouillir, faites tailler des tranches de pain de même grandeur, auxquelles vous faites prendre couleur en les sautant dans le beurre, dressez en couronne sur un plat, mettez alternativement un filet et un croûton, et versez au milieu une ravigote de sauce piquante ou une poivrade.

Côte de bœuf à la vieille mode. — Étant parée et piquée de moyens lardons bien assaisonnés, faites-la sauter dans le beurre et, lorsqu'elle sera à moitié cuite, vous couvrirez la casserole et vous mettrez du feu sur le couvercle. Dressez et versez dessus le liquide dégraissé contenu dans la casserole.

Côte de bœuf aux épinards. — Mettez une côte de bœuf à la broche, ôtez-la lorsqu'elle est cuite à l'anglaise, c'est-à-dire un peu saignante, et dressez-la sur des épinards au jus.

Côte de bœuf à la Provençale. — Parez, piquez votre côte de bœuf, faites-la sauter dans l'huile à grand feu et jusqu'à moitié de la cuisson, puis, couvrez la casserole en mettant du feu sur le couvercle et diminuant celui du fourneau : ces deux feux pourraient arriver à tarir la sauce et à faire brûler la côte de bœuf; d'autre part, faites frire dans l'huile des oignons coupés par tranches minces, et lorsqu'ils seront bien jaunis, vous ajouterez à l'huile dans laquelle ils auront cuit, du sel et du poivre, un peu de bouillon et un filet de vinaigre.

Côte de bœuf au vin de Malaga. — Parez une côte de bœuf bien épaisse, piquez-la avec des lardons de moyenne grosseur; quand vous l'aurez bien assaisonnée de sel, de poivre, de fines herbes, vous verserez, pour la faire cuire, la valeur d'une demi-bouteille de vin de Malaga et la valeur d'une demi-bouteille de bouillon, après cela vous passerez le mouillement au tamis de soie ; ayez soin qu'il n'y ait point de graisse, et faites réduire tout ce mouillement de manière qu'il n'en reste qu'un verre pour mettre sur la côte, et surtout ayez soin de ne pas trop saler votre mouillement.

Côte de bœuf à la Milanaise. — Parez, piquez avec lardons, poivrez, salez votre côte de bœuf, faites cuire dans deux verres de vin de Madère avec sel, gros poivre, bouquet garni, carottes et oignons. La côte cuite, passez, dégraissez et faites réduire le fond de cuisson, faites sauter dans ce fond du macaroni, que vous aurez fait cuire dans du bouillon, ajoutez un peu de beurre, de fromage de Parme râpé, faites mijoter le macaroni ainsi assaisonné, dressez la côte, glacez et servez chaud.

Côte de bœuf aux concombres. — Préparez, cuisez une côte comme braisée, surmontez-la et entourez-la de concombres en morceaux, glacez et dressez. Vous pouvez servir de même sur un ragoût de laitues farcies ou sur une litière de choux rouges à la flamande.

Côte de bœuf aux oignons glacés. — Nous avons dit tout à l'heure comment il fallait parer et braiser une côte de bœuf ; quand elle sera cuite, vous la déficellerez, vous l'égoutterez, vous la

dresserez entière sur un plat, vous mettrez des
oignons glacés à l'entour, et vous la servirez sur
une sauce claire, que vous aurez travaillée avec
un peu de mouillement de ce ragoût.

Côtes de bœuf couvertes aux racines. — Prenez les
côtes couvertes, lardez-les de gros lard comme la
noix de bœuf, assaisonnez-les et braisez-les de
même, tournez des carottes avec votre couteau
ou emporte-pièce, une quantité suffisante pour
masquer vos côtes; faites-les blanchir, mettez-les
cuire dans une casserole avec une partie de
l'assaisonnement de vos côtes, ou du bouillon,
faites-le tomber à glace, cela fait, prenez la valeur
d'une cuillerée à bouche de farine, un peu de
beurre, faites un petit roux, mouillez-le, quand
il sera bien chaud, avec les restants de l'assaisonnement de vos côtes faites cuire votre sauce,
dégraissez-la, tordez-la dans une étamine sur vos
carottes, remettez le tout sur le feu, afin que
votre sauce et vos carottes prennent du goût;
mettez-y gros de sucre comme la moitié d'une
noix, pour en ôter l'âcreté, et un pain de beurre;
sautez bien le tout jusqu'à ce que le beurre soit
parfaitement fondu et incorporé, masquez vos
côtes et servez.

Queue de bœuf à la hoche-pot. — Prenez une
queue de bœuf, coupez-la par tronçons de
point en point, faites-la dégorger et blanchir, foncez une casserole de viande de boucherie, placez
dessus vos tronçons, ajoutez-y sel, oignons, ca-

rottes, un bouquet assaisonné d'une feuille de laurier, d'une gousse d'ail, de thym, de basilic et piqué de deux clous de girofle, mouillez le tout avec du bouillon, de manière que vos tronçons ne fassent que tremper, couvrez-les de bardes de lard, faites-les partir, mettez-y un rond de papier et, les posant sur un feu modéré, couvrez-les avec un couvercle, avec feu dessus, laissez-les cuire quatre à cinq heures. Vous pourrez juger si votre queue est cuite, lorsque l'ayant pressée entre vos doigts, la chair quittera presque les os, alors égouttez-la, et servez-la avec le ragoût des racines. (Voyez l'article *côtes de bœuf aux racines*.)

Queue de bœuf à la Sainte-Menehould. — Faites cuire d'abord votre queue de bœuf en hoche-pot, comme il est dit ci-dessus, assaisonnez-la de sel, de gros poivre, trempez-la dans du beurre tiède et mettez-la dans de la mie de pain, panez-la deux fois, et faites-lui prendre couleur au four ou sur le gril ; vous pouvez dès lors la servir comme vous voudrez, soit sur des choux rouges, soit sur une purée de haricots blancs, soit sur une soubise, soit enfin sur une sauce piquante et hachée à l'italienne.

Langue de bœuf à l'italienne et au parmesan. — Prenez une langue de bœuf, coupez-en le cornet, mettez-la dégorger deux ou trois heures et plus, retirez-la de l'eau, râtissez-la bien avec votre couteau pour en ôter la malpropreté, faites-la blanchir dans un chaudron ou dans une grande marmite,

retirez-la sur un linge blanc, ôtez-en la peau, lardez-la de gros lard que vous aurez assaisonné avec
sel, poivre fin, épices fines, persil et ciboule,
mettez-la cuire dans une marmite avec oignons
et carottes, mouillez-la avec un verre de vin blanc
ou du bon bouillon, retirez-la, laissez-la refroidir
dans son assaisonnement, coupez-la par lames
très minces, mettez du parmesan dans le fond
d'un plat creux, couvrez votre parmesan de vos
tranches de langue, ainsi de suite, faites trois ou
quatre lits de langue et de fromage, arrosez chaque lit d'un peu du fond dans lequel aura cuit la
langue dont il s'agit, et finissez par un lit de fromage que vous arroserez avec un peu de beurre
fondu, mettez le plat au four ordinaire ou de campagne, donnez à votre parmesan une belle couleur et servez.

Palais de bœuf au gratin. — Procurez-vous trois
ou quatre palais de bœuf que vous mettrez sur
un gril du côté de la peau et sur de la cendre
rouge ; faites-le griller de façon que vous puissiez
facilement enlever la peau avec le couteau, grattez
la partie blanche qui se trouve sous cette peau,
afin qu'il n'en reste aucun vestige, supprimez le
bout du mufle et celui du côté de la gorge, ainsi
que la partie noire qui se trouve au milieu, sans
trop l'altérer, faites-les dégorger et blanchir, mettez-les cuire dans un blanc, ainsi que vous verrez
à l'article (*Tête de veau en tortue*) pendant trois ou
quatre heures, égouttez-les, faites-les refroidir à

moitié, séparez-les en deux avec votre couteau comme si vous leviez une barde de lard, garnissez-les d'une farce cuite ; pour cela, étendez vos morceaux de palais, mettez avec la lame d'un couteau de cette farce dessus, à peu près l'épaisseur desdits morceaux, roulez-les sur eux-mêmes, parez-les des deux bouts, égalisez-les, mettez au fond de votre plat à peu près l'épaisseur d'un travers de doigt de la farce ci-dessus, rangez vos petits cannelons debout sur votre fond de farce, en laissant un puits dans le milieu, garnissez de farce au dedans et au dehors les intervalles de vos cannelons; il faut que votre entrée ait la base d'une tour, garnissez ce puits de bardes de lard bien fines et remplissez la capacité d'un morceau de mie de pain, de façon à maintenir les cannelons dans la position que vous leur aurez donnée; faites fondre du beurre, dorez-les avec un doroir, mettez-les sous un four de campagne avec feu dessus et dessous, faites cuire et prendre belle couleur, ôtez votre bouchon de pain et les bardes de lard, égouttez le beurre, saucez dans le puits avec une italienne et servez.

Palais de bœuf à l'italienne. — Même préparation que les précédents ; faites-les cuire de même, égouttez-les, coupez-les en escalopes ou en petits carrés, coupez-les ensuite en ronds de la grandeur d'une pièce de 5 francs, mettez dans une casserole cinq cuillerées à dégraisser d'italienne rousse, que vous ferez réduire aux deux tiers de

son volume, jetez vos palais dedans, laissez-les
mijoter un peu, sautez-les, mettez un jus de citron et servez.

Palais de bœuf à la poulette. — Préparez comme
ci-dessus, coupez vos palais en ronds ou en filets,
mettez-les dans une casserole avec trois cuillerées
à dégraisser de velouté, laissez-les mijoter, faites
une liaison de deux jaunes d'œuf, délayez-la avec
un peu de lait ou de crème, retirez vos palais du
feu, liez-les avec vos œufs, remettez-les sur le feu
en agitant toujours, afin de faire bien cuire votre
liaison, mettez un demi-pain de beurre, un filet
de verjus ou un jus de citron, un peu de persil
haché et servez-les. Si vous voulez faire une bordure à votre plat, mettez des croûtes de pain
tournées en bouchons et frites dans du beurre.

Les palais de bœuf à la ravigote se font de la
même manière, on les fait seulement sauter dans
une sauce ravigote froide ou chaude.

Croquettes de palais de bœuf. — Faites cuire dans
un blanc trois palais de bœuf, laissez-les refroidir,
coupez-les en petits dés avec des champignons et
des truffes, si c'est la saison ; faites réduire quatre
cuillerées d'espagnole ou de velouté à demi-glacé,
jetez dedans tous vos petits dés avec un peu de
persil haché ; retirez votre casserole du feu, liez
votre salpicon avec deux jaunes d'œuf et du beurre
gros comme une noix, versez le tout sur un plat,
étendez-le avec la lame d'un couteau, en lui conservant une bonne épaisseur, laissez-le refroidir ;

lorsque votre salpicon sera froid, coupez-le par carrés égaux et donnez-lui la forme qu'il vous plaira : soit en côtelettes, soit en cannelons, soit en petites boules. Cassez trois œufs que vous battrez comme une omelette, mettez-y un peu de sel fin, trempez vos morceaux l'un après l'autre dans cette omelette, mettez-les dans de la mie de pain, en maintenant la forme que vous leur avez donnée, et mettez-les sur un plat au fur et à mesure que vous les aurez passés ; repassez votre mie de pain au travers d'une passoire, trempez une seconde fois vos croquettes dans l'omelette, passez-les de nouveau. Saupoudrez votre plat de mie de pain, rangez-les dessus et couvrez-les avec le reste de la mie de pain pour qu'elles ne sèchent point ; au moment de servir, retirez-les de cette mie de pain, posez-les sur un couvercle, mettez votre friture sur le feu, faites-la bien chauffer sans la brûler ; glissez toutes vos croquettes à la fois, afin qu'elles aient toutes la même couleur, retirez-les, faites-les égoutter un moment ; rangez-les sur votre plat et servez avec un bouquet de persil frit dont vous couronnerez vos croquettes.

Palais de bœuf en cracovie. — Préparez trois palais de bœuf comme les précédents, laissez-les refroidir, coupez-les en quatre, fendez chaque morceau en deux, comme si vous leviez une barde de lard, ce qui vous donnera vingt-quatre morceaux. Faites blanchir dans l'eau ou cuire dans la marmite une tétine de veau, coupez-la comme vos palais, faites également un salpicon comme celui des croquettes ci-dessus, étendez-en gros comme le pouce sur chaque morceau de vos palais, roulez-les, enveloppez-les avec votre morceau de tétine, passez-les comme les croquettes, ou trempez-les dans une pâte à frire, faites-les frire comme les croquettes, dressez-les de même et servez.

Palais de bœuf à la lyonnaise. — Faites cuire cinq ou six palais dans un blanc, ainsi qu'il est indiqué à l'article précédent, coupez cinq ou six oignons en tranches, passez-les dans le beurre. qu'ils soient d'une belle couleur ; lorsqu'ils seront cuits, mouillez-les avec une cuillerée ou deux d'espagnole, si vous n'en avez pas, singez-les et mouillez-les avec un peu de bouillon, faites cuire le tout, coupez vos palais en carrés ou en filets, jetez-les dans votre sauce, mettez-y un peu de sel, de gros poivre, et finissez avec un peu de moutarde.

Gras-double. — Prenez la partie la plus épaisse du gras-double, mettez-la dans de l'eau tiède, ratissez-la bien, enlevez avec soin la partie spongieuse, remettez-la dans l'eau beaucoup plus chaude, faites-lui jeter un bouillon et nettoyez-la de nouveau, frottez-la avec du citron, faites qu'elle soit aussi blanche que possible, mettez cuire ce gras-double, dans un blanc, sept à huit heures ; sa cuisson faite, coupez-le en losange ou en filets. Si vous voulez le servir à la poulette, voyez l'article *Palais de bœuf à la poulette* ; si vous le voulez à *l'italienne*, voyez aussi cet article.

Gras-double à la mode de Caen. — Prenez une panse de bœuf avec sa mulette et sa caillette, faites-la blanchir; après qu'elle a été bien nettoyée, jetez-la dans l'eau fraîche pendant une heure; — coupez le tout par morceaux, assaisonnez avec sel et poivre, quatre épices; coupez en gros dés du lard maigre et mettez le tout ensemble. Prenez une grande jatte en terre; foncez-la avec carottes et oignons coupés, un bouquet garni de pointes d'ail, mettez par-dessus douze pieds de mouton blanchis, un pied de veau désossé, mettez votre gras-double par-dessus, ajoutez deux carottes coupées, un pied de céleri et douze poireaux entiers, ce qui sert à tenir durant la cuisson du gras-double l'humidité convenable pour ne pas le sécher, — ajoutez une bouteille de vin blanc, un bon verre de cognac, deux litres d'eau et trois cents grammes de moelle de bœuf, couvrez le tout avec une feuille de papier beurré, puis, fermez le tout avec une pâte de farine et eau, — faites partir sur le feu et laissez mijoter, entourez la jatte de braise, et douze heures après, sondez la cuisson et servez bien chaud en ayant soin d'enlever les ingrédients de dessus. (VUILLE-MOT.)

Cervelles de bœuf. — Elles se préparent exactement de la même façon que les cervelles de veau (V. VEAU). Cependant nous l'avons déjà fait ob-

server, comme on foudroie le bœuf d'un coup de
masse, il y a presque toujours dans la cervelle un
épanchement de sang qui la rend moins délicate.

Crépinettes de palais de bœuf. — Faites revenir
dans du beurre des oignons coupés en petits carrés, mettez-y un peu de muscade, d'ail, de laurier,
du sel et du poivre. Les oignons étant cuits; vous
verserez dessus de bon jus que vous aurez battu
avec des jaunes d'œufs, jetez dans cette préparation des palais de bœuf bien cuits, et coupez en
morceaux carrés longs ; laissez refroidir le tout,
chaque morceau de palais se trouvant enduit de
cette pâte, vous les envelopperez, chacun à part,
de crépinette de cochon, puis vous les ferez griller au feu doux sur un gril, ou vous les mettrez
sous un four de campagne, et vous les servirez
sur une purée de tomates ou sur une soubise.

Émincé de palais de bœuf. — Coupez des oignons
en tranches aussi minces que possible, faites-les
revenir dans le beurre jusqu'à ce qu'ils soient
bien dorés, versez dessus un demi-verre de consommé, autant de sauce espagnole, faites mijoter
le tout, ajoutez-y un peu de beurre bien frais et
trois ou quatre pincées de sucre, d'autre part vous
aurez émincé les palais de bœuf, vous les mettrez
dans cette préparation, après quoi vous ferez encore mijoter le tout pendant deux ou trois minutes, puis vous dresserez votre émincé, vous
ferez autour de lui un cordon de croûtons bien
jaunes, vous pouvez aussi, arrivé là, faire votre

émincé de palais de bœuf aux champignons, il
s'agit pour cela de substituer des champignons
aux oignons et la sauce allemande à la sauce espagnole.

Le pied de bœuf poulette. — Faites blanchir un
pied de bœuf comme un pied de veau ; laissez-le
dégorger vingt-quatre heures à l'eau froide, prenez deux mètres de bord de fil (lavez-le pour lui
enlever son goût d'apprêt), ficelez votre pied
comme une momie, mettez-le dans une marmite
avec grande eau, sel, gros poivre, bouquet garni,
carottes et oignons avec clous de girofle et laissez
bouillir le tout doucement, jusqu'à ce que le nerf
du pied se brise, relâchez ensuite votre bord de
fil jusqu'à ce que le pied, par son gonflement,
devienne émollient.

Préparez une bonne allemande (voir aux sauces), ajoutez des champignons tournés et persil
hachés, citronnez la sauce et, avec un bon morceau de beurre frais, liez-la bien. Mettez votre
pied bien chaud sur un plat et saucez dessus ; ce
plat, par son confortable, est très recherché.

Un pied de bœuf poulette suffit à six personnes
ayant bon appétit. Voilà un plat que le bon praticien, M. de Richelieu, n'a probablement pas pu
indiquer à ses officiers de bouche. (VUILLEMOT.)

Pièce de bœuf à l'anglaise. — Prenez une culotte
de bœuf de quatre kilog., assaisonnez-la de sel et
poivre, prenez une serviette, beurrez-la ; enveloppez votre pièce de bœuf dedans, — prenez une

marmite, emplissez-la d'eau que vous faites bouillir, une bonne poignée de gros sel, huit navets,
six gros oignons dont un clouté de deux clous de
girofle, une pointe d'ail, quand votre eau sera en
pleine ébullition, plongez votre pièce de bœuf
dedans, fermez hermétiquement la marmite;
pour 4 kilos de bœuf, il faut deux heures de
cuisson, soit, pour 500 grammes, un quart d'heure,
après ce temps, retirez vos légumes, passez-les au
tamis à quenottes, mettez-les dans une casserole
avec un bon morceau de beurre frais, assaisonnez
sel et poivre, mettez cette purée dans un légumier,
retirez votre pièce de bœuf de la marmite, dressez-la sur un plat garni de persil et servez. Ce relevé de potage en vaut bien un autre. (Vuillemot.)

Roolpins. (Article traduit du Hollandais par
M. de Courchamps.) — Prenez 3 kilos de viande
de bœuf, celle des côtes découvertes est la meilleure; ayez soin qu'elle soit bien marbrée, faites
en sorte qu'il y ait autant de gras que de maigre;
hachez le tout ensemble, à peu près comme une
farce à pâtés; assaisonnez de sel, poivre, épices,
muscade.

Vous vous serez procuré de la panse de bœuf
bien nettoyée, coupez-la en morceaux carrés, de
la grandeur de vingt centimètres ou à peu près;
remplissez-en l'intérieur de votre farce; rapprochez les extrémités de l'enveloppe et cousez-les
avec une grosse aiguille.

Tous vos morceaux préparés ainsi, ayez un

chaudron bien étamé, faites bouillir de l'eau
avec une poignée de sel et un litre de vinaigre;
faites bouillir ces morceaux pendant une heure
(vous aurez un grand pot en grès); égouttez
vos morceaux sur un linge blanc, versez du
vinaigre, ce qu'il en faut pour les couvrir,
ne couvrez votre pot que lorsque le tout sera
refroidi; vous pourrez vous en servir au bout de
quinze jours. Si vous n'en faites pas l'emploi en
totalité, laissez-les dans le vinaigre, seulement
après ce temps il faut les mettre dans de l'eau
tiède une heure, afin que le vinaigre soit absorbé.

Cuisson des roolpins. — Prenez ce qu'il vous faut
de morceaux, coupez-les en tranches, telles que
des biftecks; posez-les dans un plat à sauter où
vous aurez mis du beurre, donnez cinq minutes
de cuisson à feu vif, en ayant soin de les retourner
de temps en temps; vous aurez préparé autant
de tranches de belles pommes de reinette, faites-
les frire comme les morceaux ci-dessus; dressez
ce hors-d'œuvre en couronne, en posant alternativement un morceau de chaque sorte; servez le
plus chaud possible.

BONITE. — Poisson de la famille des maquereaux, mais plus gros que ces derniers; il ressemble beaucoup au thon, et se nourrit comme lui de
poissons et d'algues, mais sa chair est plus délicate, et les gourmets l'estiment autant que celle du
maquereau. Le nom qu'il porte indique d'ailleurs

suffisamment quel genre de mérite on leur a reconnu et prouve assez la bonté de sa chair.

Ce qui donne une certaine importance à la
pêche de ce poisson, c'est qu'on le sale comme le
thon et qu'on l'expédie comme tel dans des barriques, dans tous les pays du monde; bien
souvent quand on croit se régaler de thon, on ne
mange que de la bonite qui, du reste, est tout
aussi bonne.

BONITOL. — Fils de la précédente; il est
presque de la grosseur du maquereau, sa chair
est d'un excellent goût.

BONNET DE TURQUIE. — Espèce de pâtisserie
ancienne, faite dans un moule ayant la forme
d'un bonnet turc, avec des côtes. On le fait de
pâte de gâteau de Savoie ou de gâteau d'amande,
on peut aussi le faire de pâte croquante.

On fait une grande abaisse de cette pâte, dont
on fonce le moule en en marquant bien le dessus; puis on le met au four, après l'avoir piqué
avec la pointe d'un couteau, afin qu'il ne cloche
point. On peut faire la pâte plus fine et même la
foncer de pâte de massepains blanche, faite avec
des amandes douces bien pilées ensemble; on
met le tout sur le feu dans une casserole avec
une poignée de sucre, et on remue constamment
avec la spatule; quand la pâte est cuite, on en
fait une abaisse comme pour une croquante, et
on la met cuire d'une belle couleur. Lorsque ce
gâteau est cuit, on y met des confitures de plu-

sieurs sortes de couleurs; on fait une côte d'une couleur, une autre côte d'une autre couleur, et cela fait un fort bel effet; on le met ensuite sur un fond garni de confiture, on l'enjolive le plus qu'il est possible, et on le sert comme entremets,

Bonnet de Turquie à la Triboulet. — Mettez 500 grammes de pistaches pilées avec 250 grammes de sucre fin, un peu de citron vert haché, quinze jaunes d'œufs, afin que la pâte ne soit pas trop liquide; battez le tout ensemble comme les biscuits, fouettez les blancs d'œuf en neige et mêlez-les avec le reste, joignez-y 250 grammes de farine passée au tamis, et remuez le tout légèrement; beurrez votre moule en bonnet turc avec du beurre fin, mettez-y votre biscuit, et faites cuire au four à feu doux, et légèrement saupoudré de sucre. Au bout de deux heures, il est cuit, alors retirez-le du feu, glacez une bande blanche avec une glace blanche et une bande rougeâtre avec de la glace faite avec de la cochenille.

Bonnet de Turquie coloré. — Échaudez et pilez 250 grammes de pistaches, quand elles seront bien pilées, mettez-y 375 grammes de sucre fin, du citron confit aussi pilé, un peu de citron vert haché très fin, et douze jaunes d'œufs; battez bien le tout ensemble avec deux cuillers de bois, puis fouettez les douze blancs en neige en les faisant bien monter, et mêlez-les avec le reste;

ajoutez-y aussi 250 grammes de farine très fine, mélangez bien le tout ensemble avec les verges ; vous beurrez ensuite avec du beurre fin votre bonnet turc, vous mettez votre pâte dedans, vous faites cuire au four pendant trois heures, puis, lorsqu'il est bien cuit, vous le couvrez d'une couche épaisse de confitures de quatre couleurs : vous faites un quart avec de la glace blanche, un deuxième avec la confiture de groseilles, un troisième avec de la marmelade d'abricots, puis un quatrième avec du verjus confit ou des pistaches pilées.

Bonnet de Turquie en surprise. — Prenez de la pâte d'amandes, faite avec des amandes douces pilées, arrosées d'un peu de blanc d'œuf fouetté avec un peu d'eau de fleurs d'oranger et réduites en pâte avec du sucre en poudre ; pilez cette pâte d'amandes dans un mortier avec du bon beurre frais, de l'écorce de citron vert hachée, quelques confitures, du sucre, quatre ou cinq jaunes d'œufs ; puis beurrez le moule avec du beurre très fin, mettez au fond et autour de la pâte d'amandes préparée comme il est dit ci-dessus, et faites cuire au four, vous le laissez trois heures, puis, quand le gâteau est cuit, vous le levez, le mettez sur un plat, le couvrez de confitures de différentes couleurs comme ci-dessus, et servez.

BORDELIÈRE. — Poisson de rivière et de lac, ressemblant à la brème ; la chair de ce poisson est du goût de celle de la carpe, elle s'apprête de même.

BOUC. — Le bouc est le mâle de la chèvre, jeune, il se nomme chevreau ou cabri, et doit être mangé, pour que sa chair soit tendre et délicate, avant six mois; mais après ce temps, c'est-à-dire lorsqu'il est devenu bouc, elle a un goût désagréable et porte une odeur très forte.

BOUCAGE. — Les semences du boucage ont les mêmes propriétés que celles de l'anis; elles sont stomachiques, facilitent la digestion et chassent les vents.

BOUCLIER. — Poisson vivant sur les côtes de l'Islande et en Danemark, la chair du mâle, trouvée excellente par les habitants, se mange fraîche, cuite sur le gril et quelquefois dans un potage de petit lait; on sèche aussi la chair, on la sale et on la mange dans le pays, comme nous mangeons les harengs-saurs.

BOUCON. — Espèce de ragoût de veau.

Pour faire ce ragoût, vous prenez de petites tranches de rouelle de veau, un peu longues et minces, vous les aplatissez sur une table, vous rangez l'un après l'autre sur ces tranches un gros lardon de lard cru et un de jambon; poudrez le tout d'un peu de persil et de ciboules; assaisonnez de fines épices et de fines herbes. Puis vos tranches ainsi garnies, vous les roulez proprement comme des filets mignons et les mettez dans un pot pour les cuire à la braise.

Quand elles sont bien cuites, vous les égouttez et les servez avec un bon coulis et ragoût de champignons, truffes et autres garnitures.

BOUILLANTS. — Ancien pâté d'entremets qui se sert encore aujourd'hui sur les meilleures tables.

Pour faire des bouillants, prenez l'estomac de poulets ou chapons rôtis, avec un peu de moelle, gros comme un œuf de tétine de veau blanchie, autant de lard et un peu de fines herbes, hachez et assaisonnez bien le tout et mettez-le sur une assiette.

Faites un morceau de pâte fine, tirez-en deux abaisses, minces comme du papier, mouillez-en une légèrement avec de l'eau, mettez de votre farce dessus par petits tas, un peu éloignés les uns des autres. Couvrez-les ensuite avec l'autre abaisse en l'étendant avec le bout de vos doigts ; enfermez chaque morceau bien hermétiquement entre les deux pâtes, coupez-les avec un fer propre à cela, dressez-les ensuite proprement sur un plat comme des petits pâtés et faites-les cuire au four, quand ils sont de belle couleur, vous les servez chaudement pour hors-d'œuvre ou garnitures d'entrées.

Cela ressemble beaucoup à ce que nous appelons vol-au-vent à la financière.

BOUILLI. — On entend par bouilli toute pièce de viande cuite dans l'eau.

Pour faire un beau plat de relevé, achetez une

culotte de bœuf de 12 à 15 kilog., faites-la désosser, ficelez-la de manière à ce que votre relevé de potage ait la forme d'un carré long, bombé; faites-la cuire dans un bouillon que vous aurez fait la veille, et dans lequel vous aurez mis tous les restes des rôtis de la veille, poulet rôti, dinde rôtie, lapin rôti, etc., etc. Mettez autour de votre pièce de bœuf une garniture à la Chambord ou à la Godard, décorez-la d'une quantité d'hâtelets garnis de rissolles, et fichés dans les chairs en manière de porc-épic; si la garniture de votre bouilli n'est ni à la Chambord ni à la Godard, garnissez-le de petits pâtés d'oignons glacés, de choucroute, de nouilles ou de légumes à la flamande.

Bouilli froid. — Faites avec le bouilli froid des tartines au beurre et aux fines herbes, ou mangez-le en salade. Mais comme notre goût peut n'être pas celui de tout le monde, nous allons dire tout le parti qu'on en peut tirer.

Poitrine de bœuf encharbonnée. — Coupez-la froide en longs morceaux; panez-la, faites-la griller lestement et servez-la sur une purée de tomates ou sur une sauce piquante aux échalotes et aux cornichons.

Miroton Saint-Honoré. — Versez sur un plat qui aille sur le feu de bon bouillon gras avec persil, estragon, ciboules, cerfeuil et câpres; couchez sur cet assaisonnement votre bœuf coupé en tranches les plus minces possible, assaisonnez comme dessus, couvrez le plat, et laissez cuire doucement trente ou quarante minutes.

Mironton à la mode de l'île Saint-Louis. — Coupez le bœuf en tranches minces, en travers, hachez des oignons, faites-les roussir à la graisse de bœuf, ajoutez farine, bouillon, sel, poivre et vinaigre, laissez bouillir un quart d'heure, versez sur votre bœuf disposé dans un plat; laissez mijoter pendant trente ou quarante minutes. Chapelurez et faites prendre couleur au four, s'il vous convient.

Bouilli au pauvre homme. — Coupez votre bouilli en tranches, couchez ces tranches sur un plat, semez par-dessus du sel, du poivre, du persil, de la ciboule hachée, un peu de graisse du pot, une pointe d'ail, versez un verre de bouillon, un peu de chapelure de pain; faites-le mitonner sur de la cendre chaude pendant un quart d'heure.

Hachis de bœuf à la ménagère. — Vous hachez des oignons avec du persil, des ciboules et un peu de thym, passez-les au beurre jusqu'à ce qu'ils soient bien cuits; vous y ajouterez un peu de farine et vous tournerez jusqu'à ce qu'elle ait pris couleur; vous la mouillerez avec du bouillon et un demi-verre de vin blanc. Assaisonnez de sel, de poivre, et quand l'oignon sera cuit, la sauce réduite, mettez-y le bœuf haché et laissez-le mitonner sur un feu très doux pendant une demi-heure.

Bouilli en persillade. — Mettez au fond d'un plat

de la graisse de rôti ou du beurre étendu, semez dessus du persil très fin et des champignons hachés, saupoudrez le tout de chapelure, superposez des tranches de bœuf cuit dans le pot-au-feu, graisse, persil, champignons, et alternez; mouillez de bouillon, faites bouillir quarante-cinq minutes, ayez soin de rafraîchir de temps en temps, puis, lorsque le tout a bouilli, dégraissez-le et servez-le avec un cordon de pommes de terre sautées.

Bouilli en quenelles. — Hachez du bœuf bouilli avec des pommes de terre cuites dans la cendre, ajoutez-y du beurre ou de la graisse de potage et quelques œufs entiers, maniez bien le tout et faites-en des boulettes que vous passerez au beurre dans une casserole, servez avec une sauce à la ravigote ou une sauce piquante.

Bouilli en matelotte et à la bourgeoise. — Mettez des petits oignons dans une poêle avec un peu de beurre, faites-les roussir sur un feu doux, mettez-y une cuillerée à bouche de farine; lorsque la sauce aura pris une certaine couleur, mettez un verre de vin rouge, un demi-verre de bouillon, faites-y sauter vos oignons, quelques champignons, du sel, du poivre, une feuille de laurier, un peu de thym; lorsque le ragoût sera cuit, vous le verserez sur les tranches de bouilli que vous aurez mises sur un plat, faites-le mijoter une demi-heure, afin que le bouilli se pénètre de la sauce, et servez.

Bouilli à la poulette et à la bourgeoise. — Mettez un morceau de beurre avec du persil et de la ciboule hachée dans une casserole, faites-les revenir, mettez une cuillerée de farine, agitez le tout ensemble, versez un verre de bouillon, ajoutez sel, poivre, et muscade; faites bouillir cinq ou six minutes, mettez-y votre bœuf que vous aurez taillé en petites tranches; mettez-le dans votre sauce et liez avec trois jaunes d'œuf.

BOUILLIE. — Espèce de potage, composé de farine, de blé ou de fécule, que l'on fait cuire dans du lait, ou dans du bouillon, ou dans une émulsion d'amandes; c'est la première nourriture que l'on donne aux enfants qui quittent le sein; la bouillie la plus légère se fait avec la fécule de pommes de terre; c'est celle également qui a besoin de rester le moins longtemps sur le feu pour arriver à son entière cuisson. Pour rendre la farine de froment plus alimentaire que celle de fécule, il faut qu'elle soit séchée au four jusqu'à être légèrement roussie. La bouillie, au reste, se fait avec toutes sortes de farines; avec la farine de sarrazin, de sagou, de salep, de tapioca, d'arrow-root, d'orge et d'épeautre; la bouillie de farine d'avoine se nomme gruau, la bouillie de mie de pain, s'appelle panade.

Nota. Pour cette dernière sorte de bouillie, observe M. Vuillemot, ayez grand soin de ne mettre le beurre qu'au moment de la liaison, pour lui conserver toute sa suavité.

BOUILLON. — Il n'y a pas de bonne cuisine sans bon bouillon ; la cuisine française, la première de toutes les cuisines, doit sa supériorité à l'excellence du bouillon français ; cette excellence résulte d'une espèce d'intuition donnée je ne dirai pas à nos cuisinières, mais à nos femmes du peuple.

Comme on ne met pas seulement le pot-au-feu pour avoir du bouillon, mais pour avoir de la viande mangeable, qui non seulement peut le premier jour se servir bouillie, mais le lendemain reparaître sous un autre aspect, nous allons indiquer la marche à suivre pour avoir toujours du bon bouillon sans épuiser la viande.

Prenez toujours le plus fort morceau de viande que comporte votre consommation habituelle, plus le morceau sera fort, frais et épais, plus le bouillon se ressentira de ces trois qualités sans compter l'économie de temps et de combustible. Ne lavez pas la viande, ce qui la dépouillerait d'une partie de ses sucs, ficelez-la, après en avoir séparé les os, afin qu'elle ne se déforme pas, et mettez dans la marmite un litre d'eau par cinq cents grammes de viande.

Faites chauffer la marmite avec lenteur, il en résultera que l'albumine se dissoudra d'abord, se coagulera ensuite, et, comme dans ce premier état elle est plus légère que le liquide, elle s'élèvera à la surface en enlevant les impuretés que votre viande peut contenir ; l'albumine coagulée, ce sont les blancs d'œufs que l'on emploie pour clarifier les autres substances. L'écume a été d'autant plus abondante que l'ébullition a été plus lente. Il doit s'écouler une heure entre le moment où la marmite a été mise sur le feu et celui où l'écume se rassemble à sa surface.

L'écume bien fournie, il faut l'enlever à l'instant même, l'ébullition de la marmite précipiterait l'écume, ce qui troublerait la transparence du bouillon; si le feu est bien conduit, on n'a pas besoin de rafraîchir la marmite pour faire monter une nouvelle écume; lorsque la marmite est bien écumée et qu'elle jette ses premières vagues, on y met les légumes qui consistent en trois carottes, deux panais. trois navets, un bouquet de poireaux et de céleri ficelés ensemble; n'oubliez pas d'y ajouter trois gros oignons piqués, l'un d'une demi-gousse d'ail et les deux autres d'un clou de girofle; dans la cuisine de second ordre. mais de second ordre seulement, on donne la couleur au bouillon, avec la moitié d'un oignon brûlé, une boule de caramel ou une carotte desséchée; n'oubliez pas de briser avec un couperet les os qui prennent part à la composition de votre bouillon, qu'ils soient achetés en même temps que le bœuf, ou qu'ils soient des restes du rôti de la veille; plus ils sont brisés en nombreux fragments. plus ils rendent de gélatine.

Il faut sept heures d'ébullition lente et toujours soutenue, pour donner au bouillon les qualités

requises; devant un feu de cheminée, régler cette
ébullition est une chose presque impossible,
mais on y parvient facilement, au contraire, en
employant un fourneau qui doit chauffer constamment le dos de la marmite; pour diminuer
autant que possible l'évaporation, il faut que la
marmite reste couverte; il faut regarder à deux
fois à la remplir, même lorsqu'on en retire du
bouillon; cependant si la viande était à découvert, il faudrait y verser de l'eau bouillante
jusqu'à ce que la viande soit baignée; le bouilli
en sortant du pot-au-feu a perdu la moitié de son
poids.

Bouillon consommé à la régence. — Prenez à nouveau un morceau de bœuf, un morceau de poitrine
de mouton, passez-les dans une casserole et faites-
les suer, mouillez avec du bouillon, mettez le tout
dans la marmite avec des râbles de lapin, une
vieille poule, une ou deux perdrix, achevez de
remplir votre marmite avec du bouillon, écumez
et faites mijoter pendant quelques heures,.

Bouillon consommé à l'ancienne mode (qui peut,
réduit à moitié, remplacer le jus dans toutes
les sauces). — Dégraissez une épaule de mouton,
faites-la cuire à moitié à la broche, mettez-la dans
la marmite avec un bon morceau de bœuf, un
bon chapon bien en chair, quelques carottes,
oignons, navets, un panais et un pied de céleri,
mouillez avec du bouillon de la veille.

Bouillon consommé à la moderne. — Mettez à la

marmite un morceau de tranche de bœuf, un jarret de veau, une poule, un vieux coq, un lapin de garenne ou une vieille perdrix, mouillez le tout avec un peu de bouillon, faites bouillir encore ce consommé, écumez-le, rafraîchissez-le de temps en temps, mettez des légumes : carottes, oignons, céleri, ciboules, ail et clous de girofle; faites bouillir cinq heures à feu doux. Tamisez dans un linge fin.

Grand bouillon. — Si vous avez un grand dîner, il vous faut avoir du bouillon en assez grande quantité pour mouiller vos sauces et confectionner vos potages ; mettez alors dans une grande marmite une pièce de bœuf, culotte ou poitrine, joignez-y les débris ou parures de toutes vos viandes de boucherie, bœuf, veau, mouton, tous les abatis, carcasses, cous, volaille et gibier dont vous aurez levé les chairs pour faire des entrées; mettez sur un feu modéré cette marmite qui doit être aux trois quarts seulement remplie d'eau, écumez-la doucement, rafraîchissez-la chaque fois que vous enlèverez l'écume, jusqu'à ce que le bouillon soit parfaitement limpide ; mettez-y sel, navets, oignons, carottes, trois clous de girofle, poireaux, conduisez-le aussi lentement que possible, et passez dans un linge fin.

Bouillon conservé. — Faites bouillir votre bouillon soir et matin dans les plus fortes chaleurs, et le bouillon se conservera. — Faites bouillir avec adjonction d'un morceau de charbon de bois, qui empêchera le consommé de surir. *(Note de M. Vuillemot.)*

Tout bouillon dans lequel il n'entre pas de viande n'est pour nous qu'un potage. Nous renvoyons donc tous les bouillons maigres et tous les bouillons de santé au mot Potage.

Bouillon. (*Cuisine italienne.*) — Le but que l'on doit se proposer, lorsque l'on veut faire de bon bouillon, est d'abord de se procurer trois choses qui sont nécessaires à sa confection, une chair saine et entremêlée de gras et de maigre, un feu ménagé pour toujours faire marcher le pot-au-feu d'un mouvement pareil, enfin, de ne jamais allonger avec de l'eau le bouillon que l'on confectionne. Quand le bouillon est bon, il doit être de couleur blonde dorée, il faut en enlever la graisse, passer le reste par l'étamine et avec ce bouillon tremper la soupe.

Bouillon de veau. — Prenez un morceau de veau, mettez-le dans une casserole avec un morceau de lard, et laissez-le une demi-heure sur les charbons ardents, ayant soin de le tourner de tous les côtés au point qu'il ait pris une couleur d'or; pour l'aider à prendre cette couleur, accompagnez-le d'un morceau de lard, après quoi préparez le pot-au-feu plein d'eau bouillante, jetez-y votre veau roussissant, adjoignez-y des carottes, des oignons, un morceau de bœuf pour donner une certaine puissance au bouillon et faites-le frissonner lentement. Quand le bouillon sera destiné à des malades, n'y mettez pas de lard, mais du beurre.

Bouillon de poulet. — Prenez la carcasse d'un poulet maigre, brisez-en les os, faites-le bouillir dans un vase avec une quantité d'eau, une pincée de sel; le bouillonnement ne durera pas plus d'une heure et vous aurez un bouillon rafraîchissant qui raffermira un estomac débilité.

Bouillon pectoral. — Prenez un poulet, nettoyez-le, mettez dans l'intérieur de celui-ci 31 grammes de semences de melon et de citrouille, 15 grammes d'orge mondé, autant de riz et de sucre, faites bouillir le tout dans deux litres d'eau, prolongez le bouillonnement jusqu'à ce que les deux litres soient réduits à un, faites-le passer par l'étamine, ce bouillon produira des effets excellents sur tous ceux qui sont atteints de faiblesse d'estomac et d'étisie.

Bouillon à la minute. — Il est quelquefois nécessaire, en se trouvant à la campagne, de se procurer immédiatement du bouillon; voici une recette pour en faire d'excellent en une demi-heure.

Prenez 600 grammes de viande de bœuf, coupez-la en trois morceaux, ajoutez-y une carotte de demi-grosseur, un oignon, du céleri, des clous de girofle, et mêlez le tout à la viande que vous hacherez en petits morceaux, mettez le tout dans une casserole, versez dessus de l'eau salée, faites bouillir pendant une demi-heure, enlevez l'écume,

faites passer dans une étamine, et avec ce bouillon
vous pouvez faire un potage au riz de la plus
grande sapidité.

Bouillon consommé. — Pour faire ce genre de
bouillon, il faut beaucoup de viande, et que,
lorsqu'il devient froid, il se réduise en gélatine.
Ordinairement les consommés se font avec le
reste du gibier et des autres bonnes choses qui
se préparent pour un grand repas ; vous mettez
ces restes dans un pot au feu et vous versez dessus
une quantité suffisante de bouillon commun ; puis
vous l'écumez promptement, vous mettez dans le
pot-au-feu des carottes, des oignons, quelques
clous de girofle, vous faites mijoter votre bouillon
et vous le passez à l'étamine sans y mettre de
sel.

Bouillon de lapin. — Les chairs du lapin, jeune
et tendre, contiennent toutes les qualités nécessaires pour faire de l'excellent bouillon ; dans
quelques pays il est très utile et ne le cède en
rien pour la graisse et la salubrité aux meilleurs
bouillons de volaille. Le lièvre lui-même n'offre
ni la même substance, ni la même salubrité. Le
bouillon de lièvre est noir, pesant et indigeste.

Clarifiez le bouillon de lapin avec un pied de
veau bien cuit. Vous obtenez ainsi une gelée
claire comme un rubis.

Bouillon de perdrix. — Bouillon excellent et cha-
leureux, qui se peut faire avec de bonnes perdrix
bouillies lentement pendant trois ou quatre

heures dans deux litres d'eau avec un peu de veau pour en adoucir la saveur ; on lui adjoint alors des légumes préparés, puis on le fait passer au tamis et l'on trempe la soupe.

Bouillon de coq. — Pour faire un bon bouillon de coq, il faut prendre un coq jeune encore, le faire cuire lentement dans très peu d'eau avec la moitié d'une poule, deux oignons piqués, deux clous de girofle et le laisser sur le feu huit ou dix heures jusqu'à ce que la chair commence à se détacher elle-même des os. On achève alors d'en séparer cette chair, on la met dans un mortier, on en exprime tout le jus au tamis, et l'on en boit un verre chaque heure.

Ce bouillon est restaurant, mais il a le défaut d'échauffer le sang.

BOUTARGUE. — Espèce de caviar de Surmulet qui se fait en France, aux Martigues et à Terrin ; et en Italie, à Gênes et à Porto-Ferrago.

BRAISE. — Garnissez une braisière de bardes de lard, d'un pied de veau découpé ou d'un bon morceau de couenne de lard à demi salé pour rendre la sauce gélatineuse ; joignez-y sel, poivre, bouquet de persil, thym, laurier, clous de girofle, oignons et carottes ; mettez sur cet assaisonnement la pièce que vous voulez faire cuire. que ce soit un dinde ou une oie, ajoutez un verre de vin blanc, un demi-verre d'eau-de-vie, un verre de bouillon, faites cuire à petit feu pendant plusieurs heures, en couvrant l'objet que vous

faites cuire d'un papier beurré et en couvrant
également en outre votre casserole, afin qu'il ne
puisse y avoir d'évaporation. (*Recette de la cuisinière de la ville et de la campagne.*)

Braise à la Condé. — Enveloppez la pièce à
braiser avec des tranches minces de veau ou de
mouton, et par-dessus des bardes de lard; le fond
de votre braisière aura dû être couvert de bardes
et de viandes amincies. Mouillez avec un verre de
Madère, assaisonnez, poivre, sel et muscade,
ajoutez quelques truffes coupées en tranches,
cuisez lentement à feu doux. Cette braise est excellente pour les faisans et les perdrix, préalablement farcis. Le vin blanc convient pour
mouiller les viandes noires.

BRÈME. — On pêche ce poisson dans les rivières et dans les grands lacs de presque toute
l'Europe; il est l'objet d'une pêche importante,
qui se fait d'habitude dans les mois glacials.

BRÉSOLLES. — Vous foncez une casserole avec
une tranche de jambon, de l'huile, du persil, des
ciboules, des champignons, une pointe d'ail, le
tout haché fin et battu avec de l'huile; vous mettez sur ce fond une couche de filets de rouelle de
veau coupés très minces, puis une seconde, puis
une troisième, tant que l'huile ne la surmonte
pas; à chaque couche vous assaisonnez de poivre
et de sel; quand les brésolles sont cuites, vous en
faites autant de couches que vous voulez. Seulement il est important que chaque couche soit

13.

arrosée avec de l'huile mêlée avec des fines herbes
comme la première ; vous les levez une à une, vous
les mettez dans une casserole à part ; dégraissez
la sauce et liez-la avec un peu de farine ou, ce qui
vaut mieux, avec quelques marrons cuits et pilés,
versez sur les brésolles cet assaisonnement et
faites chauffer sans bouillir. Le veau, le mouton
et la chair de l'agneau surtout peuvent être
préparés en brésolles.

BRIOCHE. — Le nom de brioche vient à cette
pâtisserie du fromage de Brie, qui entrait autrefois dans sa composition.

Brioche fine ou royale. — Prenez 1 kil. 500 grammes de farine de gruau. Prenez le quart de la
farine, formez-en un bassin sur le tour à pâte ;
délayez 60 grammes de bonne levûre bien sèche
dans de l'eau tiède, la quantité suffisante pour
user votre farine et en faire une pâte légère:
tournez-la, fendez-la en quatre et laissez revenir
dans une sébile à température modérée ; de la
farine qui vous reste, formez un autre bassin
dans lequel vous ajoutez 30 grammes sel fin et
120 grammes sucre en poudre ; ajoutez un peu
d'eau pour faire fondre le tout ; maniez bien
1 kil. 500 grammes de beurre fin, ajoutez-le aux
30 ou 36 œufs frais que vous aurez jetés dans votre
puits, ondulez légèrement votre pâte, afin qu'elle
soit en harmonie avec votre levain, maniez légèrement le tout ensemble ; mettez le tout dans une
sébile farinée, laissez reposer la pâte, et, de

temps en temps, *rompez-la* légèrement au bout
de douze heures de fermentation, en évitant de
la laisser surir.

Moulez votre pâte selon la grosseur de votre
brioche, mettez-la dans un moule cannelé en fer-
blanc ; dorez-la en ayant soin de dégager la tête
de la brioche, chiquetez-la assez largement si la
pâte est ferme, et mettez-la au four très chaud.
Aussitôt sa couleur prise, couvrez-la d'un papier
mouillé, en dégageant la tête de la brioche qui
lui fait faire le coup de cygne. Sondez sa cuisson
et servez.

On l'appelle en terme de pâtisserie : brioche
mousseline.

Nota. — Si c'est une grosse brioche pour pièce
de fond, faites-la cuire dans une laisse de papier
de beurre. (*Recette de M. Vuillemot.*)

Brioche au fromage. — Faites un quart de
pâte à brioche, et laissez-la revenir ; mêlez-y
alors 750 grammes de bon fromage de Gruyère
coupé en dés ; séparez votre pâte en deux parties,
l'une du quart de la totalité ; roulez-les toutes
deux ; posez la plus forte du côté de la moulure
sur un fort papier beurré, aplatissez-la dans le
milieu avec la paume de la main, roulez l'autre
petite partie et ensuite la grosse, soudez-les
ensemble en les rapprochant et en les appuyant
l'une sur l'autre, la plus petite au-dessus ; cassez
deux œufs, battez-les comme pour une omelette,
dorez-en la brioche, coupez du fromage de Gruyère

en lames ou en cœurs, faites-en une rosette sur
la tête de cette brioche, mettez-la à un four bien
atteint, laissez-la cuire trois heures environ, retirez-la, ôtez-en le papier, dressez-la sur une
serviette et servez-la comme grosse pièce à
l'entremets. (*Recette de M. de Courchamps.*)

BRIOCHINES VERTES (Entremets saxon). —
Versez une demi-bouteille de lait bouillant sur
la mie de deux petits pains; laissez cette mie de
pain environ une heure dans cet état; mettez-y
ensuite, pour lui donner un peu de saveur, du
jus de tanaisie; vous ajouterez alors du jus
d'épinards pour la colorer d'un beau vert, puis
une cuillerée d'eau-de-vie; râpez-y la moitié
d'une écorce de citron, battez quatre jaunes
d'œufs, mêlez le tout ensemble et sucrez à volonté. Mettez ensuite cette préparation dans une
casserole avec 125 grammes de beurre frais sur un
feu doux et tournez jusqu'à ce qu'elle soit
épaissie. Retirez-la du feu, laissez-la reposer deux
ou trois heures et versez-la par cuillerée dans du
saindoux bouillant. Dès que vos briochines sont
faites, vous râpez du sucre dessus, et vous les
servez avec du vin blanc, du rhum bien sucré,
dans une saucière chaude. (*Recette du baron de
Mülbacher.*)

BROCHE. — Les broches et les hâtelets doivent
être tenus avec une extrême propreté, car, lorsqu'ils se rouillent, ils communiquent aux parties
qu'ils traversent une saveur ferrugineuse.

BROCHET. — Se garder de ses œufs qui, cuisant avec sa chair, peuvent communiquer à cette chair la faculté d'exciter les nausées et les vomissements.

Brochet à la Chambord. — Prenez un beau brochet, échardez-le, videz-le, ouvrez-lui le ventre pour qu'il n'y reste ni œufs ni laitances, et ôtez-lui les ouïes ; la peau levée sans avoir affecté les chairs, levez le nerf de la queue et piquez-le en totalité avec de l'anguille taillée en petits lardons, ou moitié avec des truffes et des carottes coupées de même ; si vous servez votre brochet au gras, piquez-le de lard, de truffes ou de carottes, mettez-le dans une poissonnière, mouillez-le d'une braise maigre et faites-le cuire ; mettez dans une casserole trois baquetées d'espagnole maigre et une demi-bouteille de vin blanc de Champagne ; faites réduire votre sauce et dégraissez-la, mettez-y des champignons retournés, des fonds d'artichauts, des truffes, des laitances de carpes, de l'anguille coupée par tronçons, faites mijoter un quart d'heure votre ragoût et finissez-le avec un beurre d'anchois ; égouttez votre brochet, pressez-le, mettez vos garnitures autour et joignez-y des écrevisses, décorez-le, saucez-le, glacez-le et servez. Si c'est au gras, ajoutez-y des ris de veau piqués, des pigeons ou des cailles, si c'est la saison, puis des crêtes et des rognons de coq.

Brochet au bleu ou au court-bouillon. — Videz votre brochet, éventrez-le sans lui couper l'amer

et sans endommager ses écailles, ôtez-lui ses
ouïes sans lui gâter le palais, placez-le dans une
poissonnière de capacité suffisante pour le contenir, faites bouillir un quart de litre de vinaigre
rouge, arrosez-en votre brochet pour lui donner
une couleur azurée, servez-vous en tout bouillant; mouillez-le d'une braise maigre ou grasse,
enveloppez-le dans un papier beurré, faites-le
cuire à petit feu; sa cuisson achevée, égouttez-le,
dressez une serviette sur votre plat, posez-le
dessus, entourez-le de persil et servez.

Brochet à la Chambord (recette de M. de Courchamps). — Pour bien exécuter ce beau relevé
qu'on sert en grosse pièce au premier service, et
qui est un des mets les plus somptueux de la
cuisine moderne, il faut d'abord être en posses-
sion d'un très fort et très beau brochet; d'où vient
que c'est un plat dispendieux à Paris, où un brochet de belle taille avec sa garniture à la Chambord ne saurait coûter moins de quatre-vingts
francs, et peut, quelquefois, revenir au triple de
la même somme. Après en avoir ôté les écailles
et enlevé toute la peau, vous le piquerez par
bandes ou raies transversales, larges chacune
comme trois doigts; savoir, une bande de fins
lardons épicés; la seconde avec des truffes bien
noires coupées en forme de clous de girofle; la
troisième, avec des filets de carottes et la dernière
avec des filets de cornichons bien verts et pareil-
lement coupés en forme de clous. Vous farcissez

ce gros poisson avec un hachis pour quenelles aux truffes émincées. (*V. Quenelles*). Cette opération terminée, faites cuire le brochet dans une poissonnière avec un court-bouillon dont le mouillement soit du vin de Champagne blanc et mousseux, mais qui soit assaisonné d'épices, de racines et d'un bouquet garni, comme pour un autre court-bouillon. Le poisson cuit, retirez assez de son fond de cuisson pour que le côté piqué, c'est-à-dire le dessus du brochet, s'en trouve à découvert, et mettez-le au four, afin que les sucs se concentrent et que les parties piquées au lard y prennent une belle couleur dorée. Procédez maintenant au ragoût qui doit former la garniture de ce mets superbe.

Mettez dans une bassine ou grande casserole une demi-bouteille de vin de Sillery, d'Aï ou autre bon vin de Champagne non mousseux, ajoutez-y un demi-litre de blond de veau ou de consommé réduit, des quatre épices et le jus de quatre bigarades, dans lequel vous aurez délayé deux fortes pincées de poudre de Kari; faites réduire et passez ensuite au tamis de soie; remettez sur le feu et faites-y prendre sauce à des fonds d'artichauts braisés, des mousserons blancs et des champignons cuits à la moelle, de grosses truffes au vin de Bordeaux, des laitances et des langues de carpes, des foies de lottes et des quenelles de turbot à la crème et aux truffes, des tronçons d'anguilles piquées et de filets d'o-

lives cuits au vin de Madère, des écrevisses d'Alsace au vin blanc, des ris de veau piqués et glacés,
des ris d'agneau pralinés au vert-pré, des becfigues ou des râles de genêts et des cailles sautées,
enfin des crêtes et des rognons de coq, et, si l'on
veut, quelques pigeonnaux de l'espèce dite à la
Gauthier. On terminera cet appareil splendide en
y mêlant du beurre d'anchois avec quelques cuillerées de glacis de viande, et l'on passera ce
mélange avant de le placer au fond du plat. On
arrangera le tout avec ordre et symétrie autour
du brochet, dans le corps duquel on piquera
de longs hâtelets d'argent, bien garnis de
rissoles et autres substances variées, telles que
belles truffes noires, grandes oranges ou ceps du
Midi, jaunes d'œufs de pintade, ortolans rôtis,
gros fruits d'Italie marinés au vinaigre.

Comme pour un plat d'une telle importance
on ne saurait être trop bien renseigné, nous
devons équitablement ajouter à la recette de
M. de Courchamps les critiques qu'un autre
maître, M. Vuillemot, lui oppose :

« A l'article *Brochet à la Chambord*, de M. de
Courchamps, j'accueille favorablement le brochet
farci, les garnitures au maigre, mais ce qui est de
ses ris de veau, pigeons à la Gauthier, je ne puis
les accepter. Couronnez votre brochet par les
quenelles de poisson, champignons, truffes, écrevisses, queues de crevettes, huîtres, moules et
autres. Cela me représente un beau relevé

maigre. Bien croûtonné, et une bonne sauce génevoise avec beurre d'anchois. »

Brochet en dauphin. — Prenez un gros brochet, écaillez-le, videz-le par les ouïes, retroussez-lui la queue; à cet effet, passez-lui un hâtelet dans les yeux et une ficelle dans la queue (il faut que les deux bouts se joignent de chaque côté du hâtelet); posez votre brochet sur le ventre et faites qu'il s'y maintienne; mouillez-le d'une braise maigre, et si c'est au gras, d'une bonne mirepoix; mettez-le dans un four, retirez-le de temps en temps pour l'arroser de son assaisonnement; sa cuisson faite, égouttez-le et saucez-le d'une italienne rousse et grasse ou d'une maigre. (*Méthode Beauvilliers.*)

Brochet à la broche. — Écaillez, incisez légèrement votre brochet, lardez-le avec des filets d'anguille salés, poivrés; embrochez-le et arrosez-le, en cuisant, avec du vin blanc, de l'huile fine et du jus de citron vert. Dès qu'il est cuit, faites fondre des anchois dans ce qui est tombé dans la lèchefrite, ajoutez-y des huîtres que vous faites chauffer sans bouillir, des câpres, du sel et du poivre, liez cette sauce avec un peu de jus ou avec un roux, et servez.

La sauce *Pluche* ou verte convient très bien à ce brochet en raison des anchois. — Les huîtres sont très nécessaires.

Brochet à la tartare. — Coupez votre brochet par tronçons et faites-les mariner tout écaillés

avec de l'huile, sel, gros poivre, persil, ciboules,
échalotes et champignons hachés très fins; saucez-les dans la marinade et panez-les avec de la
mie de pain, mettez-les sur le gril et faites cuire
en arrosant avec le reste de la marinade, faites-
les prendre belle couleur et servez à sec avec une
rémoulade dans une saucière.

Brochet à la Créquy. — Après avoir enlevé la
peau qui supporte les écailles d'un gros brochet,
mortifié depuis quelques jours, on le pique jusqu'à la quatrième partie des côtes avec des
anchois, l'autre quart avec des cornichons, puis
des carottes et enfin des truffes, on le remplit avec
farce au poisson, pour le placer dans une poissonnière, de manière à laisser en dehors tout
ce qui a été piqué et qui doit être arrosé aussi
souvent que possible, avec le mouillement qui se
trouve dans l'intérieur; on le couvre pour con-
tinuer, le feu par-dessus; sa cuisson terminée, on
le retire et lorsqu'il est égoutté on verse dessous
une sauce à la crème et au jus de poisson bien
réduit. C'est un des plus beaux relevés maigres,
dit le *Cuisinier de la cour et de la ville.*

Brochet à l'allemande. (Recette de Beauvilliers).
— Ayez un beau brochet, faites attention qu'il ne
sente pas la vase, laissez-le mortifier deux ou trois
jours et davantage, s'il fait froid; lorsque vous
voudrez vous en servir, videz-le, ôtez-lui les ouïes,
supprimez-en les nageoires et le petit bout de la
queue, lavez-le et nettoyez bien le dedans, faites

une eau de sel, mettez votre brochet dans une
casserole avec quelques branches de persil, une
feuille de laurier et quelques carottes coupées en
lames, mouillez-le avec moitié eau de sel et
moitié eau de rivière, faites-le cuire ; sa cuisson
faite, égouttez-le, ôtez-en la peau, mettez-le dans
une casserole et versez dessus de son assaisonnement, tenez-le chaudement, posez une serviette
sur un plat, remplissez le vide des tronçons avec
du raifort râpé, dressez-les et servez à côté une
saucière remplie d'une sauce au beurre ou de
toute autre sauce.

Brochet à l'allemande. (Recette de M. de Courchamps.) — Pour le préparer de cette manière,
on le choisit de grosseur moyenne ; après l'avoir
coupé en trois ou quatre parties égales, on le
met dans une casserole avec de l'oignon, du persil, du laurier, de la ciboule, du sel et du poivre ;
on mouille avec du vin blanc, et après une demi-
heure on le retire ; après l'avoir paré on le met
dans une casserole, on verse dessus le court-
bouillon passé au tamis ; après avoir égoutté et
mis sur un plat le brochet, on prend une autre
casserole avec du beurre, un peu de fécule, de la
muscade râpée, du poivre, un verre de court-
bouillon, et l'on agite, en tournant sur le feu,
jusqu'à ce que le tout soit bouillant ; après avoir
lié cette sauce avec les jaunes d'œufs, on continue
de tourner sans pousser à l'ébullition, on la
passe au tamis en la versant sur le poisson.

Brochet à la génevoise. — Prenez un brochet que vous ficellerez de distance en distance, de la largeur de deux doigts, et mettez-le dans une poissonnière avec sel, poivre, un oignon, piqué de deux clous de girofle et un bouquet garni; mouillez avec un demi-litre de vin moitié blanc moitié rouge par 500 grammes de poisson. Mettez votre poissonnière sur un feu très vif et poussez assez vivement pour que les vapeurs qui s'élèvent s'enflamment. Quand le feu a ainsi fait son effet, mettez 250 grammes de beurre dans la poissonnière, ajoutez-y des épices mélangées et laissez cuire doucement environ une heure. Quand le court-bouillon sera assez réduit, jetez-y quelques morceaux de beurre en remuant toujours la poissonnière, retirez ensuite le poisson, égouttez-le et liez la sauce.

Brochet en fricandeau. — Après avoir écaillé, vidé lavé votre brochet, coupez-le en tronçons, piquez et ces tronçons en dessus avec du petit lard, versez dans une casserole un verre de vin blanc, du bouillon, ajoutez-y un bouquet garni, des rouelles de veau coupées en dés, du sel, du gros poivre, de la muscade, et mettez vos tronçons de brochet tremper dans cet assaisonnement, puis faites-les cuire; la cuisson achevée, tamisez la sauce, faites-la réduire presque complètement et passez-y les tronçons de votre brochet du côté du lard pour les glacer; cette opération deviendra plus facile en ajoutant un peu de caramel à la sauce.

Dressez le poisson glacé sur un plat chaud et détachez avec un peu de bouillon ce qui reste au fond de la casserole.

Grenadins de Brochet, lisez : *fricandeau de brochet.* — Si vous voulez les manger au gras, piquez-les de lard; si vous voulez les manger au maigre, piquez-les de lardons d'anguille et de filets d'anchois, servez dessous soit une sauce tomate, soit une purée de champignons, soit toute autre sauce ou toute autre purée.

Côtelettes de Brochet. — Apprêtez et lavez les chairs d'un brochet, supprimez-en la peau, donnez à ces chairs, en les coupant, la forme de côtelettes de veau ou de mouton, faites-les cuire dans une enveloppe de papier huilé avec des fines herbes hachées, tel que vous feriez pour des côtelettes de veau; procédez en tout comme pour ces côtelettes, c'est-à-dire faites-les griller en prenant garde que le papier ne brûle, et laissez-les cuire jusqu'à ce qu'elles aient atteint une belle couleur.

Filets de Brochet à la Béchamel. — Mettez dans une béchamel réduite les restes de votre brochet, dressez-les ensuite sur un plat arrosé d'un peu de beurre fondu, entourez-le de bouchons de pain trempés dans une omelette; mettez-les au four, laissez-les jusqu'à ce qu'ils aient belle couleur et servez.

Salade de brochet. — Coupez votre brochet froid par morceaux et assaisonnez-le en y ajoutant câpres, anchois et cornichons coupés en filets, ainsi que de la fourniture hachée; dressez-la sur un plat sans y comprendre les anchois, les cornichons et les câpres, garnissez le bord de votre plat de laitues fraîches coupées par quartiers et d'œufs durs coupés de même, décorez votre salade de filets d'anchois et de câpres, saucez-la avec son assaisonnement et servez.

BROCOLI.—Le brocoli est une espèce de chou-fleur qu'il ne faut pas confondre avec le chou-de-Bruxelles.

Apprêtez avec une bonne sauce au beurre ou une sauce au gratin avec parmesan.

BROU. — C'est le nom de la coque verte qui renferme certains fruits à écale; c'est ce qui fait faire la grimace à la guenon de la fable, qui mord dans le brou au lieu d'éplucher la noix.

Brou de noix à la Sainte-Marie. — Prenez 2 kilog. de noix vertes, 7 grammes de cannelle, 3 grammes et demi de malcis, 8 litres d'eau-de-vie à 50 degrés, 2 litres d'eau de rivière, 2 kilog. de sucre; choisissez des noix aux deux tiers de leur grosseur, assez peu formées cependant pour qu'une épingle passe encore facilement à travers leurs coquilles; vous les pilez au mortier de marbre et les mettez infuser avec les aromates et dans l'eau-de-vie pendant un mois et demi, puis vous tamisez le tout et recueillez la liqueur; vous faites fondre le sucre à l'eau de rivière, vous opérez le mélange des deux liqueurs et vous les laissez éclaircir pendant six semaines; enfin vous décantez le ratafia par inclinaison. Au lieu de laisser déposer votre liqueur, on peut à la rigueur la filtrer.

Brou de noix à la Carmélite. — Prenez 150 noix vertes, 3 gram. 1/2 de muscades, 3 gram. 1/2 de girofle, 2 kilogrammes de sucre concassé, mettez le tout dans 8 litres d'eau-de-vie, vous choisissez les noix comme pour le brou ci-dessus, vous les pilez de même, vous les faites infuser deux mois dans l'eau-de-vie, vous les égouttez dans un tamis au-dessus d'un vase, vous faites fondre le sucre dans cette liqueur que vous renfermez de nouveau dans un vase pendant trois autres mois, vous la décantez ensuite et la mettez en bouteilles. Ce dernier ratafia, comme stomachique, est encore supérieur à l'autre.

BUFFLE. — Animal originaire des Indes et de l'Afrique, qui ressemble assez au taureau, mais qui est plus fort.

La chair du buffle est moins agréable à manger que celle du bœuf, cependant elle est fort bonne et fort saine.

On fait avec le lait des femelles un fromage excellent que l'on appelle en Italie *œuf de buffle,* parce qu'on lui donne la forme d'un œuf.

Nous devons à l'obligeance de M. Duglerez, ancien chef de bouche de la maison Rothschild une excellente recette pour assaisonner le museau de buffle; nous nous empressons de la donner à nos lecteurs.

Le museau de buffle est très peu employé en cuisine, cependant c'est un mets qu'un bon cuisinier peut rendre très délicat.

Prenez un museau de buffle, faites-le dégorger, blanchir et rafraîchir, puis grattez et flambez pour en extraire les poils; mettez-le après dans un bon fond et faites cuire pendant trois heures. Assurez-vous de temps en temps si c'est cuit, puis égouttez-le et placez-le sur le plat imbibé d'une bonne sauce hachée bien relevée et servez.

On peut servir ces mets de plusieurs manières :

Soit en papillotes, à la Provençale, en matelotte, à la Lyonnaise, à la Tartare, à la Sauce aux tomates et à la Villeroy. (*V. ces sauces.*)

C

CABELAN ou CAPLAN. — Sorte de poisson commun dans la Méditerranée. Sa chair est douce, tendre et de bon goût. On en fait, à Paris, des *sandwichs* à la crème de Meaux, et, sur les côtes de Bretagne, des beurrées fort appétissantes. Il sert pour amorcer les morues sur le banc de Terre-Neuve.

CABILLAUD ou CABIAU. — Nom de la morue fraîche en Hollande ; comme c'est le même poisson qui reçoit le nom de morue quand il est salé, c'est à ce nom de Cabillaud que nous dirons tout ce que nous avons à dire sur la morue.

Cabillaud (ou morue fraîche à la Hollandaise). — Choisissez un cabillaud frais et gras, ce qu'il sera facile de reconnaître à l'œil en le flairant ; qu'il ait la peau blanche et tachée de jaune, ce sont les meilleurs ; videz-le, ôtez les ouies, lavez-le à plusieurs eaux, ficelez-lui la tête, mettez-le dans une poissonnière, faites-le cuire dans une bonne eau de sel que vous aurez préparée ainsi. Mettez de l'eau dans un petit chaudron, proportionnez-y le sel à la quantité de l'eau, jetez-y quelques ciboules entières, du persil en branches, une gousse d'ail, deux ou trois oignons coupés en tranches, du zeste de carotte, du thym, du laurier, du basilic, deux clous de girofle ; faites bouillir trois quarts d'heure, écumez votre eau, descendez-la du feu, couvrez-la d'un linge blanc, laissez-la reposer une demi-heure ou trois quarts d'heure, passez-la au travers d'un tamis de soie, servez-vous-en pour faire cuire votre poisson et, en général, tout ce qui doit être cuit à l'eau de sel. La cuisson de votre cabillaud achevée, sans l'avoir laissé bouillir, cinq minutes avant de le servir, retirez-le de l'eau, laissez-le s'égoutter sur la feuille, glissez-le sur le plat où il doit paraître sur la table, servez-le avec des pommes de terre cuites à l'eau et épluchées, et avec une saucière remplie de beurre fondu. Vous pouvez le servir aussi avec une sauce aux huîtres, une sauce aux câpres, ou une sauce à la bonne morue. (*Recette Beauvilliers.*)

Cabillaud à la Sainte-Ménehould. — Choisissez avec soin votre cabillaud, c'est-à-dire frais et gras ; introduisez-lui dans le corps une farce cuite. Si c'est en maigre, que la farce soit en poisson ; dressez-le immédiatement sur le plat où vous devez le servir ; mouillez votre cabillaud d'une

braise grasse ou maigre, selon que sera grasse ou
maigre la farce que vous lui aurez introduite dans
le ventre ; mettez-le au four, et, sa cuisson faite,
égouttez-le sans l'enlever de dessus son plat ;
saucez-le d'une Sainte-Ménehould, passez-le avec
de la mie de pain et du fromage de Parmesan, arrosez-le de beurre fondu, faites-lui prendre une
belle couleur, égouttez-le de nouveau, nettoyez
votre plat, et mettez-y une italienne blanche.
(V. *italienne blanche.*)

Cabillaud à l'italienne. —Choisissez avec soin un
beau cabillaud, tâchez qu'il soit d'Ostende ou des
côtes de la Manche, faites une farce avec des merlans et des anchois pilés, remplissez-en la cavité
du cabillaud, dressez votre poisson sur un plat
creux avec du beurre et du persil haché, mouillez
le tout avec une bouteille de vin blanc, mettez-le
au four après l'avoir pané et saupoudré de mie de
pain mêlée de fromage de Parmesan râpé, arrosez
de beurre fondu, et faites-lui prendre couleur sous
le four de campagne ; vous pouvez le saucer alors
avec telle sauce que vous voudrez.

Cabillaud aux fines herbes. — Même préparation
que ci-dessus ; quand il sera resté une heure
dans son eau salée, servez avec fines herbes,
beurre, sel, poivre, muscade, aromates et chapelure ; mouillez-le d'une bouteille de vin blanc,
mettez-le au four et arrosez plusieurs fois.

Morue à la maître d'hôtel. — Vous choisissez une
belle crête de morue d'une peau blanche piquée

de jaune ; pour vous assurer qu'elle est tendre, pincez-en la chair, goûtez aussi si elle est d'un bon sel et, dans le cas où elle serait trop salée, mettez-la dans l'eau avec moitié lait, et elle se dessalera promptement ; trempez-la dans l'eau chaude, ôtez les écailles en la grattant avec un couteau, mettez de l'eau fraîche dans une casserole avec votre morue, faites-la cuire ; dès qu'elle aura bouilli, retirez-la pour l'écumer, couvrez-la un instant, puis égouttez-la, dressez-la et saucez-la d'une sauce à la maître d'hôtel forcée d'un peu de citron ou de verjus (*V.* SAUCE A LA MAITRE D'HO-TEL) ; vous pouvez aussi supprimer la peau, la défaire par feuillets, la sauter dans une maître d'hôtel en y ajoutant un filet de verjus ou un jus de citron, la dresser et la servir aussitôt.

Brandade de morue. — Faites cuire votre morue comme ci-dessus, supprimez-en les peaux, égouttez-la, puis divisez-la par petites feuilles, mettez de l'huile d'olive dans une casserole et jetez-y votre morue avec deux gousses d'ail écrasées, remuez fortement le tout, en faisant tourner et retourner votre morue jusqu'à ce qu'elle soit bien mêlée avec l'huile, ajoutez du gros poivre, un jus de citron, dressez-la en rocher et servez.

Morue au beurre noir. — Préparez et faites cuire votre morue de la même manière que les précédentes, égouttez-la, faites . beurre noir en procédant ainsi : mettez du beurre dans une poêle et faites-le fondre et cuire au point de noircir

sans qu'il soit brûlé, mettez ensuite du persil
en branche pour frire, ajoutez à votre sauce
du vinaigre en suffisante quantité, ne mettez
pas de sel, dressez votre morue, saucez-la et
servez.

Morue à la crème, ou bonne morue. — La même
préparation et la même cuisson que ci-dessus,
égoùttez-la, dressez-la et saucez-la d'une sauce
bonne morue que vous faites en mettant dans une
casserole 120 grammes de beurre, une cuillerée
de farine, une bonne pincée de persil et une ciboule hachée, poivre, sel, muscade râpée, un
verre de crème ou de lait; mettez sur le feu,
tournez et faites bouillir un quart d'heure, versez
sur votre poisson et servez.

Cabillaud ou morue à la Hollandaise. — Prenez un
cabillaud ou une morue bien fraîche, ce que vous
pouvez reconnaître en flairant; les meilleurs sont
ceux qui ont la peau blanche et tachée de jaune;
videz-le, ôtez les ouïes, lavez-le à plusieurs eaux,
ficelez-lui la tête et mettez-le dans une poissonnière, faites-le cuire dans une bonne eau de sel
sans le laisser bouillir; il faut un peu de lait dans
la cuisson; quand il sera cuit, et cinq minutes
avant de le servir, retirez-le de l'eau, laissez-le
s'égoutter sur la feuille, glissez-le avec sur le plat
que vous devez servir. ... tez au four des pommes
de terre cuites à l'e   et épluchées et du beurre
fondu dans une saucière. Vous pouvez servir ce
poisson avec une sauce aux huîtres ou une sauce

15

blanche aux câpres ou encore une sauce à la bonne morue.

Cabillaud ou morue au gratin. — Si vous avez du cabillaud de desserte, épluchez-le, ôtez les peaux et les arêtes, et faites une béchamel (*V.* cette sauce); assurez-vous que votre sauce n'est pas trop longue, mettez-y votre cabillaud et faites-le chauffer sans bouillir, dressez-le sur un plat en l'étendant avec la lame de votre couteau, vous le panez ensuite avec de la mie de pain et vous y ajoutez, si vous le jugez nécessaire, un peu de fromage de Parmesan; arrosez-le de beurre comme pour le cabillaud à la Sainte-Ménehould, garnissez avec des bouchons de pain le tour de votre plat, mettez-le au four, faites-lui prendre belle couleur, retirez-le, ôtez les bouchons, mettez-en d'autres passés au beurre et servez.

Morue à la bourguignote. — Coupez cinq ou six oignons en rouelles et mettez-les avec un bon morceau de beurre dans une casserole où vous les ferez cuire et roussir; leur cuisson achevée, faites un beurre roux que vous tirez au clair et que vous mettez sur vos oignons, avec sel, poivre et un fort filet de vinaigre; vous ferez cuire votre poisson comme il est indiqué pour la morue à la maître d'hôtel; égouttez-la ensuite, dressez-la sur votre plat, saucez avec vos oignons au beurre roux et servez.

Queues de morue à l'anglaise. — Vous ferez cuire des queues de morue comme ci-dessus, que vous égoutterez bien; faites une sauce avec la chair de deux citrons coupés en dés, filets d'anchois, persil et ciboules hachés, échalote, une pincée de gros poivre, une pointe d'ail; ajoutez-y un morceau de beurre et un peu d'huile, faites chauffer cette sauce à petit feu en la remuant bien, mettez-en la moitié dans le fond de votre plat, dressez-y votre morue, garnissez-la de croûtons frits dans le beurre, jetez sur votre morue le reste de votre sauce, panez-la avec de la chapelure, laissez-la mijoter un bon quart d'heure sous un four de campagne, nettoyez le bord de votre plat et servez.

Cabillaud ou morue à la norwégienne.— Procurez-vous une petite morue fraîche que vous couperez en quatre ou cinq morceaux, désossez, marinez avec beurre chaud, jus de citron, persil haché, échalotes et fines herbes; servez avec marinade dessus et dessous, panez, arrosez avec beurre chaud, faites cuire au four, servez avec sauce au vin blanc, jaune d'œufs et muscades.

Cabillauds grillés à la crème et aux huîtres. — (La recommandation reste toujours la même pour votre cabillaud.) — Mettez-lui dans le corps une farce maigre ou grasse, au poisson si c'est au maigre, à la viande si c'est au gras. Vous suivez en tous points les mêmes instructions que pour le cabillaud à la Sainte-Ménehould, seulement en le retirant du four vous le couvrez d'une sauce à la crème et aux huîtres.

Cabillaud pané. — Coupez votre cabillaud en cinq ou six morceaux, marinez avec sel, poivre, persil, échalotes, ail, thym, laurier, ciboules, basilic; le tout haché, le jus de deux citrons et du beurre fondu; dressez-les, servez avec la marinade panez et faites cuire sous un four de campagne. (*V. Morue.*)

CACAO. — Graine de la grosseur d'une petite fève, nichée dans une pulpe butyracée du fruit du cacaoyer ou cacaotier.

CAFÉ. — La plante qui le produit est un petit arbrisseau fort bas qui porte des fleurs odorantes. Le café est originaire de l'Yémen, dans l'Arabie-Heureuse; on le cultive aujourd'hui dans plusieurs pays.

Il y a dans le commerce cinq principales sortes de café, sans compter la chicorée, que nos cuisinières s'entêtent à y mêler. Le meilleur vient de *Moka* dans l'Arabie-Heureuse; on le divise lui-même en trois variétés: la première nommée *baouri* qu'on réserve pour les grands seigneurs, le *saki* et le *salabi*.

Le café de Bourbon est bien coté dans le commerce; cependant on lui préfère celui de la Martinique ou de la Guadeloupe. Le Saint-Dominique, qui comprend aussi celui de Portorico et d'autres îles Sous-le-Vent, est d'une qualité inférieure.

Le café doit-être torréfié (brûlé) en le remuant sans cesse dans un appareil quelconque en tôle, mais plutôt dans un brûloir dont le récipient, qui contient le café, est arrondi en tous sens, de manière à présenter le café partout également à la surface chauffante, en commençant par un feu très doux de façon à le faire renfler d'abord sans le saisir, pour qu'il se torréfie en même temps à l'intérieur du grain comme à sa superficie et devienne d'un beau roux brun. Il faut trois quarts d'heure pour le brûler, on le retire alors du feu quand il est près d'être à son point et qu'il répand une agréable odeur, mais on le laisse dans le brûloir pour achever de se faire ; vous l'étendez ensuite sur un torchon pour refroidir et vous le serrez dans une boîte de fer blanc hermétiquement fermée ; ayez soin de ne le moudre qu'au fur et à mesure des besoins, afin qu'il ne puisse perdre son arome ; il en faut à peu près une demi-cuillerée par tasse. Le café moka, ayant plus de parfum et de force que les autres, on le mélange ordinairement avec moitié Bourbon. Le Martinique ne convient guère qu'avec du lait, à cause de son âcreté.

Café à la crème frappé de glace. — Vous faites une infusion assez forte de café Moka ou de café Bourbon, vous la mettez dans un bol de porcelaine, vous la sucrez convenablement et vous y ajoutez une égale quantité de lait bouilli ou le tiers d'une crème onctueuse, vous entourez ensuite le bol de glace pilée.

CAILLES. — La caille tient un rang distingué parmi les mets les plus excellents ; c'est un animal

voyageur qui se reproduit dans les pays tempérés,
mais qui y reste rarement.

On fait acte d'ignorance culinaire toutes les
fois qu'on la sert autrement que rôtie et en papil-
lotte, parce que son parfum est très fugace et que,
toutes les fois que l'animal est en contact liquide, son parfum se dissout, s'évapore et se perd.
Nous n'en donnerons pas moins les différentes
manières de préparer les cailles, tout en in-
sistant pour qu'on les mange rôties.

Cailles à la broche. — Plumez, épluchez et videz
six ou huit cailles bien grasses, flambez-les, troussez-les, enveloppez-les d'une feuille de vigne,
mettez une barde de lard dessus, afin qu'elles
n'aient que la moitié des pattes à découvert, embrochez-les dans un hâtelet, posez-les sur une broche, faites revenir et servez. Mais n'oublions pas
les croûtes et leur bon jus naturel.

Cailles au laurier. — Épluchez, videz et flambez;
hachez le foie avec lard, ciboule, laurier, sel,
poivre et farcissez; embrochez vos cailles sur un
hâtelet en les enveloppant de bardes de lard et de
papier, afin qu'elles continuent à être enveloppées
de leur jus, puis vous les servirez avec une sauce
ainsi composée :

Coupez deux ou trois lames de jambon, mettez-
les suer dans une casserole; lorsqu'elles commenceront à s'attacher, mouillez avec un verre de
vin blanc, deux cuillerées à dégraisser de consommé et autant d'espagnole réduite; mettez-y

une demi-gousse d'ail et deux feuilles de laurier, faites bouillir et réduire le tout à la consistance de sauce, passez cette sauce à l'étamine ; pendant la cuisson de vos cailles, faites blanchir huit grandes feuilles de laurier, la cuisson achevée supprimez-en le lard, couchez chacune d'elle dans une feuille de laurier, ajoutez à votre sauce le jus d'un citron, du gros poivre et un peu de beurre, saucez et servez.

Cailles aux petits pois. — Prenez un certain nombre de cailles, videz-les, flambez-les, troussez-les, foncez votre casserole d'une lame de veau et de jambon, joignez-y une carotte, un oignon et un bouquet assaisonné ; couvrez-les de bardes de lard et d'un rond de papier de la largeur de la casserole, faites partir et cuire avec feu dessus et dessous ; la cuisson achevée, égouttez-les et masquez-les d'un ragoût de pois au lard ou au jambon.

Cailles au gratin. (Méthode Beauvilliers.) — Flambez et désossez neuf cailles ; faites un bouchon de la mie d'un pain du diamètre d'environ trois pouces et demi et de deux et demi de hauteur ; entourez-le d'une barde de lard, posez-le au milieu de votre plat, garnissez le tour de ce bouchon de pain d'un gratin que vous tiendrez en talus (v. l'article GRATIN), c'est-à-dire que ce gratin soit presque de la hauteur du pain vers le milieu du plat, et qu'il aille en diminuant vers le bord de ce plat, à peu près de l'épaisseur d'un demi-pouce; remplissez vos cailles de ce même gratin, donnez-leur la forme primitive, dressez-les sur votre gratin, les pattes en dehors, que ces pattes ne débordent pas le pain; remplissez de gratin les intervalles de vos cailles, de manière qu'on en voie l'estomac, unissez-bien votre gratin sans couvrir les estomacs de vos cailles que vous couvrirez de bardes de lard, mettez-les dans un four avec un petit âtre dessous ou sous un four de campagne avec feu modéré dessus et dessous, faites qu'elles aient une belle couleur. Leur cuisson faite, ôtez toutes les bardes de lard, ainsi que la mie de pain; égouttez-les, versez au milieu une bonne italienne rousse, glacez les estomacs de vos cailles, si vous le voulez; ajoutez des croûtons coupés en forme de crête et passés au beurre entre chaque caille, et servez.

Cailles aux laitues. — Troussez et flambez quatre ou six ou huit cailles, foncez une casserole d'une barde de lard et d'une lame de jambon, rangez vos cailles dans cette casserole, coupez un morceau de rouelle de veau en dé, ajoutez un oignon, piquez-le d'un clou de girofle, joignez une demi feuille de laurier, une carotte tournée, un petit bouquet de persil et de ciboules; mouillez cela d'un verre de consommé et d'un demi-verre de vin blanc, couvrez vos cailles de bardes de lard et d'un rond de papier. Une demi-heure avant de servir, faites-les partir et cuire; aussitôt la cuisson faite, égouttez-les, dressez-les en les entre-

mêlant de laitues. Si vous le voulez, ajoutez entre
vos cailles et vos laitues des croûtes de pain
passées dans du beurre, qui doivent être d'une
belle couleur. Avant de placer ces croûtes, saucez
vos cailles et vos laitues avec une bonne espagnole, réduite dans laquelle vous aurez mis gros
comme le pouce de glace, et servez.

Cailles en croustades. — Désossez six cailles,
remplissez-les d'un gratin fait avec leur foie et
quelques foies de volailles, cousez vos cailles et
procédez pour leur cuisson comme il est dit à
l'article précédent, faites autant de croustades
que vous avez de cailles; vos cailles cuites,
égouttez-les en défaisant les fils, mettez les
cailles dans vos croustades, dressez-les, saucez-
les avec une bonne italienne, dans laquelle vous
aurez mis des truffes hachées et passées au beurre,
puis servez.

Cailles à l'anglaise. — Ayez huit cailles, troussez-les comme des poules, flambez-les, marquez
dans une casserole, entre quelques bardes de
lard, avec une cervelle de veau séparée en deux,
avec une dizaine de saucisses à la chipolata, un
bouquet de persil et de ciboules, du sel et du
poivre ; mouillez le tout avec une tasse de bouillon et un verre de vin de Champagne, couvrez
vos cailles de bardes de lard et d'un rond de
papier, faites-les cuire ; leur cuisson achevée,
égouttez-les ainsi que les cervelles, ôtez la peau
de vos saucisses, rangez-les au milieu du plat,

mettez vos cailles autour, posez vos cervelles sur vos saucisses, marquez le tout d'une financière au blanc.

Cailles aux truffes. — Videz par la poche neuf cailles, flambez-les légèrement, épluchez neuf belles truffes, coupez-les en dé, donnez-leur la forme de petites truffes, hachez toute leur parure très-fin avec des foies de cailles, assaisonnez de sel et de mignonnettes, mettez-le tout sur un morceau de beurre, faites cuire légèrement, laissez-le refroidir et remplissez-en vos cailles, marquez-les dans une casserole comme celles aux laitues. Leur cuisson faite, égouttez-les, dressez-les, servez-les avec une sauce à la Périgueux.

Cailles à la poêle. — Fendez vos cailles un peu sur le dos, faites une farce avec du lard râtissé et un peu de jambon, une truffe, quelques foies gras, un jaune d'œuf cru, le tout haché ensemble, pilé et assaisonné de sel, poivre, muscades et fines herbes ; farcissez-en vos cailles. Mettez au fond d'une casserole des bardes de lard, rangez vos cailles dessus, l'estomac en dessous, avec sel, poivre, fines herbes dessus et dessous, couvrez-les de tranches de veau et de jambon et de bardes de lard, fermez ensuite votre casserole avec une assiette, en sorte qu'elle touche la viande, mettez un linge autour de l'assiette et une autre couverture par-dessus, laissez votre casserole pendant deux heures sur des cendres chaudes, et au

moment de servir ôtez les tranches de veau, de
jambon et de lard ; remettez-les cuire sur le
fourneau, et quand elles ont pris belle couleur et
que le jus est attaché à la casserole, tirez les
cailles, arrangez-les sur le plat, ôtez la graisse qui
est dans la casserole, mouillez ce qui est attaché
de bouillon et de jus pour le détacher, mettez-y
un peu de poivre concassé et un jus de citron,
passez ce jus au tamis, jetez-le sur vos cailles et
servez chaudement.

Cailles à la cendre aux écrevisses. — Flambez vos
cailles, videz-les, laissez-leur les pattes en leur
ôtant les ergots, videz-les par la poche et refaites-
les légèrement, foncez une casserole de tranches
de veau et de jambon, passez des truffes et des
champignons hachés dans du lard fondu, mettez-
les sur le veau et arrangez les cailles dessus,
l'estomac en dessous. Mettez autant d'écrevisses
que de cailles après les avoir passées dans du lard
fondu, et arrangez-les entre les cailles ; couvrez
de bardes de lard et faites cuire à la braise pendant une heure ; ôtez ensuite les écrevisses et
laissez les cailles. Quand elles sont cuites, vous
les dégraissez et les finissez comme ci-dessus,
puis vous remettez chauffer les écrevisses dans la
sauce après avoir ôté les petites pattes, et vous
servez un jus de citron.

Cailles sous la cendre. — Videz, flambez et troussez vos cailles, assaisonnez-les de sel, bande de
lard dessus et dessous. Prenez du gros papier de

beurre, beurrez-le, enveloppez vos cailles dedans
sous la cendre chaude comme pour les pommes
de terre. Au bout d'une demi-heure retirez et
servez; c'est délicieux.

Vous laissez à l'intérieur de la caille le foie
avec un peu de beurre assaisonné. (*Méthode de
M. Vuillemot.*)

Cailles au laurier. — Prenez des cailles, flambez-
les, videz-les, farcissez-les d'une farce faite avec
leurs foies, lard râpé, persil, ciboules, champignons hachés, assaisonnez de sel, poivre, liez de
deux jaunes d'œufs, coulez vos cailles quand elles
seront farcies, faites-les refaire dans de la graisse,
et faites-les cuire à la broche, enveloppées de
bardes de lard et de feuilles de papier.

Prenez ensuite des feuilles de laurier, faites-les
blanchir, mettez-les dans une essence, faites un
bouillon, et servez dessus les cailles.

Cailleteaux au salpicon. — Prenez six cailleteaux,
flambez-les, refaites-les sur un fourneau, laissez-
leur les pattes en entier, foncez une casserole de
tranches de veau et de jambon avec léger assaisonnement, mettez-y du lard fondu, arrangez
ensuite vos cailleteaux, l'estomac en dessus,
couvrez de bardes de lard et faites cuire à la
braise à petit feu. Quand ils sont cuits, dressez-
les sur un plat, après les avoir bien essuyés de
leur graisse et servez en salpicon par-dessus.

Pour faire le salpicon, prenez des champignons,
des ris de veau blanchis que vous coupez en

petits dés et un bouquet, vous passez le tout avec un morceau de beurre, une tranche de jambon ; mouillez-les de bon bouillon, faites-les cuire et dégraissez-les ; quand le salpicon sera presque cuit, ajoutez-y des coulis, quelques fonds d'artichauts coupés en dés et de petits œufs blanchis ; mettez-les dans un plat et servez vos cailleteaux dessus.

Cailles en compote. — Habillez les cailles, troussez les pattes dans le corps, passez une brochette pour les tenir en état, faites-les revenir un peu dans la casserolle avec du beurre, retirez-les ensuite et passez-les au feu avec un ris de veau blanchi coupé en quatre, des truffes, des champignons, une tranche de jambon, un morceau de beurre, un bouquet de toutes sortes de fines herbes, mettez-y une pincée de farine mouillée avec du bouillon, un peu de réduction, un verre de vin de champagne ; faites cuire le tout ensemble à petit feu, dégraissez le ragoût. Quand les cailles sont cuites, mettez-y un peu de coulis, ôtez le jambon et le bouquet, pressez un jus de citron dans la sauce, dressez les cailles au milieu et la garniture autour.

Poupeton de Cailles. — Prenez de la cuisse de veau, moelle de bœuf, lard blanchi, le tout bien haché avec champignons, ciboules, persil, mie de pain trempée dans du jus et deux œufs crus. Cela fait, formez votre poupeton, c'est-à-dire prenez une tourtière, garnissez le fond de bardes de lard et par-dessus mettez votre hachis, couvrez votre tourtière, mettez du feu dessus et dessous et faites-les cuire. Votre poupeton étant cuit, vous le tirez adroitement sans le crever, le renversant dans un plat sens dessus dessous.

Cailles au basilic. — Échaudez vos cailles et faites-les blanchir, faites-leur sur le dos une petite fente pour pouvoir y mettre la farce suivante :

Prenez du lard cru, basilic, persil, sel, poivre, hachez le tout ensemble, farcissez-en vos cailles, faites les cuire ensemble dans un pot avec de bon bouillon et assaisonnement. Quand elles seront cuites, retirez-les, dorez-les avec des œufs battus, poudrez-les de mie de pain, ensuite faites les frire dans le saindoux jusqu'à ce qu'elles aient pris une belle couleur et servez-les chaudement pour entrée.

Bisques de Cailles. — Vos cailles troussées proprement, passez-les au roux comme des poulets, empotez-les dans un petit pôt avec de bon bouillon, bardes de lard, un bouquet de fines herbes, clous et autres assaisonnements, avec une tranche de bœuf battu, une autre de lard maigre et du citron vert. Faites cuire à petit feu, garnissez votre bisque comme la bisque de poularde (v. POULARDE), de ris de veau, de fonds d'artichauts, champignons, truffes, fricandeaux, crêtes, dont vous faites un cordon avec les plus belles, mettez un petit coulis de veau clair par-dessus et servez.

Potage de Cailles. — Faites cuire vos cailles blanchies et bien troussées dans du bon bouillon gras, avec fines herbes, quelques bardes de lard dans la marmite, faites un coulis de blanc de volaille rôtie, mettez-le dans une petite marmite bien couverte, trempez-en votre potage qui doit être de croûtes de pain mitonnées avec du bon bouillon clair, mettez ensuite vos cailles dessus, arrosez-les de bon jus et avant de servir pressez un jus de citron dans le coulis et le mettez dessus, puis servez ce potage garni de crêtes de coq farcies, de ris de veau piqués et rôtis.

Potage de Cailles aux racines. — Faites du bon bouillon, passez-le dans une marmite, empotez-y vos cailles avec des racines de persil, panais et petites ciboules entières; le tout étant cuit ensemble, mitonnez votre potage, mettez vos cailles dessus, garnissez de panais et de petites ciboules, arrosez avec de bon jus de veau et servez.

Potage de Cailles en manière d'oil. — Faites blanchir à l'eau vos cailles et les empotez avec de bon jus. Mettez-y un paquet de poireaux coupés par morceaux, quelques ciboules et bouquet de fines herbes, un de céleri, un autre de navets et un paquet d'autres racines.

Le tout étant cuit, faites mitonner votre potage du même bouillon, rangez vos cailles dessus, faites un cordon de vos racines, jetez un bon jus par dessus et servez.

Potage de Cailles farcies. — Faites une farce de

blanc de chapon, moelle de bœuf, jaunes d'œufs crus, assaisonnée de sel, muscade et un peu de poivre blanc, farcissez-en vos cailles, faites les cuire dans un pot avec bon bouillon et bouquet de fines herbes. Quand elles sont cuites, entretenez-les sur la cendre chaude, puis faites un coulis.

Prenez un kilogramme de veau, un morceau de jambon, coupez-les par tranches, garnissez-en le fond d'une casserole avec un oignon coupé en tranches, carottes et panais et le laissez cuire. Quand il sera attaché comme un jus de veau, mouillez-le de bouillon et de jus, moitié l'un, moitié l'autre, mettez-y quelques croûtes de pain, champignons, truffes hachées, un peu de persil, de ciboules et de basilic, deux ou trois clous de girofle et faites cuire ensemble.

Pilez dans un mortier deux ou trois cailles cuites à la broche ou bien un perdreau ; le coulis étant cuit, ôtez les tranches de veau de la casserole, délayez dedans les cailles qui sont pilées, passez-les à l'étamine, videz votre coulis dans une marmite que vous tiendrez chaudement sur des cendres, mitonnez vos croûtes d'un bon bouillon, dressez vos cailles sur le potage tout autour, mettez au milieu un petit pain farci, jetez votre coulis par-dessus et servez chaudement.

Potage au roux de Cailles sans les farcir. — Faites les cuire comme on vient de le dire, faites un ragoût de truffes ou de petits champignons, mitonnez des croûtes d'un bon bouillon, dressez les cailles sur votre potage, mettez ce ragoût tout autour, jetez par-dessus le coulis de cailles, comme on l'a dit dans l'article précédent. et servez chaudement.

On fait un potage de croûtes attachées avec un coulis de cailles par-dessus et on le sert chaudement.

Potage de Cailles en profitroles. — Faites cuire des cailles à la braise, passez crêtes, ris de veau, fonds d'artichauts, champignons et truffes dans une casserolle avec un peu de lard fondu, mouillez-le d'un jus de veau et dégraissez-le bien. liez-le d'un coulis de perdrix. Tirez ensuite les cailles cuites à la braise, laissez-les égoutter et mettez-les dans le ragoût. Videz vos petits pains, mettez dans chacun une caille avec un peu de ragoût. faites-les mitonner ensuite tant soit peu dans un jus de veau, mitonnez des croûtes dans un plat, moitié jus de veau et moitié bouillon, dressez le gros pain dans le milieu et les petits autour, avec les fonds d'artichauts entre deux. Garnissez le tour de votre potage de crêtes et de ris de veau ou bien d'une bordure de petits champignons farcis. Quand le ragoût et le coulis sont d'un bon goût, jetez-les par-dessus et servez chaudement.

Pâté chaud de Cailles. — Videz et retroussez proprement vos cailles, gardez-en les foies, battez-les sur l'estomac avec un rouleau, piquez-les de

gros lard et jambon, assaisonnez de poivre, sel,
fines herbes et fines épices, fendez vos cailles par
le dos ; faites une farce avec les foies de vos cailles,
du lard râpé, champignons, truffes, ciboules,
persil, sel, poivre, fines herbes, fines épices, le
tout haché menu et pilé, farcissez-en le corps de
vos cailles. Hachez encore et pilez du lard, faites
une pâte composée d'un œuf, de bon beurre, de
farine et un peu de sel, formez-en deux abaisses,
mettez-en une sur du papier beurré, prenez du
lard pilé dans le mortier, étendez-le proprement
sur l'abaisse, assaisonnez vos cailles et les rangez
avec soin sur votre lard, après leur avoir cassé les
os. Ajoutez champignons, truffes, feuilles de
laurier, le tout bien couvert de bardes de lard,
couvrez-le de votre seconde abaisse, fermez les
bords tout autour, dorez votre pâté et mettez-le
au four. Dès qu'il sera cuit, ôtez le papier de
dessous, ôtez le couvercle du pâté, levez toutes les
bardes de lard et dégraissez-le bien ; ayez ensuite
un bon coulis de perdrix, quelques ris de veau,
champignons et truffes. Jetez ce ragoût dedans
avec un jus de citron, couvrez votre pâté et servez
chaudement pour entrée.

Tourte de Cailles. — Ayant bien nettoyé et
troussé vos cailles, vous les dressez sur une
abaisse de pâte fine, assaisonnez de sel et de
poivre, paquet de fines herbes, ajoutez-y ris de
veau, champignons et truffes par morceaux, lard
pilé ou fondu au-dessus de vos cailles et moelle

de bœuf, couvrez votre tourte, faites-la cuire et servez-la chaudement.

Autre tourte de Cailles. — Prenez les foies de vos cailles, ôtez-en l'amer, mettez-les sur une table avec des champignons, un peu de jambon et de lard, de la ciboule et du persil haché ; assaisonnez de poivre, sel, fines herbes, hachez bien le tout ensemble, pilez-les dans un mortier avec deux jaunes d'œufs, le tout bien pilé ; farcissez-en vos cailles, farinez une tourtière, faites une abaisse de pâte brisée qui ne soit ni trop épaisse, ni trop mince, faites un petit lit de lard ratissé, assaisonné de sel, poivre, un peu de muscade, arrangez les cailles avec quelques ris de veau, crêtes, petits champignons, et mousserons, assaisonnez-les dessus comme dessous, mettez un bouquet dans le milieu, couvrez-les de tranches de veau, de bardes de lard et d'une abaisse de même pâte, frottez votre tourte d'un œuf battu et mettez-la au four ; lorsqu'elle est cuite, dressez-la sur un plat, découvrez-la, ôtez-en les tranches de veau et de lard, jetez dedans une essence de jambon, recouvrez-la et servez.

CAKE ou KAKE (gâteau anglais). — Lorsqu'en Angleterre on marie ses enfants, on fait, comme on peut le voir dans Dickens, un énorme gâteau dont on distribue un morceau à chacun des conviés. Voici de quelle façon se fait ce gâteau. Vous prenez 2 kilogrammes de belle farine, 2 kilog. de beurre frais, 1 kilog. de sucre passé fln, 7 grammes de muscade ; pour chaque litre de farine, il faut 8 œufs ; lavez et triez 2 kilog. de raisins de Corinthe que vous faites sécher devant le feu ; vous prenez 500 grammes d'amandes douces que vous faites blanchir, dont vous ôtez la peau et que vous coupez en morceaux très minces ; ajoutez-y 500 grammes de citrons confits, 500 grammes d'oranges confltes, un demi-litre d'eau-de-vie, écrasez entre vos mains le beurre et battez-le avec le sucre pendant un quart-d'heure, battez les blancs de vos œufs, mêlez-les avec votre beurre et votre sucre, mettez ensuite votre farine et la muscade et battez le tout ensemble en y mêlant bien les raisins et les amandes ; faites trois couches en alternant avec oranges et citrons que vous mettez dans un moule et que vous placez au four, couvrez-le d'un papier et laissez-le dans le four jusqu'à parfaite cuisson.

CALAPE. — Ragoût que quelques praticiens confondent avec canapé ; calape est un mot américain qui désigne un ragoût composé de la partie d'une tortue qu'on fait griller dans son écaille.

Coupez par morceaux de la grosseur d'une noix une quantité suffisante de chairs de tortue, mettez, après les avoir fait dégorger, dans du bon consommé avec poivre, girofle, sel, thym, carottes et laurier ; faites cuire le tout pendant trois ou quatre heures sur un feu doux ; préparez pendant ce temps des quenelles de volaille que vous assaisonnerez de sel, persil, ciboules et d'anchois; faites pocher ces quenelles dans du consommé, égouttez-les, versez sur votre tortue votre consommé, dans lequel vous aurez mis quelques instants auparavant trois ou quatre verres de vin de Madère sec. Puis, au lieu de faire un plat séparé, vous le versez dans l'écaille et vous le servez à cinquante convives, et il y aura à coup sûr à dîner pour les cinquante personnes.

CANARD. — *Canards sauvages à la broche.* — Avant d'acheter votre canard, étudiez-le, voyez s'il a les pattes fines d'une belle couleur et non desséchées ; pour juger s'il est vieux tué, ouvrez-lui le bec et flairez pour savoir s'il n'émane pas une mauvaise odeur, tâtez-lui le croupion et le ventre ; s'ils sont fermes et que l'animal soit pesant, c'est une preuve qu'il est gras et frais; s'il a toutes ces qualités, prenez-le. J'ai remarqué que les femelles étaient plus délicates que les mâles, quoique en général les mâles se vendent plus cher.

Plumez ces canards, ôtez-en le duvet, coupez-en les ailes bien près du corps, supprimez-en les cous, videz-les, flambez-les, épluchez-les, retroussez-en les pattes, bridez-les et frottez-les avec leur foie, mettez-les à la broche, faites-les cuire verts, débrochez-les, dressez-les et servez-les avec deux citrons entiers.

Filets de canards sauvages à l'orange. — Prenez trois canards, levez les filets, ciselez du côté de la peau, faites mariner avec ciboules, persil, gros poivre, etc.; au moment de servir, versez deux cuillerées d'huile dans une sauteuse, mettez-y vos filets, retournez, égouttez, dressez, servez avec sauce à l'orange. (Voyez sauce à l'orange).

Salmis de canards sauvages. — Prenez deux ou trois canards que vous faites cuire à la broche et dont vous coupez les estomacs en aiguillettes; levez-en les cuisses, séparez la carcasse en plusieurs morceaux, mettez-y sel et gros poivre, arrosez-les de quatre cuillerées à bouche d'huile d'olive et d'un demi-verre de vin de Bordeaux, exprimez dessus le jus de deux citrons et remuez bien le tout ensemble.

Escalopes de filets de canards sauvages. — Levez les filets de trois canards, retirez-en les peaux, coupez-les en escalopes, battez-les avec le manche d'un couteau, parez-les en rond et placez-les sur un sautoir, avec sel, poivre, quatre cuillerées d'huile d'olive, et mettez un papier huilé dessus; faites sauter vos escalopes au moment de servir, et quand elles sont roidies d'un côté, égouttez l'huile, retournez-les, mettez-les dans une bonne poivrade réduite de façon à masquer le canard avec la sauce, ajoutez-y un peu de citron et d'huile et dressez avec des croûtons.

Cannetons à la Rouennaise. — Ayez un beau canneton bien blanc et bien gras; flambez-le légèrement sans lui roidir la peau. Coupez les petits bouts des pattes et refaites-les; retournez-les lui en dehors et rentrez-lui le croupion; coupez-en les ailes près du corps, supprimez-en le cou, videz, flambez, épluchez, bridez pattes retroussées, frottez-les avec leur foie, mettez à la broche; laissez cuire et servez avec deux citrons.

Canards au verjus.— Comme le précédent. Mais, ayez du verjus dont vous ôtez les queues et que vous faites blanchir et égoutter; mettez trois cuillerées d'espagnole réduite dans une casserole avec vos grains de verjus, faites réduire votre ragoût, dégraissez-le, masquez-en vos canards et servez.

Canards aux olives. — Comme ci-dessus, en y ajoutant de belles olives confites dont vous aurez enlevé les noyaux et que vous aurez fait blanchir à l'eau bouillante, afin de leur ôter leur âcreté; vous achevez leur cuisson dans du bouillon, vous les placez sur un feu vif, assaisonnez de bon goût et versez sur votre canard.

Canards à la choucroute.— Cuisez dans du bouillon de la choucroute avec des saucissons, des cervelas et du petit lard tranché par morceaux. Votre choucroute à moitié cuite, ôtez cette garniture que vous remplacez par votre canard retroussé et paré. Le tout étant cuit, vous dressez le canard, vous l'entourez de choucroute et vous arrangez sur cette dernière les cervelas, les saucisses et le lard tenus au chaud.

Canards aux navets à la bourgeoise. — Videz un ou deux canards, retroussez-les en poule avec les pattes en dedans, puis mettez du beurre dans une casserolle, faites-y revenir vos canards. Apprêtez une quantité suffisante de petits navets coupés d'égale grosseur, faites-les roussir dans le beurre de vos canards, égouttez-les, faites un roux que vous délayerez avec du bouillon ou de l'eau et prenez garde que votre sauce ne soit grumeleuse, ajoutez-y sel, poivre, un bouquet de persil et ciboules, assaisonné d'une demi-gousse d'ail et d'une feuille de laurier. Mettez cuire les canards dans cette sauce ; à moitié de leur cuisson mettez-y les navets mijoter, ayez soin de retourner les canards sans écraser les navets ; une fois la cuisson terminée, dégraissez votre ragoût et servez.

Canards aux petits pois. — (V. Pigeons.)

Les canards et canetons peuvent encore être employés de différentes manières : en galantine, en pâté froid, en daube, à la macédoine, en hochepot, en haricot vierge, à la purée verte, aux petits oignons, aux concombres, au beurre d'écrevisses et au vert-pré ; mais comme ces sauces sont formulées pour certaines substances auxquelles on les applique habituellement avec plus d'aptitude qu'à ce volatile, la simple énumération suffit.

CANETONS *en bâtons*. — Prenez un caneton, flambez-le, fendez le en deux ; désossez chaque moitié et étendez sur chacune une farce faite avec de la volaille cuite, graisse de bœuf, lard

blanchi, persil, ciboules, champignons, pointe
d'ail, sel et poivre, liez de quatre jaunes d'œufs,
puis roulez chaque morceau, enveloppez-le de
morceaux d'étamine, et ficelez par les deux bouts;
faites cuire ensuite dans une bonne braise, retirez, essuyez et servez avec un jus de citron.

Canetons au chausson. — Désossez un caneton
sans le fendre en commençant du côté de la poche
et renversez-le à mesure que vous ôtez les os,
puis remettez-le comme il était, remplissez-le
d'une bonne farce, recousez-le, faites le cuire
dans une bonne braise, retirez-le, dégraissez-le
et servez.

Canetons aux fines herbes — Blanchissez et aplatissez un caneton sur l'estomac, refaites-le dans
de la graisse ; foncez une casserole de veau, de
jambon, persil, champignons hachés et lard fondu,
mettez le caneton dessus, l'estomac dessous,
couvrez-le de bardes de lard et faites cuire à la
braise, retirez-le lorsqu'il est cuit, dégraissez-le,
ajoutez-y du coulis, passez la sauce au tamis, assaisonnez-le de bon goût et servez avec un jus
d'orange.

Canetons aux paupiettes. — Flambez des canetons
et coupez-les en quatre, aplatissez chaque morceau avec le couperet et étendez dessus une farce
faite avec de la poularde, mie de pain desséchée
et trempée dans de la crème, graisse de bœuf,
lard blanchi, persil, ciboules hachées, une pointe
d'ail, le tout lié de cinq jaunes d'œufs, sel et

poivre, roulez chaque morceau, enveloppez-le de
bardes de lard, réunissez les deux bouts avec un
couteau trempé dans l'œuf battu, passez-le de
mie de pain, embrochez-le dans un hâtelet enveloppé de bardes de lard et de papier, faites cuire
à la broche, retirez-le de ses bardes, dégraissez-le
et servez chaud.

Canetons de Rouen à l'échalote. — Prenez le caneton le plus blanc que vous trouverez, faites le
cuire à la broche à petit feu, enveloppé de papier,
hachez très fin des échalotes, mettez-les dans
une bonne essence et versez sur votre caneton un
jus d'orange.

Canetons de Rouen glacés. — Flambez un caneton,
videz-le, piquez de petit lard, faites le blanchir,
et faites cuire avec du bouillon, un bouquet, une
tranche de jambon. La cuisson faite, glacez-le
comme un fricandeau, finissez-le de même (v.
fricandeau) et servez au jus d'orange.

Canetons à l'orange. — Prenez deux canetons,
troussez-les en entrée de broche. Foncez une
casserole d'une bonne mirepois, ajoutez-y les canetons, couvrez-les d'une feuille de papier
beurré, faites subir un suage, mouillez avec une
demi-bouteille de champagne, une cuillerée à
pot de bon consommé, laissez mijoter le tout
jusqu'à sa parfaite cuisson. Prenez le zeste de
deux oranges, ciselez-le bien fin, blanchissez à l'eau
bouillante, séparez les quartiers des oranges en
enlevant la peau et blanchissez-les également.

Passez le fond des canetons à la serviette, dégraissez-le bien, clarifiez le tout avec deux blancs
d'œuf et un peu de mignonnette, passez à la serviette et mettez le tout au bain-marie. Ajoutez
un jus de citron, gros comme une noisette de
glace de viande et un peu de mignonnette. Ajoutez
les canetons et dressez-les, mettez autour les
quartiers d'orange, couchez le jus sur les canetons et laissez le zeste dessus. (*Recette Vuillemot.*)

J'avoue mon goût prononcé pour ce mets,
surtout préparé par l'excellent opérateur à qui
j'en emprunte la formule.

CANETTES. — *Aux pointes d'asperges.* — Prenez
des canettes, troussez-les en poulets, flambez-les
et faites les blanchir, ficelez et faites cuire dans
une bonne braise. Prenez des asperges, coupez-
en les pointes, faites blanchir et achevez de les
faire cuire dans du bouillon, retirez-les, mettez-
les sur une essence de bon goût et servez-les sur
vos canettes.

Canettes aux pois. — Flambez, troussez, blanchissez vos canettes et faites les cuire dans la
braise, comme ci-dessus. Mettez vos pois dans une
casserole avec un morceau de beurre, singez-les
légèrement, mouillez-les moitié jus, moitié
bouillon, liez-les d'un coulis et servez-les sur les
canettes.

Vous pouvez encore faire cuire vos canettes
avec les pois, elles en sont meilleures, mais elles
n'ont pas si bonne mine.

CANNELLE. — *Eau de cannelle.* — Infusez, une semaine, cannelle fine dans eau et eau-de-vie avec zeste de citron et bois de réglisse ; distillez, mélangez avec dissolution de sucre et passez.

Proportions : deux litres d'eau-de-vie, un quart de litre d'eau, un zeste de citron, quinze grammes de bois de réglisse, enfin cinq cents grammes de sucre dans un litre d'eau pour trente grammes de cannelle.

Huile de cannelle. — Concassez cent-vingt grammes de cannelle, sept grammes de macis et trente grammes de bois de réglisse battu ; faites infuser le tout dans six litres d'eau-de-vie pendant quelques jours et distillez après, faites fondre dans trois litres et demi d'eau deux kilogrammes de sucre et mélangez.

Pastilles à la cannelle. — Délayez dans de l'eau un kilogramme cinq cents grammes de sucre, faites-en une pâte très solide, que vous parfumez avec quelques gouttes d'essence de cannelle et coulez.

CANNELLON. — On appelle ainsi, de la forme de leurs moules, certaines compositions de pâtes fines.

Cannellons à la d'Escars ou *Canapés aux abricots* (recette de M. de Courchamps). — Abaissez un demi-litron de feuilletage à dix tours ; donnez à cette abaisse dix-huit pouces carrés, et détaillez en vingt-quatre petites bandes de neuf lignes de largeur, ayez à portée de vous vingt-quatre co-

lonnettes de bois de hêtre tourné, de six pouces
de longueur sur six lignes de diamètre, et qu'ils
perdent une ligne de fût d'un bout à l'autre, afin
que le bout le plus petit quitte plus facilement la
pâte quand elle sera cuite. Beurrez ensuite légèrement ces petites colonnes, et, après avoir hu-
mecté six bandes de feuilletage seulement, vous
commencerez avec le bout d'une bande à masquer
le bout le plus mince d'une colonne en tournant
la colonne de manière que vous formiez une
espèce de vis à quatre pouces de longueur ; vous
suivez le même procédé pour le reste des colonnes
que vous placez sur deux plaques à deux pouces
de distance entre elles. Dorez légèrement le dessus, et mettez au four chaud. Lorsque ces cannellons sont cuits, de belle couleur, vous les
saupoudrez de sucre fin et les glacez au four
à la flamme selon la règle; aussitôt qu'ils sont
sortis du four, vous ôtez les colonnes, et placez
au fur et à mesure les cannellons sur un plafond
froid. Au moment du service, vous les garnissez
de gelée de pommes et de marmelades de framboises ou d'abricots.

CAPILOTADE. — Espèce de ragoût fait avec
des reliefs de volailles, de gibier, etc.

Mettez du beurre dans une casserole avec de
la viande cuite coupée en morceaux, sel, poivre,
écorce d'orange, de la ciboule hachée menu, des
croûtons de pain avec un peu de persil et des
câpres, mouillez avec du bouillon, faites cuire

jusqu'à ce que la sauce soit suffisamment réduite, ajoutez une pointe de vinaigre ou de verjus ou de la chapelure de pain. Quand la capilotade est faite avec des viandes noires, on peut mouiller moitié bouillon et moitié vin et huiler légère- ment.

CAPRES. — Boutons ou fleurs qui croissent aux sommités du câprier, arbuste originaire d'Asie. Quand ces boutons ont acquis une certaine grosseur, on les cueille et on les confit avec de l'eau et du sel. Les câpres contiennent beaucoup de sel essentiel et un peu d'huile, elles convien- nent dans un temps froid, aux vieillards et aux personnes d'un tempérament flegmatique et mé- lancolique. Les câpres bien confites servent beaucoup dans les ragoûts, plutôt pour exciter l'appétit que comme aliments. Elles ont donné leur nom à une sauce qui n'est autre qu'une sauce blanche dans laquelle elles remplacent le verjus et le vinaigre.

CAPUCINES. — Les graines vertes se confisent au vinaigre et conservent la même saveur que ses fleurs qui, épanouies, servent à garnir les sa- lades.

CARAMEL. — Sucre brûlé; prenez sucre en poudre ou cassonade, faites chauffer à sec, re- muez, retirez bruni et délayez avec de l'eau.

CARDONS. — Il y a deux espèces de cardons; le cardon d'Espagne qui est très épineux et le plus estimé à cause de ses côtes plus épaisses et plus charnues; et le cardon ordinaire, peu épineux et qui se rapproche beaucoup de l'artichaut commun.

Cardons d'Espagne à la moelle. — Coupez les côtes de deux ou trois cardes près du pied, les blanches, non les creuses; coupez celles qui sont pleines, parez, faites blanchir, retirez et mettez dans l'eau fraîche, limonnez, mettez dans la marmite, mouillez d'un blanc citronné (v. blanc). Faites partir; couvrez d'un papier beurré, laissez mijoter environ trois ou quatre heures, une fois cuits, égouttez, parez, mettez dans la casserole en arrosant de consommé, faites tomber presque à glace, puis dressez sur un plat avec espagnole réduite, ajoutez croûtons à la moelle.

Cardons au parmesan. — Sur un lit de fromage au fond de votre plat, mettez un lit de cardes, saupoudrez de parmesan, arrosez de beurre et colorez vos cardes.

Cardons au coulis de jambon. — Blanc comme ci-dessus, mijotez dans du consommé que vous faites réduire et tomber à glace. Dressez-les, masquez d'une sauce à l'essence de jambon avec deux jaunes d'œufs.

Ragoût de cardon. — Épluchez vos cardons et mettez-les cuire dans une eau blanche; quand ils sont cuits, faites une sauce :

Prenez un morceau de beurre frais que vous mettez dans une casserole avec une pincée de farine, sel, poivre, un peu de muscade; mouillez

avec un peu de vinaigre et un peu d'eau, mettez-y
une demi-cuillerée à potage de coulis d'écrevisses, si c'est au maigre, et d'un peu de coulis
de veau ou de jambon, si c'est au gras; tirez les
cardes de la marmite, égouttez-les et mettez-les
dans la casserole où est la sauce, remuez de temps
en temps jusqu'à ce que tout soit bien lié, dressez-
les sur le plat et servez chaudement.

CAROTTE. — Son goût est fort agréable. On
s'en sert ordinairement pour mettre dans toutes
sortes de potages, pour braises, pour coulis, on
s'en sert aussi pour des entrées de viandes en
terrines qu'on appelle hochepot (V. HocHEPOT.) On
doit les choisir longues, grosses, charnues, jaunes ou d'un blanc pâle, se rompant aisément et
d'un goût tirant sur le doux.

Ragoût de carottes ou carottes à la ménagère. —
Coupez vos carottes de la longueur de deux doigts
et tournez-les en rond, faites-les cuire dans l'eau
un quart d'heure et mettez-les dans une casserole
avec du bon bouillon, un verre de vin blanc, un
bouquet de fines herbes, un peu de sel. Quand
elles sont cuites, ajoutez-y un peu de coulis pour
lier la sauce, et servez avec ce que vous voulez.

Carottes à la flamande. — Faites blanchir vos
tranches de carottes, faites-les revenir dans du
beurre, mouillez de bouillon avec sel, poivre et
sucre; faites-les réduire à glace. Remettez du
beurre, un peu de sauce tournée et des fines

herbes, faites bouillir encore un instant, ajoutez croûtons et servez.

Potage aux carottes. — Mettez dans un pot assez d'eau pour faire un grand plat de potage, et quand elle sera bouillante, ajoutez-y 250 grammes de bon beurre et du sel, puis un demi-litron de pois secs, trois ou quatre carottes bien nettes coupées par morceaux, faites cuire, et une heure avant de dresser, mettez des herbes douces telles que cerfeuil, oseille, etc., de la chicorée blanche, un peu de racine de persil, ciboule, oignon, faites cuire le tout ensemble, dressez et servez.

Gâteau de carottes. — Faites cuire de belles carottes avec du sel, broyez-les et passez-les au tamis avant de les faire dessécher dans une casserole, ajoutez-y de la crème, de la fécule, un peu de fleurs d'oranger pralinées, du sucre, des œufs (plus de jaunes que de blancs), puis du beurre; mélangez le tout. Mettez-le dans un moule, faites-le cuire et renversez-le sur un plat d'entremets que vous ferez accompagner d'une saucière de sabayon. (V. Sabayon.) *(M. de Courchamps).*

Carottes au sucre. — Cuisez à l'eau, faites sécher, pulvérisez, aromatisez, édulcorez avec sucre en poudre, œufs battus, beurre; cuisez sous four de campagne, renversèz sur plat creux et servez chaud, saupoudré de sucre.

CARPE. — *Carpe frite.* — Écaillez une carpe, fendez-la en deux morceaux par le dos, videz-la, ôtez-en la laite et les œufs. Faites la mariner

une ou deux heures avec sel, poivre, oignon,
thym, laurier, persil, demi-cuillerée de vinaigre,
passez-la dans la farine et mettez-la dans une
friture bien chaude. Votre carpe à moitié cuite,
vous la farinez à part et vous ajoutez dans la friture la laite ou les œufs; faites cuire et servez
garni de persil frit et saupoudré de sel.

Carpe grillée. — Écaillez une carpe, coupez-en
les nageoires et le petit bout de la queue, ôtez-
en les ouïes, videz-la sans trop lui ouvrir le
ventre, et prenez garde d'en crever l'amer, ciselez-
la, passez la laitance dans du beurre et des fines
herbes, telles que persil et ciboules hachées ; assaisonnez de sel, poivre, remettez-la dans le
ventre de votre carpe, cousez-la, mettez-la sur
un plat, marinez avec un peu d'huile, des branches de persil et de ciboules hachées, un peu de
sel fin, puis faites-la griller, ôtez-en les fils, et
servez-la avec une sauce blanche et des câpres ou
une maître-d'hôtel chaude. (V. Sauces.)

Carpe aux champignons. — Prenez une belle
carpe, faites-la cuire avec de l'eau, un peu de vin,
sel et poivre, quand elle est cuite à propos,
dressez-la dans un plat à sec et avant de la servir,
jetez par dessus un ragoût de champignons, laitances, fonds d'artichauts, bon beurre, le tout
bien assaisonné de sel, poivre, fines herbes en
paquet, et servez garni de croûtons frits.

Carpe à la Chambord. — Ayez une belle carpe
du Rhin, écaillez-la, levez-en la peau, videz-la

sans lui ouvrir le ventre en totalité, ôtez-lui les
ouïes sans endommager la langue, levez ensuite
le nerf de la queue, piquez votre carpe entièrement avec de l'anguille taillée en petits lardons,
ou moitié avec des truffes et des carottes coupées
de même ; si vous servez cette carpe au gras, piquez-la de lard, de truffes ou de carottes, mettez-
la dans une poissonnière, mouillez-la d'une
braise maigre et faites cuire, mettez ensuite dans
une casserole trois tasses d'espagnole maigre et
une demi-bouteille de vin blanc de champagne,
faites réduire votre sauce, dégraissez-la, mettez
des champignons tournés, des truffes, des laitances de carpes, des quenelles, de l'anguille
coupée par tronçons, faites mijoter un quart
d'heure votre ragoût et finissez-le avec du beurre
d'anchois, égouttez votre carpe, dressez-la, mettez vos garnitures autour, joignez-y des écrevisses, décorez-en votre carpe, saucez-la, glacez-
la, et servez. Si c'est au gras, ajoutez-y
des ris de veau piqués, des pigeons à la Gautier
ou des cailles, si c'est la saison, des crêtes et
des rognons de coq.

Carpe à la daube. — Faites une farce avec la
chair de deux soles et d'un brochet désossés, hachez bien cette chair avec un peu de ciboule et
fines épices, sel, poivre, muscade, beurre frais et
un peu de mie de pain trempée dans de la crème ;
liez votre farce avec des jaunes d'œufs, emplissez
une belle carpe de cette farce, et faites la cuire

à petit feu avec du vin blanc, assaisonnez de sel, poivre, clous de girofle, citron vert, un bouquet de fines herbes et bon beurre frais.

Faites un ragoût de champignons, morilles, truffes, mousserons, fonds d'artichauts, laitances de carpes, queues d'écrevisses, passé à l'étamine après avoir bouilli deux ou trois tours dans une casserole avec un peu de coulis ou de bouillon de poisson; vous faites mitonner vos filets dans cette sauce bien assaisonnée de champignons, sel, poivre, fines herbes, et servez.

Vous les faites aussi aux concombres en liant vos concombres marinés et cuits dans une casserole avec bon beurre et bouillon de poisson, avec un bon coulis, vous faites mitonner vos filets dans cette liaison et vous les servez chaudement pour entrée.

Laitances de carpes frites. — Vous supprimez les boyaux de 15 à 18 laitances de carpes, puis vous les mettez dégorger dans l'eau en les changeant plusieurs fois, afin qu'elles soient bien blanches ; vous mettez dans une casserole de l'eau, un filet de vinaigre et une pincée de sel, mettez-y vos laitances, quand vous la voyez bouillir, faites-leur jeter un bouillon, trempez-les dans une pâte légère, faites-les frire d'une belle couleur et servez-les avec du persil frit.

Carpe à la hussarde. — Prenez une belle carpe, ouvrez-la le moins que vous pourrez pour la vider, mettez dans le corps du beurre manié

avec des fines herbes hachées et assaisonnées de
bon goût; faites mariner votre carpe avec fines
herbes, huile fine, thym, basilic; quand elle aura
bien pris le goût de sa marinade, faites la
griller et servez avec une sauce rémoulade
(V. *Sauce* RÉMOULADE.)

Carpe en poupeton. — Dépouillez une anguille
et une carpe, gardez-en les peaux et hachez-en
les chairs; mettez celle de la carpe avec de la mie
de pain passée sur le feu et avec de la crème,
ajoutez-y un morceau de beurre, persil, ciboule,
sel, poivre et liez le tout avec six jaunes d'œufs.

Prenez ensuite l'anguille que vous coupez par
filets et passez la au beurre, avec champignons,
truffes, un bouquet garni, une pincée de farine,
un peu de jus maigre et un demi-verre de vin de
champagne : faites cuire ce ragoût avec bon assaisonnement, et quand la sauce est bien réduite,
mettez-la refroidir.

Mettez dans le fond d'une poupetonnière, une
feuille de papier beurré. Mettez dessus les peaux
de la carpe et de l'anguille entremêlées, le côté
de l'écaille en dessous, garnissez bien le tour et
le fond de votre poupetonnière, mettez ensuite
de la farce de carpe partout sur les peaux de
l'épaisseur d'un doigt et le ragoût froid de l'anguille au milieu, recouvrez-le avec la farce et les
peaux de carpe, mettez dessus une feuille de
papier et faites cuire au four. Quand votre poupeton sera cuit, dressez-le sur un plat, ôtez-en

le papier et la graisse et servez par-dessus une sauce hachée avec un jus de citron.

Matelotes de carpes et d'anguilles. — (V. MATELOTE D'ANGUILLES.)

Hachis de carpes. — Écaillez, videz et écorchez vos carpes, prenez-en la chair que vous hacherez avec sel, poivre, fines herbes, champignons, laitances et fonds d'artichauts. Votre hachis fait, passez-le en casserole au blanc, ajoutez un peu de bouillon de poisson ou de la purée claire, laissez-le bien mitonner, tirez-le et servez pour entrée avec un jus de citron garni de champignons frits ou câpres ou andouillettes de poisson.

Fricandeau de carpes. — Après avoir enlevé la peau de votre carpe, levez-en les chairs et ne laissez que la colonne vertébrale ; si c'est au gras, piquez vos chairs de menu lard, coupez-le par grenadins et marquez-les de même (v. GRENADINS DE VEAU); si c'est au maigre, vous les piquez de lardons d'anguilles, foncez votre casserole avec du beurre, ajoutez-y tranches d'oignons, lames de carottes, vin blanc et bouillon de poisson maigre, posez votre poisson sur ce fond, couvrez-le d'un papier beurré et faites le cuire feu dessus et dessous comme un fricandeau. Quand il est cuit, égouttez-le et tirez par les gros bouts les côtes de votre carpe en prenant bien soin qu'il n'en reste aucune, vous glacez ensuite vos fricandeaux et les servez sur une purée de champignons, d'oseille ou d'oignons.

Filets de carpes. — Vous coupez votre carpe en filets que vous mettez mariner et que vous trempez ensuite dans une pâte claire ou poudrez seulement de farine, vous les faites frire au beurre affiné et servez garnis de persil frit.

Vous pouvez aussi manger ces filets à la sauce blanche que vous faites avec une liaison de carpe et de mie de pain, le tout passé auparavant à la casserole, avec beurre frais et assaisonné de bon goût. Mettez dedans un bon coulis d'écrevisses.

Votre carpe cuite, dressez-la sur un plat ovale, versez votre ragoût par-dessus et servez.

Carpe farcie. — Levez les chairs, décarcassez en majeure partie, conservez tête et queue avec trois doigts d'arêtes. De ces chairs et de celles d'une ou deux autres petites carpes faites une farce (comme à l'article *Quenelles de carpes*), étendez de cette farce dans le fond d'un plat, mettez au deux bouts la tête et la queue; faites un salpicon maigre ou gras, avec lequel vous remplacerez le ventre de votre carpe, ou un ragoût de laitances de carpes, le tout à froid, couvrez ce salpicon de votre farce, donnez-lui la forme d'une carpe, unissez-bien votre farce avec votre couteau trempé dans l'œuf, dorez-la avec deux œufs entiers et battus, ayez une cuillère à bouche, trempez-la dans le reste de votre dorure et formez avec la pointe les écailles de votre carpe; enveloppez la tête et la queue d'un papier beurré; une heure avant de servir, mettez votre carpe dans un four moyennement chaud, donnez-lui une belle couleur, ôtez le papier, nettoyez les bords de votre plat, saucez-la, soit d'une bonne espagnole réduite, maigre ou grasse, soit d'un ragoût de laitances, de fonds d'artichauts et de champignons et servez (méthode de M. Bauvilliers).

Carpe au bleu ou au court bouillon. — Ayez une carpe que vous aurez soin de vider sans trop lui ouvrir le ventre, sans lui crever l'amer et sans endommager les écailles; ôtez ses ouïes avec ménagement afin de ne pas gâter la langue, faites bouillir un demi-setier de vinaigre rouge avec lequel vous arroserez votre carpe placée dans une poissonnière de sa dimension; mouillez-la ensuite d'une braise grasse ou maigre, couvrez-la d'un papier beurré et faites la cuire à petit feu, égouttez-la quand elle sera cuite, posez-la sur une serviette étendue sur le plat, entourez-la de persil et servez.

Carpe à la Piémontaise. — Prenez une belle carpe, videz-la et ôtez-en les ouïes, ciselez-la des deux côtés, faites-la mariner avec de l'huile, sel, poivre, persil, ciboules entières, tranches d'oignons, ail, échalotes en tranches, thym, basilic, laurier et laissez-la dans la marinade pendant deux heures.

Faites-la ensuite griller en l'arrosant de temps en temps avec sa marinade, passez des truffes et des champignons avec un morceau de beurre, un bouquet garni, une pincée de farine, mouillez avec du bon jus, ajoutez-y des fonds d'artichauts, blanchis à moitié cuits, de petits oignons blancs et un demi-verre de vin de Champagne.

Quand votre ragoût est cuit, la sauce réduite, liez avec trois jaunes d'œufs et de la crème, pressez-y un jus de citron, et dressez votre carpe dans un plat avec le ragoût autour.

Carpe à la Flamande. — Habillez proprement votre carpe, coupez une anguille en lardons bien assaisonnés de fines herbes hachées, sel, fines épices, lardez-en la carpe, mettez dans une casserole champignons, truffes, petits oignons blanchis avec un morceau de beurre, un bouquet de toutes sortes de fines herbes, une pincée de farine; mouillez votre ragoût avec du jus maigre et une demi-bouteille de vin de Champagne. Quand il est à moitié cuit, mettez-y la carpe pour achever de cuire; si la sauce n'est pas encore assez réduite, poussez-la à grand feu, mettez-y des câpres et servez la carpe au milieu, le ragoût autour.

Carpe à la bourguignonne. — Après avoir habillé une grosse carpe, dont vous conservez le sang dans une casserole, vous la lavez en dedans avec un peu de vin rouge que vous faites ensuite tomber dans la casserole où est le sang. Mettez ensuite la carpe dans un plat et piquez-la partout, afin d'y faire pénétrer le sel fin, laissez-la deux heures dans son sel, puis mettez-la dans une poissonnière avec

18.

quelques tranches d'oignons dans le fond, un
bouquet garni et une bouteille de vin de Bourgogne. Faites cuire à petit feu.

Quand elle est cuite, passez son court-bouillon
dans un tamis et versez-le dans la casserole où
est le sang, en y joignant un bon morceau de
beurre manié de farine, et vous faites bouillir à
grand feu, jusqu'à forte réduction; ajoutez-y un
anchois haché, muscade rapée et câpres entières.
Dressez ensuite votre carpe sur un plat et masquez-la de cette sauce.

*Carpe à la Chambord garnie de volaille et de
truffes.* — Choisissez une belle carpe, écaillez-la,
ôtez les ouïes, prenez garde de gâter la langue,
ouvrez-la sur le côté, ôtez-en l'amer, dépouillez-la
le plus légèrement que vous pourrez du côté où
elle n'est pas ouverte, piquez-la ensuite de lard
le plus dru que vous pourrez, remplissez-la d'un
ragoût de ris de veau, foies gras, truffes, liez
d'une bonne essence. Cousez-la bien pour empêcher le ragoût de s'échapper et laissez passer
un bout de ficelle par la tête.

Foncez une grande poissonnière de veau et de
jambon, assaisonnez de sel, poivre, clous de girofle, bouquet garni, racines et oignons; mettez
la carpe sur une feuille de papier beurré, couvrez-
la de barde de lard et faites cuire sur la braise,
mouillez-la ensuite d'une bouteille de vin de Champagne, un peu de bouillon, et faites cuire à petit
feu pendant trois ou quatre heures.

Quand elle est cuite, laissez-la refroidir et glacez-la avec une cuiller de bois que vous trempez de temps en temps dans la glace et que vous promenez ainsi partout. Quand elle est bien glacée et égouttée, dressez-la sur un très grand plat. Garnissez alors de six petits poulets glacés, de quatre perdreaux farcis de leurs foies et cuits à la broche, de douze pigeons naissants cuits dans un blanc et achevez de la faire cuire dans une bonne essence où vous aurez cuit huit belles truffes entières. Entremêlez les pigeons, les poulets, les perdreaux et les truffes, versez par-dessus une grande essence de bon goût avec le jus de deux oranges et servez.

Carpe piquée entière glacée, garnie de truffes. — Écaillez, videz une grosse carpe par le côté, faites-la piquer de l'autre et faites-la cuire dans un bon bouillon, un demi-setier de vin blanc, un bouquet garni, et glacez-la comme un fricandeau; quand elle est bien glacée, vous la dressez et servez tout autour un ragoût de truffes que vous faites en prenant des truffes que vous coupez par tranches et que vous faites cuire dans du bon bouillon avec un bouquet. Quand elles sont cuites, vous y ajoutez du coulis pour que la sauce soit de bon goût, et servez avec un jus de citron.

Carpe rôtie à la broche. — Choisissez une belle carpe laitée, habillez-la à l'ordinaire, faites une farce avec la laitance, chair d'anguille, anchois, champignons, marrons, chapelure de pain, oi-

gnons, oseille, persil, thym, poivre, clous de
girofle et feuilles de laurier, enveloppez-la de
papier beurré, embrochez-la et arrosez-la en cuisant de beurre délayé avec du verjus ou mieux
encore avec du lait chaud et du vin blanc; servez-
la quand elle est cuite, et jetez dessus un ragoût de
champignons, laitances, truffes, morilles et autres
choses semblables, le tout assaisonné de bon
goût.

Pâté de carpes. — Habillez vos carpes, lardez-les
de lardons d'anguille, assaisonnez-les de bon
beurre, sel, poivre, clous de girofle, laurier, muscade; faites une abaisse de pâte fine de la longueur de vos carpes que vous dresserez dessus,
couvrez-les d'une autre abaisse et faites cuire à
petit feu; versez un verre de vin blanc quand
votre pâté sera à moitié cuit.

Vous pouvez aussi farcir vos carpes. Comme il est
dit à l'article : *Carpes farcies*, et le pâté étant cuit,
y jeter un ragoût d'huîtres bien dégraissé. (V. HuÎ-
TRES.)

Tourte de carpes. — Choisissez une bonne carpe,
écaillez-la, ôtez-en les ouïes et fendez-la, coupez-
la par tranches, faites une abaisse d'un demi-
feuilletage et foncez-en une tourtière; faites un
godiveau d'anguille, dans le fond, assaisonnez de
sel, poivre, fines épices, un peu de fines herbes,
mettez votre carpe dessus avec le même assaisonnement et un peu de beurre frais; couvrez d'une
abaisse de même pâte avec une bordure, frottez-la

d'un œuf battu et mettez cuire au four ou sous un couvercle, feu dessus et dessous. Quand votre tourte est cuite, découvrez-la, dégraissez-la bien, jetez-y un ragoût de laitance, recouvrez et servez chaudement.

Sauté de filets de carpes. — Tirez filets, dépouillez, coupez en carrés, arrangez sur sautoir, faites chauffer à feu vif, retournez, égouttez, dressez en mironton avec purée ou poivrade et servez.

Quenelles de carpes. — Épluchez, préparez et hachez anguille et carpeaux, faites-en des quenelles, avec anchois, et servez avec une béchamel. (V. QUENELLES.)

CARRELET. — Poisson de mer appelé ainsi parce que plutôt qu'un autre il approche de la forme d'une losange dont les angles seraient arrondis.

Carrelets à la bonne eau. — Faites bouillir pendant un quart d'heure dans trois litres d'eau salée, à la hollandaise, c'est-à-dire à l'eau de racines de persil, servez dans un plat creux, dans une partie de son mouillement, parez-le avec des branches de persil blanchies ; placez près de lui une sauce hollandaise.

Carrelets au gratin. — Ce poisson aqueux et peu consistant n'est vraiment bon qu'au gratin.

Mettez sur un plat un morceau de beurre frais, des fines herbes hachées, des quatre épices ; appliquez dessus votre poisson arrosé de vin blanc et masqué de chapelure, puis faites cuire sous un four de campagne.

Carrelets matelotte normande. — Mettez sur un plat foncé de beurre frais, avec persil et oignons, un carrelet limoné du dos. Versez une bouteille de cidre, ajoutez-y une ou deux douzaines d'huîtres, une douzaine de moules, des crevettes, et faites cuire à feu doux. Arrosez de son jus.

N. B. Ne craignez pas, si vous voulez faire une véritable matelotte normande, de substituer le cidre mousseux au vin blanc ; c'est cette substitution qui lui donne tout son cachet.

Filets de carrelets à la Orly. — Levez les filets de quatre petits carrelets, faites mariner dans du jus de citron, avec sel et gros poivre ; de leurs arêtes et de leurs débris, tirez un bon consommé fait avec du vin blanc, farinez et faites frire vos carrelets jusqu'à ce qu'ils soient d'une belle couleur, arrosez du consommé que vous aurez tiré des arêtes, et qui, clarifié, servira de sauce.

Carrelets grillés. — Videz, lavez, huilez, salez, poivrez, grillez sur chalumeau, dressez et masquez de sauce blanche aux câpres ou de sauce brune au jus de racines avec boutons de capucines au vinaigre. Enfin chapelurez afin de lier ladite sauce.

CASSEROLE AU RIZ *à la bourgeoise.* — Braisez un morceau de viande cuit, égouttez, dressez-le, couvrez-le de riz croquant avec bouillon arrosé de lard, formez une masse demi-ronde et mettez au four, afin que la croûte soit bien formée, et servez à sec.

Casserole au riz à la reine. — Hachez les blancs de deux poulardes avec champignons, cuisez, pilez, délayez ; vous passez cette purée avec de la béchamel travaillée de consommé de volaille à l'essence de champignons, à l'étamine blanche, et la mettez au bain-marie, afin qu'elle devienne presque bouillante sans ébullition ; versez-la ensuite dans votre casserole au riz ; placez dessus en couronne, et pour servir de couvercle, six œufs frais pochés à l'eau bouillante avec sel et un demi-litre de vinaigre, placez en travers sur chaque œuf un filet mignon de poulets *à la Conti.* Masquez le milieu des œufs avec un peu de béchamel, glacez légèrement et servez.

Casserolle de riz garnie d'un ananas formé de pommes. — Nous empruntons à l'excellent livre de M. de Courchamps la préparation de cet aliment. Vous faites cuire 360 grammes de riz de la Caroline avec de l'eau, du beurre et du sel ; le riz étant prêt, vous le séparez en deux parties : de l'une vous formez un dôme plat du dessus et cannelé autour, puis de l'autre partie vous formez un second dôme, le bord évasé, afin de former la coupe. Vous faites cuire ces deux petites casserolles au riz à four chaud et leur donnez une belle couleur blonde ; vous les videz parfaitement, mais par dessous, alors vous remplissez le dôme cannelé avec du riz (180 grammes préparés selon la règle), et vous mettez au milieu des pommes coupées en quartier ; vous retournez le moule sens dessus dessous sur son plat d'entremets, vous placez alors par-dessus, la coupe ; avec la pointe d'un couteau vous ôtez le fond des deux casserolles au riz qui se trouvent l'une sur l'autre et vous garnissez ensuite le fond et les parois de la coupe, de manière qu'elle figure un vase où vous placez le reste du riz en forme d'ananas, en groupant à l'entour de ce riz des quartiers de pommes cuites dans du sucre au caramel, afin de les colorer en jaune. Quand vous les aurez coupées en forme de têtes de clous, de manière qu'ils imitent un corps d'ananas sur lequel vous placerez une couronne de longues tiges d'angélique, garnissez le pourtour avec des feuilles de biscuits aux pistaches. Au moment du service, vous masquez légèrement la surface de la croûte de la casserole au riz avec de la marmelade d'abricots bien transparente, de même couleur que l'ananas. On peut servir ce bel entremets froid ou chaud.

CASSONADE. — Sucre non encore purifié ; ce nom lui vient de ce que les Portugais du Brésil qui la livraient au commerce, l'apportaient dans des caisses qu'ils appelaient *casses*.

CAVIAR. — Sorte d'esturgeon dont la chair a une saveur délicate et dont les œufs préparés d'une certaine façon forment un hors-d'œuvre estimé.

CÉLERI. — *Salade de céleri.* — Le céleri plein,

tendre et frais, mangé en salade et assaisonné
avec du vinaigre aromatique, avec de l'huile de
Provence et un peu de moutarde fine, est vraiment délicieux ; il réveille l'action de l'estomac
et donne de l'appétit.

Ragoût de céleri. — Vous faites cuire du céleri
haché comme de la chicorée ou des épinards,
vous l'assaisonnez de sel, de poivre, de muscade
et de bon bouillon, vous le servez avec des croûtons dorés ; vous pouvez même, si vous êtes un
peu friand, placer sur un lit bien douillet quelques ortolans ou quelques filets de perdreaux rouges ; essayez de ce plat, vous en serez satisfait.
(Dictionnaire des plantes usuelles du docteur
Roques.)

Céleri au jus, à la bonne femme. — Nettoyez des
pieds de céleri en enlevant toutes les feuilles dures et vertes, coupez les pieds d'égale longueur,
faites blanchir ; roux léger ; passez-y le céleri,
mouillez de bouillon. Sel, gros poivre, muscade
râpée. Le céleri cuit, liez la sauce avec du jus ou
du beurre.

Céleri frit à la bourgeoise. — Après avoir épluché et blanchi votre céleri (surtout choisissez
pour le faire frire du céleri bien plein), rognez les
feuilles très près de la racine, et fendez les pieds.

Céleri à la crème. — Épluchez du céleri, coupez-
le comme il est dit à l'article : *Asperges aux petits
pois.* Faites blanchir et égouttez dans une passoire ; passez-le dans la casserole avec un mor-

ceau de beurre ; saupoudrez d'une pincée de fécule, mouillez avec du consommé cuit, réduit, liez de jaunes d'œufs délayés dans la crème, avec muscade, et servez garni de croûtons.

Céleri au velouté. — Épluchez, lavez, coupez, faites blanchir, salez et beurrez ; après cuisson, faites rafraîchir, coupez votre céleri à dix centimètres de long, mettez au feu avec beurre, sel, poivre, muscade ; mouillez avec du velouté de bouillon, faites réduire et servez avec croûtons glacés.

CÈPES FRANCS. — *Cèpe franc tête noire.* — Ce cryptogame ne se trouve pas seulement dans les environs de Bordeaux, ceux de la forêt de Compiègne sont pleins de saveur, parce qu'ils naissent dans l'ombre des hautes futaies ; c'est surtout en août qu'ils pullulent.

Voici la recette dont j'ai moi-même constaté l'excellence :

Coupez les queues, hachez-les, ajoutez persil haché, mie de pain, échalotes, beurre frais, une pointe d'ail haché ; faites un pâté de tout, assaisonnez, sel, poivre et un peu de piment, garnissez le dessous de vos cèpes, jetez un peu de mie de pain dessus, gratinez à four chaud et servez. (*Recette Vuillemot.*)

On peut les faire à la provençale, sautés à l'huile d'olive, persil, ail hachés ; faites bien rissoler ; ajoutez un peu de glace de viande et servez bien chaud.

CERISE. — Si on la consomme en petite quantité, elle ajoute à l'estomac un complément utile de sucs aqueux, de sels alcalins et de matières sucrées.

Soupe aux cerises. — C'est un entremets sucré, d'un bon usage. On saute des cerises noires entières avec leurs noyaux, dans des cubes de mie de pain, préalablement sautés au beurre. On mouille, on sucre, on arrose de kirsch, on sert avec le sirop et les croûtes.

Compote de cerises. — Faites cuire vos cerises entières, la queue à moitié coupée, dans de l'eau sucrée ; parfumez de framboise et servez avec le jus. (*V. Compote.*)

CERNEAUX. — Une chose excellente et tout à fait inconnue hors de France, ce sont les cerneaux ; je dis tout à fait inconnue parce que les cerneaux ne sont bons qu'à la condition qu'on les fera d'une certaine façon. Un proverbe de bonne femme dit :

« A la Madeleine, les noix sont pleines, à la Saint-Laurent on regarde dedans. »

Quelques jours après la Saint-Laurent, c'est à dire après le 10 août, ou même quelques jours auparavant, si l'année a été hâtive, ouvrez les noix; si les cerneaux sont parfaitement formés, si la liqueur qui doit les fournir est à l'état de l'amande, c'est le moment de les détacher des noix.

Vous ouvrez les noix, vous les détachez d'un mouvement circulaire du couteau ; vous les laissez tremper dans un saladier plein d'eau, dans laquelle vous aurez mis une légère dissolution d'alun en poudre qui conservera à la chair de vos noix sa blancheur ; puis, quand il y en a le nombre que vous en désirez, vous les lavez en les passant dans un tamis ou dans une passoire pour que l'eau puisse s'échapper, puis vous les remettez dans un saladier.

Prenez alors une poignée de sel de cuisine, jetez-la sur vos cerneaux, hachez aussi fines que possible deux échalotes, jetez-les sur vos cerneaux ; pilez dans un petit mortier ou de marbre ou de fonte une grappe de verjus ; quand elle vous aura donné un demi-verre de liqueur, versez ce demi-verre de liqueur sur vos cerneaux, retournez-les non pas comme on retourne la salade, c'est à dire avec une cuiller et une fourchette, mais par un simple mouvement du plat qui fait venir ceux qui sont dessus, dessous, et qui fait passer ceux qui sont dessous, dessus ; prenez vos cerneaux un à un, trempez-les dans leur jus, sucez d'abord, épluchez et mangez.

CERVELAS. — Espèce de boudin ou saucisson gros et court, fait avec de la chair de cochon hachée, assaisonnée de sel, poivre et une pointe de rocambole. On en fait aussi avec de la chair de poisson ; ceux-là sont moins indigestes, mais les épices, entrant pour beaucoup dans leur composition, ils ne sauraient être un aliment salutaire, surtout si l'on en fait un fréquent usage.

Cervelas à la ménagère. — Dépouillez de ses nerfs et de ses membranes de la chair de cochon, hachez-la en y mêlant une quantité égale de lard, ajoutez-y persil, ciboules, thym et basilic pilés, sel et fines épices ; mêlez le tout ensemble et formez-en des petites masses ovales que vous enveloppez avec de la crépine après les avoir aplaties et ficelées par les deux bouts.

Les saucisses rondes se préparent de la même manière, avec cette différence qu'on les entonne dans des intestins de volaille bien nettoyés, au lieu de les envelopper avec de la crépine.

Pendez vos cervelas à la cheminée pour les faire fumer pendant trois jours, faites-les cuire ensuite dans le bouillon pendant trois heures avec sel, une gousse d'ail, du thym, du laurier, du basilic et un bouquet de persil et ciboules, laissez-les refroidir et servez au besoin.

Cervelas de Milan. — 3 kilogrammes de chair de porc maigre, 500 grammes de bon lard, 120 grammes de sel, 30 grammes de poivre, hachez le tout, mêlez-le bien ensemble, ajoutez-y un litre de vin blanc et 500 grammes de sang de porc avec 15 grammes de canelle et girofle pilés et mêlés, et des morceaux en manière de gros lardons que l'on fait de la tête de porc qu'il faut saupoudrer de ces épices et larder dans les cervelas en les finissant ; faites cuire et servez.

Gros cervelas appelé saucisson de Lyon. — Que la chair du cochon soit maigre et courte ; ajoutez

moitié de filet de bœuf et autant de lard ; hachez
le cochon et le filet et pilez-les, coupez le lard en
dés et mêlez-le de manière qu'il soit réparti également, assaisonnez avec sel, poivre fin, poivre concassé moyen et gros poivre entier, nitre, ail et
échalotes, pétrissez le tout et laissez reposer pendant vingt-quatre heures, prenez ensuite de gros
boyaux lavés à plusieurs eaux, emplissez-les du
mélange ci-dessus, fermez-les et ficelez-les ; mettez-les dans un saloir avec sel et salpêtre pendant
huit jours ; faites-les sécher à la cheminée. Quand
ils sont devenus blancs, c'est-à-dire qu'ils sont
assez secs, vous resserrez les ficelles et vous les
barbouillez d'une composition de sauge, de thym
et de laurier que vous avez fait bouillir avec de
la lie de vin. Secs, on les enveloppe de papier et
on les conserve dans la cendre.

Cervelas à trancher et à garnir. — Hachez de la
chair de cochon bien tendre et entrelardée avec
du persil et un peu d'ail, assaisonnez de sel et
épices mêlés ; emplissez de ce mélange des intestins de grosseur convenable, faites cuire pendant
deux ou trois heures et conservez au sec.

Cervelas mortadelles dits saucisson de Bologne. —
Hachez de la chair de porc grasse et maigre, ajoutez du sel, du poivre entier, autant de vin blanc
et de sang qu'il est nécessaire pour lier la pâte,
mêlez le tout ensemble, pétrissez-le, remplissez-
en des boyaux en serrant fortement, faites les
cervelas de la longueur que vous voulez, nouez-

les aux deux bouts, faites-les sécher à l'air ou à la fumée.

Cervelas de plusieurs façons. — On procède comme ci-dessus, on ajoute de plus des truffes, des pistaches, des échalotes hachées ou des oignons ; on les passe sur un feu un peu ardent, on les incorpore dans leur enveloppe et on procède comme pour les autres.

CHAMPIGNON. — Nom générique d'un grand nombre de plantes spongieuses, cryptogames, en chapiteau, sans branches ni feuilles. Les champignons croissent dans les lieux humides ; il y en a beaucoup de vénéneux ; les bons sont eux-mêmes capables d'intoxiquer légèrement les personnes qui, comme l'empereur Claude ou Trimalcion de Pétrone, seraient tentés d'en faire abus.

Champignons à la Bordelaise. — Prenez les plus gros cèpes que vous pourrez, préférez les plus secs, les plus épais et les plus fermes, surtout qu'ils ne soient pas vieux cueillis ; lavez-les, égouttez-les, ciselez légèrement le dessous en losange, mettez-les dans un plat de terre, arrosez-les d'huile fine, saupoudrez-les d'un peu de sel et de gros poivre, laissez mariner deux heures, faites-les griller d'un côté. Leur cuisson achevée, ce dont vous jugerez facilement s'ils sont flexibles sous les doigts, dressez-les sur votre plat à servir, saucez-les avec la sauce suivante :

Mettez dans une casserole de l'huile en suffisante quantité pour saucer vos champignons.

hachez très fin dans votre huile du persil, de la
ciboule, une pointe d'ail; faites chauffer le tout,
saucez-en vos champignons, pressez le jus de
deux citrons ou arrosez-les de verjus, ce qui vaudrait mieux.

Champignons à la bordelaise sous la tourtière. —
Préparez ces champignons comme les précédents,
laissez-les mariner une heure ou deux dans de
l'huile fine, du sel, du poivre et un peu d'ail;
hachez les queues et les parures de vos champignons, pressez-les dans un linge pour en ôter
l'eau, mettez-les dans une casserole avec de
l'huile, du sel, du gros poivre, du persil, de la
ciboule hachée et une pointe d'ail. Passez ces
fines herbes un instant sur le feu, posez vos
champignons sens dessus dessous sur la tourtière, mettez dans chaque une portion de ces fines
herbes, faites cuire vos champignons ainsi préparés dans un four ou sous un four de campagne,
avec feu dessus, feu dessous. Leur cuisson faite,
dressez-les sur le plat, saucez-les avec l'assaisonnement dans lequel ils ont cuit, exprimez dessus
le jus d'un citron, arrosez-les d'un filet de verjus
et servez.

Champignons à la tourtière. — Comme ceux à la
bordelaise, posez-les sur votre tourtière, assaisonnez-les d'un peu de sel et de gros poivre, passez vos fines herbes dans du beurre au lieu d'huile,
garnissez-en vos champignons, faites-les cuire,
soit au four, soit sous un four de campagne; leur

cuisson faite, dressez-les sur votre plat, arrosez-les de l'assaisonnement dans lequel ils ont cuit, exprimez dessus le jus d'un citron et servez.

Croûtes aux champignons. — Tournez, faites cuire, mettez dans une casserole avec un morceau de beurre, un bouquet de persil et des ciboules, posez votre casserole sur un fourneau, sautez, singez d'une pincée de farine, mouillez au consommé-bouillon, faites partir, laissez mijoter, assaisonnez de sel, de gros poivre et d'un peu de muscade râpée, prenez de la croûte d'un pain râpé, beurrez, mettez sur un gril, sur une cendre rouge, laissez sécher ainsi, liez les champignons avec des jaunes d'œufs délayés dans de la crème, versez un peu de sauce dans le creux de votre croûte, dressez et servez.

Croûtes aux morilles. — Épluchez, fendez, lavez, faites blanchir, égouttez, mettez à la casserole vos morilles avec beurre, persil, ciboules, passez-les sur le feu, sautez, farinez, mouillez avec consommé, faites cuire, réduisez, supprimez le bouquet, liez avec jaunes d'œufs délayés, sucrez et servez avec garniture de truffes noires passées au beurre.

AVIS. — Il n'existe pas, à proprement parler, de contre-poison pour les champignons vénéneux ; cependant on commencera par administrer un vomitif, puis, si le vomitif n'agit pas suffisamment, on donnera un purgatif doux, 30 grammes d'huile de ricin, 60 grammes de manne, des lave-

ments avec de la casse, 60 grammes, sulfate de
soude et de magnésie, 15 grammes ; on donnera
en outre quelques cuillerées d'une potion éthérée
avec de l'eau de fleur d'oranger ; pendant ce temps
le médecin arrivera et appréciera la situation.

CHAPELURE. — Croûte de pain râpée qui se
vend chez tous les épiciers, et qui, unie à de
fines herbes, à du sel et à de la muscade, sert à
couvrir les côtelettes, les jambons, etc.

CHAPON. — *Chapon au gros sel.* — Ayez un chapon, videz, flambez, épluchez, troussez les pattes
en dedans, bridez, bardez et faites-le cuire dans
le consommé ; égouttez, dressez, salez, saucez au
jus de bœuf réduit et servez.

Chapon au riz. — Préparez comme ci-dessus ;
faites blanchir environ 375 grammes de riz, égouttez-le, mettez dans la marmite, mouillez le tout
avec deux cuillerées à pot de consommé, faites
partir et couvrez, laissez mijoter sur la paillasse,
ayez soin de remuer de temps en temps votre riz.
La cuisson faite, dressez, dégraissez votre riz,
finissez d'assaisonner avec beurre, sel, gros poivre, un peu de réduction, si vous en avez, et
masquez-en votre chapon.

Chapon aux truffes. — Préparez comme ci-dessus ; videz par la poche, épluchez environ un kilogramme de bonnes truffes, hachez-en quelques-
unes, coupez par dés et pilez environ 500 grammes
de lard gras, mettez-le dans une casserole avec
vos truffes, du sel, du poivre, un peu de muscade

râpée et des fines épices, faites mijoter environ une demi-heure, laissez refroidir, remplissez-en votre chapon jusqu'à la poche, et cousez-la, bridez-le, les pattes en long, conservez-le, et si vous pouvez attendre deux ou trois jours, bardez-le, embrochez-le après l'avoir enveloppé d'un papier, faites-le cuire à peu près une heure et demie, déballez-le si vous l'employez pour relevé, supprimez la barde, servez-le à la peau de goret et mettez dessous une sauce aux truffes. (Voir l'article *Sauce aux truffes*.) Cette recette est honorée de l'approbation de l'excellent Vullemot.

Chapon à l'indienne ou en pilau. — Après avoir troussé un chapon les pattes en dedans, vous le bridez ; mouillez une casserole avec du bon consommé, couvrez-la d'une barde de lard et mettez-y votre chapon, joignez-y 250 grammes de riz bien lavé, quand vous verrez votre chapon aux trois quarts cuit ; retirez-le ensuite, quand vous verrez que le grain de votre riz ne se délayera pas ; égouttez votre chapon, dressez-le sur un plat, mettez autour votre riz, safrané et pimenté.

Chapon poêle à la cavalière. — Videz, parez, bridez un chapon, mettez-le au feu avec bouillon, oignons, carottes, céleri et bouquet d'herbes ; laissez cuire une heure, égouttez et servez dans une purée d'écrevisses, ou purée de tomates aux anchois, ou sauce Robert à la moutarde, ou crème à la Béchamel aux huîtres, ou sauté de champignon, etc., etc.

CHARBONNÉES. — On donne ce nom aux morceaux d'un petit aloyau tiré des fausses côtes tendres; on les fait cuire sur le gril après les avoir saupoudrées de chapelures et trempées dans une marinade, vous les faites cuire à la braise en les dressant sur une purée de haricots rouges au vin de Bourgogne ou un ragoût des quatre racines au jus. Vous pouvez aussi les servir à la maître d'hôtel.

On donne aussi le nom de charbonnées à des tranches maigres de veau, de porc et de venaison.

CHARCUTERIE. — L'art de préparer la chair de porc.

Comme la charcuterie ne se fait qu'avec du cochon, nous indiquerons à cet article les différentes manières de la préparer et de la servir.

CHARLOTTE. — Plat d'entremets à la crème et aux fruits.

Charlotte de pommes aux confitures. — **C**oupez des pommes en morceaux après les avoir pelées et en avoir retranché les cœurs, faites-en une marmelade, après avoir ajouté du sucre à peu près le tiers des pommes, un peu de cannelle en poudre et la moitié d'un zeste de citron, laissez réduire cette marmelade.

Coupez des tranches de pain le plus mince possible, les unes en carré long, les autres en triangle, trempez-les dans le beurre tiède, couvrez le fond d'une casserole beurrée avec les triangles et revêtissez les bords de la casserole avec les carrés longs, jusqu'à la hauteur à laquelle vous voulez la remplir et mettez au milieu de cette marmelade une forte cuillerée de groseille framboisée ou de confiture d'abricots.

La casserole préparée, vous y mettez de la marmelade de pommes, bien unie par-dessus et panée avec de la mie de pain trempée dans du beurre; la casserole mise sur des cendres rouges, vous couvrez avec un four de campagne un peu chaud ou un couvercle, sur lequel vous mettez du feu, et laissez prendre une belle couleur.

Charlotte de poires à la vanille. — Pelez des poires de Messire Jean, ôtez les cœurs, coupez-les en morceaux, et les mettez avec un verre d'eau dans une casserole que vous couvrez, faites-les cuire jusqu'à amolissement, écrasez, tamisez, ajoutez du sucre, une gousse de vanille pilée sous marbre et faites cuire.

Charlotte d'abricots. — Prenez vingt-quatre abricots de plein vent un peu rouges et pas trop mûrs, vous coupez chacun d'eux en huit quartiers après avoir ôté la pelure, sautez-les ensuite dans une casserole avec 120 grammes de sucre fin et 50 grammes de beurre tiède pendant dix minutes à petit feu; foncez la Charlotte comme celle aux pommes d'api, versez-y les abricots bouillants, recouvrez la Charlotte et faites-la cuire jusqu'à coloration blonde, puis glacez de marmelade d'abricots et servez.

Charlotte de pêches. — Vous opérez comme ci-dessus après avoir coupé vingt pêches de vigne un peu fermes, que vous faites blanchir dans un sirop; quand elles sont égouttées, vous coupez chaque moitié en trois quartiers d'égale grosseur et vous les sautez dans la casserole avec 120 grammes de sucre en poudre et 60 grammes de beurre tiède. Vous versez cette marmelade dans la charlotte que vous avez foncée comme la précédente, vous la dressez sur le plat en la masquant dessous et autour avec le sirop qui vous a servi à cuire le fruit, et vous servez.

Procédez de même pour les charlottes de prunes de reine-Claude et de mirabelle.

Charlotte russe au café. — Foncez un moule d'entremets uni avec des biscuits à la cuiller, faites infuser 100 grammes d'excellent café dans un litre de lait, et laissez cette infusion une heure dans un endroit chaud. Mettez 8 jaunes d'œufs et 3 hectogrammes de sucre en poudre dans une casserole; mettez 25 grammes de grenetine trempée dans l'eau froide, passez la crème sur les œufs et le sucre, mêlez parfaitement et faites lier sur le feu. Lorsque votre crème est liée, égouttez la grenetine, mettez-la dans le moule et remuez dans le moule jusqu'à ce qu'elle soit dissoute, passez ensuite au tamis et faites prendre sur la glace.

Ajoutez 15 décilitres de crème fouettée ferme, emplissez votre moule, et couvrez la charlotte d'un plafond glacé, laissez une heure dans la glace et servez.

Charlotte russe aux amandes grillées. — Hachez des amandes, faites fondre du sucre en poudre, mêlez vos amandes au sucre et pralinez-les au feu. Mettez sur un couvercle et laissez refroidir; pilez-les ensuite, passez-les dans un tamis fin pour en ôter la crème, mêlez-les dans une casserole avec des jaunes d'œufs et du sucre, finissez et servez comme ci-dessus.

Charlotte froide à la Brunoy. — Émincez des biscuits et garnissez-en un moule uni en faisant dans l'intérieur plusieurs compartiments, remplissez de confitures diverses, couvrez votre charlotte avec du biscuit, renversez-la sur un plat et servez.

Charlotte à la crème, dite à la Russe ou à la Richelieu. — Arrangez des biscuits à la cuiller au fond et autour d'un moule que vous remplissez de la composition suivante : délayez des jaunes d'œufs avec de la crème, mettez-y infuser deux pincées de fleur d'oranger pralinée, joignez-y 125 grammes d'amandes douces et 4 amères que vous aurez bien pilées; jetez cette composition dans la crème bouillante, mettez-y du sucre en poudre, posez le tout sur un feu très doux et remuez jusqu'à ce que vous la voyiez s'épaissir, mais qu'elle ne bouille pas, cela ferait tourner les œufs, passez-la ensuite dans une étamine ou un tamis de soie, laissez-la refroidir, mettez-la dans une sarbotière, faites-la glacer en y adjoignant un fromage fouetté à la Chantilly et quelques filets très déliés d'écorces de cédrat confits et d'angélique.

CHARTREUSE. — M. Carême a décidé que la *grande chartreuse* était la reine des *entrées modernes*.

Chartreuse à la parisienne, en surprise. — Faites cuire huit belles truffes bien rondes dans du vin de champagne ou sous la cendre ; quand elles sont froides, vous les épluchez, les coupez dans leur plus grande longueur ; parez ensuite légèrement une centaine de queues d'écrevisses dont vous formez une couronne au fond d'un moule beurré ; vous placer vos colonnes de truffes parées sur vos queues d'écrevisses, de façon qu'elles forment une espèce de bordure grecque ou méandre, vous y joignez des filets mignons de poulets que vous avez fait roidir dans le beurre et proprement parés, et pour faire pendant à la couronne de queues d'écrevisses qui se trouve sur le fond, vous placez sur le haut de votre chartreuse une autre couronne de queues d'écrevisses, de façon qu'elle s'en trouve entourée, ce qui est d'un effet charmant.

Hachez ensuite les parures de vos truffes, masquez-en une première fois le fond du moule, puis masquer-le de nouveau avec soin de quenelles de volaille un peu ferme, à la hauteur d'un centimètre et demi, vous masquez aussi de la même façon votre bordure grecque. Votre moule étant ainsi garni partout, vous mettez au milieu une blanquette de ris d'agneau ou un ragoût à la financière ou à la Toulouse, mais en ayant soin d'y mettre ces ragoûts à froid et de ne remplir le moule qu'à 13 millimètres du bord ; mettez ensuite un morceau de papier beurré de la grandeur de votre moule afin de le couvrir, une couche de farce d'environ 13 millimètres d'épaisseur et placez ce couvercle sur la garniture qui se trouve contenue par ce moyen ; dégraissez et ôtez ensuite ce papier au moyen d'un couvercle de casserole chaud que vous mettez dessus pour en faire fondre le beurre afin d'en détacher la farce, que vous liez avec la pointe d'un couteau à celle du tour de votre moule.

La chartreuse ainsi faite, vous couvrez le dessus d'un rond de papier beurré, puis vous la mettez pendant une heure au bain-marie ; prête à servir, vous l'ôtez du moule. Vous la dressez sur un plat en la masquant d'une couronne de petits champignons bien blancs entourant une rosace préparée d'avance avec huit filets mignons à la Conti en forme de croissant ; placez au milieu de votre croissant un beau et gros champignon ; glacez-la, si vous voulez, et servez.

Cette entrée est d'un très bel effet, et d'après Carême, ce qu'il a composé de mieux en fait d'*entrée de farce.*

Chartreuse de belles pommes. — Ayez une vingtaine de belles pommes de reinette, pelez-les, servez-vous d'un vide-pomme un peu moins gros que le petit doigt pour en enlever les chairs tout autour du cœur, comme vous feriez pour extraire le cœur de la pomme; garnissez votre moule de ces petits montants de pommes, et faites une marmelade avec le reste des chairs; faites en sorte que vos montants soient tous d'égale grandeur, faites infuser une pincée de safran en la mettant dans un verre d'eau bouillante, faites-en une teinture, sucrez-la, mettez-y un tiers de vos montants, retirez-les, égouttez-les. Vous faites la même opération avec le second tiers de vos montants, dans un peu de cochenille, et vous faites jeter un bouillon à votre troisième tiers dans du sirop de sucre blanc. Prenez ensuite de l'angélique en quantité égale à l'un des tiers de vos montants; garnissez votre moule de papier blanc et faites au fond le dessin que vous voudrez avec vos montants verts, jaunes, rouges et blancs, coupez en liards ou autrement, et en les entremêlant, garnissez-en aussi le tour; remplissez votre moule de marmelade et faites cuire; au moment de servir, renversez votre chartreuse sur un plat, ôtez le papier et servez.

Vous pouvez aussi faire votre chartreuse toute blanche en trempant vos petits montants dans de l'eau mêlée avec le jus d'un citron. (*D'après Carême.*)

CHATAIGNE. — Fruit du châtaignier, arbre de la famille des *hêtres*, la châtaigne s'allie très

bien à toutes les viandes et peut être employée
comme garniture de viandes cuites à la braise;
on en introduit aussi dans toutes les farces, mais
dans la saison seulement, car elles se conservent
difficilement jusqu'à la fin de l'hiver, cependant
on peut les conserver indéfiniment après les avoir
fait sécher à l'étuve, comme cela se pratique
depuis longtemps dans les provinces et plus particulièrement dans le Limousin où les châtaignes
sont une partie considérable de la nourriture. On
en fait même du pain dans les endroits où le blé
est très rare, mais ce pain est toujours de mauvaise qualité, pesant et difficile à digérer.

Châtaignes à l'eau ou à la ménagère. — Mettez
dans une casserole avec de l'eau, du sel et un pied
de céleri, la quantité de châtaignes que vous
voulez faire cuire, laissez-les le temps voulu et
vous aurez des châtaignes excellentes et de fort
bon goût.

CHAUFROID *de poulets, di perdreaux ou de bécasses en pain de munition.* — Poulets tendres découpés, sautés au beurre, saupoudrés de farine,
mouillés avec de l'eau chaude. Assaisonner de
sel, poivre, champignons, petits oignons blancs,
bouquet de persil. Faites cuire rapidement en
agitant la casserole. Lier ensuite avec deux ou
trois jaunes d'œufs et un jus de citron. Oter le
bouquet de persil, et mettre la fricassée dans un
pain rond préalablement vidé de sa mie, par une
très petite ouverture. Refermer le pain. Laisser

bien refroidir avant que d'emballer le chaufroid, afin que le pain reste croustillant. Rompre au moment du service cette sorte de tourte par parts. (J. Rouyer.)

CHEVAL. — Tant que le cheval ne sera point élevé, nourri, engraissé comme le bœuf, en vue uniquement de la consommation, il ne devra figurer sur la table que dans des temps difficiles. Alors, seulement alors, identifiez le cheval au bœuf et préparez-le comme vous voudrez ou comme vous pourrez.

CHEVREAU. — A trois ou quatre mois, le chevreau est totalement exempt de saveur bouquetine et d'odeur capriacée. On assaisonne encore aujourd'hui, dans certaines provinces, le chevreau avec de la sauge et du vin blanc sucré, auxquels on ajoute des quatre épices.

CHEVREUIL. — *Quartier de chevreuil rôti.* — Faites macérer votre chevreuil avec huile fine, vin rouge, persil, épices, quelques tranches d'oignons.

Enlevez ensuite la peau du filet et celle du dehors de la cuisse, piquez-les de lard fin ; enveloppez le quartier d'un papier beurré ; faites cuire et servez pour grosse pièce avec une poivrade.

Civet de chevreuil. — Lardez de gros lard les deux parties de la poitrine d'un chevreuil, passez-les à la casserole avec persil et lard fondu ; puis faites-le cuire avec un bouquet de fines herbes, sel, poivre, laurier, citron vert. Quand tout est cuit à point, faites une sauce que vous liez avec

farine frite, filet de vinaigre, poignée de câpres
et quelques olives désossées, et servez avec des
croûtons.

Gigot de chevreuil rôti. — Après avoir paré un
gigot de chevreuil et l'avoir piqué de lard fin,
vous le mettez mariner quelques heures avec du
sel et de l'huile d'olive, puis vous le laissez une
heure à la broche, l'arrosant avec sa marinade,
et faites une sauce avec cette marinade et du jus
d'échalotes.

Côtelettes de chevreuil. — Levez, aplatissez, marinez un jour, faites revenir dans l'huile vos côtelettes. — Cuites et d'une belle couleur, égouttez
et servez avec une sauce poivrade ou une sauce
tomates.

Épaules de chevreuil. — Levez la chair des
épaules, ôtez les peaux, piquez comme ci-dessus,
faites mariner, cuisez et servez. (Sauce au pauvre
homme.)

Filets de chevreuil sautés à la minute. — Parez,
piquez, marinez, faites sauter au beurre sur un
feu vif, dressez, glacez et servez à la poivrade.

Escalopes de chevreuil. — Vous levez les chairs
de deux épaules, ôtez les peaux, coupez en escalopes, faites cuire sur sautoir avec du beurre
fondu, sel, poivre, ail, laurier, placez vos escalopes au moment de servir sur un fourneau un
peu ardent, retournez-les, ajoutez du beurre et
garnissez le plat avec du verjus.

Crépinettes de chevreuil. — Joignez à des chairs

de chevreuil rôties, des truffes, des champignons, de la tétine de veau ; faites réduire dans une bonne sauce, laissez refroidir le tout et amalgamez avec du beurre pour partager en portions à peu près égales, que vous enveloppez de *crépines*, mettez ensuite vos crépinettes sur un plafond beurré, faites prendre couleur, versez dessus en les servant une ravigote d'anchois.

Hachis de chevreuil aux œufs pochés. — Hachez des chairs de chevreuil rôti avec des fines herbes cuites, mettez le tout avec un peu de beurre dans une poivrade bien réduite, sans le laisser bouillir et surmontez ce hachis avec des œufs pochés.

Émincé de chevreuil aux oignons. — Faites un roux avec des oignons coupés en rouelles, faites y chauffer vos tranches de chevreuil en y ajoutant du poivre blanc et le jus d'un citron.

Chevreuil en daube. — S'il a été mariné, ne le faites macérer qu'un jour et faites-le cuire environ cinq heures dans une braise ; faites réduire la sauce et passez-la au tamis ; ajoutez-y quantité suffisante de corne de cerf pour en faire une gelée, laissez refroidir, masquez-en votre pièce de chevreuil et servez.

Cervelles de chevreuil. (V. CERVELLES DE VEAU ET D'AGNEAU.)

CHICORÉE. — Il y a deux genres de chicorée qui servent de types à dix-huit ou vingt sortes, la *chicorée sauvage* et la *chicorée cultivée*, vulgairement connue sous le nom de *scarole*.

La chicorée sauvage appelée aussi *pisse-en-lit*, à cause de la vertu qu'elle possède de pousser aux urines, ne se mange qu'en salade, et elle doit être choisie jeune et tendre. Nous parlerons donc seulement de l'autre espèce, en renvoyant pour celle-ci nos lecteurs à l'article SALADE.

Ragoût de chicorée à la bonne femme. — Faites blanchir à l'eau bouillante, mettez dans l'eau froide, égouttez, divisez, mettez dans la casserole, mouillez avec bouillon et beurre, liez avec farine ; servez avec croûtons frits.

Chicorée au grand jus. — Prenez et faites blanchir des chicorées et fendez-les par le milieu avant de les avoir égouttées ; ficelez-les, mettez-les dans une casserole avec des bardes de lard, poivre et muscade, ajoutez des morceaux de bœuf, de veau ou de mouton, des oignons, des carottes, un bouquet bien garni ; faites cuire feu dessus et dessous pendant trois heures ; pressez-les dans un linge blanc pour bien les égoutter, dressez-les en couronne sur un plat et servez-les avec les entrées que vous désirerez.

Chicorée au blanc ou à la crème. — Épluchez vos chicorées, ôtez-en tout le vert, lavez-les à plusieurs eaux, égouttez-les, faites-les blanchir avec une poignée de sel et mettez-les rafraîchir dans l'eau fraîche, hachez cette chicorée, mettez-la dans une casserole avec du beurre, faites la cuire un quart d'heure pour la dessécher, versez petit à petit deux verres de crème ou de lait réduit,

ajoutez muscade râpée, sel et laissez bien cuire
le tout.

Manière de la conserver. — Après avoir épluché
et lavé votre chicorée, vous la jetez dans l'eau
bouillante jusqu'à ce qu'elle soit amortie et non
cuite, mettez-la ensuite dans l'eau fraîche et
faites-la bien égoutter. Mettez-la dans des pots de
grès en la foulant bien, et au bout de vingt-quatre
heures retirez l'eau salée qu'elle a jetée ; versez
ensuite dessus de la saumure bien claire et recouvrez d'huile ou de beurre fondu.

CHIPOLATA. — Ragoût d'origine italienne
dont voici la recette :

Prenez deux douzaines de carottes, de navets,
de marrons rôtis et d'oignons, faites cuire dans
du consommé sucré ; procurez-vous des petites
saucisses appelées *chipolates*, et ajoutez-les avec
quelques morceaux de lard dans votre ragoût.
Mettez le tout dans une casserole avec des champignons, des fonds d'artichauts, des tranches de
céleri et quelques cuillerées de blond de veau ;
faites réduire, écumez ; clarifiez bien et faites-y
réchauffer des volailles ou des tendrons de veau,
des cervelles de desserte, etc., et vous en garnissez des entrées de broche ou vous vous en servez
pour mettre sous des chapons ou autres volailles.

CHOU. — Il nourrit fort peu, il est venteux et
répand une mauvaise odeur. On donne aussi le
nom de chou à une sorte de pâtisserie dont nous
indiquerons plus loin la recette.

Chou blanc ou *vert*. — Ceux de Milan sont les meilleurs; les choux de Saint-Denis, de Bonneuil et ceux qu'on appelle le petit pommé, le frisé hâtif sont les premiers qui paraissent et ceux qu'on emploie généralement dans la consommation.

Chou au lard. — C'est un des excellents mets plébéiens; vous le faites de la façon suivante : coupez un gros chou pommé en quatre morceaux, faites les blanchir, mettez-les ensuite dans un pot quelconque avec du lard, des saucisses, des cervelas, du céleri, des oignons, des grosses carottes, du laurier et du thym; faites cuire pendant une heure et demie à petit feu; dressez ensuite le tout sur un plat en mettant le petit salé et les cervelas par-dessus; retranchez les autres légumes et faites une sauce de votre mouillement réduit.

Chou farci au gras. — Prenez une bonne tête de chou, ôtez-en le pied ou trognon et un peu dans le corps; faites le blanchir et tirez-le de l'eau quand il est blanchi; étendez les feuilles avec soin pour ne pas les briser et remplissez-le d'une farce faite avec de la chair de volaille, un morceau de veau, du petit lard, de la moelle de bœuf ou de la graisse de jambon cuit, truffes et champignons hachés, persil, ciboules, sel, poivre, mie de pain, deux œufs entiers, deux ou trois jaunes, une pointe d'ail; hachez le tout ensemble et pilez-le bien dans un mortier. Après avoir rempli votre chou de cette farce, refermez-le, ficelez-le bien

21

afin qu'elle ne s'échappe pas des feuilles et mettez-le dans une casserole ; faites ensuite du jus
avec des tranches de bœuf ou de veau bien bat-
tues que vous faites réduire dans une casserole,
mettez-y un peu de farine, faites prendre couleur,
mouillez-le de bon bouillon, assaisonnez de fines
herbes et de tranches d'oignon. Quand votre jus
est à moitié cuit, vous mêlez vos tranches et ledit
jus avec votre chou et faites cuire le tout ensemble.

Dressez ensuite votre chou sur un plat, mettez
dessus un ragoût de champignons ou de ris de
veau bien assaisonné et de bon goût, puis servez
chaudement avec votre jus autour.

Chou farci au maigre. — Procédez comme ci-
dessus en farcissant votre chou avec de la chair
de poisson ou autres garnitures, ainsi qu'on le
ferait pour la carpe, le brochet ou autre poisson.
(V. ces articles.)

Chou en surprise. — Vous faites blanchir et ensuite rafraîchir un chou entier ; ôtez le trognon,
écartez les feuilles avec soin et remplissez-le de
marrons, de saucisses et de mauviettes ; arrangez
les feuilles dans leur état habituel, ficelez le chou,
faites-le cuire à la braise ; laissez-le égoutter
quand il sera bien cuit et servez-le avec une sauce
faite avec de la moelle fondue et de la muscade
râpée.

Chou à la petite russienne. (Méthode Rouyer.) —
Exactement comme choux farcis à la française.

(La farce, ici, est composée de champignons, oignons, persil, hachés grossièrement et liés en bouillie de semoule au lait; sel, poivre, muscade râpée (longue cuisson au four). Servir avec une sauce au beurre et crème aigre.

Pain de chou. — Faites blanchir un chou de Milan; mettez-le dans de l'eau; levez-en les feuilles et ôtez-en les grosses côtes, faites mariner ensuite une noix de veau avec huile fine, persil, ciboules, champignons, ail, échalotes, gros sel, poivre et tranches de jambon. Étendez quelques feuilles de chou bien égouttées, mettez dessus des tranches de veau et de jambon et un peu de leur marinade, et continuez ainsi les couches les unes par-dessus les autres, jusqu'à ce que vous ayez formé la grosseur d'un petit pain; faites cuire dans une braise bien nourrie. Quand ils sont bien cuits, vous les dégraissez et servez avec une sauce à l'espagnole dessous.

Chou rouge piqué. — Prenez un chou gros et dur, faites-le blanchir et enlevez-en le trognon; piquez-le de très gros lard. Mettez à la place du trognon une sauce faite avec de la graisse, du jus, poivre, sel; enveloppez-le d'une toilette de porc et mettez le tout dans une casserole en le renversant sens dessus dessous; faites cuire à petit feu, retirez-le, dégraissez la sauce, faites la réduire et servez-la sur le chou.

Chou rouge à la hollandaise. — Épluchez des pommes de reinette et des oignons que vous hachez bien menu; faites blanchir des choux rouges dont vous aurez préalablement rejeté les trognons et le bout des feuilles. Mettez ensuite le tout cuire dans une casserole avec un bon morceau de beurre, une cuillerée de sucre en poudre, une pincée de sel, poivre et bouquet garni; faites cuire le tout pendant cinq ou six heures; ajoutez un verre de vin de Bordeaux; ôtez le bouquet et achevez votre préparation en faisant fondre dedans un bon morceau de beurre.

Chou à la crème. — Faites presque cuire à l'eau bouillante, retirez, faites égoutter et laissez rafraîchir; hachez et mettez dans la casserole avec beurre, sel, poivre, muscade râpée et une cuillerée de farine. Mouillez ensuite avec de la crème et laissez réduire jusqu'à ce que votre chou soit bien lié avec son assaisonnement.

Choux de Bruxelles. — Vous prenez des choux de Bruxelles (qui, vous le savez, sont des petits choux verts de la grosseur d'une noix et bien pommés); vous les faites cuire à l'eau bouillante avec du sel après en avoir enlevé les premières feuilles, puis vous les faites égoutter. Mettez ensuite un bon morceau de beurre dans la casserole, versez vos choux dedans et faites-les revenir avec sel, poivre et persil haché, et, pour le maigre, ajoutez-y une cuillerée de jus ou de crème.

Choucroute. (En allemand *Sauer-kraut*, c'est-à-dire *choux aigres*.) — On conserve la choucroute de préférence dans des tonneaux qui ont renfermé

du vinaigre, du vin ou tout autre liquide contenant un acide. On emploie de préférence le *chou
cabu* blanc, dont on enléve ;les feuilles pendantes
et la tige ; on coupe la pomme de chou par rouelles en la rabotant sur une espèce de *colombe* de
tonnelier. Cette opération la divise en tranches
minces qui se développent d'elles-mêmes comme
des rubans. Vous étendez au fond du tonneau un
lit de sel marin, sur ce lit une couche de vos
choux coupés en rubans ; vous saupoudrez par-
dessus avec une poignée de graine de genièvre
ou de carvi, afin de l'aromatiser ; puis vous continuez à mettre couches sur couches en procédant
toujours de même jusqu'à ce que le tonneau soit
plein et en foulant bien la matière et terminez
par une couche de sel.

Vous couvrez votre dernier lit de sel avec les
grandes feuilles vertes du chou sur lesquelles
vous placez une grosse toile humide et un fond
de tonneau assez lourd pour empêcher par son
poids que la masse ne se soulève par la fermentation qui va avoir lieu. Les choux ainsi entassés
laissent écouler une eau fétide, acide, boueuse,
que l'on soutire par un robinet placé à la base du
tonneau, et que l'on remplace par une saumure
nouvelle qu'il faudra changer encore au bout de
quelques jours, jusqu'à ce qu'il n'existe plus aucune fétidité. La choucroute dès lors achevée,
vous la mettez dans un lieu très frais afin de la
conserver et vous en servir au besoin.

Préparation de la choucroute. — Après avoir lavé
votre choucroute à plusieurs eaux, vous l'égouttez bien et la mettez dans une casserole avec un
bon morceau de lard de poitrine fumé, saucisses,
cervelas, graisse de rôti, genièvre, vin blanc et
bouillon. Laissez-la cuire six heures à feu doux,
égouttez-la, dressez-la sur un plat avec du lard
dessus entremêlé de vos saucisses et de vos cervelas.

Choux-fleurs. — Nous empruntons aux dispensaires du temps de Louis XIV la plus excellente
et royale façon d'apprêter ce légume.

Choux-fleurs étuvés. — Prenez des hauts choux-
fleurs, lavez-les à l'eau tiède et faites-les cuire
dans du consommé en y ajoutant quelque peu de
macis en poudre. Étant bien cuits et au moment
de les servir égouttez-les de leur mouillement et
remuez-les avec du beurre tout frais et tout cru ;
aussitôt que le beurre sera fondu, dressez et servez sur la table.

Choux-fleurs au beurre. — Épluchez bien les
pommes de vos choux-fleurs et ne leur laissez
aucune feuille, lavez-les dans de l'eau fraîche et
faites-les cuire ensuite dans de l'eau avec sel,
poivre et un morceau de beurre manié. Quand
ils sont cuits, égouttez-les, dressez-les sur un plat
avec une sauce dessous faite avec beurre frais,
sel, poivre, muscade, un filet de vinaigre et servez.

Choux-fleurs au jus. — Comme ci-dessus. Prenez
moitié sauce blanche et moitié blond de veau,

vannez, sassez, dressez, masquez et servez chaud.

Choux-fleurs au fromage. — Cuisez, égouttez vos choux-fleurs, foncez un plat d'une sauce que vous faites avec du coulis, du beurre, du gros poivre ; mettez au fond de votre plat du parmesan râpé, rangez les choux-fleurs dessus, jetez sur eux le restant de la sauce et du parmesan, puis mettez au four avec feu dessus et dessous, glacez et servez.

Choux-fleurs frits. — Cuisez comme à l'ordinaire, égouttez, laissez mariner avec sel, poivre, vinaigre, trente minutes ; égouttez, trempez dans une pâte légère ; faites frire et servez chaud.

Choux-fleurs farcis. — Blanchissez à l'eau salée, égouttez, bardez, farcissez dans la casserole avec rouelle de veau, graisse de bœuf, persil, ciboule, sel, épices, champignons, œufs et consommé ; faites cuire à petit feu jusqu'à réduction entière. Dressez, servez. Si vous avez mis vos choux-fleurs la tête en bas dans la casserole, vous dresserez aisément en retournant vivement votre casserole.

Ragoût de choux-fleurs. — Faites blanchir des choux-fleurs, mettez-les cuire avec de l'eau et de la farine, faites-les égoutter et, si c'est pour garnir un plat de viande, vous les dressez autour du plat avec une bonne sauce ; si c'est pour entremets, dressez-les seuls et la sauce par-dessus.

CHOU (*Pâtisserie*). — Expliquons les différentes manières de faire cet excellent petit gâteau.

Choux pâtissier (à la parisienne). — Faites

bouillir un peu d'eau avec du beurre et du sel,
mettez-y deux ou trois poignées de farine et délayez le tout sur le feu ; remuez jusqu'à ce que la
pâte se détache, mettez-y alors du sucre en poudre ; ôtez la pâte du feu, délayez dedans des œufs,
jaunes et blancs, jusqu'à ce qu'elle soit liquide
et faites cuire dans des petits moules à pâtés que
vous aurez beurrés.

Choux à la royale. — Faites bouillir du lait et
du beurre fin, ôtez-les de dessus le feu quand ils
commencent à bouillir et joignez-y de la farine
tamisée ; remettez la casserole sur le feu en remuant bien le tout pour qu'il ne s'attache pas ;
votre pâte bien desséchée, vous la mêlez dans
une autre casserole avec du beurre, du parmesan
râpé et des œufs ; ajoutez une pincée de mignonnette, une cuillerée de sucre fin, un œuf et du
fromage de gruyère coupé en petits morceaux,
mélangez bien le tout et joignez-y de la crème
fouettée; cela doit vous donner une pâte assez
semblable à une pâte à beignets ; vous dorez vos
choux, les mettez au four gai pendant vingt minutes et les servez de suite.

Choux aux amandes. — Comme ci-dessus; après
avoir doré vos choux, vous les couvrez de filets
d'amandes légèrement trempés dans du blanc
d'œuf sucré et vous faites cuire.

Choux soufflés au zeste d'orange. — Vous faites
bouillir dans une casserole du beurre d'Isigny et
de la bonne crème, puis vous le remplissez légè-

rement avec de la farine de crème de riz desséchée ; transvidez dans une autre casserole en y y joignant du beurre, des œufs, un grain de sel ; le tout bien mêlé, vous y joignez des jaunes d'œufs, du sucre, râpez dessus la moitié d'un zeste de citron et la moitié d'un zeste d'orange. Mélangez bien le tout, fouettez deux blancs d'œufs et mettez-les dans la pâte avec de la crème fouettée. Mettez ensuite vos choux dans de petites caisses rondes ne les remplissant qu'à moitié, couvrez-les de gros sucre ; mettez au four à une chaleur ordinaire, laissez-les cuire un quart d'heure et servez sans les dorer.

CIBOULE. — Espèce d'ail qu'on emploie pour mettre dans tous les bouquets qui entrent dans la composition des sauces.

CIBOULETTE. — Petite ciboule qui s'emploie comme la précédente.

CITRON. — Le citron est souvent employé dans la cuisine pour l'assaisonnement de plusieurs sauces ; on en fait aussi une boisson rafraîchissante et de fort bon goût.

Citrons confits. — Pelez, coupez en quatre, faites blanchir vos citrons. Lorsqu'ils sont cuits, vous les mettez d'abord dans l'eau fraîche et ensuite au sucre clarifié ; quand vous les aurez bien égouttés, laissez bouillir un quart d'heure dans le sucre, et laissez-les refroidir ensuite ; étant refroidis, vous les remettez sur le feu et les faites bouillir jusqu'à ce que le sucre soit cuit à soufflé,

puis vous les laissez reposer jusqu'au lendemain,
et vous liquéfiez votre sirop en trempant votre
poêlon dans l'eau.

Faites cuire à part du sucre à la plume, égouttez vos citrons et jetez-les dedans et donnez-leur
un bouillon couvert ; ôtez-les du feu ; le bouillon
abaissé, blanchissez votre sucre en le travaillant
et l'amenant avec la cuiller contre le bord du
poêlon.

Ce sucre étant blanchi, passez-y vos citrons,
mettez-les égoutter sur des planches, faites-les
sécher et serrez-les.

Vous confisez de la même manière les oranges,
cédrats, limons, pommes, etc. (V. *Orange.*)

Petits citrons verts confits. — Incisez de petits
citrons verts, faites les blanchir jusqu'à ramollis-
sement, retirez-les du feu et laissez-les dans leur
eau jusqu'au lendemain ; vous les remettez alors
sur un feu doux, vous jetez une poignée de sel
dans l'eau, qui ne doit pas bouillir et vous remuez.

Poussez le feu, donnez à vos citrons quelques bouillons, puis mettez-les dans l'eau fraîche
et égouttez-les. Vous faites bouillir un peu d'eau
dans du sucre clarifié et vous en donnez un bouillon couvert à vos citrons. Le lendemain, vous les
égouttez, vous leur faites jeter trois bouillons en
ajoutant chaque fois du sucre clarifié ; vous faites
donner encore un bouillon aux fruits dans du
sucre cuit au perlé, vous les mettez dans une ter-

rine à l'étuve et vous les laissez glacer dans le sucre cuit.

Zestes de citron confits. — Faites bouillir vos zestes dans quatre eaux différentes et remettez-les autant de fois dans l'eau fraîche, il faut les laisser bouillir un quart d'heure chaque fois sur le feu.

Faites cuire d'abord du sucre clarifié et jetez-y vos zestes, quand il commence à bouillir, faites-leur prendre une vingtaine de bouillons et laissez-les refroidir; remettez ensuite votre poêlon sur le feu pour cuire le sirop à lissé et glissez-y vos zestes à qui vous faites prendre sept ou huit bouillons. Retirez votre confiture du feu, laissez-la refroidir, égouttez les zestes, faites bien cuire le sucre perlé, donnez-leur un bouillon couvert, tirez-les au sec et glacez-les.

Citronats. — Ils se font avec les écorces de citrons dont vous avez rejeté la plus grande épaisseur du tissu blanc et que vous avez coupés en long, faites blanchir et confire comme ci-dessus et faites sécher.

Sirop de citrons. — Après avoir fait cuire du sucre au fort boulet, vous le sablez et le mettez dans une terrine en terre ou en grès, puis vous y versez le jus de vos citrons avec un peu d'eau et vous le mettez au degré de cuisson qu'il doit avoir; mettez ensuite votre terrine au bain-marie et remuez de temps en temps afin de bien faire fondre le sucre et le bien mêler avec le jus de citron; quand votre sirop sera très clair, vous le retirez et vous le mettez en bouteille, après l'avoir laissé un peu refroidir.

Grillage de tailladins de citrons. — Mettez des zestes de citrons découpés dans du sucre cuit à la plume, remuez, grillez presque ; poudrez de sucre blanc, dressez et servez.

Citronnelle. — Ayez six citrons zestés pour deux litres d'eau-de-vie, à peu près ; ajoutez cannelle, coriande, sucre fondu (500 gr.), laissez infuser trente jours, passez et mettez dans les flacons.

Vinaigre au citron. — Enlevez les zestes, mettez vos citrons dans la cornue, versez le vinaigre et distillez jusqu'à réduction au quart.

CITROUILLE. — Variété du potiron, qui en diffère par la forme oblongue et la grosseur de son fruit dont la couleur est tantôt verte, tantôt jaune ou blanche. La chair de citrouille se mange de plusieurs façons : soit en potages gras ou maigres, en gâteaux, en crème cuite et gratinée. On en fait aussi des andouillettes avec du beurre frais, jaunes d'œufs durs et frais cassés, persil, sel, poivre, fines herbes, etc.

CIVET. — (V. aux articles Lièvre, Chevreuil, Lapin, Outarde, Dinde, Oie sauvage, etc.)

CLARIFIER. — La clarification est la séparation, par précipitation ou par ascension, de toutes les matières liquides étrangères tenues en suspension. On clarifie le plus communément avec de la colle de poisson ou du blanc d'œuf.

CLOVIS DE SAINT-JEAN-DE-LUZ. — Appelées

à Saint-Jean-de-Luz *Chirlat*, à Marseille *Praises*, et à Naples *Vongoli*.

Mettre sur le feu, faire sauter jusqu'à ce qu'elles rendent toute leur eau ; les enlever de la casserole et les mettre à part ; ajouter dans le jus qu'elles ont rendu trois petites gousses d'ail hachées bien fin ; poivrer seulement, le jus rendu par le coquillage étant suffisamment salé ; mettre de la mie de pain, ou mieux encore de la chapelure, aussitôt que l'ail commence à chauffer ; remettre le coquillage dans la casserole, lui faire sauter deux ou trois bouillons et servir chaud. (Recette donnée par François Frères, excellent chef de l'hôtel de France à Saint-Jean-de-Luz.)

COCHEVIS. — Genre d'alouette huppée. (V. Mauviettes.)

COCHON. — Le cochon est de tous les animaux celui qui est le plus employé dans la cuisine ; car dans presque tous les mets, soit entrées ou rôtis, on se sert de lard et de jambon ; les autres parties de cet animal sont moins recherchées ; cependant la hure est un mets fort distingué, quand elle est apprêtée par un homme qui connaît bien son état.

Cochon (hure de). — Le célèbre Beauvilliers et l'illustre M. de Courchamps, donnant exactement la même recette pour la hure de cochon ou de sanglier, nous croyons ne pouvoir faire mieux que de nous joindre à ces deux grands maîtres — en l'art de manger.

Coupez votre hure jusqu'à la moitié des épaules, c'est-à-dire plus longue qu'on ne la coupe ordinairement; flambez-la, de manière qu'il n'y reste aucune soie; nettoyez le dedans des oreilles en y introduisant un fer presque rouge, pour en brûler les poils qui s'y trouvent; cela fait, lavez bien cette hure, épluchez-la de nouveau, ratissez-la et désossez-la; prenez garde de n'y faire aucun trou, surtout à la couenne de dessous le nez; la chair qui provient des parties charnues, telles que celle des épaules, étendez-la dans les parties de votre hure, où il n'y en a pas, afin que les chairs soient égales partout; ensuite mettez-la dans un grand vase de terre; faites une eau de sel, laissez la refroidir, tirez-la à clair et versez-la dans votre vase sur la hure, afin qu'elle trempe entièrement; mettez-y une poignée de graines de genièvre, quatre feuilles de laurier, cinq ou six clous de girofle, deux ou trois gousses d'ail (coupées en deux), une demi-once de salpêtre en poudre, du thym, du basilic et de la sauge; couvrez votre terrine d'un linge blanc et mettez dessus un autre vase qui le couvre le plus possible; laissez-la mariner huit ou dix jours; ensuite égouttez-la; faites une farce pour en garnir votre hure. A cet effet, prenez de la chair de porc, ôtez-en la peau et les nerfs; mettez à peu près la même quantité de lard assaisonné de sel fin et de fines épices; hachez le tout très menu, en sorte qu'on ne puisse distinguer le lard d'avec la chair;

mettez votre farce dans un mortier, pilez-la bien ;
incorporez, l'un après l'autre, cinq ou six œufs
entiers ; faites l'essai de cette farce, et remédiez
à ce qui pourrait y manquer. Votre farce achevée,
étendez votre hure sur une nappe blanche ; ôtez
les ingrédients qui ont servi à lui donner du goût.
Vous aurez coupé du lard en grands lardons que
vous aurez assaisonnés avec sel, poivre, quatre
épices, des aromates pilés, persil et ciboules hachés et que vous aurez incorporés le mieux possible avec vos lardons ; arrangez de nouveau vos
chairs dans la peau de la hure ; garnissez-la de
ces lardons, posés en long de distance en distance, bien entremêlés avec la chair et la farce, de
l'épaisseur d'un pouce, mettez-y la langue que
vous aurez échaudée et épluchée ; faites un autre
lit de lardons, et entre ces lardons, placez des
truffes épluchées et coupées en long, entremêlées
de pistaches que vous aurez émondées ; faites
ainsi plusieurs lits, jusqu'à l'emploi entier de
votre farce, de vos truffes, de votre lard et des
pistaches. Votre hure remplie, cousez-la avec une
aiguille à brider ; ménagez lui bien sa première
forme ; enveloppez-la dans une étamine neuve et
cousez-la ; attachez les deux bouts avec de la
ficelle ; foncez une brasière avec des parures de
boucherie, surtout de veau, des oignons, des carottes, trois feuilles de laurier, deux bouquets de
persil et ciboules, quelques clous de girofle, de
l'ail et trois bouteilles de vin rouge de Bourgo-

gne; achevez de mouiller avec du bouillon; il
faut qu'elle trempe dans son assaisonnement;
faites la partir; couvrez-la avec deux feuilles de
fort papier beurré; couvrez la braisière de son
couvercle; mettez-la sur une paillasse, avec feu
dessus et dessous; faites-la cuire cinq à six heures, cela dépendra de la grosseur de la pièce et
de la jeunesse de l'animal dont elle provient;
pour vous assurer si elle est cuite, sondez-la avec
une lardoire; si elle entre facilement, retirez votre braisière du feu, laissez votre hure dedans et
ne la retirez de son assaisonnement que quand
elle sera presque tiède; laissez-la refroidir dans
son étamine; après, déballez-la, retirez la graisse
qui pourrait se trouver dessus; ôtez les ficelles,
parez-la du côté du chignon, dressez-la sur une
serviette et servez..

Hure de cochon à la manière de Troyes. — Appropriez, désossez comme ci-dessus. Seulement remplacez la farce dont vous remplissiez votre hure
par des truffes et des pistaches.

Jambon au naturel. — Procurez-vous un bon
jambon, ceux de Westphalie sont les meilleurs et
en général plus estimés que ceux de Bayonne;
parez-le, c'est-à-dire enlevez le dessus des chairs
et sur le bord du lard ce qui pourrait être jaune,
ôtez l'os du quasi, coupez le bout du jarret et
mettez votre jambon tremper, après l'avoir égoutté
en enfonçant une lardoire dans la noix, ce qui
vous décidera de laisser dessaler plus ou moins

longtemps; cela fait, mettez-le dans un linge, nouez-en les quatre bouts, arrangez-le dans une marmite ou une braisière, proportionnée à sa grosseur; mouillez-le avec de l'eau, mettez-y quatre ou cinq carottes, autant d'oignons, quatre clous de girofle, trois ou quatre feuilles de laurier, deux ou trois gousses d'ail et un ou deux bouquets de persil, thym et basilic; faites le partir et cuire ensuite à petit feu, par poids de 500 gr.; lorsque vous soupçonnerez qu'il est cuit, sondez-le avec la lardoire : si elle s'enfonce facilement, c'est que sa cuisson est faite; retirez-le ; dénouez et renouez le linge pour serrer davantage ; votre jambon à moitié refroidi, levez-en la couenne près du *combien;* parez-le et panez avec de la chapelure passée au travers d'un tamis; mettez une serviette sur un plat et dressez-le dessus.

Jambon braisé. — Parez, ôtez le bord du lard, coupez le manche, désossez l'os du quasi, faites dessaler, mettez dans un linge, liez et posez dans la braisière foncée de bœuf, veau, carottes, oignons, ciboule, persil, clous de girofle, laurier, thym, etc. Mouillez, faites partir, arrosez mi-cuit d'une bouteille de vin blanc (Champagne mêlé d'eau-de-vie ou préférablement Madère pur). Ne couvrez pas, laissez réduire; égouttez, levez la couenne, glacez avec sauce de veau réduite. Servez sur légumes, à volonté.

C'est, modifiée légèrement, la recette Beauvilliers.

Jambon à la broche. — Dessalez, parez, mettez dans une terrine avec oignon, carotte, laurier, cassis, un litre de Malaga ou Marsala (voir plus haut); fermez dans un linge, laissez mariner un jour et une nuit; faites cuire à la broche arrosé de sa marinade. Levez la couenne, panez et servez sur anglaise et sur la marinade tamisée.

Échinée de cochon. — Prenez-la comme vous feriez d'un carré de veau, ôtez-en l'arête jusqu'au point des côtes et deux heures avant de la mettre à la broche, saupoudrez-la d'un peu de sel dessus et dessous; faites-la bien cuire, et servez-la sous une sauce poivrade. (V. cette sauce.)

Côtelettes de cochon, sauce Robert. — Coupez, aplatissez, parez, salez, faites griller et vous servirez avec une sauce Robert. (V. sauce ROBERT.)

Oreilles de cochon, en menu de roi. — Flambez, nettoyez au fer presque rouge, ratissez, lavez, faites blanchir et cuire dans une braisière; laissez refroidir; coupez par filets agrémentés d'oignons en filets cuits au beurre et au blond de veau et dont vous verserez la sauce, en servant, sur vos oreilles de cochon avec adjonction d'un filet de vinaigre.

Oreilles de cochon à la purée. — Comme ci-dessus. Puis braisez avec bouillon, carottes, oignons, persil, ciboules, thym, laurier et basilic, égouttez, dressez et masquez avec purée de pois ou de lentilles. (V. purée de pois verts.)

Queues de cochon à la purée. — Procédez à l'égard

de ces queues, comme il est dit à l'article précédent pour les oreilles.

Pieds de cochon à la Sainte-Ménehould. — Flambez les pieds d'un cochon ; ratissez-les, lavez-les à l'eau chaude, faites qu'ils soient bien propres, fendez-les en deux, rapprochez les morceaux l'un contre l'autre ; entortillez-les de ruban de fil, appelé ruban à tabliers ; cousez les deux bouts du ruban, faites-les cuire dans une braise ou dans du bouillon, comme les queues à la purée. Egouttez-les, laissez-les refroidir, ôtez en les rubans, séparez ces morceaux ; trempez dans du beurre fondu, panez-les, faites griller, et servez à sec.

Cochon (Petit salé aux choux). — Pour faire le petit salé, vous coupez des poitrines de cochons en morceaux ; frottez-les de sel fin comme le lard, ajoutez-y un peu de salpêtre, arrangez-les au fur et à mesure les uns après les autres dans un pot, ayez soin de les bien fouler pour éviter qu'elles ne prennent le goût d'évent ; bouchez les vides que pourra laisser le sel, recouvrez le vase d'un linge blanc et fermez le plus hermétiquement possible et servez-vous-en au bout de huit ou dix jours pour mettre sur des choux ou sur ce que vous voudrez.

Langues de porc fourrées et fumées. — Prenez des langues de porc dont vous ôtez une partie du cornet, échaudez-les pour leur ôter la première peau, mettez-les dans un vase en les serrant bien l'une

contre l'autre, et les salant avec du sel et un peu
de salpêtre; joignez-y du basilic, du thym, du
laurier, du genièvre et quelques échalotes, si
vous voulez, couvrez le pot comme il est indiqué
au petit salé, mettez-le de même dans un endroit
frais pendant huit jours; au bout de ce temps,
retirez-les de la saumure, faites-les égoutter, em-
ballez-les dans des boyaux de cochon, de bœuf ou
de veau, liez-en les deux bouts, faites-les fumer,
et quand vous voudrez vous en servir mettez-les
cuire dans l'eau avec un peu de vin, un bouquet
de persil et ciboules, quelques oignons, thym,
laurier, basilic; laissez refroidir et servez ensuite.

Cervelles de cochon. — On les prépare comme
les cervelles de veau (V. cet article), en ayant soin
de les faire accompagner en les servant d'une
sauce relevée soit à l'estragon, soit au Kari des
Indes.

Saucissons dits de Bologne. — Les saucissons se
font de la même manière que les cervelas dit Mortadelles. (V. cet article.)

Emincé de porc frais à la minute. — Coupez des
filets mignons de porc en forme d'escalopes que
vous posez dans une poêle ou sur une tourtière
après les avoir saupoudrés de mie de pain assaisonnée de fines herbes, sel et poivre; mettez du
beurre dans une casserole et passez-y des échalotes hachées, mouillez avec le jus des côtelettes,
sel et poivre, faites lier avec du beurre manié de

farine et ajoutez une cuillerée de moutarde à votre sauce au moment de servir.

Rôtie au lard. — Coupez les deux extrémités d'un petit pain mollet et piquez-le d'une extrémité à l'autre avec des languettes de filets mignons de porc frais et de petit lard ; coupez votre pain en tranches et trempez ces tranches dans des œufs battus, faites frire à petit feu et servez à sec ou à la sauce piquante.

COCHON DE LAIT. — (Article copié dans un vieux formulaire.)

En choisissant un cochon de lait, vous devez avoir soin de le prendre court, gras et jeune, c'est-à-dire qu'il n'ait pris pour nourriture que le lait de sa mère et alors il doit être bon ; préférez les tonquins aux autres espèces, ils sont beaucoup plus délicats. Quand vous voudrez le tuer, prenez lui le corps entre vos genoux, en lui serrant le grouin dans la main gauche et vous lui enfoncez le couteau au bas de la gorge, ce qu'on appelle le petit cœur : il est nécessaire que le couteau soit étroit de lame et fort pointu ; dirigez-le bien droit afin d'atteindre l'animal au cœur. Prenez garde de l'*épauler*, car alors il serait difficile à échauder, et comme il saignerait peu, les chairs en seraient noires et moins délicates ; vous aurez fait chauffer une chaudronnière d'eau un peu plus que tiède, vous aurez eu la précaution d'avoir un peu de poix-résine. Avant de tremper votre cochon dans l'eau ayez soin de lui casser les défenses de crainte

qu'elles ne vous blessent en l'échaudant ; trempez-
lui la tête dans cette eau ; si le poil des oreilles
commence à quitter, retirez votre eau du feu et
trempez en entier votre cochon ; mettez-le sur la
table et la résine près de vous ; posez votre main
à plat sur cette résine (ce qui vous donnera l'aisance de bien appropier votre cochon) frottez-le,
trempez-le plusieurs fois dans l'eau, afin qu'il n'y
reste aucun poil, déchaussez-le, c'est-à-dire ôtez
lui les sabots, videz-le et prenez garde de faire
l'ouverture trop grande, ôtez-lui tout ce qu'il a
dans le corps, hors les rognons, passez votre
doigt entre le quasi, pour lui faire sortir le gros
intestin, supprimez-le, cisclez-lui le chignon,
faites-lui quatre incisions sur la croupe pour lui
retrousser la queue entre la peau et les chairs,
passez-lui trois brochettes, une dans les cuisses
pour lui assujettir les pieds de derrière comme
ceux d'un lièvre au gîte, une autre à travers la
poitrine pour lui trousser les pieds de devant, et
une autre auprès des rognons pour l'empêcher de
faire le dos de chameau ; cela fait, mettez-le dégorger dans l'eau fraîche, égouttez-le, laissez-le
se ressuyer et mettez-le à la broche ; s'il lui restait
quelques poils, flambez-les avec du papier ; lorsqu'il aura fait trois ou quatre tours de broche,
frottez-le d'huile avec un pinceau de plumes pour
que la peau soit croquante ; faites cette opération
plusieurs fois pendant le temps de la cuisson,
quand il sera cuit, débrochez-le, faites-lui une

incision autour du cou, afin que la peau reste croquante et servez-le très chaudement.

Cochon de lait farci à l'anglaise. — La seule différence de celui-ci d'avec le précédent est que la farce sera faite avec le foie haché, de la mie de pain trempée dans le lait, du beurre, de la tétine, des œufs, des jaunes surtout, des assaisonnements épicés, etc.

Cochon de lait en galantine. — Échaudez un cochon, comme il est indiqué plus haut, faites-le dégorger, égouttez-le, désossez-le, à la réserve des quatre pieds et prenez garde de trouer sa peau ; faites une farce cuite, de volaille ou de veau, étendez la peau de votre cochon sur un linge blanc, mettez-y de cette farce l'épaisseur d'un doigt, garnissez-la de gros lardons de lard et placez entre ces lardons des filets de truffes, des filets d'omelettes et des jaunes d'œuf entiers, des filets de pistaches, des filets d'amandes douces et des filets de noix de jambon cuit, couvrez le tout d'une même épaisseur de farce et continuez ainsi jusqu'à ce que la peau soit bien remplie sans être trop tendue ; surtout faites en sorte de conserver à la tête de l'animal ainsi qu'à son corps, leurs premières formes ; cousez-le avec une grosse aiguille et du meilleur fil de Bretagne, fixez les quatre pieds comme pour le mettre à la broche, frottez-le de jus de citron, couvrez-le de bandes de lard, emballez-le dans une étamine neuve que vous coudrez en attachant les deux bouts, formez une braise avec les os et les débris de ce cochon, lames de jambon cru, un jarret de veau partagé en deux, deux gousses d'ail, deux feuilles de laurier, du sel, carottes, oignons et un bouquet de persil et ciboules; posez dessus le même cochon que vous mouillerez avec du bon bouillon et une bouteille de vin de Grave; faites-le partir, retirez-le sur les bords du fourneau, faites-le aller doucement pendant trois heures, laissez-le refroidir dans sa cuisson, ensuite déballez-le, ôtez les bardes de lard, dressez-le sur le plat. Vous aurez passé le fond de votre braise au travers d'un tamis de soie, si ce fond n'est pas assez *ambré*, mettez-y un peu de jus, faites-le réduire et clarifiez comme il est indiqué à l'aspic (**V.** *aspic*), faites un cordon de cette gelée autour de votre plat, soit en *diamants* ou de toute autre manière, et servez pour grosse pièce à l'entremets. (Recette traditionnelle.)

COING. — On en fait un sirop qu'on administre dans les cas de diarrhées rebelles et l'eau mucilagineuse qu'on obtient par l'immersion des pepins de coings. Le coing sert à faire la *bandoline*, dont se servent les coiffeurs pour lisser les cheveux. Le coing sert aussi à fabriquer des confitures dont nous allons indiquer les différentes recettes.

Coings au beurre. — Vous faites cuire des coings au four, puis vous les pilez et les émincez en bons morceaux, en évitant d'en rien détacher; jetez-les encore chauds dans une bassine de faïence dans

laquelle vous aurez mis un bon morceau de beurre
frais, une pincée de sel, une bonne dose de sucre
en poudre et de la cannelle, sautez sans laisser
bouillir et servez avec des croutons frits.

Coings confits. — Prenez des coings bien odo-
rants, coupez-les par moitié ou par quartiers,
pelez-les et ôtez-en les cœurs, mettez-les à mesure dans l'eau fraîche, faites-en bouillir d'autre,
mettez-y vos coings et laissez-les jusqu'à ce qu'ils
commencent à s'amollir. Cela fait, tirez-les et remettez-les dans de l'eau fraîche, faites cuire du
sucre, mettez-y vos coings et faites-les bouillir à
petit feu, couvrez-les pour leur faire prendre une
couleur rouge, ôtez-les quelquefois de dessus le
feu et remettez-les après qu'ils se seront un peu
reposés, jusqu'à ce que le sirop soit cuit presque
en gelée et couvrez-les, lorsqu'ils seront froids.
Faites une décoction des pelures, des trognons et
de quelques autres parties de coings, passez-les
au tamis ou à travers un linge et servez-vous-en
pour cuire ceux qui sont destinés à être confits,
ajoutez-y de la cochenille préparée pour leur
donner une belle couleur.

Compote de coings. — Les coings ne forment
point une substance assez compacte pour qu'on
en puisse faire rien qui vaille en compote.

Coings à la moelle. — Mettez vos coings sous la
cendre dans une robe de papier beurré. Cuits,
coupez-les, sucrez en les tenant devant le feu.
Ajoutez quelques grammes de moelle parfaitement

fraîche, du ratafia de coings, de la cannelle,
laissez bouillir et dressez avec biscuits d'une pâte
légère.

Gelée de coings. — Prenez et coupez par morceaux une certaine quantité de coings, tirez-en la
décoction en les faisant bouillir dans l'eau, qu'ils
trempent seulement sans être noyés, jetez-les sur
un tamis, lorsqu'ils seront bien cuits, ayez du
sucre clarifié, une cuillerée pour deux de décoction, faites-le cuire au soufflé, ajoutez-y votre
décoction et faites cuire votre gelée, retirez-la, sa
cuisson faite, et mettez-la en pots.

Conserve de coings, appelée cotignac d'Orléans. —
(Cette bonne recette provient des archives de
M. Grimold de la Reinière qui la tenait du confiseur de son oncle, M. de Jarente, évêque d'Orléans.)

Prenez les plus beaux coings et ôtez-en les
pépins en y laissant toute la peau des fruits, car
c'est dans la peau des coings que se trouve la plus
grande partie de leur parfum et de leur saveur
particulière; enlevez les pépins et la partie
fibreuse, vous les mettez avec de l'eau dans une
bassine, les retournant de temps en temps avec
une spatule jusqu'à ce qu'ils soient bien tendres,
alors vous les retirez et les jetez dans un tamis
sur une terrine; quand ils sont refroidis, vous les
écrasez et les réduisez en pulpe que vous faites
réduire à moitié sur le feu, vous la retirez et la
versez de la bassine dans un vase de terre ver-

nissée ou dans une terrine, précaution sur laquelle on ne peut trop insister.

Vous clarifiez même quantité de sucre que de marmelade, et vous le faites cuire au petit cassé ; vous y versez la marmelade en remuant bien avec une spatule ; quand le mélange est bien fait, vous remettez la bassine sur un petit feu, en remuant toujours jusqu'à ce que vous découvriez facilement le fond de la bassine, alors vous la retirez de dessus le feu.

Vous posez sur une plaque de fer-blanc ou sur des ardoises, des moules de différentes figures, soit en rond, soit en carré, soit en forme de cœur, vous les emplissez de votre pâte ou marmelade, ayant soin d'en bien unir la surface avec un couteau ; lorsque tous les moules sont remplis, vous saupoudrez avec du sucre et les mettez à l'étuve avec un bon feu. Le surlendemain vous les retirez des moules, vous les posez sur des tamis en les retournant et les saupoudrez aussi de sucre de ce côté ; vous les laissez en cet état un jour à l'étuve et les conservez dans des boîtes bien bouchées, en les disposant par lits et mettant entre chacun une feuille de papier blanc.

Nous avons cru devoir mettre ces recettes au mot coing, plutôt que de les indiquer aux mots compotes, conserves ou gelées, et nous ferons de même pour les autres fruits, susceptibles des mêmes préparations.

COLLAGE. — On appelle collage en terme culinaire, l'opération que l'on fait subir aux vins pour les clarifier.

Le collage du vin a pour but de lui donner de la limpidité, de le dégager de la lie et des parties trop colorantes, d'opérer enfin ce qu'on appelle la clarification. Pour obtenir ce résultat, on se sert ordinairement de colle de poisson et de blancs d'œufs ou de poudres préparées à cet effet. On a soin d'abord de tirer de la pièce la valeur de deux bouteilles, on prend six blancs d'œufs que l'on bat ensemble avec une demi-bouteille de vin. On introduit par la bonde un bâton fendu et l'on agite le vin en faisant pénétrer le bâton dans tous les sens, et puis on verse les blancs d'œufs préparés et l'on achève de remplir la pièce qui doit être bouchée environ un quart d'heure après avec une bonde fraîche; huit jours après on peut tirer le vin sans inconvénient. Pour opérer le collage avec de la colle de poisson (collage qui convient uniquement au vin blanc, retenez-le bien, tandis que les blancs d'œufs ne sont bons que pour coller le seul vin rouge), il faut prendre 6 grammes de colle, la couper par feuilles très minces, la faire dissoudre dans une demi-bouteille de vin pendant vingt-quatre heures, et agir de la même façon qu'avec les blancs d'œufs. Le collage de la bière se fait de la même manière.

COMPOTE. — On se sert également de ce terme pour désigner un grand nombre de préparations culinaires.

On fait des compotes avec toutes sortes de volailles, telles que pigeons, tourtereaux, ramiers, perdreaux, alouettes, etc., que l'on fait cuire avec des carrés de petit lard et dans du consommé assaisonné avec des cinq racines, des sept fines herbes et des quatre épices.

Quant aux compotes de fruits, ce sont tout simplement des confitures qui n'ont pas assez cuit pour dénaturer la forme du fruit qui fait leur base, et qui, par ce seul fait, conservent encore toute leur saveur originelle, ainsi que leur fraîcheur et leur parfum. Les compotes doivent être mangées aussitôt leur préparation, sans quoi elles perdent toutes leurs qualités.

Toutes les compotes se préparent de la même manière, les fruits seuls en changent la composition. (*Voyez aux noms des fruits.*)

CRETES. — Expansions purpurines et déchiquetées que les coqs et les poules possèdent sur la tête (V. abatis et garniture.)

CREVETTES. — Quand elle doit être mangée séance tenante, la crevette se jette tout simplement vivante dans une casserole pleine d'eau de mer bouillante, à laquelle on joint un filet de vinaigre; quand elle doit être transportée à Paris, on plonge la crevette vivante dans un chaudron d'eau douce avec un kilogramme de sel par quatre kilogrammes de crevettes, on la laisse bouillir cinq minutes et on la retire, on la mouille avec de l'eau froide et non salée qui lui donne pour le

regard, une valeur égale à celle qu'elle conserve
pour le goût.

Outre la crevette servie comme on sert les
écrevisses, on fait encore une foule de choses à la
crevette que nous allons indiquer ici.

On fait du potage à la crevette.

Potage à la crevette. — Prenez 6 belles tomates,
6 oignons blancs, faites une purée, moitié tomate, moitié oignons, faites cuire vos crevettes,
dans du vin blanc avec sel, poivre, un peu de
poivre de Cayenne. Vous épluchez vos queues de
crevettes que vous posez sur une assiette à part,
100 à peu près. Vous gardez le corps que vous
faites bouillir avec l'assaisonnement de vos crevettes, vous le pilez, lui faites prendre un bouillon et le passez au tamis. Vous faites trois parties
égales de très bon bouillon de votre bisque aux
crevettes et de vos tomates et oignons; vous
mêlez le tout dans trois ou quatre bouillons qui
lient bien les trois substances, vous goûtez et si
le mélange est bien fait et ne laisse rien à désirer, vous y jetez vos queues de crevette et vous
servez bouillant.

Omelette aux queues de crevettes. — Vous faites
cuire de la même façon vos crevettes, vous les
nettoyez de même et vous les pilez également;
vos œufs battus, salés, poivrés, vous y mêlez votre
bisque de crevettes, et vous faites l'omelette
selon la coutume.

Il en sera de même pour les œufs brouillés aux

queues de crevettes. Si vous avez du bouillon de
poulet, vous le mêlerez avec votre bisque; puis
bisque, crevettes, vous jetterez tout dans vos
œufs battus dont vous aurez retiré un blanc sur
trois, vous tournerez et brouillerez vos œufs
comme vous le feriez avec des pointes d'asperges.

Vous pouvez aussi éplucher deux ou trois cents
crevettes, pilez les corps dans l'huile et le vinaigre, passez au tamis et, cette bisque froide,
l'étendre sur une salade salée et poivrée.

CROQUANTS. — (V. Croquembouche).

CROQUEMBOUCHE. — On donne ce nom aux
pièces montées qui se font avec des croquignolles,
des gimblettes, macarons, nougats et autres pâtisseries croquantes, qu'on réunit avec du sucre
cuit au cassé et qu'on dresse sur une abaisse de
feuilletage en forme de large coupe; cette préparation n'est usitée que dans la décoration d'un
ambigu d'apparat ou pour l'ornement d'un buffet
de grand bal.

Croquembouche de quartiers d'orange. — Faites
sécher des quartiers d'oranges, faites cuire le sucre
au cassé et non au caramel, les tremper dans le
sucre un à un et les dresser dans un moule
huilé; renversez sur un plat et servez.

Les marrons de même. (*Recette Vuillemot.*)

On connaît aussi les croquembouches de feuilletage blanc; ces préparations se trouvent en
abondance chez les bons pâtissiers de Paris. On

aura meilleur compte à les faire venir qu'à les
exécuter soi-même.

CROQUETTES. — Sortes de beignets panés et
frits, foncés de hachis de viandes rôties ou de
chair de poisson ou encore d'œufs durs et de purée
de pommes de terre, etc.

On verra du reste par les recettes qui vont
suivre et que nous a transmises M. de Courchamps,
quelles sont les diverses préparations qui se rap-
portent à ce mets :

Croquettes de lapereau. — Après avoir fait cuire
deux lapereaux à la broche et les avoir fait refroidir, vous en levez les chairs et en supprimez
la peau et les tendons, vous coupez ces chairs en
petits dés, avec des truffes, des champignons,
quelques foies gras ou demi-gras coupés de
même, faites réduire ensuite une cuillerée à pot
de blond de veau à la consistance de demi-glace,
ajoutez-y persil, ciboules hachées, laissez cuire
cinq ou six minutes, mettez les chairs et les
truffes dans votre sauce sans la laisser bouillir,
liez le tout avec deux jaunes d'œufs, ayant soin
de remuer avec une cuiller de bois, versez cet
appareil sur un plafond; étendez-le avec la lame
d'un couteau et laissez refroidir. Divisez-le ensuite par parties égales grosses comme la moitié
d'un œuf, formez-en des poires ou des canelons,
ainsi préparées, roulez-les dans la mie de pain,
trempez-les dans une omelette où vous aurez mis
un peu de sel fin, roulez-les encore une fois dans

la mie de pain en leur conservant la forme qu'il vous aura plu de leur donner, faites-les frire à friture un peu chaude, afin qu'elles soient de belle couleur, égouttez-les, dressez-les en dôme et servez-les avec un bouquet de persil frit.

Croquettes de volailles. — Détaillez par membres un jeune poulet, faites-le mariner deux ou trois heures avec huile, un jus de citron ou vinaigre, sel, gros poivre, ail, tranches d'oignons, persil, égouttez, essuyez, farinez : faites frire, servez avec persil frit ou sur une sauce à volonté.

Vous pouvez vous servir des membres de desserte, mais alors on fait frire la pâte. On fait aussi ces croquettes comme celles de veau (V. VEAU).

Croquettes de marrons à la Dauphiné. — Faites griller cinquante beaux marrons de Lyon ou de Luc, épluchez-les et ôtez-en toutes les parties colorées par l'âpreté du feu, ensuite choisissez-en que vous partagez par moitiés bien intactes, pilez le reste avec deux onces de beurre, et passez ensuite par le tamis de crin ; puis vous délayez cette pâte dans une casserole avec un verre de crème, deux onces de beurre, deux de sucre en poudre et un grain de sel. Tournez cette crème sans la quitter sur un feu modéré, desséchez-la deux minutes seulement, mêlez-y 6 jaunes d'œufs et remettez-la un moment sur le feu. Alors la crème doit se trouver un peu consistante et non pas ferme ; versez-la sur un plafond légèrement

beurré, et élargissez-la. Couvrez-la également
d'un rond de papier beurré; lorsqu'elle est froide
vous prenez une de ces moitiés de marron, que
vous enfermez en roulant la crème pour en former une croquette très ronde; vous la roulez ensuite sur de la mie de pain extrêmement fine ;
vous employez ainsi toutes vos moitiés de marron en les masquant de crème. Toutes les croquettes étant formées et roulées dans la mie de
pain, vous battez 5 œufs entiers avec un grain de
sel fin dans une petite terrine où vous trempez
vos croquettes et vous les égouttez un peu, vous
les roulez de nouveau sur la mie et vous les placez
ensuite, au fur et à mesure, sur un couvercle de
casserole ; enfin vous trempez tour à tour les croquettes dans l'œuf et les roulez sur la mie de
pain ; après quoi vous les versez dans une friture
très chaude ; si la poêle est grande, vous y mettez
toutes les croquettes, sinon vous n'en mettez que
la moitié, afin de les conserver bien rondes; vous
la remuez doucement avec la pointe d'un hâtelet
et les ôtez avec l'écumoire. Aussitôt qu'elles sont
colorées d'un beau blond, égouttez-les sur une
serviette double, ensuite vous les saupoudrez de
sucre fin, les dressez en pyramide et servez
bouillant.

Croquettes de riz. — Faites crever du riz, comme
pour le gâteau de riz (V. cet article), mais au lieu
de le mettre dans un moule, vous en faites
des boulettes allongées que vous battez dans de

l'œuf battu et sucré, passez-les, retrempez-les, repassez-les et faites frire.

Croquettes de pommes de terre à la vanille. — Faites cuire dans les cendres vingt belles vitelottes, épluchez-les, parez-les pour ôter le tour rougeâtre afin de ne vous servir que du cœur de la pomme de terre, alors employez-en une partie que vous pilez et dont vous faites une espèce de marmelade, que vous faites revenir sur le feu avec des œufs, du lait, de la vanille, de l'ail et des macarons amers ; puis laissez-la refroidir, faites-en des boulettes, que vous tremperez dans la pâte à faire, et vous finissez comme pour les beignets.

CROQUIGNOLLES. — Espèce de petit four qui entre dans la composition des croquembouches (V. CROQUEMBOUCHE.)

Croquignolles à la Chartres. — Vous pelez une certaine quantité (250 grammes environ) d'amandes douces, et une demi-once d'amandes amères, mouillez-les ensuite avec des blancs d'œufs et mettez-les sur un tour avec de la farine, du sucre, un peu de beurre, de sel et d'écorce de citron râpée, puis cassez des œufs et pétrissez le tout ; quand votre pâte sera bien ferme, vous la roulerez et la couperez en petits morceaux que vous poserez sur un plafond beurré, vous les dorerez et les ferez cuire dans un four bien chaud.

CROUSTADES. — On appelle ainsi des pâtes de différentes dimensions dont la pâte est plus croquante que celle des *vol-au-vent, des timbales, des casseroles de riz,* etc.

Croustades à la financière. — Vous faites une pâte comme pour les petits pâtés et vous en foncez des moules de croustades, vous garnissez de farine et vous faites cuire, couvrez-les avec des couvercles de feuilletage fin, posez dessus un deuxième couvercle et faites cuire.

Préparez un ragoût financier avec des quenelles de volailles, crêtes, truffes, champignons, coupés en dés ; vous en garnissez vos croustades et vous les servez avec la sauce financière.

Croustades à la reine. — Vous prenez un pain rond de la veille, vous le coupez en lames minces, vous coupez ensuite dans la mie douze croustades sans la séparer, et vous formez le couvercle en faisant du côté le plus uni de votre pain, une petite incision à environ deux lignes du bord.

Vous prenez ensuite six de vos croustades que vous mettez dans une casserole en les masquant avec du beurre clarifié et vous leur faites prendre couleur, vous les égouttez ensuite et vous procédez de même pour les six autres ; vous ôtez la mie et vous la remplacez par une cuillerée de farce fine ; vous formez ensuite des petits ballons avec 12 cailles désossées, assaisonnées, glacées et farcies, vous en placez une sur chaque croustade, l'estomac en dessus, et vous mettez les douze croustades sur un plafond masqué de bardes de lard, entourez-les de bardes, et pour les tenir, d'une bande de papier fixée avec une ficelle ; masquez vos cailles de bardes de lard et par-dessus deux ronds de papier beurré ; faites cuire environ une heure et demie au four et à chaleur modérée ; ôtez les bardes, égouttez vos croustades et saucez avec de la glace de veau.

Les croustades de mauviettes, de grives, de ramereaux ou autres petits oiseaux se font de la même manière, après avoir eu bien soin de désosser le gibier.

Croustades aux truffes en surprise. — Vous faites cuire douze belles truffes bien nettoyées dans du vin de Champagne et vous les laissez refroidir, vous les coupez ensuite en dedans avec un coupe-racine, de façon à ne pas percer la peau, puis vous les videz avec soin. Quand la chair de vos truffes est entièrement retirée, vous la remplacez par une purée de volaille ou de gibier, ou un salpicon de blancs de volaille coupés en dés, ou bien encore de rognons de coq avec des petites truffes de la même forme, le tout saucé à la béchamel, et vous les servez sur une serviette.

CROUTES AU POT. — On donne ce nom à un potage dans la composition duquel il entre des croûtes de pain grillées.

Croûtes au pot à la bonne femme. — Prenez des croûtes de pain bien dorées, arrosez-les de bouillon non dégraissé, qui bouille jusqu'à entière réduction ; et lorsque vos croûtes commenceront à gratiner, jetez dessus du bouillon chaud, dégraissez et servez votre potage.

On fait aussi d'excellents potages avec des croûtes gratinées aux laitues farcies, à la moelle, aux petits oignons glacés, à la purée de lentilles, aux tranches de concombre, au parmesan, aux huîtres, à la purée de crevettes, aux œufs de homard, etc.

CROUTONS. — Tranches de mie de pain découpées et frites dans du beurre dont on se sert pour garnir les potages, certains ragoûts et les purées de légumes ou d'herbes cuites.

CUISSON. — Temps que demandent à cuire, avec un feu de bois ou de charbon, les aliments. — La cuisson des viandes est le fondement des consommés et des jus, tout aussi bien que la cuisson du sucre à la nappe, à la plume, au caramel ou au perlé est celui de l'art de confire.

Bœuf, pesant 10 kilos, quatre heures de cuisson.

— — 5 kilos, deux heures et demie.

— — 3 kilos, deux heures.

Veau, — 5 kilos, trois heures et demie.

— — 2 kilos, deux heures.

Mouton pesant 5 kilos, deux heures.

— — 3 kilos, une heure et demie.

— — 2 kilos, une heure.

Porc frais, pesant 4 kilos, 4 heures.

Porc frais, pesant 2 kilos, une heure trois quarts.

Jambon, une demi-heure par livre.

Cochon de lait, deux heures et demie.

Venaison, pesant 5 kilos, deux heures et demie.

Venaison, pesant 3 kilos, une heure et demie.

Venaison, pesant 2 kilos, une heure.

Agneau, selle ou gros quartier, deux heures.

Agneau, quartier ou gigot, une heure.

Dindon farci, deux heures.

Dindon moyen, une heure trois quarts.

Dindonneau, une heure, toujours enveloppé de papier.

Chapon, une heure.

Poularde, une heure un quart.

Poulet gras, trois quarts d'heure.

Poulet à la reine, une demi-heure.

Coq vierge, vingt-cinq min.

Pintade, trois quarts d'heure.

Paonneau, une heure.

Oie grasse, une heure un quart.

Oison, trois quarts d'heure.

Canard, trois quarts d'heure.

Caneton, vingt-cinq minutes.

Pigeon, une demi-heure.

Pigeonneau, vingt minutes.

Lièvre, une heure et demie.

Levraut, trois quarts d'heure.

Lapin, trois quarts d'heure.

Lapereau, vingt-cinq minutes.

Faisan, trois quarts d'heure.

Poule faisane, quarante minutes.

Faisandeau, vingt-cinq min.

Perdreau rouge, une demi-heure.

Perdreau gris, vingt-cinq minutes.

Bartavelle, vingt-cinq min.

Outarde, une heure un quart.

Oie sauvage, une heure.

Coq des bois, une heure.

Coq de bruyère, une heure un quart.

Poule de bruyère, trois quarts d'heure.

Gelinotte, une demi-heure.

Bécasse, une demi-heure.

Bécassine, vingt minutes.

Bécasseaux, un quart d'heure.

Pluvier doré, vingt minutes.

Rouge de rivière, vingt-cinq minutes.

Poule d'eau, vingt minutes.

Sarcelle, un quart d'heure.

Macreuse, vingt-cinq minutes.

Râle de genét, une demi-heure.

Caille, vingt minutes.

Engoulevent, vingt minutes.

Mauviette, vingt minutes.

Grive, vingt minutes.

Ortolan, un quart d'heure.

Bec-figue, un quart d'heure.

Merle de Corse, vingt min.

Guignard, un quart d'heure.

Bécot, dix minutes au plus.

Rouge-gorge, dix minutes.

CURAÇAO. — On nomme curaçao une espèce d'orange dont on tire une liqueur qui porte le même nom qu'elle, et dont les zestes desséchés nous arrivent par la Hollande ; on distille ses écorces avec de l'alcool, on en mêle l'esprit avec du sirop.

C'est chez Foking, à Amsterdam, que se vend le meilleur curaçao.

CONCOMBRE. — Il y a différentes espèces de concombres, mais nous n'avons à nous occuper ici que des concombres verts, dont on se sert le plus ordinairement dans la cuisine où on les em·ploie de diverses manières.

Concombres farcis. — Épluchez trois ou quatre concombres, parez-les avec soin et tournez-les ; coupez-en les pointes du côté de la queue, prenez une grosse lardoire et videz-les après en avoir ôté tous les pépins. Mettez-les dans l'eau avec un filet de vinaigre, rincez-les bien et faites-les blanchir au grand bouillant ; rafraîchissez-les, laissez-les égoutter, et remplissez-les d'une farce faite avec des blancs de volaille (V. FARCE), foncez une casserole de bardes de lard, posez-y vos concombres, assaisonnez-les avec du sel, poivre, bouquet de persil, ciboules, un verre de vin blanc, une demi-feuille de laurier, deux clous de girofle, joignez-y une cuillerée à pot du derrière de la marmite, couvrez-les d'un rond de papier, faites-les partir, mettez-les mijoter sur une cendre chaude ; leur cuisson achevée, égouttez-les, dressez-les, glacez-les, saucez-les d'une espagnole réduite, bien corsée, et servez.

Ragoût de concombres pour garnitures. — Vous coupez vos concombres par tranches et vous les faites mariner avec sel, poivre, un peu de vinaigre et des oignons coupés, puis vous les pressez dans une serviette et les passez avec du lard fondu, liez la sauce en la mouillant avec du jus, avec du blond de veau ou coulis de jambon.

Concombres à la poulette. — Faites blanchir vos concombres et mettez-les, après les avoir coupés, dans une casserole avec du beurre, singez-les d'une pincée de farine bien fine, sautez-les, mouillez-les avec de l'eau, avec sel et poivre, faites cuire et réduire, mettez du persil haché, un peu de muscade, liez-les avec des jaunes d'œufs et de la crème, faites cuire votre liaison sans laisser bouillir et servez.

Concombres fricassés. — Vos concombres coupés par tranches, vous les faites cuire entre deux plats avec sel, clous de girofle et un peu de beurre, ajoutez de la croûte de pain, des raisins de Corinthe et des champignons coupés bien menus, quand vos concombres sont cuits, mettez-y du verjus ou des jaunes d'œufs délayés avec du verjus et un peu de muscade et servez.

Salade de concombres. — Prenez un ou deux concombres, qu'ils ne soient pas encore à leur maturité, épluchez-les, goûtez s'ils ne sont pas amers et dans ce cas rejetez le concombre, coupez-les en ronds bien minces, mettez-les dans un compotier avec sel, poivre, vinaigre, oignons hachés,

24.

laissez-les confire deux ou trois heures et servez avec le bœuf après avoir supprimé une partie de leur assaisonnement.

CONFITURES. — Il y a deux sortes de confitures, les *confitures sèches* et les *confitures liquides.* Les premières sont composées de fruits, de tiges, de racines, de certaines plantes et des écorces de certains fruits. Les secondes se font avec des fruits confits dans du liquide et leur préparation demande les plus grands soins.

Les marmelades, les gelées et les pâtes sont aussi de la catégorie des confitures, seulement les marmelades ne s'appliquent guère qu'aux abricots et aux prunes; quant aux gelées, elles s'obtiennent avec des jus de fruits dans lesquels on fait dissoudre le sucre et que l'on fait bouillir jusqu'à consistance sirupeuse.

Nous allons d'ailleurs donner, par catégories, les différentes recettes des marmelades, gelées, pâtes, etc.

GELÉES

Gelée de groseilles. — Il est important pour faire cette gelée que vous preniez des groseilles qui ne soient pas trop mûres et encore acidulées, afin que votre gelée soit bien claire ; dans le cas contraire, vous seriez obligé de la clarifier, ce qui ne saurait se faire sans nuire à l'arome des fruits.

Il faut ordinairement pour faire une bonne gelée 500 grammes de sucre par 500 grammes de fruits, mais cette proportion n'est pas de rigueur.

Prenez 2 kilos de sucre, cassez-le par morceaux dans une poêle d'office, ayez 5 kilos de groseilles dont un kilo de blanches pour que votre gelée soit plus belle, égrenez-les ensemble, mettez-les dans une autre poêle avec un demi-setier d'eau pour les fondre, mettez-les sur le feu et remuez de temps en temps afin qu'elles ne s'attachent pas ; ajoutez-y, pour donner du goût, un petit panier de framboises bien épluchées, et faites bouillir le tout; passez-les après sur un tamis pour en retirer le jus que vous versez sur le sucre, remettez ce sucre sur le feu pour lui faire jeter une douzaine de bouillons, et assurez-vous si elle est cuite à point, mettez-en une pleine cuillerée à bouche sur une assiette, laissez-la refroidir ; si elle tombe en gelée vous pourrez l'emporter, sinon faites-lui prendre un ou deux bouillons de plus.

Vous couvrez vos pots, d'abord avec une rondelle de papier blanc trempé dans de l'eau-de-vie, puis vous recouvrez cette rondelle d'un autre papier double que vous rabattez sur les parois de votre pot et que vous attachez avec une ficelle fine.

On ne saurait trop insister sur la couverture des pots : s'ils sont mal couverts, l'air, en pénétrant, altère votre confiture et lui fait perdre une grande partie du liquide qu'elle contient, ce qui la dessèche et lui donne une consistance trop forte.

Il faut aussi employer toujours pour la couverture des pots, du papier blanc collé : l'autre absorbe trop facilement l'air.

Je reçois à l'instant un billet d'un maître. On ne saurait être trop renseigné. Je le transmets à mes contemporains et à la postérité. Le voici :

« Cher et illustre maître,

« Voici ce que mon expérience, acquise devant les fourneaux, me suggère sur le point où vous voulez bien me consulter.

« Pour faire de la bonne gelée de groseilles prenez le fruit peu mûr, qui est gélatineux, égrenez-le, jetez les grains dans une terrine, ajoutez quelques framboises également ; prenez, pour deux kilos de fruits, deux kilos de sucre que vous ferez fondre dans une bassine avec un demi-litre d'eau ; à la première ébullition, cinq minutes après, jetez vos groseilles dans le sucre. — Un quart d'heure de grande ébullition ; enlevez la pulpe, jetez votre gelée de groseille sur un tamis fin ; ondulez-la deux minutes, et versez dans vos pots. — Vous obtenez par ce moyen de la belle gelée, et le goût du fruit bien prononcé. — Infaillible réussite. »

« VUILLEMOT. »

Gelée de pommes à la façon de Rouen. — On emploie ordinairement, pour faire cette gelée, des pommes de reinette, à cause de la plus grande quantité d'acide qu'elles contiennent, et qui leur permet de ne pas faire une gelée trop fade malgré cela ; on y ajoute encore généralement un jus de citron.

Pelez des pommes de reinette avec un couteau d'argent, afin d'empêcher leur jus de se colorer, lavez-les bien à l'eau chaude, égouttez-les, mettez-les dans un poêlon, avec assez d'eau pour les baigner complètement, faites-leur jeter un bouillon, afin qu'elles soient bien cuites mais pas écrasées, versez-les sur un tamis, laissez-les égoutter, mettez dans votre jus que vous avez passé, deux cuillerées de sucre clarifié et cuit au fort lissé ; versez le tout dans le poêlon et faites bouillir jusqu'à ce qu'elle tombe en nappe, ajoutez-y de l'écorce de citron coupée en petits filets, laissez bouillir encore une minute ou deux, enlevez les filets de citron avec lesquels vous couvrez les pots que vous avez remplis de gelée.

Gelée de cerises. — Écrasez des cerises dont vous ôtez les noyaux en en conservant seulement une partie pour donner un bon goût d'amandes à votre gelée, vous y ajoutez un quart de groseilles égrenées, puis vous mettez le tout dans une casserole avec du sucre en suffisante quantité, entretenez l'ébullition pendant un quart d'heure et passez le contenu de votre bassine sur un tamis afin de bien extraire le jus que vous remettez dans la bassine et que vous faites cuire jusqu'à ce qu'il ait atteint la consistance prescrite; alors vous retirez votre gelée et la mettez dans les pots.

MARMELADES.

Marmelade de pêches. — Choisissez des pêches automnales et mûres que vous pelez et coupez par morceaux, ajoutez du sucre en quantité que vous clarifierez et ferez cuire au fort; puis mettez vos pêches dans le sucre, ne manquez pas de remuer continuellement, quand votre composition cuit, avec une spatule, jusqu'à ce qu'elle soit arrivée au degré de cuisson voulu.

Ajoutez aussi quelques amandes comme à la marmelade d'abricots.

Marmelade de prunes mirabelles. — Prenez de la petite espèce de mirabelles, bien mûres, ôtez les noyaux et faites macérer 24 heures avec du sucre en poudre.

Faites cuire, tamisez et procédez comme pour les autres marmelades de fruits.

Marmelade de cerises. — Prenez des cerises mûres, que les oiseaux auront jugées telles en les piquant du bec. Otez-en les queues et les noyaux, écrasez-les et donnez-leur un fort bouillon, passez-les au travers d'un tamis, mettez ce qui est passé dans un poêlon, faites-le réduire à moitié et ajoutez-y quantité égale de sucre; finissez comme ci-dessus.

La marmelade de groseilles se fait de même.

Marmelades de framboises. — Faites macérer vos framboises pendant 3 ou 4 heures avec du sucre en poudre, mettez-les ensuite dans une bassine et faites cuire à grand feu, passez-les, quand elles seront bien fondues, sur un tamis très fin, remettez-les dans la bassine et faites chauffer jusqu'à ce que la marmelade ait pris la consistance nécessaire, empotez-la quand la chaleur est tombée.

Marmelade de fraises. — Comme ci-dessus.

Marmelade de verjus. — Choisissez du verjus presque mûr dont vous ne prendrez que les grains, écrasez-les et mettez-les au feu, faites-leur prendre plusieurs bouillons et passez-les au travers d'un tamis, pour qu'il ne reste que les peaux et les pepins, vous les remettez réduire au feu et vous y ajoutez la même quantité de sucre ; faites cuire et finissez comme ci-dessus.

Marmelades de poires. — Pelez des poires de bonne espèce, coupez-les par quartier et mettez-les baigner dans l'eau, faites cuire à grand-feu, retirez-les et mettez le sucre dans leur eau, pendant que le sucre se fond, vous écrasez vos poires et vous les passez à travers d'un tamis, puis vous remettez le tout dans la bassine et vous achevez de faire cuire en finissant comme pour les autres.

Raisiné de poires à la paysanne. — Prenez un moût de raisins blancs ou de raisins noirs, faites-le réduire d'un quart en bouillant, laissez-le refroidir, versez-y du vin blanc d'Espagne ou de la craie délayée avec de l'eau, mêlez bien la craie avec le moût, il se fait alors une vive effervescence ; quand elle est apaisée, vous ajoutez une nouvelle portion de craie et vous continuez jusqu'à ce que cette effervescence soit disparue. Laissez reposer la nuit, le lendemain décantez le dépôt, passez-le à la chausse jusqu'à ce qu'il soit bien clair ; puis remettez-le sur le feu et faites bouillir avec quelques blancs d'œufs battus dans l'eau ; mettez alors vos poires coupées en morceaux, faites bouillir le tout ensemble jusqu'à cuisson complète des poires et réduction suffisante du moût.

Raisiné de coings à la dauphinoise. — Il se fait de la même manière que le raisiné de poires, on y ajoute seulement des coings coupés en morceaux et que l'on a bien brossés pour enlever les poils.

PATES DE FRUITS.

Pâte de prunes. — Cuisez de la mirabelle en gelée et évaporez par couches à l'étuve, même pour toutes les pâtes de fruit. *Observation générale* : Sucrez fortement pour conserver le goût et la couleur.

Pâte de pommes. — On la fait avec une belle gelée de pommes aromatisée.

Pâte de fruits variés. — On peut convertir en pâte tous les fruits dont on fait des gelées et des marmelades ; on peut en faire en toutes saisons, il ne s'agit que de mettre les gelées ou les marmelades dans une bassine et de les faire amollir en les chauffant doucement.

Pâte transparente d'abricots, de prunes, etc. — Écrasez à froid, mettez le suc exprimé dans une bassine avec un peu de gomme arabique, puis vous clarifiez au blanc d'œuf, en l'introduisant dans le jus que vous remettez dans la bassine et que vous mêlez bien en faisant bouillir et en ôtant les écumes à mesure qu'elles se forment.

CONSERVES

La conservation des aliments paraît toujours beaucoup plus moderne que celle des corps. La plus simple méthode, est celle des salaisons, quoiqu'elle ne soit pas générale, et ne s'applique qu'à un petit nombre d'aliments.

La méthode la plus générale est celle soumise par M. Appert à l'Institut, et qui consiste à conserver toutes les substances alimentaires dans des boîtes de fer-blanc et de fer battu. Avant de renfermer une substance alimentaire quelconque, M. Appert la fait soumettre à l'influence de la chaleur du bain-marie, qu'il considère comme le principe unique et universel de conservation ; par ce procédé, les substances animales ne perdent rien de leur poids ni de leur volume ; dans les substances végétales au contraire, le calorique en sépare l'eau de végétation qui, restant dans

les bouteilles, devient un jus excellent ; il diminue d'autant le volume de la substance conservée
et en améliore la qualité.

M. Masson, jardinier en chef de la Société
d'horticulture, emploie pour la conservation des
substances alimentaires végétales le procédé suivant.

Ces substances sont épluchées avec soin, dé-
barrassées des parties dures comme pour les préparations usuelles culinaires ; on les dispose sur
des claies en canevas très clair cloué sur un cadre
en lattes ; ces claies sont placées sur des rayons
en lattes, et les matières sont soumises à l'action
de l'air chaud dans une étuve chauffée à environ
40 degrés.

Cette opération prive les substances de l'eau
surabondante qui n'est pas indispensable à leur
constitution et qui, pour certains végétaux, tels
que les choux et les racines, s'élève à plus de 80
ou 85 pour 0/0 de leur poids à l'état frais. On les
soumet ensuite à la compression très énergique
d'une presse hydraulique, compression qui réduit
leur volume, augmente leur densité, la porte à
celle du bois de sapin, et facilite ainsi la conservation, l'arrimage et le transport de ces substances. Les légumes desséchés et comprimés sont
habituellement livrés en tablettes de $0^m,20$ de
côté environ, enveloppées d'une feuille mince
d'étain ; 25,000 rations ne demandent qu'un espace d'un mètre cube. Pour employer les légumes

ainsi préparés, il suffit de les laisser tremper de
30 à 45 minutes dans l'eau tiède ; ils reprennent
alors presque toute l'eau qui leur a été enlevée ;
on les cuit ensuite pendant le temps nécessaire
et on les assaisonne à la manière ordinaire. Le
procédé ci-dessus s'applique à tous les légumes
verts, aux racines, aux tubercules et même aux
fruits.

Si vous voulez de bon bouillon, prenez de l'essence de chair crue du baron Liebig, et mettez-
en une cuillerée à café dans un bol d'eau bouil•
lante, salez-le en conséquence, et vous aurez en
cinq minutes de l'excellent consommé, où vous
pouvez ajouter des pâtes après les avoir préalablement fait cuire.

Ne nous occupons ici que des conserves de
fruits, en renvoyant pour la préparation des conserves de viande à l'article qui les concerne.

CONSERVES DE FRUITS ENTIERS.

Prunes confites. — On laisse le fruit tel qu'il est,
et on le pique en divers endroits, pour qu'il
puisse rendre son eau et se bien pénétrer de
sirop. On suit le même procédé pour les abricots (V. ABRICOTS), mais il faut que le sirop soit
concentré cinq ou six fois, c'est-à-dire chaque
fois qu'on le verse sur les prunes, dont il absorbe
une partie de l'eau qu'elles contiennent.

A la dernière cuisson, on y jette les prunes et

on leur fait essuyer un gros bouillon, on laisse
les prunes dans le sirop pendant quarante-huit
heures, en prenant bien soin que le sirop ne refroidisse pas.

On fait ensuite sécher les prunes comme les
abricots.

Conserve de citrons. — Vous zesterez un citron
dans une assiette, vous exprimerez le jus sur vos
zestes et les laisserez infuser un peu de temps,
faites cuire environ une demi-livre de sucre clarifié au fort perlé, passez votre jus de citron au
travers d'un linge ou tamis de soie pour en retirer les zestes, vous mettez votre jus dans le sucre
et le travaillez avec une cuiller, jusqu'à ce qu'il
soit très blanc, et le versez après dans vos moules.

Noix confites. — Vous enlevez l'épiderme des
noix vertes, et vous les jetez à mesure dans l'eau
fraîche pour les empêcher de noircir, faites les
blanchir dans l'eau bouillante, et remettez les
ensuite dans l'eau fraîche; clarifiez et faites cuire
du sucre au lissé, laissez-le refroidir et versez-le
sur vos noix. Le lendemain, faites chauffer votre
sirop sans bouillir, ajoutez du sucre pour remplacer celui que les noix ont absorbé et versez-le
sur vos noix après l'avoir laissé un peu refroidir,
répétez cinq fois cette opération en ajoutant
chaque fois assez de sucre pour que le sirop re-
vienne à la même consistance; faites sécher au
four sur des assiettes saupoudrées de sucre dans
lequel vous aurez roulé des noix.

Citrons verts confits. — (V. CITRONS.)

Oranges confites. — Incisez par endroits l'écorce de vos oranges, mettez-les dans un sirop bouillant, mi-eau, mi-sucre, laissez bouillir jusqu'à ce que les oranges soient devenues très tendres, retirez-les alors.

Remettez du sucre dans le sirop, de manière à l'amener au lissé, faites-le bouillir et remettez vos oranges auxquelles vous donnerez quelques bouillons; écumez le sirop, retirez vos oranges, mettez-les dans une terrine et versez le jus dessus.

Vous les laissez jusqu'au lendemain, vous donnez encore quelques bouillons au sirop et vous les versez sur les mêmes fruits.

Le troisième jour on met le sucre à la nappe et on y ajoute les oranges auxquelles on donne un bouillon couvert.

On opère de même les deux jours suivants; le dernier jour, après avoir amené le sirop au perlé, vous y mettez les oranges auxquelles vous donnez trois ou quatre derniers bouillons, vous les retirez, les faites égoutter et sécher à l'étuve.

Les cédrats et les bergamotes se préparent de la même manière.

Marrons glacés. — Ayez de beaux marrons de Lyon, faites-les cuire à la braise, puis faites clarifier du sucre et faites-le cuire au cassé, pelez ensuite vos marrons, jetez-les les uns après les autres dans le sucre, retirez-les aussitôt avec une cuiller et mettez-les à mesure dans l'eau fraîche ; le sucre se glacera aussitôt autour.

Conserve de café. — Faites du café très fort et très clair, prenez une livre de sucre clarifié, faites-le cuire au boulet ou au petit cassé, retirez-le du feu et l'affaiblissez avec une tasse de café pour le mettre à son point afin de le travailler, c'est-à-dire qu'il faut toujours que votre conserve soit cuite au fort perlé ou au petit soufflé pour qu'elle puisse prendre et sécher, dressez-la ensuite comme les autres.

Conserve en forme de tranches de jambon. — Choisissez le plus beau sucre que vous pourrez, faites-en deux parties que vous mettez dans deux poêlons et faites cuire à soufflé dans l'un et dans l'autre, mettez-y du jus ou de la râpure de citron et un peu de cinabre dans un seul, remuez-le bien avec du sucre pour lui faire prendre couleur, faites ensuite une couche de conserve blanche sur une feuille de papier, par-dessus une couche de conserve rouge, et ainsi de suite en alternant jusqu'à l'épaisseur de quatre doigts, en sorte que la dernière soit rouge ; coupez le tout avec un couteau en forme de tranche de jambon, et renversez-le à mesure sur du papier en ajoutant chaque fois à la conserve rouge un peu de cinabre pour rougir davantage.

Conserve de nougat. — Mondez 500 gr. d'amandes douces et séparez les doubles, faites les sécher et blondir sur le feu dans une bassine, faites fondre à sec, en remuant toujours, douze onces de sucre dans une casserole non étamée et légèrement beurrée ; jetez vos amandes chauffées dans le sucre, quand il est fondu et blond ; mêlez-les ensemble et étalez-les en les relevant sur les bords de la casserole, en en laissant au fond une couche d'égale épaisseur, laissez ensuite refroidir la casserole et moulez.

CONSOMMÉ. — (V. BOUILLON.)

COQ. — Le coq ne sert dans la cuisine qu'à faire un consommé à qui les anciens dispensaires attribuent des vertus héroïques sous le nom de *gelée de coq*.

Le coq-vierge, cependant, a un goût et un parfum qui le distinguent éminemment du chapon. On le mange à la broche et simplement bardé.

Nous avons aussi le coq de bruyère, superbe gibier qui nous vient principalement des Ardennes, des Vosges et des montagnes d'Auvergne, et qui se mange comme le coq vierge rôti ou piqué.

CORNICHON. — Ce sont de jeunes concombres que l'on confit ordinairement au vinaigre de la façon suivante :

Prenez de très petits cornichons; brossez-les, coupez le bout de la queue, mettez-les dans un vase de terre avec deux poignées de sel, retournez-les assez pour qu'ils soient tous bien imprégnés de sel, laissez-les reposer vingt-quatre

heures, égouttez-les bien, versez du vinaigre
blanc bouillant en quantité suffisante pour les
faire baigner. Couvrez le vase et laissez infuser
vingt-quatre heures, ils auront pris une couleur
jaune; retirez-en le vinaigre que vous mettez
bouillir dans un chaudron non étamé sur un feu
très vif, jetez-y les cornichons, remuez-les et, au
moment où ils seront prêts de bouillir, retirez-les
du chaudron, laissez-les refroidir, ils reprennent
le vert; mettez-les dans les vases où ils doivent
rester et couvrez-les d'assaisonnements comme
passe-pierre, estragon, piment, petits oignons,
ail, remplissez les vases de vinaigre, de manière
que le tout baigne; couvrez-les avec soin, ils sont
bons huit jours après. Si vous tenez plus *au goût
qu'à la verdeur*, brossez-les par petites portions à
mesure de la cueille, salez-les, faites-les égoutter
de leur eau, comme ci-dessus, et mettez-les dans
le vinaigre à froid avec assaisonnements.

COTELETTES. — (V. Agneau, Chevreuil, mouton, Bœuf, Veau, Cochon, etc.)

COULEURS (ou coloration culinaire). — On se
sert toujours dans la préparation des pièces
d'office de colorations artificielles, voici les colorations inoffensives :

Bleu. — Indigo étendu d'eau.

Jaune. — Gomme-gutte ou safran.

Vert. — Jus cuit au feu, tamisé, étendu d'eau et
sucré, de feuilles d'épinards ou de blé vert pilées.

Rouge. — Cochenille et alun en poudre bouillis dans de l'eau.

Pourpre. — Pollen de fleurs de carottes sauvages séché et étendu d'eau, ou jus de sureau étendu d'eau.

Violet. — Cochenille et bleu de Prusse.

Orange. — Safran et cochenille.

La couleur verte peut se composer de bleu et de jaune, plus le jaune y domine, plus la nuance est claire.

Le violet se forme également du rouge et du bleu dont la teinte s'assombrit en augmentant l'une ou l'autre de ces couleurs.

Avec ces diverses indications, on pourra donner aux mets qui doivent être colorés, les couleurs que l'on jugera les plus appropriées à leur nature.

COULIS. — Préparation faite à l'avance et réservée dans les cuisines pour achever certains ragoûts dont le mouillement doit être lié.

Votre coulis d'abord ne doit être ni trop épais, ni trop clair, et offrir une belle couleur cannelle ; mettez dans un poêlon de la rouelle de veau, en proportion de ce que vous voulez avoir de coulis et du lard coupé en petits morceaux, ajoutez trois ou quatre carottes et placez le tout sur un feu doux ; quand la viande a jeté son jus, vous faites cuire à grand feu ; quand tout est cuit, vous retirez la viande et les légumes, et vous mettez dans la casserole du beurre et de la farine, faites un roux de belle couleur, mouillez-le avec du bouillon chaud, jetez la viande dedans et faites cuire deux heures à petit feu; passez-le ensuite à l'étamine pour vous en servir au besoin.

Coulis de poisson. — Faites fondre un bon morceau de beurre à la casserole et mettez revenir et prendre couleur des carottes et oignons par tranches, mouillez avec de l'eau et ajoutez des chairs, bien nettoyées, de poisson, avec sel, poivre, muscade et bouquet garni. Le poisson étant bien cuit, passez ce bouillon dans une passoire et servez-vous-en pour bouillon ou sauce.

COURT-BOUILLON. — Sorte de bouillon maigre destiné à lier certaines sauces de poisson. Faites cuire ensemble du vin blanc, du vin rouge, du beurre, des fines épices, du laurier et des fines herbes; servez votre poisson, quand il est cuit, sur une serviette et mangez-le à la sauce à l'huile et au vinaigre.

Les courts-bouillons dits au bleu consistent en employant du vin bouillant dans lequel on met le poisson pour lui donner une belle couleur bleuâtre.

CRABES. — Il y a plusieurs espèces de crabes, mais il n'y a guère que le gros crabe de Bretagne et le crapelet de la Manche qui puissent figurer dignement sur la table, quoique leur chair soit toujours de difficile digestion; leurs œufs sont meilleurs et les nègres s'en nourrissent; les Caraïbes ne vivent presque que de crabes.

On les fait cuire à l'eau de sel, ainsi que les homards et les crevettes, avec du beurre frais, du persil, un bouquet de poireaux, vous les laissez refroidir dans leur brouet, vous en détachez proprement les chairs blanches, et vous enlevez avec une cuiller, la crème de laitance que vous mélangez avec les chairs épluchées en y joignant du cresson, du gros poivre, un peu d'huile vierge et un peu de verjus; garnissez votre plat de ces deux mordants et servez comme rôt fort élégant, surtout en carême.

CRÈME. — On appelle ainsi l'espèce de peau qui s'élève sur le lait avant ou après son ébullition; on ne s'en sert guère comme aliment à cause de la grande quantité de beurre qu'elle contient qui pèserait sur l'estomac et donnerait lieu à des nausées et même à des vomissements; à Roquefort cependant, on en fait un fromage nommé crème de Roquefort, elle est faite avec le lait une fois caillé et avant d'être broyé; elle s'altère facilement, ne supporte pas le voyage et se dénature par une fermentation très prompte. On donne aussi ce nom à diverses préparations culinaires dont la base est le lait et qui se font par la cuisson.

Nous allons en indiquer quelques-unes :

Crème fouettée à la paysanne. — Vous prenez une certaine quantité de crème que vous faites réduire à moitié, en y mettant du sucre et une bonne pincée de gomme arabique dissoute dans de l'eau de fleurs d'oranger.

Fouettez fortement jusqu'à ce que votre crème forme mousse.

Si vous voulez que votre crème se conserve, mettez le vase qui la contient sur la glace pilée ou recouvrez-le d'un autre plat sur lequel vous mettez de la glace.

Crème frite. — Ayez un demi-litre de lait que vous faites bouillir avec un zeste de citron, délayez deux œufs entiers avec de la farine tant qu'ils en pourront boire, relâchez cet appareil avec quatre œufs blancs et jaunes, mouillez avec votre lait chaud, et supprimez le citron; délayez cette crème de manière qu'il ne se forme pas de grumeaux, faites cuire en tournant comme une bouillie et au bout d'un quart d'heure de cuisson, vous ajoutez du sel, du sucre, un peu de beurre et quelques gouttes de fleurs d'oranger, achevez de la faire cuire 7 ou 8 minutes, mêlez de suite quatre jaunes d'œufs, versez-la sur un plafond que vous aurez beurré ou fariné en l'étendant d'un doigt d'épaisseur, laissez-la refroidir, coupez-la en losange ou en petits pâtés, farinez-la ou panez les beignets avec de la mie de pain bien fine, et faites frire d'une belle couleur, égouttez-les sur un linge blanc, posez-les sur un plafond, saupoudrez de sucre fin, glacez-les, dressez et servez. On peut faire cette crème au chocolat mais sans macaroni.

Crème en mousse à la vanille. — Vous versez le tiers d'une grosse vanille que vous aurez fait bouillir dans du lait, sur votre crème à fouetter après l'avoir passée au tamis.

Crème en mousse au café. — Vous mettez deux ou trois cuillerées de café infusé dans votre crème et vous procédez comme ci-dessus. .

Crème en mousse aux liqueurs. — Vous procédez comme ci-dessus en ajoutant les liqueurs que vous voulez.

Crème en mousse au chocolat. — Fouettez fortement votre crème dans laquelle vous aurez mis du chocolat bien fin.

Crème en mousse aux fruits. — Prenez un demi-litre de crème bien fraîche, ajoutez-y du sucre en poudre, un peu de gomme arabique et un moyen verre de pulpe de fraises passée au tamis.

Fouettez bien le tout, enlevez la mousse et dressez en forme de rocher.

On fait de cette façon les crèmes de pêches, d'abricots, de framboises, d'amandes, de prunes, etc.

Crème au café blanc. — Prenez de la crème suivant la quantité que vous voulez obtenir, ajoutez-y du zeste de citron et du sucre, faites brûler deux onces de café; lorsqu'il sera de belle couleur, jetez-le dans votre crème bouillante, et couvrez le tout avec un couvercle; laissez infuser votre café dans la crème, retirez-le, mettez dans une étamine trois dedans de gésiers lavés, séchés et presque en poudre; passez votre crème à demi refroidie trois fois à travers cette étamine.

en bourrant un peu le gésier avec une cuiller de bois; remplissez promptement vos pots de crème en ayant soin de la remuer, puis faites-la prendre au bain-marie, et couvrez la casserole dans laquelle sont vos pots avec un couvercle sur lequel vous mettez du feu. Quand votre crème est prise, vous les retirez et les mettez dans de l'eau fraîche, sans les couvrir, essuyez-les, dressez-les, et servez-les.

Nota. — La gélatine de gésier vaut mieux que le blanc d'œuf, retenez-le bien.

Crème à la religieuse. — Mettez dans une casserole, farine, sucre en poudre, sel, jus de citron, d'orange, ou vanille, mettez ensuite du lait ou de la crème bouillante et faites prendre votre crème au feu. Laissez-la ensuite refroidir et garnissez-la autour d'une mousse, que vous aurez faite avec des jaunes d'œufs durs et un peu de sucre que vous aurez disposés en mousse.

Crème renversée. — Ayez un bol assez grand pour contenir, par exemple, un litre de lait, six œufs et une demi-livre de sucre; faites cuire ensuite au caramel environ un quart de sucre en poudre, ajoutez-y un peu d'eau pour le rendre coulant, puis versez-le dans un moule en enduisant bien les bords et le fond de ce moule; vous laissez refroidir et vous versez ensuite votre crème liquide que vous aurez bien battue, c'est-à-dire, bien mélé votre lait, les œufs, le sucre et la substance à laquelle vous voudrez faire la crème; mettez le

tout au bain-marie dans votre moule avec feu
dessus et dessous, jusqu'à cuisson parfaite et
belle couleur; laissez ensuite refroidir votre
crème dans un moule pendant douze heures, afin
qu'elle se durcisse bien, renversez ensuite votre
moule sur un plat de façon que la crème se
trouve sans dessus dessous, dressez et servez
avec le jus autour.

Les crèmes au chocolat, aux pistaches, à la
rose, aux oranges, citrons, etc., se font toutes
comme celle au café. (V. CRÈME AU CAFÉ.) Les
substances seules changent et vous les mettez
toujours en proportion avec la quantité de crème
que vous voulez obtenir.

Crème aux œufs en surprise. — Vous faites un
trou dans un œuf avec la pointe d'un couteau
pour le vider entièrement, puis vous mettez dans
cette coquille telle crème que vous voudrez;
posez-les ensuite sur des coquetiers ou des morceaux de navets taillés pour cet usage; placez-les
dans une casserole où ils puissent baigner dans
l'eau à moitié, faites-les prendre au bain-marie,
lavez-les et servez-les comme des œufs à la coque;
on peut aussi les remplir de blanc-manger ou de
gelée de poissons.

CRÈPES. — On les opère avec une pâte à frire,
avec de la farine, du lait, des jaunes d'œufs et un
peu d'eau-de-vie. Beurrez votre poêle, versez une
cuillerée de pâte sur le beurre chaud, étendez, retournez, retirez et neigez de sucre. (V. *Panequets.*)

CRÉPINETTES. — Ragoût fait avec des viandes hachées et qu'on place dans des morceaux de crépines ou de crépinette de porc.

CRESSON. — Herbe crucifère antiscorbutique. Il y a le cresson de fontaine et le cresson alénois. (V. cet article.) Le cresson de fontaine, qui est le meilleur et très dépuratif, se sert en salade mêlé avec la laitue, la chicorée, etc., et pour assaisonnement sain à des volailles rôties ou à des biftecks.

CYGNE, *pâté de cygne.* — Le jeune cygne et surtout le cygne sauvage ont la chair savoureuse. On en fait des pâtés à la manière des pâtés d'Amiens.

D

DAIM. — On regarde avec raison, la chair de cet animal comme un excellent aliment. Les parties du daim les plus estimées sont le train et les pieds de derrière, parce qu'elles sont les plus charnues ; la cervelle est aussi, avec du lard, un morceau fort délicat. On doit choisir le daim jeune, tendre, gras et bien nourri ; sa chair produit un bon suc et nourrit beaucoup. Quand il est trop vieux, elle est dure et difficile à digérer.

Quartier de derrière du daim. (Mode anglaise.) — Lorsque vous aurez un quartier de daim bien gras, c'est-à-dire couvert de graisse, tel que peut l'être un gigot de mouton, désossez-en le quasi, battez-le bien, saupoudrez le dessus d'un peu de sel fin, faites une pâte avec trois litrons de farine, dans laquelle vous mettrez une demi-once de sel, six œufs entiers et un peu d'eau seulement pour que

26.

votre pâte soit extrêmement ferme ; enveloppez-la dans un linge blanc et humide, laissez-la reposer une heure ; après abaissez-la bien également en lui donnant l'épaisseur d'une pièce de six livres, embrochez votre venaison, enveloppez-la entièrement de votre abaisse de pâte, pour cela elle doit être d'un seul morceau, soudez-la en mouillant les bords, et les joignant l'un sur l'autre ; enveloppez-le tout de fort papier beurré, puis faites cuire à un feu bien égal environ trois heures ; la cuisson faite, ôtez le papier, faites prendre belle couleur à la pâte, débrochez-la, servez-la en joignant une saucière de gelée de groseilles qu'on appelle en anglais : *Corinthe gelée.* (Recette de M. Beauvilliers.)

Daim rôti à la broche. — Lardez-le de gros lard assaisonné de sel, poivre, clous de girofle, mettez-le tremper dans le vinaigre avec laurier, sel, tranches d'oignons et de citron, faites-le rôtir à petit feu en l'arrosant de sa marinade. Faites ensuite une sauce avec anchois, échalotes hachées, citron vert et farine frite, liez le tout avec un coulis et versez sur votre quartier de daim.

DARIOLE. — Pâtisserie d'entremets ; voici la manière de les faire :

Faites une abaisse de pâte brisée, de l'épaisseur d'un centimètre. Coupez-la avec un coupe-pâte assez grand pour que vos abaisses débordent les moules de vos darioles, et vous leur donnez avec la pointe d'un couteau, la forme qu'elles doivent avoir; posez-les dans les moules beurrés d'avance, rognez la pâte qui déborde les moules, mettez dans une casserole pour la quantité de darioles que vous voulez faire, une ou deux cuillerées à bouche de farine, huit ou dix macarons bien écrasés, du sel, de la fleur d'orange et des jaunes d'œufs crus, vous délayez le tout avec un bon verre de crème, versez cette composition, après l'avoir bien remuée dans vos moules et faites-les cuire au four; leur cuisson achevée, retirez-les des moules, dressez-les sur un plat, saupoudrez-les de sucre fin et servez-les le plus chaudement possible.

Darioles au Moka. — Vous faites bouillir de la crème double, la quantité que vous voulez, et vous jetez dans cette crème trois onces de café Moka que vous avez fait bouillir jusqu'à légère coloration; vous faites infuser un quart d'heure, vous passez votre crème et vous procédez, pour le reste, comme il est indiqué pour les darioles ci-dessus.

Les darioles au chocolat, au rhum, au thé se font de la même manière; celles au fromage de Brie se nomment *Talmouses.*

DATTES. — Ce fruit doit être mangé bien mûr et bien frais, autrement il occasionne des indigestions et des maladies de la peau.

DAUBE. — C'est la préparation à chaud ou à froid d'un aliment gras et charnu; les substances les mieux appropriées pour être mises en daube sont ordinairement : la noix de bœuf et le filet d'aloyau, le gigot de mouton, le carré de porc frais et les grosses volailles.

DINDE. — (V. Dindon.)

DINDON. — En ornithologie on dit un dindon et une dinde pour désigner le mâle et la femelle de ces animaux. En cuisine on dit généralement un dinde du mâle et de la femelle. La femelle est toujours plus petite et plus délicate que le mâle.

Dinde aux truffes. — (Recette de Courchamps.) — Ayez une jeune et belle poule d'Inde, bien grasse et bien blanche ; épluchez-la, flambez-la, videz-la par la poche, prenez garde d'en crever l'amer et d'en offenser les intestins ; si ce malheur-là vous arrivait, passez-lui de l'eau dans le corps ; ayez quatre livres de truffes, épluchez-les avec soin, supprimez celles qui seraient musquées, et hachez une poignée des plus défectueuses (pour la forme) ; pilez une livre de lard gras ; mettez-le dans une casserole avec vos truffes hachées et celles qui sont entières ; assaisonnez-les de sel, gros poivre, fines épices et une feuille de laurier ; passez le tout sur un feu doux, laissez-le mijoter pendant trois quarts d'heure et puis retirez vos truffes du feu ; remuez-les bien, et remplissez-en le corps de votre dinde jusqu'au jabot ; cousez-en les peaux, afin d'y faire tenir les truffes ; bridez-la et laissez-la se parfumer pendant trois ou quatre jours, si la saison vous le permet, au bout de ce temps, mettez-la à la broche, enveloppez-la de fort papier, faites-la cuire environ deux heures, et puis déballez-la pour lui faire prendre une belle couleur. Servez-la avec une sauce faite sur son jus de cuisson, où vous ajouterez un léger hachis des mêmes truffes.

Dinde en Daube. (Recette de M. Beauvilliers.) — Prenez une vieille dinde, après l'avoir flambée et épluchée, refaites-lui les pattes, videz-la et re-troussez-la en poule ; coupez de gros lardons, as-saisonnez de sel et poivre, épices fînes, aromates pilés, persil et ciboules hachés, roulez bien les lardons dans tout cela, lardez-en votre dinde en travers et en totalité, bridez-la, enveloppez-la dans un morceau d'étamine, cousez-la et ficelez-la des deux bouts, foncez une braisière de la grandeur convenable à la grosseur de votre dinde de quel-ques bardes de lard et de débris de veau, de quelques lames de jambon et du restant de vos lardons ; ajoutez encore, si vous le voulez, un jarret de veau : posez votre dinde sur ce fond, as-saisonnez-la de sel, d'un fort bouquet de persil et ciboules, de deux gousses d'ail et de deux feuilles de laurier, de deux ou trois carottes, de quatre ou cinq oignons dont un piqué de trois clous de girofle, mouillez votre dinde avec du bouillon et un verre de bonne eau-de-vie, faites en sorte qu'elle baigne dans son mouillement ; couvrez-la de quelques bardes de lard et de feuilles de papier beurré, faites-la partir et couvrez votre braisière de son couvercle ; mettez-la sur la paillasse avec feu dessus et dessous, entourez-la de cendres rouges, laissez-la mijoter ainsi pendant quatre heures; cependant à moitié de sa cuisson découvrez votre dinde, retournez-la, goûtez si elle est d'un bon sel, et ajoutez, au cas contraire, ce dont elle peut avoir besoin. Sa cuisson faite, retirez-la du feu, laissez-la presque refroidir dans son assaisonnement, retirez-la sur un plat, ayez soin de la laisser égoutter, passez son fond au travers d'un tamis de soie, clarifiez-le de même que l'aspic. (V. SAUCES.) Laissez refroidir votre gelée, déballez votre dinde, dressez-la et garnissez-la de cette gelée. (Observez qu'on peut servir cette dinde chaude avec partie de son fond réduit.)

Dinde grasse à la cardinale. — Prenez une petite dinde bien grasse, flambez-la, videz-la, prenez son foie et coupez-le avec truffes, champignons que vous mêlerez bien avec lard râpé, sel, gros poivre; mettez cette farce dans le corps de votre dinde, détachez la peau de l'estomac, mettez-y du beurre d'écrevisses ; cousez la dinde, troussez les pattes en long, faites-la cuire à la broche, enveloppée de bardes et de papier beurré, et servez-la avec un coulis d'écrevisses.

Dindon en ballon. — Prenez un gros dindon qui soit tendre, levez-en la peau en prenant garde de la déchirer et désossez tout le reste. Quand toute la chair est ôtée de dessus la peau, mettez-la dans une casserole, avec du lard pilé, des fines herbes hachées très fin, puis dessus une couche de tous les filets de dindon coupés très minces; ajoutez-y des fines herbes, un peu d'ail, des champignons coupés en tranches, du poivre concassé, très peu de sel, couvrez avec une couche de tranches de jambon coupées très-minces et continuez ainsi par couches en alternant toujours et finissant par les fines herbes; foncez ensuite une marmite de bardes de lard, jetez dessus le ballon avec quelques racines, oignons, champignons, bouquet garni; mouillez de bon bouillon et faites cuire à la braise; retirez-le, égouttez-le bien et servez avec une bonne essence.

Vous pouvez aussi garnir le tour du ballon d'un cordon de choux-fleurs cuits dans un blanc comme à l'ordinaire et arrosés avec la sauce de votre dindon.

Dindon à la crème. — Suivant le plat que vous voulez faire, vous prenez un ou deux dindons que vous habillez et faites cuire à la broche et que vous laissez refroidir. Vous faites ensuite une farce avec un morceau de noix de veau, un morceau de lard blanchi avec de la graisse de bœuf, une tétine de veau, quelques champignons, persil, ciboules, fines herbes, fines épices, sel, poivre; vous faites cuire le tout ensemble et vous le hachez en y ajoutant l'estomac des dindons; vous mettez cette farce avec du pain bouilli dans du lait, six jaunes d'œufs, la moitié des blancs fouettés en neige ; le tout bien pilé : vous mettez une couche de cette farce au fond du plat, et sur cette couche, le dindon rempli d'une partie de la farce ci-dessus ; vous mettez au milieu du dindon dans un trou fait à l'avance, un ragoût fait de riz de veau, de crêtes, de champignons, vous couvrez ce ragoût et vous arrondissez autant que possible votre dindon que vous panez de mie de pain très fine et que vous mettez cuire au four ; quand il a pris belle couleur vous le dégraissez et servez chaudement.

Salmis de dindon. — Troussez proprement un dindon, faites-le cuire à demi à la broche, puis coupez-le en pièces et mettez-le cuire dans une casserole avec du vin, ajoutez des truffes, des champignons hachés, un peu d'anchois, du sel et du poivre ; lorsqu'il est cuit, vous liez la sauce avec un coulis de veau, vous le dégraissez et servez pour entrée avec du jus d'orange.

Dindon gras à la Périgord. — Prenez deux livres de truffes pelées, lavées et bien essuyées, maniez-les avec du lard râpé, sel et gros poivre, farcissez-en un dindon frais tué, cousez-le, troussez les pattes en long, laissez-le mortifier et prendre le goût des truffes pendant trois ou quatre jours, mettez-le ensuite à la broche enveloppé de lard et de papier beurré, laissez-le bien cuire et servez avec une sauce hachée aux truffes.

Dindon en filets. — On accomode ces filets comme ceux de poulets (V. Poulets), et on les sert de même, ou bien on les sert avec un ragoût aux concombres passés avec un coulis roux.

Dindon aux écrevisses. — Habillez proprement et videz un dindon, détachez bien la chair de la peau, ôtez-en l'estomac et faites avec une farce en y ajoutant du lard, de la graisse de bœuf, un peu de jambon, ciboules, champignons, truffes, le tout assaisonné de sel, poivre et muscade, un peu de mie de pain trempée dans de la crème et deux jaunes d'œufs crus, le tout haché ensemble et pilé dans un mortier ; vous en farcissez le dindon et vous lui mettez dans le corps un bon ragoût d'écrevisses ; puis vous le bouchez par les deux bouts, le cousez et le mettez à la broche enveloppé de bardes de lard, de tranches de veau et de jambon que vous couvrez avec un papier beurré et vous ficelez le tout.

Votre dindon étant bien cuit, vous le dressez dans un plat, vous mettez le ragoût par-dessus et vous servez chaudement.

Dindon aux marrons. — Épluchez et videz un dindon, hachez le foie avec du persil, de la ciboule, du lard râpé, beurre, sel, poivre, fines herbes et marrons que vous aurez d'abord fait cuire dans la braise pour ôter la petite peau ; mettez cette farce dans le corps du dindon et embrochez-le, enveloppé de bardes de lard et de papier beurré et laissez-le cuire jusqu'à ce qu'il soit bien tendre. Prenez d'autres marrons épluchés et mettez-les cuire dans une casserole avec un peu

27

de bouillon, quand ils sont cuits vous ôtez le
bouillon, vous mettez dans la casserole un peu
de coulis, du jus et un peu d'essence et vous en
garnissez votre dindon que vous aurez bien dégraissé et dressé sur un plat.

Dindon en galantine. — Chaque dindon devant
former une galantine, vous en prenez la quantité
que vous voulez et que vous préparez à l'ordinaire ; fendez-le par le dos, ôtez-en la peau le
plus proprement possible sans la casser, prenez
ensuite le blanc de ces volailles que vous coupez
en filets avec du jambon, du lard, des pistaches
également coupés en filets, et arrangez le tout
sur un plat ; faites une farce avec le restant de
votre chair, une noix de veau, un morceau de
jambon que vous coupez en petits morceaux et
que vous hachez ensuite avec persil, ciboules,
fines épices, fines herbes, poivre, sel et jaunes
d'œufs, en ayant bien soin que cette farce soit de
fort bon goût ; vous étendez ensuite les peaux de
vos dindons sur lesquelles vous mettez d'abord
un lit de farce, puis un filet du blanc de dindon,
un filet de jambon, un filet de lard, un filet de
pistaches, un filet de jaunes d'œufs durs, si vous
servez de cette galantine pour entremets froid ;
ensuite un lit de farce par-dessus et vous continuez jusqu'à ce que les peaux de dindons soient
remplies, vous faites rejoindre ces peaux et vous
les cousez. Vous garnissez une marmite de bardes de lard et de tranches de veau. Vous y arran-

gez les dindons, les assaisonnez et achevez de les
couvrir dessus comme dessous ; mettez une
demi-bouteille de bon vin blanc, quelques gousses d'ail, du bouillon, et faites cuire feu dessus
et dessous, tout doucement, puis ôtez-les du feu,
laissez-les refroidir dans leur braise, afin qu'ils
prennent du goût, et servez-les ensuite entiers ou
coupés en tranches.

Dindon mariné. — Vous le faites mariner pendant 8 heures avec verjus, jus de citron, sel,
poivre, clous de girofle, ciboules et laurier ; faites
ensuite une pâte claire avec de la farine, du vin
blanc, des jaunes d'œufs, vous trempez votre dindon dans cette pâte, vous le faites frire dans le
saindoux et le servez garni de persil frit.

Ailerons de dindons au blanc. — Prenez dix ou
douze ailerons, échaudez-les, faites-les blanchir,
parez-les des bouts et mettez-les dans une casserole avec un morceau de beurre, une tranche de
jambon, des champignons coupés en dés, un bouquet garni ; passez-les, soignez-les, assaisonnez-
les de bon goût et faites-les cuire. Dégraissez-les,
liez-les de crème et de jaunes d'œufs et servez-les
avec un jus de citron.

Ailerons de dindons aux petits pois. — Faites blanchir huit ailerons, parez-les, mettez-les dans une
casserole avec une tranche de jambon, un bouquet de fines herbes, du bon bouillon ; faites
bouillir les ailerons et à moitié de leur cuisson
mettez-y un litron de petits pois, un morceau de

beurre, un peu de coulis et un peu de jus. Quand ils sont cuits, dégraissez le ragoût, assaisonnez-le avec un peu de sel et servez.

Ailerons ou quenelles de dindons frits. — Faites cuire des ailerons dans une bonne braise bien nourrie, qu'elle soit de haut goût, mettez-les refroidir, trempez-les dans des œufs battus, panezles, faites-les cuire de belle couleur et servez-les garnis de persil frit.

Ailerons au four aux petits oignons. — Foncez une casserole de tranches de veau blanchies, mettez dessus vos ailerons aussi blanchis, couvrez de bardes de lard, ajoutez un bouquet, mouillez de bouillon, assaisonnez de sel et gros poivre ; à moitié de cuisson, mettez des petits oignons blanchis à l'eau bouillante ; lorsque tout est cuit, retirez vos ailerons et les oignons, passez la sauce au tamis, liez-la sur le feu avec un blond de veau et des jaunes d'œufs ; mettez-en une partie dans un plat, de la mie de pain, du parmesan râpé pardessus ; ensuite vos ailerons et les oignons ; arrosez du reste de la sauce, panez de mie de pain et de parmesan, faites prendre couleur au four, égouttez la graisse et servez à courte sauce.

Potage de dindonneaux aux écrevisses. — Épluchez et videz des dindonneaux, troussez-les proprement et faites-les blanchir ; mettez-les cuire dans une marmite avec de bon bouillon, prenez des écrevisses que vous faites cuire dans l'eau, et prenez-en ce qu'il vous faut pour faire un cordon

autour du plat de votre potage ; ôtez-en les pattes, épluchez la queue, qu'elle se tienne au corps
de l'écrevisse, mettez les queues à part et ne gardez que les coquilles ; mettez douze amandes
douces dans de l'eau tiède, pelez-les et pilez-les
avec les coquilles d'écrevisses ; garnissez ensuite
le fond d'une casserolle avec des rouelles de
veau, un morceau de jambon coupé par tranches,
oignons, carottes et panais ; couvrez le tout et
laissez suer sur le fourneau, mouillez-le d'un bon
bouillon, mettez quelques croûtes de pain, du
persil, de la ciboule, des fines herbes, des champignons, des truffes ; faites mitonner le tout ensemble jusqu'à ce que les tranches de veau soient
cuites, vous les retirez et vous délayez dans la
casserole le coulis d'écrevisses qui est dans le
mortier et le passez à l'étamine, puis videz-le
dans une marmite, mettez-le sur des cendres
chaudes pour le faire chauffer sans bouillir. Faites un ragoût avec les queues d'écrevisses que
vous avez épluchées, quelques petits champignons et truffes coupés par tranches, passez-les
dans une casserole avec du lard fondu, mouillez-
les d'un jus de veau, ajoutez-y six fonds d'artichauts et faites mitonner le tout ensemble. Lorsque c'est cuit, vous liez le petit ragoût avec le
coulis d'écrevisses, mitonnez des croûtes dans le
plat où vous voulez servir le potage, garnissez le
bord du plat des écrevisses que vous avez épluchées, mettant le côté de la queue en dedans du

plat ; tirez les dindonneaux de la marmite, défice-
lez-les, et servez-les proprement sur le potage en
dressant autour les fonds d'artichauts de votre
ragoût ; jetez ensuite le ragoût et le coulis sur le
potage et servez chaudement.

Hachis de dindons à la béchamel. — Vous hachez
fin les chairs d'un dindon rôti, vous faites bouillir
une béchamel peu épaisse, vous y mettez le
hachis avec sel, poivre, muscade, et vous servez
avec croûtons aux œufs pochés.

Blanquette de dindon. — Vous levez les blancs
d'un dindon rôti et refroidi et vous les coupez par
morceaux bien minces, puis vous faites réduire
une béchamel avec champignons cuits dans un
blanc, vous mettez vos morceaux de dindon dans
votre béchamel, que vous liez avec des jaunes
d'œufs et que vous servez soit dans un vol-au-vent,
soit dans une casserole de riz ou une timbale de
nouilles.

Capilotade de dindon. — Préparez une sauce à
l'italienne et mettez dedans un dindon cuit à la
broche et refroidi que vous aurez dépecé ; faites
bouillir pendant quelques instants, dressez les
morceaux de dindon, versez la sauce dessus et
mettez autour des morceaux de pain frits dans du
beurre.

Hâtelets de dindon. — Vous levez les chairs
blanches d'un dindon rôti et refroidi, puis vous
les coupez par morceaux carrés, après en avoir ôté
les peaux et les tendons ; vous coupez, de la même

manière, du petit lard cuit, des truffes et des champignons, vous embrochez ces diverses substances avec des hâtelets, et en alternant les morceaux ; vous arrosez d'une sauce allemande réduite. Trempez vos hâtelets refroidis dans de la mie de pain, des œufs battus et une seconde mie de pain, enfin dans une friture chaude et servez avec jus de viande.

DORADE. — Poisson qui tire son nom du reflet doré de ses écailles. Sa chair est blanche, ferme et d'un excellent goût. On la mange de préférence rôtie ou cuite au court bouillon et accompagnée d'une sauce blanche aux câpres. On peut la servir aussi frite ou avec une purée de tomates.

DORURE. — On nomme ainsi, en pâtisserie, la composition qui est destinée à dorer les croûtes des pâtés, des vol-au-vent ou de tout autre gâteau auquel on veut donner une couleur. On fait la dorure en battant, comme pour une omelette, des jaunes et des blancs d'œufs, puis on se sert d'un petit pinceau ou d'une plume pour faire la coloration.

A défaut d'œufs, on peut se servir de safran ou de fleur de souci dans laquelle on délaye un peu de sagou jaune, afin de donner plus de fermeté à cette composition.

DOUCETTE. — On donne ce nom à une petite espèce de mâche. On la mange en salade comme celle-ci et ses propriétés alimentaires sont les mêmes.

DUMPLING. — Cuisine étrangère, entremets anglais.

Dumplings aux pommes ou aux prunes. — Roulez votre pâte chaude et mince, superposez pommes pelées ou prunes de Damas, les bords de la pâte étant mouillés et fermés, faites bouillir le tout une heure dans un linge ; versez du beurre chaud, poudrez de sucre et servez.

Dumpling ferme. — Pâte de farine et d'eau salée ; roulez en boules grosses comme le poing, emplissez de raisins de Corinthe, farinez, enveloppez d'un linge, faites cuire à l'eau bouillante trente minutes, arrosez de Xérès, sucrez et servez.

Dumpling de Norfolk. — Vous mettez dans une pâte un peu épaisse un grand verre de lait, deux œufs et un peu de sel, faites-la cuire deux ou trois minutes dans de l'eau bien bouillante, jetez égoutter sur un tamis et servez avec du beurre frais un peu salé.

———

E

EAU DE SELTZ. — L'eau de selz naturelle se trouve dans une source du duché de Nassau. C'est une eau légèrement gazeuse, agréable et digestive. On en fait partout d'artificielle qui garde quelques-unes des excellentes propriétés de l'eau naturelle qui lui sert de type. L'eau de seltz est bonne pour les phtisiques.

EAU-DE-VIE. — C'est le produit de la distillation du vin opérée à feu moins vif que pour la fabrication de l'alcool. Tandis que tous les trois-six poussés à leur plus haut degré de sublimation se ressemblent, les eaux-de-vie témoignent de goûts fort différents suivant le climat, le sol et le cépage. Les eaux-de-vie fines ont du bouquet et de la séve ; les eaux-de-vie moyennes ont de la séve seulement, les eaux-de-vie communes ont du terroir ou de l'empyreume, mais toutes ont conservé des principes extractifs des vins dont elles émanent.

Parmi les eaux-de-vie fines, on doit placer en
première ligne la grande champagne, obtenue
d'un vin récolté sur une partie du territoire du
département de la Charente. La petite champagne
succède, les borderies viennent en troisième ligne,
les fins bois suivent de près, les bons bois et les
bois clôturent cet ordre de mérite des eaux-de-vie
des deux Charentes. Celles de Surgères, d'Aigre-
feuille et de la Rochelle ont leur valeur, mais
elles sont inférieures en finesse et en qualité aux
précédentes.

Ce n'est pas sans motif que nous avons établi
entre les eaux-de-vie des Charentes une sorte
de démarcation. En effet, le consommateur ne
connaît, comme tout l'univers au reste, des eaux-
de vie à qualités si diverses de ce pays, que le
vocable typique de *Cognac*.

Au terme *cognac*, employé comme désignation
d'eau-de-vie excellente, ne répond pas l'idée d'un
produit issu nativement du cru. *Cognac* est un
mot générique usité depuis de longues années
pour indiquer un type d'eau-de-vie composé des
deux, trois, quatre, cinq et même six crus ci-
dessus indiqués.

Les eaux-de-vie d'Armagnac ont une réputation
méritée ; elles sont fines, plus déliées que celles
des Charentes ; leur bouquet est tout différent de
celui de ces dernières, et, il faut bien le dire, il
plaît généralement moins.

Dans la Gironde et le Lot-et-Garonne, à Marmande principalement, on fabrique des eaux-de-vie un peu communes qui se vendent sous le nom d'eaux-de-vie de pays. Elles ont de la sève et en vieillissant elles acquièrent un certain degré de finesse.

Les eaux-de-vie de Montpellier, qu'on fabriquait sous le nom de preuve de Hollande, n'étaient pas dépourvues de mérite. On réduit plutôt les trois-six de vin de ce pays aujourd'hui, qu'on ne distille des eaux-de-vie de consommation à 52 degrés centigrades comme autrefois.

En Bourgogne, on fabrique, avec les résidus des cuves, des eaux-de-vie de marc, à goût plus ou moins prononcé d'empyreume, qui ont de très zélés partisans.

Enfin un peu partout on prépare des eaux-de-vie avec des alcools d'industrie, réduits au degré potable et parfumés avec des bouquets factices.

ÉCHALOTE. — Comme l'oignon et l'ail, elle est employée dans les sauces, mais elle y apporte une saveur tout à fait à elle, plus fine que les deux condiments que nous venons de nommer.

Ainsi l'échalote est excellente dans les sauces à l'huile et au vinaigre avec lesquelles, chauds ou froids, on mange les artichauts ; il est impossible de faire une bonne sauce piquante sans échalotes.

ÉCREVISSE. — Les écrevisses des eaux courantes doivent être préférées ; la manière la plus simple de les arranger est de les mettre vivantes

dans un chaudron, dans lequel on a versé du vinaigre coupé d'eau, fortement assaisonné avec
sel, poivre, thym, laurier.

Écrevisses (dites *Vuillemot*). — **Prenez des écre-**
visses de la Meuse, émincez un gros oignon en
rouelle, une carotte bien mince, un bouquet
garni, deux pointes d'ail, jetez le tout dans une
casserole, ajoutez une demi-bouteille de vin de
Chablis, un quart de verre d'eau-de-vie et autant
de vinaigre. Laissez cuire la mirepois, c'est-à-dire
les légumes ; jetez après les écrevisses bien lavées
et dès qu'elles seront cuites, mettez-les dans une
autre casserole en faisant réduire votre jus de
moitié, ajoutez-y un peu de sauce tomate réduite
et une noix de beurre ; liez le tout ensemble, et
jetez-le sur vos écrevisses ; puis vous laissez macérer cette composition pendant une demi-heure
en les faisant sauter souvent et lorsqu'elles sont
bien cuites et la sauce bien faite, servez-les tièdes.

Écrevisses bordelaises. (Recette de M. Verdier,
de la Maison-d'Or.) — **Coupez** en petits dés deux
ou trois carottes et autant d'oignons, ajoutez laurier, thym, persil, maigre de jambon, le tout
coupé très fin. Mettez dans une casserole un fort
morceau de beurre que vous faites passer un moment, vous y jetez votre mirepois et faites cuire
le tout ensemble sans prendre trop de couleur.
Nettoyez et videz bien proprement vos écrevisses
et mettez-les dans la mirepois avec une demi-
bouteille de vin de Sauterne, un morceau de glace

de viande, quelques cuillerées de bon bouillon, sel, poivre, et un demi-verre de bon cognac; couvrez votre casserole et faites cuire à plein feu; arrivées aux trois quarts de leur cuisson, vous les retirez; vous liez la sauce avec un bon morceau de beurre très fin, et vous servez vos écrevisses avec la sauce par-dessus et après l'avoir passé au tamis.

Écrevisses au court-bouillon. — Lavez vos écrevisses à plusieurs eaux, retournez-les avec une écumoire, si vous ne voulez pas qu'elles se vengent sur vos mains du sort que vous leur préparez; mettez-les dans une casserole avec du beurre frais, du vin blanc, du poivre, du sel, une feuille de laurier, un peu de thym, et un oignon coupé en tranches; quelques clous de girofle, un bon morceau de beurre frais, fin; posez vos écrevisses sur un fourneau un peu vif, ayant la précaution de les couvrir et de les sauter de temps en temps, afin que celles qui sont dessous reviennent dessus; au bout de vingt minutes, retirez-les du feu et couvrez-les, afin qu'elles achèvent de cuire ainsi. Si vous les aimez chaudes, servez-les tout de suite, ou, si l'heure du dîner n'est pas arrivée, faites les réchauffer dans leur assaisonnement; si vous les aimez froides, dressez-les en buisson, et servez-les à l'heure du dîner.

Canapé d'écrevisses. — Les canapés d'écrevisses sont de petites tartines de pain minces et rondes, enduites de beurre d'anchois, et sur lesquelles sont rangées, en rosace, des queues d'écrevisses tout épluchées. On remplit les insterstices avec cerfeuil et estragon hachés menus.

Écrevisses à l'anglaise. — Faites les cuire dans une simple eau de sel, arrachez les petites pattes, en laissant les grosses terminées par des pinces, passez-les au beurre frais, champignons et fonds d'artichauts hachés, mouillez-les d'un peu de consommé, laissez mijoter à petit feu, liez avec deux jaunes d'œufs délayés avec de la crème douce et du persil haché ; au moment de servir, jetez-y une cuillerée de catchup ou bien quelques gouttes de soya.

Écrevisses en matelotte. — Prenez une trentaine de belles écrevisses, faites-les cuire au vin, comme pour en faire un buisson ; épluchez-les comme il est dit pour les écrevisses à l'anglaise, ayez, préparés d'avance, des oignons coupés en tranches, des carottes coupées en lames, du persil en branches, quelques ciboules, deux gousses d'ail, une feuille de laurier, du thym, deux clous de girofle et une pincée d'épices fines, sel, poivre, deux bouteilles de vin blanc ; jetez vos écrevisses dans cette sauce, laissez bouillir un quart d'heure, dressez vos écrevisses et saucez-les, mettez autour des croûtes de pain passées dans le beurre.

Écrevisses à la gasconne. — Fendez vos écrevisses en deux dans le sens de la longueur, faites les cuire avec persil, ciboules, champignons, gousses d'ail, oignons, clous de girofle, feuilles de laurier, deux verres d'un vieux vin rouge, un demi-verre d'huile d'olive, sel, poivre, tranches de citron, laissez réduire la sauce, et après en avoir retiré l'oignon, le laurier et le citron, servez en casserole, à l'entremets et pour extra.

ÉMINCÉS. — Lames de viande rôties qu'on apprête en ragoût. Les émincés de mouton doivent être servis sur de la chicorée à la crème, et les émincés de chevreuil sur une purée de champignons ; les émincés de filet de bœuf sur une sauce piquante ; les émincés de bœuf·bouilli s'appellent miroton.

ENTRÉES. — Préparation chaude qui accompagne ou suit le potage.

ENTREMETS. — Préparations servies avec le rôti, tels que légumes, crèmes cuites et quelques pâtisseries.

ÉPERLAN.—L'éperlan est un des poissons les plus délicats que l'on puisse manger.

Éperlans frits. — Ayez une quantité suffisante d'éperlans ; videz-les, écaillez-les, essuyez-les l'un après l'autre, enfilez-les par les yeux avec un hâtelet ou brochette, trempez-les dans du lait, farinez-les, faites-les frire, qu'ils soient d'une belle couleur, mettez une serviette sur votre plat, dressez-les dessus et servez.

Éperlans à l'anglaise. — Mettez deux cuillerées d'huile dans une casserole, du sel et du poivre, la moitié d'un citron, coupez en tranches, dont vous aurez ôté la peau et les pepins ; ajoutez-y deux verres de vin blanc, autant d'eau que de vin ; faites bouillir cet assaisonnement environ un quart d'heure, mettez-y vos éperlans, après les avoir vidés, écaillés et bien essuyés ; faites les cuire, égouttez-les, saucez-les avec la sauce ci-après indiquée.

Faites blanchir une gousse d'ail, pilez-la avec le dos de votre couteau, mettez-la dans une casserole avec du persil et ciboules bien hachés, et deux verres de vin de Champagne, faites bouillir votre sauce cinq minutes, ajoutez-y un pain de beurre manié avec de la farine et un autre sans être manié, du sel et une pincée de gros poivre, faites lier votre sauce, et, sa cuisson faite, ajoutez-y un jus de citron, goûtez-la et servez ensuite.

ÉPINARDS. — Plante potagère de la famille des chénopodées, et dont on ne mange les feuilles que cuites.

Épinards à la vieille mode. — Vos épinards blanchis et hachés, vous les mettez dans une casserolle avec beurre et muscade râpée ; quand ils sont passés, ajoutez beurre manié de farine, sucre et lait, puis vous les servez garnis de croûtons de pain passés au beurre.

Épinards à la maître d'hôtel. — Quand vos épinards sont bien blanchis à l'eau bouillante, vous les jetez dans l'eau froide, vous les égouttez bien et les hachez ; mettez-les à sec dans une casserole, soumettez-les au bain-marie avec sel, poivre, muscade râpée, joignez-y un morceau de beurre quand ils sont chauds et remuez.

Épinards au jus. — Quand vos épinards sont cuits et bien passés, vous y ajoutez soit deux cuillerées de blond de veau, soit de jus de fricandeau réduit en glace ; puis, au moment de servir, un bon morceau de beurre frais que vous laisserez fondre, et servez avec des croûtons frits.

Épinards à l'anglaise. — Faites bouillir dans un chaudron de l'eau dans laquelle vous aurez jeté une poignée de gros sel, mettez-y vos épinards que vous aurez d'abord bien épluchés, bien lavés et fait blanchir ; quand ils seront cuits dans l'eau salée, vous les hacherez et les mettrez dans une casserole avec du sel et du poivre, remuez-les bien et ajoutez, quand ils seront chauds, un bon morceau de beurre que vous mêlerez bien avec les épinards, et servez comme pour les épinards au jus.

Épinards au sucre. — Quand vos épinards sont cuits, vous les assaisonnerez avec un peu de sel, un morceau de sucre, un peu d'écorce de citron, et deux macarons pilés, et vous les servez entourés de quelques biscuits à la cuiller.

Crème d'épinards. — Mêlez une grande cuillerée d'épinards cuits, une douzaine d'amandes douces pilées, un peu de citron vert, trois ou quatre biscuits d'amandes amères, du sucre, deux verres de crème, un verre de lait et six jaunes d'œufs.

Vous passez le tout à l'étamine, cuisez dessus et dessous, et servez chaud.

Rissoles d'épinards. — Épluchez des épinards, lavez-les à plusieurs eaux et faites-les cuire dans une casserole avec un verre d'eau et égouttez après ; laissez-les refroidir, ajoutez-y du beurre frais, de l'écorce de citron vert, deux biscuits d'amandes amères, du sucre et de la fleur d'oranger ; vous pilez le tout dans un mortier. Vous faites ensuite une abaisse de pâte bien mince que vous coupez en petits morceaux ; mettez au coin de chaque morceau un peu de la farce ci-dessus, mouillez vos rissoles ainsi préparées et couvrez-les de pâte, parez-les tout autour avec un couteau, faites-les frire dans une friture maigre ; quand elles ont pris une belle couleur, mettez-les égoutter, dressez-les promptement sur un plat, saupoudrez-les de sucre ; glacez-les à la pelle rouge et servez chaudement pour entre-mets. (Méthode de M. de Courchamps.)

Tourte d'épinards. — Épluchez bien vos épinards, ôtez-en les queues, lavez-les à plusieurs eaux, mettez-les dans une casserole avec de l'eau, faites les cuire, retirez-les, égouttez-les, laissez les refroidir, pressez-les pour en exprimer tout le jus, pilez-les bien dans un mortier avec de l'écorce de citron vert confit, du sucre et un morceau de beurre frais avec un peu de sel ; foncez une tourtière d'une abaisse de pâte feuilletée, étendez dessus les épinards le plus également que

vous pourrez, faites des façons de bandes de feuilletage et un cordon autour et mettez la tourte.
Quand elle est cuite, râpez du sucre dessus, glacez-la avec la pelle rouge, dressez-la sur un plat
et servez chaudement.

Potage d'épinards. — Mettez dans un pot des
épinards bien lavés, ajoutez-y de l'eau, du beurre,
du sel, un petit bouquet de marjolaine, du thym,
un oignon piqué de quelques clous de girofle ;
faites bouillir le tout ensemble, et lorsque votre
potage est à moitié cuit, mettez de sucre ce qu'il
en faut, une poigné de raisins secs, des croûtons
de pain séchés au four, achevez de le faire cuire
et dressez-le sur des soupes de pain.

ESCARGOTS. — *Escargots à la provençale.* —
Prenez trois douzaines d'escargots, laissez les
tremper dans un vase rempli d'eau froide pour
les brosser après cette immersion avec une brosse
de chiendent ; pendant ce temps faites bouillir
dans un chaudron assez d'eau pour qu'ils y blanchissent, faites un sachet d'une poignée de cendre
tamisée, liez-le avec une ficelle ; jetez ce sachet
dans l'eau et laissez bouillir la cendre pendant un
quart d'heure. Ce temps écoulé, jetez dedans les
escargots, laissez-les jusqu'à ce qu'ils puissent
facilement se retirer de leurs coquilles ; douze ou
quinze minutes après, remettez-les dans l'eau
fraîche pour les retirer de leurs carapaces, pour
les rejeter à mesure dans de l'eau tiède. Vous aurez
dans une casserole deux cuillerées de bonne huile,

persil, champignons, échalotes et la moitié d'une
gousse d'ail râpée, sel et muscade râpée, enfin un
peu de piment vert. Lorsque ces fines herbes
seront bien passées, ajoutez une demi-cuillerée
de farine et mouillez d'un verre de bon vin blanc.
Aussitôt que cette sauce commencera à bouillonner, jetez dedans vos escargots bien égouttés,
et laissez-les achever leur cuisson en mijotant; il
faut que la sauce soit tenue serrée, en ce moment
ajoutez-y deux, trois jaunes d'œufs crus, et emplissez les coquilles, masquez-les de mie de pain,
arrosez-les d'huile et mettez-les pendant un quart
d'heure au four; si vous n'avez pas de four, celui
de campagne suffira, avec feu dessous. Servez-les
bouillants.

Matelotte d'escargots à la bordelaise. — Après avoir
nettoyé les escargots avec une brosse, passez-les
au beurre sans laisser roussir, ajoutez-y une cuillerée à bouche de farine, mouillez d'un verre de
vin blanc de Bordeaux et de consommé, sel,
poivre, muscade râpée, un bouquet garni de
thym, laurier, basilic, une gousse d'ail, piquez
un oignon d'un clou de girofle, et laissez cuire
ainsi, afin que les escargots deviennent moelleux;
dégraissez la sauce, égouttez vos escargots, et
placez-les dans une seconde casserole avec deux
morceaux de champignons tournés et cuits auparavant; réduisez la sauce, liez-la de trois jaunes
d'œufs crus dans lesquels vous ajouterez gros
comme une noix de beurre cassé en petits mor-

ceaux. Passez cette sauce à l'étamine sur les escargots que vous aurez tenus chaudement; ajoutez une demi-cuillerée à bouche, persil et civettes hachées et blanchies, pressez un demi-jus de citron et servez.

Bouillon rafraîchissant et pectoral d'escargots.—Il faut avoir une douzaine d'escargots que vous aurez fait dégorger la veille ; le lendemain, cassez-en les coquilles, car il ne serait guère possible de les sortir, ou il faudrait les faire blanchir, ce qui leur ôterait toute la partie glutineuse: mettez-les dans une casserole avec un litre d'eau : ajoutez une laitue coupée en quatre parties, quelques feuilles de cerfeuil et d'oseille, deux dattes, quatre jujubes, très peu de sel, seulement pour enlever la fadeur; écumez jusqu'à ce que l'ébullition se fasse. Alors passez la casserole sur l'angle du fourneau pour que le bouillon mijote pendant trois heures, et que, pendant sa cuisson, il réduise d'un tiers ; vous aurez fait dissoudre une once de gomme dans la moitié d'un verre d'eau tiède; versez cette gomme dans le bouillon d'escargots, avant de le passer à la serviette dans une jatte de porcelaine ou de faïence pour le chauffer sans ébullition, à mesure que l'on vous en demandera une tasse. Quelques personnes ajoutent avec la gomme, pour se fondre, un morceau de sucre candi, mais on ne doit le mettre que lorsqu'on le demandera.

Escargots à la bourguignonne. — Prenez des es-

cargots de Bourgogne, terre rouge, ceux de la
Franche-Comté sont plus délicats; passez-les à
l'eau tiède pour les nettoyer extérieurement, puis
faites les cuire dans un demi-court-bouillon, ensuite les laisser égoutter sans les sortir de leur
coquille.

Garnir ensuite l'escargot d'une couche de fromage suisse râpé et le couvrir de beurre bien frais,
qui aura été préalablement assaisonné de fines
herbes et un soupçon d'ail, sel et poivre.

Les faire chauffer ensuite, soit sur un gril, dans
la poêle ou sur la braise; ils sont meilleurs cuits
sur le gril.

ESPAGNOLE (sauce). (Recette du *Cuisinier national.*) — « Mettez dans une casserole deux noix
de veau, un faisan ou quatre perdix, la moitié
d'une noix de jambon, quatre ou cinq grosses
carottes, cinq oignons dont un piqué de cinq clous
de girofle; mouillez vos viandes avec une bouteille de vin de Madère sec, plein une cuiller à pot
de gelée; mettez votre casserole sur un grand feu.
Quand votre mouillement est réduit vous le
mettez sur un feu doux; lorsque votre glace est
plus que blonde, vous retirez votre casserole du
feu et la laissez dix minutes dehors pour que la
glace puisse bien se détacher, vous aurez fait
suer des sons noirs, comme dans la grande sauce,
et vous prendrez ce mouillement pour en mouiller
votre espagnole; quand elle sera bien écumée,
vous aurez un roux que vous délayerez avec le

mouillement et vous le verserez sur votre viande ;
vous y mettrez des champignons, un bouquet de
persil et ciboule, quelques échalottes, du thym et
du laurier ; quand votre sauce bouillira, vous la
mettrez sur le coin du fourneau pour qu'elle
bouille tout doucement jusqu'à ce que vos viandes
soient cuites. Cette sauce doit être d'une
belle couleur, c'est-à-dire ni trop pâle ni trop
brune ; elle doit être bien liée et pas trop
épaisse. »

ESSENCE DE GIBIER. — Prenez 500 gr. de
bœuf, deux perdrix, deux lapins de garenne et un
quasi de veau ; faites cuire à la marmite ; mouillez
avec un demi-litre de vin blanc et faites bouillir
jusqu'à réduction ; remplissez ; ajoutez oignons,
carottes, thym, basilic, serpolet, clous de girofle ; écumez ; faites bouillir ; passez votre essence.

Essence de légumes. — Mettez deux kilogs de
bœuf, une vieille poule et un jarret de veau dans
une marmite, avec deux ou trois douzaines de
carottes, oignons, navets, deux ou trois laitues,
cerfeuil, pieds de céleri, girofle ; emplissez votre
marmite de bouillon et agissez comme pour le
consommé. Les viandes étant cuites, passez
votre essence et faites réduire, si besoin en est.

Essence de jambon. — Battez des tranches de
jambon cru, garnissez-en le fond d'une casserole,
faites suer jusqu'à ce que les tranches commencent à s'attacher, ajoutez alors du beurre

fondu et un peu de farine; remuez avec une
cuiller et ajoutez ensuite du jus ou du bouillon;
assaisonnez avec épices mêlées, pas de sel, un
bouquet garni, un jus de citron, deux clous de
girofle et une poignée de champignons hachés.
Quand tout est cuit, passez à l'étamine; liez avec
croûtons mitonnés.

ESTRAGON. — Plante aromatique, originaire
de la Sibérie et qu'on cultive beaucoup dans les
jardins, pour s'en servir comme assaisonnement
dans les salades ou pour confire dans le vinaigre.

On sait combien l'usage en est fréquent dans
les sauces.

J'ajouterai même qu'il n'y a pas de bon vinaigre
sans estragon, et j'engage le lecteur à en mettre
dans son vinaigre.

ESTURGEONS. — *Esturgeon au court-bouillon.* —
Procurez-vous un esturgeon; videz-le, enlevez
ses ouïes, laissez-le s'égoutter, et couchez-le dans
une poissonnière avec un court-bouillon bien
nourri, soit de lard râpé si c'est au gras, soit de
beurre si c'est au maigre; assaisonnez-le plus que
tout autre poisson, en vertu de son épaisseur,
d'aromates et de sel; faites le cuire, feu dessus
feu dessous; arrosez-le souvent, égouttez-le et
servez-le avec une sauce italienne grasse ou
maigre que vous mettrez dans une saucière.

Esturgeon à la broche. — Préparez un tronçon
d'esturgeon, *manchon* est le véritable terme dont

on se sert, à cause de sa forme; levez-en la peau
et les plaques osseuses; piquez-le comme vous
piqueriez une noix de veau, si c'est en maigre
avec de l'anguille et des filets d'anchois; faites
une marinade (V. MARINADE), dans laquelle au lieu
de vinaigre vous mettrez du vin blanc et beaucoup de beurre; arrosez-le souvent, durant sa
cuisson, avec cette marinade que vous aurez
passée au travers d'un tamis de crin; donnez-lui
une belle couleur et servez-le avec une sauce
poivrade.

Esturgeon grillé au gras. — Coupez-le par
tranches que vous mettez cuire dans du vin
blanc, lard fondu, sel et poivre, une feuille de
laurier et un peu de lait; faites cuire doucement,
et quand il est cuit panez vos tranches et les
grillez; après quoi vous les servez avec une sauce
de la même manière que la queue de mouton à
la Sainte-Menehould.

On les sert aussi à sec sur une serviette
blanche.

Esturgeon en fricandeau. — Prenez un morceau
d'esturgeon, levez-en la peau et les plaques
osseuses, battez-le légèrement avec le plat du
couperet, piquez-le de petit lard, si c'est au gras,
foncez une casserole de lames de jambon, de
tranches de veau, de quelques carottes et d'oignons; procédez pour le tout exactement comme
pour les grenadins de veau.

Si c'est au maigre que vous l'assaisonnez, piquez

votre esturgeon de filet d'anguille et de filet de brochet.

Esturgeon aux fines herbes. — Prenez un gros esturgeon que vous coupez en tranches de l'épaisseur d'un doigt, mettez ces tranches dans une casserole avec du lard fondu, du poivre, du sel, des fines herbes, du persil, de la ciboule hachée et laissez cuire et prendre goût pendant une heure ou deux; remuez-le bien, panez-le ensuite de mie de pain bien fine; faites-le griller et servez-le sur une serviette avec une sauce hachée piquante ou une sauce remoulade.

Esturgeon aux croûtons. — Coupez-le par petites tranches, mettez-les dans une casserole avec beurre, persil, ciboules, échalotes hachées, sel, gros poivre; quand ils sont cuits d'un côté, retournez-les de l'autre, laissez-les bien cuire, ôtez-les. Mettez dans la casserole un morceau de beurre manié de farine, un verre de vin rouge, faites bouillir un instant, mettez une pincée de câpres hachées, faites chauffer sans bouillir et servez garni de croûtons frits dans le beurre.

Pâté d'esturgeon. — Prenez deux tranches d'esturgeon de l'épaisseur de trois doigts et piquez-les d'anchois, dressez un pâté de pâte fine, garnissez-en le fond de beurre frais, avec sel, poivre, fines herbes, fines épices, mettez dessus vos tranches d'esturgeon et le même assaisonnement que dessous, couvrez-le de beurre frais, ensuite de son abaisse et faites cuire au four. Quand le pâté est cuit, dégraissez-le, mettez-y un coulis d'écrevisses qui soit un peu piquant et servez chaudement pour entrée.

Potage d'une hure d'esturgeon. — La hure d'esturgeon bien nettoyée, mettez-la dans une marmite, mouillez-la d'un bouillon de poisson, assaisonnez d'un bouquet de fines herbes et d'une tranche de citron; faites mitonner des croûtes dans une quantité égale de bouillon où a cuit l'esturgeon et de bouillon de poisson; dressez la hure d'esturgeon sur le potage et garnissez-le d'un cordon de ragoût de laitances fait comme il suit :

Faites blanchir vos laitances dans de l'eau, passez-les ensuite dans une casserole avec un peu de beurre, des petits champignons, truffes coupées par tranches et mousserons. Mouillez-les d'un peu de bouillon de poisson, mettez un bouquet de fines herbes et les laitances de carpes, laissez mitonner à petit feu. Quand le ragoût est cuit, dégraissez-le, liez-le d'un coulis d'écrevisses un peu amplement, afin de pouvoir mouiller le potage, tirez les laitances du ragoût, garnissez-en le potage; jetez le ragoût et le coulis par-dessus et servez chaudement.

F

FAISAN. — Genre d'oiseau de l'ordre des gallinacés.

La chair du faisan est peut-être la plus délicate et la plus sapide qui se puisse trouver; on le sert rôti, cuit à la braise, en filet sauté, en escalopes et en salmis; quand on l'apprête à la braise, on peut le servir sur une sauce aux truffes, à la Périgueux, sur un ragoût d'olives tournées ou sur une litière de choucroute.

Faisan Lucullus. (Recette de M. Vuillemot, de la *Tête noire*, à Saint-Cloud.) — Ayez un beau coq-faisan, bien gras (en novembre surtout), qu'il n'ait pas été tué par le plomb, désossez-le, mettez de côté les os, faites une mirepoix avec des carottes, oignons émincés, bouquet garni, passez-les au beurre, mouillez avec une bouteille de champagne mousseux, une bouteille de sauterne, un demi-verre de madère et une cuillerée à pot de

bon consommé, laissez le tout cuire quatre
heures; faites ensuite une bonne farce fine avec
du veau, du lard gras, des pellicules de truffes
hachées, sel, poivre, quatre épices, coupez des
lames de veau, de jambon, de lard gras; ne
galantinez pas le coffre du faisan; ne mettez
qu'un peu de farce dans l'intérieur; flanquez
deux bécasses désossées que vous galantinez dans
le coffre du faisan. Recousez le faisan et faites
suer votre galantine dans votre mirepoix avant
de mouiller. N'oubliez pas les truffes dans la
galantine. Enveloppez le faisan dans une serviette
beurrée en le serrant bien de chaque côté, puis
préparez dans une braisière une forte mirepoix,
faites suer le tout avec un demi-verre d'eau et
mouillez avec une bouteille de champagne, une
bouteille de sauterne, une bouteille de madère,
faites revenir le tout à grande ébullition jusqu'à
ce que ce soit réduit de moitié, ajoutez-y le fond
de votre gibier, laissez cuire encore environ deux
heures en sondant de temps en temps la galantine pour voir si elle est bien cuite.

Prenez alors douze ortolans que vous garnissez
de la farce de votre faisan après les avoir désossés; nettoyez bien douze belles truffes du Périgord, faites-les cuire, sans les éplucher, dans la
cuisson de votre faisan avec les ortolans. Passez
ensuite le fond de la galantine à travers une serviette et faites-le réduire de moitié en y ajoutant
un peu de mignonnette et un jus de citron.

Retirez le faisan du linge qui l'enveloppe et
dressez-le sur un plat d'argent, puis coupez vos
truffes comme vous le feriez pour des œufs à la
coque, et posez chaque ortolan dessus, glacez le
tout, faisans et ortolans, avec de la glace de
viande. Piquez enfin sur le faisan deux hâtelets
garnis de crêtes de coq, écrevisses et truffes, et
servez chaudement en mettant le coulis dans un
bol à côté de votre plat.

Faisan à la broche. — Ayez un faisan jeune,
tendre et gras, plumez-le par tout le corps,
excepté à la queue et à la tête, en prenant garde
de le déchirer; l'ayant vidé, flambé, épluché,
bridez-le, bardez-le ou piquez-le, enveloppez-lui
la tête et la queue de papier; retroussez-lui la
queue le long des reins, embrochez-le, enveloppez-le entièrement de papier beurré, faites le
cuire, déballez-le ainsi que sa tête et sa queue et
servez-le.

Faisan à la braise. — Plumez, videz et épluchez
votre faisan, coupez-lui les pattes, mettez le bout
des cuisses dans le corps et piquez-le de gros
lard bien assaisonné; garnissez le fond d'une
marmite de lard et de tranches de bœuf battu
avec sel, poivre, fines épices, fines herbes, tranches d'oignons, panais et carottes; mettez votre
faisan sur cette première couche avec le même
assaisonnement dessus que dessous, couvrez-le
de tranches de bœuf et bardes de lard, et faites
cuire doucement feu dessus et dessous. Faites

ensuite un ragoût de foies gras, riz de veau,
champignons, truffes, fonds d'artichauts, pointes
d'asperges ; passez le tout avec lard fondu,
mouillez de jus et laissez mitonner, dégraissez-le
une fois cuit, liez-le d'un bon coulis de veau et
de jambon, puis vous retirez le faisan de sa
braise, vous l'égouttez, le dressez sur un plat,
votre ragoût par-dessus, et servez chaudement.

Faisan aux truffes ou à la Périgueux. — Plumez
un jeune faisan comme si vous vouliez le mettre à
la broche, videz-le par la poche en lui cassant l'os
du brechet ou de la poitrine et sortez-lui les intestins en prenant garde de lui crever l'amer, flambez-
le légèrement, épluchez-le ; brossez et épluchez
quelques belles truffes et mettez-les dans une
casserole avec trois quarts de lard pilé, faites
cuire sur un feu doux avec sel, poivre, épices
fines ; laissez-les ensuite refroidir et garnissez-en
le corps de votre faisan ; cousez-le, bardez-le,
laissez-le se parfumer ainsi deux ou trois jours,
puis enveloppez-le de papier, embrochez-le, faites-
le cuire environ une heure et servez-le.

Faisan à l'espagnole. — Votre volaille étant bien
faisandée, vous la remplissez d'une farce faite
avec son foie, persil, ciboules, champignons
hachés, lard rapé, deux jaunes d'œufs ; mettez-le
ensuite à la broche, faites le cuire et servez avec
une sauce à l'espagnole que vous ferez en garnissant le fond d'une casserole et deux tranches de
jambon et de quelques tranches de veau, deux

racines et deux oignons coupés en tranches, faites
suer sur le feu; quand tout est attaché, mouillez
avec du bon bouillon, du coulis, une demi-bouteille de vin de Champagne, que vous aurez fait
préalablement bouillir; ajoutez une poignée de
coriandre, une gousse d'ail, un bouquet garni et
deux cuillerées d'huile; faites bouillir cette sauce
deux ou trois heures à petit feu, dégraissez-la,
faites la réduire, passez-la au tamis et servez avec
votre faisan.

Faisan braisé à l'angoumoise. — Vous épluchez
des truffes et vous les coupez en filets; vous lardez avec ces filets toutes les parties charnues d'un
faisan; mettez dans une casserole cent vingt-cinq
grammes de lard râpé et autant de beurre, passez-
y des truffes coupées en morceaux et les parures
de celles qui ont servi à larder le faisan après les
avoir hachées et assaisonnées de sel et de poivre;
laissez revenir le tout pendant quelques minutes
laissez refroidir et ajoutez vingt-cinq ou trente
marrons grillés, remplissez de ce mélange le
corps du faisan, enveloppez-le avec émincés de
veau et de bœuf et bardes de lard. Ficelez et
mettez dans une braisière foncée de bardes de
lard; mouillez avec un verre de malaga ou de vin
blanc et deux cuillerées de caramel, et faites cuire
à petit feu. Cuit, déficelez-le, dégraissez la cuisson, ajoutez-y un peu de hachis de truffes, faites
bouillir quelques instants, liez la sauce avec
purée de marrons et superposez le faisan.

Faisandeau à la sauce de brochet à la broche. —
Faites une farce avec un riz de veau, une tétine
de veau blanchie, un peu de jambon, champignons, persil, ciboules hachées, fines herbes, sel,
poivre, fines épices, deux ou trois jaunes d'œufs
crus et un peu de mie de pain trempée dans la
crème; vous hachez bien le tout ensemble et
vous farcissez le faisandeau; vous enveloppez des
truffes d'une barde de lard et d'une feuille de papier, vous les passez à travers une brochette que
vous attachez à la broche et vous faites cuire à
petit feu.

Vous garnissez le fond d'une casserole avec des
tranches de veau et de jambon, un oignon, des
panais et carottes coupés aussi par tranche, vous
faites suer le tout à petit feu; quand c'est bien
attaché, vous y ajoutez un peu de lard fondu et
une pincée de farine, et vous remuez le tout
ensemble en lui faisant donner sept ou huit tours
sur le fourneau.

Videz, écaillez, lavez et coupez un brochet par
morceaux, mettez-le dans la casserole où est le
coulis, faites-lui faire trois ou quatre tours sur le
fourneau, mouillez-le de jus et de bouillon en
égale quantité, assaisonnez de sel, poivre, clous
de girofle, basilic, thym, laurier, persil, ciboules
entières, champignons et truffes coupées; ajoutez-
y la croûte d'un petit pain et deux verres de vin
de Champagne que vous aurez auparavant fait
bouillir; faites mitonner le tout ensemble, quand

il est cuit et réduit à propos, passez-le dans une étamine ; si la sauce n'est pas assez liée, mettez un peu de coulis et de jambon et tenez-la sur des cendres chaudes, afin qu'elle cuise sans bouillir.

Vous tirez ensuite votre faisandeau de la broche, vous ôtez les bardes, le dressez sur un plat, votre brochet par-dessus, et servez pour entrée en hors-d'œuvre.

Escalopes de faisans. — Vous levez les ailes de trois faisans et vous leur enlevez la petite peau comme à l'article précédent, puis vous les coupez en filets d'égale grosseur dont vous formez des escalopes ; vous faites fondre du beurre dans une sauteuse et vous y arrangez vos escalopes les unes après les autres ; saupoudrez-les de sel et de poivre, arrosez-les de beurre fondu, faites un fumet du restant de vos chairs et de vos carcasses, ajoutez-y trois cuillerées à dégraisser d'espagnole, mettez le tout à demi-glace, faites sauter vos escalopes, égouttez-les et mettez-les avec leur jus dans votre réduction, sautez-les, finissez-les avec du beurre, goûtez si elles sont de bon goût, dressez-les et servez avec des truffes coupées en rondelles.

Salmis de faisans. — Vous laissez refroidir deux faisans cuits à la broche, vous les dépecez et les parez proprement en supprimant les peaux ; arrangez-les dans une casserole, mouillez-les avec du consommé et faites-les chauffer sur des

cendres chaudes. Mettez dans une casserole un
bon verre de vin rouge ou blanc, ajoutez-y trois
ou quatre échalotes hachées, un zeste de bigarade, trois cuillerées à dégraisser d'espagnole
réduite, gros comme une muscade de glace ou
de réduction, délayez-les sans les faire bouillir,
passez-les à l'étamine comme une purée, mettez
cette espèce de purée ou sauce de salmis dans
une casserole et tenez-la chaudement au bain-
marie; au moment de servir, égouttez vos membres de faisans, dressez-les sur le plat en mettant
les inférieurs les premiers, conséquemment vos
ailes et vos cuisses tout autour; le tout entremêlé
de croûtons en cœur, soit de mie ou de croûte de
pain, passés dans du beurre; exprimez dans votre
salmis le jus d'une ou deux bigarades, saucez et
servez.

Pâté de faisans aux truffes. — Votre faisan vidé
et piqué de gros lard bien assaisonné, farcissez-
en le corps avec une farce mouillée au vin blanc
et au madère et composée de lard râpé, truffes
vertes, persil et ciboules hachés, le tout bien
mêlé ensemble; dressez votre pâté d'une pâte
commune; mettez au fond lard râpé, sel, poivre,
fines herbes, fines épices. Ayez soin de faire une
cheminée à votre pâte. Mettez votre faisan dans
le pâté avec même assaisonnement que dessous,
couvrez-le de bardes de lard, fermez ensuite votre
pâté et mettez-le au four; pendant qu'il cuit,
prenez des truffes bien pelées et bien lavées,

coupez-les par tranches, mettez-les dans une casserole et mouillez-les de jus, faites-les mitonner à petit feu, liez-les d'un coulis de veau ou de jambon bien clair. Vous ôtez alors, quand votre pâté est cuit, les bardes de lard et les tranches de veau, vous le dégraissez, jetez votre ragoût de truffes dedans et servez chaud ou froid.

Nota. — N'oubliez jamais d'ajouter le fumet ou l'essence du faisan dans votre pâté, par la cheminée, après qu'il est sorti du four. (*Vuillemot.*)

Soufflé de faisans. — On procède de la même façon que pour le soufflé de perdreaux. (Voir cet article.)

FANCHONNETTES. — Entremets de pâtisserie.

Fanchonnettes à la vanille. — Faites infuser une gousse de bonne vanille dans trois verres de lait, et laissez-la mijoter sur le coin d'un petit fourneau pendant un quart d'heure; passez ce lait dans le coin d'une serviette, mettez dans une casserole quatre jaunes d'œufs, une once de farine tamisée et un grain de sel; ce mélange étant bien délié, vous y joignez peu à peu l'infusion de vanille et faites cuire cette crème sur un feu modéré en la remuant continuellement avec une spatule, pour qu'elle ne s'attache pas au fond de la casserole.

Vous faites ensuite un demi-litron de feuilletage et lui donnez douze tours, vous l'abaissez de deux petites lignes d'épaisseur; détaillez cette abaisse avec un coupe-pâte rond de deux pouces

de diamètre ; foncez avec une trentaine de moules
à tartelettes comme les précédentes, ensuite garnissez légèrement les tartelettes de crème de
vanille ; mettez-les au four à un feu modéré, et
lorsqu'elles seront bien ressuyées et que le feuilletage sera de belle couleur, vous les retirerez du
feu et les laisserez refroidir.

Prenez trois blancs d'œufs bien fermes, mêlez-
y quatre onces de sucre en poudre, remuez bien
ce mélange afin d'amollir le blanc d'œuf et qu'il
soit plus facile à travailler ; garnissez le milieu
des fanchonnettes avec le reste de la crème à la
vanille et masquez légèrement cette crème de
blancs d'œufs. Sur chaque fanchonnette vous
placez en couronne sept meringues, que vous
formez avec la pointe du petit couteau en prenant
au fur et à mesure du blanc d'œufs que vous avez
placé sur la lame du grand couteau : lorsque
vous aurez cinq ou six fanchonnettes de perlées,
vous les masquerez le plus élégamment possible
avec du sucre en poudre passé au tamis de soie ;
puis, à mesure que vous perlez et glacez votre
entremets, vous le mettez au four, à chaleur
douce ; lorsqu'il est d'un beau meringué rougeâtre, vous le servez.

Fanchonnettes au lait d'amandes. — Pilez une
demi-livre d'amandes douces émondées et une
once d'amères ; lorsque vous n'apercevrez plus
aucun fragment d'amandes, vous les délayez dans
trois verres de lait presque bouillant ; pressez

fortement ce mélange dans une serviette afin d'exprimer la quintessence du lait d'amandes. Le reste du procédé est de même que ci-dessus, avec cette différence cependant que vous employez le lait d'amandes en place de l'infusion de vanille.

Fanchonnettes au café moka. — Mettez dans un poêlon d'office quatre onces de vrai café moka, torréfiez-le sur un feu modéré, en le sautant continuellement afin qu'il prenne couleur égale; lorsqu'il est d'un rouge clair, vous le versez dans trois verres de lait en ébullition; couvrez parfaitement l'infusion afin que l'arome du café ne s'évapore point; après un quart d'heure d'infusion vous passez ce liquide à la serviette, puis vous terminez l'opération de la manière accoutumée.

Fanchonnettes au chocolat. — Vous faites l'appareil comme le premier de ce chapitre, en y joignant quatre onces de chocolat râpé à la vanille; vous supprimez deux onces de sucre seulement, voilà toute la différence.

Fanchonnettes au raisin de Corinthe. — Vous préparez seulement la moitié de l'appareil ordinaire, puis vous y joignez trois onces de bon raisin de Corinthe bien lavé; faites cuire cette crème comme de coutume, et finissez l'opération à l'ordinaire.

Vos fanchonnettes étant perlées et prêtes à mettre au four, vous placez entre chaque petite perle un grain de raisin de Corinthe (vous en laverez quatre onces, dont trois dans l'appareil, et vous en aurez une once pour perler), ainsi qu'un grain sur chaque perle; mettez au four chaleur molle, afin que les meringues sèchent sans prendre couleur. Donnez des soins à cette cuisson pour que les perles conservent leur blancheur, ce qui distingue cet entremets d'une manière toute particulière.

Fanchonnettes aux pistaches. — Après avoir émondé quatre onces de pistaches, vous en choisissez les plus vertes (une once à peu près), et pilez le reste avec une once de cédrat confit; lorsqu'il est parfaitement pilé, vous joignez ce mélange dans la moitié de la crème ordinaire et vous garnissez légèrement vos fanchonnettes avec le reste de la crème blanche, que vous aurez faite selon la première recette. Lorsque vos fanchonnettes sont cuites et froides, vous les garnissez de nouveau avec la crème de pistaches, puis vous les meringuez comme de coutume. Après avoir été masquées de sucre en poudre, vous mettez entre chaque perle la moitié d'une pistache conservée, que vous coupez en travers.

Donnez-leur la même cuisson que ci-dessus, et servez-les chaudes ou froides.

On ne mettra pas la crème aux pistaches au four, afin de lui conserver la fine saveur des pistaches et surtout leur tendre couleur verdâtre; autrement cette crème, par l'action de la chaleur, perdrait bientôt ces deux avantages.

Fanchonnettes aux abricots. — Foncez vos fan-

chonnettes selon la règle et garnissez-les légèrement de marmelade d'abricots. Lorsqu'elles sont
cuites et refroidies, vous les remplissez de la
même marmelade; vous les finirez ensuite de la
manière accoutumée.

On les fait également de marmelades de pommes, de poires, de pêches, de coings et d'ananas.

FAON. — On appelle du même nom le petit de
la daine et de la biche; il reçoit absolument la
même préparation que le daim et le chevreuil; sa
longe fait un fort beau rôti.

FARCE. — Chair hachée dont on se sert pour
farcir.

FARCE CUITE. — Prenez la quantité de volaille dont vous croirez avoir besoin, ou du veau
faute de volaille; vous le couperez en dés et vous
le mettrez dans une casserole avec un morceau
de beurre, un peu de fines herbes hachées, telles
que champignons, persil, ciboules; levez-en les
chairs, ôtez leurs nerfs et leur peau, hachez ces
chairs et pilez-les bien; mettez autant de panade
que de chair et même de la tétine, afin que le
tout soit par tiers; ayant pilé le tout à part, repilez ces trois portions réunies; mettez-y des œufs
entiers en raison du volume de votre farce, ayez
soin qu'elle ne soit pas trop liquide, assaisonnez-
la de sel, poivre, épices fines et fines herbes, passez au beurre, faites un essai; arrivée à son degré, finissez-la avec quelques blancs d'œufs
fouettés et servez-vous en au besoin.

Il arrive parfois aussi que l'on a besoin de farce maigre, c'est-à-dire de farcir le poisson ; procédez alors selon la recette suivante.

Farce de poisson. — Habillez et désossez des brochets, des carpes, des anguilles et autres poissons que vous hacherez bien ensemble et bien menu, joignez à ce hachis une omelette baveuse, des champignons, des truffes, du persil, des ciboules, une poignée de mie de pain trempée dans du lait, un peu de beurre et des jaunes d'œufs ; on hache cette adjonction aussi fine que la première partie, et l'on fait de toutes deux une farce qu'on assaisonne de sel, de poivre, d'épices ; on la fait cuire pour la servir seule ou pour en farcir sur l'arête des carpes et des soles ; on en fait aussi des andouillettes, on en farcit des choux, des croquettes et des rissolles.

FARINE. — Poudre extraite des semences des graminées et particulièrement du froment. On fait un emploi fréquent de la farine de froment dans la sauce blanche, dans les roux, et enfin dans les préparations alimentaires ; ayez la main légère, quand vous vous servez de farine ; la farine cuit difficilement et affadit et alourdit vos sauces ; il faut donc se servir de la plus belle qualité et surtout de celle appelée gruau, pour faire la pâtisserie grosse et fine ; pour les biscuits, servez-vous de la fécule de pomme de terre.

Si vous voulez éviter une partie des inconvénients de la farine, faites la sécher à un four un

peu chaud, jusqu'à ce qu'elle y ait pris un faible
degré de coloration : elle sera excellente alors
pour mélanger avec le beurre qu'on ajoute aux
sauces trop claires pour les lier.

FÉCULE. — Les pommes de terre contiennent
de la fécule; elle est préférable à la farine de froment pour les sauces blanches; on peut en ajouter une certaine quantité dans les sauces qui re-
fusent de prendre.

FENOUIL. — On mange le fenouil comme le
céleri.

FERMENT. — On appelle ferment la substance
qui a la propriété de faire fermenter : ainsi le
levain est du ferment, et si l'on n'ajoutait pas du
ferment à la pâte, on n'obtiendrait qu'un pain
très indigeste.

La levûre de bière, le jus de groseilles, la bière
qui commence à mousser sont aussi des fer-
ments.

FÈVE. — Les graines de la fève sont assez digestibles tant qu'elles sont jeunes; mais elles deviennent lourdes lorsqu'elles approchent de leur
maturité et qu'on est obligé de les débarrasser
de leur peau.

Fèves à la crème. — Prenez de petites fèves, ne
les dérobez pas, c'est-à-dire ne leur ôtez pas leur
peau; faites-les blanchir à l'eau bouillante, jetez-
les dans l'eau froide, égouttez, passez au beurre
à demi-roux avec sel, poivre, persil haché fin et
sariette; ajoutez du bouillon, un morceau de

sucre et une pincée de farine maniée avec du beurre. Quelque temps avant de servir, versez dans vos fèves un verre de crème et faites jeter seulement un bouillon; liez avec des jaunes d'œufs.

FIGUES. — Elles se mangent fraîches et séchées.

FILETS. — Les filets, chez les quadrupèdes, sont les parties charnues qui longent l'épine dorsale; dans l'oie et le canard, ce sont les aiguillettes que l'on peut découper dans les muscles des ailes et sur les estomacs; dans les poissons, on nomme filet toute bande de chair dépourvue d'arêtes.

FLAN DE CRÈME A LA FRANGIPANE. — Croûte en pâtes brisées. Garnissez de frangipane à la moelle, faites cuire au four et glacez-la avec sucre en poudre avant de servir.

Flan de fruits. — Prenez un moule qui n'ait pas plus de cinq centimètres de hauteur, garnissez avec de la pâte à dresser, donnez à votre pâte la forme exacte du moule; mettez dans un vase des brugnons, des prunes, des abricots, dont vous aurez ôté les noyaux; sautez-les dans du sucre en poudre, couchez-les dans la croûte que vous avez moulée; arrosez de sirop et faites cuire à four chaud.

FLÈCHES DE LARD. — Les rôtisseurs et les cuisiniers appellent flèches de lard les morceaux de graisse ou de panne que l'on enlève de dessus les côtes des porcs, depuis les épaules jusqu'aux cuisses. Ils composent beaucoup de ces flèches de lard pour barder leur viande.

FOIE. — Il n'existe en réalité que trois bonnes manières d'apprêter le foie de veau : à la broche, à la bourgeoise et à l'italienne.

Foie de veau rôti. — Qu'il soit gros, gras, blond ; piqué de gros lardons, assaisonné d'épices, de fines herbes, d'ail.

On peut faire rôtir un foie de veau dans un four de cuisine, ça se comprend, mais à la broche c'est bien différent ; c'est la question de la livre de beurre à la broche. La grande difficulté, c'est de faire tenir le foie de veau qui n'a pas de corps sans qu'il tourne sur la broche.

Faites chauffer sans rougir le fer de la broche au milieu ; votre foie de veau étant préparé avec bande de lard ficelé, poussez-le au milieu, la chaleur du fer le saisit et il se tient ferme jusqu'à cuisson. (*Vuillemot.*)

Faites rôtir à petit feu. Servez dans son jus dégraissé, en y ajoutant un jus d'orange amère ou filet de verjus muscat.

Foie de veau à la bourgeoise. — Piquez votre foie de veau de gros lard assaisonné ; foncez une braisière de bardes de lard ; mettez-y le foie avec des carottes, un bouquet garni, des oignons, dont un piqué de clous de girofle, de la muscade rapée, sel et gros poivre, couvrez avec des bardes de lard, mouillez avec du bouillon et deux verres de vin rouge; ajoutez des tranches de citron dont vous aurez enlevé le zeste et les pepins, ou, à défaut de tranches de citron, du verjus, et faites cuire en mijotant. Lorsque le foie est cuit, dégraissez la cuisson, faites-la réduire et servez-vous-en pour mouiller un roux que vous exécuterez à part, mais, pour Dieu! ne mettez jamais de cornichons dans un ragoût de foie de veau.

Foie de veau à l'italienne. — Coupez par tranches un foie de veau; ayez dans une casserole de l'huile fine, du lard fondu, du vin blanc, persil, ciboules, champignons, sel, gros poivre; couchez sur ce fond vos tranches de foie, mettez une couche d'assaisonnement et continuez en alternant; faites cuire à petit feu, dégraissez la cuisson, faites-la réduire et servez vos tranches de foie dans leur sauce; vous pouvez substituer une sauce italienne. (V. Sauce italienne.)

Gâteau de foie de volailles. — Hachez, pilez foies de volailles avec 250 grammes de graisse de bœuf, autant de lard avec champignons, oignons coupés en cubes, passés au beurre, six œufs dont vous fouettez les blancs, un demi-verre d'eau-de-vie, sel, poivre, muscade; pilez le tout; garnissez le fond et les côtés d'une casserole avec des bardes de lard; mettez-y tout ce hachis avec des truffes coupées; couvrez avec des bardes de lard; posez la casserole sur un fourneau étouffé par la cendre, et recouvrez de braise allumée.

Nous avons recommandé une casserole de terre

ou de fer parce que, pour qu'il ne se déforme pas, il faut que le gâteau refroidisse dans la casserole. Quand le gâteau est froid, on trempe un instant la casserole dans l'eau bouillante, ce qui détache le contenu du contenant; et on renverse ce contenu sur un plat.

FOIE GRAS. — On sait que le foie gras de Strasbourg est réputé fournir le roi des pâtés. L'opération par laquelle on obtient les foies gras consiste principalement à engraisser les oies de manière à produire chez elles une tuméfaction de cet organe. Le foie d'une oie soumise au traitement que leur font subir les engraisseurs de Strasbourg, arrive à être jusqu'à dix ou douze fois plus gros que nature.

Pour en arriver là, on soumet ces animaux à des tourments inouïs, on leur cloue les pattes sur des planches pour que l'agitation ne nuise pas à l'obésité; on leur crève les yeux; on les bourre avec des noix sans jamais leur donner à boire. On arrange les foies gras au madère, et on les fait sauter pour les servir sur une sauce Périgueux.

FONDUE. — Pesez le nombre d'œufs que vous voudrez employer d'après le nombre présumé de vos convives.

Vous prendrez ensuite un morceau de bon fromage de Gruyère pesant le tiers, et un morceau de beurre pesant le sixième de ce poids.

Vous casserez et battrez bien les œufs dans

une casserole; après quoi vous y mettrez le beurre et le fromage râpé ou émincé.

Posez la casserole sur un fourneau bien allumé, et tournez avec une spatule, jusqu'à ce que le mélange soit convenablement épaissi et mollet; mettez-y un peu ou point de sel, suivant que le fromage sera plus ou moins vieux, et une forte portion de poivre, qui est un des caractères positifs de ce mets antique. Servez sur un plat légèrement échauffé; faites apporter le meilleur vin, qu'on boira rondement; et on verra merveilles. (*Recettes de la fondue, telle qu'elle a été extraite des papiers de M. Trollet, bailli de Mondon, au canton de Berne.*)

FOURNITURE. — On désigne sous ce nom les fines herbes accompagnant les chicorées ou laitues faisant le corps de la salade. Ces fournitures sont : le cresson alénois, le cerfeuil, les ciboules, l'estragon, la perce-pierre, le baume, quand il est nouveau, la corne de cerf, la pimprenelle, les capucines fleuries, les fleurs de violette, de bouillon blanc, de bourrache et de buglosse.

FRAISE DE VEAU. — Ayez une fraise de veau bien blanche et bien grasse; faites la dégorger et blanchir en lui faisant jeter quelques bouillons. Rafraîchissez-la, faites-la cuire dans un blanc. (V. BLANC.) La cuisson faite, égouttez-la et servez-la avec la sauce au pauvre homme.

Sauce au pauvre homme. — Prenez cinq ou six échalotes, ciselez-les et hachez-les, ajoutez une pincée de persil taillé bien fin, mettez le tout dans une casserole, soit avec un verre de bouillon, soit avec du jus ou de l'eau en moindre quantité et une cuillerée à dégraisser de bon vinaigre, du sel et une pincée de gros poivre, faites bouillir vos échalotes jusqu'à ce qu'elles soient cuites et servez.

Si vous ne voulez pas vous donner la peine de faire un blanc pour cuire votre fraise, contentez-vous de la passer à l'eau bouillante pendant dix minutes et ensuite à l'eau froide, puis mettez dans une casserole une cuillerée de farine, un demi-verre de vinaigre, du sel, du poivre, deux oignons, dont un piqué de deux clous de girofle, et un bouquet garni.

FRANGIPANE. — Espèce de crème, garniture fréquente de pâtisseries.

FRICANDEAU. — Rouelle ou tranches piquées et glacées; s'applique surtout à la viande de veau.

Fricandeau à l'ancienne. — Extraire la noix d'un cuissot de veau bien blanc, la parer, la piquer; foncez votre casserole d'une bonne mirepoix, carottes, gros oignons en rouelles, un bouquet garni; beurrez le fond de la casserole, ajoutez votre noix de veau, faites-la suer afin que la partie aqueuse du veau s'évapore, mouillez ensuite avec un bol de consommé qui ne couvre pas le lard. Faites cuire doucement feu dessous et dessus, et glacez bien votre fricandeau en l'arrosant de temps en temps, passez le fond, réduisez pour glacer la noix de veau et le surplus pour corser soit l'oseille, la chicorée qui sert de garniture, et servez. (*Vuillemot.*)

Fricandeau d'esturgeon, de brochet ou de saumon. — Coupez des tranches du poisson que vous voulez glacer de la grosseur de 3 centimètres, dépouillez-les, piquez-les de lard, farinez-les, mettez-les dans une casserole le lard en dessous avec le lard fondu, colorez et enlevez-les du feu. Hachez des truffes, des champignons ou des mousserons ; dressez sur eux vos fricandeaux dans un plat, arrosez-les du jus de jambon, couvrez-les d'un plat et laissez cuire à feu doux une heure durant.

FRIRE. — Action de faire cuire de la viande, du poisson ou des légumes dans du beurre, de l'huile, du saindoux ou de la graisse.

FRITURE. — L'expérience a appris que, de toutes les fritures, la meilleure est celle que l'on fait avec la partie grasse qu'on tire de la grande marmite. Lorsqu'on n'a pas assez de cette graisse, on y supplée avec de la graisse de rognons de bœuf hachée très fin, ou que l'on coupe en dés, et que l'on fait fondre avec soin. Ces graisses valent infiniment mieux que le saindoux, qui a le défaut de ramollir la pâte, et celui encore plus grand, lorsqu'on le fait chauffer, de s'enfler et d'écumer, ce qui le fait déborder souvent du vase où on l'a mis, et ce qui est dangereux encore, *dans le feu.* L'huile fait à peu près le même effet et n'est pas moins dangereuse sous ce dernier rapport ; mais elle ne ramollit pas. A l'égard du beurre fondu, cette friture revient fort cher et a presque les mêmes inconvénients : ainsi, de toutes les fritures, tant pour la beauté que pour la bonté et l'économie, la meilleure est celle qui provient de la graisse qu'on a retirée de la marmite, ainsi que celle qu'on fait de la graisse des rognons de bœuf.

Manière d'opérer en cela :

Lorsque vous aurez de la graisse indiquée en suffisante quantité, mettez-la dans une marmite pour faire cuire et clarifier ; faites-la partir comme vous feriez à l'égard d'un bouillon ; mettez-y quelques tranches d'oignons et quelques morceaux de pain, faites la aller quatre ou cinq heures sur le bord d'un fourneau ou devant le feu, comme on fait aller, vulgairement dit, un pot-au-feu bourgeois ; après ôtez-en le pain, les oignons, et tirez-la au clair : elle doit être extrêmement limpide ; mettez-en la quantité dont vous aurez besoin dans un poêle, faites-la chauffer ; pour vous assurer si elle est chaude assez, trempez un de vos doigts dans l'eau et secouez-le sur la friture ; si elle pétille et jette de l'eau, c'est qu'elle est à son degré de chaleur.

Si c'est du poisson que vous faites frire, avant de l'abandonner tenez-le par la tête et trempez le bout de la queue dans votre friture ; si l'ayant laissé une seconde, vous voyez que ce bout est presque cassant, mettez-y votre poisson et ayez soin de le retourner.

FROMAGE. — Il existe une quantité considérable de fromages ; les plus estimés sont : le Brie, le Hollande, le Gruyère, le Livarot, le Marolles, le Camembert, le Roquefort, le Parmesan ; enfin ces délicieux petits fromages suisses qui sont de véritables crèmes et au goût et à la vue, et que les gourmands trouvent si délectables.

FRUITS. — On les mange frais et crus, cuits ou séchés. La cuisson les rend de plus facile digestion sans altérer leurs propriétés laxatives ; par la dessication, ils deviennent de moins facile digestion, mais plus sucrés et plus nourrissants.

FUMET DE PERDRIX. — Prenez une bouteille de vieux vin blanc, deux lapins de garenne et deux vieilles perdrix coupés en quartiers, joignez-y des oignons, des carottes, panais, un pied de céleri, des champignons, bouquet garni des quatre épices ; mettez en casserole, faites cuire le tout ensemble, écumez, ajoutez un demi-litre de consommé déjà réduit, laissez mijoter pendant deux heures, tamisez, dégraissez, remettez-la sur le feu et faites réduire en glace ; ajoutez-y alors un peu d'espagnole, tenez en réserve et servez-vous-en au besoin pour l'assaisonnement de certains plats, surtout pour accompagnement d'œufs pochés ou brouillés.

FUMIGATION. — La fumigation peut être considérée comme un moyen de conservation des viandes, mais des viandes fermes seulement.

Bœuf. — Les côtes et la poitrine sont les morceaux qu'il faut choisir de préférence ; vous plongez le morceau que vous avez choisi dans l'eau bouillante, à plusieurs reprises, et vous le retirez promptement, puis vous le frottez avec un mélange de sel et d'un peu de salpêtre, vous le laissez sécher et l'exposez pendant un mois ou six semaines à la fumée d'un feu.

Porc. — Vous exposez les jambons que vous voulez fumer huit jours à l'air, vous les laissez une dizaine de jours dans la saumure et vous les plongez dans une infusion de genièvre pilé dans l'eau-de-vie, et vous les fumez avec des branches de genièvre. Ayez soin de suspendre alternativement les jambons et les saucisses que vous fumez par chaque bout, afin que les sucs qu'ils contiennent ne s'écoulent pas et se maintiennent en équilibre.

Poissons. — On les sale, on les embroche et on les expose à la fumée du genièvre ou des feuilles de chêne, on tient les gros entr'ouverts au moyen de petites traverses, et on entoure de papier ou de toile ceux qui ont la chair délicate. On fume les harengs vingt-quatre heures, les saumons trois semaines ; les brochets et les anguilles quatre jours au plus.

G

GALANTINE. — La galantine est un composé de plusieurs viandes fines réunies par tranches ou par couches et cuites ensemble.

Galantine de poularde ou de chapon. — Prenez deux poulardes, désossez-les, ôtez-en proprement les peaux sans les décharner, faites une farce avec la chair, un peu de lard, une tétine de veau, quelques champignons et truffes, un peu de mie de pain trempée dans la crème, et trois ou quatre jaunes d'œufs crus avec fines herbes, fines épices, un peu de persil et de ciboules, poivre et sel, le tout haché et pilé dans un mortier.

Étendez ensuite la peau de vos poulardes et arrangez la farce dessus, sur cette farce, vous étendez une première couche de lardons bien blancs, et bien assaisonnés, puis sur cette couche une autre de jambon cru, ensuite un autre rang de lardons, puis un rang de pistaches bien vertes,

31.

encore un rang de lardons et continuez ainsi jusqu'à la fin. Enveloppez le tout dans les peaux en les roulant, pliez-les dans un linge et ficelez-les. Garnissez ensuite le fond d'une marmite de bardes de lard et de tranches de bœuf battu avec fines herbes, fines épices, sel, poivre, oignons, panais et carottes, mettez-y vos deux poulardes, assaisonnez, garnissez dessus comme dessous et faites cuire à petit feu dessus et dessous.

Quand tout est cuit, égouttez-les bien, ôtez la ficelle et le linge qui les enveloppe, coupez-les par tranches, garnissez-en le fond d'un plat et jetez par-desssus un ragoût de truffes vertes de façon que les truffes se trouvent seulement dans les intervalles et qu'elles ne couvrent pas la galantine, et servez chaudement.

Galantine d'une tête de veau. — Échaudez bien la tête de veau, levez-en la peau, remplissez-la d'une farce de poularde et garnissez-la de lardons, de lard, de jambons et de pistaches comme les poulardes en galantine, c'est-à-dire en alternant toujours les couches; faites-la cuire à la braise roulée, ficelée et pliée dans un linge comme il est dit plus haut, puis vous la coupez par tranches et la servez avec le même ragoût que les poulardes.

Galantine de dinde. — Vous coupez les pattes et le cou de la dinde, vous lui rentrez les cuisses en dedans, et lui désossez les ailes sans les détacher, vous fendez aussi votre dinde par le dos pour la désosser sans endommager sa peau, vous enlevez les chairs de l'estomac et les gros morceaux des cuisses, vous les piquez de lard fin, et assaisonnez de sel, poivre et épices. Vous faites une farce avec un morceau de maigre de veau et autant de gras de lard hachés bien fin, assaisonnez fortement de sel, poivre et épices ; vous étendez sur la peau de votre dinde une première couche de cette farce, puis une seconde avec des lardons, continuez alternativement et finissez comme il est indiqué à l'article *Galantine de dindon* (V. DINDON).

Galantine de poulets. — La galantine de poulets se fait de la même façon que celle ci-dessus.

GALETTE. — Espèce de gâteau plat cuit au four.

Galette commune. — Pétrissez deux litrons de belle farine avec trois quarterons de beurre frais et quantité suffisante d'eau et de sel, pétrissez-la ferme et ajoutez de l'eau en la pétrissant toujours jusqu'à ce qu'elle soit molasse, mettez-la alors en boucle, aplatissez-la avec le rouleau, en ayant soin de la poudrer de farine, afin qu'elle ne s'attache pas, dorez et mettez cuire au four.

Galette feuilletée. — Si vous voulez que votre galette soit feuilletée, après avoir fait la pâte comme la précédente, et bien maniée en l'aplatissant avec le rouleau, vous la pliez en quatre, l'aplatissez encore et la pliez de la même façon, faites cela trois ou quatre fois, formez votre galette et mettez-la au four.

Galette aux œufs. — Après avoir préparé votre
pâte comme il est indiqué ci-dessus, et ajouté le
beurre et le sel, vous y cassez des œufs en quantité suffisante, vous détrempez et battez bien le
tout ensemble, et votre galette étant achevée vous
la finissez comme les autres en la mettant au
four.

GALIMAFRÉ. — On donne ce nom à un ragoût
composé de restes de viandes dépecées par morceaux que l'on fait cuire dans une casserole avec
eau, sel, poivre, quand c'est de la viande blanche ;
et si c'est de la viande noire, on y ajoute un filet
de vinaigre ou un peu de vin et une pointe d'échalote, de rocambole ou d'ail, suivant le goût.

GARDON. — Petit poisson d'eau douce qu'on
met au rang des poissons blancs ; il se pêche
comme le goujon, et s'apprête en cuisine comme
la carpe. (V. CARPE.)

GARNITURE. — Cela se dit de toute substance accompagnant et garnissant un plat.

Garniture de bouilli à la bourgeoise. — Faites
blanchir et cuire des choux comme pour le
potage, faites blanchir une dizaine de carottes,
après les avoir tournées ; mettez-les dans une
casserole avec cinq ou six cuillerées de sauce
brune, avec autant de consommé ; faites cuire à
petit feu, ajoutez quelques navets que vous aurez
tournés comme vos carottes ; après avoir fait
blanchir du petit lard, vous le mettrez cuire avec
les choux ; saucez votre pièce de bœuf avec la

sauce dans laquelle vous avez fait cuire vos légumes; versez-la dessus, si elle n'est pas en glace; vous pouvez ajouter des oignons glacés, si vous les aimez.

Garniture de tomates. — Coupez-en deux, à l'endroit de leur plus grande rotondité, pressez-en le jus, les pepins et les morceaux du côté de la fleur, en faisant attention de ne pas les écraser; on les place couchées à côté l'une de l'autre, on les garnit de champignons hachés, d'échalotes, de persil, d'ail, de chair de jambon; on fait cuire le tout en y ajoutaut une couche de mie de pain, de jaunes d'œufs, sel et muscade, un peu de beurre de piments et d'anchois, pilez le tout ensemble en y versant peu à peu de l'huile; passez la farce à travers un tamis à quenelles et garnissez-en les tomates, passez-les avec de la mie de pain et un peu de parmesan, arrosez-les avec de l'huile, et faites cuire à four chaud.

Garniture de raifort. — Ayez du raifort, enlevez en la peau, râpez après l'avoir lavée à plusieurs eaux, et placez-la autour des bouillis et des rôtis.

Garniture à la flamande. — Tournez une trentaine de carottes et de navets, faites-les cuire et blanchir dans un consommé avec une cuillerée à sucre, ayez trente laitues braisées, ainsi que trois cœurs de gros choux; égouttez, pressez, tranchez et dressez-les autour de votre plat en couronne, en mettant un navet et une carotte entre chaque

laitue; au milieu du plat resté libre, posez la
viande que vous aurez préparée, rangez trente
oignons glacés sur le rebord des carottes et des
laitues, quand votre relevé ou entrée est dressé,
masquez avec une sauce bien réduite à la glace,
allongez d'espagnole.

GATEAU. — Sorte de pâtisserie, presque
toujours de forme ronde, faite ordinairement
avec de la farine, des œufs et du beurre; on en
fait aussi avec du riz.

Gâteau de carottes. — Prenez douze grosses carottes bien rouges, ratissez-les, lavez-les, faites-
les cuire dans une marmite avec de l'eau et du
sel, supprimez-en les cœurs, égouttez-les, passez-
les à l'étamine, mettez-les dans une casserole et
faites-les dessécher sur le feu, comme une pâte
royale: faites une crème pâtissière de la valeur
d'un demi-setier de lait, forcez-la un peu en farine, et, la cuisson faite, incorporez-y votre purée
de carottes, une pincée de fleur d'orange pralinée et
hachée, trois quarterons de sucre en poudre,
quatre œufs entiers que vous mettez l'un après
l'autre, six jaunes d'œufs dont vous réservez les
blancs et un quarteron de beurre fondu; mêlez
bien le tout; fouettez vos blancs, mettez-les dans
la composition, préparez une casserole en la
beurrant et la mettant sens dessus dessous, afin
de bien l'égoutter, saupoudrez-la de mie de pain,
versez-y votre gâteau, mettez-le cuire au four,
dressez-le et servez chaud ou froid.

Gâteau au riz. — Vous faites cuire 150 grammes de riz comme pour faire un potage au blanc ; quand il est cuit et bien épais, mettez-le dans une pâte brisée faite avec un litron de farine, trois quarterons de beurre, quatre blancs d'œufs, un peu de sel, ce qu'il en faut pour un gâteau ordinaire ; mettez la pâte et le riz dans un mortier, pilez le tout ensemble, dressez ensuite votre gâteau à l'ordinaire, dorez-le, faites le cuire au four sur une feuille de papier beurré et servez chaud.

Le gâteau de vermicelle se fait la même chose.

Gâteau de pistaches. — Pilez ensemble 180 grammes de pistaches, 60 grammes d'amandes douces pelées, une côte de citron vert confit, ajoutez-y deux blancs d'œufs, passez cette composition au tamis, mettez autant de sucre en poudre que de pâte, mêlez bien le tout ensemble ; fouettez ensuite huit autres blancs que vous délayerez bien avec quatre jaunes ; mêlez bien le tout, passez à travers un tamis, et mettez la pâte dans un moule en papier beurré, faites cuire deux heures au four avec plus de chaleur dessous que dessus, retirez-le du four, ôtez le papier et servez-le glacé pour entremets.

Gâteau de mille feuilles. — Faites un feuilletage brisé, coupez-le en cinq parties dont une plus forte du double que les autres, abaissez les quatre autres à l'épaisseur d'une pièce de cinq francs, faites-en le corps du gâteau et servez-vous de la

cinquième pour en former le dessus, dorez-les et
faites cuire au four, glacez le couvercle si vous
voulez, puis mettez sur chaque plaque la confiture qu'il vous plaira, mettez-les les unes sur les
autres après les avoir couvertes avec la confiture
qui doit être différente sur chaque plaque, posez
sur la dernière plaque le couvercle et coupez-le
sur le modèle des huit pans de dessous, dorez
et faites des dessins avec des confitures différentes
et servez sur une serviette comme grosse pièce
d'entremets.

Gâteau à la Madeleine. — Cassez dix œufs dont
vous séparez les blancs et les jaunes ; battez les
jaunes avec trois quarterons de sucre en poudre,
une pincée de citron vert haché et un peu de sel
fin, ajoutez-y une demi-livre de farine fine et
mêlez bien le tout ; incorporez dans cette composition un bon morceau de beurre fin clarifié ;
ajoutez-y six blancs d'œufs bien fouettés et finissez
votre pâte ; beurrez ensuite de petits moules à la
Madeleine, remplissez-les de cette pâte et faites-
les cuire à un four doux et servez.

Vous pouvez remplacer les moules par une
grande caisse de papier beurré, dans laquelle
vous mettez la pâte ; vous faites cuire et coupez
ensuite le gâteau en losanges ou comme il vous
plaira.

Gâteau d'amandes. — Faites une pâte à l'ordinaire avec du beurre et deux ou trois jaunes
d'œufs, et de la farine, bien entendu ; ajoutez du

sucre, 125 grammes d'amandes pilées bien menu,
une bonne pincée de sel et un peu d'eau de fleur
d'orange. Maniez et mêlez bien le tout ensemble,
faites-en une pâte consistante, étendez-la avec
un rouleau sur un papier beurré, dorez-le et
mettez cuire au four.

Gâteau de Pithiviers. — Préparez vos amandes
comme pour le gâteau ci-dessus, ajoutez-y
250 grammes de sucre en poudre, un peu de
zeste de citron haché et une demi-livre de bon
beurre fin; mêlez-y au fur et à mesure six œufs,
et finissez comme le gâteau d'amandes.

Gâteau au lard. — Faites une pâte brisée très-
fine, dressez un gâteau à l'ordinaire, mettez par
rangées et fort près des lardons de petit lard de
la hauteur du gâteau, égalisez bien le tout, mettez-le cuire au four et servez-le froid.

Il ne faut pas trop saler la pâte à cause du lard
qui entre dans la composition du gâteau.

Gâteau de Compiègne. — Passez 125 grammes de
belle farine au tamis, faites deux fontaines
comme à la pâte à brioche, prenez un peu plus
que le quart de votre farine pour faire un levain,
mettez-y un peu plus de levûre, et tenez votre
levain moins ferme que pour la brioche, faites la
revenir et mettez dans votre grande fontaine une
once de sel, un bon verre d'eau, une bonne
poignée de sucre fin, le zeste de deux citrons
bien hachés, du cédrat confit et coupé en petits
dés. Faites votre pâte comme il est indiqué à

l'article *Pâte à brioches*, ténez-la plus molle ; beurrez un moule, mettez-y votre pâte, laissez-la revenir selon la fraîcheur de la levûre pas plus de une heure à deux heures, mettez votre gâteau cuire pendant deux heures à un four bien atteint, renversez-le du moule et servez-le froid pour grosse pièce.

Gâteau à l'anglaise. — Vous délayez de la farine avec du lait et de la crème, vous y ajoutez une demi-livre de raisins secs hachés avec autant de graisse de bœuf, de la coriandre, de la muscade râpée, de l'eau de fleur d'orange et de l'eau-de-vie ; vous mêlez bien le tout ensemble, puis vous beurrez le fond d'une casserole, vous mettez dedans votre gâteau que vous faites cuire au four et que vous glacez avec du sucre au moment de servir.

Gâteau Frascati. — Vous faites cuire un biscuit fin à l'orange dans un moule à timbale rond ; en le sortant du four, vous le renversez sur un plafond pour le parer droit en dessus et le diviser transversalement en tranches d'un centimètre d'épaisseur, vous divisez ensuite ces tranches chacune en quatre parties pour les ranger sur le centre d'un plat les unes sur les autres et reformer le gâteau, mais en ayant soin d'arroser à mesure chaque tranche avec quelques cuillerées à bouche de crème anglaise parfumée à l'orange, et en les saupoudrant chacune avec une pincée d'écorce d'orange confite et coupée en dés très fins. Quand

le gâteau est monté, vous l'entourez à sa base
avec des moitiés de pommes en hérisson, c'est-à-
dire cuites au beurre, bien entières, un peu
fermes et glacées avec de la marmelade d'abricots, puis piquées avec des amandes en filets et
sèches saupoudrées avec du sucre et glacées au
four. Poser aussi une demi-pomme sur le haut et
servir le gâteau en même temps qu'une saucière
de crème anglaise. (*Recette Urbain Dubois, cuisinier
de tous les pays.*)

Gâteau Savarin. — Délayez ensemble un peu de
levûre de bière et de crème, ajoutez trois œufs,
un quart de sucre en poudre, trois quarts de
beurre frais fondu, un litron de farine et très peu
de sel, vous pétrissez le tout ensemble avec assez
de crème pour rendre votre pâte molle. Vous
beurrez en dedans un moule fait en couronne et
vous en parsemez le fond, qui deviendra le dessus
du gâteau, d'amandes émondées et hachées ; vous
le remplissez aux trois quarts de votre pâte et
vous l'exposez à une chaleur douce afin de le faire
gonfler, puis vous le faites cuire comme la
brioche, vous le démoulez et vous versez dessus
doucement, afin de bien en imprégner le gâteau,
un sirop fait avec du kirsch, du sirop de sucre
cuit à la grande plume, une pincée de vanille en
poudre et un peu de lait d'avelines, cela lui
donne un goût exquis, et vous le servez froid ou
chaud.

GAUFRES. — Menue pièce de pâtisserie qui se

fait beaucoup dans certaines provinces, mais qui se mange fort peu à Paris.

Voici quelques recettes :

Gaufres au sucre. — Ayez huit œufs, 250 grammes de sucre, autant de beurre fondu, deux mesures de crème ; mêlez bien le tout ensemble en le battant, ajoutez-y trois quarterons de farine et délayez-la peu à peu avec les œufs et le sucre jusqu'à ce que la pâte ait acquis un peu de consistance, goûtez-la pour voir si elle est assez fine, sinon ajoutez-y du beurre et du sucre.

La pâte étant en bon état, vous prenez les fers à gaufre que vous faites chauffer comme il faut, vous les frottez avec une plume de beurre fondu et vous versez la pâte dedans ; une bonne cuillerée à bouche suffit pour chaque gaufre ; vous mettez les fers sur un feu clair, vous les retournez pour faire cuire les gaufres des deux côtés, puis vous les retirez et les saupoudrez de sucre.

Gaufres aux pistaches. — Vous mouillez 125 grammes de pâte à brioches avec un verre de vin de Madère, vous y incorporez trois onces de sucre en poudre et deux onces de raisins de Corinthe, vous étendez cette composition sur les fers en lui donnant l'épaisseur d'un demi-pouce, vous faites cuire environ un quart d'heure à four vif, vous formez vos gaufres, les glacez au sucre, au café, les masquez légèrement avec des pistaches hachées et les servez au naturel.

GELÉE. — On fait les gelées avec le suc des

fruits mûrs, cuits avec du sucre à une consistance convenable.

Nous renvoyons pour les gelées de fruits à l'article *Confitures*, où nous nous sommes expliqué tout au long à ce sujet, et nous n'allons nous occuper ici que des gelées de viande.

Gelée de viande. — Façon de la faire. — Prenez des pieds de veau selon la quantité de gelée que vous voulez faire et un bon coq. Après avoir bien lavé et épluché le tout, vous le mettez dans une marmite avec de l'eau en proportion, vous faites cuire ces viandes et les écumez avec soin. Quand vous vous apercevez que votre gelée est assez faite, vous prenez une casserole et vous la mettez dedans après l'avoir passée à travers un linge et l'avoir bien dégraissée; vous y mettez du sucre en proportion, de la cannelle en bâton, deux ou trois clous de girofle et l'écorce de deux ou trois citrons dont vous conservez le jus. Vous faites cuire votre gelée avec tous ces ingrédients et vous y ajoutez quatre ou cinq blancs d'œufs battus en neige et le jus du citron; vous remuez de temps en temps la cuisson, puis vous la laissez reposer jusqu'à ce que le bouillon s'élève au-dessus de la casserole, videz alors la gelée dans une chausse, passez-la deux ou trois fois afin qu'elle soit bien claire et servez-la.

La gelée est susceptible de plusieurs couleurs; on la mange dans sa couleur naturelle, on la blanchit avec des amandes pilées, on la jaunit avec des jaunes d'œuf, etc.; voyez du reste, pour les différentes couleurs à donner, à l'article *Dorure*.

GELINOTTE. — Cet oiseau est un peu plus gros que la perdrix rouge et ressemble tellement à la poule qu'on l'appelle vulgairement *poule sauvage* ou *poule des bois*.

Voyez pour son apprêt à l'article *Canard sauvage*.

GENIÈVRE. — *Sirop de genièvre*. — Vous faites infuser chaudement pendant neuf jours des baies de genièvre fraîchement cueillies et bien mûres; vous les faites bouillir pendant peu de temps, vous les écrasez et les refaites bouillir encore un peu, puis vous passez la liqueur avec une forte expression. Vous la remettez sur le feu avec une quantité suffisante de sucre, et faites cuire le tout ensemble jusqu'à consistance de sirop, laissez refroidir et mettez en bouteille.

Ratafia de genièvre. — Vous faites infuser dans l'eau-de-vie des baies de genièvre bien grosses et bien mûres, vous y ajoutez du sucre en proportion et vous mettez en bouteille.

Le ratafia ainsi que le sirop de genièvre sont cordiaux et bons pour faciliter la digestion.

GÉNOISES. — Sorte de pâtisserie fort agréable au goût, et qui se fait généralement avec des amandes.

Génoises glacées à l'italienne. — Mettez dans un

poêlon d'office 150 grammes de sucre en poudre
et cinq œufs entiers, mêlez-les comme pour un
biscuit; joignez-y ensuite un quarteron de farine
et autant d'amandes douces pilées, beurrez un
plafond, mettez votre appareil dessus, étendez-le
et donnez lui l'épaisseur d'une pièce de cinq
francs, faites cuire à un four vif jusqu'à belle
couleur, puis coupez-le et formez-en vos génoises
soit en croissants, en ronds ou en losanges; mettez
le fond du vase dans l'eau, puis fouettez cinq
blancs d'œufs, mêlez-y du sucre clarifié et
formez une glace dont vous couvrirez vos génoises; mettez-les sécher un quart d'heure et
servez-les.

Petites génoises. — Prenez de la pâte d'amandes,
abaissez-la et saupoudrez-la de sucre, puis coupez
des petits ronds comme pour des petits pâtés ordinaires de la grandeur d'une pièce de deux francs
à peu près, faites ensuite avec cette même pâte,
une abaisse de la grandeur du plat que vous
voulez servir, ajoutez-y un rebord de la grandeur
de vos petites génoises et faites autant de cette
génoise que votre abaisse peut en contenir; mettez-les sécher et cuire en les mettant à l'entrée
d'un four doux, et, quand vous serez pour les servir,
remplissez-les de confitures de couleurs différentes en en formant un quadrille ou tout autre
dessin. On peut servir les génoises comme dessert ou comme petit entremets, à la volonté des
personnes.

Génoises à l'orange. — Émondez 120 grammes d'amandes douces, pilez-les, et mouillez-les avec la moitié d'un blanc d'œuf; quand elles sont pulvérisées, vous les mettez dans une terrine avec 180 grammes de farine, 130 grammes de sucre, dont 75 grammes saturés de zestes d'orange, 6 jaunes d'œufs, deux œufs entiers, une cuillerée d'eau-de-vie et un peu de sel, mélangez bien le tout ensemble, battez ensuite 180 grammes de beurre que vous aurez mis ramollir devant la bouche du four et vous le mêlerez d'abord avec un peu d'appareil, puis vous l'amalgamerez avec le reste. Vos génoises étant terminées, vous beurrez un plafond à rebord, ou bien vous faites deux caisses de papier dans lesquelles vous versez vos génoises après les avoir terminées, en y ajoutant pour les glacer 120 grammes de sucre très fin, du blanc d'œuf et un peu de marasquin, et vous faites cuire à four et à feu modérés.

Génoises aux pistaches. — Vous émondez des pistaches, la quantité qu'il vous plaît et vous les pilez avec un peu de blanc d'œuf, puis vous y joignez une cuillerée d'essence de vert d'épinards passé au tamis de soie. Quand vos génoises sont à point, vous les couvrez d'un glacé fait avec 120 grammes de sucre travaillé dans un blanc d'œuf, et la moitié d'un suc de citron, afin qu'il soit d'une blancheur parfaite, ce qui fera très bien sur vos génoises qui doivent être d'un vert tendre.

Génoises perlées au raisin de Corinthe. — Vous procédez de la même façon que ci-dessus, vous placez entre chaque perle un grain de raisin de Corinthe bien lavé et en mettez un plus petit sur chaque perle.

Vous faites vos génoises de toutes formes possibles, en carrés, en losanges ou en ronds.

GIBELOTTE. — Préparation faite sur des morceaux d'oison ou de lapin. (V. Lapin.)

GIBIER. — Le mot gibier s'applique à tout ce qu'on a pris en chassant, et qui sert à l'alimentation du chasseur. Les sangliers, les cerfs, les daims, les chevreuils, et autres animaux semblables sont ce qu'on appelle le *gros gibier*, le *menu* se compose des animaux plus petits, tels que lièvres, lapins, perdrix, etc.

Le gibier, le poisson et la volaille se conservent parfaitement au moyen d'un linge fin avec lequel on les enveloppe, on le place dans un charbonnier et on le couvre de charbon fin; ou bien on vide le corps du gibier que l'on veut conserver et on le remplit de froment, on coud la pièce et on la place dans un tas de blé de façon à la recouvrir entièrement.

GIGOT. — (V. Agneau, Chevreuil et Mouton.)

GIMBLETTES. — Pâtisseries dites de menu service ou de petit four. (V. Croquignoles et Croquembouche.)

GLACE. — On appelle *glace* en terme de conflserie, le suc épaissi d'un fruit qu'on vient de con-

fire et qu'on emploie comme gelée translucide
pour glacer ce fruit. (V. Conserves.)

En terme d'office, la glace est la condensation
d'un liquide sucré au moyen de la congélation.

Les glaces de fruits ou glaces sucrées se font
dans une sorbetière ou glacière; c'est un cylindre
d'environ huit à dix pouces de hauteur que l'on
met dans un seau en bois, on garnit l'intervalle
qui existe entre les parois du seau et le cylindre
de glace pilée et de sel de salpétrier plus pur et
plus actif que celui dont on se sert pour assaisonner les aliments; vous mettez dans la sorbetière, c'est-à-dire dans le cylindre, le liquide à
glacer, vous le couvrez et vous le faites tourner
tantôt dans un sens, tantôt dans un autre au moyen
de la poignée qui doit se trouver sur le couvercle;
vous découvrez de temps en temps pour remuer
le liquide glacé en partie et ramener au centre ce
qui se trouve près des parois du cylindre, puis
votre glace bien ferme, vous la servez.

GODIVEAU. — On donne ce nom à un hachis
de viande, dont on forme des espèces de boulettes
avec lesquelles on garnit les tourtes et les vol-au-
vent.

Godiveau à la bourgeoise. — Vous retranchez les
tendons et les cartilages d'une noix de veau ou
d'une rouelle et vous la hachez avec 500 grammes de graisse de bœuf, vous les mêlez ensemble
en ajoutant du persil, ciboules hachées, sel et
épices mêlés, et vous pilez le tout ensemble en y

joignant successivement des œufs entiers jusqu'à ce que la pâte soit bien liée ; vous mettez un peu d'eau pour l'amollir et vous formez avec cette composition des boulettes, dont vous garnissez des pâtés chauds et autres plats d'entrée.

Godiveau de blanc de volaille aux truffes. — Vous procédez absolument de la même manière que pour le godiveau de veau, en employant seulement à sa place, une livre de filet de poulardes ou d'autres volailles et en y mêlant quatre cuillerées de truffes hachées très fin à la place de ciboulette.

Godiveau de gibier aux champignons. —Vous procédez comme ci-dessus, en faisant votre godiveau avec une livre de perdreaux gris ou de lapereaux de garenne et quatre cuillerées de champignons bien blancs hachés et passés dans du beurre à l'ail.

Godiveau maigre. — Vous procédez de la manière accoutumée avec une livre de chair de Carpe de Seine pilée et passée au tamis et quatre onces de panade, puis quatre cuillerées de fines herbes assaisonnées d'une pointe d'échalotes, persil, champignons et truffes.

On en fait aussi avec de la chair de brochet, de turbot et d'anguille, toujours en y incorporant de la panade.

GOUJON. — Il y en a de deux espèces : le goujon de mer, qui est blanc et vert et ressemble un peu au maquereau, et le goujon de Seine, beaucoup plus estimé que le précédent.

Goujons frits. — Vous écaillez, videz et essuyez des goujons sans les laver, les trempez dans du lait, les saupoudrez de farine, puis vous les embrochez dans des hâtelets d'argent et les mettez dans la friture bien chaude, retirez-les et servez-les avec du persil et un jus de citron.

Goujons à l'étuvée. — Vous préparez ces goujons comme les premiers, puis vous mettez au fond du plat dans lequel vous devez les servir, du beurre, du persil, ciboules, champignons, des échalotes, du thym, basilic, le tout haché très fin, sel et poivre ; vous arrangez dessus les goujons et les assaisonnez dessus comme dessous, vous les mouillez d'un verre de vin blanc, vous couvrez le plat et faites bouillir jusqu'à réduction presque complète de la sauce.

GRAS-DOUBLE. — (V. Bœuf.)

GRENADE. — On appelle ainsi le fruit du grenadier ; ce fruit est peu recherché hors du pays où on le recueille et ne sert qu'à garnir les corbeilles de dessert où il est d'un fort bel effet.

GRENOUILLES. — Il y a beaucoup d'espèces de grenouilles, qui diffèrent par leur grandeur, leur couleur et le lieu qu'elles habitent.

Les grenouilles de mer sont monstrueuses et on ne s'en sert pas comme aliment, non plus que des grenouilles de terre ; les grenouilles aquatiques sont seules bonnes à manger ; elles doivent avoir été prises dans une eau bien claire, et choisies bien nourries, grasses, charnues, vertes et ayant le corps marqué de petites taches noires.

Les grenouilles se mangent apprêtées de plusieurs façons différentes, on en fait surtout des potages qui sont fort sains et dont même quelques dames usent pour entretenir la fraîcheur de leur teint.

Potage de grenouilles.—Prenez la quantité de grenouilles qu'il vous faut, lavez-les bien, ôtez les os des cuisses et réservez les plus grosses pour frire en les faisant mariner avec verjus, sel, poivre et fines herbes; passez-les ensuite dans une pâte à friture et faites-les frire de belle couleur dans du beurre fondu bien chaud, elles vous serviront pour faire un cordon autour de votre potage.

Avec les autres vous faites un ragoût avec laitances, champignons et autres garnitures, le tout au blanc pour masquer votre potage; vous le mouillez de bon bouillon et en couvrez votre potage que vous servez garni des grenouilles frites.

Grenouilles en fricassée de poulet. — Écorchez vos grenouilles, ne leur laissez que les deux cuisses et l'arête du dos, et apprêtez-les ensuite en fricassée de poulet. (V. Fricassée de poulet.)

GRIBLETTE. — En terme de cuisine, c'est une tranche de porc frais ou de mouton rôtie sur le gril; on les sert comme des côtelettes, avec ou sans accompagnement.

GRILLADE. — On appelle grillades des tranches de viande bien minces que l'on fait rôtir sur le gril. Quand on a quelque dindon ou autre pièce pour en faire une entrée, on peut prendre les ailes, les cuisses et le croupion, les griller avec du sel et du poivre, passer de la farine à la poêle avec du lard fondu, y mettre des anchois, un filet de vinaigre, un peu de bouillon, sel, poivre, faire mitonner le tout et servir chaudement.

On peut aussi les servir grillées avec une essence de jambon, ou un coulis clair par-dessus, ou encore avec une sauce Robert.

GRIOTTES. — Espèce de cerise à courte queue, grosse, noirâtre et plus acide que les autres. On prépare avec ce fruit de très bon ratafia, on en faisait aussi autrefois du vin en Hollande, mais ce vin étant trop fort et trop chargé, on préféra avec raison par la suite les raisins étrangers.

GRIVES ET MERLES. — Les grives, les merles et beaucoup d'autres oiseaux ne doivent être mangés qu'à la fin de novembre; engraissés d'abord dans les champs et dans les vignes, ils vont ensuite parfumer leur chair au bord des bois avec des graines de genièvre. Si vous les tuez avant le temps, vous ne leur trouverez pas ce fumet, cet arome incisif qui est tant recherché des vrais friands.

La saison des vendanges est la meilleure époque pour prendre et manger des grives, car elles se sont nourries de raisin et leur chair en est plus tendre et plus savoureuse.

Grives rôties. — Vous plumez vos grives et les faites refaire sans les vider, puis vous les faites

cuire à la broche et les servez comme les mauviettes avec des rôties dessous.

Grives en ragoût.— Accommodez proprement les
grives, passez-les à la casserole avec lard fondu,
un peu de farine pour bien lier la sauce, un verre
de vin blanc, sel, poivre, bouquet garni, laissez
mitonner un peu le tout et servez avec un peu
de citron.

Grives à l'eau-de-vie. — Épluchez bien vos grives,
écrasez-les un peu sur l'estomac, mettez-les dans
une casserole avec du lard fondu, deux petits oignons, champignons, truffes, quelques morceaux
de ris de veau, faites-leur faire quelques tours,
mouillez-les de deux verres d'eau-de-vie, faites-
les cuire à grand feu, allumez l'eau-de-vie que
vous avez versée sur vos grives, quand elle est
éteinte, ajoutez-y un peu de réduction et de coulis,
achevez de les faire cuire doucement, dégraissez-
les et servez.

Entrée de grives au genièvre. — Vos grives étant
plumées, épluchées et retroussées, vous les couvrez de bardes de lard et de papier beurré, puis
vous les attachez sur une broche et les faites
cuire.

Mettez dans une casserole un peu de jus et de
coulis, un verre de vin blanc, faites bouillir, ajoutez un jus de citron et une douzaine de grains de
genièvre que vous aurez fait blanchir.

Vos grives étant cuites, vous ôtez les bardes de
lard et le papier et les mettez mitonner dans le

coulis, puis vous les dressez sur un plat, les dégraissez et servez chaudement pour entrée.

Grives à la polonaise. — Épluchez vos grives,
aplatissez-les sur l'estomac, passez-les quelques
tours dans une casserole avec lard fondu, truffes,
champignons, cinq ou six petits oignons, bouquet
garni, un ris de veau blanchi, une tranche de
jambon, puis vous les mouillez d'un verre de
vin de Champagne et d'un peu de réduction et de
coulis, ajoutez sel et poivre, faites cuire à petit
feu, dégraissez le ragoût. Quand elles sont cuites,
mettez-y un jus de citron, ôtez le bouquet et la
tranche de jambon, et servez à courte sauce.

Pâté chaud de grives. — Videz vos grives, gardez-en le foie, retroussez-les et battez-les sur l'estomac avec un rouleau, piquez-les ensuite de
gros lard et de jambon, assaisonnez de sel, poivre,
fines herbes et fines épices, et fendez-les par le
dos. Pilez ensuite les foies avec du lard râpé,
champignons, truffes, ciboules, persil, sel et
poivre, fines herbes et fines épices le tout bien
pilé, et farcissez-en le corps de vos grives.

Hachez encore et pilez du lard, faites une pâte
composée d'un œuf, de bon beurre, de farine avec
un peu de sel ; formez deux abaisses, jetez-en une
sur du papier beurré, prenez du lard pilé dans le
mortier, étendez-le sur l'abaisse et rangez les
grives dessus, ajoutez quelques truffes, des champignons, une feuille de laurier, le tout couvert
de bardes de lard, couvrez avec votre seconde

abaisse, formez-en les bords, dorez votre pâté et mettez-le au four.

Quand il est cuit, retirez-le, ôtez le papier, ayez un bon coulis, quelques ris de veau, champignons et truffes, levez le couvercle du pâté, ôtez les bardes de lard qui sont dessus, et avant de servir mettez-y votre ragoût en y pressant un jus de citron, et servez chaudement pour entrée.

GROSEILLE. — Il y a deux espèces de groseille, la groseille verte, vulgairement appelée groseille à maquereau parce qu'on l'emploie comme verjus dans le temps des maquereaux frais, et la groseille rouge qui sert plus particulièrement à faire les confitures, les gelées, les compotes, etc.

Le sel acide dont les groseilles abondent est la cause des principaux effets qu'elles produisent, elles excitent l'appétit, parce que ce sel picote légèrement les petites fibres de l'estomac, elles rafraîchissent et conviennent à ceux qui ont la fièvre, parce que ce sel donne plus de consistance aux humeurs et en arrête le mouvement trop violent et trop impétueux.

Tout le monde connaît l'usage et les diverses préparations de la groseille, le suc en est rafraîchissant et mêlé à l'eau avec du sucre ou du miel, il forme une boisson acidulée qui convient à tout le monde et qui, dans le Nord, remplace la limonade, on pourrait aussi en retirer de l'eau-de-vie par la distillation.

Les roses ou blanches sont moins acides et plus agréables que les rouges.

Nous avons indiqué à l'article *Confitures* les différentes manières d'employer la groseille, en conserves, en gelée, en compote, en sirop, nous y renvoyons le lecteur. (V. *Confitures.*)

GUIGNE. — Espèce de cerise noire et très sucrée.

GUIGNARD. — Espèce de pluvier que l'on trouve surtout dans le Loiret et dans la Beauce. Il est de la grosseur du merle, le sommet de sa tête est cendré noirâtre, le dessus de son corps teint de vert avec des cercles rougeâtres, sa chair est très estimée et préférable à celle du pluvier ; on en fait des pâtés très recherchés.

H

HACHIS. — Lorsqu'il vous reste, du dîner de la veille, du veau, du bœuf, du poulet, du gibier, des débris de viande enfin, vous n'avez qu'à hacher proprement ces restes, et il existe des instruments pour cela, jusqu'à ce que le tout opère un mélange complet ; vous achetez alors de la chair à saucisse, un cinquième par exemple relativement à ce que vous avez d'autre viande, et vous la poussez à part jusqu'à une demi cuisson ; puis, dans la même casserole, vous versez le reste de votre hachis, vous mettez un morceau de beurre frais, vous tournez le tout sur le feu, non seulement jusqu'à ce qu'il y ait mélange, mais assimilation des viandes ; salez et poivrez ; au fur et à mesure que le hachis épaissira par trop, ajoutez une cuillerée ou deux de consommé, joignez-y une pincée de poivre de Cayenne, goûtez-y et jugez le

degré de saveur auquel vous devez cesser de
tremper votre mélange de bouillon.

HARENG. — *Harengs frais (sauce à la moutarde).*
— Prenez douze harengs, videz-les par les ouïes,
écaillez-les, essuyez-les, mettez-les sur un plat de
faïence ou de terre, versez un peu d'huile dessus,
saupoudrez-les de sel fin, ajoutez quelques branches de persil, et retournez-les dans cet assaisonnement; un quart d'heure avant de servir, mettez-les griller, retournez-les; leur cuisson faite,
dressez-les sur votre plat, et saucez-les d'une
sauce blanche au beurre, sauce dans laquelle
vous aurez mis et délayé une grande cuillerée à
bouche de moutarde non bouillie; vous pouvez
servir vos harengs avec une sauce grasse, et si
vous les servez froids, saucez-les avec une sauce
à l'huile, de telle nature que vous jugerez convenable.

Harengs frais au fenouil. — Fendez vos harengs
par le dos, frottez-les de beurre tiède et de sel,
avec une plume ou un pinceau; enveloppez-les
de fenouil, faites-les griller, puis servez-les avec
une sauce rousse où vous ajouterez une poignée
de fines tiges, et de feuilles de fenouil que vous
aurez fait blanchir au vin blanc, et hachées fin.

Caisse de laitance de harengs. — Prenez les laitances d'une trentaine de harengs, faites-les blanchir, et égouttez-les; mettez un morceau de
beurre dans une casserolle, avec champignons,
persil, échalotes et ciboules hachés très fin; sel,

poivre et fines épices ; passez ces fines herbes légèrement sur le feu, ajoutez-y vos laitances ; faites-les mijoter un instant dans cet assaisonnement ; vous aurez fait une caisse ronde ou carrée, dans laquelle vous aurez étendu au fond un gratin, soit gras, soit maigre, de l'épaisseur d'un demi-travers de doigt ; huilez le dessus de votre caisse et le dehors, mettez-la sur le gril, posez ce gril sur une cendre chaude ; faites cuire ainsi ce gratin ; un instant avant de servir mettez vos laitances dans cette caisse, dégraissez-la, dressez-la, saucez-la d'une espagnole réduite, dans laquelle vous aurez exprimé le jus d'un citron et servez.

Harengs frais en matelote. — Mettez vos harengs dans une casserole avec un morceau de beurre, persil, champignons, ciboules, une pointe d'ail avec deux bons verres de vin de Bourgogne ou de Bordeaux, sel, poivre, poussez-les à grand feu, servez-les à courte sauce, et garnissez de croûtons frits.

Harengs secs pour hors-d'œuvre. — Lavez une douzaine de harengs, coupez-leur la tête, la queue et les nageoires, dépouillez-les, mettez-les dessaler dans mi-lait et mi-eau ; lorsqu'ils seront à leur point, égouttez-les, mettez-les sur une assiette avec des tranches d'oignons et de pommes de reinette crues ; servez-les enfin avec une marinade ou une vinaigrette bien battue, et mêlez de cresson alénois.

Harengs saurs. — Prenez cinq ou six de ces

harengs, essuyez-les ; coupez-leur la tête et le
bout de la queue, fendez-leur les vertèbres de la
tête à la queue, ouvrez-leur le dos ; mettez-les sur
un plat de faïence, arrosez-les d'huile, laissez-les
y mariner un instant, mettez-les sur le gril, retournez-les, laissez-les cinq minutes à peine sur
le feu, dressez-les sur une assiette et servez-les.

HARICOT DE MOUTON. — Coupez le mouton
par morceaux, faites le roussir avec très peu de
farine, faites revenir dans une autre casserole
navets, pommes de terre, oignons ; versez du
bouillon de manière que le tout baigne ; faites
cuire à très petit feu ; et mettez-y de l'ail plus ou
moins, selon votre goût.

(Recette de Madame la comtesse Dash.)

Haricot de mouton Vuillemot. — Il se fait à l'eau ;
laissez suer le mouton avec deux verres d'eau ;
laissez réduire ; singez avec de la farine et assaisonnez : sel, poivre, un bouquet de persil, deux
pointes d'ail, thym, laurier ; mouillez à l'eau ;
laissez cuire ; passez à la poêle, navets, oignons ;
faites blondiner le tout avec un peu de sucre et
sel fin dans de la bonne graisse ; ajoutez ces légumes à ce ragoût ; joignez-y vos pommes de terre ;
tournez aussitôt la cuisson faite ; dégraissez et
servez bien chaud.

HARICOTS. — On mange les haricots de trois
manières, et à trois époques de leur développe-
ment. Avant leur maturité, on les mange avec la
gousse, on les appelle alors haricots verts ; un

peu avant la maturité on en mange les graines encore tendres, ou les nomme flageolets; enfin on fait une grande consommation de leurs graines desséchées, et qui, de quelque part qu'elles viennent, prennent le nom de haricots de Soissons.

Mais les haricots ont un grave inconvénient; il y a des eaux dans lesquelles ils s'obstinent à ne pas cuire; faites en ce cas un petit nouet de cendre de bois neuf dans l'eau de leur cuisson, ou, mieux, un peu de carbonate de soude; le haricot le plus réfractaire se reconnaîtra vaincu.

Haricots verts à la crème. — Passez vos haricots au beurre dans la casserole ou avec du lard; quand ils ont un peu bouilli, assaisonnez-les de sel, mettez un paquet de ciboules et de persil; étant presque cuits, mettez-y de la crème fraîche, ou du lait délayé avec des jaunes d'œufs, servez-les ensuite pour hors-d'œuvre d'entremets; on peut y ajouter du sucre.

Haricots à la bonne fermière. — Prenez des haricots fort tendres, rompez-en les petits bouts et jetez-les, lavez les cosses, et faites les cuire dans de l'eau; quand ils sont cuits, mettez dans la casserole un morceau de beurre, de persil et de ciboules hachés; quand le beurre est fondu, mettez-y les haricots après leur avoir fait faire deux ou trois tours sur le feu; ajoutez-y une pincée de farine, de bon bouillon et du sel; faites-les bouillir jusqu'à ce qu'ils aient absorbé presque toute leur sauce ; quand on est prêt à les servir, mettez-y une liaison de trois jaunes d'œufs délayés avec du lait, et ensuite un filet de verjus ou de vinaigre ; quand la liaison est prise, servez-les comme entremets.

Haricots verts au blanc. — Otez-en les filets ; s'ils sont trop gros, coupez-les en deux, dans leur longueur, faites les cuire avec de l'eau, du sel, du beurre ; quand ils sont cuits, égouttez-les ; les passez avec du beurre, persil, ciboules hachées ; saupoudrez-les, et les mouillez de mitonnage, quand ils sont cuits, liez-les avec de la crème et des jaunes d'œufs, un jus de citron et servez.

Haricots verts au roux. — Après les avoir fait cuire dans l'eau, mettez suer une tranche de jambon ; quand elle a sué, mettez dans la même casserole un morceau de beurre, persil, ciboules hachées et les haricots ; passez le tout ensemble, mouillez de bouillon et de coulis, assaisonnez de sel et poivre ; faites cuire le tout une bonne heure ; il faut que la sauce ne soit pas trop claire, servez-les comme entremets ou pour garnir quelques entrées.

Haricots tout à fait à l'anglaise. — Blanchissez, faites cuire vos haricots qui devront conserver un ton vert-clair, passez-les, dressez vos haricots dans le plat sur du beurre, garnissez de persil et servez le plat chaud.

Haricots verts à la bretonne. — Mettez vos haricots à la casserole avec des oignons coupés en petits carrés et un morceau de beurre. Faites roussir vos oignons au fourneau, mouillez-les avec du consommé, puis avec du bouillon quand ils seront roux. Salez, poivrez, faites cuire et réduire ; mettez-y vos haricots et laissez mijoter un peu moins d'une demi-heure.

Haricots verts en salade. — Faites blanchir, cuire, et égoutter vos haricots ; mettez-les dans un saladier, garnissez-les de quelques filets d'anchois, de quelques oignons cuits dans la cendre, des betteraves, des fournitures hachées ; en outre, assaisonnez-les de sel, gros poivre, huile et vinaigre, et servez-les.

Haricots verts et blancs à la maître d'hôtel. — Faites-les cuire à l'eau de sel, égouttez-les ; et arrosez d'un morceau de beurre manié de fines herbes, salez, poivrez, etc., et servez.

Haricots blancs nouveaux. — Lavez et mettez dans une marmite avec de l'eau et du beurre vos haricots fraîchement écossés ; écumez, laissez mijoter et, à moitié de leur cuisson, versez un verre d'eau fraîche ; laissez achever de cuire et, leur cuisson terminée, mettez dans une casserole 400 grammes de beurre avec persil et ciboules, sel et poivre ; faites égoutter vos haricots et jetez-les dans leur assaisonnement ; sautez-les, faites qu'ils se lient, et finissez-les avec un filet de verjus, ou le jus d'un citron.

Haricots au lard à la villageoise. — C'est la meilleure manière de manger les haricots.

Faites cuire environ deux litrons de gros haricots blancs avec un kilo de bon petit lard ;
coupez ce lard en tranches, et que tous les
morceaux soient également entrelardés ; n'y
mettez que la quantité d'eau nécessaire, afin de
ne rien devoir ajouter ni retrancher pendant
leur cuisson. Tout l'aqueux et tout l'onctueux
de ce mouillement doivent se trouver absorbés
par ces farineux, de manière à ce qu'ils soient infiniment cuits et parfaitement bien liés sans
être en bouillie ; c'est là toute l'affaire.

Haricots rouges à la bourguignonne. — Prenez
des haricots rouges de l'espèce cardinale, faites
les cuire dans un bouillon de racines avec un
morceau de beurre frais, un bouquet aromatique, oignons et girofle, qu'on retirera après
vingt minutes d'ébullition. Ajoutez un quart de
litre de vin rouge avec une pincée de poivre ;
garnissez de petits oignons glacés et servez. Ou
bien encore garnissez votre plat avec des queues
d'écrevisses ou des rissolles de poissons, des
laitances de carpes ou de harengs, des huîtres
marinées, ou des moules frites.

Haricots grains de riz à la crème. — Faites
cuire vos haricots à l'eau de sel, avec un peu
de beurre, et assaisonnez-les de muscade ;
lorsqu'ils seront à peu près cuits, ajoutez-y
de la crème double pour les étancher ; saupoudrez de croquants, de céleri frits, égouttez et
servez.

Purée de haricots blancs. — Foncez et garnissez avec cette purée, assaisonnée au fumet, les entrées ou les hors-d'œuvre chauds.

La purée de haricots blancs pour entremets se prépare à la crème : on l'assaisonne de muscade, on y mêle, à l'instant de servir, de petits filets de persil bien frits et bien croustillants.

Purée de haricots rouges. — Mêlée aux bisques et au coulis d'écrevisses et garnissant des potages, on la prépare au bouillon gras.

HERBES. — Les vingt-huit herbes qui servent pour la cuisine sont divisées en herbes potagères, en herbes d'assaisonnement et en herbes de fourniture à salade.

Les herbes potagères sont au nombre de six.

C'est à savoir : l'oseille, la laitue, la poirée, l'arroche, l'épinard et le pourpier vert.

Les herbes d'assaisonnement sont au nombre de dix : le persil, l'estragon, la cive, la ciboule, la sarriette, le fenouil, le thym, le basilic et la tanaisie.

Les herbes de fournitures à salade ou fines herbes sont au nombre de douze : le cresson alénois, celui de fontaine, le cerfeuil, l'estragon, la pimprenelle, la perce-pierre, la corne de cerf, le petit basilic, le pourpier, les cordioles de fenouil, le thym, le jeune baume et la ciboulette.

HOCHEPOT. — Prenez une queue de bœuf, coupez-la en morceaux de deux pouces de long sur autant de large ; faites les dégorger et blan-

chir; garnissez une braisière, avec des tranches
de bœuf; mettez-y ensuite les morceaux de queue
que vous venez de couper avec des carottes, des
panais, des salsifis, quelques navets, des scorso-
nères, des topinambours, trois pieds de céleri et
douze pommes de terre violettes; ajoutez un
morceau de jambon, un cervelas et enfin une
douzaine d'oignons; mouillez le tout avec du
bouillon, après l'avoir couvert avec des tranches
de bœuf; faites feu dessus feu dessous; votre appareil étant cuit, levez la viande et les légumes,
passez le bouillon, et s'il est trop long, faites-le
réduire; faites dans une autre casserole un roux
peu chargé de farine, ne le laissez pas brunir,
mouillez-le, avec votre fond de cuisson dégraissé
et bien assaisonné; ajoutez-y des quatre épices
avec une bonne pincée de persil haché; versez-le
sur le hochepot; tenez le tout chaudement, au
moment de servir, dressez les morceaux de viande
avec tous ces légumes dans un grand plat creux
ou, s'il peut se faire, dans un vieux vase d'ancienne
faïence ou de porcelaine orientale.

HOMARD. — Le homard est un crustacé fort
employé dans la cuisine. La langouste, moins savoureuse que le homard, est moins prisée que lui.
On en fait des mayonnaises dans lesquelles on hache sa chair, et qui font d'excellentes sauces
blanches pour manger avec le bar et le turbot.

Il faut autant que possible, à Paris, n'acheter
que des homards vivants; choisissez d'ailleurs le

plus lourd que vous pourrez trouver, et mettez-le cuire dans une chaudière ou casserole avec de l'eau salée, un gros morceau de beurre frais, une botte de persil en branches, un piment rouge et deux ou trois tiges de poireau blanc; au bout d'un quart d'heure de cuisson, vous ajouterez un gobelet de vin de Madère ou de Marsala, et laissez refroidir votre poisson dans son court bouillon; il faut alors, dans toute sa longueur, trancher les écailles de sa queue, et par avance faire confectionner une sauce dont voici la meilleure formule.

Enlevez en un seul morceau tout l'intérieur du homard qu'on appelle touteau, détachez-en toutes les chairs blanches avec le bec d'une plume taillée, prenez-en la farce ou la crème de laitance, qui se trouve adhérente à la grande coquille, joignez-y les œufs du poisson s'il est femelle, et mêlez tout ce produit avec de l'huile verte, une pleine cuillerée de bonne moutarde, dix ou douze gouttes de soya de la Chine, plein le creux de la main de fines herbes hachées, deux échalotes écrasées, une assez bonne quantité de mignonnette, et finalement un verre de liqueur d'anisette de Bordeaux, ou simplement de ratafia d'anis ; vous battrez le tout avec une fourchette comme on bat une omelette, et, selon la grosseur de votre homard, vous mettrez dans cette sauce deux ou trois citrons.

Homard à la broche. — Prenez un gros homard,

ou une langouste bien vivante, attachez-les sur un hâtelet solide que vous ficellerez lui-même sur une broche; soumettez le tout d'abord à un feu vif, en commençant par l'arroser avec du vin de Champagne, du beurre fondu, du sel et du poivre; la coquille du poisson deviendra très vite friable, c'est-à-dire que, pareille à de la chaux, elle s'écrasera entre les doigts; quand elle se détachera du corps, c'est qu'il sera suffisamment cuit; il faut l'arroser avec le jus de sa lèchefrite, que vous dégraisserez convenablement, et auquel vous ajouterez le jus d'une bigarade, et une pincée de quatre épices.

HORS-D'OEUVRE. — On appelle hors-d'œuvre, tous les plats qui, sans être suffisants pour constituer un repas substantiel, sont, cependant, servis à part et dans des assiettes d'une forme particulière, et complètent l'élégance d'un repas.

HUILE. — On fait de l'huile principalement avec les olives, mais encore avec une foule de graines, comme le colza, comme les noix, comme la faîne, comme la navette.

La faîne, les noix, la navette donnent une huile très supportable dans sa fraîcheur, mais qui rancit en vieillissant.

La faîne, qui est le fruit du hêtre, donne la meilleure huile après l'olive.

Parmi les huiles d'olive, il y a un choix à faire; à mon avis, la plus fraîche, la plus claire, celle qui se conserve le mieux, est l'huile de Lucques;

puis viennent l'huile vierge, l'huile verte, l'huile d'Aix, de Grasse et de Nice.

HUITRE. — *Huîtres à la poulette.* — Ouvrez des huîtres, faites les blanchir dans leur eau sans les laisser bouillir, puis passez-les dans du beurre, avec du persil, des échalotes et des champignons hachés ; une cuillerée d'huile, poivre et muscade râpée ; panez-les de mie huilée, faites prendre couleur avec une pelle rouge ; au moment de servir exprimez dessus le jus d'un citron.

Huîtres en hachis. — Faites-les blanchir sans les laisser bouillir, mettez-les dans l'eau fraîche et égouttez-les, séparez le milieu des bords, hachez ceux-ci finement avec de la chair de carpe ou de tout autre poisson cuit à l'eau ou au courtbouillon ; mêlez le tout ensemble, assaisonnez de poivre et de muscade râpée.

Mettez dans une casserole un bon morceau de beurre avec persil, ciboules, champignons hachés ; passez sur le feu ; mouillez avec moitié vin blanc, moitié bouillon gras ou maigre, ajoutez le hachis, faites le chauffer sans bouillir, quand le hachis a bu presque toute la sauce, et liez avec des œufs.

Huîtres frites pour hors-d'œuvre. — Ouvrez les huîtres, mettez-les égoutter sur un tamis ; mettez-les ensuite dans un plat, avec du vinaigre, persil, ciboules, deux feuilles de laurier, un peu de basilic, un oignon coupé par tranches, une demi-douzaine de clous de girofle, et le jus de deux citrons; saucez-les de temps en temps dans cette marinade, faites une pâte à frire légère, essuyez et trempez-y les huîtres ; faites les frire, et servez-les avec du persil frit.

Potage d'huîtres. — Passez vos huîtres à la casserole avec du bon beurre, mettez en même temps des champignons coupés par morceaux et un peu de farine, faites cuire le tout avec purée claire, sel et poivre ; faites mitonner le pain avec du bon bouillon de poisson, versez dessus vos huîtres et vos champignons avec un jus de champignons.

Huîtres farcies. — Vous faites une farce avec un morceau d'anguille et une douzaine d'huîtres blanchies, un peu de persil, ciboules, quelques champignons ; assaisonnez de sel, poivre, fines herbes, fines épices et bon beurre frais avec un peu de mie de pain trempée dans la crème et deux jaunes d'œuf crus, le tout haché et pilé ensemble dans un mortier. Vous garnissez le fond de vos coquilles avec cette farce et y mettez une huître en ragoût ; couvrez votre coquille de la même farce, frottez-la d'un œuf battu, jetez dessus un peu de beurre fondu, panez de mie de pain bien fine et mettez-les cuire au four jusqu'à belle couleur blonde et servez chaudement pour entremets ou garniture d'entrée.

Huîtres à la minute. — Mettez dans une casserole une cuillerée de coulis, un verre de vin de Champagne, un bouquet garni et faites bouillir ; faites ouvrir en même temps des huîtres que vous faites égoutter sur un tamis et dont vous ajoutez l'eau à votre sauce, faites la réduire, mettez-y vos huîtres pour leur faire prendre quelques tours, et servez avec des croûtons frits pour garniture.

I

IRIS. — Sa racine est employée dans la pâtisserie de petits-fours, ainsi que dans plusieurs autres compositions d'office.

ISSUE. — Abatis d'agneau et volailles.

ITALIENNE SAUCE HACHÉE. — Vous mettez dans une casserole une cuillerée de persil, la moitié d'une cuillerée d'échalotes, la moitié de champignons bien fins, une demi-bouteille de vin blanc, 30 grammes de beurre; vous faites bouillir le tout jusqu'à parfaite réduction, puis vous versez dans la casserole deux cuillerées de blond de veau, une pincée d'épices, vous faites bouillir sur un feu doux, vous écumez et dégraissez, vous retirez du feu et vous tenez chaud au bain-marie.

J

JAMBON. — Cuisse ou épaule de porc ou de sanglier. (V. Cochon.)

JARRET DE VEAU. — Cette partie abonde en ligaments, tendons et membranes qui, par une ébullition prolongée, se résolvent en gélatine ; c'est cette propriété qui fait qu'on l'ajoute souvent aux braises pour y faire de la gelée, et c'est, du reste, à peu près son seul usage.

JULIENNE. — On donne ce nom à un potage fait avec plusieus sortes d'herbes et de légumes, notamment de carottes coupées menues. On est parvenu à conserver ces légumes hachés au moyen de la dessiccation, ce qui permet de faire de la julienne en tout temps.

JUS. — On donne le nom de *jus de viande* à une décoction concentrée de jus de veau, de mouton, de bœuf, etc., formant les fonds de cuisine dans les grandes maisons. Ces jus de viande, éminemment chauds et réparateurs, conviennent aux tempéraments et aux estomacs fatigués qui ont besoin d'être restaurés.

Voir pour les différents jus les articles Bœuf, Veau, Mouton, etc.

L

LAIE (sanglier femelle). — Les andouillettes à la tétine de laie sont très dignes d'estime ; on les sert presque toujours sur un hachis de truffes au jus, ou sur une purée de marrons à la crème et au vin blanc.

LAIT. — Le seul lait dont nous fassions usage est celui de la vache, de la chèvre et de la brebis ; et, comme remède dans certains cas de phtisie, celui de l'ânesse.

LAITANCES. — Les laitances des carpes, des harengs et des maquereaux contiennent beaucoup de phosphore et sont un manger fort délicat, mais très échauffant. Nous avons dit presque toutes les préparations auxquelles peut être soumis cet aliment ; mais, le plus souvent, on l'apprête en friture, en caisse, en papillotes farcies, au gratin maigre, en garniture de ragoût, et, pour foncer les tourtes, au vin blanc.

LAITUE. — Il y en a plusieurs espèces : les deux meilleures sont la laitue impériale et la laitue de Silésie ; elles peuvent fournir des salades pendant toute l'année ; en outre, on les sert en ragoûts, farcies, braisées, à la crème, en marinade frite, et pour garniture de toutes les grosses pièces de relevée.

Laitues farcies. — Épluchez, nettoyez et faites blanchir vos laitues ; égouttez, ôtez le cœur, remplacez-le par une boule de godiveau ou de farce à quenelle ; ficelez vos laitues, faites les cuire à la braise avec des tranches de rouelle de veau, des bardes de lard, des racines, un bouquet garni et un setier de bon consommé.

Autrement : Otez-les de la braisière et faites les mitonner avec un coulis ; liez avec des jaunes d'œufs ; servez au blanc.

Laitues hachées. — Lavez-les, faites les blanchir dans une eau de sel, et comme vous n'aurez conservé que les parties les plus tendres, mettez-les dans l'eau chaude, dans l'eau froide quand elles seront refroidies, exprimez-en l'eau, hachez-les et mettez-les dans une casserole avec 122 grammes de beurre, du sel et du poivre ; quand elles seront un peu frites, vous y ajouterez une quantité de farine proportionnée à celle de vos laitues ; mêlez, arrosez de bouillon ; après un quart d'heure d'ébullition, dressez avec croûtons.

Laitues à l'espagnole. — Blanchissez dans l'eau salée, faites bouillir vingt minutes; au bout de ce temps, rafraîchissez vos laitues; mettez dans les cœurs un peu de sel et du gros poivre; après les avoir ficelées, mettez-les dans une casserole sur un lit de bardes de lard, avec quelques tranches de veau, des carottes coupées par tranches, trois oignons, deux clous de girofle, une feuille de laurier; couvrez-les de lard, mouillez-les avec du bouillon; faites mijoter pendant une heure; vos laitues une fois frites, égouttez-les, pressez-les, glacez, garnissez de croûtons.

LAMPROIE. — Poisson qui ressemble à l'anguille; il se trouve dans les hautes mers, s'aventure dans les rivières au printemps; il y en a qui pèsent jusqu'à sept livres; sa forme est celle de la couleuvre, sa couleur d'un jaune verdâtre marqueté de taches dorées et de points noirs; sa peau moins foncée sur le ventre.

Lamproie à la sauce douce. — Saignez-la par la gorge et gardez son sang; limonez-la dans l'eau bouillante et passez-la dans un roux; après l'avoir coupée par tronçons, vous la mouillerez aussi avec du vin de Bourgogne rouge, en y ajoutant de la cannelle, un bouquet de fines herbes où vous ajouterez une branche de sauge, ainsi qu'une écorce de citron vert, vous établirez dans le fond dn plat un large croûton de pain de seigle, ainsi qu'il est indiqué pour les matelotes à l'anguille.

Lamproie à la matelotte bourguignonne. — (MATE-LOTTE BOURGUIGNONNE.)

Lamproie à la tartare. — Suivez exactement les mêmes procédés pour ce poisson que pour l'anguille à la tartare, excepté qu'il faut échauder les lamproies pour les limoner au lieu de les écorcher.

Lamproie aux champignons. — Cuisez à la casserole des tronçons de lamproie avec moelle de bœuf, champignons, fines herbes, macis, piment de Cayenne et vin blanc ; faites réduire le mouillement et garnissez votre plat d'entrée avec des ceps ou des oranges.

LANGOUSTE. — Crustacé qui diffère du homard en ce qu'il est d'une saveur moins fine, et qu'il est dépourvu des grosses pattes ; la langouste se fait cuire au court-bouillon et se mange avec une rémoulade aux câpres ou une mayonnaise au citron et à l'huile d'olive.

LANGUE. — Presque tous les praticiens qui ont écrit sur la cuisine ont avancé que la langue était la partie de l'animal qui dépassait les autres pour son goût excellent.

Langue fumée. — Ayez autant de langues de bœuf que vous le jugerez à propos, supprimez-en le gosier et faites les tremper trois heures dans l'eau ; grattez-les, mettez-les égoutter ; frottez-les avec du sel fin et environ deux onces de salpêtre ; ayez un pot de grès, mettez-y vos langues, et à mesure que vous les arrangerez, joignez-y quel-

ques feuilles de laurier, du thym, du basilic, du
genièvre, du persil, de la ciboule, quelques
gousses d'ail, des échalotes et des clous de girofle; ayez soin que vos langues soient bien
serrées les unes contre les autres, afin qu'il n'y
ait nul vide entre elles : les ayant salées convenablement, couvrez votre pot de manière qu'elles ne
prennent pas l'évent : laissez-les au sel huit jours:
après retirez-les, attachez-les par le petit bout à
un grand bâton et mettez-les fumer dans la cheminée jusqu'à ce qu'elles soient sèches; quand
vous voudrez les employer, lavez-les, ratissez-
les et faites-les cuire dans un bon assaisonnement.

Vous pouvez faire du petit salé avec la saumure
assaisonnée de vos langues.

Langue de bœuf fourrée. — Vous ferez dégorger
des langues et nettoyer des boyaux de bœuf; ayant
fait tremper quelques heures dans de l'eau et
des herbes aromatiques ces boyaux, mettez vos
langues dedans et liez-en les extrémités; ayez
une saumure assez considérable, mettez-y du salpêtre en petite quantité, macis, clous de girofle,
gingembre, poivre long, laurier, thym, basilic, genièvre et coriande; faites bouillir cette saumure
une demi-heure, à petit feu; passez-la au tamis;
laissez-la reposer; tirez-la au clair; mettez-y
tremper ces langues pendant douze jours; après,
retirez-les, faites-les sécher à la cheminée; pendant qu'elles sèchent, brûlez dessous, si vous

le voulez, des herbes de senteur et faites cuire
ces langues dans une braise, telles que les langues
fumées.

Langue de bœuf à la braise. — Ayez une langue
de bœuf, coupez-en le cornet ; mettez-la dégorger
deux ou trois heures et plus ; retirez-la de l'eau ;
ratissez-la bien avec votre couteau pour en ôter
la malpropreté ; faites la blanchir dans un chaudron ou dans une grande marmite avec oignons
et carottes ; mouillez-la avec du bon bouillon et
un verre de vin blanc ; joignez-y quelques parures
de viande de boucherie, de volaille ou de gibier,
afin de lui donner du goût ; faites la partir ; après,
mettez-la sur un feu modéré, couvrez-la d'un papier et d'un couvercle avec feu dessus ; laissez-la
mijoter quatre heures et demie ; dressez-la sur un
plat ; arrangez autour des légumes avec lesquels
vous l'avez fait cuire ; passez son fond à travers
un tamis de soie ; saucez votre langue avec ce
fond, dans lequel vous ajouterez une ou deux
cuillerées d'espagnole, et servez.

Langue de bœuf à l'italienne ou *au parmesan.* —
Faites cuire cette langue dans une braise, comme
la précédente ; laissez-la refroidir de même ;
coupez-la par lames très minces ; mettez du parmesan dans le fond d'un plat creux ; couvrez votre parmesan de vos tranches de langue, ainsi de
suite ; faites trois ou quatre lits de langue et de
fromage ; arrosez chaque lit d'un peu du fond
dans lequel aura cuit la langue dont il s'agit, et

finissez par un lit de fromage que vous arroserez
d'un peu de beurre fondu ; mettez le plat au four
ordinaire ou de campagne ; donnez à votre parmesan une belle couleur, et servez ensuite chaudement.

LAPIN. — L'hiver est le meilleur temps pour
le manger, et, pour le manger bon, il faut qu'il ne
soit ni trop jeune ni trop vieux ; pour distinguer
le lapin du lapereau, on tâte en dehors des pattes
de devant en dessus de la jointure, et si l'on sent
dans cette partie une saillie grosse comme une
lentille, c'est une preuve que l'animal est complètement jeune. On reconnaît les lapins de garenne à ce qu'ils ont le poil des pieds et celui qui
est sous la queue de couleur rousse ; on imite
cette couleur dans les lapins de clapier en faisant
roussir le poil de ces parties au feu ; on reconnaît facilement cette fraude à l'odeur, ou bien
en lavant ces parties si elles sont teintes ; la chair
du lapereau vient immédiatement, sous le rapport de la digestibilité, après celle des volailles
qui ne sont pas trop grasses et avant celles des
volailles qui le sont trop.

Lapereaux rôtis et servis en accolade. — Dépouillez deux lapereaux, videz-les en leur laissant le
foie, faites les *refaire* sur la braise, ensuite piquez-
les de menu lard sur le dos et les cuisses, enfin,
mettez-les à la broche. On ajoute beaucoup au
fumet des lapins en leur mettant dans le ventre
quelques feuilles du prunier de Sainte-Lucie ou

un bouquet de Mélilot, plante très commune dans les prairies sèches.

Gibelotte de lapin à l'ancienne mode. — Coupez un lapin par morceaux et une moyenne anguille en tronçons, faites un roux, et passez-y votre lapin et vos tronçons d'anguille, quand il sera d'une belle couleur café au lait; quand le tout sera bien revenu, mouillez avec un tiers de vin blanc, deux tiers de bouillon; assaisonnez de sel, de poivre, de persil, de ciboules et de thym; ôtez les tronçons d'anguille et les oignons, faites cuire à grand feu; lorsque le mouillement sera réduit à un tiers, remettez les tronçons d'anguille et les oignons, finissez à feu doux, dégraissez et servez.

Sauté, ou *escalopes de lapereaux.* — Prenez deux lapereaux, dépouillez-les, levez-en les filets, prenez la chair et les cuisses, ôtez les filets mignons et les rognons, supprimez les nerfs et les peaux de ces chairs, coupez-les en petits morceaux d'égale grosseur, aplatissez-les avec le manche de votre couteau, que vous tremperez dans de l'eau, parez-les; faites fondre du beurre dans une sauteuse, arrangez-y vos escalopes les unes après les autres, saupoudrez-les légèrement d'un peu de gros sel et de gros poivre; mettez dessus un peu de beurre fondu, couvrez-les d'un rond de papier et laissez-les ainsi jusqu'au moment de servir; coupez vos carcasses de lapereaux par morceaux, mettez-les dans une petite marmite, avec une carotte, deux oignons, dont un piqué d'un clou de girofle, un bouquet de persil et ciboules, une feuille de laurier, une lame de jambon et quelques débris de veau; mouillez tout cela avec du consommé, faites-le bouillir, écumez-le et passez au tamis; faites-le réduire aux trois quarts; ajoutez-y deux cuillerées à dégraisser d'espagnole réduite; faites revenir de nouveau votre sauce en la travaillant à consistance d'une demi-glace; au moment de servir, sautez vos escalopes, faites les roidir des deux côtés, égouttez-en le beurre en conservant leur jus, mettez-les dans votre sauce, sautez-les, pressez-les dans un plat, et servez.

Vous pouvez, dans la saison, couper des truffes en liards, les passer dans du beurre, les égoutter, et au moment de servir, les sauter avec vos escalopes.

Lapereaux aux petits pois. — Faites un petit roux; coupez vos lapereaux par membres; votre roux étant bien blond, passez-les dedans; ajoutez-y quelques dés de jambon et mouillez le tout avec du bouillon, faites que votre roux soit bien délayé; mettez-y un bouquet de persil et ciboules garni d'un clou de girofle, d'une feuille de laurier et d'une demi-gousse d'ail; lorsque votre roux sera en train de bouillir, mettez-y un litre de petits pois et faites cuire le tout que vous assaisonnerez de sel en suffisante quantité; quand votre ragoût sera bien réduit, supprimez-en le bouquet et servez.

Lapins en casserole. — Coupez vos lapins en quatre, gardez-en les foies, piquez les morceaux de gros lard assaisonné et de lardons de jambon, garnissez le fond d'une casserole de bardes de lard et de tranches de veau avec sel, poivre, fines herbes, fines épices, oignons, ciboules, persil, carottes et panais, arrangez les membres de lapin dans la casserole, assaisonnez-les dessus et dessous et faites cuire au four feu dessus et dessous.

Faites un coulis avec un morceau de veau et de jambon que vous coupez par tranches, battez-les, garnissez-en le fond d'une casserole, mettez-y un oignon, un morceau de carotte et des panais coupés par tranches, couvrez votre casserole, mettez suer à petit feu et ajoutez-y, quand cela commence à s'attacher, un peu de lard fondu et de farine, remuez le tout ensemble, mouillez de jus et de bouillon, moitié l'un, moitié l'autre, assaisonnez de champignons, truffes, ciboules entières, persil, trois ou quatre clous de girofle, ajoutez quelques croûtes de pain et faites mitonner le tout ensemble.

Prenez vos foies de lapin, pilez-les dans le mortier, délayez-les avec un peu de jus de votre coulis, videz-les ensuite dans la casserole où est ce coulis, faites-les un peu chauffer, passez ce coulis à l'étamine et mettez-le dans une autre casserole.

Puis vos lapins étant cuits, vous les retirez et les mettez dans votre coulis ; laissez mitonner un peu avant de servir, dressez-les dans un plat, jetez

votre coulis par-dessus et servez chaudement
pour entrée.

Lapins aux truffes. — Faites cuire des lapins en
casserole, comme il est dit plus haut, passez les
truffes avec un peu de beurre fondu, mouillez-les
de moitié jus de veau, moitié essence de jambon,
laissez-les mitonner pendant un quart d'heure,
dégraissez-les et liez d'un coulis, retirez ensuite
vos lapins, égouttez-les, mettez-les dans le ragoût
des truffes, dressez-les, jetez le ragoût par-dessus
et servez pour entrée.

Timbale de lapereaux. — Ayez deux lapereaux
que vous coupez par membres, passez-les dans
une casserole avec sel, poivre, fines herbes hachées, ciboules, champignons et truffes, épices
fines et laurier : mêlez le tout et mouillez avec un
verre de vin blanc et deux cuillerées à dégraisser
d'espagnole, faites mijoter, et quand vos lapereaux
seront cuits, laissez-les refroidir, ôtez la feuille
de laurier, puis beurrez une casserole de grandeur convenable, foncez-la de petites bandes de
pâte, roulées en commençant par le milieu du
fond de cette casserole et tournant la pâte en
forme de limaçon jusqu'à ce que vous arriviez au
rebord de la casserole ; moulez ensuite un morceau de pâte, qui vous servira à faire un double
fond, abaissez-la, donnez-lui l'épaisseur d'une
pièce de 5 francs, pliez-la en quatre, puis mouillez
un peu les bandes avec un doroir, posez dessus
votre double fond et servez chaudement.

Mayonnaise de lapereaux. — Faites cuire deux lapereaux à la broche, laissez-les refroidir, coupez-les par les membres, parez-les proprement, mettez-les et sautez-les dans une mayonnaise, et servez.

LARD. — (V. Cochon.)

LARDER. — Terme de cuisine qui exprime l'action de passer des lardons à travers une viande avec une lardoire. Pour larder proprement une viande, il faut que les lardons soient gros comme la moitié du petit doigt et bien assaisonnés de sel et de poivre ; pour larder à la surface seulement, on n'emploie que de très fins filets de lard, qui, dans ce cas, sont disposés avec symétrie, et quelquefois figurent des dessins.

LARDONS. — Petits morceaux de lard dont on se sert pour larder.

LAURIER. — On ne se sert à la cuisine que du *laurier franc*, ou d'*Apollon*, dont on fait un fréquent usage. On en met dans tous les bouquets garnis, assaisonnement obligé de tous les ragoûts; mais on doit l'employer avec modération, et sec de préférence, afin que la saveur en soit moins forte et qu'il ait moins d'âcreté.

LÈCHEFRITE. — Ustensile de cuisine long et plat, possédant à chacune de ses extrémités un bec, ou une espèce de petite gouttière afin de recueillir plus facilement le jus qu'elle contient. La lèchefrite est destinée à recevoir la graisse et le jus des viandes rôties.

LÉGUMES. — Nous indiquons à chaque article particulier la façon d'apprêter et de manger les différents légumes.

LENTILLES. — Elles s'apprêtent comme les haricots.

LEVAIN, LEVURE. — Le levain est un morceau de pâte aigrie ou imbibée de quelque acide qui fait lever, enfler et fermenter l'autre pâte avec laquelle on le mêle. Le pain ordinaire doit sa légèreté au levain.

La *levûre* est l'écume que forme la bière lorsqu'elle commence à fermenter; on égoutte cette écume, on la presse, on la réduit en pâte, et elle se conserve très longtemps. On l'emploie très souvent dans la pâtisserie.

LEVRAUT. — Jeune lièvre. (V. LIÈVRE.)

LIAISON. — Se dit en cuisine des sauces épaisses ou liées par le moyen de la farine frite, des jaunes d'œufs ou des coulis.

LIÈVRE. — *Levraut à l'anglaise.* — Dépouillez un levraut jeune et tendre sans lui couper les pattes, et, pour qu'il reste en son entier, échaudez-lui les oreilles comme celles d'un cochon de lait; retirez-lui, par une petite ouverture, les poumons et le sang; prenez le foie, ôtez-en l'amer, hachez-le très menu, faites une panade un peu desséchée avec de la crème, pilez-la avec le foie, mettez autant de beurre qu'il y a de panade, quatre jaunes d'œuf crus, sel, poivre et fines épices; coupez un gros oignon en petits dés, faites-le cuire à blanc et joignez-le à votre farce, avec une pincée de petit sauge que vous aurez passée au tamis; mêlez-le tout et incorporez-y le sang du levraut; goûtez si cette farce est de bon goût, remplissez, en le corps de votre levraut, cousez-le, cassez-lui les os des cuisses et fixez-lui les pattes de derrière sous le ventre; donnez une attitude à la tête et aux pattes de devant, comme s'il était au gîte; mettez-le à la broche en lui conservant cette position; lardez-le, enveloppez-le de papier, faites le cuire environ cinq quarts d'heure; avant de le retirer du feu, ôtez-lui le papier, supprimez-en le lard, et servez-le avec une saucière remplie de gelée de groseilles fondue au bain-marie.

Lièvres et levrauts rôtis. — Dépouillez et éventrez votre gibier, frottez-le de son sang et faites le refaire sur la braise; piquez-le ensuite de menu lard et mettez-le à la broche, faites cuire et servez chaudement avec une sauce douce faite avec du sucre et de la cannelle, ou une sauce au vinaigre avec sel, poivre et oignons piqués de clous de girofle.

Lièvre à la bourgeoise. — Prenez un lièvre, dont vous coupez les membres; mettez le sang à part, lardez la viande avec du gros lard, faites le cuire avec du bouillon, une chopine de vin blanc, un bouquet de persil, ciboules, ail, clous de girofle, muscade, thym, laurier, basilic, sel et gros poivre; faites cuire le tout à petit feu. Pilez très fin le foie du lièvre, passez-le au tamis avec une goutte de bouillon et mêlez le sang avec. Quand ce ragoût est cuit à propos et la sauce tout à fait réduite, mettez-y le sang et le foie passés, faites lier la sauce sans qu'elle bouille, ajoutez-y un peu de câpres entières et servez.

Civet de lièvre. — Dépouillez et videz un lièvre, coupez-le par morceaux, en ayant soin de conserver le sang dans un endroit frais. Faites un roux avec un peu de farine et de beurre, faites revenir dans ce roux quelques morceaux de petit salé ou de lard, mettez-y votre lièvre et mouillez-le quand il sera chaud, avec moitié bouillon, moitié vin rouge ; ajoutez-y du sel poivre, bouquet garni, une gousse d'ail, un oignon piqué de deux clous de girofle et un peu de muscade râpée. Quand le lièvre sera à moitié cuit, vous y joindrez le foie et le poumon. Faites cuire à grand feu jusqu'à réduction des trois quarts. Ayez alors deux douzaines de petits oignons que vous glacez dans une casserole avec un peu de beurre, un demi-verre de vin blanc, jusqu'à belle couleur blonde ; ajoutez aussi des champignons et des fonds d'artichauts coupés en morceaux ; faites aussi, en même temps, frire à l'huile de petits croûtons de mie de pain.

Toutes ces garnitures préparées, vous liez votre civet avec le sang que vous aviez en réserve ; dressez alors votre lièvre sur le plat, couronnez-le avec les petits oignons glacés, versez la sauce dessus, ajoutez les champignons, les fonds d'ar-

tichaut, le petit salé; garnissez le tout avec vos
petits croûtons frits, et servez chaudement.

Levraut à la broche. — Prenez un levraut bien
jeune et bien tendre, coupez les deux pattes de
devant près de la jointure. Dépouillez-le, videz-le,
passez votre doigt entre ses quasis pour le mieux
nettoyer, crevez les diaphragmes, retirez les poumons et le foie et mettez-les avec son sang dans un
vase; coupez à moitié les pattes de derrière, passez-en une dans le jarret de l'autre, rompez les
cuisses vers le milieu, refaites votre lièvre sur le
feu, essuyez-le, frottez-le entièrement de son sang
avec votre main, piquez-le ou lardez-le, mettez-le
à la broche, faites le cuire environ trois quarts
d'heure, retirez-le et servez-le avec une sauce poivrade que vous lierez avec son sang, en ayant
soin de ne pas la laisser bouillir.

Levrauts au sang. — Prenez cinq pigeons en
vie, tuez-les, mettez le sang sur une assiette, avec
un jus de citron pour empêcher qu'il ne tourne,
échaudez les pigeons et troussez-les, les pattes
en dedans, faites les blanchir et passez-les avec
du beurre, joignez-y un bouquet garni, une
tranche de jambon, un ris de veau blanchi, des
champignons truffés. Mouillez avec un peu de
réduction et de bouillon, faites cuire et assaisonnez de bon goût, puis liez avec le sang, en le
remuant pour l'empêcher de tourner et sans le
laisser bouillir. Laissez refroidir, prenez ensuite
un levraut que vous dépouillez et videz en met-

tant son sang avec celui des pigeons avant que le
ragoût soit lié ; levez la chair du levraut par filets,
hachez-la avec un peu de jambon cru, du persil,
ciboules, champignons, ail, liez cette sauce avec
cinq jaunes d'œufs et mêlez cette farce avec autant de petit lard coupé en morceaux et haché :
foncez ensuite une poupetonnière de bardes de
lard, mettez-y la farce, faites un trou dans le
milieu pour y mettre le ragoût de pigeons,
l'estomac en dessous, recouvrez-le de la même
farce et de bardes de lard, mettez un couvercle
sur la poupetonnière et faites cuire au four ;
égouttez-le de sa graisse, dressez-le dans le plat
que vous devez servir, en prenant garde de la
rompre, et saucez avec un coulis au vin de
Champagne.

Levraut sauté à la minute. — Dépouillez, videz
et coupez par morceaux un jeune levraut, mettez-
le dans une casserole avec beurre, sel, poivre,
épices, faites cuire à un feu vif en remuant tous
les morceaux l'un après l'autre, afin qu'ils cuisent
également. Lorsqu'ils sont fermes et qu'ils résistent sous la pression des doigts, ajoutez d'abord
fines herbes, échalotes et persil hachés, quelques
champignons, puis une cuillerée à bouche de
farine, un verre de vin blanc et un peu de bouillon. Retirez votre ragoût quand il est sur le point
de bouillir, et servez.

Pâté de lièvre. — Désossez un lièvre par morceaux, piquez les chairs avec des lardons assai-

36.

sonnés de sel, poivre, épices, échalotes et persil hachés, faites cuire à moitié avec du beurre ; hachez le foie avec une livre de lard gras, ajoutez un oignon, une échalote, le quart d'une gousse d'ail, persil, thym et laurier hachés à part, épices, poivre, sel, un petit verre d'eau-de-vie ; faites une masse compacte d'un lit de farce d'abord, puis de jambon et autres viandes de volailles, faites cuire deux heures ou mettez-le en terrine à votre choix.

Filets de lièvre marinés et sautés. — Les filets étant piqués, mettez-les, pendant huit jours, dans une marinade faite de la manière suivante : sel, poivre, deux feuilles de laurier, thym, persil en branche, oignons coupés en tranches, quatre clous de girofle, un verre de vin blanc sec et un demi-verre de vinaigre à l'estragon. Quand vous voulez employer ces filets, égouttez-les sur un linge blanc de manière à les sécher, et faites-les sauter comme les côtelettes sautées.

LIMANDE. — Poisson plat, plus petit que la sole et le carrelet.

La limande se prépare comme la sole et le carrelet. (V. CARRELET.)

LIMON. — Genre de citron avec lequel on fait le plus souvent la limonade et dont nous avons indiqué l'emploi à l'article *Citron.*

LIQUEURS. — Bien que la confection des liqueurs concerne plus particulièrement la distillation et la pharmacie, nous avons donné à leur ordre alphabétique, des recettes de toutes celles que des particuliers peuvent faire.

LOCHE. — Petit poisson de rivière de la taille d'un éperlan, et qui s'apprête de même.

LONGE. — On appelle ainsi la partie du veau à laquelle le rognon adhère. (Voir à l'article VEAU.)

LOTTE. — Excellent poisson d'eau douce tenant de l'anguille et de la lamproie. On l'apprête dans les cuisines comme l'anguille, et plusieurs personnes les confondent avec les barbotes qui ne les valent point.

Lottes à la bonne femme. — Limonez des lottes et faites les cuire avec du vin blanc, de l'oignon coupé en tranches, persil, ciboules, basilic et poivre, girofle et beurre. Cuites, dressez et les servez dans leur court-bouillon.

Lottes au vin de Champagne et aux crêtes. — Prenez dix ou douze lottes, échaudez-les, limonez-les, videz-les et gardez-en les foies, piquez-les d'un côté et faites les cuire dans une bonne braise avec du vin de Champagne; faites une glace avec de la rouelle de veau et du bouillon, glacez-en vos lottes; ayez ensuite une bonne essence dans laquelle vous aurez mis un verre de vin de Champagne, mêlez-y des crêtes cuites dans un blanc, faites-leur prendre quelques bouillons avec les foies de lottes, dressez-les sur un plat en les entremêlant avec les crêtes, et servez chaudement avec un jus de citron.

LOUISE-BONNE. — Belle poire d'automne qu'on grille, qu'on met en compote ou qu'on mange crue.

———

M

MACARON. — Pâtisserie de menu service et de petit four faite de sucre, de farine et d'amandes douces pilées, taillées en petit pain plat et de figure ronde ou ovale.

Macarons d'amandes amères. — Prenez 500 grammes d'amandes amères que vous moudrez et ferez sécher à l'étuve, puis vous les pilerez avec trois blancs d'œufs, afin qu'elles ne tournent pas à l'huile, vous les mettez dans une terrine avec 1 kilog. 500 grammes de sucre en poudre ; dressez vos macarons comme il est indiqué ci-dessus et mettez-les au four à un feu très modéré.

Macarons d'amandes douces. — Vous émondez et faites sécher 500 grammes d'amandes douces, comme il est indiqué précédemment, vous les pilez de même et suivez exactement les mêmes procédés, en y ajoutant seulement une râpure de citron que vous mêlez avec le sucre et l'amande, vous dressez et faites cuire de même.

MACARONI. — *Macaroni à la ménagère.* — Vous faites bouillir pendant trois quarts d'heure dans l'eau une livre de macaroni avec un morceau de beurre, du sel et un oignon piqué de girofle ; vous le faites ensuite bien égoutter et vous le mettez dans une casserole avec un peu de beurre, un quart de fromage de gruyère râpé et autant de parmesan, également râpé, un peu de muscade, de gros poivre, quelques cuillerées de crème, et vous faites sauter le tout ensemble ; quand votre macaroni filera, dressez-le et servez.

Macaroni au gratin. — Votre macaroni étant préparé comme il est dit ci-dessus, vous le saupoudrez de mie de pain et de fromage râpé, et vous le faites gratiner sous un four de campagne.

Timbale de macaroni. — Vous faites une abaisse un peu mince avec de la pâte brisée, et vous la coupez par petites bandes que vous roulez de manière à en faire de petites cordes ; vous beurrez ces cordes l'une après l'autre et les déposez dans un moule en le garnissant entièrement ; vous remplissez ce moule de macaroni, sur lequel vous semez moitié parmesan râpé et moitié mie de pain, et vous mettez votre timbale à un four chaud ; vous la laissez cuire trois quarts d'heure, et vous la servez.

Macaroni à la napolitaine. — Cuisez dans l'eau

de sel, dressez-le dans la soupière, en alternant les couches de macaroni et de parmesan, arrosez avec du jus et versez sur la dernière couche du beurre fondu dans la proportion d'une demi-livre de beurre pour deux livres de macaroni, et faites cuire le tout ensemble.

Les timbales de lazagnes, de nouilles et de macaroni se préparent comme le macaroni à la napolitaine, seulement on y ajoute une garniture composée de truffes, champignons, crêtes de coq, carrés de jambon maigre et tranches de langue à l'écarlate ; le tout marié avec de bon beurre frais, on garnit la timbale de pâte, comme il est dit ci-dessus, et on la met cuire au four de campagne.

MACÉDOINE. — On donne ce nom à un mélange de comestibles, dont nous avons déjà parlé à l'article CHARTREUSE.

Macédoine de légumes printaniers. — Il faut toujours choisir des légumes de première qualité : carottes, navets, pointes d'asperges vertes, haricots verts, petits pois, petits haricots blancs comçant à grossir; on peut y joindre aussi quelques petites fèves de marais, des fonds d'artichauts et des concombres; vous tournez les carottes et les navets et leur donnez des formes variées et gracieuses, vous coupez les haricots verts en losanges et les asperges vertes en petits bâtonnets ; vous faites blanchir tous ces légumes, puis vous les égouttez ; faites fondre dans une casserole un bon morceau de beurre frais, et, quand il sera fondu, jetez-y vos légumes, en y ajoutant un peu de sucre en poudre; remuez doucement sur le feu; finissez la macédoine avec quelques cuille-rées de béchamel et dressez-la en pyramide sur le plat.

Cet entremets de légumes printaniers forme un des mets les plus agréables et des plus excel-lents à manger.

Macédoine de fruits transparente. — (V. articles. FRUITS et GLACE.)

MACHE. — Herbe potagère que l'on mange en salade en l'associant avec la betterave, le céleri, la chicorée blanche et les endives de conserve. Cette salade, très tendre et très savoureuse, est la première du printemps.

MACIS. — C'est l'enveloppe intérieure mem-braneuse du brou de la muscade. On l'emploie fréquemment comme aromate dans la bonne cui-sine; on s'en sert aussi quelquefois dans les com-positions de l'office.

MACREUSE. — On peut appeler cet oiseau *gibier de carême*, car tout le monde sait qu'il est classé parmi les aliments maigres, comme la sar-celle et le bécharut.

Macreuse rôtie. — Après avoir plumé, vidé et fait revenir votre macreuse, vous la mettez à la broche et l'arrosez en cuisant avec du beurre, du poivre, du sel et du vinaigre, puis servez-la, quand elle est cuite, avec une sauce Robert, ou bien un ragoût fait avec le foie haché bien menu, des champignons ou des mousserons, sel, poivre et muscade ; faites cuire le tout ensemble, ajoutez-y un jus d'orange et servez chaudement.

Macreuse à l'anguille. — Plumez et videz votre macreuse, troussez-la comme un canard, faites-la refaire, lardez-la de gros lardons d'anguille, assaisonnez de sel, poivre, persil, ciboules, champignons, ail, le tout haché bien menu ; mettez deux noix dans le corps de votre macreuse ainsi lardée, ficelez-la et faites-la cuire dans une bonne braise avec un morceau de beurre, une demi-bouteille de vin blanc, oignons, un bouquet de persil, ciboules, ail, thym, laurier, basilic, sel, gros poivre ; quand elle est cuite, à petit feu, retirez-la de la braise, essuyez-la avec un linge, et servez avec une sauce piquante assaisonnée de bon goût.

Potage de macreuses. — Faites bouillir les macreuses dans du bouillon de poisson ; quand elles sont cuites, faites mitonner votre potage du même bouillon ; mettez ensuite un bon hachis de poisson sur vos macreuses quand vous les aurez rangées sur votre soupe et qu'elle sera suffisamment mitonnée, et servez avec une bonne garniture d'écrevisses.

MADELEINE. — Nom d'une sorte de poire estivale.

On donne aussi ce nom à une excellente espèce de pêche, nommée autrement *paysanne* et *double de Troyes.*

Il existe aussi des petits gâteaux de ce nom,
dont les plus renommés viennent de Commercy.

MAIS. — Sorte de grain, autrement appelé blé
de Turquie; il contient beaucoup d'huile et de
sels essentiels; on en fait du pain, qui se digère
difficilement, qui pèse sur l'estomac, et qui ne
convient qu'aux personnes d'un tempérament
fort et robuste.

On fait avec de la farine de maïs, du sucre et
du lait, une bouillie qu'on appelle *gaudes*.

Quiches au maïs pour garnitures. — Vous faites
cuire de la farine de maïs avec du lait, du sel, du
beurre et de la muscade râpée ; cette bouillie une
fois cuite, vous y ajouterez quelques jaunes
d'œufs, que vous ferez lier sans bouillir. Dressez
alors de ce mélange à l'épaisseur d'un travers de
doigt, étendez-le sur une abaisse de feuilletage et
faites cuire le tout sous un four de campagne ;
vous retirerez ensuite ledit appareil afin de le
couper en morceaux carrés de la même grandeur
que la moitié d'une carte, et vous vous en servez
pour garnir différents plats, tels qu'aloyaux rôtis,
civets de lièvre et sautés de chevreuil, matelotes
d'anguilles, etc.

MAITRE-D'HOTEL (Sauce à la). — V. SAUCE et
ABATIS.)

MALVOISIE. — Ce nom est applicable à plusieurs sortes de vins sucrés ; on prise surtout le
malvoisie de Chypre et de Candie. (V. VINS ÉTRAN-
GERS.)

MANIOC. — Plante des tropiques. Son suc est laiteux et très vénéneux. Mais de la racine, ratissée, lavée et râpée, on retire une fécule nourrissante. Le tapioca se retire de la fécule décantée.

MAQUEREAU. — *Maquereau à la maître-d'hôtel.* — Que vos maquereaux soient bien frais ; choisissez-les d'égale grosseur, afin que les uns ne soient pas plus cuits que les autres ; coupez-leur le bout du bec et le bout de la queue ; mettez-les sur un plat de faïence ou de terre, saupoudrez-les d'un peu de sel fin, arrosez-les d'huile, avec du persil, des ciboules, et retournez-les dans cette marinade une bonne demi-heure avant de servir, ou davantage s'ils sont très-gros, et de crainte que leur ventre ne vienne à s'ouvrir, couvrez-les d'une feuille de romaine ; cette précaution est pour éviter qu'ils ne perdent leur laite ; retournez-les ; pour achever leur cuisson, posez-les sur le dos ; leur cuisson achevée, dressez-les avec une cuiller de bois, mettez-leur une maître-d'hôtel froide dans le dos, forcée de citron, et saucez-les d'une maître d'hôtel liée, et servez. (Voir les articles de ces deux sauces.)

Maquereaux à l'anglaise. — Prenez trois ou quatre maquereaux de la plus grande fraîcheur, videz-les par l'ouïe, tirez-leur le boyau, ficelez-leur la tête, coupez le petit bout de la queue, et ne leur fendez point le dos. Mettez une bonne poignée de fenouil vert dans une poissonnière qui

ait sa feuille, et vos maquereaux dessus ; mouillez-
les d'une légère eau de sel, faites les cuire à petit
feu. Leur cuisson faite, tirez votre feuille, égouttez-les, dressez-les sur votre plat, saucez-les
d'une sauce de fenouil, ou de celle dite à groseilles à maquereau. (Voyez les articles de ces
sauces.)

Filets de maquereaux à la maître-d'hôtel. — Levez
les filets de trois maquereaux ; coupez ces filets en
deux, parez-les ; faites fondre du beurre dans une
sauteuse, et posez-y vos filets du côté de la peau ;
saupoudrez-les d'un peu de sel, recouvrez-les légèrement de beurre fondu, couvrez-les d'un rond
de papier, mettez-les au frais, jusqu'à l'instant de
vous en servir, et préparez la sauce suivante :

Mettez deux cuillerées de velouté réduit dans
une casserole, persil et échalotes hachés et lavés ;
faites bouillir votre sauce, ajoutez-y la valeur de
trois petits pains d'excellent beurre et un fort jus
de citron ; prenez vos laitances, faites les dégorger, blanchir et cuire avec un grain de sel : au moment de servir, mettez vos filets sur le feu, faites
les roidir, retournez-les. Leur cuisson faite, égouttez-les, en épanchant une partie du beurre ; dressez vos filets en couronne sur un plat auquel vous
aurez fait une bordure de petits croûtons frits
dans du beurre ou de l'huile ; passez votre sauce
et servez.

Maquereaux au beurre noir. — Préparez ces maquereaux comme ceux à la maître-d'hôtel ; faites

les cuire de même. Leur cuisson faite, saucez-les d'un beurre noir où vous aurez mis sel, vinaigre et persil frit.

MARCASSIN. — Jeune sanglier connu en vénerie sous le nom de bête rousse. Le marcassin est excellent à toutes les sauces où l'on met le sanglier, c'est-à-dire à la broche, sur le gril aux oignons.

Hure de marcassin, sauce berlinoise. — C'est à l'âge de quinze ou dix-huit mois qu'il faut manger les jeunes sangliers, qui jusqu'à cet âge peuvent être considérés comme des marcassins ; comme ce sont généralement les chairs musculeuses du cou qui sont recherchées par les amateurs, il faut faire couper la hure avec le cou, un peu long et arrivant jusqu'à la hauteur des épaules. Il est vrai qu'il reste celle des bajoues, peu volumineuse, mais cependant très délicate.

Flambez la hure, pour en gratter les soies.

Quand la hure est flambée, la faire dégorger pendant une heure, l'égoutter ensuite, fendre la peau du crâne depuis le haut du front jusqu'à la la hauteur des yeux, et juste sur le milieu ; afin de prévenir le déchirement de la peau, dégager les chairs du bout du museau ; scier transversalement sur celui-ci un morceau d'os de trois à quatre centimètres de long, et emballer la hure dans un linge, en la ficelant, mais en ayant soin de ficeler les oreilles en relief, afin de les maintenir droites ; masquez le fond d'une casserole

longue avec des carottes, des oignons et des racines de céleri grossièrement émincés ; passer la
hure sur cette couche, la mouiller à hauteur avec
moitié eau, moitié vinaigre, ajouter du sel, des
grosses épices, thym, laurier, marjolaine, coriandre et genièvre ; faire bouillir le liquide, et cuire
la hure à feu modéré pendant trois heures, si
l'animal est jeune ; dans tous les cas, faisons ob-
server que la hure doit être bien cuite, car, en
refroidissant, les chairs musculeuses tendent à se
raffermir.

Aussitôt que la hure est atteinte au point voulu,
la laisser refroidir hors du feu, et dans sa cuisson,
la déballer ensuite, parer droit les chairs du cou,
vernir la peau sur toutes les surfaces, avec du
saindoux coloré à l'aide de caramel bien noir ;
poser la hure sur un plat long, masquer la déchi-
rure du crâne avec une plaque de beurre, et décorer avec des truffes, du blanc d'œuf cuit et de
la gelée ; de chaque côté du museau, imiter une
défense en beurre ; posez alors la hure sur un
pain vert, de forme ovale, et masquer de graisse
blanche, l'entourer à sa base avec une couronne
de feuilles de chêne ou d'oranger, et garnir le
tout avec des croûtons de gelée.

Cette pièce est dressée pour figurer sur la
table ; pour la servir, il faut couper les chairs du
cou en tranches minces, les garnir avec de la gelée et faire présenter aux convives la sauce suivante :

Avec trois jaunes d'œufs et la valeur de deux verres d'huile, préparer une sauce mayonnaise froide, en procédant selon la méthode ordinaire, la finir avec deux ou trois cuillerées à bouche de moutarde anglaise et du bon vinaigre ; lui incorporer ensuite un peu plus que son volume de gelée de groseilles très ferme et coupée en petits dés ; mêler la gelée sans l'écraser et verser la sauce dans une saucière. Cette sauce n'est pas belle à la vue ; mais, pour un amateur, elle a certainement un grand prix.

Quartier de marcassin, sauce aux cerises. — Choisir un quartier de marcassin tendre, frais et sans couenne, enlever l'os du quasi et couper droit le bout du manche, saler le quartier, le mettre dans une terrine, l'arroser avec la valeur d'un litre de marinade cuite et à moitié refroidie, le faire macérer pendant deux ou trois jours, l'égoutter, l'éponger sur un linge et le placer dans un plafond creux avec du saindoux, le couvrir avec du papier graissé et le faire cuire pendant trois quarts d'heure, en l'arrosant souvent avec la graisse ; lui additionner alors quelques cuillerées de sa marinade, et le faire cuire encore pendant une demi-heure, en l'arrosant toujours avec son fond. Quand il est bien atteint, retirer le plafond du four, égoutter le quartier et en masquer la surface avec une couche épaisse de mie de pain noir râpée, séchée, pilée, passée et mêlée avec un peu de sucre et de la cannelle, puis humectée avec du bon vin rouge, mais seulement ce qui est nécessaire pour la lier ; saupoudrer cette couche avec de la mie de pain non humectée, l'arroser avec la graisse du plafond et remettre le quartier dans celui-ci, pour le tenir à la bouche du four pendant une demi-heure. Au moment de servir, le sortir, papilloter le manche, le dresser sur un plat, et envoyer à part la sauce suivante :

Sauces aux cerises. — Faire ramollir deux poignées de cerises noires et sèches, comme on en vend communément en Allemagne, c'est-à-dire avec les noyaux, les faire ramollir, les piler au mortier, les délayer avec un verre de vin rouge, et verser l'appareil dans un poêlon non étamé, ajouter un morceau de cannelle, deux clous de girofle, un grain de sel et un morceau de zeste de citron ; faire bouillir le liquide pendant deux minutes et le lier avec un peu de fécule délayée ; retirer la casserole sur le côté du feu, la couvrir, la tenir ainsi pendant un quart d'heure, la passer ensuite au tamis.

MELON. — Plante annuelle et rampante, de la famille des concombres.

Pour rendre le melon digestible, il faut, disent quelques gastronomes, le manger avec du poivre et du sel, et boire par-dessus un demi-verre de Madère, ou plutôt de Marsala, puisque le Madère a disparu.

Il n'y a pas d'autre manière de le manger que de le couper par tranches et de le servir entre le potage et le bœuf ou entre le fromage et le dessert.

MERISIER. — C'est le prunier des oiseaux ; sans être greffé, il porte un petit fruit noir appelé merise. On greffe sur lui la cerise, la guigne, le bigaro ; c'est avec le fruit du merisier qu'on fait le kirschenwasser, alcool marquant jusqu'à vingt-six degrés, aussi transparent que l'eau la plus limpide. C'est surtout en Alsace, en Franche-Comté, en Suisse et en Souabe que l'on distille le meilleur kirsch.

MERLAN. — *Merlans frits.* — Ayez plusieurs merlans, écaillez-les, ou plutôt essuyez-les en les pressant légèrement avec la serviette ; les écailles viendront toutes seules ; coupez le bout de la queue et les nageoires, videz-les, lavez-les, remettez-leur les foies dans le corps, ciselez-les des deux côtés, farinez-les, faites-les frire jusqu'à ce qu'ils soient fermes et d'une belle couleur ; égouttez-les, saupoudrez-les d'un peu de sel fin, mettez une serviette sur le plat qui doit les recevoir, dressez-les dessus, et servez.

Merlans à la hollandaise, à la flamande ou sur le plat. — (Voyez les Soles sous la même désignation.)

Merlans grillés. — Préparez vos merlans comme il est dit aux merlans frits, ciselez-les, farinez-les, mettez-les sur le gril, faites-les cuire sur un feu doux, et retournez-les ; à cet effet, servez-vous d'un couvercle de casserole que vous poserez sur vos merlans et alors vous renverserez votre gril sens dessus dessous ; achevez de les faire cuire ; servez-vous encore du couvercle, comme il est dit plus haut, pour les ôter du gril sans les casser ; coulez-les sur votre plat et servez dessus une sauce blanche au beurre avec câpres.

Merlans aux fines herbes. — Écaillez vos merlans comme il est indiqué aux merlans frits ; appropriez-les de même, mettez-les dans un vase creux dans lequel vous aurez étendu du beurre avec persil, ciboules, sel, muscade : arrangez-les tête-bêche ; arrosez-les de beurre fondu ; mouillez-les avec vin blanc et bouillon. Cuits des deux côtés, versez leur mouillement dans une casserole, sans les ôter de leur plat ; ajoutez-y un peu de beurre manié avec de la farine, faites cuire et liez votre sauce dans laquelle vous exprimerez un jus de citron ; mettez une pincée de gros poivre, saucez vos merlans et servez-les.

MERLES. — Les merles frais subissent tous les modes de cuisson qui s'appliquent aux grives.

MORILLES. — C'est une espèce de champignon printanier, qui ne diffère du champignon ordinaire qu'en ce qu'elle est percée de plusieurs trous, au lieu que le champignon est feuilleté ; nous ne sachons pas qu'il soit jamais arrivé d'accident pour avoir mangé des morilles. Elles excitent l'appétit, fortifient et restaurent l'estomac, et sont d'un grand usage dans les sauces.

MORUE. — Nous avons déjà dit en parlant du

cabillaud, à peu près tout ce que nous avions à dire sur la morue. Cependant parmi les choses que nous avons cru devoir omettre à l'article Cabillaud, voici une brandade de morue que nous extrayons de la cuisine de tous les pays par Urbain Dubois.

Brandade de morue à la mode de Montpellier. — Prendre la moitié d'une morue salée, épaisse et ramollie à point, la diviser en carrés, mettre ceux-ci dans une casserole avec de l'eau froide, poser la casserole sur le feu et amener le liquide à l'ébullition ; au premier bouillon, le retirer. Un quart d'heure après, égoutter la morue sur un tamis, en supprimer aussitôt toutes les arêtes, déposer les chairs et la peau dans une terrine en les brisant.

Faire revenir à l'huile deux cuillerées à bouche d'oignon haché et une gousse d'ail ; quand l'oignon est de couleur blonde, retirer la gousse d'ail et mêler la morue à l'oignon dans la casserole, pour la chauffer ; la verser aussitôt dans un mortier pour la piler ; quand elle est convertie en pâte, la remettre dans la casserole et la travailler fortement avec une cuiller, en lui incorporant peu à peu une demi-bouteille d'huile d'olives ; quand cette huile est absorbée, travailler l'appareil encore quelques minutes, lui mêler le jus d'un citron et lui incorporer également la valeur d'un verre d'huile peu à peu. A ce point, l'appareil doit être bien lié et crémeux. S'il était trop léger, lui

mêler deux cuillerées à bouche de béchamel un
peu serré; dans le cas contraire, quelques cuillerées de bonne crème crue suffisent. Assaisonner
l'appareil avec du poivre et muscade, un peu de
sel, si c'est nécessaire, une pincée de persil haché; le travailler encore pendant deux minutes et
le finir avec le jus d'un citron: il doit alors se
trouver consistant, mais délicat, lisse et de bon
goût. Le chauffer très légèrement, sans cesser de
le travailler, et le dresser en dôme sur le centre
d'un plat long, entre deux croustades en pain
taillées à trois quarts de rondeur et collées aux
deux bouts du plat. Saupoudrer l'appareil avec
quelques lames de truffes, poser sur le haut deux
écrevisses entières et une truffe ronde entre les
deux: emplir les croustades avec des huîtres
frites, piquer deux hâtelets sur ces croustades, les
entourer à leur base avec des escalopes de poisson et de truffes, en les alternant, remplir le vide
du centre avec un buisson de petites bouchées
aux huîtres. Ce mets peut être servi comme relevé
de poisson dans un dîner.

MOULES. — On doit les choisir fraîches et les
débarrasser des crabes, si elles en contiennent,
quoiqu'ils ne soient pas malfaisants comme on le
dit.

Moules à la poulette. (Entrée). — Après les avoir
lavées à plusieurs eaux et ratissé les coquilles,
égouttez-les, mettez-les à sec dans une casserole
sur un bon feu pour les faire ouvrir; ôtez une co-

quille à chacune et dressez-les à mesure dans un plat; faites une sauce à part avec un morceau de beurre, une pincée de farine, un peu de leur eau; liez avec des jaunes d'œufs, ajoutez un filet de vinaigre, persil haché, versez sur vos moules, faites chauffer un moment et servez.

Moules aux fines herbes. (Entrée). — Après les avoir préparées comme les précédentes, vous mettez dans une casserole un morceau de beurre et les moules, une bonne pincée de fines herbes, poivre, sel; sautez-les et les faites cuire un demi-quart d'heure.

Moules à la vinaigrette, frites et à la béchamel. — Les moules cuites au naturel et tirées de leurs coquilles, peuvent être assaisonnées à la vinaigrette ou encore frites avec une pâte légère; elles sont alors préférables aux huîtres frites. Elles peuvent être servies à la béchamel en les tirant de leurs écailles et les faisant réchauffer dans une sauce béchamel qui pourra servir encore à les faire frire en les panant.

Moules à la marinière. (Entrée). — Vos moules étant grattées et lavées à plusieurs eaux, mettez-les dans une casserole, assaisonnées d'oignons, carottes coupées en tranches, persil, thym, laurier, deux gousses d'ail écrasées, un peu de poivre et deux clous de girofle; posez la casserole sur un bon feu pour faire ouvrir les moules que vous retirez à mesure, en supprimant la coquille, qui ne tient pas à la moule, et les crabes qui peuvent être dedans. Vous tirez à clair, dans une casserole, un peu de la cuisson; ajoutez y autant de bon vin blanc. Etant en grande ébullition, liez la sauce avec un bon morceau de beurre manié de farine; faites-y sauter un instant vos moules et servez. — La méthode la plus usitée chez les mariniers consiste à faire sauter les moules dans une poêle, assaisonnées de beurre, persil, ciboules, ail, le tout haché bien fin, poivre, une pincée de mie de pain.

Observation. — On peut garnir de moules les poissons servis sur une sauce blanche, en ajouter aux merlans et aux autres poissons sur le plat et non gratinés, en garnir les matelotes, etc.

MOUTON. — *Rosbif de mouton à la broche.* — Coupez l'arrière-train d'un mouton, brisez les os des cuisses: battez les deux gigots avec le couperet: faites entrer les jarrets l'un dans l'autre, rompez les côtes du côté du flanchet, roulez les deux flancs et passez un hâtelet dans chaque; dégraissez peu les rognons, enfoncez un petit hâtelet dans la moelle allongée; couchez votre rosbif sur fer: attachez bien le petit hâtelet d'un bout et les deux jarrets de l'autre: passez un hâtelet dans les deux noix des gigots, mettez un autre grand hâtelet qui se croise sur celui qui est passé entre les deux noix, attachez-le fortement, enveloppez-le de papier huilé; faites-le cuire une heure et demie ou deux heures, puis

servez-le avec du jus dessous ou des haricots à la
bretonne.

Gigot de mouton à la broche. — Battez un gigot
mortifié, passez la broche dans le jarret sans toucher la noix, faites le cuire une heure et demie:
puis coupez l'extrémité du jarret, faites au bout
de l'os un manche en papier et servez votre gigot
avec du jus ou son propre jus.

Gigot à la braise. — Désossez un gigot d'une
chair noire et d'une graisse blanche, mais res-
pectez le manche; lardez-le de gros lardons, avec
fines épices, sel, basilic, poivre, persil, ciboules,
ficelez-le et donnez lui sa première forme; cela
fait, foncez une braisière avec quelques parures
de viande de boucherie, cinq ou six oignons et
carottes; superposez votre gigot, arrosez-le de
consommé et d'un peu d'eau-de-vie, avec feuilles
de laurier, clous de girofle, gousse d'ail et thym;
faites-le partir; couvrez-le d'un papier; faites-le
aller doucement avec feu dessous et dessus; laissez-le cuire quatre ou cinq heures, égouttez-le.
glacez le, et servez-le sur de la chicorée, ou avec
son jus, ou tous autres ragoûts qu'il vous plaira.

Gigot de mouton à l'anglaise. — Ayez un gigot
comme le précédent; coupez-en le bout du jarret
et le nerf du genou; battez-le; couvrez-en la superficie de farine; enveloppez-le dans un linge
noué aux quatre bouts; ayez une marmite ou
une braisière pleine d'eau, faites bouillir cette
eau, et mettez-y votre gigot avec du sel et une

botte de navets coupés en tranches; maintenez
l'ébullition, retournez le gigot, faites cuire pendant une heure et demie; pendant la cuisson,
retirez les navets et faites-en une purée, desséchée
et beurrée, salée, poivrée, etc.; mouillez-les peu
à peu avec de la crème, ou du lait que vous aurez
fait réduire; il faut leur donner assez de consistance pour les dresser comme en pyramide;
dressez-les; égouttez votre gigot, posez-le sur le
plat, masquez-le avec une sauce au beurre, sur
laquelle vous sèmerez des câpres, et servez-le.
Joignez votre plat de navets et une saucière, où
vous aurez mis une sauce aux câpres blanche.
(*Recette Vuillemot.*)

Gigot à l'eau. — Ayez un gigot comme ci-dessus; mettez-le dans une braisière d'eau bouillante, assaisonnez-le de carottes, oignons, persil
et ciboules, deux clous de girofle, laurier, thym,
basilic, deux gousses d'ail; faites-le cuire deux
heures; égouttez-le, glacez-le, et servez-le avec
une sauce espagnole.

Selle de mouton à la broche. — Coupez votre selle
de mouton au défaut des hanches, des gigots, et
à la deuxième ou troisième côte; braisez les
côtes, roulez-en les flancs et maintenez avec des
hâtelets; couchez sur fer, comme il est indiqué
au rosbif. Faites cuire environ une heure et
demie et servez avec un jus clair.

Gigot en chevreuil. — Battez un gigot mortifié,
levez la première peau, piquez-le comme une

noix de veau : mettez-le dans un vase de terre
avec une poignée de graines de genièvre et une
pincée de mélilot : versez dessus une forte marinade dans laquelle vous aurez mis du vinaigre
rouge en assez grande quantité ; laissez mariner
votre gigot cinq ou six jours, égouttez-le, mettez-
le à la broche et servez-le à la poivrade.

Selle de mouton panée à l'anglaise. — Ayez une
selle de mouton et apprêtez-la comme la selle de
mouton à la broche : désossez les grandes côtes,
roulez les flancs, garnissez-les de quelques parures de mouton sans os, retenez-les avec des
brochettes de bois au lieu d'hâtelets, ficelez votre
selle, foncez une braisière de quelques parures de
viande de boucherie, cinq ou six carottes, autant
d'oignons, deux ou trois clous de girofle, deux
feuilles de laurier, deux gousses d'ail, un peu de
basilic et de thym, posez sur ce fond votre selle,
mouillez-la avec du bon bouillon, faites-la partir,
laissez-la cuire feu dessous et dessus environ
trois heures, égouttez-la, mettez-la sur un plafond, ôtez les brochettes de bois, prenez quatre
ou cinq jaunes d'œufs; faites fondre une demi-
livre de beurre et délayez-la avec vos jaunes
d'œufs. Mettez-y un peu de sel, levez la peau de
votre selle dans son entier, dorez-la avec votre
anglaise et passez-la bien également, faites fondre
de nouveau un peu de beurre, arrosez-la, faites-
lui prendre belle couleur au four, dressez-la après
avoir enlevé le plafond avec deux couvercles de

casserole, posez-la sur votre plat, mettez dessous un jus clair et servez. (Recette de M. de Courchamps.)

Rouchis de mouton. — Prenez le quartier de devant d'un mouton et dressez-le ; levez les côtes du côté de la poitrine : désossez-les jusqu'à l'échine que vous supprimez ainsi que le collet, en épargnant les os de l'épaule : soutenez avec des hâtets dans le filet, embrochez comme une épaule de mouton : faites cuire environ une heure et server sur un ragoût à la bretonne.

Épaule de mouton en ballon. — Désossez une épaule de mouton, coupez de grands lardons, assaisonnez de sel, poivre, fines épices, persil et ciboules hachés et aromates passés au tamis, roulez vos lardons dans cet assaisonnement, lardez les chairs de votre épaule sans en percer la peau : passez avec une aiguille à brider une ficelle tout autour de la peau de l'épaule, donnez-lui la forme d'un ballon, foncez une casserole avec des carottes, des oignons, une feuille de laurier, du thym, du basilic et les os cassés de l'épaule, posez-la sur ce fond du côté de la ficelle, mouillez-la de bouillon, couvrez-la de bardes de lard et d'un rond de papier, faites-la partir : mettez-la cuire deux ou trois heures sur la paillasse avec feu dessus et dessous ; égouttez-la, glacez-la : dressez-la sur une purée d'oseille ou de chicorée blanchie, ou bien encore un ragoût de petites racines, et servez.

Côtelettes de mouton au naturel. — Vous coupez
dans un carré de mouton des côtelettes d'égale
grosseur, de deux côtes en deux côtes : si ce carré
est trop fort, vous en supprimez une : ôtez l'os de
l'échine, posez votre côtelette et levez la peau qui
couvre du côté du filet : aplatissez-la légèrement,
parez-la, grattez le dedans de la côte ; coupez le
bout de l'os de la longueur de trois pouces, suivant la grosseur du mouton ; supprimez les chairs
de la pointe de l'os, ratissez-le ; faites fondre du
beurre, trempez-y vos côtelettes, mettez-les sur
le gril, faites-les cuire en ne les retournant qu'une
fois, sans quoi vous perdez votre jus de viande,
et servez-les avec un jus clair.

Côtelettes de mouton panées. — Comme les précédentes, et panez avant la cuisson.

Côtelettes de mouton à la Soubise. — Coupez vos
côtelettes un peu grosses, parez-les, aplatissez-les
légèrement, lardez-les de lard et de jambon, autant de l'un que de l'autre, foncez une casserole
avec les parures de ces côtelettes, ajoutez-y trois
ou quatre oignons, deux carottes, un bouquet de
persil et ciboules, bien assaisonnés, rangez vos
côtelettes dessus, mouillez-les largement avec du
consommé, couvrez-les de bardes de lard et d'un
fort papier beurré, faites les partir, couvrez votre
casserole, mettez-la sur la paillasse avec feu dessus et dessous, égouttez-les quand elles sont cuites,
laissez-les refroidir, parez-les de nouveau en éga-
lisant la superficie des chairs et supprimant ce

qui dépasse des lardons, passez le fond de la
cuisson au travers d'un tamis de soie et faites-le
réduire jusqu'à consistance de glace : remettez
vos côtelettes dans ce fond, retournez-les afin de
les glacer des deux côtés ; dressez-les, versez dans
le rond formé par elles une bonne purée d'oignons
au blanc, et faites autour de vos côtelettes une
garniture de petits oignons égarés, blanchis et
cuits dans du consommé, posez-les de manière à
pouvoir planter dans la queue de ces oignons une
petite branche de persil, et servez.

Côtelettes de mouton à la minute. — Coupez et
parez douze côtelettes comme il est dit ci-dessus,
mettez-les dans une sauteuse avec du beurre
fondu et mettez cette sauteuse sur le fourneau ;
faites cuire vos côtelettes en les retournant souvent, égouttez le beurre qui se trouve dans la
sauteuse et remplacez-le par un peu de glace ou
réduction de veau, une cuillerée à dégraisser de
bouillon, mettez-y vos côtelettes, en les remuant,
afin qu'elles s'imprègnent bien de cette réduction : quand elles sont parfaitement glacées, vous
les dressez en cordon autour du plat et vous les
arrosez avec la glace que vous aurez liée avec une
seconde cuillerée de consommé et un peu d'excellent beurre.

Côtelettes de mouton à la jardinière. — Après avoir
préparé vos côtelettes et les avoir dressées comme
il est indiqué ci-dessus, vous faites un ragoût de
toutes sortes de légumes tournés, tels que petites

carottes, petits navets, champignons, haricots,
petits pois verts cuits dans du consommé et que
vous mettez dans une casserole avec trois ou
quatre cuillerées à dégraisser d'espagnole; vous
faites mijoter et réduire en ragoût, le dégraissez
et le finissez avec un petit morceau de beurre et
une pincée de sucre en poudre, puis vous jetez ce
ragoût dans le fond formé par les côtelettes et
arrangez dessus une tête de chou-fleur.

Côtelettes de mouton à la chicorée. — Préparez une
côtelette et dressez-la de même que celles à la
minute, puis mettez dans le rond une bonne chicorée réduite, soit au blanc, soit au roux.

Filets mignons de mouton. — Levez les filets mignons de douze carrés de mouton, parez-les,
piquez-les, marquez-les tels que les carbon-
nades; leur cuisson faite, glacez-les et dressez-les
sur un ragoût de concombres au jus, et servez
ensuite.

Hachis de mouton à la portugaise. — Levez la noix
et la sous-noix d'un gigot rôti de desserte; supprimez nerfs, graisse et peaux; hachez menu;
mettez de l'espagnole réduite dans une casserole
et faites-la réduire à demi-glace; mettez-y vos
chairs hachées, remuez-les sur le feu sans les
laisser bouillir, mettez-y un pain de beurre et un
peu de gros poivre, et, dans le cas où votre hachis
ne serait pas assez corsé, ajoutez-y un peu de
glace de viande, dressez-le sur un plat auquel
vous aurez fait une bordure, arrosez légèrement

avec une espagnole réduite, posez dessus six ou
huit œufs pochés, et servez.

Haricot de mouton. — (V. HARICOT.)

Poitrine de mouton. — Parez deux poitrines de
mouton et coupez-en le bout du flanchet et l'os
rouge de la poitrine, ficelez-les et faites les cuire
dans une grande marmite après les avoir assaisonnées de bon goût ; quand elles sont cuites,
vous en levez la première peau, les parez de nouveau, les arrondissez du côté du flanchet, les passez en les saupoudrant avec de la mie de pain,
assaisonnez de sel et de poivre, faites les griller,
et servez avec une sauce au pauvre homme.

Collets de mouton à la Sainte-Menehould. — Parez
les bouts saigneux de deux collets de mouton,
blanchissez-les, ficelez-les et marquez-les dans une
braise faite avec des parures de viande, des bardes
de lard, trois carottes, autant d'oignons, dont un
piqué de deux clous de girofle, deux feuilles de
laurier, du thym, du basilic, deux gousses d'ail,
un bouquet de persil et ciboules et du sel ; mouillez ces collets avec du bouillon ou avec de l'eau,
couvrez-les d'un papier, faites les partir et cuire
ensuite deux ou trois heures feu dessus et dessous ;
égouttez-les, posez-les sur un plafond, parez-les,
couvrez-les d'une Sainte-Menehould, panez-les
avec de la mie de pain mêlée de parmesan, arrosez-les de nouveau, faites-leur prendre couleur
dans un four ordinaire, dressez-les et saucez-les
avec une bonne italienne rousse.

Queues de mouton glacées à la chicorée. — Mettez dans l'eau tiède cinq grasses queues de mouton ; blanchissez ; faites cuire comme ci-dessus ; une fois cuites, égouttez, essuyez, ciselez, séchez avec une pelle rouge, puis glacez, et servez sur chicorée, purée d'oseille ou tout autre ragoût.

Queues de mouton en hoche-pot. — Faites blanchir six queues de mouton et mettez-les cuire dans une braise avec 250 grammes de lard coupé en gros dés, auxquels vous aurez laissé la couenne ; faites blanchir quelques carottes, navets, racines de céleri, oignons, et faites les cuire à part dans du consommé jusqu'à ce que le mouillement soit tombé à glace ; jetez ensuite ces légumes dans une casserole où vous aurez mis une quantité suffisante d'espagnole réduite, joignez-y votre petit lard retiré de la braisière et faites cuire le tout ensemble avec une demi-bouteille de vin blanc ; dégraissez vos légumes, faites réduire à courte sauce, égouttez les queues, glacez-les comme il est indiqué plus haut, puis dressez vos légumes dans le plat, arrangez les queues dessus, masquez-les avec le ragoût et servez.

Rognons de moutons à la brochette. — Fendez douze rognons de moutons pelés, passez-les dans une brochette de bois, faites les griller en les retournant de temps en temps, puis retirez-les des brochettes ; dressez-les sur un plat, mettez dans chaque un peu de maître d'hôtel froide, faites

chauffer le plat et servez après avoir exprimé
dessus le jus d'un citron.

*Rognons de moutons au vin de Champagne ou à
l'italienne.* — Pelez quinze rognons, émincez-les,
faites cuire à la casserole avec du beurre, faites
aller à grand feu, égouttez, mettez dans une italienne arrosée d'un verre de Champagne et réduite à glace, achevez de les faire cuire en les
remuant dans cette sauce sans ébullition, et servez avec jus de citron.

Animelles de moutons. — Ayez deux paires d'animelles dont vous supprimez les peaux, puis vous
les coupez en filets de la largeur du petit doigt en
ne leur donnant que la moitié de l'épaisseur ;
marinez-les dans du citron, sel, poivre, quelques
branches de persil et quelques ciboules, égouttez-
les quand vous aurez à vous en servir, farinez-les,
faites les frire de façon à ce qu'elles soient croquantes et servez-les.

Amourettes de moutons. — Comme celles de veaux.

Cervelles de moutons. — Elles s'apprêtent de même
que celles de veaux, mais elles sont moins délicates.

Langues de moutons en papillotes. — Nettoyez douze
de ces langues, faites les dégorger, blanchissez
d'un quart d'heure, rafraîchissez, égouttez, pelez,
marquez dans une casserole avec bardes de lard,
oignons, carottes, bouquet de persil, ciboules,
ail, feuille de laurier ; mouillez avec du bouillon,
faites partir et cuire trois heures, laissez refroidir,

retirez sur un plat et faites autant de cornets de
papier que vous avez de langues ; hachez des
parures de champignons, du persil et des ciboules,
mettez le tout dans une casserole avec 250 grammes
de beurre, sel, poivre, épices fines, 75 grammes
de lard râpé, passez ces fines herbes, faites les
aller à petit feu, remuez-les, ajoutez-y à la fin de
la cuisson deux cuillerées à dégraisser d'espagnole ou de velouté, faites mijoter le tout, liez-le
avec trois jaunes d'œufs et versez cette sauce sur
vos langues, laissez-les refroidir, mettez-en une
dans chaque cornet que vous avez préparé en
ayant soin de huiler le dehors, remplissez ces
cornets de fines herbes, fermez-les et mettez-les
griller sur un feu doux ; faites prendre couleur et
servez.

Langues de moutons au gratin. — Prenez et faites
cuire dans une braise, comme ci-dessus, des
langues de moutons, laissez-les refroidir aussi
pour qu'elles prennent du goût, prenez de la
farce cuite, garnissez de gratin le fond d'un plat,
ouvrez les langues en deux sans les séparer afin
qu'elles forment chacune un cœur et posez-les
sur ce plat garni, couvrez-les de la même farce en
leur laissant leur forme ; garnissez-les de gratin
tout autour, unissez-les, passez-les, arrosez-les
légèrement de beurre fondu ; ayez des bouchons
de pain que vous tremperez dans ce beurre et
dont vous ferez une zone au bord du plat, afin
que le gratin conserve sa forme ; mettez-le cuire

dans un grand four feu dessus et dessous, pour bien le faire gratiner, ayez bien soin qu'il ne brûle pas et qu'il prenne une belle couleur; au moment de servir, ôtez les bouchons de pain et mettez-en d'autres passés dans du beurre et qui soient d'une belle couleur, saucez d'une belle italienne et servez.

Pieds de moutons a la poulette. — Ayez une ou deux bottes de pieds de moutons, suivant la quantité que vous voulez faire; prenez-les l'un après l'autre, supprimez-en le bout des ergots, fendez le pied jusqu'à la jointure de l'os, ôtez-en l'entrefourchon, où il se trouve une petite pelote de laine appelée vulgairement le ver; parez le haut du pied, flambez-le, épluchez-le, supprimez-en le gros os, ensuite faites blanchir ces pieds, essuyez-les avec un linge, mettez-les dans une braisière, mouillez-les avec un blanc, laissez-les cuire cinq ou six heures, égouttez-les, mettez-les dans une casserole avec une cuiller à pot de velouté, faites-les mijoter, assaisonnez de sel, gros poivre, persil blanchi; au moment de les servir, liez-les avec trois jaunes d'œufs environ; finissez-les avec un filet de verjus, de vinaigre ou d'un jus de citron et servez.

Dans le cas où vous n'auriez pas de velouté, faites un petit roux blanc.

MULET. — Petit poisson qui se trouve dans les étangs et dans les rivières. (Voir pour sa préparation l'article: Surmulet.)

MURE. — Fruit du mûrier.

Il y a deux espèces de mûriers : le *mûrier blanc*, dont les fruits sont utilisés pour la nourriture des oiseaux de basse-cour, qui les mangent avec plaisir, et dont nous n'avons pas à nous occuper ici, et le *mûrier noir*, qui porte de gros fruits suaves appelés mûres, dont le parfum et la saveur sucrée charment les gourmets.

Sirop de mûres. — Prenez un panier de mûres pour en retirer à peu près un litre de jus ; mettez-les sur le feu dans un poêlon avec un litre d'eau environ, et faites-leur prendre plusieurs bouillons jusqu'à ce que les trois demi-setiers soient réduits à une chopine ; égouttez les mûres sur un tamis ; clarifiez trois livres de sucre que vous ferez cuire au boulet ; jetez votre jus de mûres, faites-lui donner un bouillon et écumez-le ; vous prendrez la cuisson qui est la même que pour les autres sirops, au petit perlé, en y ajoutant un peu d'eau, si elle était trop forte, afin qu'elle se trouve au degré qu'elle doit avoir, videz ensuite votre sirop dans une terrine, laissez-le refroidir et mettez-le en bouteilles.

MUSCADE. — On appelle *noix muscade*, ou simplement *muscade*, le noyau ou partie centrale du fruit du muscadier aromatique.

On obtient de la noix muscade deux huiles : une huile concrète, que l'on appelle beurre de muscade, et que l'on retire des muscades en les faisant bouillir dans l'eau, et une huile volatile, quelquefois prescrite dans certains médicaments.

On emploie de préférence dans les compositions sucrées de la cuisine le macis, espèce de brou qui enveloppe la noix muscade, dont la saveur est plus délicate.

MUSCAT. — Espèce de raisin dont le suc et la pellicule ont un arome violent. Les meilleures espèces de muscats sont ceux de la Provence et du Languedoc, c'est-à-dire de Frontignan, de Rivesaltes, de Lunel et de la Ciotat. Il en existe plusieurs variétés qui croissent dans les jardins et dans les vignes.

On donne aussi ce nom à plusieurs espèces de poires.

Compote de raisin muscat. — Otez les pepins et les peaux, et faites prendre deux bouillons dans un sirop cuit à la grande plume.

Vous colorez la compote suivant la couleur du fruit que vous avez employé; si c'est du muscat rouge ou violet, vous mettez dans votre sirop une demi-cuillerée de teinture de cochenille; si c'est du muscat vert, vous employez du suc d'épinards cuit et blanchi, afin de donner à votre composition une belle couleur vert tendre.

Muscat confit au sec en grappes. — Vous faites cuire du sucre à la grande plume et vous y rangez le fruit; faites-lui prendre quelques bouillons couverts, écumez-le bien, et, votre sucre étant venu au perlé, tirez le fruit, égouttez-le, dressez-le sur des feuilles d'office et laissez-le sécher à l'étuvée.

Muscat confit à l'eau-de-vie. — Vous faites tremper huit jours dans l'eau-de-vie du raisin sec de Damas ; vous mettez trois quarts de cette eau-de-vie sur un quart de sirop ordinaire, passez ce mélange à la chausse, et le versez sur votre raisin.

Gelée de raisin muscat. — Exprimez-en le jus, tamisez-le, coulez-le dans du sucre cuit ou cassé, faites-lui prendre quelques bouillons, et votre gelée sera faite quand vous la verrez tomber en nappes de l'écumoire.

Conserve de muscat. — Écrasez le raisin, passez-en le jus au tamis, faites-le dessécher, et délayez-le avec du sucre cuit à la grande plume. Il faut une livre de sucre pour une livre de fruits.

N

NAVETS. — Les légumes eux-mêmes ont leur aristocratie et leurs privilèges : il est reconnu que les trois meilleures espèces de navets qu'on peut cultiver sont ceux de Cressy, de Belle-Isle-en-Mer et de Meaux ; mais, soit intrigues, soit adresse, ce sont les navets de Freneuse et de Vaugirard qui fournissent aujourd'hui à la consommation de Paris.

NAVETS. — *Navets glacés au jus.* — Choisissez des navets égaux de taille et propres à être taillés en poires, faites-les blanchir, égouttez-les, et beurrez le fond d'une casserole qui puisse les contenir les uns à côté des autres ; arrangez-y ces navets, faites-les blondiner au beurre et au sucre, mouillez-les d'excellent bouillon, saupoudrez-les de sucre écrasé, mettez-y un grain de sel et un

peu de cannelle en bois, faites-les partir, couvrez-les d'un fond de papier beurré, posez-les sur
le bord du fourneau avec du feu dessous, mettez
sur votre casserole son couvercle avec du feu sur
le couvercle, et, la cuisson de vos navets achevée,
découvrez-les, faites les tomber à glace, dressez-
les sur votre plat, versez un peu de bon bouillon
dans votre casserole pour en détacher la glace ;
retirez-en la cannelle et saucez vos navets de cette
glace, cemme si c'était une compote.

Navets à la d'Esglignac. — Ayez des navets longs
de quatre ou cinq pouces, coupez-en les deux
bouts, fendez-les en deux et tournez chaque moitié pour lui donner la forme d'une corde, taillez
avec le bout du couteau deux petites rainures
telles qu'il en est à ces dernières, faites-les blanchir, mettez-les dans une casserole comme les
précédents, assaisonnez-les et faites-les cuire de
la même manière ; seulement, n'y mettez pas de
cannelle. Leur cuisson terminée, mettez un peu
d'espagnole dans votre casserole pour en détacher
la glace, joignez-y un peu de beurre et saucez vos
navets.

Ragoûts de navets pour litière ou garniture. —
Après avoir coupé régulièrement et proprement
des navets, faites-leur faire un bouillon dans de
l'eau, mettez-les cuire ensuite avec du bouillon
ou du coulis et un bouquet de fines herbes ; quand
ils sont cuits, assaisonnez de bon goût et dégraissez votre ragoût.

On sert assez souvent des navets avec des viandes cuites à la braise ; mais une façon plus simple est celle-ci : quand la viande est à moitié
cuite, on y met des navets pour faire cuire le tout
ensemble, et quand on a bien assaisonné le ragoût, on le dégraisse avant de le servir.

Navets en ragoût vierge. — Tournez trente ou
quarante navets en boules de la même grosseur,
faites les blanchir dans l'eau bouillante et légèrement salée ; après les avoir rafraîchis, vous les
ferez cuire dans un consommé de volaille avec de
la moelle et du sucre, après quoi vous ajouterez
un morceau de beurre bien frais, et vous achèverez ce ragoût en le liant avec des jaunes d'œufs
au bain-marie.

Purée de navets pour garnir les potages. — Mettez
un quart de bœuf dans une casserole, avec une
douzaine de gros navets coupés par morceaux ;
placez votre appareil sur un feu très-vif, en ayant
soin de le manipuler fréquemment ; lorsque les
navets commencent à fondre, vous y mettrez du
blond de veau, vous ferez réduire le tout à consistance de purée, vous passerez à l'étamine et vous
vous en servirez d'après l'indication.

Bouillon pectoral aux navets. — Faites bouillir
1 kilogramme de jarret, avec 1 kil. 500 grammes
de mou de veau, dans quatre setiers d'eau de
pluie bien filtrée, joignez-y une demi-once d'a-
mandes douces concassées ; laissez réduire à moitié. Pendant ce temps-là, vous aurez fait cuire

vingt-quatre navets dans les cendres rouges, après les avoir enveloppés dans une triple feuille de papier d'office, et lorsque les navets auront formé leur sirop, vous les tirerez de leur enveloppe, afin de les mettre dans le bouillon, où vous les laisserez se consommer jusqu'à réduction d'un quart. Joignez-y 2 gros de sucre candi, 3 gros de gomme arabique en poudre ; mélangez le tout jusqu'à solution parfaite, ét maintenez ce bouillon tiède au bain-marie pour être administré par tasses ou bien par cuillerées, suivant le cas. (M. de Courchamps.)

NÈFLE. — Fruit du néflier. C'est un fruit que l'on ne saurait manger que lorsqu'il a bletti sur la paille ; on en fait des compotes, et voici la manière de procéder à cette ancienne préparation :

Otez la couronne et les ailes des nèfles ; faites fondre du beurre frais, et lorsqu'il est roux, mettez-y vos nèfles, et laissez-les bouillir. Cuites, arrosez d'un quart de litre de vin rouge, et faites consommer le tout en sirop ; retirez les nèfles, dressez dans un compotier, saupoudrez de sucre blanc et servez.

NITRE et SALPÊTRE. — Deux noms qu'on applique à la même substance ; cependant par nitre on entend plus particulièrement le sel purifié, tandis que le salpêtre est toujours mélangé de sel marin ; le nitre rougit les viandes qu'il sale ; et c'est pour cela qu'on l'emploie dans la salaison des noix de bœufs, des langues et des jambons.

NOISETTE. — Fruit du coudrier que l'on cueille en automne et dont il existe trois variétés dont la meilleure est l'aveline rouge.

NOIX. — Lorsque les semences du noyer sont desséchées, elles ne peuvent être employées pour la cuisine ; cependant on leur rend une certaine fraîcheur en les faisant tremper dans du lait tiède où on les laisse refroidir. (Pour les noix vertes, V. CERNEAUX.)

NOUGAT. — Le nougat blanc, dit de Marseille, est un composé de filets d'amandes douces et de pistaches mondées que l'on fait cuire avec du miel de Narbonne ; le nougat blanc se sert et se mange au dessert. Le nougat brun avec lequel on bâtit des temples, des dômes, des portiques, se compose de la manière suivante : vous mondez, vous lavez, vous faites égoutter sur un linge blanc 500 grammes d'amandes douces. Coupez chacune de ces amandes en filets, que vous ferez jaunir à un four très-doux ; faites fondre sur un fourneau, dans un poêlon, 75 grammes de sucre pulvérisé ; quand il sera bien fondu, jetez-y vos amandes chaudes, et mêlez bien le tout ; après avoir retiré votre poêlon du feu, mettez vos amandes dans un moule essuyé et huilé ; montez-les autour du moule à l'aide d'un citron que vous appuierez sur vos amandes, elles resteraient collées à vos doigts si vous vous en serviez ; montez-le le plus mince possible, démontez-le, dressez-le, et servez.

NOUILLES. — Pâte d'origine allemande. Espèce de vermicelle extrêmement délié, dont on garnit quelquefois les vol-au-vent.

Lorsque vous voudrez faire des nouilles au lieu de les acheter toutes faites, vous prendrez un demi-litre de farine, vous y ajouterez quatre ou cinq jaunes d'œufs, un peu de sel et un peu d'eau ; vous ferez du tout une pâte bien mêlée et un peu ferme, vous l'étendrez avec un rouleau jusqu'à l'épaisseur de cinq millimètres ; coupez-la alors en filets que vous saupoudrez de farine, pour que vos nouilles ne s'attachent pas les unes aux autres ; jetez cette pâte dans du bouillon bouillant, vous laisserez cuire pendant un quart d'heure et vous colorerez avec une cuillerée de jus ou un peu de caramel ; si vous craignez que la pâte ne se dissolve en cuisant, employez les œufs entiers au lieu de ne procéder qu'avec les jaunes. Ajoutez un peu de safran infusé dans la pâte.

Potage aux nouilles à l'allemande. — Délayez un demi-litre de farine avec trois jaunes d'œufs et deux œufs entiers ; ajoutez du sel et versez assez de bouillon, pour que la pâte liquide passe à travers une écumoire creuse comme une cuiller à pot, assaisonnez avec muscade et gros poivre ; passez dans du bouillon brûlant, surtout que le feu soit vif.

O

OEUFS. — Les œufs sont un des aliments qu'on a le plus de peine à se procurer frais l'hiver ; or, tout le monde sait qu'il n'y a pas de goût plus désagréable que celui d'un œuf qui n'est pas frais. Presque tous les livres de cuisine vous conseilleront de faire votre provision d'œufs entre les deux Notre-Dame, c'est-à-dire entre le 15 août et la mi-septembre. La meilleure manière de les conserver alors est de les enterrer dans des cendres de bois neuf, auxquelles on a mêlé des branches de genévrier, de laurier et d'autres bois aromatiques ; il est bon de mélanger avec cette cendre du sable très sec et très fin.

Au reste, il y a une façon très simple de savoir si l'œuf est encore bon : posez-le dans une tasse pleine d'eau, s'il se soulève d'un des côtés et tend

à se tenir debout, c'est que l'œuf est au tiers vide,
et par conséquent n'est pas mangeable ; s'il pose
d'aplomb sur son milieu, c'est qu'il est frais.

Quand l'œuf est frais, la meilleure manière de
le manger est à la coque ; il ne perd rien alors de
sa finesse, et si on a eu le soin de le faire cuire
dans du bouillon, qu'il ne soit ni trop ni pas
assez cuit, vous mangerez votre œuf dans la per-
fection.

Il y a des personnes pour lesquelles un œuf est
un œuf ; c'est une erreur ; deux œufs pondus à la
même heure, l'une de poule qui court par les jardins, l'autre d'une poule qui mange de la paille
dans une basse-cour, peuvent présenter une
grande différence dans le goût et dans la sapidité.

Je suis de ceux qui veulent que l'œuf soit mis
dans l'eau froide et cuise dans l'eau, échauffé peu
à peu ; de cette façon, tout dans l'œuf est cuit au
même point. Tout au contraire, si vous laissez
tomber votre œuf dans de l'eau bouillante, il est
rare qu'il ne se casse pas, puis il pourrait arriver
que le blanc soit dur et que le jaune ne fût pas
cuit.

Lorsque les œufs sont frais, on éprouve une
grande difficulté à les écailler, il faut alors les
fendre en deux avec un couteau et les enlever
avec le dos d'une fourchette ; souvent il arrive
qu'on vous apporte des œufs à la coque trop cuits,
employez ce moyen : broyez vos œufs dans votre

assiette avec du sel et du poivre, un morceau de beurre, saupoudrez-les de quelques-unes de ces ciboulettes qu'on appelle appétits, et si vous n'avez pas le temps de faire cuire d'autres œufs, vous n'aurez pas trop perdu au change.

Œufs pochés. — Faites bouillir de l'eau salée et vinaigrée, évitez l'évaporation trop grande ; cassez les œufs sur la casserole et versez-les doucement sans rompre le jaune ; quand ils seront cuits et qu'ils vous paraîtront assez consistants, parez-les en enlevant la portion de blanc qui peut s'être étalée ; il n'y a que les œufs très frais qui puissent se pocher facilement. On sert les œufs pochés avec du jus au fond de leur plat.

Œufs brouillés. — Faites fondre du beurre dans une casserole, cassez-y des œufs, et assaisonnez-les avec sel, poivre, muscade râpée ; remuez ; au moment de servir, ajoutez un peu de verjus, ou de jus de citron.

Les œufs brouillés aux pointes d'asperges se font de la même façon ; on ajoute des pointes d'asperges cuites, lorsque les œufs sont déjà mêlés avec le beurre.

Pour les œufs brouillés au jus, ajoutez jus ou bouillon.

Si, par hasard, vous aviez fait pour le même dîner ou le même déjeûner, des rognons sautés au vin de Champagne, les rognons cuits, enlevez quatre ou cinq cuillerées de leur sauce, et mêlez-les à vos œufs brouillés.

Si vous avez, par hasard, du bouillon de poulet, mêlez à vos œufs moitié de cette sauce au vin de Champagne et de bouillon de poulet ; vous aurez alors des œufs qui atteindront tout à la fois le degré de délicatesse et de saveur auquel ils peuvent arriver.

Œufs frits. — On emploie, pour faire frire les œufs, le beurre, le saindoux ou l'huile ; préférez le beurre : l'huile frite a toujours un goût désagréable.

Faites frire du beurre jusqu'à ce qu'il roussisse, cassez vos cinq, six ou huit œufs, tous ensemble dans un plat ; quand vous verrez que votre beurre pétille, versez dans la poêle, en prenant garde de briser les jaunes, vos œufs ; salez et poivrez, avec quelques petits appétits ; laissez-les frire, jusqu'à ce qu'ils soient d'une belle couleur, versez-les de la poêle dans leur plat, faites frire du vinaigre à l'estragon ; jetez-y une poignée de persil, et versez votre vinaigre et votre persil sur vos œufs.

Œufs au gratin. — Mêlez de la mie de pain, du beurre, un anchois haché, persil, ciboules, échalotes, trois jaunes d'œufs, sel, gros poivre et muscade ; mettez dans un plat qui aille au feu une couche de muscade au fond ; faites attacher sur un petit feu, cassez sur le gratin la quantité d'œufs que vous voulez servir ; faites cuire doucement, promenez au-dessus du plat une pelle rouge, pour faire prendre les blancs ; lorsqu'ils

sont cuits, saupoudrez-les de sel, poivre et
muscade.

Œufs à la tripe. — Passez au beurre des oignons
coupés en tranches ; ne faites pas roussir, mêlez
une demi-cuillerée de farine avec les oignons, et
ajoutez un grand verre de crème, sel, poivre et
muscade ; quand le tout est un peu réduit, mettez-y des œufs durs coupés en tranches et faites
chauffer sans ébullition.

Œufs au beurre noir. — Cassez sur un plat douze
œufs, salez, poivrez, et mettez dans une poêle à
courte queue 75 grammes de beurre ; faites-le
noircir sans brûler, écumez-le et tirez-le au clair
dans un autre vase ; remettez le beurre dans la
poêle et faites-le chauffer de nouveau ; arrosez-en
vos œufs, coulez-les dans la poêle, mettez-les sur
de la cendre rouge, et servez-vous d'une pelle ardente pour les faire prendre par dessus ; leur
cuisson achevée, coulez-les sur votre plat, faites
chauffer dans la poêle un peu de vinaigre ; lorsqu'il sera bouillant, versez-le sur vos œufs, et
servez sans donner le temps de refroidir.

Œufs sur le plat dits au miroir. — Étendez de
beurre avec sel votre plat, cassez vos œufs et posez-les sur ce plat à côté l'un de l'autre, de manière à n'en pas crever les jaunes. Arrosez-les de
quatre ou cinq cuillerées de crème, mettez-y çà
et là quelques petits morceaux de beurre, saupoudrez-les d'un peu de sel fin, de gros poivre, de
muscade râpée ; posez votre plat sur une cendre

chaude, faites-les prendre à la pelle rouge, afin
que les jaunes ne durcissent pas.

Œufs farcis. — Vous faites durcir dix ou douze
œufs, fendez-les par le milieu de la longueur,
enlevez les jaunes et mettez-les à part dans un
mortier pour les piler; vous les passez ensuite au
tamis à quenelle, laissez tremper une mie de pain
dans du lait, vous la presserez bien pour en extraire le lait jusqu'à la dernière goutte; vous la
pilerez et vous la passerez au tamis, ainsi que les
œufs; vous ferez piler autant de beurre que vous
aurez de jaunes pilés; vous mettrez portion égale
de mie, de beurre et de jaunes d'œufs; vous
broierez le tout ensemble, et quand votre farce
sera bien pilée et confondue, vous y mettrez un
peu de ciboules et de persil haché bien fin et
lavé; vous y ajouterez du sel, du gros poivre, de
la muscade râpée; vous pilerez de nouveau votre
farce, vous y ajouterez trois jaunes d'œufs entiers, vous conserverez la farce maniable en y
mettant de l'œuf à mesure; lorsqu'elle sera finie,
vous la mettrez dans un vase; vous ajouterez
épais d'un doigt dans le fond du plat, vous farci-
rez vos moitiés d'œufs, vous tremperez la lame
d'un couteau dans du blanc d'œuf pour unir le
dessus, vous mettrez les œufs avec ordre sur la
farce qui est dans le plat, vous poserez le plat sur
la cendre rouge avec un four de campagne par
dessus. Vous la servirez ayant de la couleur, arrosée de jus de veau mêlé de crème double.

Œufs à la Béchamel. — Mettez dans une casserole quatre ou cinq cuillerées de béchamel grasse ou maigre, coupez quinze œufs durs comme il est dit ci-dessus, mettez-les dans votre béchamel très chaude, sans les laisser bouillir ; finissez avec du beurre et de la muscade, dressez-les et entourez-les de croûtons.

Œufs à la sauce Robert. — Épluchez six gros oignons, enlevez-en les cœurs, coupez-les en rouelles, mettez-les dans une casserole avec un morceau de beurre, posez votre casserole sur un feu vif, faites roussir vos oignons, mouillez-les avec du bouillon gras ou maigre, salez, poivrez, laissez cuire et liez votre sauce ; au moment de servir, coupez en rouelle douze œufs durs, mêlez-les bien avec elle ; ajoutez-y, pour les achever, une cuillerée à bouche de moutarde.

Œufs à la pauvre femme. — Cassez douze œufs sur du beurre tiède, et vous les mettrez sous la cendre chaude ; coupez alors de la mie de pain en petits dés, vous la passerez au beurre quand elle est bien chaude, bien blonde ; vous l'égoutterez et vous la sèmerez sur vos œufs ; mettez un four de campagne chaud par-dessus ; lorsque les œufs seront cuits, versez sur eux une sauce espagnole réduite. Ajoutez aux œufs du jambon bien tendre ou du rognon.

Œufs aux amandes ou à la demoiselle. — Prenez des biscuits d'amandes, des macarons, un peu de citron confit ; pilez le tout ensemble, arrosez le tout avec un peu d'eau de fleur d'oranger, mettez-y un morceau de sucre ; quand tout est pilé, mettez-y une petite pincée de farine, quatre œufs frais, une mesure de crème, passez le tout à l'étamine, et faites cuire au bain-marie.

Œufs brouillés à la chicorée. — Faites blanchir de la chicorée, pressez-la et la coupez en quatre ; passez-la avec un morceau de beurre, deux oignons coupés en petits dés ; singez cette chicorée et la mouillez ; assaisonnez-la de bon goût, et la laissez cuire jusqu'à ce qu'il ne reste plus de sauce ; quand elle est cuite, prenez dix œufs, cassez-les dans une casserole et les assaisonnez de bon goût ; mettez la chicorée dedans avec un morceau de beurre, brouillez-les sur le feu et les servez garnis de mie de pain autour.

Œufs à la chicorée en gras. — Pochez à l'eau des œufs frais, servez dessous un ragoût de chicorée ; prenez quatre ou cinq pieds de chicorée, suivant qu'ils sont gros ; faites les blanchir et mettez-les cuire dans une braise ; quand ils sont cuits, égouttez-les de leur braise, coupez-les en trois, mettez-les faire un bouillon dans une essence ; quand vous êtes près de servir, mettez l'échalote hachée dans le ragoût, et servez dessous les œufs.

Œufs aux champignons. — Pochez huit œufs frais à l'eau ; prenez des champignons, ce qu'il en faut pour faire un ragoût ; épluchez, lavez, coupez en dés et les mettez cuire avec de l'eau, un bouquet, un morceau de beurre manié de farine, un peu

de sel ; quand ils seront cuits et toute la sauce
réduite, liez-les de quatre jaunes d'œufs et avec
de la crème ; mettez-y un jus de citron et servez
autour des œufs. On peut faire de même des œufs
aux mousserons et aux morilles.

Œufs aux écrevisses. — Faites un ragoût de
queues d'écrevisses, avec des truffes, des champignons, quelques fonds d'artichauts coupés par
morceaux ; passez-les dans une casserole avec un
peu de beurre et le mouillez d'un peu de bouillon
de poisson ; assaisonnez de poivre et de sel, d'un
bouquet de fines herbes ; étant cuit, dégraissez-le
bien et liez d'un coulis d'écrevisses ; pochez des
œufs frais à l'eau bouillante et les parez bien ;
dressez-les dans un plat proprement, et si votre
ragoût est de bon sel, jetez-le sur les œufs, et
servez-le chaudement pour entrée.

Œufs aux truffes. — Faites un ragoût de truffes
vertes de cette façon :

Pelez les truffes, coupez-les par tranches, passez-les dans une casserole avec un peu de beurre ;
mouillez-les d'un peu de bouillon de poisson,
laissez-les mitonner un quart d'heure à petit feu,
dégraissez-les et les liez d'un coulis de poisson ;
les œufs étant pochés au beurre roux, nettoyez-
les proprement tout autour ; dressez-les dans un
plat, jetez votre ragoût de truffes par-dessus, et
servez chaudement vos œufs aux truffes pour entrées ou hors-d'œuvre.

Œufs à l'estragon. — Faites blanchir de l'estragon, hachez-le très fin, cassez les œufs dans une casserole, mettez de l'estragon blanchi, sel et poivre ; battez les œufs, mêlez-y un verre de crème ; faites trois petites omelettes, que vous roulerez, et dressez-les dans le plat où vous devez les servir ; s'il n'y a point de coulis maigre, faites un petit roux de farine avec du beurre, mouillez avec de bon bouillon, un verre de vin ; dégraissez la sauce, faites-la cuire à petit feu ; quand elle est cuite et assaisonnée de bon goût, passez-la au tamis et servez vos œufs dessus.

Œufs au lard à la Coigny. — Prenez huit œufs frais et les pochez un à un dans du saindoux ; qu'ils soient de belle couleur ; faites autant de petits croûtons de la grandeur d'un écu ; prenez du petit lard que vous couperez en dés ; quand les œufs seront frits, faites aussi frire des croûtons de pain et le petit lard ; prenez le plat que vous devez servir, mettez les croûtons de pain dessus, les œufs sur les croûtons et le petit lard sur les œufs ; ayez une essence ou simplement un filet de vinaigre, et servez chaud.

Œufs en timbales. — Prenez huit œufs, ôtez les blancs de quatre, passez-les à l'étamine avec un peu de jus et de coulis ; assaisonnez-les de sel et de poivre, beurrez les timbales avec du beurre affiné ; mettez les œufs dedans jusqu'à moitié des timbales et mettez les timbales dans une casserole avec de l'eau, qu'il n'y en ait que jusqu'à moitié des timbales ; faites ainsi cuire au bain-marie ; quand ils sont cuits, retirez-les sans les rompre, dressez-les et servez avec un peu de jus dessous.

Œufs à la Robert. — Prenez deux ou trois gros oignons, coupez-les en dés, et passez sur le feu avec un morceau de beurre, mettez-y une pincée de farine et mouillez avec du jus, un verre de vin de Champagne, faites les cuire à petit feu. Quand ils seront cuits, faites durcir une douzaine d'œufs, pelez-les et les coupez en quatre comme des œufs à la tripe ; faites-leur faire quelques bouillons avec des oignons, assaisonnez le tout de sel et de poivre, et, quand on est prêt à servir, mettez-y de la moutarde.

Œufs en filets. — Prenez deux champignons, deux oignons ; coupez-les en filets, passez-les avec un morceau de beurre, mettez-y une pincée de farine, mouillez avec un verre de vin de Champagne, du bouillon et du coulis ; faites cuire à petit feu, prenez ensuite une douzaine d'œufs durcis, séparez les blancs d'avec les jaunes, laissez les jaunes entiers, coupez les blancs en filets, mettez-les faire quelques bouillons avec le ragoût, assaisonnez avec sel, gros poivre. Quand vous êtes prêt à servir, mettez les jaunes entiers dans le ragoût pour les faire chauffer, et servez à courte sauce.

Œufs a la bonne femme. — Coupez quatre gros oignons en dés, passez-les sur le feu jusqu'à ce qu'ils soient cuits avec un morceau de beurre ;

faites-les cuire à petit feu et les remuez souvent pour qu'ils ne se colorent point. Quand ils sont cuits, mettez-y une bonne pincée de farine, mouillez avec de la crème double ; assaisonnez de sel, gros poivre et muscade ; tenez le ragoût bien lié.

Prenez ensuite deux œufs, fouettez-en les blancs, mettez les jaunes avec le ragoût, mêlez les blancs avec tout le reste, battez bien le tout ensemble ; mettez dans le fond d'une petite casserole deux morceaux de papier blanc, frottez partout de beurre, versez les œufs dedans et les faites cuire au four ; quand ils sont cuits, versez-les sens dessus dessous dans le plat, ôtez le papier, mettez dessus ces œufs une bonne essence claire, et servez.

Œufs à ma commère. — Cassez dix œufs dans une casserole, mettez un peu de sel fin, du sucre en poudre, quelques pistaches en filets, deux biscuits d'amandes amères écrasées, de la fleur d'oranger grillée, hachée, du citron confit haché, un peu de cannelle en poudre, du beurre frais fondu ; battez bien le tout ensemble. Prenez le plat que vous devez servir, mettez-le sur un feu modéré, versez vos œufs dedans, couvrez-les avec un couvercle de tourtière et du feu dessous. Quand ils sont cuits à moitié, glacez-les avec du sucre et la pelle, et les servez un peu tremblants.

Œufs à la paysanne. — Mettez dans un plat un demi-setier de crème double ; quand elle a bouilli,

cassez-y huit œufs frais ; assaisonnez-les de sel,
gros poivre ; à mesure qu'ils cuisent, passez la
pelle rouge par-dessus. Prenez garde que les jaunes
ne durcissent et servez-les dans le moment.

Œufs au foie. — Otez l'amer de tel foie que vous
voudrez, volaille ou gibier ; lavez et hachez ces
foies ; passez-les sur le feu avec un morceau de
beurre, persil, ciboules, champignons, pointe
d'ail, le tout haché très fin ; quand les foies sont
passés et refroidis, cassez-y une douzaine d'œufs
assaisonnés avec sel, fines épices, une cuillerée
de crème, battez bien le tout ensemble ; mettez
un quarteron de bon beurre dans une poêle ;
faites une omelette avec les œufs, et servez.

Œufs à la Périgord. — Pelez trois truffes, coupez-
les en petits dés et du jambon par tranches ; passez l'un et l'autre avec un peu de beurre, mouillez
avec un verre de vin de Champagne, deux cuillerées de coulis ; mettez-y un bouquet de fines
herbes, du gros poivre, dégraissez le ragoût ;
faites-le cuire à petit feu ; quand il est cuit et bien
lié, prenez sept œufs frais, faites les frire un à un
dans du saindoux, prenez garde que les œufs ne
durcissent. Mettez-les égoutter de leur graisse,
piquez-les par-dessous avec la pointe du couteau
pour en faire sortir le jaune, remplissez le dedans
des œufs avec le ragoût de truffes et de jambon ;
dressez-les dans le plat que vous devez servir, de
façon qu'ils paraissent dans leur naturel. Faites
les chauffer entre deux plats sur la cendre chaude ;

quand on est prêt à servir, mettez par-dessus une sauce de vin de Champagne.

Œufs à la Régence. — Coupez en petits dés, gros comme deux doigts de petit lard ; à défaut de petit lard, faites suer du jambon dans une casserole, mettez-y de petits carrés d'oignons et de champignons de la grosseur du petit lard coupé ; mouillez cela d'une cuillerée de bon jus pour les faire cuire ; étant cuits, liez cette sauce avec une essence de jambon ; cassez huit œufs frais dans le plat où vous aurez mis du lard fondu auparavant, mettez le plat sur le fourneau avec un peu de feu dessous. Faites chauffer d'autre lard fondu bien chaud, que vous jetterez sur les œufs, réitérez plusieurs fois jusqu'à ce que les œufs soient cuits dessus et dessous ; étant cuits, égouttez tout le lard fondu, essuyez proprement le plat, jetez la sauce dessus. Mettez un filet de vinaigre qui pique, servez pour entremets.

Tourte d'œufs. — Faites durcir une douzaine d'œufs ; étant durs, pelez-les et les mettez dans de l'eau fraîche, retirez-les et les mettez essuyer entre deux linges. Coupez-les par la moitié et en ôtez les jaunes. Prenez les blancs et les mettez sur une table avec un peu de persil, hachez-les bien ensemble. Foncez une tourtière d'une abaisse de pâte feuilletée. Mettez au fond un peu de beurre frais, arrangez-y les jaunes d'œufs et y mettez de l'écorce de citron vert confite hachée entre deux. Mettez-y par-dessus les blancs d'œufs hachés ; assaisonnez d'un peu de sel, mettez du sucre en poudre dessus à proportion de ce qu'il en faut, et du beurre frais. Couvrez la tourte d'une abaisse de feuilletage. Faites un bord autour, dorez-la d'un œuf battu et la mettez cuire ; dressez-la dans un plat et la servez chaudement.

Œufs au fromage fondu. — Mettez un plat sur un fourneau de feu modéré, où il y aura une demi-livre de fromage de Gruyère râpé, un demi-verre de vin de Champagne, persil, ciboule, gros poivre, un peu de muscade, du bon beurre ; remuez le tout ensemble sur le feu. Quand le fromage est fondu, mettez-y trois œufs ; quand les œufs sont cuits, faites un cordon de mouillettes de pain ; passez au beurre et servez.

OIE. — *Oie à la chipolata.* — Prenez un bel oison d'une graisse bien blanche, videz-le, retournez-lui les pattes en dedans, flambez-le légèrement, épluchez-le, bridez-le, bardez et ficelez-le ; foncez une braisière de bardes de lard, mettez dans le fond une mirepoix et quelques débris de viande de boucherie, deux lames de jambon, les abatis de votre oison, un bouquet de persil et ciboules, trois carottes tournées, deux ou trois oignons, dont un piqué de clous de girofle ; une gousse d'ail, du thym, du laurier, un peu de basilic et du sel. Posez votre oie sur ce fond, mouillez-la avec un bon verre de vin de Madère, une bouteille de vin blanc, cognac, une cuillerée à pot de bon consommé de volaille ; mettez-la sur

le fourneau, faites suer la braise de votre oie,
faites-la cuire environ une heure, égouttez-la,
dressez-la et masquez-la avec une chipolata, et
servez. (V. CHIPOLATA.)

Oie rôtie (de la Saint-Martin). — Désossez et
farcissez une belle oie grasse de Normandie avec
une purée d'oignons cuits à la graisse de lèchefrite, ajoutez à cette farce d'oignons le foie de
votre volaille haché, douze chipolates et quarante
ou cinquante marrons grillés ou rôtis, bien épluchés et assaisonnés de sel et de quatre épices;
servez-la sur une longue et large rôtie, bien imbibée de son rôtissage et légèrement assaisonnée
de gros poivre et de citron.

Oison à la broche. — Ayez un oison dont la
graisse soit bien blanche et la chair bien tendre,
supprimez-en les ailes, épluchez-le, flambez-le,
refaites-lui les pattes et coupez-lui les ongles, essuyez-les avec un linge blanc, bridez votre oison,
laissez-lui les pattes en long, mettez-le à la broche;
faites-le cuire vert, de façon à ce que le jus en
sorte en le piquant; citronnez autour et servez.
(Avec le canard et l'oie, jamais de cresson.)

Ailes et cuisses d'oie à la façon de Bayonne. —
Levez les ailes et les cuisses de plusieurs oies,
désossez ces cuisses, frottez-les, ainsi que les
ailes, de sel mêlé avec 15 grammes de salpêtre
pilé. Rangez toutes vos ailes et vos cuisses dans
une terrine. Interposez laurier, thym, basilic,
couvrez-les d'un linge blanc, macérez-les vingt-

quatre heures dans leur assaisonnement, retirez
les, laissez-les égoutter, dégraissez entièrement,
faites-les cuire à un feu modéré. Lorsque vos
membres sont cuits, vous les égouttez, les laissez
refroidir et les arrangez aussi serrés que possible
dans des pots ; vous y coulez votre saindoux aux
trois quarts refroidi, et, au bout d'un jour, vous
couvrez hermétiquement les pots avec du papier
ou du parchemin ; vous les mettez dans un endroit frais, mais non humide, et vous vous en
servez au besoin.

Cuisses ou quartier d'oie à la lyonnaise. — Faites
chauffer et un peu frire, dans leur saindoux,
quatre quartiers d'oie, coupez six gros oignons
en anneaux, faites-les frire dans une partie du
saindoux, dans lequel auront chauffé ces cuisses ;
quand ils sont cuits et de belle couleur, égouttez-
les, ainsi que les quartiers d'oie, dressez-les,
mettez vos oignons frits par-dessus et servez avec
une sauce quelconque.

Cuisses d'oie à la purée. — C'est une entrée.
Vous préparez et faites chauffer ces cuisses
comme les précédentes, puis vous les dressez et
les masquez d'une purée de pois verts ou de marrons que vous aurez finie avec un pain de beurre.

Oie sauvage. — Les oies sauvages s'accommodent de la même manière que les albrans, les
canardeaux et les canards sauvages. On peut aussi
en faire des boudins, des civets à l'ancienne mode
et des escalopes au sang.

Leur passage dure environ deux mois, à moins que l'hiver ne soit très doux, et dans ce cas elles prolongent leur séjour jusqu'à trois mois.

Aiguillettes d'oie sauvage. — Vous faites cuire trois oies à la broche. Au moment de servir, vous levez en filets, vous faites réduire de l'espagnole jusqu'à ce qu'elle soit très épaisse, et vous y versez le jus des oies; ajoutez un peu de zeste de citron ou d'orange, et un peu de gros poivre sur la sauce chaude, non en ébullition.

Petite oie. — Faites cuire en hochepot.

Foie gras. — Nous avons parlé des pâtés de foie gras à l'article FOIE. Nous y renvoyons nos lecteurs.

OIGNON. — *Ragoût d'oignons.* — Faites cuire des oignons sous la braise, dans des cendres chaudes; quand ils sont cuits, pelez-les proprement, mettez-les dans une casserole et les mouillez d'un coulis clair de veau et de jambon, laissez mitonner; quand ils sont mitonnés, liez-les d'un peu de coulis. Vous pouvez y mettre un peu de moutarde, si vous voulez; servez-vous de ce ragoût pour toutes sortes d'entrées aux oignons.

Potage à l'oignon Vuillemot. — Prenez quatre oignons blancs, pelez-les, coupez la queue et la tête de l'oignon; coupez en deux parties l'oignon, en rouelles; séparez les filaments de l'oignon,

faites fondre, bien chaud, du beurre dans une
casserole, faites revenir vos filaments, que vous
faites blondiner dans votre beurre; singez légèrement de farine vos oignons et rissolez le tout;
mouillez au bouillon de haricots blancs, de consommé ou d'eau, à défaut des deux autres objets;
assaisonnez de sel et de poivre fin, faites partir
votre potage sur le feu, en ayant soin que lorsqu'il blanchira vous n'ayez, *sans le faire bouillir*,
qu'à verser le bouillon dans une soupière sur le
pain destiné à cet effet, sur lequel doivent être
couchées de petites lames de beurre. Râpez du
fromage de Gruyère, et servez-le à part, dans
une soucoupe, pour les amateurs.

Soupe à l'oignon à la Stanislas. — On enlève la
croûte du dessus d'un pain, on la casse en morceaux que l'on présente au feu des deux côtés;
quand ces croûtes sont chaudes, on les frotte de
beurre frais et on les présente de nouveau au feu
jusqu'à ce qu'elles soient un peu grillées. On les
pose alors sur une assiette tandis qu'on fait frire
les oignons dans le beurre frais. On en met ordinairement 10 grammes, trois gros, coupés en
petits dés, on les laisse ensuite sur le feu jusqu'à
ce qu'ils soient devenus d'un beau blond un peu
foncé, teinte qu'on n'obtient qu'en les remuant
presque continuellement; on y ajoute ensuite les
croûtes en remuant toujours jusqu'à ce que l'oignon brunisse. Quand il a suffisamment pris de
la couleur, pour détacher de la casserole, on

mouille avec de l'eau bouillante, on met l'assaisonnement nécessaire, puis on laisse mitonner au moins un quart d'heure avant de servir.

C'est à tort que l'on croirait rendre cette soupe meilleure en la mouillant avec du bouillon ; cette addition, au contraire, en la rendant trop nutritive, altérerait sa délicatesse.

Potage de santé aux oignons. — Prenez chapon ou poularde, poulet ou jarret de veau, lavez-le dans cinq ou six eaux tièdes, laissez-le tremper et faites-le blanchir ; retirez-le et le mettez dans de l'eau froide ; essuyez-le entre deux linges, pliez-le dans une barde de lard, ficelez-le et le mettez cuire dans une marmite avec de bon bouillon.

Pelez des oignons blancs, la quantité qu'il en faut pour faire le cordon de votre potage, faites-le blanchir et retirez-les ; mettez-les cuire dans une petite marmite avec de bon bouillon. Mitonnez des croûtes de bon bouillon dans un plat, tirez votre chapon, ôtez la ficelle et la barde, dressez-le sur le potage ; garnissez d'une bordure d'oignons dont vous ôterez la première peau, afin qu'ils soient plus blancs ; passez un peu de bouillon d'oignons dans un tamis et le jetez par-dessus avec un jus de veau, et servez chaudement.

Purée d'oignons aux tanches. — Coupez en tronçons deux tanches de moyenne grosseur, mettez-les dans une casserole avec quelques légumes émincés, un bouquet de persil, un peu de sel, une demi-bouteille de vin blanc et 3 litres d'eau ;

cuisez le poisson pendant dix à douze minutes,
égouttez-le ensuite et passez le bouillon au tamis;
émincez quatre à cinq gros oignons, faites-les
blanchir, mettez-les dans une casserole avec 200
grammes de beurre, un peu de sel et une pincée
de sucre; faites-les revenir en les tournant jusqu'à ce qu'ils soient de couleur blonde, saupou-
poudrez-les avec une petite poignée de farine et
les mouillez avec le bouillon du poisson préparé;
amenez le liquide à l'ébullition, retirez-le sur le
côté du feu, faites-le encore bouillir pendant une
demi-heure, passez-le, faites-le encore bouillir;
liez avec trois jaunes d'œufs et lui mêlez les filets
de tanches sans peaux ni arêtes.

Potage d'oignons au blanc, en maigre. — Pelez
deux ou trois douzaines d'oignons d'une moyenne
grosseur, faites-les blanchir dans l'eau bouillante;
tirez-les ensuite, et après les avoir égouttés, mettez-les cuire dans une petite marmite avec du
bouillon de santé. Faites un coulis blanc, prenez
deux onces d'amandes douces, pelez-les et pilez-
les dans un mortier en les arrosant de temps en
temps avec du lait; ajoutez-y trois ou quatre
jaunes d'œufs durs, un peu de mie de pain
trempée dans le bouillon; pilez bien le tout,
passez-le à l'étamine avec deux ou trois cuillerées
de bouillon de santé et conservez ce coulis chaud
dans une petite marmite.

Mitonnez des croûtes, du bouillon où ont cuit
les oignons, garnissez le plat d'un cordon d'oi-

gnons; mettez un petit pain dans le milieu, jetez le coulis blanc par-dessus et servez chaudement.

Autre potage d'oignons au gras. — Rangez au fond d'une marmite deux ou trois tranches de bœuf un peu épaisses, mettez-les suer sur un fourneau, quand elles sont attachées, mouillez-les de bouillon de mitonnage; retirez ensuite les tranches de bœuf, liez-les en paquet, remettez-les dans la marmite avec champignons entiers, deux navets, un paquet de carottes et des panais, et un bouquet. Faites cuire tout cela ensemble.

Pelez de petits oignons blancs d'égale grosseur, faites-les blanchir à l'eau bouillante; faites-les cuire ensuite à part dans une petite marmite avec du bouillon de mitonnage et un bouquet où il y ait un peu de basilic.

Quand ils sont cuits, mitonnez les croûtes du bouillon ci-dessus et les arrosez d'un peu de bouillon d'oignons; faites ensuite un cordon d'oignons autour du plat et servez chaudement.

Potage au maigre à l'oignon. — Pelez, coupez par tranches une douzaine d'oignons, passez-les dans une casserole avec un morceau de beurre; quand ils sont roux, poudrez-les d'un peu de farine et les mouillez d'une purée claire ou bien d'eau; assaisonnez de sel ou d'un peu de poivre. Laisser bouillir le tout ensemble pendant une demi-heure. Quand les oignons sont cuits, mettez-y une pointe de vinaigre.

Mitonnez des croûtes et des tranches de pain du même bouillon ; jetez du bouillon par dessus avec les oignons, et servez chaudement.

Potage à l'oignon, au lait. — Remarquons d'abord que l'important est d'ajouter de la crème au potage bouillant. Hachez menu douze ou quinze gros oignons, faites-les revenir pour leur ôter leur amertume première dans de l'eau bouillante, puis au bout de quelques minutes, mettez-les dans la poêle avec un gros morceau de beurre frais ; faites colorer d'un beau roux ; si l'oignon restait seul avec le beurre, il roussirait, noircirait, mais ne cuirait pas ; si vous êtes sûr de votre lait et que vous ne craignez point qu'il tourne, vous pouvez le verser au fur et à mesure que l'oignon roussit ; laissez bouillir l'oignon dans le lait pendant un quart d'heure et le versez dans un tamis de crin, à travers lequel il passera en l'aidant avec le dos d'une cuiller à pot. Lorsqu'il est passé, laissez bouillir un quart d'heure pour donner à l'oignon le temps de s'épaissir; goûtez-le, salez et poivrez ; bien sucré, si vous ne mangez pas votre potage au sel et au poivre, et versez-le sur des croûtons de pain que vous aurez fait rôtir et mis au fond de leur soupière.

Si vous craignez que votre lait ne tourne, ce qui empêcherait votre soupe à l'oignon de réussir, vous mettriez assez d'eau dans les oignons et le beurre, pour que les oignons cuisent ; puis, lorsqu'ils sont cuits, vous versez sur eux dans la

passoire ou sur le tamis votre lait bouillant ;
mieux vaut cependant, s'il est possible, que vos
oignons cuisent dans le lait, la soupe en est plus
onctueuse et le bouillon plus sapide.

OISEAUX (Petits). — Nous avons indiqué à leur
article particulier les différents genres de petits
oiseaux et les diverses manières de les apprêter
et de les manger.

OLIVES. — Les olives ajoutées à des ragoûts et
qui, par cela même, ont subi une cuisson plus ou
moins avancée, sont toujours meilleures et plus
digestibles que crues.

Ragoût d'olives. — Vous passez un peu de persil
et de ciboule hachés dans du beurre, vous y ajouterez deux cuillerées de jus ou de cuisson d'une
braise, ou bien encore de bouillon réduit à moitié et un verre de vin blanc, des câpres, un anchois et des olives tournées ; joignez-y encore un
peu d'huile d'olives, un bouquet de fines herbes :
faites jeter un bouillon et liez la sauce avec purée
de marrons.

Le ragoût d'olives ne s'appliquant qu'aux viandes crues, telles que le canard, vous n'avez qu'à
tourner quelques olives, les blanchir à l'eau, les
jeter dans une espagnole réduite avec le fond du
canard ; liez le tout avec une cuiller à bouche
d'une bonne huile d'olive, un jus de citron, et
servez. Cette simplicité, croyez-en mon expérience, vaut mieux que tous les condiments que
la fausse science peut donner. — VUILLEMOT.

OMELETTE. — *Omelette aux fines herbes.* —
Cassez des œufs dans un saladier, battez-les avec
un fouet d'osier, mettez-y du persil, de l'estragon,
des appétits, battez-les jusqu'à ce que blanc et
jaune soient bien mêlés ; versez dans le mélange
un demi-verre de crème et rebattez de nouveau ;
puis, quand votre beurre commence à pétiller dans
la poêle, versez-les dans le beurre ; les œufs s'é-
tendront en moussant dans toute la circonférence
de la poêle ; alors, avec une fourchette, vous ra-
mènerez sans cesse la circonférence au centre, en
ayant soin que l'omelette reste liquide et que la
chair ne s'en épaisisse point. Vous aurez un plat
beurré de beurre aussi frais que possible, sur lequel vous aurez semé de fines herbes nouvelles et
fraîches ; versez votre omelette dans ce plat et
servez-la baveuse.

Excusez le mot, mais chaque art a sa langue
qu'il faut parler pour se faire comprendre des
adeptes.

Omelette au sucre. — Fouettez des œufs, mettez-
y de l'écorce de citron haché menu, un peu de
crème, du lait et du sel ; le tout bien battu, faites
l'omelette avec de bon beurre frais ; avant de la
verser sur le plat, sucrez-la ; quand vous l'avez
mise sur l'assiette, ayez un fer rouge, saupoudrez
de sucre votre omelette, glacez-la, et servez-la
chaudement.

Omelette de champignons à la crème. — Faites un
ragoût de champignons coupés en dés ; battez en-

suite des œufs avec du persil et sel ; brouillez des champignons avec les œufs, puis faites l'omelette à l'ordinaire ; liez le ragoût de champignons avec trois jaunes d'œufs et de la crème, et servez sur l'omelette.

On peut faire de semblables omelettes aux mousserons et morilles à la crème, aux petits pois à la crème, aux pointes d'asperges à la crème, aux fonds d'artichauts, apprêtés de même.

On fait encore des omelettes aux truffes blanches, à la crème, aux truffes noires, aux épinards et à l'oseille.

Omelette aux tomates à la provençale. — Procurez-vous trois ou quatre bonnes tomates bien mûres et à chair ferme ; coupez-les en carrés ; mettez dans une casserole mince deux cuillerées à bouche d'oignons hachés fins, faites-les revenir avec de l'huile et du beurre, et quand ils sont de couleur blonde, adjoignez les tomates ; faites cuire celles-ci à un feu vif, de façon à en réduire l'humidité ; assaisonnez-les, et, en dernier lieu, mêlez-leur une cuillerée à bouche de persil haché avec une pointe d'ail ; cassez huit ou dix œufs dans une terrine, assaisonnez-les et fouettez-les.

Faites chauffer de l'huile dans une petite poêle à omelette, versez les œufs battus dans cette poêle, tournez-les avec une cuiller, assemblez la masse en la ramenant sur le côté de la poêle opposé au manche de celle-ci, étalez alors les tomates cuites sur le centre de l'omelette, et roulez celle-ci en porte-manteau en fermant les issues avec soin ; renversez-la sur un petit plat long.

On mêle parfois les tomates cuites avec les œufs, mais il arrive souvent que leur âcreté fait tourner ou grener les œufs à la cuisson ; il est donc plus prudent de ne les mêler qu'après.

Omelette au kirsch. — Battez dix œufs dans une terrine ; mêlez-leur un grain de sel, trois cuillerées à bouche de sucre, une cuillerée de kirsch ; faites chauffer dans une poêle 125 grammes de beurre, lui mêler les œufs, les lier en les tournant ; aussitôt que l'omelette se dégage de la poêle, la rouler en porte-manteau et la dresser sur un petit plat long ; saupoudrez-la avec du sucre en poudre et la glacez en appuyant sur sa surface une brochette en fer rougie au feu pour former un décor quelconque ; faire chauffer le quart d'un verre de kirsch, le lier avec trois cuillerées de marmelade d'abricots, et la verser dans le fond du plat ; cette omelette sucrée est excellente.

Omelette au rhum. — Identiquement la même chose, seulement mettez du rhum au lieu de kirsch.

Omelette aux fraises. — Choisir de grosses fraises-ananas bien fraîches et bien parfumées ; en retirer une vingtaine des plus belles pour les couper en quatre et les mettre dans un bol avec du sucre, un peu de zeste d'orange et deux cuillerées à bouche de rhum ; passez le reste des fraises au tamis fin ; faites-en une purée de la valeur d'un verre, sucrez-la à point, ajoutez un peu de sucre à l'orange et faites-la refroidir sur la glace.

Cassez dix œufs dans une terrine ; mêlez-leur deux cuillerées à bouche de sucre fin et deux cuillerées de bonne crème ; battez le tout pendant quelques secondes avec un fouet.

Faites fondre dans une poêle 150 grammes de beurre fin ; quand il est chaud, adjoignez-y les œufs et liez l'omelette à l'aide d'une cuiller ; ramenez-la ensuite en avant de la poêle, mettez les fraises coupées sur le milieu de l'omelette ; pliez celle-ci des deux côtés en lui donnant une jolie forme ; saupoudrez-la légèrement avec du sucre vanillé, et faites de votre omelette une île au milieu de votre purée de fraises.

Omelette à la moelle. — Pelez un quarteron d'amandes douces, et une demi-douzaine d'amandes amères ; pilez-les en les arrosant d'un peu de lait et d'eau de fleur d'orange ; étant pilées, ajoutez-y de l'écorce de citron vert hachée, quelques confitures sèches, telles que abricots, pommes, et autres ; mettez-y gros comme le poing de moelle de bœuf, repilez le tout ensemble, délayez avec un demi-litre de crème, prenez des œufs, fouettez-en les blancs, mettez les jaunes avec la pâte d'amande et de moelle de bœuf pilée, mêlez le tout ensemble et y mettez un peu de sel, frottez une poupetonnière, ou une casserole de beurre, videz-y l'omelette, et la faites cuire au four ; étant cuite, dres-

sez-la en la renversant sur un plat, glacez-la avec
du sucre en poudre et la pelle rouge, et la servez
chaudement pour entremets.

Omelette aux écrevisses. — Faites un ragoût de
queues d'écrevisses, de champignons et de truffes
vertes ; ce ragoût étant fait, hachez le tiers des
écrevisses, cassez des œufs, mettez-y un peu de
crème et de persil haché, battez le tout ensemble,
mettez du beurre dans une poêle, faites l'omelette ; étant cuite, repliez-la et dressez dans le
plat que vous devez servir ; veillez à ce que le
ragoût soit de bon sel, jetez-le sur l'omelette, et
servez chaudement pour entremets.

Omelette farcie. — Prenez du blanc de chapon
ou d'autre volaille rôtie, hachez-le menu, mêlez-y
des foies gras, des truffes et autre garniture, une
fois le tout passé en ragoût et cuit, faites l'omelette ; avant de la dresser sur un plat, mettez une
mie de pain tout contre, ou de la croûte, versez
ensuite dans la même poêle le ragoût, et dressez
l'omelette sur son plat avec adresse.

En servant cette omelette, on l'arrose d'un peu
de jus, et l'on veille à ce qu'elle ne refroidisse
pas.

Omelette au four, au blond de veau. — Battez bien
vos œufs, avec persil, ciboules, sel, gros poivre,
faites-en trois omelettes que vous étendrez chacune sur trois couvercles de casserole ; quand
elles seront à demi-froides, mettez dessus une
farce de volatille cuite, roulez vos omelettes et les

mettez sur un plat, passez dessus un doroir trempé dans de bon beurre, pannez de mie de pain, faites cuire de belle couleur au four, ôtez-en la graisse, servez avec une sauce un peu claire et bien finie de blond de veau, pour entremets.

ORANGE. — La meilleure est sans contredit celle dite *Mandarine*, qui nous vient de la Chine ; elle est moins grosse que nos billes de billard, il y a des mandarines de la grosseur d'une noix, leur couleur est d'un jaune tirant sur le rouge, leur écorce est fine et possède un arome approchant de celui du citron ; leur chair est très sucrée et contient peu de jus.

On fait avec l'orange une boisson très rafraîchissante qu'on appelle *Orangeade*. On mélange pour cela le jus de l'orange avec celui du citron.

Orange musquée. — On donne ce nom à une poire qui mûrit au commencement d'août. Elle est abondamment pourvue d'une eau très sucrée et d'un parfum tout particulier. Elle est classée parmi les meilleurs et les plus beaux fruits à la main.

ORGE. — L'orge, dépouillé de sa pellicule, peut être employé à la place du riz. On s'en sert beaucoup en Allemagne pour garnir des potages et composer des entremets.

Potage à l'orge perlé. — Il faut faire tremper l'orge dès la veille dans l'eau froide, égouttez-le et faites-le crever dans ce bouillon ; prolongez l'ébullition pour que le bouillon se charge de tout ce qui est soluble. Passez avec expression et vous aurez un potage qui nourrit légèrement et qui rafraîchit ; il convient beaucoup aux convalescents.

Pour la crème d'orge à l'eau ou au lait, on procède de la même manière ; on passe avec expression et on ajoute du sucre ou du sirop de capillaire.

ORONGE. — Champignon qui partage, avec les cèpes, les hommages des gourmands de tous les pays ; ces cryptogames ne sont pas toujours vénéneux, mais doivent toujours être suspectés.

Oronges franches ou jaune d'œuf. — Champignon remarquable par sa couleur jaune d'œuf et par sa taille de sept à huit pouces. Ayant un grand chapiteau, la couleur s'éclaircit peu à peu ; elle devient d'or dans sa maturité, le chapiteau se fend et s'entr'ouvre ; l'intérieur n'en est pas blanc, comme celui des autres champignons. La pulpe en est fine, assez ferme, délicate, serrée et semblable à celle de l'abricot. Il croît dans le Midi et les lieux tempérés. On peut confondre la fausse oronge avec ce champignon, ce qui arriva à la princesse de Conti, qui courut risque d'en mourir. L'oronge a la chair et les feuillets jaunes, la fausse oronge les a blancs. La fausse, en naissant, est couleur de feu ; sa tige est cylindrique et droite. Apicius a laissé une recette pour manger l'oronge : il la faisait cuire dans du vin avec de la coriandre, du miel, de l'huile et des jaunes d'œufs; l'huile d'olive est sa meilleure préparation.

Oronges au gratin. — Choisir deux douzaines d'oronges bien fraîches, en supprimer la queue, les nettoyer, les mettre dans une grande poêle avec de l'huile et une gousse d'ail, les assaisonner et les sauter sur le feu jusqu'à ce qu'elles soient sèches; les prendre alors avec une fourchette, les dresser par couches dans un plat à gratin, saupoudrer chaque couche avec les queues des oronges hachées, mêlées avec du persil haché et de la mie de pain; les arroser avec un peu d'huile, les cuire au four modéré pendant vingt minutes. En les sortant, les arroser avec un peu de bon jus lié, surtout ajouter des piments en poudre.

ORTOLAN. — *Ortolans à la toulousaine.* — Plumez vos ortolans, supprimez-en la poche, flambez-les légèrement, frottez-les avec un demi-citron; enfilez-les à une petite brochette de fer, enveloppez-les d'une couche de beurre manié d'un peu de jus de citron; saupoudrez-les sur toutes les surfaces avec de la mie de pain et faites-les rôtir à feu vif pendant sept ou huit minutes, arrosez-les avec le beurre qui coule dans la lèchefrite. Au dernier moment, salez-les, débrochez-les, dressez-les sur un plat bien chaud, recouvrez-les avec la graisse de la lèchefrite et envoyez-les aussitôt à table avec des citrons coupés. Mais ajoutez quelques croûtes de pain.

Ortolans en caisses. — Préparez et flambez douze

ortolans, ayez douze petites caisses, que vous hui-
lerez et passerez au four. Mettez dans le fond de
chaque caisse une cuillerée de sauce Périgueux
très réduite, posez les ortolans dans les caisses,
faites les cuire et resaucez d'une sauce Périgueux.

Ortolans à la provençale. — Prenez autant de
grosses truffes que vous en pourrez trouver ;
prenez autant d'ortolans que vous aurez de truffes,
coupez vos truffes en deux, creusez-y une place
pour votre ortolan ; placez-le, enveloppé d'une
double barde très mince de jambon cru, légèrement humectée d'un coulis d'anchois ; garnissez
vos truffes d'une farce composée de foies gras et
de moelle de bœuf : liez-les de façon à ce que
vos ortolans n'en puissent sortir. Rangez vos
truffes garnies d'ortolans dans une casserole à
glacer ; mouillez avec une demi-bouteille de vin
de Madère et même quantité de mirepoix ; faites
cuire pendant vingt minutes à casserole ouverte ;
égouttez les truffes, passez le fond à travers le
tamis de soie, dégraissez et faites réduire de
moitié ; ajoutez de l'espagnole et faites réduire
jusqu'à ce que la sauce masque la cuiller, passez-
les à l'étamine, dressez vos truffes en buisson,
et servez la sauce à part.

Nous avons dit ailleurs comment se mangeaient
les ortolans, les becfigues, et généralement tous
les petits pieds dont le croupion est le meilleur morceau.

Terrines d'ortolans. — Hachez en portions égales la chair d'un ou deux perdreaux et de la panne de porc; ne vous contentez pas de hacher, mais assaisonnez et pilez, jusqu'à ce que la pâte soit bien lisse, coupez les cous et les pattes des ortolans, étendez une couche de farce dans la terrine, semez dessus de la truffe.

Rangez sur votre farce un lit d'ortolans que vous assaisonnez de sel épicé; mettez une seconde couche de farce sur laquelle vous semez de nouveau des truffes; couchez une autre rangée d'ortolans que vous assaisonnez comme la première. Finissez par une couche de farce et de truffes, couvrez de barde de lard, mettez une feuille de laurier dessus, couvrez la terrine et faites cuire.

OSEILLE. — *Purée d'oseille au maigre.* — Vous hachez ensemble de l'oseille, de la poirée, de la laitue et un peu de cerfeuil; mettez à sec dans une casserole, en remuant toujours, jusqu'à ce que les herbes soient bien fondues. Ajoutez un bon morceau de beurre et tournez jusqu'à ce que l'oseille soit bien passée; assaisonnez de sel et gros poivre; versez dans l'oseille une liaison avec trois jaunes d'œufs et de la crème.

Purée d'oseille au gras. — Vous faites fondre l'oseille comme il est indiqué ci-dessus; puis, quand elle est bien fondue, vous ajoutez du beurre et tournez jusqu'à ce qu'il commence à frémir; mouillez avec du jus un fond de cuisson,

du jus de rôti ou du bouillon réduit, et servez-
vous de cette farce en guise de litière.

OS. — Les os contiennent une très forte partie
de gélatine et un peu de phosphate de chaux. Les
os qu'on fait bouillir ne perdent leur gélatine que
par leur surface et jusqu'à une petite profondeur;
il faut donc multiplier les surfaces pour en extraire davantage, et on le fait en brisant les os.
Cette gélatine n'est pas mélangée d'osmazôme,
mais elle est bonne dans le bouillon, où la présence de viande contenant toujours une quantité
suffisante d'osmazôme donne à ce bouillon une
grande propriété nutritive.

Dans les viandes rôties, les propriétés de l'osmazôme sont, paraît-il, exaltées par le feu, ou
peut-être s'en forme-t-il de nouvelles aux dépens
de quelques autres principes ; ce qu'il y a de certain, c'est que lorsqu'on ajoute au *pot-au-feu* quelques débris de viandes rôties, le bouillon a beaucoup plus de goût que l'emploi des viandes
crues.

OSMAZOME. — On donne ce nom au résidu
qu'on obtient en faisant bouillir des substances
animales, et particulièrement la viande dans
l'eau, qu'on précipite par l'alcool; une gélatine provient de cette décoction, on soumet ce préci-
pité à l'évaporation. L'osmazôme est d'un brun
jaunâtre ; chauffée, sa saveur et son odeur rap-
pellent celles du bouillon. C'est elle, du reste,
qui donne le parfum au bouillon, qui en contient

ordinairement une partie pour sept de gélatine.

OURSIN. — Coquillage rond, appelé aussi *châ- {* *taigne de mer*, son aspect étant absolument celui de la châtaigne dans sa coque encore garnie de ses piquants. Ses piquants lui servent de pieds, et quand ils sont usés, l'animal roule comme une bille. A l'ouverture de ce crustacé, se trouve un petit animal rouge, de saveur salée, c'est le propriétaire de la maison ; ses œufs, d'un jaune foncé, sont attachés aux parois intérieures de la coquille ; sa saveur est à peu près celle des écrevisses ; ceux que cette espèce de purée vivante ne dégoûte pas, le mangent comme un œuf à la mouillette.

Les meilleurs oursins sont ceux de la Méditerranée ; ils prévoient les tempêtes et y résistent en s'attachant aux plantes marines les plus vigoureuses ; ils font le vide au moyen des ventouses qui sortent de leurs piquants, et dont on a compté plus de douze mille.

OUTARDE. — L'outarde est le plus grand oiseau de nos climats ; ses ailes, quoique peu proportionnées au poids de son corps, peuvent cependant l'élever et la soutenir quelque temps en l'air ; mais cet oiseau ne peut prendre sa volée qu'avec beaucoup de peine et après avoir parcouru un certain espace les ailes étendues. Elle passent régulièrement en France au printemps et à l'automne. On en apporte aux marchés de Paris, venant de la Picardie et de la Champagne.

Leur chair, celle des jeunes surtout est excellente :
les cuisses sont préférées par les gourmets.

Outarde à la daube. — Laissez mortifier l'outarde plusieurs jours ; plumez-la, videz-la, coupez
les ailes rondes comme les pattes ; détachez les
cuisses de la carcasse et celle-ci de l'estomac ;
lardez les chairs des cuisses, de l'estomac, avec
de gros filets de jambon cru ; assaisonnez ces
viandes, déposez-les dans une terrine, arrosez-les
avec deux verres de vinaigre et faites-les macérer
pendant vingt-quatre heures ; masquez une marmite en fer au fond et autour avec des bardes de
lard ; rangez au fond quelques petits oignons
avec des aromates, deux pieds de veau dessous
et blanchis avec grande pointe et clous de girofle ; sur ces viandes, placez les carcasses, les
cuisses et l'estomac de l'outarde, après les avoir
égouttés à la marinade ; mouillez ces viandes à
moitié de hauteur avec du vin blanc ; masquez-
les avec du lard et faites réduire le liquide pendant quelques minutes ; couvrez hermétiquement
la marmite avec un papier ordinaire, entourez le
vase jusqu'à moitié de hauteur avec des cendres
chaudes et du feu ; cuisez les viandes pendant
six ou sept heures, selon leur tendreté ; enlevez-
les avec soin pour les dresser sur un grand plat
avec des pieds de veau et des légumes ; dégraissez
ce fond de cuisson, et versez-le sur les viandes
en le passant.

P

PAIN. — *Méthode pour faire le pain.* — Vous mettez la quantité de farine que vous voulez, suivant ce qu'il vous faut de pain ; faites une fontaine au milieu, et vous mettez dans cette fontaine un demi-quarteron ou plus de levûre, faites votre détrempe à l'eau tiède, et de sorte qu'elle soit de la consistance de la pâte à brioche, travaillez bien votre pâte en y joignant deux onces de sel fin délayé dans un peu d'eau tiède, couvrez-la et mettez-la chaudement, afin qu'elle puisse fermenter et lever ; la bonté du pain, on ne saurait trop le répéter, dépend des soins donnés à cette partie de l'opération ; après avoir laissé la pâte en cet état une heure ou deux, selon la saison, on la pétrit de nouveau, on la recouvre et on la laisse encore reposer deux heures dans cet état ; puis chauffez le four, et, lorsqu'il est bien nettoyé, vous divisez la pâte en autant de parties que vous voulez et formez des pains de la forme qu'il vous plaira. Vous placerez ces pains dans le four le plus promptement possible, puis, lorsqu'ils sont cuits, vous frottez la croûte avec un peu de beurre, afin de lui donner une belle couleur jaune.

PAIN D'ÉPICE. — On fait le pain d'épice avec la fleur de farine de seigle, de l'écume de sucre ou du miel jaune et des épiceries; on fait cuire le tout, que l'on divise en pains de la forme que l'on veut. Il excite l'appétit, relève et soutient les forces digestives; mais on ne doit en manger que modérément. Les marins se trouvent bien d'en faire usage.

PALAIS de bœuf en filets marinés, au gratin, à l'allemande, en coquilles, en crépinettes, etc. (V. Bœuf.)

PANADE. — Espèce de potage composé de mie de pain qu'on fait mitonner avec de l'eau, du beurre et du sel, et dans lequel on ajoute, au moment de servir, une liaison composée de jaunes d'œufs et de crème fraîche.

Nota. — Avoir soin de ne mettre le beurre frais que dans les jaunes d'œufs, et non pas de suite dans le pain, l'eau et le sel qui se mitonnent; le beurre, en bouillant dans le potage, perdrait de sa saveur. (V. Potages.)

Panade portugaise, nommée de la Sourde. — Mettez de l'huile dans une casserole (deux cuillerées), faites-y revenir de l'ail, que vous retirez quand il est revenu. Ajoutez du pain rassis en tranches, du sel, du poivre ; mouillez d'un peu d'eau. Retournez et écrasez bien, en ajoutant une cuillerée ou deux d'huile, suivant la quantité que l'on veut faire.

Cette panade se mange, à Lisbonne, comme potage et à la fourchette.

PANAIS. — Plante de la même feuille que la carotte.

Il y a deux espèces de panais, le long et le rond. On met cette racine dans les bouillons, on la frit aussi au beurre.

PANCALIER. — Sorte de chou printanier qui tire son nom de la ville de Pancaglieri, en Piémont, d'où il a été apporté par le célèbre La Quintinie, premier jardinier-potagiste de Louis XIV.

PANER. — C'est l'action de couvrir de chapelure ou de mie de pain les viandes que l'on veut faire frire ou griller.

PANNE. — On donne le nom de panne à la graisse, dont la peau du cochon et de quelques autres animaux se trouve garnie à l'intérieur, et plus particulièrement au ventre.

PAON. — Excepté dans quelques pays, l'habitude est perdue de servir les paons comme un rôti ordinaire.

Paon rôti à la crème aigre. — Videz et bridez un jeune paon, mettez-le à la broche en l'arrosant de beurre salé et poivré ; puis, lorsqu'il commence à cuire, prenez la valeur de deux verres de crème aigre et l'arrosez avec cette crème ; débridez-le ensuite et le dressez sur un plat, en prenant la même attention de sa toilette que l'on prend de celle du faisan, c'est-à-dire en lui rendant sa queue, sa tête et ses ailes.

PARMESAN. — Pour l'emploi culinaire du parmesan, voyez MACARONI, LASAGNES, RAMEQUINS et FONDUES.

PASTÈQUE. — Espèce de melon d'eau cultivé dans les pays méridionaux. Les pepins sont disséminés dans la chair, qui est rouge et sucrée comme celle du melon. Le fruit étanche la soif, rafraîchit beaucoup, mais il pèse sur l'estomac si on l'en surcharge.

PATATE. — Cette plante est originaire de l'Inde. On en trouve en Afrique, en Asie, même en Irlande et en Angleterre. Sa saveur est celle des bons marrons. On fait cuire les patates sous la cendre, et, après les avoir pelées, on les arrose de jus d'orange et d'un peu de sucre. Elles servent, en grande partie, de nourriture aux nègres des Antilles, et leur fane, qui est fort recherchée des bestiaux, surtout des vaches, augmente et bonifie le lait de celles-ci.

Patates au beurre. — Faites cuire des patates à la vapeur, ôtez la peau qui les enveloppe et coupez-les en rouelles ; mettez-les dans une casserole avec du beurre et du sel, et sautez-les.

Patates en beignets. — Lavez, ratissez et coupez

des patates, faites-les mariner trente-cinq minutes dans l'eau-de-vie, avec une écorce de citron, égouttez-les, trempez-les dans une pâte légère et faites-les frire ; égouttez-les, dressez-les et saupoudrez-les de sucre.

PATE A DRESSER. — Prenez 75 grammes de gruau, mettez-le sur un tour à pâte, formez un trou au milieu de cette farine assez grand pour contenir l'eau ; maniez 500 grammes de beurre, mettez-le au milieu de ce trou, dit fontaine ; ajoutez-y 30 grammes de sel fin, versez de l'eau, prenez peu à peu la farine, maniez bien votre beurre, pétrissez bien votre pâte : lorsqu'elle sera en masse et bien ferme, tournez-la deux ou trois fois, c'est-à-dire écrasez-la avec les paumes des mains ; cela fait, ramassez votre pâte en un seul morceau, moulez-la. A cet effet, saupoudrez votre tour d'un peu de farine ; ensuite, mettez-y votre pâte, dans un linge un peu humide, laissez-la reposer ainsi une demi-heure avant de l'employer. Vous pouvez la faire à 3 kilos par litre ; celle à 2 kilos sert ordinairement pour les gros pâtés froids et les timbales froides ; celle à 3 kilos par litre, en y ajoutant un œuf par litre, sert pour les pâtés chauds, les timbales de macaroni et autres.

Pâte à frire. — Passez une demi-livre de farine ; mettez-la dans une terrine avec deux cuillerées à bouche d'huile, du sel et deux ou trois jaunes d'œufs, mouillez-la avec de la bière en suffisante

quantité pour qu'elle ne corde point; travaillez-la
pour qu'elle soit à consistance d'une bouillie;
fouettez un ou deux blancs d'œufs, incorporez-les
dans votre pâte en la remuant légèrement, faites-
la deux ou trois heures avant de vous en servir.
Du plus ou du moins de blancs d'œufs fouettés
dépendra la légèreté de votre pâte. Vous pouvez
faire de même cette pâte avec du beurre au lieu
d'huile, et de l'eau chaude en place de bière.
L'eau tiède avec un peu de beurre fondu vaut
mieux que la bière; pas de vin blanc. L'huile vaut
mieux que le beurre, la pâte est plus croustil-
lante; un peu de cognac, un petit verre.

Pâte à nouilles. — (V. Nouilles.)

PATÉS ET TOURTES. — *Petits pâtés au naturel.* Abaissez d'un centimètre d'épaisseur des rognures de feuilletage ou un morceau de pâte
brisée; prenez un coupe-pâte de la grandeur que
vous voudrez avoir ces petits pâtés, coupez-en les
abaisses; mettez-les sur un plafond. Posez au milieu de ces abaisses gros comme le pouce de chair
à petits pâtés. (Voyez, article Farces, celle *à la ciboulette ou de Godiveau.*) Si vous voulez les faire en
maigre, servez-vous de la farce de carpes; refaites
des abaisses de feuilletage de l'épaisseur de trois
lignes, couvrez vos chairs de petits pâtés, que les
fonds ne débordent pas les couvercles; appuyez
légèrement sur vos petits pâtés, dorez-les. Un
quart d'heure avant de servir, faites-les cuire, et
servez-les sortant du four.

Petits pâtés au jus. — Faites une abaisse de pâte
brisée; foncez-en des petits moules à darioles
(voyez l'article DARIOLES), remplissez-les de chair
à la ciboulette ou de godiveau, ou d'une farce de
carpes, et saucez d'un coulis maigre; couvrez-les
de vos couvercles de feuilletage. Pour cela, servez-vous d'un coupe-pâte goudronné, de la grandeur de vos moules, dorez vos couvercles, mettez
cuire vos petits pâtés : leur cuisson faite, ôtez-en
les couvercles, ciselez la farce, retirez vos petits
pâtés de leurs moules, dressez-les, saucez-les
d'une bonne espagnole réduite, et servez.

Petits pâtés à la Béchamel. — Faites une abaisse
de feuilletage de quatre lignes d'épaisseur, et à
laquelle vous aurez donné cinq tours ; ayez un
coupe-pâte d'un pouce et demi de diamètre, coupez vos petites abaisses, mettez-les sur un plafond,
ayant soin de les retourner; dorez-les, cernez-les
à quelques lignes du bord, pour leur former un
couvercle ; faites les cuire, et, leur cuisson faite,
ôtez-en la mie ; vous aurez coupé des blancs de
volaille en petits dés ou en émincées ; au moment
de servir, ayez une béchamel réduite et bien
corsée (voyez *Béchamel*, article SAUCE), mettez y
vos blancs de volaille, faites chauffer le tout sans
le faire bouillir, remplissez-en vos petits pâtés, et
servez.

Vous pouvez faire de même des petits pâtés,
soit de foie gras, soit en salpicon, ou de laitances
de carpes, etc.

Petits pâtés bouchées à la reine. — Faites des
abaisses plus minces que les précédentes ; coupez-
les de la grosseur d'une bouchée, mettez-les sur
un plafond, dorez-les, cernez-les, faites les cuire,
et, leur cuisson achevée, levez-en les couvercles,
ôtez-en la mie, remplissez-les du ragoût ci-après
indiqué.

Hachez des blancs de volaille très menu, mettez-les dans une bonne béchamel bouillante ; mêlez bien le tout, remplissez-en vos petits pâtés,
et servez.

Tourte d'entrée de godiveau. — Moulez un morceau de pâte, abaissez-le de la grandeur d'un plat
d'entrée, mettez cette abaisse sur une tourtière de
la même grandeur, étendez un peu de godiveau
au milieu de votre abaisse, posez dessus une
bonne pincée de champignons, passez et égouttez.
Mettez quelques fonds d'artichauts coupés en
quatre ou six, ayez de la farce de godiveau, roulez-en des andouillettes de la grosseur que vous le
jugerez convenable, mettez-en au-dessus de vos
garnitures et tout autour, en sorte que le tout
forme un dôme un peu aplati ; faites une seconde
abaisse un peu plus grande que la première,
mouillez le bord de la première, posez la seconde
dessus, pour en former le couvercle ; soudez les
deux ensemble, videz les bords, dorez votre tourte
et la mettez cuire sous un four de campagne. Sa
cuisson faite, levez-en le couvercle, dressez-la,
saucez-la d'une bonne espagnole réduite et ser-

vez-la. Autrement, vous pouvez vider votre tourte
dans une casserole, pour faire jeter un bouillon à
sa garniture dans l'espagnole, que vous avez soin
de dégraisser ; pressez votre tourte, remplissez-la
de sa garniture, et servez. (Courchamps.)

Pâté à la financière. —Dressez un pâté, remplissez-en la croûte de farine ou de viande de sauce.
Lorsque votre viande sera cuite et de belle
couleur, ôtez les viandes ou la farine, ainsi que la
mie de votre caisse, et remplissez-la d'une bonne
financière.

Votre financière se compose, vous le savez, de
crêtes cuites dans un blanc avec des rognons de
coq ; égouttez-les au moment de vous en servir,
ainsi que les rognons. Mettez dans une casserole
la quantité convenable de velouté réduit, si vous
voulez votre ragoût au blanc. Si vous le voulez au
roux, employez de l'espagnole réduite, en y ajoutant un peu de consommé. Au cas où votre sauce
se trouverait trop liée, faites mijoter vos crêtes
un quart d'heure ; joignez-y, un instant avant de
servir, vos rognons, quelques champignons tournés que vous aurez fait cuire, des fonds d'artichauts et des truffes, selon votre volonté. Si votre
ragoût est trop blanc, liez-le comme il est indiqué
à l'article Ris de Veau, et, s'il est au roux, suivez
le même procédé que celui indiqué au même
article.

Pâté de giblettes à l'anglaise. — Ce pâté se fait
comme le précédent, sinon qu'au lieu de pigeons

on emploie des abatis d'oies, de dindons, ou tous
autres.

Pâté froid de veau. — Ayez une ou deux noix de
veau, battez-les, ôtez-en les nerfs et les peaux,
lardez-les de gros lardons, assaisonnés de poivre,
fines épices, persil et ciboules hachés, un peu
d'aromates pilés et passés au tamis ; faites une
farce avec sous-noix de veau et une égale quantité
de lard haché bien menu, assaisonnez cette farce
de sel, poivre, fines épices, aromates, et, si vous
le voulez, d'une petite pointe d'ail ; pilez cette
farce dans le mortier, ajoutez-y quelques œufs
entiers, les uns après les autres, et une goutte
d'eau de temps en temps, de manière cependant
qu'il y ait plus d'eau que d'œufs. Cela fait, garnissez une casserole de bardes de lard, posez dedans
un peu de cette farce. Lorsque vous aurez assaisonné votre veau de sel, poivre et fines épices,
rangez-le dans une casserole sur votre farce, et
garnissez-le tant au bord de cette casserole que
dans les vides qu'il peut laisser ; foulez-le un peu,
afin qu'il reste moins de ces vides. Ensuite, couvrez ces chairs avec un couvercle et mettez-les
revenir une heure dans le four. Retirez-les, laissez-les refroidir. Quand elles le seront, prenez de
la pâte à dresser (voyez l'article *Pâte à dresser*),
mouillez-la, abaissez-la de l'épaisseur d'un travers
de doigt ; faites en sorte qu'elle soit ronde. Posez-
la sur une ou deux feuilles de fort papier beurrées
et collées ensemble ; garnissez-la d'un peu de

farce que vous avez dû conserver à cet effet;
étendez cette farce de la grandeur de la casserole,
où vous aurez fait revenir votre viande; faites
chauffer légèrement cette casserole pour en détacher les chairs, renversez-les sur un couvercle et
glissez-les sur le milieu de votre abaisse; maniez
du beurre, saupoudrez votre tour de farine, roulez dessus votre beurre, donnez-lui l'épaisseur du
petit doigt; formez-en une couronne sur le haut
de votre pâté, et mettez-en dessus quelques morceaux, ainsi que deux ou trois demi-feuilles de
laurier. Ensuite, faites une seconde abaisse, moins
épaisse de moitié que la première; il faut qu'elle
soit assez grande pour envelopper vos chairs et
retomber sur l'autre abaisse. Mouillez votre pâte
au bord des chairs, mettez votre seconde abaisse
dessus, soudez-la avec la première, ôtez la pâte
qu'il pourrait y avoir de trop au pied du pâté,
humectez avec un doroir le tour de vos abaisses
et montez votre pâté en relevant celle de dessous
jusqu'au haut; donnez du pied à votre pâté, faites
une troisième abaisse pour former un couvercle,
humectez le dessus de votre pâté; soudez, avec
son bord, votre troisième abaisse, rognez-les également; pincez votre pâté tout autour, où faites
lui le dessin qu'il vous plaira, faites un faux couvercle de feuilletage (sorte de pâte légère);
couvrez votre pâté et faites-lui au milieu un trou
appelé cheminée, dorez-le, mettez-le cuire dans
un four bien atteint, que vous aurez laissé un

peu tomber, et faites-lui prendre une belle couleur. Si, durant sa cuisson, il était dans le cas
d'en prendre trop, couvrez-le d'un peu de papier,
laissez-le cuire trois ou quatre heures, retirez-le,
sondez-le avec une lardière en bois. Si elle entre
facilement, c'est qu'il est cuit, dans ce cas, mettez-y un poisson d'eau-de-vie, remuez-le et finissez de le remplir avec un peu de consommé.
Lorsqu'il sera presque froid, bouchez la cheminée,
retournez sens dessus dessous, sur un linge blanc,
votre pâte, afin que la nourriture s'y trouve bien
répandue. Quand vous voudrez le servir, ôtez-en
le papier, grattez le dessous du pâté, s'il a pris
trop de couleur ; posez une serviette sur le plat,
dressez-le dessus et servez-le comme grosse pièce.
(Courchamps.)

Pâté de jambon. — Parez, désossez un jambon
de Westphalie ou de Bayonne, supprimez-en le
combien ; mettez-le dessaler huit ou dix heures,
enveloppez-le dans un linge, mettez-le cuire dans
la marmite avec 1 kil. 500 grammes de bœuf,
500 grammes de saindoux, du lard râpé et 750
grammes de beurre ; assaisonnez-le de carottes,
un bouquet de persil et ciboules, oignons piqués
de trois clous de girofle, du laurier, du thym, du
basilic et une gousse d'ail ; faites-le cuire aux
trois quarts, retirez-le, levez-en la couenne, laissez-le refroidir, parez-le de nouveau ; prenez sa
parure et le bœuf qui a cuit avec, hachez-le menu
avec 500 grammes de lard, pilez le tout, ajou-

tez-y deux ou trois œufs entiers et des fines
herbes hachées, prenez de la pâte à dresser, moulez-la, abaissez-la de l'épaisseur d'un bon travers
de doigt, posez-la sur deux feuilles de papier
beurré, marquez au milieu la place de votre
jambon, diminuez-en l'épaisseur presque de
moitié en l'appuyant avec le poing. Cela fait, relevez les bords et dressez votre pâté en rentrant
la pâte sur elle-même; faites en sorte qu'il n'y
ait aucun pli, donnez du pied à votre pâté, en y
passant une des mains et en appuyant de l'autre
votre pâte en dehors.

Observez bien de ne faire cette pâte qu'à deux
kilogrammes de beurre par boisseau; garnissez
le fond de votre pâté d'une partie de votre
farce, posez-y votre jambon, remplissez les vides
avec le reste de la farce, couvrez votre pâté
d'une abaisse bien soudée; ajoutez-y un faux
couvercle de feuilletage ou de pâte beurrée,
faites une cheminée au milieu, mettez-le cuire à
un four bien atteint, qu'il prenne une belle couleur. Sa cuisson presque faite, tamisez, sans le
dégraisser, l'assaisonnement; remplissez-en votre
pâté, ayant soin de le remuer; remettez-le au
four mijoter environ une demi-heure, retirez-le,
remplissez-le de nouveau, laissez-le refroidir,
bouchez-le, retournez-le sens dessus dessous,
laissez-le dans cette position jusqu'au lendemain,
ôtez-en le papier, ratissez le dessous de votre pâté,
et servez.

*Pâté de poulardes et de toute autre volaille, comme
dindon, poulet, etc.* (V. POULARDE.)

Ceux de bécasses, bécasseaux, pluviers et autres
petits oiseaux, se font de même. On y ajoute plus
ou moins de farce, cela dépend de celui qui les
fait.

PATISSERIE. — Le caractère de la pâtisserie
varie selon les goûts et les mœurs des peuples.

Nous prions nos lecteurs de se reporter, pour
les diverses préparations de la pâtisserie, aux
articles ci-dessous, où nous en avons spécialement parlé :

*Biscotin, Biscuit, Bouchées, Brioches, Choux-pâtis-
siers, Conglof, Conkes, Croquantes, Croquembouche,
Croquignoles, Darioles, Diablotins, Échaudés, Fan-
chonnettes, Flan, Frangipane, Gâteaux, Gaufres,
Génoises, Gimblettes, Macarons, Massepains, Made-
leines, Meringues, Mirlitons, Mousseline, Pâtés,
Pâtés froids, Pâtés chauds, Profiteroles, Rissoles,
Tarte aux fruits, Tartelettes, Timbale, Tourons,
Tourtes, Vol-au-vent.*

PAUPIETTES. — Tranches de viande recouverte d'une tranche de lard, et sur lesquelles on
a étendu une couche de farce ; on les roule ensuite et on les embroche, puis on les fait rôtir
enveloppées de papier. Quand elles sont cuites,
on ôte le papier, on les pane, on leur fait prendre
couleur et on les sert avec une sauce piquante.

PÊCHE. — Nous renvoyons le lecteur, pour les
diverses préparations de ce fruit, aux articles

Compote, Confitures, Conserves, Glaces, Mousses, Flan, Tartes et Ratafia.

PERCHE. — Excellent poisson de rivière dont la chair est aussi légère qu'elle est nutritive. On l'a nommé ainsi du mot latin *perca*, parce qu'il est marqueté de tâches noires. Les perches de Seine sont parfaitement estimées. Les œufs aussi sont très savoureux et ils se mangent ordinairement grillés en caisse après avoir été sautés dans du beurre frais sans autre assaisonnement que du sel et quelques feuilles de persil.

PERDRIGON. — Genre de prunes avec lesquelles on fait de bonnes compotes ; les prunes de perdrigon qui ont eu l'honneur d'être célébrées par Molière, ont aussi le privilége de ne jamais être attaquées par les vers.

PERDRIX, PERDREAUX. — Outre plusieurs variétés de perdrix, il y en a quatre fort estimées que l'on sert sur les tables à cause de leur délicatesse et de leur bon goût ; ce sont la perdrix grise, la rouge, la bartavelle et celle de la roche.

On distingue les perdreaux des perdrix par la dernière des grandes plumes de l'aile ; la pointe de cette plume est aiguë par le bout dans les perdreaux, tandis qu'elle est arrondie dans les perdrix adultes.

Perdreaux rôtis. — Flambez légèrement vos perdreaux, troussez les pattes sur les cuisses; enveloppez-les par devant avec une feuille de vigne couverte d'une barde de lard, faites rôtir à feu modéré et servez avec une bigarade à sec.

Perdreaux rouges ou gris à la parisienne. — Videz, flambez-les, faites-les revenir dans une casserole sur un feu doux avec du beurre et sans leur donner de couleur, mouillez-les d'un verre de vin blanc, deux cuillerées à dégraisser de consommé et une demi-glace espagnole réduite; laissez-les cuire et mijoter à peu près trois quarts d'heure, retirez la majeure partie de la sauce, faites-la réduire, dégraissez-la; au moment de servir, dressez vos perdreaux sur le plat, mettez un pain de beurre dans votre sauce, passez-la et vannez-la; saucez-en vos perdreaux et servez.

Perdreaux rouges à la Périgueux. — Le perdreau rouge ayant moins de saveur que le perdreau gris, se braise avec une bonne mirepoix; faites un suage du tout; mouillez avec deux verres de Madère, un verre de vin blanc, une petite cuiller à pot de consommé de volaille; une feuille de papier beurré sur les perdreaux, couvrez hermétiquement la casserole, laissez mijoter le tout pendant une demi-heure; passez ensuite votre fond, dégraissez-le; faites le réduire de moitié dans deux cuillers à bouche d'espagnole demi-glace; coupez quatre truffes en petits dés, jetez-les dans votre sauce avec un peu de fonds des truffes. Ondulez votre sauce d'un peu de beurre bien frais, un jus de citron et un peu de piment en poudre; dressez vos perdreaux sur un plat en triangle; séparez par trois croûtons panés, masquez le dessus de vos perdreaux avez votre sauce Périgueux, et servez chaud.

Perdreaux à l'anglaise. — Vous farcissez les perdreaux avec une farce faite avec leurs foies, du beurre, du gros poivre et du sel, enveloppez-les de papier, mettez-les à la broche sans les barder et laissez-les cuire aux trois quarts ; levez-leur les membres sans les séparer du corps, mettez-les dans une casserole et placez entre chaque membre un peu de beurre manié avec de la mie de pain, de l'échalote, du persil, de la ciboule hachée, du sel, du gros poivre et un peu de muscade ; puis mouillez vos perdreaux avec un bon verre de vin de Champagne et deux cuillerées à dégraisser de consommé ; faites bouillir doucement, sans les couvrir, jusqu'à parfaite cuisson, afin que la sauce se réduise ; finissez avec jus et zeste de bigarade.

Perdreaux à la crapaudine. — Plumez, videz, flambez, épluchez deux perdreaux, retroussez les pattes en dedans, effilez l'estomac des deux perdreaux ; aplatissez avec une batte, assaisonnez de sel et poivre ; faites fondre un peu de beurre, passez-les au beurre, pannez-les, faites les griller à feu ardent, belle couleur ; hachez quatre échalotes, enlevez la partie aqueuse de l'échalote, mettez-les dans une casserole avec un peu de beurre bien frais, ajoutez un filet de vinaigre, un peu de glace de viande ; hachez deux cornichons, en ayant soin de hacher les foies des per-

44.

dreaux, ajoutez-les à la sauce, pimentez et servez.

Perdreaux en entrée de broche. — Videz, flambez
sans roidir, bridez et embrochez quatre perdreaux
sur un hâtelet, couvrez-leur l'estomac de tranches
de citron. Couvrez-les de bardes de lard, enveloppez-les de papier, dont vous fixerez les bouts avec
de la ficelle sur la broche afin de faire tenir l'hâtelet dans lequel vos perdreaux sont embrochés ;
faites les cuire trois quarts d'heure, déballez-les,
égouttez-les, dressez-les en chevrette sur votre
plat, saucez-les avec un jus clair, poivrez et ajoutez jus de bigarade.

Salmis de perdreaux. — Vous préparez trois perdreaux que vous bardez et que vous faites très-peu
cuire à la broche ; laissez refroidir, levez-en les
membres, ôtez-en la peau, parez-les, rangez-les
dans une casserole avec un peu de consommé,
posez-les sur une cendre chaude de manière à ce
qu'ils ne bouillent pas de suite ; coupez six échalotes, ajoutez un zeste de citron, mettez le tout
dans une casserole avec un peu de vin de Champagne et faites-le bouillir ; concassez vos carcasses de perdreau et mettez-les dans la même
casserole, ajoutez-y quatre cuillerées à dégraisser
de blond de veau ou d'espagnole réduite, faites
réduire le tout à moitié, passez cette sauce à
l'étamine, égouttez les membres de perdreau,
dressez-les ; mettez entre ces membres des croûtons de pain passés dans du beurre et versez la
sauce citronnée sur les perdreaux.

Perdreaux à la bourguignonne. — Rôtissez et dépecez trois perdreaux à la broche et coupez-les par
membres, puis faites-les sauter dans une casserole
où vous aurez mis trois cuillerées à bouche
d'huile, un peu de vin rouge, du sel, du poivre,
le jus d'un citron et un peu de son zeste ; dressez,
saucez et servez.

Perdrix aux choux à la ménagère. — Posez deux
perdrix braisées sur un plat, pressez vos choux,
étuvés au gras, dans un linge, coupez-les et dressez-les debout autour de vos perdrix ; garnissez-
les de cervelas coupés en rond, de petit lard en
tranches et de saucisses à la chipolata ; saucez-
les avec la réduction de votre braise et servez.

Perdrix aux choux en chartreuse. — Prenez deux
perdreaux, plumez, flambez, troussez-les en entrée
de broche ; piquez-les de gros lard et jambon,
faites blanchir deux choux de Milan, une demi-
livre de lard fumé, un peu de saucisson, rafraîchissez le tout ; foncez une casserole d'une bonne
mirepoix ; ajoutez vos deux perdrix dans l'intérieur avec le lard et le saucisson ; hachez les
choux bien menu et remplissez les interstices ;
garnissez de quatre navets, quatre carottes et
deux clous de girofle, un bouquet garni, une
pointe d'ail, couvrez le tout d'une feuille de papier beurré, mouillé avec une cuiller à pot de
consommé, et faites partir sur le feu ; faites braiser
pendant une heure et ôtez les perdreaux, afin
qu'ils ne soient pas trop cuits ; laissez cuire le

reste un peu plus longtemps ; ajoutez douze saucisses chipolata ; prenez un moule à charlotte,
beurrez-le ; feuilles de papier beurré dans le fond ;
coupez vos carottes et vos navets en liards ; faites
un dessin de tout cela dans le fond du moule ;
garnissez le tout de vos deux perdreaux, de vos
choux bien serrés, de votre petit lard, et mettez
une feuille de papier beurré par-dessus ; mettez
au bain-marie jusqu'au moment de servir ;
égouttez bien votre chartreuse avant de la dresser
sur votre plat, saucez d'une demi-glace et servez
chaud.

Sauté de filets de perdreaux. — Levez les filets de
quatre perdreaux, supprimez-en les peaux et les
tendons ; faites fondre 75 grammes de beurre clarifié dans un sautoir ; trempez-y vos filets et disposez-les dans ce vase ; salez-les, couvrez-les d'un
rond de papier ; faites un fumet avec les sot-l'y-
laisse et ajoutez à ce fumet réduit quatre cuillerées à dégraisser d'espagnole, faites-le réduire,
dégraissez-le au moment de servir ; sautez vos
filets, retournez-les, égouttez-les, dressez-les en
couronne autour de votre plat en entremêlant
avec un croûton de pain en cœur passé dans du
beurre et glacé ; finissez votre sauce avec un pain
de beurre, un jus de citron et une cuiller à bouche d'huile d'olive pour lier la sauce ; masquez
vos filets avec cette sauce. Ajoutez, s'il vous plaît,
des lames de truffes dans le puits de votre ragoût, et servez.

Perdrix à la purée en terrine. — Lardez trois perdrix avec sel, poivre, épices fines, aromates pilés et tamisés, persil et ciboules hachés. Faites les cuire dans ce même assaisonnement et servez avec pois, lentilles ou marrons, etc.; garnissez-les de saucisses et de petit lard coupé par tranches ainsi que de croûtons.

Soufflé de perdreaux. — Levez les chairs de deux perdreaux rôtis, ôtez-en les peaux et les tendons, hachez ces chairs et pilez-les, en y joignant les chairs que vous aurez fait blanchir et desquelles vous aurez ôté l'amer; retirez le tout du mortier, mettez dans une casserole avec quatre cuillerées à dégraisser de consommé réduit ou d'espagnole, chauffez le tout sans le faire bouillir, passez-le à l'étamine à force de bras, ramassez avec le dos de votre couteau ce qui peut être resté en dehors, déposez-le dans un vase; mettez dans une casserole quatre cuillerées à dégraisser d'espagnole ou de consommé réduit, concassez vos carcasses, joignez-les à votre mouillement, faites les réduire et mettez-y gros comme le pouce de glace ou de réduction de veau, faites les réduire de nouveau plus qu'à demi-glace, retirez votre casserole du feu, mettez-y la purée et mélangez le tout, ajoutez gros comme un œuf d'excellent beurre, un peu de muscade râpée, incorporez-y quatre jaunes d'œufs frais desquels vous aurez mis les blancs à part; fouettez ces blancs, incorporez-les peu à peu dans votre purée, quoique chaude, mêlez bien le tout, et versez-le dans une casserole d'argent ou dans une caisse de papier ronde ou carrée, mettez-la au four avec un feu doux dessus et dessous; quand votre soufflé est bien cuit, servez-le de suite afin qu'il ne tombe pas.

Sauté de perdreaux aux truffes. — Levez les filets de quatre perdreaux, parez-les, mettez-les dans du beurre fondu; faites-les roidir des deux côtés, égouttez-les, posez-les sur la table et coupez-les par petits morceaux d'égale grandeur en leur donnant une forme ronde; faites un fumet de carcasse, passez-le, ajoutez trois cuillerées d'espagnole travaillée, faites réduire jusqu'à demi-glace, mettez-y vos filets sans les laisser bouillir, joignez-y 250 grammes de truffes coupées de la même forme que vos filets que vous aurez fait cuire dans le beurre où vos filets, auront été sautés, mêlez bien le tout, finissez-le avec un petit pain de beurre, dressez votre ragoût en rocher, et garnissez avec des croûtons sautés.

Hachis de perdreaux. — Vous levez les chairs de deux ou trois perdreaux cuits à la broche, vous supprimez les peaux et les nerfs, vous hachez ces chairs très fin, puis vous concassez tous les débris des perdreaux et les mettez dans une casserole avec quatre cuillerées à dégraisser d'espagnole et deux de consommé; vous faites cuire ce fumet, passez la sauce à l'étamine, la faites réduire, la dégraissez, la faites réduire de nouveau jusqu'à

consistance de demi-glace, puis vous mettez un
peu de cette sauce à part, afin de glacer le hachis
au moment de servir ; vous mettez les chairs hachées dans la casserole avec le restant de la sauce,
vous ajoutez une pincée de mignonnette, un peu
de muscade râpée et deux petits pains de beurre,
vous mêlez bien le hachis, le dressez sur un plat,
le garnissez de croûtons passés dans du beurre
et mettez par-dessus des œufs pochés.

PERSIL. — Le persil est le condiment obligé
de toutes les sauces. « Le persil, dit le savant auteur du *Traité des plantes usuelles*, rend les mets
plus sains, plus agréables, il excite l'appétit et
favorise la digestion. »

PIEDS. — Les pieds des animaux abondent surtout en gélatine, ce qui les rend très alimentaires. (V. *Pieds d'agneau, de cochon, de mouton et
de veau.*)

PIGEON. — Le pigeon est, après l'hirondelle,
l'oiseau dont le vol est le plus rapide. Le pigeon
sauvage s'appelle ramier ; il diffère des pigeons
domestiques, non-seulement par sa chair et par
son plumage, mais encore parce qu'il se perche
sur des arbres.

Les plus jeunes se nomment des ramereaux ;
on les mange généralement à la broche, néanmoins on peut les employer en entrées.

Pigeons aux petits pois. — Plumez trois ou quatre
pigeons, et épluchez-les, videz-les, et remettez-
leur le foie dans le corps ; retroussez-leur les pattes

en dedans, laissez-leur les ailerons, flambez-les et
épluchez-les, mettez un morceau de beurre dans
une casserole, faites les revenir et retirez-les ;
vous aurez coupé du petit lard en gros dés, et
fait dessaler près d'une demi-heure ; passez-le
dans votre beurre, faites lui prendre une belle
couleur ; égouttez-le, mettez une bonne cuillerée
à bouche de farine dans votre beurre, faites un
petit roux, qu'il soit bien blond, remettez-y votre
petit lard et vos pigeons ; retournez-les dans votre
roux, mouillez-les petit à petit avec du bouillon,
et mettez le tout à consistance de sauce ; assaisonnez-le de persil et de ciboules, avec une demi-
feuille de laurier, la moitié d'une gousse d'ail et
un clou de girofle. Retirez votre casserole sur le
bord du fourneau pour que vos pigeons mijotent ;
au milieu de leur cuisson mettez un litre de pois
fins, laissez-les cuire, ayant soin de les remuer
souvent ; leur cuisson achevée, goûtez-les, et ajoutez du sel, s'il en est besoin ; dégraissez-les, retirez-les pour faire réduire leur sauce, si elle est
trop longue ; la réduction faite, dressez vos pigeons, masquez-les de leur ragoût de pois et de
petit lard, et servez.

Pigeons en entrée de broche à la nîmoise. — Videz
et troussez vos pigeons par la poche, en fendant la
fourchette avec la lame d'un couteau ; prenez
garde, en enlevant le gésier et le foie, de ne pas
crever le fiel, pelez les pattes, coupez les ongles
et bridez vos pigeons en entrée de broche, en fai-

sant une incision sous le bout de la cuisse, et en relevant les pattes que vous trousserez sur les côtés tout le long des cuisses, et que vous fixerez au moyen d'une aiguille à brider; vous passerez une ficelle aux deux extrémités, et vous la nouerez par derrière; après cuisson, ôtez la ficelle, dressez-les sur le plat, versez-y une *rémolade*.

Hachez du persil, deux échalotes, un peu d'oignon, pressez-les ensuite dans un linge pour en extraire les parties aqueuses. Hachez aussi des cornichons, des câpres et un anchois, après quoi vous pilerez parfaitement le tout dans un mortier, avec quatre jaunes d'œufs durcis, un peu de persil blanchi d'abord, jamais d'ail, et lorsque ces objets seront bien pilés, vous y mettez un jaune d'œuf cru, vous verserez presque goutte à goutte dans le mortier la valeur d'un verre d'huile; vous assaisonnerez votre rémolade avec du sel, du poivre, de la moutarde, une bonne cuillerée de vinaigre à l'estragon, et un jus de citron; vous mêlerez bien le tout ensemble.

Pigeons à la crapaudine. — Videz trois pigeons de volière; retroussez-leur les pattes dans le corps; flambez-les, épluchez-les; levez une partie de l'estomac en commençant du côté des cuisses, et venant jusqu'à la jointure des ailes, sans attaquer le coffre du pigeon; renversez cet estomac et aplatissez le corps avec le manche de votre couteau; prenez une casserole assez grande pour les contenir, sans qu'ils soient gênés, faites-y fondre un morceau de beurre, mettez-y sel et gros poivre en suffisante quantité; posez-y vos pigeons du côté de l'estomac; faites les revenir en les retournant aux trois quarts cuits; retirez-les, passez-les, mettez-les sur le gril, faites les griller à un feu doux; donnez-leur une belle couleur; dressez-les et servez dessous une sauce au pauvre homme. (Voir cette sauce.) N'oubliez pas de les passer à la mie de pain blanche.

Pigeons à la Gautier. — Ayez six ou sept de ces petits pigeons bien égaux, lesquels ne doivent avoir que sept ou huit jours; flambez-les très légèrement; prenez garde d'en roidir la peau; épluchez-les, coupez-leur les ongles; faites fondre, ou plutôt tiédir, trois quarterons de beurre fin, ajoutez-y le jus de deux ou trois citrons et un peu de sel fin, mettez vos pigeons dans ce beurre, faites les revenir légèrement sans passer votre casserole sur le charbon, afin de ne point roidir leur peau; retirez du feu votre casserole, foncezen une autre en totalité de bardes de lard, rangezy vos pigeons de manière que les pattes soient au centre de la casserole, arrosez-les de la totalité de votre beurre, mouillez-les, mettez un verre de vin blanc, une cuillerée à pot de consommé, un quarteron de lard râpé et un bouquet assaisonné; couvrez vos pigeons de bardes de lard et d'un rond de papier; un quart d'heure avant de servir, faites les partir; mettez-les cuire sur une paillasse avec un peu de feu dessous et de la cendre chaude dessus; leur cuisson faite, égouttez, dressez-les, mettez entre chacun d'eux une belle écrevisse et une belle truffe au milieu; saucez-les, soit avec une sauce verte, soit avec un beurre d'écrevisses, ou bien un aspic.

Pigeons au sang. — Mettez dans un petit plat un peu de jus de citrons, ou un filet de vinaigre, et quand vous tuerez vos pigeons, faites-y tomber le sang; disposez-les comme pour l'apprêt ci-dessus, et servez-vous pour liaison du sang auquel vous aurez ajouté deux ou trois jaunes d'œufs et deux ou trois cuillerées à bouche de lait, le tout passé au tamis.

Pigeons à la broche. — Prenez cinq pigeons de volière, plumez-les, videz-les, refaites-les légère-ment, épluchez-les, bridez-les, laissez-leur les pattes en long, bardez-les; si c'est en été, mettez une feuille de vigne entre le pigeon et la barde et posez-la de manière à ce qu'elle ne déborde pas le lard. Passez vos pigeons dans un hâtelet, attachez-les sur la broche; faites cuire ces pi-geons, et observez qu'ils demandent à être cuits verts.

Pigeons en ortolans pour rôt. — Prenez six pigeons à la Gautier, préparez-les, flambez-les légèrement, bardez-les en caille, de manière qu'on leur voie à peine les pattes; passez-les dans un hâtelet, couchez-les sur la broche, faites-les cuire à un feu clair (il leur faut très peu de cuisson), et servez.

Pigeons au blanc. — Prenez la même quantité de pigeons, c'est-à-dire cinq ou six, et préparez-les de même ; faites-les dégorger une demi-heure et blanchir ; égouttez-les, essuyez-les avec un linge blanc ; mettez-les dans une casserole avec un morceau de beurre, faites-les revenir sur un feu doux sans que le beurre roussisse, singez-les, mouillez-les avec du bouillon et vin blanc, assaisonnez-les d'un bouquet garni de sel et de poivre, faites-les mijoter un quart d'heure, ajoutez-y deux poignées de champignons tournés, une vingtaine de petits oignons d'égale grosseur ; faites-cuire le tout et dégraissez-le ; si votre sauce se trouvait trop longue, transvasez-la, faites-la réduire, remettez-la sur vos pigeons ; faites une liaison de trois jaunes d'œufs délayés avec de la crème ou du lait et un peu de muscade râpée, liez votre ragoût sans le faire bouillir ; ajoutez-y, si vous le voulez, un peu de persil haché et blanchi, goûtez s'il est d'un bon goût, dressez vos pigeons sur votre plat et masquez-les de votre ragoût.

PIMENT. — Le piment, appelé aussi *corail des jardins,* à cause de la couleur rouge de ses fruits à l'état de maturité, possède une multitude de variétés de forme et de volume que distinguent les noms de *poivre long, poivre de Guinée, poivre de Cayenne.* Le gros et long piment que l'on cultive dans les jardins en Europe se confit ordinairement au sel et au vinaigre, comme les olives et les câpres.

Les baies du piment de la Jamaïque cueillies avant leur maturité, desséchées au soleil ou à l'étuve et pulvérisées, constituent la *toute épice* des boutiques. C'est l'objet d'une récolte assez lucrative aux Antilles et principalement dans l'île de la Jamaïque.

Le nom de *toute épice* indique que ces baies participent à la fois de la saveur des quatres principales épices du commerce : la cannelle, le poivre, le girofle et la muscade.

PIMPRENELLE. — Herbe légèrement aromatique dont les jeunes feuilles sont employées comme assaisonnement.

PINTADE. — Lorsque la pintade est élevée en liberté dans un parc, sa chair égale en délicatesse celle du faisan. On l'apprête absolument de la même manière. (Voir Faisan.)

PISTACHE. — On donne ce nom aux amandes des fruits du pistachier franc. C'est une petite noix oblongue, assez difficile à casser, parce qu'elle est élastique ; jaunâtre, ponctuée de blanc vers l'époque de sa maturité, teinte de rouge du côté du soleil ; elle renferme une semence huileuse dont la chair est d'un vert tendre et dont le goût est plus agréable que celui de l'aveline.

On substitue avec avantage la pistache aux amandes et aux avelines pour toute les préparations de haute cuisine et d'office ainsi que dans la fabrication des dragées et pralines, mais la plupart des prétendues pistaches recouvertes de sucre que l'on trouve chez les confiseurr sont des semences extraites des fruits coniques d'une espèce de pin. (Voir les articles CRÈMES, DRAGÉES et GLACES.)

PLIE. — Poisson de la famille naturelle des achantures et qui se prépare de la même façon que la limande et le carrelet. (Voir LIMANDE, CARRELET.)

PLONGEON. — Oiseau aquatique dont on distingue plusieurs espèces. Le plongeon de Seine est surtout renommé pour la saveur et la finesse de sa viande; il est classé parmi les aliments maigres et s'apprête de la même façon que les rouges de rivière et les albrans. (Voir ces deux articles.)

PLUM-PUDDING. — Mets farineux sans lequel il n'y a pas de bon repas en Angleterre et dont l'usage s'est aussi fort étendu en France pendant ces dernières années, dans la composition duquel figurent en première ligne, comme partie essentielles et constitutives, la farine, les œufs et le beurre, dont on relève le goût par différents ingrédients. Il y a le pudding aux cerises, le pudding au citron, le pudding aux choux-fleurs, le pudding mousseux, etc.

Plum-Pudding. — (Recette traduite de l'anglais par feu M. de Cussy.) Ayez 2 livres de moelle de bœuf ou, à défaut de moelle, 2 livres de graisse de rognon de bœuf, ôtez-en la peau et les nerfs, hachez-la bien menu et mettez-la dans un grand vase, épepinez une demi-livre de raisins de Corinthe, et mêlez ces raisins avec votre graisse ou moelle, ajoutez à cela 3 livres de mie de pain passée au tambour ou dans une passoire, un bon verre de vin de Malaga, deux petits verres d'eau-de-vie de Cognac, le zeste de la moitié d'un citron, haché bien fin, une poignée de cédrat confit, coupé en petits dés, une bonne poignée de farine de seigle, du sel fin en suffisante quantité et huit œufs entiers; mouillez le tout avec du lait, maniez avec les mains de façon à ce que le tout soit bien mêlé, formez-en une pâte un peu liquide, faites bouillir de l'eau dans une marmite, capable de contenir le plum-pudding; votre eau bouillante, formez une serviette et posez-la dans une passoire (laquelle sert de moule pour former votre plum-pudding), et mettez-y votre appareil, rassemblez les coins de cette serviette, liez-les fortement sans trop serrer votre pâte, mettez le tout dans la marmite qui doit bien bouillir, retirez-la alors au fond du fourneau et conduisez-la comme un pot-au-feu; observez qu'il ne faut la couvrir qu'à moitié; qu'il ne faut pas qu'elle cesse de bouillir, que pour l'entretenir, il faut toujours avoir de l'eau bouillante, et que, sans tout cela, l'eau pénétrerait dans le pudding. Laissez-le cuire six ou sept heures, retournez-le d'heure en heure durant sa cuisson, faites la sauce indiquée ci-après: mettez dans une casserole un quarteron de beurre fin, une pincée de farine, une pincée de zeste de citron, une écorce de cédrat hachée, de même une petite pincée de sel et une cuillerée à bouche de sucre fin. Mouillez le tout avec du vin de Malaga, faites cuire comme une sauce ordinaire, au moment de servir, égouttez votre plum-pudding un instant, déliez et ouvrez-en la serviette, posez un plat dessus, retournez-le, ôtez-en la serviette ; saucez et glacez-le avec la sauce énoncée ci-dessus, et servez-le tout de suite.

Observez que vous pouvez également faire cuire votre plum-pudding au four, en le mettant dans une casserole beurrée.

PLUNK-FINE. — Ragout de bœuf à l'écossaise, qu'on mange peu en France.

PLUVIER. — Les pluviers se mangent de plusieurs manières. Nous allons donner quelques recettes :

Pluviers aux truffes. — Flambez, videz, épluchez trois ou quatre pluviers, mettez-les dans une casserole avec une douzaine de belles truffes, dont vous ôterez la pellicule, un bouquet assaisonné, un peu de basilic, sel, poivre, faites revenir le tout dans du beurre et mouillez avec un verre de vin de Champagne, six cuillerées d'espagnole réduite, et faites cuire ainsi vos pluviers ; puis dégraissez-les, mettez-les dans une autre casserole avec les truffes, passez la sauce à l'étamine, dressez vos pluviers sur un plat, mettez dessus les truffes en rocher, versez du jus de citron sur la sauce réduite, et servez.

Pluviers en entrée de broche. — Otez les intestins de quatre pluviers dorés, faites une farce avec ces intestins, du lard râpé, poivre, sel, persil, échalotes, garnissez de cette farce l'intérieur des pluviers et embrochez-les avec un hâtelet ; couvrez-les de bardes de lard, enveloppez-les de papier ; couchez les pluviers sur broche et faites-les cuire ; ôtez ensuite le papier et le lard, dressez les pluviers et arrosez d'un ragoût truffé.

Pluviers braisés. — Comme les pigeons.

POÊLE A FRIRE. — Ustensile de cuisine ordinairement en fer battu, dans lequel on fait fondre de la graisse ou du lard, ou dans lequel on met de l'huile, et qui sert à faire des fritures, des omelettes, des crêpes.

POÊLON. — Instrument culinaire en cuivre jaune non étamé avec une longue queue pour pouvoir l'exposer au feu de cheminée. Les poêlons d'office sont des espèces de casseroles beaucoup plus profondes que celles qui servent à la cuisine. On les emploie pour faire du sirop de sucre, des confitures, etc.

POIRES. — Presque toutes les poires d'été, telles que le Bon-Chrétien, le Petit-Muscat, la Madeleine, le Rousselet de Reims, etc., appartiennent à la première classe ; on peut également y comprendre quelques-unes de celles qui fleurissent en automne, telles que les Beurrés, les Doyennés, et parmi celles d'hiver le Saint-Germain, la Virgouleuse, la Crassane et quelques autres.

Celles de la deuxième classe sont moins digestibles que celles de la première, mais elles peuvent être également mangées crues; telles sont le
Messire-Jean doré, le Rousselet, le Bon-Chrétien
d'Espagne, etc.

Quant à celles de la troisième classe, dont la
chair est sèche et cassante, elles ne conviennent à
l'état de crudité qu'aux estomacs les plus robustes;
le mieux est donc toujours de les faire cuire avec
du sucre.

Pour les préparations concernant les poires,
nous prions le lecteur de se reporter aux articles
Charlotte, Chartreuse, Confitures, etc.

POIRÉ. — C'est le nom d'une boisson fermentée,
spiritueuse, faites avec des poires; si les fruits
sont de bonne qualité et que l'opération soit bien
menée, le poiré est supérieur à beaucoup de vins
blancs; il faut choisir pour cela des poires un peu
âpres, telles que la poire sauvage, le certeau, le
sucré vert, etc., et cette excellente boisson, mise
en bouteille, se conserve plusieurs années.

Le poiré est ordinairement plus limpide, moins
pesant et plus nourrissant que le cidre. On ne
s'en sert guère en cuisine que pour faire le mouillement des matelotes normandes, ainsi que nous
l'avons indiqué.

POIREAU. — Le poireau est originaire d'Espagne; il sert dans tous les ménages pour donner .
du goût à la soupe, car il est doué de propriétés
diuriques qui peuvent être employées dans le ré-

gime alimentaire ; il n'est guère employé que
pour assaisonnements dans les potages français
et les courts-bouillons de formule étrangère.

POIS. — Nous n'avons à traiter ici que des petits pois cueillis avant leur maturité, alors qu'ils
sont encore tendres et remplis d'une eau sucrée.

Les pois offrent encore une précieuse ressource
lorsqu'ils sont desséchés, mais ils sont plus difficiles à digérer que frais. On les accommode de la
même façon, au beurre, au lard, au sucre, mais
on ne les emploie guère qu'à faire des purées.

Petits pois à l'ancienne mode. — (Recette de l'Ab-
baye de Fontevrault.) Faites écosser peu de temps
avant de les mettre cuire deux litres de pois verts
fins, et tenez-les renfermés dans une serviette
mouillée. Prenez ensuite un cœur de laitue pom-
mée dont vous écarterez le milieu des feuilles afin
d'y placer une branche ou tige de sariette verte
et fraîchement cueillie. Ficelez cette laitue et
mettez-la dans une casserole avec les pois, une
pincée de sel, un demi-verre d'eau et une demi-
livre de beurre tout frais. Après un quart d'heure
de cuisson, vous ôtez la laitue, et au moment de
servir vous liez vos pois avec trois cuillerées de
crème double où vous aurez délayé le jaune d'un
œuf du jour avec une pincée de poivre blanc et
une petite cuillerée de sucre en poudre.

Petits pois à la Française. — Mettez deux litres de
pois très fins dans une casserole avec un peu de
beurre et de l'eau, pétrissez avec les mains, jetez

l'eau et ajoutez un bouquet de persil, un petit oignon, un cœur de laitue, un peu de sel et une petite cuillerée de sucre en poudre; couvrez la casserole et faites cuire à petit feu une demi-heure; puis retirez le bouquet de persil et l'oignon, posez la laitue sur le plat; liez vos pois avec un bon morceau de beurre fin, manié d'un peu de farine, sautez-les sur le feu jusqu'à ce qu'ils soient bien liés et versez-les en buisson sur la laitue. Évitez la liaison. Les petits pois frais se lient d'eux-mêmes. — N'oubliez pas, pour que les pois conservent leur humidité dans la cuisson, de mettre en place du couvercle une assiette creuse avec de l'eau.

Vous pouvez les apprêter de la même manière, sans laitue, et les lier avec des jaunes d'œufs et un morceau de beurre frais au lieu de beurre manié.

Petits pois à l'anglaise. — Jetez dans une casserole d'eau bouillante une petite poignée de sel blanc, mettez-y les pois et faites les bouillir à grand feu sans les couvrir et en écumant l'eau continuellement, égouttez-les ensuite et mettez-les sauter, sans les remettre au feu, dans un bon morceau de beurre fin; dressez-les en pyramide sur un plat, mettez au milieu un autre morceau de beurre et servez.

Petits pois à la bourgeoise. — Vous passez lestement vos pois au roux léger; mouillez avec un peu d'eau bouillante, ajoutez sel et poivre, un bouquet de persil et un cœur de laitue ; laissez réduire jusqu'à ce qu'il n'y ait plus de sauce et ajoutez une liaison de trois jaunes d'œufs au moment de servir.

Petits pois à la crème. — Vous mettez tiédir dans une casserole un morceau de beurre manié de farine et vous y ajoutez les pois, un bouquet de persil et ciboules, sel et poivre, laissez-les cuire dans leur jus sans mouillement, puis retirez la casserole du feu, versez dans un vase la cuisson de vos pois, mettez-y de la crème et du sucre en poudre, versez cette sauce sur les pois et sautez-les avant de servir.

Petits pois au lard. — Faites revenir dans du beurre du petit salé coupé en dés ; retirez-le quand il est de belle couleur, puis mettez dans le beurre qui a servi à le rôtir une cuillerée à bouche de farine, faites un roux, mouillez avec du jus ou du bouillon. Remettez ensuite le petit salé avec les pois, ajoutez un oignon, un bouquet garni et un peu de poivre et faites cuire sur l'angle du fourneau.

Pois chiches. — Les pois chiches sont bien nourrissants, mais d'une digestion quelquefois difficile ; on ne les mange ordinairement qu'en purée. On a essayé, en les torréfiant et en les pulvérisant, de les substituer au café, mais cette expérience n'a amené aucun bon résultat.

POISSONS. — *Poissons de mer :* Esturgeon, turbot, saumon, cabillaud, thon, bar, alose, dorade,

raie, maquereau, sole, barbue, carrelet, limande,
plie, vive, éperlan, rouget, barengs, sardines.

Crustacés : Homards, langoustes, crabes, crevettes, chevrettes ou salicoques.

Coquillages : Huîtres, moules, pèlerines, or-
miers.

Poissons de rivière : Brochet, carpe, anguille,
truite, ombre, chevalier, lavaret, ferrat, perche,
lotte, lamproie, barbotte, barbeau, tanches, goujon, brême, écrevisses.

POIVRE. — Le poivre a toujours été la plus
répandue des épiceries connues et la plus employée en cuisine. Il est très-usité comme condiment et favorise la digestion.

Il y a trois sortes de poivre : le poivre noir, le
poivre blanc et le poivre long.

POMME.—Les pommes se mangent crues ou en
compotes, confitures, marmelades.

Les meilleures pommes qu'on mange en hiver
sont la reinette, le court-pendu, la pomme d'api
et le calville dont il existe trois espèces : la blanche, la rouge et la claire. Le caville rouge, c'est-
à-dire celle qui a la peau et une partie de la chair
rouges, est la meilleure des trois ; elle renferme
un suc doux et convient à ceux qui ont des ai-
greurs dans l'estomac, pourvu toutefois qu'on en
mange peu. La reinette convient particulièrement
aux bilieux. Mais, de toutes les pommes, le court-
pendu est la meilleure ; sa saveur est très agréable, sa chair délicate et son odeur très douce.

La pomme d'api, qui doit toujours se manger crue, est la plus petite et la plus dure de toutes les pommes; elle renferme une eau savoureuse, très propre à rafraîchir la bouche et à éteindre la soif, mais sa chair est lourde et difficile à digérer.

Pommes au beurre. — Videz une vingtaine de belles pommes à l'emporte-pièce; tournez-en neuf ou dix pour en ôter la peau comme pour une compote; faites-les cuire aux trois quarts dans un sucre léger, égouttez-les, faites une marmelade des autres pommes en les faisant cuire dans une casserole avec un peu de beurre, de cannelle et un verre d'eau jusqu'à ce qu'elles soient fondues; étendez sur votre plat une partie de cette marmelade avec un peu de compote d'abricots, arrangez vos pommes dessus et emplissez de beurre le trou qui est au milieu, garnissez les intervalles avec le reste de la marmelade, glacez-la avec du sucre en poudre, faites cuire au four, donnez belle couleur, bouchez le trou des pommes avec des cerises ou des confitures, et servez chaud.

Miroton de pommes. — Vous épluchez des pommes et vous en ôtez le cœur, puis vous les coupez par tranches, les faites mariner pendant trois ou quatre heures dans une terrine avec du sucre et de la cannelle en poudre, un demi-verre d'eau-de-vie et un jus de citron, égouttez-les. Mêlez ensemble et mettez dans un plat qui puisse aller au feu, de la marmelade de pommes et d'abricots, rangez

les pommes autour et dessus en forme de dôme ;
mettez le plat au four et laissez cuire jusqu'à ce
qu'il ait pris belle couleur.

Pommes au riz. — Videz et tournez une dizaine
de belles pommes et faites-les cuire comme celles
au beurre; faites blanchir un quart de riz que
vous mettrez crever dans du lait en l'arrosant petit à petit; ajoutez un zeste de citron vert, un peu
de sel et du sucre en suffisante quantité; quand
votre riz est ferme, supprimez le citron, garnissez
votre plat de riz, rangez vos tranches de pommes
dessus, remplissez les intervalles avec du riz,
faites cuire au four jusqu'à belle couleur.

Pommes meringuées. — Mettez dans une croûte à
flan ou sur un plat une couche de marmelade de
pommes que vous recouvrez de blancs d'œuf
fouettés en neige et sucrés ; puis vous formez sur
le plat, à l'aide d'un cornet de papier dont vous
aurez coupez le bout et que vous aurez rempli
du restant de blanc d'œuf, des petites meringues;
saupoudrez de sucre, mettez à four doux et laissez prendre belle couleur à vos pommes.

Charlottes de pommes. — Pelez et coupez en quartiers une vingtaine de belles pommes de reinette
de France, supprimez-en les cœurs et mettez les
tranches de pommes dans une casserole avec un
peu de beurre, de cannelle, de citron et un verre
d'eau. Couvrez la casserole, placez-la sur un feu
doux et laissez cuire les pommes sans les remuer,
laissez-les légèrement s'attacher pour leur donner

un goût de grillé, ajoutez-y du sucre, un peu d'excellent beurre, faites réduire le tout en le mêlant et continuez jusqu'à ce que cette marmelade ait pris consistance, ôtez alors la cannelle et le citron. Coupez des tranches de mie de pain mollet, larges de deux doigts à peu près, garnissez-en le fond et le tour d'un moule ; mettez dans l'intérieur la marmelade de pommes, que vous entremêlez de couches de marmelades d'abricots, afin de rendre l'entremets plus délicat ; puis quand le moule est remplie, vous le recouvrez de tranches de pain et le faites cuire environ vingt minutes dans un four ou sur des cendres rouges, faites prendre belle couleur à la charlotte, renversez le moule sur un plat et servez. N'oubliez pas de prendre du beurre clarifié pour beurrer votre pain.

Pommes à la crème. — Pelez des pommes et laissez-les entières, épépinez-les et mettez-les cuire à moitié avec du sucre comme pour une compote. Quand elles sont à moitié cuites, vous les retirez et les mettez dans un plat, puis vous faites une crème avec huit jaunes d'œuf, un peu de farine, eau de fleur d'orange, citron confit haché, crème et sucre. Faites prendre cette crème sur le feu, qu'elle soit épaisse, mettez-en sur vos pommes, saupoudrez de sucre par-dessus, arrangez-y les tranches de citron confit, faites cuire cette crème au four, qu'elle soit bien colorée, et servez chaudement.

46.

Pommes à la portugaise. — Pelez cinq ou six belles pommes de reinette et supprimez-en le cœur en ayant soin de ne pas les casser. Mettez du sucre en poudre et deux cuillerées d'eau dans un plat d'argent ou dans une croûte de flan ; placez-y les pommes dont vous remplacez le cœur par du sucre en poudre et faites cuire au four ou sous le four de campagne.

Pommes au sec. — Les pommes qu'on tire le plus ordinairement au sec sont le calville rouge et la reinette coupée par quartiers. Quand elles sont bien confltes et refroidies, on les met égoutter, puis on les dresse à l'ordinaire et on les poudre de sucre.

Si ce sont des pommes conservées au liquide et que vous vouliez après en faire sécher, faites cuire d'abord du sucre à perlé dans lequel vous leur ferez prendre quelques bouillons et vous les tirerez ensuite au sec mieux que si vous n'aviez pas pris cette précaution, le séchage étant difficile sans cette précaution, à cause de l'humidité qui les décuit dans la suite.

POMME DE TERRE. — *Pommes de terre à la maître d'hôtel.* — Faites cuire d'abord vos pommes de terre dans l'eau, pelez-les, coupez-les par tranches, faites-les frire et mettez-les ensuite dans une casserole avec beurre frais, persil haché, sel, poivre, un jus de citron ; faites chauffer et liez le tout ensemble ; ajoutez un peu de crème, et servez.

On peut remplacer le beurre par de la bonne

huile, et si les pommes de terre sont petites, ne pas les couper.

Pommes de terre à la parisienne. — Faites fondre un morceau de beurre ou de graisse dans une casserole avec un ou deux oignons coupés en petits morceaux, ajoutez-y un verre d'eau et jetez-y vos pommes de terre, que vous aurez pelées proprement, avec sel, poivre, bouquet garni, et faites cuire à petit feu.

Pommes de terre à l'anglaise. — Lavez bien des pommes de terre, faites-les cuire dans de l'eau et du sel et épluchez-les, puis faites tiédir un bon morceau de beurre dans une casserole, mettez-y vos pommes de terre coupées en tranches, ajoutez sel, poivre, mignonette, pas de muscade ; faites sauter ces pommes de terre et servez-les sur un plat très chaud.

Pommes de terre à l'italienne. — Faites cuire des pommes de terre dans l'eau, pelez-les et écrasez-les, mêlez-y un morceau de beurre, de la mie de pain trempée dans du lait ; versez un peu de lait pour faire une pâte maniable, ajoutez sept ou huit jaunes d'œufs frais et cinq blancs battus en neige, mêlez bien le tout et dressez-le en pyramide sur un plat, faites couler dessus un peu de beurre fondu ; faites cuire au four de belle couleur, et servez chaudement.

Purée de pommes de terre. — Faites cuire à l'eau des pommes de terre bien farineuses, écrasez-les, passez-les à travers un passe-purée, mettez-les

ensuite dans une casserole avec du beurre frais,
du poivre et du sel, remuez-les comme une bouillie, ajoutez un peu de lait jusqu'à ce que cette
purée ait une épaisseur convenable et servez-la
garnie de croûtons frits dans du beurre.

Pommes de terre au lard. — Faites frire de petits
morceaux de lard et faites roussir dans la friture
un cuillerée de farine en remuant toujours, ajoutez du poivre, un peu de sel, bouquet garni ;
mouillez avec du bouillon, laissez bouillir cinq
minutes et mettez-y les pommes de terre, bien
épluchées, lavées et coupées.

Pommes de terre à la lyonnaise. — Vous coupez
par tranches des pommes de terre cuites à l'eau
et les mettez dans une casserole, puis vous versez
dessus une purée claire d'oignons et vous tenez
les pommes de terre chaudes sans les faire
bouillir.

Vous pouvez, si vous n'avez pas de purée d'oignons, mettre dans une casserole, avec un bon
morceau de beurre frais, huit oignons coupés par
tranches ; vous les passez sur le feu jusqu'à ce
qu'ils aient une belle couleur blonde, vous ajoutez une pincée de farine, du sel, du poivre, un
filet de vinaigre ; vous mêlez bien le tout, le faites
mijoter pendant un quart-d'heure et le mettez
ensuite sur les pommes de terre.

Pommes de terre à la provençale. — Vous mettez
dans une casserole six cuillerées à bouche d'huile,
avec le zeste de la moitié de l'écorce de citron, du

persil, de l'ail et de la ciboule bien hachés, un
peu de muscade râpée, du sel, du poivre. Puis
vous épluchez les pommes de terre, vous les coupez et les faites cuire dans l'assaisonnement; au
moment de servir, vous y mettez le jus d'un
citron.

Pommes de terre farcies. — Lavez et pelez une
dizaine de grosses pommes de terre, fendez-les en
long par le milieu et creusez-les adroitement avec
un couteau ou une cuiller; puis faites une farce
avec deux pommes de terre cuites, deux échalotes
hachées, un peu de beurre, un petit morceau de
lard gras et frais, une pincée de persil et ciboule
hachés, pilez le tout ensemble, ajoutez sel, poivre,
formez-en une pâte liée, emplissez l'intérieur de
vos pommes de terre avec cette farce en bombant
un peu le dessus; garnissez de beurre le fond
d'une tourtière, rangez les pommes de terre
dessus, faites-les cuire pendant une demi-heure
à un feu modéré, feu dessous et dessus, afin
qu'elles se rissolent, et servez.

Pommes de terre frites. — Pelez de belles pommes
de terre, dites la quarantaine ou juillet, coupez-les
assez minces, jetez-les dans une friture fraîche de
graisse de rognon de bœuf bien clarifiée, que la
friture soit douce, et laissez cuire vos pommes.
Dès qu'elles sont cuites mollement, retirez-les
dans une passoire, faites chauffer votre friture
très-chaude, jetez vos pommes dedans, lissez avec
une écumoire; elle se soufflent d'elles-mêmes, et

servez comme garniture pour côtelettes et autres.

Pommes de terre sautées au beurre. — Pelez des pommes de terre crues, petites et rondes ; mettez un bon morceau de beurre dans une casserole, posez-la sur un feu ardent, ajoutez-y les pommes de terre, sautez-les jusqu'à ce qu'elles soient blondes, égouttez-les, saupoudrez-les de sel fin et arrangez-les sur le plat sans autre assaisonnement qu'un peu de persil haché.

Boulettes de pommes de terre. — Faites cuire à l'eau des pommes de terre jaunes, rondes, écrasez les bien, ajoutez quatre œufs dont vous aurez battu les blancs en neige, un peu de crème, persil, ciboules, sel, muscade ; mêlez bien le tout, faites-en glisser dans la friture bien chaude le quart d'une cuillerée à bouche à peu près ; cette pâte renfle et forme des espèces de pets de nonnes ; servez chaudement.

Croquettes et quenelles de pommes de terre. — Vous faites cuire à l'eau des pommes de terre bien farineuses, puis vous les mettez dans un mortier avec un bon morceau de beurre frais, cinq ou six jaunes d'œufs ; un peu de crème, persil haché, sel, poivre. Mêlez bien cette pâte et divisez-la en petits morceaux ; passez-les à l'œuf comme il est dit pour les croquettes de volaille ; faites-les frire d'une belle couleur blonde ; passez-les à l'anglaise et servez.

Gâteau de pommes de terre. — Vous faites votre préparation comme il est indiqué ci-dessus pour

les croquettes ; seulement, au lieu d'assaisonner
avec du poivre et du sel, vous mettez du sucre et
un peu d'essence de vanille ou d'écorce de citron,
ou de fleur d'oranger. Mêlez-y trois ou quatre
blancs d'œufs peu battus ; puis beurrez un moule,
saupoudrez-le de mie de pain, mettez-y votre
préparation et faites cuire au four pendant une
demi-heure.

Pommes de terre en salade. — Vos pommes de
terre cuites à l'eau et refroidies, vous les coupez
en tranches et les assaisonnez comme une salade,
en ajoutant quelques fines herbes.

POTAGE. — On appelle potage toute nourriture
destinée à être servie dans une soupière et à ouvrir le repas.

On appelle pot-au-feu le bouillon que l'on tire
du bœuf cuit à l'eau et qui en a extrait les parties
solubles.

Grand consommé pour potage et sauce. — Mettez
dans une marmite deux jarrets de veau, un morceau de tranche de bœuf, une poule ou un vieux
coq, un lapin de garenne ou deux vieilles perdrix,
mouillez le tout avec un cuillerée à pot de bouilon
et remuez-le. Lorsque vous verrez que cela commence à tomber à glace, mouillez-le avec du
bouillon et faites surtout qu'il soit clair ; faites
bouillir ce consommé, écumez-le, rafraîchissez-le
de temps en temps, mettez-y des légumes, tels
que carottes, oignons, un pied de céleri, un bouquet de persil et de ciboules ; assaisonnez d'une

gousse d'ail et de deux clous de girofle, faites
bouillir ce consommé quatre ou cinq heures,
passez-le à travers une serviette; vous vous en
servirez pour travailler vos sauces et pour vos
potages clairs.

Bouillabaisse (Recette de M. Roubion, restaura-
teur à Marseille). — Prenez plusieurs qualités de
poissons, tels que merlan, grondin, scorpène ou
rascasse, turbot, etc., et coupez-les en morceaux.

Préparez un roussi composé d'oignons, d'ail,
de persil haché, de tomates, feuille de laurier,
écorce d'orange, poivre, épices fines et un ou
deux verres d'huile, suivant la force de la bouillabaisse; faites revenir le tout dans une casserole.
Mettez ensuite votre poisson dans cette casserole,
ajoutez-y une pincée de sel et autant de safran,
mouillez avec l'eau bouillante de façon à ce que
le poisson baigne entièrement et faites bouillir à
grand feu la bouillabaisse pendant un quart
d'heure, jusqu'à ce qu'elle soit réduite aux trois
quarts; versez le bouillon sur des tranches de
pain que vous aurez coupées et mises dans un
plat et servez votre poisson à côté sur un autre
plat.

Potage au blond de veau. — Beurrez le fond d'une
casserole, mettez-y quelques lames de jambon,
quatre ou cinq livres de veau de bonne qualité,
deux ou trois carottes tournées, autant d'oignons;
mouillez le tout avec une cuillerée de grand
bouillon, faites-le suer sur un feu doux et réduire

jusqu'à consistance de glace; quand elle sera
d'une belle teinte jaune, retirez-la du feu, piquez
les chairs avec la pointe d'un couteau pour en
faire sortir le reste du jus; couvrez votre blond
de veau, laissez-le suer ainsi un quart d'heure,
et mouillez avec du grand bouillon, suivant la
quantité de vos viandes; mettez-y un bouquet de
persil et ciboules assaisonné de la moitié d'une
gousse d'ail et piqué d'un clou de girofle; faites
bouillir ce blond de veau; écumez-le; mettez-le
mijoter sur le bord d'un fourneau; vos viandes
cuites, dégraissez-le, passez-le et servez-vous-en
comme de l'empotage pour le riz, le vermicelle et
même vos sauces.

Potage à la bisque. — Cuisez cent écrevisses
comme à l'ordinaire, faites-en sécher les pattes
et les corps à un four bien doux, pilez-les parfaitement, et mettez-les à bouillir dans de l'excellent
bouillon, un instant après passez au tamis, et
conservez ce bouillon; pilez alors la chair des
écrevisses avec des blancs de volailles, passez au
tamis pour obtenir une purée que vous délayerez
avec le bouillon que je viens d'indiquer; faites
chauffer au bain-marie et versez dans votre terrine, en y joignant de petits croûtons passés au
beurre clarifié. (Recette de Durand.) N'oubliez pas
d'ajouter à cet excellent potage du beurre frais et
un peu de piment.

Potage croûte au pot. — Coupez du pain en tranches; mettez-le dans un plat creux et d'argent;

47

mouillez-le avec d'excellent bouillon pour le faire
mitonner; lorsque votre mitonnage est réduit,
pour le laisser gratiner, couvrez votre fourneau
avec de la cendre rouge; coupez un ou deux
pains à potage en deux; ôtez-en la mie; mettez
un gril sur une cendre chaude et faites sécher vos
croûtes et saupoudrez-les de sel fin, ce qu'il en
faut pour qu'elles soient d'un bon goût; égouttez-
lez, mettez-les sur le gratin sans les couvrir, afin
qu'elles ne mollissent pas; arrosez-les de quart
d'heure en quart d'heure, du derrière de la marmite, jusqu'à ce que le gratin soit parfaitement
formé; dégraissez-les, servez-les, et joignez-y une
jatte séparée de consommé ou de bouillon.

Potage aux cerises. — Enlevez les noyaux et les
queues à trois quarts de litre de cerises aigres et
fraîchement cueillies, mettez-en les deux tiers
dans une marmite en terre ou dans une casserole
non étamée; joignez-y un morceau de cannelle et
un zeste de citron, mouillez-les avec un litre d'eau
chaude, posez la casserole sur un feu vif et faites
cuire les cerises pendant dix minutes; liez alors
le liquide avec deux cuillerés à bouche de fécule
délayée à l'eau froide. Dix minutes après, passez
les cerises et le liquide au tamis, versez ce liquide
dans la casserole, mettez-y le tiers des cerises
réservées, ainsi qu'un peu de sucre, faites bouillir
et retirez la casserole sur le côté du feu. D'autre
part, pilez deux poignées de noyaux de cerises,
mettez-les dans un poêlon rouge avec deux ou

trois verres de vin de Bordeaux; faites jeter quelques bouillons et retirez le.liquide du feu. Quelques minutes après, passez-le à travers un linge blanc, mêlez-le à la soupe, versez celle-ci à la soupière, et envoyez séparément une assiette de biscuits coupés en petits dés.

Potage printanier. — Il se fait comme le potage à la julienne (voyez le potage suivant), excepté qu'on y ajoute des pointes d'asperges, des petits pois, des radis tournés, de très petits oignons blanchis; en faisant cuire ces légumes, mettez-y un petit morceau de sucre pour en ôter l'âcreté, faites mitonner votre potage, couvrez-le des légumes énoncés, et servez-le.

Potage à la julienne. — Prenez carottes, oignons, céleri, panais, navets, laitues, oseille en égale quantité; vous couperez votre oseille en filets; vous la ferez blanchir dans un peu d'eau, avec un peu de sel; vous la rafraîchirez, et, un quart d'heure avant de servir, vous la mêlerez aux autres légumes. Coupez des racines en tranches d'égale longueur, réduisez-les en filets plus ou moins gros, coupez de même l'oseille, la laitue et le céleri, lavez le tout à grande eau, égouttez-le dans une passoire; mettez un quarteron de beurre dans une casserole avec vos racines et votre céleri, passez sur. votre fourneau ces légumes, jusqu'à ce qu'ils aient pris une légère couleur, mouillez-les avec une bonne cuillerée de bouillon. Ces racines à moitié cuites, joignez-y votre oseille, laissez mijoter le tout et dégraissez-le. Quand vous serez près de vous en servir, faites le mitonnage tel qu'il est indiqué ci-dessous (article *Mitonnage*), versez votre julienne dessus et mêlez le tout légèrement.

Mitonnage. — Ayez un pain à potage, râpez-le légèrement, enlevez-en les croûtes sans endommager la mie, qui peut vous servir, soit pour vos autres potages, soit pour des petits croûtons ou des gros, soit pour des épinards. Si vous servez une charlotte ou une panade, coupez vos croûtes, arrondissez-les, mettez-les mitonner un quart d'heure avant de servir, mettez dessus tels légumes qu'il vous plaira, mouillez-les avec votre empotage, et servez bouillant.

Soupe aux choux. — Prenez un chou pommé, examinez-le, qu'il soit à l'intérieur bien sain et bien frais ; faites un hachis de tous les restes de volaille et gibier que vous aurez ; ayez un bon bouillon de la veille que vous versez, au lieu d'eau ordinaire, sur le bœuf destiné à faire le bouillon du jour. Arrivé là, foncez une casserole de bon jambon fumé, Bordeaux, Strasbourg, Mayence ; écartez les feuilles de votre chou, introduisez-y votre hachis ; liez vos feuilles de manière à ce qu'on ne s'aperçoive pas de l'intercalation ; mettez votre chou garni, laissez bouillir deux heures, remplissez avec du bouillon du pot-au-feu le bouillon qui s'épuise. Après deux heures de cuisson, votre bouillon sera fait ; tirez votre

bouillon du feu, laissez-le mijoter trois quarts
d'heure tout ensemble, chou, hachis, jambon,
dans la casserole, donnez une dernière poussée au
bouillon, servez votre chou bien ficelé dans la
soupière, laissez refroidir un instant, et servez.

Vous aurez le choix alors ou de manger votre
chou en potage, ou de tremper du pain dans votre
bouillon, et de faire de votre chou même un relevé
de potage. Cuit ainsi, le chou, le bouillon et la
viande, s'empruntant chacun leur suc, ont atteint
la plus grande sapidité à laquelle ils puissent
parvenir.

Potage aux pâtes d'Italie. — Mettez sur le feu,
dans une petite marmite, d'excellent bouillon.
Lorsqu'il est en grande ébullition, jetez-y des
pâtes d'Italie, soit graines de melons, étoiles ou
autres; remuez-le pour qu'elles ne se pelotent
pas, écumez-le et dégraissez comme pour le potage au macaroni; laissez-le mijoter un quart
d'heure, et servez.

Potage à la semoule. — La semoule est aussi une
pâte d'Italie (qui ressemble assez au gruau).
Faites ce potage comme le précédent, en le remuant un peu davantage, de crainte que la semoule ne s'attache ou ne se pelote.

Bouillon de poulet. — Ayez un bon poulet commun, videz-le, ôtez-en la peau et flambez-en les
pattes, liez-le avec une ficelle, mettez-le dans une
marmite avec deux pintes et demie d'eau; ajoutez-y une once des quatre semences froides;

47.

après les avoir concassées à moitié, vous les mettez dans un petit linge blanc, pour en faire un petit paquet bien lié ; faites cuire le tout à petit feu, jusqu'à ce qu'il soit réduit à deux pintes ou à peu près, et servez-vous-en comme bouillon rafraîchissant.

Bouillon de poulet pectoral. — Prenez un poulet comme ci-dessus, une même quantité d'eau, deux onces d'orge mondé, autant de riz ; mettez le tout ensemble dans une marmite, joignez-y deux onces de miel de Narbonne, écumez le tout, faites cuire trois heures ce bouillon, jusqu'à ce qu'il soit réduit aux deux tiers. Il est très bon pour adoucir les irritations de la poitrine.

Bouillon de veau rafraîchissant. — Coupez en dés une demi-livre de rouelle de veau, que vous mettrez bouillir avec trois pintes d'eau, deux ou trois laitues et une poignée de cerfeuil ; faites bouillir le tout, et, si vous le jugez convenable, ajoutez-y un peu de chicorée sauvage ; passez ce bouillon au tamis de soie et servez-vous-en.

Potage à la Crécy. — Ayez toutes sortes de légumes épluchés et lavés avec soin, tels que carottes, céleri, oignons en petite quantité ; faites les blanchir dans un chaudron pendant un quart d'heure ; mettez-les dans une casserole avec un bon morceau de beurre et quelques lames de jambon, passez-les sur un petit feu, mais assez de temps pour que le tout soit cuit ; alors, égouttez-le dans une passoire, pilez-le, mouillez-le avec

son propre bouillon, passez-le à l'étamine pour
en faire une purée, faites partir cette purée sur
le feu ; qu'elle cuise deux heures ; dégraissez-la
bien, mitonnez votre potage comme il est déjà
énoncé, et mettez votre crécy par-dessus.

Potage à la purée de lentilles à la reine. — Procédez à cet égard comme il vient d'être dit à la purée de pois, et servez-vous-en de même pour les
potages, ayant soin pourtant, si ce sont des lentilles à la reine, de les laisser longtemps sur le feu
pour que la purée soit rouge autant que possible ;
ce qui constitue la beauté, ou, si l'on veut, la
distinction de ce potage. (Recette de la maison
de Madame.)

Potage aux oignons blancs. — Épluchez avec soin
sept à huit douzaines de très petits oignons blancs,
faites-les blanchir, faites-les cuire ensuite dans du
bouillon, en y joignant un peu de sucre. Quand
ils seront suffisamment cuits, vous les verserez
sur le potage au pain que vous aurez préparé.

Potage aux poireaux à la bressane. — Coupez des
poireaux en filets de la longueur d'un pouce,
laissez-les revenir dans le beurre, jusqu'à ce
qu'ils soient blancs, puis faites-les cuire sur un
feu doux, dans une petite quantité de bouillon, et
versez-les sur un potage au pain.

Thèse générale, ne jamais faire bouillir le pain
dans le bouillon, qui s'aigrit à l'instant même.

Potage aux œufs pochés. — Ayez des œufs pochés,
rafraîchis et parés de manière à ce qu'ils soient

propres à mettre dans votre soupière ; dix minutes avant de servir, jetez dans votre bouillon un peu de gros poivre, et faites-y réchauffer vos œufs pochés.

Potage à la languedocienne. — Ce n'est qu'une julienne à l'huile. (Voir Julienne.)

Potage à la purée de gibier. — Mettez dans six ou sept litres de bouillon quatre livres de bœuf, un jarret de veau, trois perdrix et un faisan ; faites écumer et ajoutez carottes, oignons et céleri, laissez bouillir le tout pendant quatre ou cinq heures, pilez en même temps quelques perdreaux rôtis et refroidis, et un peu de mie de pain ; passez ces perdreaux pilés à l'étamine, et mouillez cette purée avec le bouillon ci-dessus ; faites-la chauffer sur un feu doux sans la laisser bouillir, et versez-la sur des croûtons sautés au beurre.

Pot au feu. — Prenez le plus fort morceau de viande que comporte votre consommation ; le bouillon se conservant trois ou quatre jours l'hiver et deux jours l'été, il en sera meilleur et vous y trouverez une économie de temps et de combustible.

La pointe de culotte est un excellent morceau, attendu qu'il y a pondération de gras et de maigre.

Choisissez votre viande la plus fraîche et la moins saignée possible ; choisissez-la épaisse ; mince, elle sera épuisée par la cuisson ; ne la lavez pas, vous la dépouilleriez d'une partie de ses sucs; ficelez-la après en avoir séparé les os, afin qu'elle ne se déforme pas, et mettez-la dans la marmite avec une pinte d'eau par livre de viande.

Nous vous avons conseillé d'en séparer les os, non pas que nous exilions les os du pot-au-feu, bien au contraire, nous leur y gardons une place à part, seulement nous les brisons avec un maillet, attendu que plus ils sont brisés, plus ils rendent de gélatine, et nous les mettons dans un sac de crin avec tous les débris de poulet, de lapin, de perdreaux, de pigeons rôtis qui peuvent se trouver dans le garde-manger, restes du dîner de la veille.

Maintenant, vous pouvez mettre votre marmite sur le feu, vous savez sans doute que mieux vaut une marmite de terre qu'une marmite de fer ; faites-la chauffer lentement, ou sinon la viande saisie à la trop grande chaleur, l'albumine se coagulera à l'intérieur, ce qui empêchera l'osmazôme de se dissoudre et vous donnera un bouillon sans sapidité. Bien écumée et quand elle commence à bouillir, je prends le contenant pour le contenu, quand elle commencera de bouillir, salez-la, mettez-y selon sa contenance trois ou quatre carottes, trois ou quatre navets, deux panais, un bouquet de céleri et de poireaux ficelés ensemble ; enfin, trois oignons, dant l'un piqué d'une gousse d'ail et les deux autres d'un clou de girofle.

Si vous voulez ajouter, soit par caprice, soit par habitude, un morceau de mouton ou de veau aux ingrédients que nous avons dit, ne manquez pas surtout de le faire rôtir ou griller auparavant.

Sept heures d'ébulition lente et continue sont nécessaires au bouillon pour acquérir toutes les qualités requises ; nos portières ont pour cette période une terme des plus expressifs; elles disent : *faire sourire* le pot-au-feu.

Potage aux choux. — Quand le pot-au-feu, préparé et conduit dans les conditions que nous venons d'exposer, est arrivé à sa sixième heure de cuisson, vous foncez une grande casserole d'une livre ou d'une livre et demie de jambon fumé, vous coupez un choux en quatre pour en extraire le trognon et les animaux qui pourraient s'y être introduits, et dont la chair n'est point nécessaire à la confection de votre bouillon; vous le ficelez convenablement afin que les feuilles ne s'en détachent pas, et vous le posez délicatement dans votre casserole foncée et capitonnée de jambon ; après vous remplissez à la hauteur du sommet du chou votre casserole de ce bon bouillon, qui a *souri* six ou sept heures, et comme il n'y a plus en contact avec lui en fait de viande que le jambon, vous le poussez à grand feu. Au bout de dix minutes, votre casserole est à sec, le chou a tout bu et est d'un tiers plus gros qu'il n'était.

Vous remplissez de nouveau la casserole qui, cette fois, s'épuise à moitie, puis une troisième fois encore, et après deux heures de cuisson, vous servez votre chou à part sur son jambon, et dans votre soupière le bouillon dans lequel ont cuit le chou et le jambon mêlés à votre bouillon primitif.

Et moyennant cela, cher lecteurs, vous avez la fameuse et excellente soupe aux choux que vous êtes à même de faire goûter à vos convives qui vous en demanderont aussitôt la recette.

Au temps des tomates, je vous conseillerai pour faire pendant à cette soupe perfectionnée par moi, une soupe inventée par moi.

Je veux parler de la soupe aux moules, aux praynes, aux crevettes et aux écrevisses.

Soupe aux moules. — Voici comment se confectionne cette soupe :

Vous mettez le matin, à onze heures, sur votre fourneau un pot-au-feu dans la forme de celui que j'ai indiqué, mais dans des proportions moindres, puisque, comme vous allez le voir, le bouillon n'entre que pour un tiers dans la confection de ce potage.

A quatre heures de l'après-midi, vous mettez dans une grande casserole, douze tomates et douze oignons blancs, vous les laissez bouillir une heure.

Au bout d'une heure, vous passez le tout dans une passoire assez fine pour que la graine des tomates n'y puisse point passer.

Quand vos tomates sont réduites en purée, vous salez, poivrez, introduisez un morceau de glace de viande du poids de trois ou quatre onces et vous laissez les tomates se réduire et épaissir à un feu très doux.

Puis vous mettez sur le feu vos moules ou vos praynes, si ce sont des moules et des praynes, sans eau, si ce sont des crevettes ou des écrevisses, dans leur sauce.

Cette sauce se compose d'une bouteille de vin blanc, d'un bouquet assorti, de carottes hachées et d'un verre à vin ordinaire d'excellent vinaigre, le tout salé et poivré. Au bout d'un quart d'heure de cuisson, vos moules ou vos praynes, si vous voulez faire une soupe aux moules ou aux praynes, ont rendu leur jus ; au bout d'une demi-heure, vos écrevisses ou vos crevettes sont cuites.

Vous ne faites qu'un seul bouillon de votre consommé, de vos tomates, de votre jus de moules ou de praynes, de votre sauce de crevettes ou d'écrevisses.

Puis, au fond d'une casserole, vous écrasez avec le bout du couteau la moitié d'une gousse d'ail, vous la faites roussir dans l'huile, et vous versez doucement et en tournant toujours votre triple bouillon dans la casserole ; puis, quand les différentes parties hétérogènes se sont homogénéisées par un quart d'heure d'ardente cuisson, vous y jetez vos moules ou vos praynes, vos queues de crevettes ou vos queues d'écrevisses en guise de pain.

Si c'est une soupe aux écrevisses que vous faites, vous pilez les pattes et les corps dans un mortier, vous faites bouillir cette partie dans une portion de votre sauce, et quand votre sauce en a extrait le goût et l'arome, vous versez et mélangez ce condiment dans les autres éléments de votre potaae.

On m'excusera d'être prolixe, je parle moins pour les cuisiniers que pour ceux, plus nombreux, qui n'ont pas les moindres notions de cuisine et qui ont besoin de bien comprendre.

Laissez-moi, cher lecteur, terminer ce long article par la recette d'un potage cher aux chasseurs et vénéré des ivrognes, par la recette de ma soupe à l'oignon.

Soupe à l'oignon. — Reportez-vous à l'article OIGNON, vous y verrez que c'est une plante bulbeuse et potagère d'une odeur forte et d'un goût piquant, mais ce qu'il est nécessaire que je consigne ici, c'est qu'il y a deux espèces d'oignons : l'oignon blanc d'Espagne et le petit oignon rouge de Florence.

Le gros oignon, ou oignon blanc d'Espagne, contient en grande quantité une matière sucrée, plus une substance végéto-animale, et enfin une matière phosphorique.

Non seulement cet oignon est agréable au goût par sa matière sucrée, mais il est nutritif par sa substance végéto-animale, enfin stimulant par son élément phosphorique. C'est celui-là qu'il faut choisir pour faire la soupe aux chasseurs et aux ivrognes, deux classes qui ont besoin de se réparer.

Or, vous prenez vingt gros oignons que vous ha
chez très fin, vous les faites roussir dans la poêle
avec une livre de beurre ; lorsqu'ils sont bien
roussis, vous y versez trois litres de lait fraîchement tiré, sinon le lait tournera ; quand les oignons
ont bouilli dans le lait, vous les passez dans un
tamis assez large pour que le bouillon fasse purée,
vous salez, vous poivrez et vous versez sur des
croûtes de pain rôties après y avoir ajouté une
liaison de six jaunes d'œufs.

POTAGES MAIGRES. — *Potage aux herbes à la Dauphine*. — Préparez quatre poignées de feuilles
d'épinards et trois cœurs de grosses laitues, le
blanc d'une tige de poireau, deux oignons, deux
poignées d'oseille, deux poignées d'arroche, deux
poignées de bettes, une forte pincée de cerfeuil,
quelques feuilles de tanaisie, quelques branches
de pourpier vert, et finalement des fleurs de sou-
cis, bien séparées de leur ovaire et de leur calice,
attendu l'amertume de cette partie de la plante ;
hachez toutes ces herbes et faites-les fondre avec
un morceau de beurre que vous ne laisserez pas
arriver jusqu'au roux, mouillez-les ensuite avec
de l'eau chaude à défaut de bouillon de racine, de
purée farineuse ou de résidus de poisson ; il est
bon de ne foncer la soupière qu'avec des tranches
de mie de pain, le goût des croûtes a l'inconvénient d'altérer la simple et fine saveur de cette
combinaison végétale.

Potage au lait d'amandes. — Prenez une livre

et demie d'amandes douces et douze amandes
amères. Mettez-les dans une casserole avec de
l'eau fraîche et sur le feu. Lorsqu'elles sont prêtes
à bouillir, retirez-les; voyez si la peau se lève;
pour les monder, on se sert d'un torchon dans
lequel on les frotte; ayez de l'eau froide où vous
les mettrez au fur et à mesure; égouttez-les lorsqu'elles seront froides; mettez-les dans un mortier et pilez-les; mettez-y de temps en temps une
goutte d'eau afin qu'elles ne tournent pas en huile.
Vous jugerez qu'elles seront bien pelés lorsque
vous ne sentirez plus de grumeaux sous vos
doigts; mettez-les dans une casserole et dans un
litre et demi d'eau. Cette eau étant bouillante,
laissez-y infuser une demi-once de coriandre et
le zeste d'une moitié de citron dont vous aurez
ôté le blanc; délayez vos amandes avec cette infusion; passez le tout plusieurs fois au travers d'une
serviette ou d'une étamine jusqu'à ce qu'il ressemble à du lait, salez-le et sucrez convenablement. Ensuite mettez au bain-marie; ayez des
tranches de mie de pain très minces, faites-les
glacer au four ou sous un four de campagne et
jetez-les dans votre lait d'amandes au moment de
servir.

Potage au riz, au lait. — Ayez un quart de riz,
lavez-le à trois eaux et épluchez-le à chacune
d'elles, faites-le blanchir à deux ou trois bouillons, égouttez-le sur un tamis, mettez-le dans
une marmite avec du beurre, un peu de zeste de

citron, une feuille de laurier-amande, faites-le
crever, et lorsqu'il commencera à se gonfler,
mouillez-le avec du bon lait; faites qu'il ne soit
ni trop épais ni trop clair, mettez-y sel et sucre
et supprimez-en le laurier, ainsi que le zeste de
citron.

Potage au vermicelle et au lait. — Procédez comme
avec le riz; seulement, quand votre vermicelle
sera cuit, que vous l'aurez assaisonné de sel et de
sucre, ajoutez-y quelques macarons ou un peu de
vanille, ou mieux encore l'un et l'autre.

Potage au potiron. — Coupez votre potiron en
petits morceaux dans votre casserole, versez-y
un verre d'eau, laissez-le bouillir jusqu'à ce qu'il
soit bien cuit, puis tirez-le de l'eau, faites-le
égoutter et passez-le à l'étamine, mouillez cette
purée avec du lait, ajoutez-y du beurre venant
d'être battu, salez convenablement, faites bouillir
votre potage et versez-le sur des croûtons passés
au beurre et coupés en losanges ou en deniers.

Potage à la julienne maigre. — Préparez vos légumes comme pour le potage au gras, mouillez-
les avec du bouillon maigre, et faute de bouillon
maigre, servez-vous de l'eau de cuisson des haricots ou des lentilles, faites mitonner votre potage
et qu'il soit d'un bon sel.

Potage au maigre aux herbes à la bonne femme. —
Épluchez, lavez à grande eau, égouttez et hachez
une poignée d'oseille, deux laitues, un peu de
cerfeuil et de belles-dames, mettez-les dans une

une grande casserole avec un morceau de beurre,
passez-les, faites-les cuire à petit feu, mouillez-
les ce qu'il faut pour votre potage avec votre grand
bouillon maigre, sinon, avec celui des haricots ou
des lentilles, et puis versez sur les tranches de
pain, que vous laisserez mitonner.

Soupe à l'oignon à l'eau. — Prenez une douzaine
d'oignons auxquels vous aurez retranché la tête
et la queue, coupez-les en tranches bien minces,
faites-les frire dans du beurre frais jusqu'à ce
qu'ils soient d'un beau jaune, versez alors un litre
et demi d'eau dessus, ajoutez du sel et du poivre,
faites bouillir le tout pendant vingt minutes et
versez-le ensuite sur le pain que vous aurez préparé, après y avoir ajouté une liaison de quelques
jaunes d'œufs.

Potage Vuillemot (pour douze personnes). — Prenez 20 grammes haricots blancs, 20 grammes pois
verts, 4 pommes de terre, 4 carottes, 4 navets,
4 oignons blancs, 4 poireaux, un bouquet de persil, céleri. Mettez le tout dans une marmite en
terre, mouillez avec 3 litres d'eau de rivière,
ajoutez sel et gros comme une noix de beurre
faites partir sur le fourneau après cuisson, passez
vos purées au tamis, laissez lisser vos purées sur
l'angle du fourneau, enlevez-en la pulpe, en
mouillant le tout avec votre bouillon de légumes.

Faites blanchir 20 grammes de riz Caroline,
faites-le crever légèrement dans le supplément
de votre bouillon.

Prenez quelques feuilles d'oseille et cerfeuil, ciselez-les finement, passez au beurre, ajoutez le tout au potage.

Préparez une liaison de quatre jaunes d'œufs, avec une mesure de bonne crème, un quart ou 100 grammes de bon beurre, liez le tout ensemble et servez chaud.

POTIRON. — Cucurbitacée de la famille des citrouilles et des giraumons; il y en a d'énormes: on a vu qui pesaient plus de 100 kilos. On fait avec le potiron d'excellents potages, des crèmes, des tourtes et autres entremets délicats.

Gâteau de potiron à l'antiquaille. — Coupez du potiron en gros dés et faites-le fondre dans une casserole et réduire à consistance de bouillie épaisse, passez le ensuite au beurre dans une autre casserole et ajoutez-y une cuillerée de fécule de pommes de terre délayée dans du lait, du sucre en suffisante quantité; faites mijoter le tout, puis, quand le potiron est assez réduit, vous le retirez et le laissez refroidir, puis vous le pétrissez avec trois jaunes d'œufs, six macarons écrasés, quatre pincées de fleur d'orange pralinée et un blanc d'œuf fouetté.

Beurrez une casserole, panez-la bien partout de mie de pain. Mettez-y la pulpe du potiron, posez la casserole sur des cendres rouges, couvrez-la avec un couvercle sur lequel vous mettez du feu. Quand le gâteau aura pris une belle couleur, renversez-le sur un plat et servez une crème liée aux jaunes d'œufs et au vin de Lunel à proximité de cet excellent entremets.

Vous pouvez aussi garnir votre plat d'amandes pralinées.

Potiron au kirsch. — Vous faites une purée de potiron comme il est indiqué ci-dessus; vous la versez sur un plat, la couvrez d'un caramel, et la servez chaude. Chaque personne alors la saisonne sur son assiette de kirsch à sa volonté.

Potiron à la parmesan. — Coupez votre potiron en morceaux carrés et faites-le bouillir un quart d'heure dans de l'eau et du sel, faites-le égoutter; puis, mettez dans une casserole un bon morceau de beurre et faites-y frires vos morceaux avec sel et épices, retirez-les sur un plat, couvrez-les de fromage râpé, faites prendre couleur au four, et servez.

Potiron au four. — Faites cuire votre potiron comme ci-dessus, puis faites-le bouillir dans une casserole avec du beurre, du fromage râpé, six œufs battus; mêlez bien le tout, dressez-le sur un plat beurré, dorez le dessus avec de l'œuf, saupoudrez de sucre et faites prendre couleur au four.

POULE, POULET, POULARDE. — *Chapon au gros sel.* (Voir page 226).

Chapon au riz. (Voir page 226).

Chapon aux truffes. (Voir page 226).

Poularde en entrée de broche. — Plumez les ailerons et la queue de cette pièce; flambez-la, refaites-lui les pattes; prenez garde d'en rider la peau, épluchez-la, supprimez-en le brichet, videz-la par la poche et prenez garde d'en crever l'amer; maniez dans une casserole, avec une cuiller de bois, un morceau de beurre; assaisonnez-le du jus d'un citron et d'un peu de sel, remplissez-en le corps de votre poularde, retroussez-lui les pattes en dehors, bridez-en les ailes, embrochez-la sur un hâtelet; frottez-lui l'estomac d'un citron, saupoudrez-la d'un peu de sel, couvrez-la de tranches de citron, desquelles vous aurez ôté les pépins, enveloppez-la de bardes de lard, de plusieurs feuilles de papier, liées sur vos hâtelets par les deux bouts, posez-la sur la broche, du côté du dos; faites-la cuire environ une heure, déballez-la et servez-la avec la sauce que vous jugerez convenable.

Poularde aux truffes. — (Voyez ci-dessus *Chapon aux truffes.*)

Poularde sauce tomate. — Préparez cette poularde comme il est indiqué à l'article *Poularde en entrée de broche*, et servez dessous une sauce tomate. (Voyez cette sauce.)

Poularde à la broche pour rôt. — Videz, flambez, épluchez, refaites une belle poularde; bridez-la, en lui laissant les pattes en long; bardez-la ou piquez-la, embrochez-la, enveloppez-la de papier et faites-la cuire; sa cuisson faite aux trois quarts, déballez-la, achevez sa cuisson et faites-lui prendre une belle couleur; mettez sur votre plat un lit de

cresson, assaisonné convenablement de sel et de
vinaigre; posez dessus votre poularde et servez.

Poularde en entrée de broche à la hollandaise. —
Procédez pour cette poularde comme pour celle
en entrée de broche, et servez dessous une sauce
hollandaise. (Voyez cette sauce).

Poularde en galantine. — Épluchez, flambez,
videz une poularde, désossez-la par le dos, étendez-la sur un linge, couvrez les chairs d'une
mince farce cuite de volaille, lardez, assaisonnez.
Posez sur votre farce des lardons de distance en
distance; ajoutez-y, si c'est la saison, des truffes
coupées en filets, de la grosseur de vos lardons,
et entremêlez-les, pour que votre pièce soit bien
marbrée, recouvrez ces lardons d'un autre lit de
farce, et continuez de mettre ainsi farce et lardons, jusqu'à ce que votre volaille soit remplie;
rapprochez les peaux, couchez-les, tâchez de donner à votre poularde sa forme première, entourez-
la de bardes de lard, enveloppez-la d'un morceau
d'étamine neuve, cousez cette étamine; attachez-
en les deux bouts avec une ficelle; foncez une
braisière avec quelques carottes, oignons, deux
clous de girofle, deux feuilles de laurier, deux ou
trois lames de jambon, un jarret de veau, et la
carcasse de votre poularde coupée par morceaux;
posez du côté du dos votre pièce sur ce fond;
appuyez un peu la main sur son estomac afin de
l'aplatir; couvrez votre galantine de bardes de
lard, mouillez-la avec du bouillon, il faut qu'elle

baigne dans son assaisonnement, couvrez-la de papier ; faites-la partir après lui avoir mis son couvercle ; posez-la sur la paillasse avec feu dessous et dessus ; laissez-la cuire une heure et demie ou deux heures ; sa cuisson faite, retirez-la dans son assaisonnement une demi-heure ; retirez-la, pressez-la légèrement, aplatissez-lui de nouveau l'estomac, afin d'avoir la facilité de la garnir de gelée, passez le fond de votre galantine au travers d'une serviette mouillée à cet effet ; si ce fond n'était pas assez ambré, mêlez-y un peu de jus de bœuf, ou de blond de veau ; faites-en l'essai ; si ce fond [ou plutôt cette gelée se trouvait trop délicate, faites-la réduire ; cassez deux œufs entiers, jaunes, blancs et coquilles, mettez-les dans votre gelée, fouettez-la avec un fouet de buis, mettez-la sur le feu ; ayez soin de la remuer lorsqu'elle commencera à bouillir ; retirez-la sur le coin de votre fourneau, mettez sur votre casserole un couvercle avec quelques charbons ardents dessus, laissez ainsi votre gelée se clarifier environ une demi-heure ou trois quarts d'heure ; passez-la comme il est indiqué à l'article *Grand aspic*, laissez votre gelée se refroidir, déballez votre galantine, ratissez le gras qui est autour, dressez-la sur une serviette, garnissez-la de gelée soit coupée en lames, en diamants ou hachée, ou les trois ensemble, et servez.

Filets de poulardes à la béchamel. — Faites rôtir deux poulardes. Une fois refroidies, levez-en

les blancs et supprimez-en les peaux et les tendons ; émincez ces blancs également ; mettez dans
une casserole cinq cuilerées à dégraisser de béchamel et deux de consommé, ainsi qu'un peu de
muscade rapée (voyez l'article *Sauce à la béchamel*) ; après une ébullition, délayez votre sauce,
prenez garde qu'elle ne s'attache ; au moment de
servir, jetez vos filets dedans, retournez-les légèrement, de crainte de les rompre ; dressez-les sur
votre plat garni d'une bordure, ou bien garnissez
de feuilletage ou de croûtons, ou bien encore
servez dans une tourte.

Soufflé de poularde. — Procédez pour ce soufflé
comme nous l'avons énoncé au soufflé de perdreaux.

Hachis de poulardes à la reine. — Hachez menu
des blancs de poulardes et poulets, mettez dans
une casserole de la béchamel ainsi que du consommé, en proportion de la quantité de vos
chairs ; faites bouillir et délayez votre sauce ; au
moment de servir, mêlez-y votre hachis sans
ébullition, finissez-le avec un peu de beurre et
un peu de muscade râpée ; ce hachis est le bien
venu dans les grands vol-au-vent ou dans les
petits pâtés chauds.

Poulets. — Il y en a quatre sortes :

1º Le poulet commun, qui s'emploie généralement en fricassée, et dont on lève les chairs pour
faire des farces de différentes sortes.

2º Le poulet demi-grain, dont on se sert pour

les marinades à cru, et différentes entrées qui
n'exigent pas de très gros poulets;

3° Le poulet à la reine, qui est aussi très délicat et qui sert aussi pour les entrées et pour
rôt;

4° Le gros poulet gras, dont on fait plus communément usage pour la broche que pour toute
autre chose.

C'est vers la fin d'avril que l'on commence à
voir des poulets nouveaux. On les reconnaît facilement à la blancheur de leur peau. Ils sont ordinairement couverts de petits tuyaux, comme s'ils
étaient mal épluchés; leurs pattes sont plus unies
que celles des vieux, plus douces au toucher, et
d'un bleu tirant sur l'ardoise. Les vieilles poules
et les vieux coqs ne sont bons qu'à corser les
bouillons et les consommés; après les poulets
viennent les poulardes et les chapons.

Fricassée de poulet. — Ayez deux poulets, flambez-les, refaites les pattes, épluchez-les, coupez
les ongles, videz ces poulets et ôtez-en la poche
(soit dit une fois pour toutes); dépecez-les, en
commençant par lever les cuisses; séparez les
pattes des cuisses, cassez l'os de la cuisse, à peu
près vers le milieu; supprimez la moitié de cet os,
coupez le petit bout du moignon, séparez les ailerons des ailes, coupez-en la pointe, ce qu'on
appelle le fouet; levez vos ailes dans la jointure.
ménagez l'estomac, séparez-le des reins, parez-le
des deux bouts et des deux côtés, coupez le rein

en deux, parez le croupion, coupez-en la petite
pointe, supprimez le boyau adhérent au croupion,
parez ce rein et ôtez-en les poumons ; mettez dans
une casserole une chopine d'eau, un oignon coupé
en tranches, quatre branches de persil, un peu de
sel et vos morceaux de poulets, faites-les blanchir, c'est-à-dire faites jeter un bouillon à cette
eau ; retirez-les, égouttez-les sur un linge blanc,
parez-les, essuyez-les, passez votre eau à travers
un tamis de soie, mettez dans une casserole un
quarteron et demi de beurre, joignez-y vos poulets, faites-les revenir légèrement, singez-les avec
une pincée de farine de froment, sautez-les pour
bien mêler votre farine, mouillez-les peu à peu,
en les délayant avec votre eau de poulet, ajoutez-y
un bouquet de persil et ciboules, garni d'une
demi-feuille de laurier, d'un clou de girofle et de
champignons tournés (voyez article GARNITURE);
faites cuire votre fricassée, dégraissez-la : sa
cuisson faite, si la sauce se trouve être trop
longue, versez-en une partie ou le tout dans une
autre casserole, et faites-la réduire à consistance
de sauce, remuez-la sur vos membres de poulets;
faites une liaison de trois jaunes d'œufs, avec un
peu de crème ou de lait; faites bouillir votre fricassée, retirez-la du feu, liez-la, remettez-la sur le
feu, sans la faire bouillir, pour achever de la lier.
Sachez si elle est d'un bon goût, finissez-la avec
un demi-pain de beurre, un jus de citron ou un
filet de verjus; dressez-la, en commençant par

mettre les pattes au fond du plat, les reins dessus, en les entremêlant, les cuisses et les ailes. Saucez et servez.

Vous pouvez faire la fricassée de poulet à chaud et à froid, de la même manière qu'il est énoncé à l'article *Salmis de perdreaux chaud ou froid.* Lorsque vous aurez lié votre fricassée de poulets, qu'elle sera un peu froide, ajoutez de la gelée à la sauce. Faites-la prendre de la même manière qu'il est expliqué pour les perdreaux. N'employez point de croûtons.

Fricassée de poulet à la chevalière. — Préparez deux beaux poulets gras et faites-les cuire de la même manière qu'il a été expliqué, excepté qu'il faut mettre de côté les ailes que vous piquez avec du menu lard ; supprimez la peau, ôtez la chair du bout de l'os et grattez-le. Si c'est la saison, vous piquerez deux de ses ailes avec des truffes. Faites fondre du beurre dans une tourtière, arrangez-y vos quatre ailes, saupoudrez-les d'un peu de sel fin, couvrez-les d'un papier beurré, mettez-les cuire dans un four, ou sous un four de campagne ; dressez-la, saucez-la, décorez-la de ses quatre ailes, mises en croix, que vous aurez glacées, avec lesquelles vous mêlerez quatre belles écrevisses. Vous mettrez une grosse truffe au-dessus comme pour couronner votre entrée, et vous servirez.

Poulets en entrée de broche. — Ayez deux poulets gras bien blancs, d'égale grosseur et sans taches.

Après en avoir plumé les ailerons, flambez-les légèrement ; prenez garde d'en roidir la peau. Épluchez-les, rompez-leur le bréchet, videz-les par la poche, ayez soin d'en extraire tous les intestins ; servez-vous pour cela du crochet d'une cuiller à dégraisser, et prenez garde de crever l'amer. Mettez dans une casserole environ trois quarterons de beurre, un peu de sel, un jus de citron et un peu de muscade râpée ; mêlez le tout à froid avec une cuiller de bois, remplissez-en vos poulets également, retroussez-les en poulets d'entrée, c'est-à-dire les pattes en dehors ; passez-leur une ficelle dans les ailes et qui fixe la peau de la poche le long du rein, pelez jusqu'au vif un citron, foncez une casserole de bardes de lard ; posez-y vos poulets, joignez-y une carotte, un oignon piqué de deux clous de girofle, un bouquet de persil et ciboules, une demi-feuille de laurier, la moitié d'une gousse d'ail, une lame de jambon et quelques petits morceaux de veau ; levez la peau d'un citron, coupez-le en tranches, ôtez-en les pepins et mettez ces tranches sur l'estomac de vos poulets, couvrez-les de bardes de lard, mouillez-les avec une cuiller à pot de bouillon, ou d'une poêle, et, faute de cette dernière, mettez avec le bouillon un demi-verre de vin blanc ; couvrez-les d'un rond de papier et d'un couvercle, faites-les partir, posez-les sur une paillasse, avec feu modéré dessus et dessous. Leur cuisson achevée, égouttez-les, débridez-les, faites-en sortir le

beurre, dressez-les et servez dessous, soit une
sauce aux truffes, une espagnole très corsée, une
sauce tomate, une sauce à l'estragon, un aspic, un
ragoût de champignons ou un ragoût mêlé, etc.

Poulets sauce aux truffes. — Ayez deux poulets,
préparez-les comme ci-dessus et poêlez-les de
même. Leur cuisson achevée, égouttez-les, dressez-les et mettez dessus une sauce aux truffes.
(Voyez cet article.)

Poulets à l'estragon. — Préparez deux poulets
comme il est indiqué ci-dessus; poêlez-les de
même, et, leur cuisson faite, égouttez-les, dressez-les et saucez-les avec une sauce à l'estragon.
(Voyez cet article.)

Poulets bouillis à l'anglaise. — Flambez et troussez deux poulets, comme ceux *Poulardes d'entrée
de broche,* mettez de l'eau dans une casserole assez
grande pour qu'ils y soient à l'aise, faites-la
bouillir, ajoutez-y une pincée de sel, mettez-y vos
poulets, faites qu'ils bouillent toujours, sans aller
trop vite. Leur cuisson achevée, égouttez-les,
dressez-les, saucez et masquez-les avec une sauce
à l'anglaise. (Voyez cet article.)

Poulets fricassés aux pois et au blanc. — Ayez
deux jeunes poulets, flambez-les, dépecez-les
comme pour la fricassée, mettez un morceau de
beurre dans une casserole, joignez-y vos poulets,
avec un bouquet de persil et ciboules; assaisonnez
d'un peu de sel fin et de deux moyens oignons,
sautez le tout; faites revenir vos poulets, couvrez-

les et laissez-les cuire doucement, avec feu dessus et dessous. A moitié de leur cuisson, mettez-y un litron de pois fins, que vous aurez manié dans de l'eau et du beurre, gros comme une noix; égouttez-les dans une passoire, laissez suer et cuire le tout, en le sautant de temps en temps. La cuisson achevée, ôtez les oignons et le bouquet, liez votre fricassée avec une cuiller à dégraisser pleine de bon velouté réduit. Si vous n'avez pas de velouté, maniez un pain de beurre avec un peu de farine de froment, et servez-vous-en pour opérer cette liaison. Dressez votre fricassée comme la précédente, et servez.

Poulets à la broche pour rôt. — Ayez deux beaux poulets gras, ou trois petits à la reine ; préparez-les comme la poularde (Voyez cet article) ; piquez-en un des deux, s'ils sont gras, et un ou deux, s'ils sont à la reine ; bardez-les, embrochez-les, enveloppez-les de papier et faites-les cuire. Aux trois quarts de leur cuisson, déballez-les pour achever de les cuire et faire sécher le lard, laissez-les prendre une bonne belle couleur dorée. Si vous avez de la glace, mettez-en légèrement avec un pinceau sur le lard de vos poulets, dressez-les sur un lit de cresson, assaisonné convenablement d'un peu de sel et de vinaigre, et servez ensuite.

Poulets à la tartare. — Nettoyez et préparez deux poulets, troussez-les en poule, c'est-à-dire les pattes en dedans; fendez-en les reins et aplatissez-les, cassez les os des cuisses ; mettez un morceau de beurre dans une casserole, avec sel et gros poivre; faites-y revenir et cuire ensuite vos poulets, avec feu dessus et dessous. Un quart d'heure avant de servir, passez-les, mettez-les sur le gril à un feu doux; ayez soin de les retourner deux ou trois fois pour qu'ils prennent une belle couleur, et servez dessous une sauce à la tartare. (Voyez cette sauce.)

Poulets à la Périgueux. — Choisissez deux beaux poulets gras, bien blancs. Après les avoir épluchés et vidés par la poche (voyez l'article *Poulardes en entrée de broche*); vous aurez brossé et lavé deux livres de truffes, desquelles vous supprimerez la peau des grosses; vous en ferez des petites aussi égales que possible; mettez une livre de lard râpé dans une casserole, ajoutez-y vos truffes et leurs parures que vous aurez hachées, assaisonnez-les de sel, gros poivre, une pincée d'épices fines, un peu de muscade râpée et une feuille de laurier, que vous ôterez à la fin; faites-les mijoter sur un feu doux l'espace d'une demi-heure, en les remuant avec soin; retirez-les du feu, laissez-les refroidir; mettez vos poulets sur un linge blanc, remplissez-les également par la poche de votre appareil de truffes; retroussez-les en poulets d'entrée, embrochez-les avec un hâtelet, couvrez-les de bardes de lard, de deux ou trois feuilles de papier; posez-les sur une broche. faites-les cuire environ cinq quarts d'heure. Leur cuisson faite, déballez-les, égouttez-les, dressez-

les, et servez dessous une sauce à la Périgueux.
(Voyez cette sauce.)

Poulets à la mayonnaise. — Prenez un poulet
cuit à la broche; procédez, à l'égard de cette
mayonnaise, comme pour les perdreaux. (Voyez
l'article *Perdreaux à la mayonnaise.*)

Salade de poulets. — Prenez deux poulets rôtis et
froids, ou de desserte; coupez-les, dépecez-les
par membres, comme pour la mayonnaise; mettez-les dans un vase de terre, assaisonnez-les de
même qu'une salade, ajoutez-y câpres entières,
anchois et cornichons coupés en filets, de la fourniture hachée, sautez le tout, dressez-le sur un
plat, comme une fricassée de poulets, sans y
comprendre les anchois, les cornichons et les câpres; garnissez le bord du plat de laitues fraîches
coupées par quartiers et d'œufs durs coupés de
même; décorez votre salade des filets d'anchois
et des câpres; saucez-la avec son assaisonnement,
et servez.

Poulets en friteau. — Dépecez deux poulets
comme pour en faire une fricassée, mettez-les
dans un vase de terre, avec des tranches d'oignons, persil en branche, sel, gros poivre et le jus
de deux ou trois citrons, laissez-les mariner une
heure, égouttez-les, mettez-les dans un linge avec
une poignée de farine; sassez-les et posez-les sur
un couvercle. Vous aurez mis votre friture sur le
feu; lorsqu'elle sera à son degré, mettez-y d'abord
les cuisses de vos poulets, peu après les estomacs,

ensuite les ailes, les reins, ainsi de suite pour le reste. Votre friture cuite et d'une belle couleur, égouttez-la, et, après l'avoir dressée, servez-la, si vous le voulez, avec six œufs frais frits ; arrangez dessus et servez avec une sauce poivrade. (Voyez l'article *Sauce poivrade.*)

Marinade de poulets. — Dépecez deux poulets cuits à la broche, faites-les mariner une demi-heure avant de les servir (voyez l'article : *Marinade cuite*), égouttez-les, trempez leurs membres dans une pâte à frire légère, c'est-à-dire dans laquelle vous aurez mis des blancs d'œufs fouettés ; faites frire votre marinade en procédant comme ci-dessus, et servez quand elle sera cuite et d'une belle couleur ; égouttez-la sur un linge blanc, dressez-la et servez-la avec du persil frit que vous mettrez dessous, ou seulement avec une pincée dessus.

Rissoles de volaille. — Prenez des rognures de feuilletage (voyez *Feuilletage*, article PATISSERIE), abaissez-les en long, de l'épaisseur d'une pièce de quarante sous, et plus mince, s'il est possible ; mouillez le bord de votre abaisse avec un doroir trempé dans l'eau, couchez de la farce cuite de volaille par parties, et d'espace en espace, de la grosseur d'un grain de verjus ; repliez cette abaisse sur ces parcelles de farce ; donnez-leur la forme de petits chaussons. A cet effet, coupez-les en demi-lune, avec un coupe-pâte godronné ou avec votre couteau ; ayez soin que la jointure de

vos pâtes soit bien soudée, farinez un couvercle,
arrangez vos rissoles dessus. Quand vous serez
sur le point de servir, faites-les frire, qu'elles
prennent une belle couleur, dressez-les, et
servez.

Poulet en capilotade. — Dépecez un poulet cuit à
la broche, mettez dans une casserole trois cuillerées à dégraisser pleines d'italienne, à défaut de
laquelle vous emploierez de la sauce hachée, et à
défaut de cette dernière une sauce au pauvre
homme (voyez article Sauces) ; faites mijoter
votre poulet dans une de ces sauces. Un quart
d'heure avant de servir, dressez-le, ajoutez à
votre sauce quelques cornichons coupés en liards
ou en filets, saucez et servez.

Poulets à la provençale. — Prenez deux poulets
que vous couperez comme pour une fricassée ;
ayez une douzaine d'oignons blancs, coupez-les en
demi-anneau, ou avec un peu de persil ; mettez
vos oignons dans une casserole ou sauteuse, dans
laquelle vous ferez un lit de vos oignons et un des
membres de votre volaille, recouvrez le tout avec
un autre lit d'oignons et de persil ; ajoutez un
verre d'huile, une ou deux feuilles de laurier, du
sel en quantité suffisante ; mettez-les au feu, et
lorsqu'ils seront partis vous les laisserez aller
doucement. Leur cuisson faite, glacez-les, dressez-
les en mettant vos oignons au milieu, et un peu
d'espagnole pour les saucer. Ensuite, servez.

Côtelettes de poularde ou de poulet. — Procédé

à l'égard de ces côtelettes comme pour celles de perdreaux, énoncées à l'article Gibier.

Blanquette de poularde. — Levez les chairs d'une poularde froide ou des débris que vous en avez, supprimez-en les peaux et les tendons; émincez ces chairs, mettez dans une casserole du velouté, faites-le réduire et dégraissez-le; au moment de servir jetez votre émincé, ne le laissez pas bouillir; faites une·liaison délayée avec un peu de crème ou de lait; finissez votre blanquette avec un morceau de beurre et le jus d'un citron.

Ailerons de poularde piqués et glacés. — Flambez, désossez quinze ailerons, faites-les légèrement blanchir; piquez-les d'une deuxième; cela fait, rangez vos ailerons dans une casserole sur un peu de rouelle de veau, une lame ou deux de jambon, un oignon piqué d'un clou de girofle, une carotte tournée, un bouquet de persil et ciboules; mouillez-les avec du bouillon; couvrez-les d'un rond de papier beurré; faites-les partir et cuire sur la paillasse, avec un feu vif dessous et dessus, afin qu'ils prennent une belle couleur; leur cuisson faite, passez leur fond au travers d'un tamis de soie; faites-le réduire presque à glace dans une sauteuse, laquelle doit avoir assez d'étendue pour les contenir sans être les uns sur les autres; rangez-les sens dessus dessous dans cette sauteuse, c'est-à-dire que le côté piqué doit tremper dans la glace; posez cette sauteuse sur une cendre chaude, laissez mijoter ainsi vos ailerons; quand ils seront

glacés, prenez-les avec une fourchette, dressez-les
sur votre plat, le côté glacé en dessus ; mettez
dans le restant de votre glace une cuillerée à dégraisser d'espagnole et une de consommé ; faites
bouillir le tout ; détachez bien votre glace, sau-
tez-en vos ailerons, et servez.

Ailerons de poularde à la chicorée. — Préparez vos
ailerons comme les précédent, faites-les cuire de
même ; dressez-les sur une bonne chicorée blanche, et servez. (Voir article *Chicorée blanche.*)

Crêtes et rognons en velouté. — Préparez et faites
cuire dans un blanc sept crêtes et sept rognons ;
leur cuisson achevée, égouttez-les, mettez dans
une casserole du velouté réduit en suffisante quantité ; jetez-y vos crêtes et vos rognons ; faites-les
mijoter un demi-quart d'heure ; liez votre ragoût,
finissez-le avec la moitié d'un pain de beurre et un
jus de citron, dressez et servez.

Grand aspic de crêtes et rognons. — Prenez un
moule à aspic ou, faute de ce moule, une casserole proportionnée à la grandeur de votre plat,
posez-la dans un autre vase rempli de glace pilée ;
coulez dans ce moule de l'aspic de l'épaisseur d'un
travers de doigt, décorez-le d'un dessin à votre
fantaisie, exécutez ce dessin avec des truffes, des
blancs d'œufs durs, des cornichons, des queues et
des œufs d'écrevisses ou des rognons de coqs ; ce
décor achevé, coulez-le légèrement sur votre aspic en prenant garde de le déranger ; cet aspic pris,
remplissez votre moule de crêtes et rognons

coqs, en laissant tout autour un espace de deux travers de doigt ; remplissez d'aspic cet intervalle ainsi que le moule pour que le tout ensemble ne forme qu'un pain ; au moment de servir, trempez votre moule, dans de l'eau tiède, renversez-le sur un couvercle, coulez votre aspic sur le plat sans ôter le moule ; lorsqu'il sera bien glacé, enlevez-en le moule avec adresse ; remuez la gelée qui se trouverait fondue au moyen des barbes d'une plume ou d'un chalumeau de paille ; ayez soin que cette gelée soit diamantée (très claire). Essuyez votre plat et servez.

Vous pouvez vous servir du même procédé pour faire des aspics de blancs de poulardes, de lapereaux ou de perdreaux ; et si votre moule se trouve faire un puits, remplissez-le d'une mayonnaise ou d'une ravigote à la gelée.

Petits aspics de crêtes et de rognons. — Procédez pour ces petits aspics comme il est énoncé ci-dessus ¡pour le grand aspic, soit pour leur dessin, soit pour les remplir convenablement : faites-en sept ou neuf.

Foies gras à la Périgueux. — Prenez sept foies de poularde, qu'ils soient bien gras ; ôtez-en l'amer et la partie du foie qui le touche ; piquez-les de clous de truffes ; marquez-les dans une casserole foncée de bardes de lard ; mouillez-les avec une sauce mirepoix (Voyez à l'article Sauces celle mirepoix) ; faute de mirepoix, mettez un verre de vin blanc et un de consommé, avec un peu de sel.

une carotte tournée, deux moyens oignons dont un piqué d'un clou de girofle, un bouquet de persil et ciboules, une demi-feuille de laurier et la moitié d'une gousse d'ail ; couvrez alors ces foies de bardes de lard et d'un rond de papier ; faites partir et cuire un quart d'heure et demi sur la paillasse, avec feu dessus et dessous ; égouttez-les, dressez-les sur le plat et saucez-les avec une sauce à la Périgueux. (Voyez cet article.) Vous pouvez servir entre vos foies des croûtes de pain passées dans le beurre avec une belle truffe au milieu. Ayez soin de clouter de truffes vos foies.

Foies gras en caisse à la financière. — Même préparation que pour la Périgueux. Les foies cloutés de truffes seulement ; les faire braiser dans une bonne mirepoix ; mouillez avec un peu de bon consommé de volaille et un verre de bon Madère ; après cuisson, passez le fond, dégraissez, ajoutez le fond à une bonne espagnole, jetez dedans quenelles de volaille, champignons tournés, crêtes et rognons de coqs, truffes en lames, un jus de citron ; couchez dans votre caisse vos foies gras sur la financière, glacez vos foies, garnissez votre caisse de belles écrevisses et de croûtons glacés, et servez chaud.

Foies gras au gratin. — Prenez un plat d'argent ou tout autre qui puisse aller au feu ; mettez dans le fond l'épaisseur d'un travers de doigt de gratin (Voyez *Gratin*, article FARCES) ; ayez six ou sept beaux foies de poularde bien blancs, appropriez-

50

les comme il est dit à l'article précédent, arrangez-les sur votre plat en laissant un puits au milieu, remplissez tous les intervalles de vos foies en sorte que le tout ne forme qu'un pain ; ayant uni votre gratin entièrement avec un couteau, couvrez-le d'un papier beurré, mettez-le dans le four ou sous un four de campagne ; sa cuisson faite, retirez-le, ôtez-en le papier beurré, débouchez-en le puits, saucez-le avec une espagnole réduite ou une italienne rousse et servez.

Foies gras en matelote. — Préparez six foies gras, ainsi qu'il est expliqué ci-dessus ; faites-les blanchir et cuire comme ceux à la Périgueux (Voyez cet article) ; égouttez-les ; dressez-les sur votre plat ; saucez-les d'une sauce à la matelote (Voyez l'article *Sauce à la matelote*) ; ajoutez-y des cœurs de pain passés dans le beurre, des truffes si vous voulez, et servez.

Foies gras en caisse. — Faites une caisse ronde ou carrée de la hauteur de deux pouces et demi environ ; huilez-la en dehors ; étendez dans le fond du gratin de l'épaisseur d'un travers de doigt ; ayant préparé six foies gras, mettez-les dans une casserole avec un morceau de beurre, du persil, ciboules, champignons hachés, sel, poivre et fines épices, le tout en suffisante quantité ; passez ainsi ces foies ; mettez votre caisse sur le gril ; arrangez vos foies dans cette caisse avec les fines herbes ; posez sur un feu doux ; laissez cuire, et leur cuisson faite, dressez votre caisse sur le plat ; saucez-la d'une bonne espagnole réduite dans laquelle vous aurez exprimé le jus d'un citron ; dégraissez-les en cas qu'il y surnage du beurre.

POUPELIN. — Ancienne pâtisserie d'entremets très délicate, faite avec du beurre, du lait et des œufs frais, pétrie avec de la fleur de farine. On y mêle aussi de l'écorce de citron et du sucre, afin de lui donner bon goût.

Faites bouillir à peu près une chopine d'eau, un quart de beurre et un peu de sel. Quand l'eau commence à bouillir, vous y mettez de la farine ce qu'elle peut en boire, vous la faites sécher et la changez de casserole. Délayez-y alors douze ou quatorze œufs les uns après les autres.

Beurrez une casserole. Mettez-y la pâte, qui ne doit monter qu'au quart, parce qu'elle quadruplera de volume en cuisant, et faites cuire dans un four bien chaud ; ôtez votre poupelin lorsqu'il est cuit, coupez-le en travers, frottez-en l'intérieur avec du beurre bien frais et saupoudrez sur le beurre de sucre et de fleur d'orange pralinée. Beurrez l'intérieur, saupoudrez de sucre et glacez avec la pelle rouge. (*Document de la famille la Reynière.*)

Autre manière. — Prenez un fromage à la crème bien égoutté et bien frais, du sel, trois œufs frais, blancs et jaunes, et deux poignées de fleur de farine ; pétrissez le tout ensemble, mettez dessous des petits morceaux de beurre et faites cuire au four dans une tourtière beurrée. Lorsqu'il est cuit, de belle couleur, coupez-le par moitié, ôtez-en le dedans, râpez-y du sucre, piquez-le de lardons d'écorce de citron confite, arrosez-le de beurre fondu, passez la pelle rouge dessus, recouvrez-le et mettez-le au four, saupoudrez-le de sucre fin, passez la pelle rouge et servez chaudement.

POUPETON. — Espèce de gâteau fait avec du hachis de viande ou de poissons.

Poupeton au gras. — Prenez de la cuisse de veau, moelle de bœuf, lard blanchi, hachez le tout avec des champignons, persil, ciboules, mie de pain, trempez dans de bon jus et deux œufs crus. Formez votre poupeton en garnissant une tourtière de bardes de lard. Mettez votre hachis par dessus, puis des pigeons ou des poulets passés au roux; couvrez la volaille avec le reste du hachis, couvrez la tourtière et faites cuire feu dessus et dessous. Quand votre poupeton est cuit, vous le renversez proprement sur un plat et le servez chaudement.

Autre poupeton au gras. — Faites un hachis de rouelles de veau dont vous aurez ôté les peaux et les nerfs, lard et graisse de bœuf, persil, ciboules, champignons, sel, poivre, fines herbes, fines épices; mettez un peu de mie de pain dans une casserole avec de la crème ou du lait, faites cuire sur le fourneau comme une crème et mettez-y deux jaunes d'œufs crus, laissez-la refroidir, puis mettez-la dans le godiveau avec quatre ou cinq jaunes d'œufs crus, hachez bien cette farce et pilez-la ensuite dans un mortier.

Garnissez le fond d'une tourtière de bardes de lard, mettez le godiveau par dessus et unissez-le avec le bout de votre couteau, que vous aurez trempé dans un œuf battu.

Passez des petits pigeons dans une casserole avec un peu de lard fondu, un bouquet garni, un oignon piqué de clous de girofle, crètes, ris de veau, champignons et truffes coupés par tranches; mouillez-les de jus et laissez mitonner à petit feu, puis dégraissez ce ragoût, liez-le d'un coulis de veau et de jambon, ajoutez-y quelques pointes d'asperges, et, si c'est la saison, des fonds d'artichauts, et laissez refroidir.

Votre ragoût étant froid, dressez les pigeons avec la garniture; mettez-le dans la tourtière, couvrez-le du reste du godiveau, unissez le dessus et frottez-le d'un œuf battu. Renversez les bardes de lard qui sont autour de la tourtière dessus, couvrez-les et faites cuire au four feu dessous et dessus; quand il est cuit, renversez-le sur un plat, jetez-y un coulis clair de veau et de jambon, garnissez, si vous voulez, de marinade de poulets et de pigeons au basilic et servez chaudement pour entrée.

Les poupetons de cailles, perdrix, tourterelles, ortolans, etc., se font de la même manière; la seule différence est dans le ragoût que l'on met dans le poupeton.

Poupeton au sang. — Désossez deux lièvres et un lapin de leur chair, faites-en un hachis avec un morceau de jambon, champignons, truffes, persil, ciboules, poivre, sel, fines épices, un peu de basilic et trois ou quatre jaunes d'œufs crus. Tuez ensuite trois ou quatre petits pigeons, dont vous conservez le sang, dans lequel vous mettrez un jus de citron pour empêcher qu'il ne tourne; faites un ragoût de vos pigeons comme il est dit dans l'article précédent, et liez-le d'un coulis de veau et de jambon et du sang des pigeons que vous aurez délayé avec deux jaunes d'œufs ; mettez avec la chair du lièvre de très petits lardons et faites-en une espèce de pâte, garnissez une tourtière de bardes de lard, mettez au fond le ragoût de pigeons et autour le hachis que vous aurez fait. Couvrez le tout et faites cuire comme il est dit ci-dessus. Quand votre poupeton est cuit, vous le renversez sur un plat, le garnissez tout autour de tranches de jambon et l'arrosez avec une essence de jambon.

Poupeton au maigre. — Écaillez deux ou trois carpes, ôtez-en les peaux, désossez-les et faites un hachis avec la chair et celle d'une anguille, des champignons, du persil, de la ciboule, du sel, poivre, un peu de basilic et de muscade ; pilez une douzaine de grains de coriandre avec trois ou quatre clous de girofle dans un mortier, et mettez-y votre hachis; vous mêlez et pilez bien le tout, vous mettez du beurre à proportion, vous ajoutez un peu de mie de pain mitonné dans du lait ou de la crème et trois ou quatre jaunes d'œufs crus délayés ensemble, vous liez le tout ensemble et laissez refroidir cette farce. Vous faites pendant ce temps un ragoût de laitances de carpes bien blanchies, vous le liez d'un coulis d'écrevisses et vous le laissez refroidir.

Vous beurrez le fond d'une tourtière, vous y étendez du papier et vous en garnissez le fond et les bords avec votre farce ; mettez le ragoût de laitances au fond, couvrez-le du restant de la farce que vous unissez avec un œuf battu, arrosez d'un peu de beurre fondu, faites cuire au four comme il est dit ci-dessus, renversez votre poupeton, faites un trou au milieu et mettez-y un coulis d'écrevisses.

POURPIER. — Plantes à feuilles larges, épaisses et charnues, qu'on emploie quelquefois pour garnir des salades, et que, dans certains pays, on prépare à la manière des cardes. Après avoir été blanchie, on peut la placer sous un gigot de mouton rôti, où elle reçoit une saveur agréable du jus dont elle s'imprègne. On peut aussi la confire dans du vinaigre et du sel, et elle se conserve très longtemps.

Friture de pourpier à la Milanaise. — Faites macérer pendant quelques heures des tiges de pourpier dans leur entier avec du jus de citron, de la cannelle et du sucre en poudre. Trempez-les ensuite dans une pâte à frire mêlée avec des blancs d'œufs fouettés et un peu d'eau-de-vie ; faites cuire à petit feu et servez chaudement.

Ragoût de côtes de pourpier. — Épluchez des côtes de pourpier et faites-les cuire à demi dans une eau blanche, égouttez-les et mettez-les ensuite dans une casserole avec du coulis clair de veau et de jambon ; faites mitonner à petit feu et réduire ; mettez ensuite un peu de beurre manié de farine, donnez au ragoût une pointe de vinaigre.

Se sert avec toutes sortes d'entrées.

PRALINES. — (V. Dragées.)

PRÉSURE. — On donne particulièrement ce nom à une liqueur acide contenue dans la caillette des veaux et des jeunes animaux ruminants à l'âge où ils sont encore nourris de lait, et qui sert à faire cailler le lait qu'on prépare pour en faire des fromages.

On conserve la présure de la manière suivante :

Videz une caillette de veau uniquement nourri de lait, lavez-la, remettez-y le lait caillé qui y était contenu avec une poignée de sel, liez-en l'ouverture avec une ficelle et mettez-la dans un pot avec une bouteille d'eau-de-vie et six onces d'eau, couvrez bien le pot et faites infuser un mois, puis filtrez-la et conservez-la dans une bouteille bien bouchée, pour vous en servir au besoin.

Une cuillerée à café de présure suffit pour cailler le lait.

PROFITEROLES. — Entremets sucré. Ce gâteau

se trouve chez tous les pâtissiers des grandes villes.

PROVENÇALE (Sauce à la). — Elle se fait avec deux jaunes d'œufs crus, une cuillerée de jus ou de consommé réduit, de l'ail, du piment enragé et le jus de deux citrons. On la fait prendre au bain-marie, sur de la cendre chaude, en la remuant toujours afin qu'elle prenne consistance. On y ajoute de l'huile d'olive que l'on y mêle bien, et on la sert en entrée de poisson.

PRUNES. — On fait avec les prunes d'excellentes compotes, des confitures, des marmelades, pâtes, ratafias et puddings. (Voyez ces articles.)

PRUNEAUX. — On donne ce nom aux prunes cuites au four. Leur fabrication est des plus simples ; elle consiste à cueillir les prunes lorsqu'elles sont bien mûres, à les déposer sur des claies, à les exposer dans le four, à une douce température trois ou quatre fois de suite ; après ces opérations, les pruneaux, déposés dans un lieu sec, se conservent sans altération pendant une ou deux années. On emploie le plus ordinairement pour cette dessiccation les prunes de Damas.

Les pruneaux de quelques pays, de Tours, de Nancy, de Brignoles, d'Agen, ont acquis une réputation méritée et sont la source d'un revenu très important : ils sont, d'ailleurs, préparés avec beaucoup plus de soin que les pruneaux communs du commerce.

On fait ordinairement cuire les pruneaux avec

du sucre, excepté les brignoles qui sont assez sucrés par eux-mêmes pour ne pas en avoir besoin, et, pour donner plus de relief à ces compotes, on y mêle un peu de vin de Bordeaux.

PUDDING. — Mets anglais dont nous avons déjà parlé à l'article PLUM-PUDDING. Nous allons donner ici quelques recettes françaises.

Pudding de pommes de reinette au raisin muscat. — Pelez et épépinez quelques pommes de reinette coupées par quartiers, et émincez chaque quartier en cinq parties égales; sautez ces pommes dans une grande casserole avec 120 grammes de sucre fin sur lequel vous aurez râpé le zeste d'un citron, 125 grammes de beurre tiède et 250 grammes de muscat bien lavé et dont vous aurez ôté les pepins. Placez votre casserole sur le fourneau, feu dessus et dessous, et aussitôt que les pommes sont ·bien échauffées, vous les versez sur votre plafond de pâte, vous mettez cuire le tout ensemble et vous terminez l'opération comme il est indiqué à l'article PLUM-PUDDING.

Grand pudding à la moelle. — Procurez-vous 72 grammes de graisse de rognon de bœuf et 36 grammes de moelle bien entière, ôtez les pellicules de la graisse et hachez-la très fin en y ajoutant la moelle et quelques onces de farine tamisée, un quart de sucre en poudre, cinq œufs, un demi-verre de vieille eau-de-vie de Cognac; délayez bien ce mélange, mêlez-y la moitié d'une noix muscade râpée, une bonne pincée de sel fin.

2 onces de cédrat confit en filets, 6 onces de beau
raisin de Corinthe épluché et lavé, 6 onces de
vrai muscat dont vous séparerez les grains en
deux, ajoutez trois belles pommes de reinette
hachées très fin et la moitié d'un pot de marmelade d'abricots pour donner du moelleux au pudding. Le tout étant parfaitement almagamé, vous
le versez sur le milieu d'une serviette presque
entièrement beurrée et vous liez cette serviette
de manière à donner une forme ronde au pudding au milieu duquel vous attachez avec une
épingle le bout d'un cordon de quinze lignes de
longueur qui sera tenu à l'anneau d'un poids de
dix livres, afin de contenir le pudding fixe à
l'ébullition, point essentiel de l'opération ; vous
mettez alors le pudding et le poids dans une
grande marmite pleine d'eau bouillante que vous
aurez soin de toujours tenir en ébullition sur un
feu modéré pendant quatre heures et demie. Au
bout de ce temps, ôtez-le de la serviette en le
dressant sur un couvercle, puis, avec un couteau
tranchant, enlevez-en la superficie afin d'en séparer les parties blanchies par l'ébullition, que vous
couvrez d'un bol que vous retournerez ensuite
pour parer le dessous du pudding sur lequel
vous placez le plat et que vous renversez sens
dessus dessous ; ôtez le bol, masquez l'entremets
d'une sauce au vin d'Espagne et servez de suite.

Vous faites la sauce de cette manière : délayez
dans une casserole quatre jaunes d'œufs avec une

demi-cuillerée de fécule, 2 onces de sucre fin, un peu de beurre d'Isigny, un grain de sel et deux verres de vin de Malaga. Tournez cette sauce sur un feu modéré ; aussitôt qu'elle s'épaissit, passez-la à l'étamine fine et servez-la à proximité du pudding.

Pudding à la Parisienne, appelé *Pudding du cabinet diplomatique.* — Hachez très fin une gousse de vanille bien givrée, pilez-la avec 4 onces de sucre et passez le tout au tamis ; hachez très fin une livre de graisse de rognon de veau et une demi-livre de moelle de bœuf ; joignez-y une demi-livre de farine de crème de riz, délayez ce mélange dans une casserole avec sept jaunes d'œufs et deux œufs entiers, un demi-verre de crème et un demi-verre de vrai marasquin d'Italie, une pincée de sel fin, le quart d'une muscade râpée, deux onces de pistaches entières, quatre de macarons doux concassés gros, le sucre à la vanille, une once d'angélique hachée, trente belles cerises confites, égouttées, séparées en deux, puis six pommes d'api, hachées très fin ; amalgamez bien le tout ensemble, puis versez le pudding sur la serviette et finissez le procédé selon la règle.

Pendant la cuisson, vous coupez en filets deux onces de pistaches (chaque amande en six morceaux), et lorsque le pudding est tout préparé, prêt à servir, vous semez dessus du sucre en poudre, vous y *fichez* les filets de pistaches, dans le genre des pommes meringuées en hérisson,

vous servez promptement et faites la sauce comme
à l'ordinaire.

On peut, en place de cerises, y mettre le même
nombre de beaux grains de verjus confît, et, en
place de pistaches entières, deux onces de cédrat
confît et coupé en petits filets.

Pudding aux groseilles vertes et roses. — Ayez
une livre de groseilles vertes et bien mûres, une
autre livre des mêmes groseilles, mais roses et
de bonne maturité ; vous ôtez la fleur et la queue
avec le bec d'une plume, vous les épépinez et
vous les roulez avec six onces de sucre fin. Continuez le pudding comme il est indiqué ci-dessus.
(*Recette de M. de Courchamp.*)

Pudding aux fraises. — Épluchez deux livres ou
plus de belles fraises, lavez-les vivement, égouttez-les sur une serviette, roulez-les ensuite dans
une terrine avec six onces de sucre fin et versez-
les dans le pudding que vous aurez préparé selon
la règle ; finissez comme de coutume.

Les puddings aux framboises, aux prunes, aux
cerises, aux abricots, se préparent de même.

Pudding de pommes à la crème. — Coupez par
quartiers quinze pommes de reinette, épluchez-
les, faites-les cuire dans une grande casserole
avec du sucre fin, un peu de beurre tiède ; préparez ensuite la moitié de l'une des recettes des
crèmes pâtissières (V. cet article), préparez une
abaisse de pâte fine, placez-y les quartiers de
pommes au fond et autour, de façon à laisser au

milieu un creux pour y verser la crème, couvrez et finissez le pudding comme d'habitude, et au moment de servir masquez-le de marmelade d'abricots et semez dessus des macarons écrasés.

Pudding au riz et à l'orange. — Lavez à plusieurs eaux tièdes 500 grammes de riz de la Caroline et mettez-les à l'eau froide sur le feu ; égouttez le riz quand vous le voyez bouillir, et faites-le cuire ensuite avec du lait, du beurre fin et du sucre en poudre sur lequel vous aurez râpé le zeste de deux oranges douces. Lorsque votre riz sera crevé et de consistance un peu ferme, vous y mêlez 250 grammes de moelle hachée, 126 grammes de raisin de Corinthe, la moitié de macarons amers, 60 grammes d'écorce d'orange confite coupée en dés, six jaunes d'œufs, trois œufs entiers, un demi-verre d'eau d'Andaye, une pincée de sel ; amalgamez bien le tout et versez-le sur une serviette beurrée ; finissez l'opération comme de coutume, mais en ne laissant bouillir que deux heures au lieu de quatre ; dressez le pudding sur le plat, masquez-le avec 60 grammes de macarons écrasés et servez-le sans sauce.

On peut remplacer le raisin muscat par du Corinthe ; on peut supprimer la moelle et la remplacer par du beurre tiède en y ajoutant de la muscade.

Cabinet pudding (entremets anglais). — Ayez de gros biscuits ou des morceaux de gâteau de

Savoie que vous coupez en tranches. Beurrez un moule et mettez au fond quelques raisins de caisse épépinés et autant de raisins de Corinthe lavés et épluchés, joignez-y quelques morceaux de cédrat confit coupé en petits dés ; placez une couche de biscuits, puis une couche de fruits, et ainsi de suite jusqu'à ce que le moule soit rempli. Préparez une crème à l'anglaise, versez-la dans le moule afin qu'elle s'incorpore dans le biscuit, mettez le pudding au bain-marie pendant une heure, arrosez-le avec un peu de groseille et servez.

Pudding au pain ou *Bread-pudding.* — Prenez un plat creux qui aille au feu, garnissez-le de tranches de pain beurrées que vous saupoudrez de raisins de Corinthe bien lavés et bien épluchés; délayez deux œufs entiers avec un litre de lait que vous aurez assaisonné de sucre en poudre et de zeste de citron ; versez le tout sur les tranches de pain, faites cuire à un four doux pendant une demi-heure et servez.

PUNCH. — A l'eau-de-vie, au rhum, au kirsch, au vin, le punch n'est autre chose qu'une de ces liqueurs dans lesquelles on met du sucre et des tranches de citron, de la muscade et de la cannelle; on met ensuite le feu aux liqueurs qui par là deviennent un composé excellent.

Voici la meilleure formule, selon nous, pour faire aujourd'hui le punch à la française :

Mettez dans le même bol une bouteille de

vieux rhum de la Jamaïque, avec deux livres de
sucre royal et concassé, faites-y prendre le feu
et agitez le sucre avec une spatule afin qu'il se
caramélise en brûlant avec le rhum; après dimi-
nution d'un tiers du liquide, immiscez dans le
même bol et mélangez avec ce rhum sucré quatre
pintes de thé Soutchon, qui doit être bouillant,
joignez-y le suc de huit citrons et de douze
oranges bien mûres. Ajoutez-y finalement du
blanc rack de Batavia, la valeur d'un quart de
pinte, et servez, avec ce punch, qui doit être très
chaud, afin de produire tous ses effets, une corbeille de gaufres aux macarons d'amandes, ou de
tous autres gâteaux secs et de fine pâte.

Punch à la Dupouy. — Prenez un ananas et
découpez-le par fines tranches, saupoudrez-les
avec du sucre candi parfaitement pulvérisé, versez sur le tout une bouteille de vieux vin de Syl-
lery blanc non mousseux, un flacon de véritable
kirsch-wasser de la forêt Noire, ou sinon de véné-
rable eau-de-vie de Cognac, ou de vieux rhum
américain; brûlez légèrement et buvez très chaud.
Le lendemain, vous n'aurez pas de démenti à
craindre en disant que vous avez bu du punch
comme on n'en a jamais bu, comme on n'en boit
nulle part, si ce n'est dans les salons privilégiés
de nos véritables illustrations gastronomiques.

On fait avec le punch des crèmes, des gelées,
des biscuits, des massepains, des sorbets, etc.
(V. ces articles.)

PURÉE. — Les purées, qui sont le produit de substances farineuses ou d'autre nature, ont deux emplois bien distincts ; elles constituent à elles seules des plats d'entremets et servent de garniture ou litière pour accompagner des rôtis ou des entrées ; elles diffèrent des sauces par leur consistance plus ferme et leur épaisseur.

Purée de pommes de terre. — Épluchez bien vos pommes de terre, lavez-les et mettez-les dans une casserole avec un verre d'eau, un peu de beurre, sel et muscade ; faites-les cuire pendant une demi-heure, feu dessus et dessous, puis maniez-les avec une cuillère de bois, remettez-les au feu, faites-les réduire et mettez, pour les finir, un bon morceau de beurre et un peu de sucre en poudre.

Purée de pommes. — Faites une marmelade de pommes sans la sucrer, assaisonnez-la avec un peu de sel et de jus de rôti non dégraissé ; puis vous la servez comme litière sous un carré de porc frais cuit à la broche, ou un oison rôti, ou des boudins grillés.

Purée d'oignons. — Épluchez une trentaine d'oignons, retranchez-en la tête et la queue et coupez-les en tranches, passez-les au beurre assaisonné de sel et de poivre, faites-leur prendre une belle couleur. Mouillez avec du bon bouillon et un peu de jus, faites réduire, passez les oignons au tamis clair en pressant avec le manche d'une cuiller et mêlez-y un peu de caramel.

Si vous voulez obtenir une purée blanche à la Soubise, vous ne faites pas prendre couleur aux oignons, vous mouillez avec du jus blond, un verre de vin blanc et une chopine de crème, vous faites réduire à grand feu et passez à l'étamine.

Purée de marrons. — Enlevez la première et la seconde peau de marrons rôtis, passez-les dans une casserole avec un peu de beurre, et mouillez-les avec du bouillon et un verre de vin blanc ; faites fondre vos marrons à petit feu, pilez-les et passez-les au tamis ; faites cuire à part une demi-douzaine de saucisses, ajoutez à votre purée de marrons le jus et la graisse des saucisses et servez-les comme litière aux saucisses.

On peut remplacer les saucisses par des côte-lettes.

Purée d'oseille. — Hachez de l'oseille, des cœurs de laitue et du cerfeuil, mettez le tout et faites-le revenir dans une casserole avec un bon morceau de beurre.

Quand l'oseille est bien fondue, vous mouillez avec du bouillon ; faites réduire, passez au tamis, ajoutez à la purée du jus ou un fond de cuisson, liez-la avec des jaunes d'œufs et faites-la cuire sans la laisser bouillir.

Purée de pois secs. — Faites cuire des pois avec de l'eau, du sel, deux ou trois oignons, persil et ci-boules, écrasez-les dans une passoire à petits trous en versant de temps en temps un peu de bouillon dessus. Mouillez-le avec la purée ; ajoutez un morceau de beurre et faites réduire,

Si vous voulez faire votre purée au gras, vous mouillez avec du bon bouillon ; si c'est au maigre vous mouillez avec du lait ou de l'eau.

Les purées de lentilles, de haricots blancs ou rouges et de tous autres légumes secs se font de la même manière.

Purée sauce tomate. — Prenez douze tomates, fendez-les en deux, enlevez les pépins de la partie aqueuse, jetez-les dans une casserole ; ajoutez une bonne mirepoix, un bouquet garni de pointes d'ail, des levûres de lard, mouillez avec une cuiller à pot de consommé, un verre de vin blanc, deux petits verres de cognac, couvrez de papier et laissez cuire une heure. Passez le tout à l'étamine, remettez votre sauce sur le feu, faites-la dégraisser sur l'angle du fourneau, lissez-la, et mettez-la au bain-marie pour sa destination. *(Recette Vuillemot.)*

Purée de mousserons. — Épluchez et lavez des mousserons, faites-les blanchir, hachez-les finement et mettez-les dans une casserole avec un morceau de beurre et du jus de citron, faites roussir, mouillez avec du jus et faites réduire.

Purée de volaille. — Dépouillez une volaille rôtie, désossez-la, hachez-la finement et pilez la chair dans un mortier, mettez cette chair pilée dans une casserole avec du bon bouillon et un blond de veau, sel, poivre ; faites cuire, réduire, et tamisez.

Purée de gibier. — Faites rôtir à la broche trois perdrix ou bécasses, dépecez-les, mettez les peaux et débris d'os dans une casserole avec du vin blanc sec, une échalote et une feuille de laurier; faitesréduire des trois quarts et mouillez avec un peu d'espagnole et de coulis mêlés avec du consommé, faites réduire de nouveau cette sauce, dégraissez-la, passez-la au tamis. Pilez ensuite la chair de votre gibier, délayez-la dans la sauce, passez-la au tamis, posez sur un feu doux et laissez cuire sans bouillir.

Purée de homard. — Prenez un homard bien frais, brisez-le et retirez-lui les chairs blanches de la queue et des pattes ; coupez ces chairs en petits dés, pilez bien les parures, les chairs et les œufs qui se trouvent dans la coquille avec du beurre fin, tamisez et mettez ce que vous aurez passé chauffer dans un bain-marie après y avoir ajouté les chairs et la farce du crustacé ainsi que son œuf et sa crème de laitance.

(Voir pour les autres purées de cuisine les articles Navets, Carottes, Aubergines, Champignons, Écrevisses, Huîtres et Foie de Raie.)

Q

QUARTIER D'AGNEAU ROTI. — Ce qu'on appelle le quartier d'un agneau, c'est le gigot et la longe se prolongeant jusqu'aux premières côtes.

Scier le manche d'un quartier d'agneau, et ficeler la bavette, à défaut de broche à l'anglaise, le traverser avec une brochette en fer, l'envelopper avec du papier graissé, le faire cuire en l'arrosant avec du beurre ou du saindoux; trois quarts d'heure après, le déballer, le saupoudrer avec de la mie de pain, lui faire prendre couleur, le saler, le décrocher, le dresser sur un plat, et le papilloter, envoyer un bon jus à part.

QUARTIER DE MOUTON BRAISÉ. — Couper un gigot de mouton, en lui laissant adhérer la selle jusqu'à la hauteur des côtelettes, désosser la selle, puis le gigot, jusqu'à la jointure du manche, saler intérieurement les chairs, les ficeler en leur donnant une jolie forme allongée, masquer le mouton dans une casserole longue foncée, avec des débris de lard et de légumes; le saler légèrement et le mouiller avec la valeur de trois à quatre verres de bouillon; poser la casserole sur le réchaud, faire réduire le liquide jusqu'à ce qu'il tombe à glace, mouillez alors le mouton à hauteur avec du bouillon; mettre le liquide en ébullition, pour retirer la casserole sur un feu très-doux avec des cendres chaudes sur le couvercle, pour le cuire ainsi pendant cinq heures au moins et même davantage, si la viande ne provenait pas d'un jeune animal; dans tous les cas il est plus prudent de le mettre à cuire une heure plus tôt, pour n'avoir pas même la crainte de servir un mouton incuit.

Quand le mouton est cuit à point, l'égoutter sur un plafond, allonger le fond de cuisson avec du vin blanc; le faire bouillir, le dégraisser avec de la sauce brune, débrider le mouton, le découper en entailles, le dresser sur un plat, empapilloter le manche, l'entourer d'une garniture aux petits oignons, glacer et dresser un bouquet, le glacer au pinceau; et verser une partie de la sauce au fond du plat.

QUARTIER DE VEAU ROTI A L'ANGLAISE. — En général les broches anglaises destinées à rôtir les gros morceaux les maintiennent dans une espèce de cage sans donner la peine de passer à travers leur chair ni broche ni hâtelet; c'est un point sur lequel les cuisines françaises devraient prendre exemple.

Choisir un quartier de veau bien blanc, le parer, scier au-dessous de la jointure du pied, écourter l'os du quasi, l'envelopper dans du papier beurré, le faire tourner devant un bon feu, une heure après le déballer et finir de le cuire en l'arrosant avec la graisse de la lèchefrite ; le dresser ensuite sur un plat, parer le manche pour le papilloter, le faire accompagner sur la table d'une saucière de bon jus et d'un plat de légumes cuits à l'eau salée ou à la vapeur.

QUASI DE VEAU A LA CASSEROLE. — Le quasi de veau fait suite à la longe, et se trouve placé à l'extrémité du cuissot ; dans le bœuf il représente le morceau qu'on appelle la culotte.

Prenez un quasi de veau, abattez l'os en dessous pour lui donner de l'aplomb ; posez-le dans une casserole de sa dimension, dont vous aurez eu soin de beurrer grassement le fond ; le saler en dessus ; couvrir la casserole, la poser sur le feu, et cuire le quasi pendant une heure et demi à feu bien doux avec des cendres sur le couvercle en le retournant souvent ; quand il est cuit et d'une belle couleur, dressez-le sur un plat, versez dans la casserole la valeur d'un verre de bouillon, faites bouillir quelques minutes, dégraissez-le, et le versez **en le passant.**

R

RABLE. — On appelle râble la partie qui se
trouve entre le train de devant et celui de derrière
d'un lièvre ou d'un lapin. C'est cette partie qui
est la plus délicate et que l'on sert de préférence
rôtie : pour cela, on prend un lièvre ou un lapin
dont on retranche les épaules et les cuisses en
coupant carrément les reins de ce gibier, qu'on
laisse en un seul morceau. On le pique de fins
lardons et on l'attache à la broche, mais il faut au
moins trois ou quatre trains de lièvre pour garnir
suffisamment un plat de rôti ; on le finit avec des
tranches ou quartiers de bigarrade pour garniture. N'oubliez pas de faire mariner le ou les râbles de lièvre avant de les coucher en broche.
(V. MARINADE.)

RAGOUTS. — Les salpicons ou ragoûts sont
composés de toutes sortes de viandes et de légu-

mes, comme ris de veau, truffes, champignons,
fonds d'artichauts, etc.; mais il faut, pour qu'ils
soient bons, que les viandes que vous employez
et que vous mettez dans une égale proportion
soient cuites à part ainsi que les légumes, afin
que ces ingrédients se trouvent d'égale cuisson
selon leur qualité.

Salpicon ordinaire. — Il se compose de ris de
veau, de foies gras ou demi-gras, de jambon, de
champignons et de truffes, si c'est la saison ; coupez cela en petits dés d'égale grosseur; au moment
de servir, ayez de l'espagnole bien réduite, la
quantité qu'il vous faut pour vos chairs et vos légumes; jetez-les dedans, mettez-les sur le feu;
remuez-les sans les laisser bouillir et servez.

On fait de même ce salpicon avec des quenelles
ou du godiveau, des blancs de volailles cuites à la
broche, des crêtes de coqs et des fonds d'artichauts ; cela dépend de ce que l'on a et de la saison où l'on se trouve.

Ragoût de ris de veau. — Faites dégorger un ou
deux ris de veau; quand ils ont rendu tout leur
sang, faites-les blanchir, marquez-les dans une
casserole avec une ou deux carottes, deux oignons,
quelques parures de veau, un bouquet de persil
et ciboules; assaisonnez, mettez vos ris de veau
dans la casserole, couvrez-les avec une petite
barde de lard, mouillez avec une cuillerée ou
deux de bouillon, qu'ils ne trempent pas entièrement, couvrez-les avec un rond de papier beurré,

faites-les partir ; mettez-les ensuite sur le four·
neau avec de la cendre chaude dessus et dessous ;
veillez à ce qu'ils ne cuisent pas trop ; quand ils
le seront à leur point, retirez-les de leur assaisonnement ; si vous n'avez pas de sauce, passez
leur cuisson dans une casserole au travers d'un
tamis. Au cas où vous voudriez les mettre au
blanc, maniez un pain de beurre dans une pincée de farine et quelques champignons ; mettez le
tout dans cette cuisson, laissez cuire, dégraissez ;
joignez quelques fonds d'artichauts si vous voulez, et ayant coupé vos ris de veau en tranches,
mettez-les dans cette sauce sans les laisser bouillir ; lorsque vous serez pour les servir, faites une
liaison de deux jaunes d'œufs, un peu de persil
haché très fin, un jus de citron si vous n'avez pas
de verjus.

Voici la manière de les lier : d'abord cassez
deux œufs, ôtez-en les jaunes sans les rompre ni
laisser ni blanc ni germe ; écrasez-les avec une
cuiller, délayez-les avec un peu d'eau et du bouillon ; ensuite, quand votre ragoût sera bouillant,
retirez-le au bord du fourneau, tenez la queue de
votre casserole d'une main, et de l'autre versez
doucement votre liaison dans votre ragoût en le
remuant toujours, posez-le sur le feu, remuez-le
encore, ne le laissez jamais bouillir, mettez-y
sur-le-champ un petit morceau de beurre pour
que votre sauce soit moelleuse, finissez-la avec
un jus de citron ou un filet de verjus ; qu'elle ne

soit ni trop longue ni trop courte, et servez.

*Ragoût de crêtes et de rognons de coqs en finan-
cière*. — Quand vos crêtes auront été échaudées
et cuites dans un blanc ainsi que les rognons,
mettez dans une casserole la quantité convenable
de velouté réduit si vous voulez votre ragoût au
blanc, et d'espagnole réduite si vous le voulez
au roux, en y ajoutant un peu de consommé au
cas où votre sauce se trouverait trop liée ; faites
mijoter vos crêtes un quart d'heure, joignez-y, un
peu avant de servir vos rognons, quelques champignons tournés que vous aurez fait cuire, des
fonds d'artichauts et des truffes selon votre volonté ; si votre ragoût est au blanc, liez-le comme
il est indiqué à l'article *Ragoût de ris de veau*, et
s'il est au roux, suivez le même procédé que celui
énoncé au même article.

Ragoût de laitances de carpes. — Prenez vingt-
quatre laitances, détachez-les des boyaux, jetez-
les dans l'eau fraîche, laissez-les sur le bord d'un
fourneau, laissez-les dégorger jusqu'à ce qu'elles
soient blanches ; prenez une autre casserole,
faites-y bouillir de l'eau avec un peu de sel,
égouttez vos laitances et jetez-les dans cette eau ;
obtenez une ébullition, retirez-les du feu, ayez
dans une casserole quatre cuillerées à dégraisser
d'italienne blanche ou rousse, mettez-y vos laitances, faites-leur jeter encore un bouillon ou
deux, dégraissez-les, finissez-les avec un jus de
citron, et servez-les comme ragoût de laitance,

soit dans une casserole d'argent, soit dans une caisse ou dans un vol-au-vent.

Ragoût aux truffes. — Prenez une livre de truffes, suivant vos besoins ; si vous les achetez vous-même, prenez-les aussi rondes que possible : serrez-les dans votre main : il faut, en les serrant moyennement, que l'on sente leur résistance, et qu'elles ne soient ni molles ni gluantes ; flairez-les pour juger de leur parfum ; si elles avaient un goût de fromage, rejetez-les.

Après vous être assuré de leur qualité, jetez-les dans l'eau fraîche ; celles qui surnagent sont inférieures à celles qui restent au fond ; ayez une petite brosse, brossez-les pour en extraire absolument la terre et rejetez-les dans un autre vase rempli d'eau claire et non d'eau chaude, vu qu'elles en perdraient leur parfum, rebrossez-les et, avec la pointe du couteau, ôtez-en la terre jusque dans les creux et les sinuosités ; s'il s'en trouve qui aient des brochettes, retirez-les : je parle ainsi, parce qu'il arrive que les marchands osent en faire de grosses de plusieurs petites, en les joignant l'une à l'autre à la faveur de ces brochettes. Cela fait, lavez vos truffes encore à une troisième eau et même plus, vu qu'il faut que l'eau reste limpide. On conserve ordinairement les plus belles pour servir sur la serviette ou en croustade ; les autres se coupent par tranches et en dés pour faire la sauce aux truffes, dont je vais parler.

Ragoût aux truffes à la Périgueux. — Coupez des truffes en petits dés ; passez-les dans du beurre ; mettez-y deux ou trois cuillerées à dégraisser d'italienne rousse ou d'espagnole avec un peu de vin blanc, et finissez-les avec la moitié d'un pain de beurre de Vembre. Cette sauce se sert sur des perdreaux, des poulardes, des poulets et des dindes truffés.

Ragoût de champignons à la Cussy. — Prenez des champignons d'une texture ferme, lavez, brossez et pelez des truffes noires, saines et d'une moyenne grosseur, coupez les champignons ainsi que les truffes par tranches épaisses comme des feuilles de carton. Ajoutez-y un peu d'ail haché très menu, mettez le tout dans une casserole avec un morceau de beurre fin, proportionné à la quantité de vos cornichons, faites sauter à grand feu, et lorsque le beurre sera fondu, exprimez-y le jus de vos deux citrons, ajoutez ensuite sel, gros poivre, muscade râpée, quatre cuillerées à bouche de grande espagnole, et autant de sauce réduite ; faites cuire votre ragoût et, au moment de l'ébullition, ajoutez un verre de vin de Sauterne ou de Xérès, continuez la cuisson pendant vingt minutes et servez.

Ragoût de mousserons. — Lavez, égouttez les mousserons, passez-les au beurre ou au lard fondu, un bouquet garni, sel et poivre ; laissez mitonner à petit feu, dégraissez et liez le ragoût, avec du jus blond, ou à défaut avec du beurre manié de farine.

52.

Ragoût de navets. — Épluchez des navets, et coupez-les proprement; faites-leur faire un bouillon dans l'eau, laissez-les égoutter, faites un roux dans une casserole avec du beurre et une demi-cuillerée de sucre en poudre; passez-y les navets jusqu'à ce qu'ils aient pris une belle couleur; mouillez avec du jus ou du bouillon, assaisonnez avec sel, gros poivre et un bouquet garni.

Ragoût de chicorée au brun. — Ayez douze chicorées, épluchez-les, ôtez-en tout le vert, lavez ces chicorées dans plusieurs eaux, en les tenant par la racine et en les plongeant à plusieurs reprises; prenez garde qu'il n'y reste des vers de terre, qui souvent y séjournent, égouttez-les, faites-les blanchir à grande eau, où vous aurez mis une poignée de sel; elles seront suffisamment blanchies lorsqu'en pressant les feuilles entre vos doigts elles s'écraseront facilement; alors retirez-les avec une écumoire, mettez-les rafraîchir dans un seau d'eau fraîche, égouttez-les, pressez-les entre vos mains, de manière qu'il leur reste le moins d'eau possible; supprimez-en les racines et les plus gros cotons, hachez cette chicorée, mettez-la dans une casserole avec un morceau de beurre, passez-la sur un feu doux, environ un quart d'heure pour la bien dessécher, mouillez-la avec deux cuillerées d'espagnole et une de consommé; faites-la cuire une heure au moins, en la remuant continuellement avec une cuiller de bois, de crainte qu'elle ne s'attache et ne brûle:

quand elle sera réduite à son point, mettez-y du sel et servez.

Ragoût de chicorée au blanc. — Employez pour ce ragoût le même procédé énoncé ci-dessus, excepté qu'il faut employer en moindre quantité du velouté, au lieu d'espagnole ; ce ragoût de chicorée se finit avec une chopine de crème ou de lait réduit, que vous y versez petit à petit, un peu de muscade râpée et du sel, la quantité convenable.

Ragoût d'épinards. — Ayez des épinards ce qu'il vous en faut, ôtez-en les queues, et ceux qui ne sont pas bien verts ou qui sont tachés, lavez-les plusieurs fois à grande eau, faites-les blanchir au grand bouillon, dans beaucoup d'eau où vous aurez mis une poignée de sel ; ayez soin de les remuer et de les écumer ; prenez garde que l'eau ne s'en aille par-dessus les bords du chaudron, ce qui ferait voler de la cendre dans vos épinards, leur donnerait un mauvais goût et les ferait croquer. Pour juger s'ils sont assez blanchis, pressez-en entre deux doigts ; s'ils s'écrasent facilement, ils le sont assez ; dès lors retirez-les du feu, jetez-les dans une passoire, ensuite dans une assez grande quantité d'eau fraîche pour les rafraîchir sur-le-champ ; laissez-les rafraîchir deux heures, jetez-les de nouveau dans une passoire ; après mettez-les en pelote, sans pour cela les trop presser : hachez-en ce dont vous aurez besoin, mettez-les dans une casserole avec un mor-

ceau de beurre suffisant pour les nourrir ; passez-les sur un feu vif, remuez-les avec une cuiller
de bois ; quand ils seront assez desséchés et d'un
beau vert, mouillez-les avec de l'espagnole ; s'ils
sont pour entrée, faites-les réduire à consistance
d'une forte bouillie ; mettez-y un peu de muscade
râpée ; et, pour les finir, un pain de beurre ; remuez-les bien, puis servez.

Ragoût de haricots à la bretonne. — Prenez des
haricots de Soissons, secs ou verts, il n'importe ;
épluchez et lavez-en un litre, mettez-les dans une
marmite, à l'eau froide, avec un morceau de
beurre sans sel, et durant leur cuisson versez-y à
plusieurs reprises un peu d'eau fraîche, ce qui les
empêchera de bouillir et les rendra plus moelleux ; quand ils seront cuits, égouttez-les, mettez-
les dans une casserole avec un morceau de
beurre, une cuillerée ou deux de purée d'oignons
au brun (comme elle est énoncée à son article) et
d'espagnole, assaisonnez-les d'un peu de gros poivre et de sel ; sautez-les souvent et finissez-les
avec un pain de beurre.

Ragoût de haricots au jus. — Mettez dans une casserole vos haricots cuits, comme il est dit ci-dessus, avec un morceau de beurre, deux cuillerées
d'espagnole, une cuillerée de jus de bœuf, du
sel, du gros poivre, et finissez-les aussi avec un
pain de beurre.

Ragoût aux concombres. — Coupez l'extrémité de
trois concombres. Évitez d'en prendre d'amers,

ôtez-leur la pelure, coupez-les en quatre et supprimez-en les pepins, coupez ces concombres en écailles d'huîtres, parez-les, arrondissez-les, tâchez que les morceaux soient égaux, faites-les blanchir dans de l'eau avec un peu de sel, assurez-vous s'ils sont cuits, mettez dans une casserole trois ou quatre cuillerées à dégraisser de velouté, ajoutez-y vos concombres ; faites-les cuire et réduire, dégraissez-les ; goûtez s'ils sont d'un bon sel ; finissez de les lier avec un morceau de beurre ; mettez-y un peu de muscade râpée et servez.

Ragoût à la chipolata. — Mettez dans une casserole deux cuillerées à pot d'espagnole réduite, une demi-bouteille de vin de Madère, des champignons tournés, des petits oignons cuits à blanc, des marrons préparés comme pour des terrines, des petites saucisses à la chipolata, que vous aurez fait cuire dans du bouillon, des truffes coupées en quartiers et un peu de gros poivre, faites réduire votre ragoût, dégraissez-le et servez-vous-en.

Ragoût de pois au lard. — Prenez lard ou jambon, une demi-livre au plus, si le cas le requiert ; coupez-le en gros dés, faites-le blanchir ; mettez du beurre dans une casserole, faites-y revenir votre lard ou votre jambon ; qu'il soit d'une belle couleur ; ayez un litre de pois très-fins ; mettez-les dans un vase avec gros de beurre comme une noix ; maniez-les avec la main, versez de l'eau des-

sus, laissez-les dans l'eau un demi-quart d'heure
pour que leur peau s'attendrisse; égouttez-les
dans une passoire, mettez-les dans une casserole,
et faites-les suer: lorsqu'ils seront bien verts,
mouillez-les avec une cuillerée à pot d'espagnole,
ajoutez-y votre petit lard ou votre jambon, un
bouquet de persil et ciboules, faites-les partir, retirez-les sur le bord du fourneau, laissez-les mijoter et réduire. Votre ragoût étant bien cuit, dégraissez-le, goûtez s'il est d'un bon sel; s'il se
trouvait trop salé, mettez-y un peu de sucre, du
sucre toujours, enlevez l'âcreté et servez.

RAIE. — Ce poisson ayant besoin d'être mortifié pour être plus tendre, le transport du port de
mer à Paris ajoute à sa qualité; c'est du reste le
seul poisson qui puisse se conserver pendant deux
ou trois jours, même en temps d'orage.

Les deux meilleures espèces sont la *turbotine* et
la *raie bouclée*, et la meilleure manière de la manger est de la faire cuire à l'eau de sel avec du vinaigre et quelques tranches d'oignons, on l'é-
égoutte, on l'épluche, et on la sert avec une
sauce blanche aux câpres ou une sauce au
beurre noir noisette, garni de persil frit.

Le foie de la raie ne doit rester que deux
ou trois minutes dans l'eau bouillante pour être
cuit.

Raie frite. — Enlevez la peau d'une raie, coupez-la en morceaux comme des filets, sans en ôter
les arêtes, mettez-les mariner avec assaisonne-

ment, ajoutez-y un morceau de beurre manié de farine, vinaigre, fines herbes; faites un peu tiédir la marinade pour que le beurre fonde, laissez les filets mariner pendant quatre heures, retirez-les avant de les faire frire, farinez-les et garnissez.

Raie à la noisette. — Faites comme ci-dessus, assaisonnez et masquez d'une sauce au beurre.

Raie à la Sainte-Menehould. — Faites une Sainte-Menehould avec un verre de lait, sel, poivre, un morceau de beurre manié de farine, deux oignons en tranches, un bouquet garni, clous de girofle, une pointe d'ail, une feuille de laurier; mettez cette sauce sur le feu et tournez jusqu'à ce qu'elle bouille, coupez une raie en filets, faites-les cuire dans la sauce, retirez-les, trempez-les dans du bouillon, pansez-les, retrempez-les dans du beurre, repansez-les, faites-les griller, et servez avec une sauce Robert ou une remoulade aux câpres.

Raietons frits. — Enlevez la peau de plusieurs raietons, mettez mariner avec sel vinaigre, oignons et quelques branches de persil, égouttez-les, farinez-les, faites-les frire d'une belle couleur, égouttez-les de nouveau, et servez avec une sauce au beurre noir aromatisée.

RAIFORT. — On en compte deux espèces, le cultivé et le sauvage: la racine du cultivé est grosse, charnue, d'un brun noir en dehors et très blanche en dedans ; cette chair est d'une saveur tellement épicée, qu'elle en paraît âcre et brûlante. Pour que le raifort soit meilleur, on le coupe par rouelles une ou deux heures avant de le servir, on couvre chaque rouelle de sel égrugé, puis on les remet les uns sur les autres, cela leur fait jeter une eau âcre et les rend plus douces à manger.

On emploie quelquefois le raifort comme garniture autour des aloyaux rôtis et des gros poissons que l'on a cuits au bleu.

On en garnit aussi des bateaux à hors-d'œuvre et on en compose un beurre assaisonné qui s'emploie dans la confection des sandwichs et des craquelins à l'écossaise.

Le raifort a les mêmes inconvénients que la vraie rave, il est également venteux, il cause des rapports, même des maux de tête quand on en mange trop.

On en met aussi dans les ragoûts auxquels on veut donner un haut goût.

RAIPONCE. — Plante du genre campanule que l'on cultive dans les potagers. On mange la racine et les feuilles radicales de cette plante en salade et on y adjoint ordinairement des tranches de betteraves confites au vinaigre et des montants de céleri cru.

RAISIN. — Il y a : le chasselas de Fontainebleau qui vient en première ligne, le gros Corinthe et le chasselas noir qui viennent après, et

quelques muscats, tels que celui de Frontignan,
le muscat hâtif du Piémont, celui de Rivesaltes,
le rouge de corail, le gros muscat noir, le violet
de Gascogne et le passe-musqué d'Italie. Il y a
aussi le gros muscat long et violet de l'espèce de
Madère, renommé pour sa beauté, son volume et
sa bonté ; mais le meilleur de tous les muscats est
celui qu'on a surnommé de l'enfant-Jésus, d'a-
près la belle grappe du tableau de Mignard ;
malheureusement cet excellent fruit est devenu
très-rare.

Le séchage des raisins en les dépouillant de la
plus grande partie de leur flegme et en corri-
geant l'acide qu'ils contiennent les rend plus
nourrissants et leur donne en même temps une
qualité adoucissante, très propre pour remédier
aux âcretés de l'esomac et pour amollir le ventre ;
aussi ceux qui ont l'estomac faible se trouvent-ils
bien de mâcher, après le repas, deux ou trois
grains de raisin avec les pepins ; cela contribue
beaucoup à la coction des aliments.

On fait sécher les raisins au soleil ou au four ;
par le premier procédé, ils conservent une grande
douceur, tandis que le second leur communique
une certaine âcreté ; les grands raisins secs dits
de *Damas* proviennent de vignes à gros grains ou
à grains gros et oblongs, et sont désignés selon
leur lieu de provenance : raisins secs de France,
de Calabre, d'Espagne ou du Levant. Parmi les
raisins d'Espagne on distingue les raisins mus-

cats, les raisins au soleil (séchés sur cep au soleil), les raisins fleuris, les raisins Malaga et les raisins Lexias. Les meilleurs raisins secs de France proviennent du Languedoc et de la Provence, ce sont les *jubis*, les *pcards*, etc. En fait de raisins secs d'Italie, on vante ceux de la Calabre à cause de leur belle chair et de leur goût délicat; ils viennent en masse dans le commerce attachés à des fils.

Les raisins secs à petits grains, dits *raisins de Corinthe*, proviennent d'une variété de vigne croissant surtout aux îles Ioniennes et en Grèce. La liqueur vineuse qu'on fabrique avec des raisins secs et du vin qu'on fait fermenter ensemble, déjà connue des anciens sous le nom de *vinum passum*, était une des boissons favorites des Romains.

RAISINÉ. — Confiture de raisin doux qu'on fait cuire et réduire en y ajoutant des poires ou des coings et dont l'enfance est très friande. On en fait aussi avec du cidre et du poiré dans les pays ou on ne récolte pas de raisins ; c'est une substance très salutaire, qui a l'avantage d'offrir des ressources à la classe la moins aisée du peuple, puisqu'il ne faut point ou peu de sucre pour la préparer.

Le meilleur raisiné est celui de Bourgogne; on le fait avec du vin doux que l'on fait bouillir doucement dans une chaudière, en l'écumant et le remuant de temps en temps avec une spatule pour qu'il ne s'attache pas. Ajoutez peu à peu des morceaux de poires émincées, de Messire-Jean, de virgouleux ou de Rousselet. Puis, lorsque tout l'appareil se trouve réduit au tiers de la chaudière, on tamise la confiture et on l'emporte.

RALE. — Il existe deux variétés de cet oiseau de passage, le râle de genêt et le râle d'eau.

On sert le râle de genêt rôti, entouré de feuilles de vigne et enveloppé dans une grande feuille de papier beurré, sans lardon ni bardes de lard, attendu que cet oiseau se trouve pourvu d'une graisse abondante. Il suffit seulement d'une demi-heure de cuisson pour qu'il soit cuit à point.

RAMEQUIN, — (V. Patisserie.)

RAMEREAUX. — *Ramereaux en marinade.* — Videz et flambez trois ramereaux, coupez-les en deux ou en quatre, faites-les cuire dans une légère marinade ; un peu avant de servir, égouttez-les sur un linge blanc, faites-les frire après les avoir trempés dans une pâte à frire; qu'ils soient d'une belle couleur, et servez-les comme les autres marinades.

Ramereaux à l'étouffade. — Videz et flambez trois ramereaux, préparez des moyens lardons, assaisonnez-les de sel, de poivre, de persil et ciboules hachés, d'épices fines et d'aromates pilés et passés au tamis ; il faut que le basilic domine un peu ; lardez vos ramereaux, marquez-les dans une casserole, comme il est énoncé à l'article précédent ; faites-les cuire ; leur cuisson achevée, dressez-les sur votre plat ; tamisez le fond, saucez-les, et servez-les.

Des tourtereaux. — Les tourtereaux sont d'une chair sèche, mais d'un meilleur goût que les pigeons de volière. Mettez-les à la broche.

RAMIER. — (V. PIGEON.)

RATAFIA. — (V. LIQUEURS.)

RATONNET DE MOUTON. — Coupez des noix de mouton par tranches, aplatissez-les, assaisonnez-les de sel, de poivre, fines herbes, fines épices, persil, ciboules, une pointe d'ail, un verre d'huile, un jus de citron ; laissez-les mariner deux heures, couvrez ces noix d'une farce de volaille, roulez-les, embrochez-les dans un hâtelet, mettez une barde de lard de chaque côté pour empêcher la farce de s'échapper ; attachez-les à une broche. et arrosez-les en cuisant avec leur marinade mêlée avec un verre de vin blanc ; quand elles sont cuites, dressez-les sur un plat ; mettez dans le dégout avec lequel vous les avez arrosées, un peu de jus et de coulis. Dégraissez-le, servez dessus vos ratons, ou servez-les avec une sauce à l'Italienne.

On peut aussi les piquer de lard et les faire cuire de même ou comme des fricandeaux et tirer leur glace pour mettre dessus.

On fait de même les ratons de veau et de bœuf après en avoir mortifié les viandes.

RAVE. — (V. Radis et Raifort.)

RAVIGOTE. — Nom donné à une sauce piquante faite avec du cerfeuil et de l'estragon hachés ; on y ajoute de la pimprenelle, de la ciboule, du sel, du poivre et des quatre épices ; on fait chauffer le tout dans une casserole de terre avec du blond de veau, du vinaigre, du beurre frais que l'on mélange ensemble afin de bien lier le tout.

Ravigote à l'huile. — Vous hachez les herbes comme il est indiqué ci-dessus ; puis vous les mettez avec de l'huile, du vinaigre, du sel, du gros poivre dans du bouillon froid. Remuez longtems cette sauce afin de la bien lier.

Vert de ravigote. — Vous prenez une égale quantité de cerfeuil, de pimprenelle et d'estragon, un peu de ciboulette, de persil, de cresson alénois et de cresson de santé, vous faites blanchir le tout sur un feu très-ardent, puis vous faites rafraîchir ces herbes à grande eau, les pressez et les pilez dans un mortier, en y ajoutant un peu de sauce allemande froide ; quand le tout formera une espèce de pâte, vous le passerez dans un tamis en le pressant avec une cuiller de bois.

Vous vous servez de ce vert de ravigote pour mettre dans les liaisons, les sauces et les ragoûts.

REINE-CLAUDE. — Excellente prune que l'on cueille au mois d'août.(V. Prunes, Compotes, Confitures, Marmelade, Tourtes, Glaces et fruits a l'eau de vie.)

REINETTE. — La pomme reinette possède

trois variétés : la blanche ou reinette de France qui est la meilleure des pommes à cuire, dont la pulpe est très sucrée et qui est imprégnée d'un acide qui en relève beaucoup la saveur ; la reinette grise qui vient après, et enfin la reinette d'Angleterre ou du Canada.

C'est avec la reinette qu'on fait la gelée de pommes à la manière de Rouen. (V. Gelées, Patisseries, Charlottes.)

RÉMOULADE. —Sauce composée d'anchois, de câpres, de persil et ciboules hachés à part, le tout passé avec du bon jus, une goutte d'huile, une gousse d'ail et assaisonnement ordinaire.

Rémoulade à la provençale. — Hachez du persil, deux échalotes, un peu d'oignon, pressez-les ensuite dans un linge pour en extraire les parties aqueuses, hachez aussi des cornichons, des câpres et un anchois, pilez parfaitement le tout dans un mortier avec quatre jaunes d'œufs durcis, un peu de persil blanchi, de l'ail et ajoutez-y un jaune d'œuf cru quand tout est pilé ; versez presque goutte à goutte dans le mortier la valeur d'un bon verre d'huile, assaisonnez de sel, poivre, moutarde, une cuillerée à bouche de bon vinaigre à l'estragon, un jus de citron, et mêlez bien le tout ensemble.

RIBLETTE. — Ragoût qu'on prépare sur le gril d'une tranche déliée de viande de bœuf ou de veau, ou de porc, qu'on sale et qu'on épice. On apprête les riblettes comme les côtelettes.

RISSOLE. — Sorte de pâtisserie faite de viande hachée et épicée, enveloppée dans de la pâte et frite dans du saindoux. On fait d'abord de petites abaisses en forme de petite pâte ovale, on les remplit d'un godiveau fait de blanc de chapon, moelle de bœuf, sel et poivre, le tout bien haché, puis, les rissoles faites, on les confit dans le saindoux.

Rissoles en gras. — Faites une farce avec un blanc de chapon ou un morceau de veau blanchi sur le gril, du persil, ciboules, un champignon, un peu de jambon cuit, de la mie de pain trempée dans de la crème, liez avec deux jaunes d'œufs crus, pilez ensuite le tout dans un mortier, puis faites une abaisse de feuilletage très mince, coupez-la en petits morceaux sur lesquels vous mettez un peu de votre farce, couvrez de même pâte, soudez les deux abaisses, parez vos rissoles tout autour, faites frire dans du saindoux bien chaud, et servez pour hors-d'œuvre ou pour garniture.

Rissoles en maigre. — Vous opérez de la même façon qu'il est indiqué ci-dessus ; vous faites seulement une farce maigre au lieu d'une farce grasse et vous faites frire.

Rissoles de tétine de veau. — Prenez des tétines de veau blanchies, coupez-les entières, mettez entre deux morceaux un peu de farce, soudez avec des œufs et faites frire dans une pâte légère.

Rissoles à la moelle glacées — Prenez un peu de

crème patissière avec un quart de moelle et de la fleur d'orange ; grillez du sucre, un peu de crème, trois ou quatre biscuits d'amandes amères, pilez bien le tout, formez vos rissoles comme il est dit plus haut, faites-les frire, glacez, et servez chaus pour entremets.

Rissoles de chocolat. — Faites une pâte brisée bien fine ou de feuilletage, étendez-la bien mince et formez vos rissoles ; faites une crème patissière délicate, râpez-y du chocolat assez pour qu'elle en prenne le goût, laissez-la refroidir, formez vos rissoles, peu de pâte, beaucoup de crème, faites frire, glacez à la pelle rouge ou dans le four, et servez chaud.

On fait des rissoles de café, de safran, de crème, de riz, d'amandes, pistaches avelines et toutes sortes de fruits.

Rissoles d'épinards. — Épluchez bien vos épinards, lavez-les à plusieurs eaux, faites cuire ensuite dans une casserole avec un verre d'eau ; égouttez-les, pressez-les, pilez-les dans un mortier avec un morceau de beurre frais, de l'écorce de citron vert, quelques biscuits d'amandes amères, un peu de sucre et d'eau de fleur d'orange, formez ensuite vos rissoles, comme on l'a déjà dit, faites frire de belle couleur dans une friture maigre ; quand elles sont frites et dressées sur un plat, sucrez-les, glacez-les à la pelle rouge et servez pour entremets.

Rissoles de marmelade d'abricots. — Vous faites

une pâte brisée avec un litre de farine fine, un quart de beurre, une cuillerée d'eau de fleur d'orange, un peu de citron râpé très-fin, une pincée de sel, un peu d'eau, formez-en de petites abaisses, mettez dessus de petits tas de marmelade d'abricots, finissez à l'ordinaire, et servez, glacées avec du sucre à la pelle rouge.

Rissoles de champignons et mousserons. — Coupez en dés les champignons et les mousserons, passez-les sur le feu avec un morceau de beurre, un bouquet, une tranche de jambon, mettez-y une pincée de farine, mouillez avec un peu de réduction, deux cuillerées de coulis, un peu de bouillon et sel, faites cuire ce ragoût, dégraissez-le, puis, quand il est cuit, liez la sauce, mettez-y un jus de citron et laissez refroidir. Faites une pâte brisée, mettez de petits tas de votre ragoût sur les abaisses, finissez comme on l'a dit, et servez de même.

RISSOLER. — Action de cuire les viandes ou autres mets jusqu'à leur donner une couleur rousse.

Le rôti, pour être beau et bien cuit, doit être rissolé. On dit aussi d'un pain cuit de belle couleur, qu'il est rissolé.

RISSOLETTES. — Elles se font avec toutes sortes de viandes hachées menu, avec un peu de graisse de bœuf ou de veau, de lard, sel, poivre, persil, ciboules, échalotes, trois jaunes d'œufs ; dressez de cette farce sur des petites rôties de pain, et servez chaud pour hors-d'œuvre.

RIZ. — Originaire de l'Orient, le riz est après le pain la nourriture la plus saine, la plus abondante et la plus universellement connue.

Riz soufflé. — Préparez une once ou deux de riz, faites-le crever dans du lait avec un peu de zeste de citron, du sel et un peu de beurre, mouillez-le petit à petit pour qu'il se maintienne ferme, ajoutez-y deux cuillerées de sucre enpoudre; votre riz crevé et réduit, mettez-y des jaunes d'œufs les uns après les autres, faites-les prendre sans les laisser trop cuire, fouettez les blancs que vous mêlerez avec votre appareil, dressez votre soufflé sur un plat, mettez-le au four ou sous un four de campagne, glacez-le de sucre en poudre lorsqu'il commencera à prendre couleur, laissez-le s'achever de se cuire et de se glacer, et servez-le. Mettez le soufflé dans un bol d'argent, cernez-le autour avec un couteau afin de lui laisser l'aisance de monter, glacez et servez.

Gateau de riz à la bourgeoise. — Lavez et faites blanchir 250 grammes de riz, faites-le crever dans un peu de lait que vous aurez fait bouillir avec le zeste d'un citron, mouillez ce riz petit à petit et maintenez-le ferme, laissez-le ensuite refroidir, incorporez-y une douzaine de macarons, dont six amers, une pincée de sel fin, 125 gr. de sucre, quatre œufs entiers, et les jaunes de quatre autres dont vous conserverez les blancs. Beurrez une casserole, égouttez-la, saupoudrez-la de mie de pain, fouettez vos quatre blancs d'œufs, incorporez-les légèrement dans le riz, versez-le dans une casserole qui devra vous servir de moule, mettez-le au four une demi-heure ou trois quarts-d'heure avant de servir, dressez-le, sa cuisson achevée, et servez-le de suite ; les macarons en poudre.

Les gâteaux de vermicelle ou de semoule se font de la même manière, excepté que vous ne faites pas crever ces pâtes.

Vous pouvez masquer votre gâteau ou servir à proximité de cet entremets une sauce composée de la manière suivante :

Mettez dans une casserole la moitié d'une cuillerée à bouche de fleur de farine délayée avec de la crème, une cuillerée à café d'eau de fleur d'oranger, un peu de sel, une cuillerée à bouche de sucre fin et un peu de beurre, mettez cet appareil sur le feu, faites-le cuire en le tournant, puis masquez-en votre gâteau en le tirant du four.

Riz au lait d'amandes. — Nettoyez votre riz et mettez-le dans une casserole avec un peu d'eau, ajoutez-y un grain de sel, un peu de zeste de citron, deux feuilles de laurier amande, et faites cuire à petit feu ; pilez ensuite 250 grammes d'amandes que vous humectez en pilant avec une cuillerée d'eau afin qu'elles ne tournent pas en huile ; lorsqu'elles sont bien pilées, vous les passez dans une serviette, en pressant fortement : mettez du sucre dans votre riz, mouillez-le avec

ce lait d'amandes et achevez de le faire cuire à petit feu.

Otez, avant de servir, le citron et le laurier.

Riz aux pommes à la bonne femme. — Préparez
du riz comme pour un gâteau, en employant des
œufs entiers battus, beurrez une casserole et mettez deux doigts de ce riz au fond de cette casserole et autant autour, remplissez l'intérieur avec
des quartiers de pommes en compote. Couvrez
avec du riz et faites cuire comme le gâteau.

Corbeille de riz garnie de petits fruits. — Vous
dressez votre riz sur le plat en forme de corbeille
après l'avoir préparé comme il est indiqué ci-
dessus, vous ornez cette corbeille d'une mosaïque
de petits filets d'angélique, puis vous garnissez
le tour du pied de petites colonnes de pommes,
vous groupez dans la corbeille de petits fruits
disposés avec douze pommes de reinette bien saines de manière à imiter des poires, des abricots,
des figues et des petites pommes d'api; vous colorez les figues après la cuisson avec un peu de
vert, mais pas d'essence d'épinards, les abricots
avec une petite infusion de safran et les pommes
d'api avec un peu de carmin; puis vous placez
dans les fruits, pour imiter des grappes de raisin,
de petites parties de riz dans lesquelles vous fichez
des moyens grains de muscat; pour former une
grappe de ce fruit, vous en groupez une autre de
raisin de Corinthe et vous placez enfin, entre
tous ces fruits, des feuilles de biscuit aux pista-

ches, d'angélique en losange ou de riz teint d'un vert tendre.

Riz en timbale glacée. — Vous foncez légèrement de pâte fine un moule d'entremets, ensuite vous masquez la pâte avec les trois quarts de riz ; versez dans le milieu huit pommes de reinette coupées par quartiers que vous aurez fait cuire avec deux onces de sucre, deux de beurre d'Isigny et deux cuillerées de marmelade d'abricots. Couvrez le tout du reste de riz et d'une abaisse de pâte ; mettez ensuite la timbale au four doux, faites-lui prendre couleur blonde, renversez-la sur le plat, enlevez le moule, glacez la surface avec de la marmelade d'abricots transparente et servez.

Riz en croustade et meringué. — Dressez et décorez une croustade de pâte fine, cuisez-la de belle couleur, préparez six onces de riz et huit belles pommes tournées très blanches. Dégraissez la croustade de la farine que vous y avez mise pour cuire, versez-y la moitié du riz que vous élargissez et placez dessus les pommes que vous auriez garnies intérieurement d'abricots. Couvrez-le avec le reste du riz que vous unissez, puis mettez l'entremets au four doux; fouettez deux blancs d'œufs, mêlez-les avec deux cuillerées en poudre, formezen une grosse meringue, saupoudrez-la de sucre fin et placez-la sur un bout de planche ; mettez-la au four, donnez-lui belle couleur, retirez l'entremets que vous masquez avec le sirop, glacez la croûte de votre croustade et servez de suite. Cette préparation faisait les délices d'Alice Ozy, à Saint-Germain.

Riz à la française, — Lavez et blanchissez du riz et faites-le cuire avec du beurre fin, du sucre en poudre et du lait ; mêlez-y ensuite quelques macarons amers, un peu de fleur d'oranger, pralines en feuille, de l'écorce d'orange confite et coupée en dés, une vingtaine de cerises confites coupées en deux et autant de gros raisins de Muscat bien épépinés et quelques filets d'angélique confite. Finissez ce plat comme il est indiqué ci-dessus, et servez avec une sauce liée au vin d'Alicante ou de Val-de-Penas.

Riz au beurre, aux pommes et aux raisins de Corinthe. — Faites cuire 350 grammes de riz comme il est indiqué, joignez-y du raisin de Corinthe parfaitement lavé, tournez ensuite douze pommes d'api que vous coupez par quartiers et que vous faites cuire avec du beurre fin, du sucre en poudre et de la marmelade d'abricots.

Vous beurrez ensuite légèrement un moule à cylindre et vous le garnissez avec le riz que vous reversez aussitôt sur un plat ; vous glacez ce riz de marmelade d'abricots, vous versez dans le cylindre les quartiers de pommes tout bouillants et vous servez de suite.

Gâteau de riz au caramel. — Vous préparez le riz de la manière accoutumée, mais vous faites cuire le sucre au caramel et y mêlez une cuillerée de fleur d'oranger pralinée. Lorsqu'il est froid, vous le faites dissoudre avec un demi-verre d'eau bouillante et le versez ensuite dans le riz que vous moulez comme le précédent ; puis, après l'avoir renversé sur un plat, vous le glacez de sucre en poudre que vous faites fondre en posant dessus le fer à glacer, ce qui donne une couleur brillante au gâteau que vous servez le plus promptement possible.

On peut, au lieu de glacer ce gâteau, le masquer de marmelade d'abricots et semer par-dessus des macarons amers pulvérisés.

Tous ces gâteaux sont de forts jolis entremets.

ROAST-BEEF ou ROSBIF (V. bœuf.)

ROBINE. — Nom d'une excellente poire connue sous le nom *d'averat*, de *muscat d'août* et de *royale*.

ROCAMBOLE (*échalotte d'Espagne*). — Espèce d'ail qui croît naturellement dans les contrées méridionales de l'Europe. On le rencontre aussi en Allemagne, en Hongrie, en Danemark. Les bulbes sont employees dans la cuisine comme assaisonnement, elles sont plus douces que celles de l'ail commun ; on sert aussi sur la table, pour être mangées crues, les petites bulbes qui se trouvent parmi les fleurs.

La rocambole de France ayant presque toujours un goût de verdeur et d'âcreté très prononcé, il faut avoir bien soin de la faire blanchir avant de s'en servir.

ROGNONS. — C'est sous ce nom que l'art culinaire s'est emparé des reins des animaux.

La chair des rognons a cela de particulier qu'elle ne s'attendrit jamais par la cuisson ; ils sont ordinairement d'une substance molle et compacte qui les rend difficiles à digérer et produit des obstructions ; il y a cependant quelques jeunes animaux dont les reins sont assez tendres et d'un bon goût, tels que ceux des agneaux, des veaux, des cochons de lait et de quelques autres.

Les rognons de bœuf étant toujours un peu pierreux et la substance étant pourvue d'une saveur trop forte, nous ne conseillons pas à nos lecteurs d'en abuser

Rognons de mouton aux mousquetaires. — Prenez des rognons, ôtez-en la graisse, fendez-les en deux, embrochez-les à des brochettes assaisonnez-les de sel, poivre, un peu d'échalotes hachées bien menu. Frottez une casserole de beurre, lard ou graisse, rangez-y vos rognons, mettez-les un instant sur le feu ou sur des cendres chaudes, feu dessus et dessous, laissez-les seulement un instant, cela suffit pour leur cuisson, dressez-les dans un plat, mettez un peu d'eau dans la casserole où ils ont cuit, un peu de mie de pain, sel, poivre, une pinte de vinaigre, jetez vos rognons dessus et servez pour hors-d'œuvre.

Rognons de mouton à la brochette honorifique. — Mouillez une douzaine de rognons de mouton, fendez-les légèrement à l'opposé du nerf, ôtez les peaux qui les enveloppent et achevez de les fendre sans les séparer ; passez au travers, de quatre en quatre, une brochette de bois en sorte qu'ils ne puissent se refermer, trempez-les dans du beurre fondu, panez-les, faites-les griller en les retournant à propos ; quand ils sont cuits, retirez les brochettes, dressez-les sur un plat, mettez dans chacun un peu de maître d'hôtel froide, faites chauffer votre plat et exprimez dessus le jus d'un citron.

Rognons de mouton au vin de Champagne. — Supprimez la graisse et les fibres d'une douzaine de rognons de mouton et émincez-les, mettez du beurre dans une casserole, ajoutez-y vos rognons assaisonnés de sel, poivre, muscade, persil haché et champignons, faites sauter à grand feu, puis, lorsqu'ils sont roidis, vous y mettez un peu de farine et d'Aï bouilli avec deux cuillerées d'espagnole réduite, remuez sur le feu sans laisser bouillir, et au moment de servir, joignez-y un peu de beurre fin et un jus de citron, et servez avec des croûtons.

Rognons de mouton glacés. — Piquez-les d'un lard très fin sans ôter la peau, enfilez-les dans des brochettes et attachez-les à la broche avec un papier beurré sur l'endroit qui n'est pas piqué, et, quand ils sont cuits à propos, servez avec une sauce à l'espagnole ou toute autre.

Rognons de mouton sur le gril. — Ouvrez les rognons par le milieu, passez au travers une petite brochette, assaisonnez-les de sel, poivre, et faites griller ; quand ils sont cuits, servez-les avec une

sauce à l'échalote. Tous les rognons de moutons
sont bons à toutes sauces, pourvu qu'ils soient sai-
gnants.

Rognons marinés. — Prenez des rognons de moutons et fendez-les en deux sans les séparer, faites-
les mariner avec un peu d'huile, persil, ciboules,
une pointe d'ail, le tout haché très fin ; ajoutez
thym, laurier, basilic en poudre, sel, fines épices.
Quand ils ont pris goût dans la marinade, vous les
passez comme les autres dans des petits hâtelets,
les trempez dans leur marinade, les panez de mie
de pain, vous les faites griller en les arrosant de
temps en temps avec leur marinade, et vous les
servez avec une sauce à l'échalote dessous.

Rognons de mouton en ragoût. — Faites blanchir
les rognons, ôtez-en la petite peau, piquez-les de
gros lard, passez-les à la poêle avec bon beurre,
persil, ciboules : empotez-les après avec bon bouillon, sel, poivre, clous, champignons, morilles, palais de bœuf, marrons, un bouquet de fines herbes et un coulis de bœuf, et servez pour entremets.

Rognons de mouton aux concombres. — Faites cuire
vos rognons dans des bardes de lard, laissez-les refroidir, émincez-les et mettez-les dans un ragoût
de concombres au roux ou à la béchamel.

Rognons de mouton sautés. — Fendez deux rognons
pelez et servez cru. Nous devons à notre ami Na-
dar cette recette primitive.

Cependant, si vous le préférez, posez-les sur un

sautoir avec beurre fondu, sel et poivre; faites al.
ler à grand feu. Quand ils sont roidis d'un côté,
retournez-les et faites-les cuire de l'autre; retirez-
les, dressez-les sur un plat avec autant de croûtons de pain passés au beurre. Mettez dans votre
sautoir un morceau de graise, deux cuillerées d'espagnole réduite, et faites bouillir votre sauce, finissez-la avec du beurre fin et un jus de citron,
saucez vos rognons et servez.

Rognons de bœuf à l'oignon. — Passez des tranches
d'oignon dans une casserole avec un morceau de
beurre; lorsqu'il est à moitié passé, mettez-y votre rognon de bœuf coupé très mince, assaisonnez
de sel et poivre, ne mouillez qu'avec le jus que
cela rendra, ajoutez-y un filet de vinaigre et de la
moutarde et servez pour hors-d'œuvre.

Rognons de bœuf a la poêle. — Passez votre rognon bien émincé dans une poêle avec persil, ciboule, échalote, sel et poivre. Otez les rognons
lorsqu'ils sont cuits, mettez dans la sauce un verre
de vin et un peu d'eau, liez avec trois jaunes
d'œufs et servez pour hors-d'œuvre.

Rognons de veau sautés. — Émincez des rognons
de veau dont vous aurez les peaux et la graisse.
Mettez-les sur un plat à sauter avec du beurre, sel,
poivre, muscade, échalote et persil hachés et champignons cuits; faites-les sauter sur un feu très
ardent. Ajoutez un peu de farine, du vin blanc,
quelques cuillerées de sauce espagnole réduite,
puis, au moment de servir, mettez dans le sor-

gnons un peu de beurre bien frais et un jus de citron.

Si vous faites cuire vos rognons de veau à la broche ou au four, vous leur laisserez leur graisse.

Les rognons d'agneau et les rognons de coq reçoivent aussi des préparations que nous avons indiquées à leur article.

ROQUEFORT (Fromage de). — Fromage qui se fabrique à Roquefort en Rouergue, dans l'Aveyron.

Nous recommandons le fromage de Roquefort, qui passe avec raison pour le meilleur de tous nos fromages secs.

ROTI. — Viande cuite à la broche et au four. Le rôti dans les repas réglés, se sert en second service. Le gros rôti est la grosse viande rôtie, telle que bœuf, veau, gigot de mouton, etc,.; le petit rôti est la volaille, le gibier et les petits pieds.

Manière de rôtir les viandes noires et les viandes blanches. — Les viandes noires telles que le bœuf et le mouton demandent à être vivement saisies. Il faut pour ces viandes un feu clair, principalement établi aux deux bouts de la broche. Ne hâtez pas trop cependant la cuisson, mais conduisez votre feu de manière à diminuer graduellement la chaleur. Une grosse pièce, par exemple un rôti de bœuf ou de mouton pesant trois ou quatre kilogrammes, exigera une heure ou une heure et demie de cuisson. Les signes auxquels on reconnaît que la cuisson est arrivée au point convenable sont : 1° une certaine résistance au doigt qui la touche ; 2° une petite fumée qui s'en échappe ; 3° quelques gouttelettes de sang qu'elle commence à laisser tomber. Les viandes noires s'arrosent d'elles-mêmes, c'est-à-dire avec leur propre jus. Ne jamais les arroser. (Le contraire des viandes blanches.)

Les viandes blanches, telles que le veau, l'agneau, la dinde et les autres volailles se traitent d'une manière toute différente. Elles veulent aussi être arrosées de temps en temps de beurre, parce qu'elles ne rendent pas autant de jus que les viandes noires et qu'elles se dessécheraient facilement. On reconnaît que les viandes blanches sont arrivées à point parfait de cuisson, lorsqu'elles deviennent tendres sous le doigt qui les interroge et qu'elles laissent échapper une petite fumée. Du reste, il suffit d'avoir acquis un peu d'expérience pour savoir faire rôtir convenablement les viandes blanches ; à cet égard une cuisinière, d'abord inexpérimentée, peut devenir, après quelques mois de pratique, aussi habile que le cuisinier qui a déjà vieilli dans l'exercice de sa profession, Mais il n'en est pas de même des viandes noires. Le vrai talent du rôtisseur se décèle dans la manière de bien cuire ces viandes, qui doivent conserver tout leur jus jusqu'au moment où elles paraissent sur la table et se séparer sous le tranchant du couteau en morceaux tendres et succulents.

Temps qu'exigent les divers rôtis. — En traitant des viandes de boucherie (bœuf, mouton, veau, etc.), de la volaille et du gibier nous avons eu l'occasion de donner quelques conseils qui s'appliquaient plus particulièrement à chacune de ces viandes, et nous avons indiqué, aussi exactement que possible pour chacune d'elles, le temps qu'exigeait leur cuisson, en admettant toujours qu'on se serve d'une broche et qu'on ait un feu bien soutenu. Avec l'appareil appelé cuisinière et placée devant le feu, il faut moins de temps ; avec le même appareil et une coquille qui renferme le feu, il faut moins de temps encore. Dans certaines cuisines on a adopté la broche et le feu dans une coquille convenablement disposée à cet effet, c'est peut-être le meilleur système.

PIÉCES A ROTIR	TEMPS DE LA CUISSON
Pièce de bœuf de 2 kilogr. 1/2	1 heure. 1/2
Pièce de bœuf de 5 kilogr..	2 heures. 1/2
Pièce de veau de 2 kilogr.	1 heure.
Pièce de mouton (gigot ou épaule) de 2 kilogr.	1 heure.
Id Id de 3 kilogr.	1 heure. 1|2
Pièce d'agneau, gros quartier.	1 heure.
Id petit quartier.	3 quarts d'heure
Pièce de porc frais de 2 kilogr.	2 heures.
Cochon de lait.	2 heures 1]2.
Chapon ou poularde. . . . . . . , ...	1 heure.
Poulet.	3 quarts d'heure.
Dinde.	1 heure 1/2.
Pigeon.	1 demi-heure.
Canard. . . . . , , . .	3 quarts d'heure.

Caneton. . . . . 1 demi-heure.
Oie grasse. 1 heure 1/4.
Faisan . . . . 3 quarts d'heure.
Perdreau. 1 demi-heure.
Bécasse. . . . . 1 demi-heure.
Alouettes bardés. . . . . 20 minutes.
Chevreuil, gros quartier. . . . . 3 heures.
Lièvre. . . . . 1 heure 1/2.
Levraut. . . . . 1 demi-heure.
Lapereau. 1 demi-heure.

ROTIES. — Tranches de pain qu'on fait rôtir et sur lesquelles on sert différentes substances maigres ou grasses.

Rôties de rognons de veau. — La longe de veau étant cuite, tirez-en le rognon, hachez-le avec sa graisse, un peu de persil, de l'écorce de citron vert, du sucre en proportion, pilez le tout dans un mortier ; coupez de petites tranches de pain de la longueur de deux doigts, mettez un peu de farce sur chacune, beurrez le fond d'une tourtière et arrangez-y vos rôties. Mettez-les au four ou sous un couvercle pour leur faire prendre couleur, quand elles sont cuites sucrez-les et glacez-les avec la pelle rouge, dressez-les proprement sur un plat et servez pour entremets ou garniture.

Rôties à la Richelieu. — Faites un salpicon de ris de veau, crêtes et fonds d'artichauts coupés en dés, passez des champignons en dés, mouillez de jus, mettez-y le salpicon, faites cuire le tout avec du blond de veau, assaisonnez et liez sur la fin avec des jaunes d'œufs, peu de sauce, laissez refroidir, garnissez ensuite vos rôties, frottez-les

d'œufs battus, faites frire et servez avec une sauce
au blond de veau réduit.

Rôties de chapon. — Faites une farce de chair de
chapon, mêlez-y du sucre et de l'écorce de citron
vert, faites cuire et glacer comme les précédentes
et servez de même.

Rôties à l'anglaise. — Coupez en petits dés deux
ris de veau blanchis avec champignons et jambon,
passez-les avec un morceau de beurre et un bouquet, mouillez avec du jus et du bouillon, liez ce
ragoût lorsqu'il est cuit avec du coulis, dégraissez-le, laissez réduire la sauce presque à sec, liez-
le encore de trois jaunes d'œufs, mettez sur des
tranches de pain coupées en rôties autant de ragoût qu'il en peut tenir, arrangez de petits œufs
sur le ragoût, dressez vos rôties, unissez-les avec
la lame d'un couteau trempé dans l'œuf battu, faites-les frire dans une friture bien chaude et servez à sec ou avec une essence.

Rôties de concombres. — Coupez des concombres
en dés, faites-les mariner une heure avec sel, poivre, vinaigre, pressez-les ensuite et passez-les
avec un morceau de beurre, ciboule et persil,
mouillez de jus et de bouillon, faites réduire, liez
le ragoût avec trois jaunes d'œufs et laissez refroidir, mettez encore deux jaune d'œufs, étendez
les concombres sur des tranches de pain, unissez-
les avec un œuf battu, panez-les, faites-les frire de
belle couleur et servez avec une essence.

Rôties d'épinards. — Faites blanchir des épinards, pressez-les et passez-les au beurre, mouillez de bouillon et de coulis, faites réduire jusqu'à ce qu'ils soient à sec, tournez toujours avec une cuiller afin qu'ils ne brûlent pas, et laissez refroidir. Coupez des tranches de pain comme de coutume, étendez dessus vos épinards, unissez-les avec de l'œuf battu, panez-les, faites-les frire de belle couleur et servez avec une bonne essence d'épinards.

Rôties de haricots verts. — Faites cuire des haricots verts avec de l'eau et du sel, passez-les avec un morceau de beurre, persil, ciboules, hachis. Mouillez-les avec du bouillon, assaisonnez de sel et poivre ; liez-les avec du coulis, faites réduire la sauce, ajoutez-y trois jaunes d'œufs, faites lier sur le feu sans bouillir, laissez refroidir, ajoutez encore deux jaunes d'œufs et liez bien le tout ; étendez ces haricots sur des morceaux de pain coupés en rôties, unissez-les avec de l'œuf battu, panez-les, faites-les frire de belle couleur et servez pour entremets.

Rôties de bécasses. — Hachez la chair et le dedans des bécasses avec sel et poivre, lard fondu, mêlez le tout ensemble, faites vos rôties comme à l'ordinaire, et mettez-les cuire à petit feu dans une tourtière, servez-les quand elles sont cuites avec un jus de citron. (Retirez le boyau, mais ne videz pas.)

Rôties de foies gras. — Passez les foies gras à la poêle, hachez-les ensuite avec du lard, trois ou

quatre champignons, fines herbes, sel et poivre
et finissez-les comme à l'ordinaire.

Rôties au jambon.—Coupez huit tranches de jambon égales, faites-les dessaler deux heures dans
l'eau. Mettez-les suer dans une casserole jusqu'à
ce qu'elles commencent à s'attacher, ajoutez un
peu de coulis et de jambon, faites faire quelques
bouillons à cette sauce, dégraissez-la, passez-la au
tamis, mettez-y un filet de vinaigre et un peu de
gros poivre. Coupez des tranches de pain de la
grosseur des tranches de jambon, passez-les avec
un morceau de beurre ; quand elles sont de belle
couleur , dressez-les sur un plat, mettez les tranches de jambon dessus et arrosez avec l'essence
de jambon.

Rôties à la moelle. — Faites des abaisses de pâte
d'amandes en forme de rôties, avec un petit rebord de l'épaisseur d'un doigt, faites-les cuire au
four, couvrez-les d'un peu de crème à la moelle
bien délicate, un peu de blanc d'œuf fouetté par-
dessus, râpez du sucre, glacez-les et servez chaudement.

Rôties à la moelle sans sucre. — Mettez dans une
casserole un peu de farce de volaille bien fine avec
un peu de blond de veau, de petites herbes hachées, un jaune d'œuf, le tout bien manié, avec
bons assaisonnements ; coupez en morceaux de
la moelle cuite au bouillon, garnissez des tranches de pain rôties on frites d'un peu de farce et
de morceaux de moelle, remettez un peu de farce

pardessus, panez, faites prendre couleur et servez à sec.

Rôties d'œufs. — Faites bouillir un demi-setier de crème avec un morceau de sucre, du biscuit d'amandes écrasées, de la râpure de citron, mettez huit jaunes d'œufs, deux blancs, un peu de beurre manié, le tout bouilli avec de la crème, garnissez-en des tranches de pain rôties bien minces, mettez du blanc d'œuf fouetté par-dessus, glacez avec du sucre et servez.

On peu se servir de pâte d'amandes au lieu de pain.

Rôties au lard. — Coupez une demi-livre de petit lard en dés avec une tranche de jambon, mettez-les dans une casserole avec persil, ciboules, quatre jaunes d'œufs, du gros poivre, maniez le tout ensemble, étendez cette farce sur des tranches de pain coupées en rôties, faites-les frire, mettez du coulis peu salé dans un plat avec un filet de vinaigre, étendez vos rôties dessus et servez.

ROUELLE. — Tranche de viande coupée en travers. La rouelle de veau est la partie charnue de la cuisse de veau qui se trouve vers le jarret ; c'est un excellent morceau lorsqu'il est bien apprêté.

Manière d'apprêter les rouelles de veau. — Prenez les rouelles un peu épaisses, piquez-les de nombreux lardons, saupoudrez-les de sel, poivre et autres épices fines ; garnissez le fond d'une casse-

role de bardes de lard, sur lesquelles vous arran
gerez les rouelles. Ne donnez d'abord à ce ragoût
qu'un feu médiocre, afin que la viande rende son
suc; puis augmentez-le au fur et à mesure pour
faire prendre couleur à vos rouelles des deux côtés, ce qui se fait en les blanchissant avec un peu
de farine; faites-les ensuite roussir dans du lard
fondu que vous ôterez après, pour mettre un peu
de bouillon; lorsque les rouelles sont suffisamment rousses, laissez cuire doucement en ajoutant aux assaisonnements un peu de persil et de
ciboule; vous liez la sauce avec des jaunes d'œufs
et du verjus et vous servez ce ragoût.

Rouelles de veau à la couenne. — Piquez vos rouelles de lard, assaisonnez de sel, gros poivre, ciboules, échalotes, une pointe d'ail, le tout haché;
coupez par morceaux de la couenne de lard nouveau, mettez dans une terrine un lit de rouelle de
veau, dessus un lit de couenne, et continuez
ainsi jusqu'à la fin; ajoutez-y un demi-verre d'eau
et autant d'eau-de-vie, faites cuire sur des cendres chaudes pendant quatre ou cinq heures et
servez comme du bœuf à la mode.

Hachis de rouelle de veau. — Hachez votre veau
avec du lard, après en avoir ôté la peau; mêlez-y
des champignons, du persil et mie de pain, deux
œufs durs, deux autres jaunes d'œufs crus pour
faire la cuisson; mettez ce hachis dans une tourtière au fond de laquelle vous aurez eu soin d'arranger des bardes de lard, et laissez cuire ainsi;

mais, comme en cuisant à la braise il se forme dessus une espèce de croûte, faites un trou pour lui laisser prendre vent; quand il sera cuit, ajoutez-y un suc de gigot, mêlez avec un peu de verjus dans lequel vous aurez battu un jaune d'œuf, et servez.

Rouelles de bœuf. — On se sert des rouelles de bœuf pour faire des hachis dans lesquels on mêle de l'oignon, de la ciboule, du sel, du poivre, du clou de girofle, le tout cuit ensemble; on ajoute après la cuisson un peu de verjus et on le sert.

ROUGE DE RIVIÈRE. — Sorte de canard sauvage plus délicat et s'apprêtant absolument comme lui (V. CANARD.)

ROUGET. — On l'appelle aussi mulet. C'est un poisson de mer qui a le corps rouge et la tête fort grosse. Il habite surtout la Méditerranée, où on le pêche dans tous les parages, d'ordinaire sur les fonds limoneux; on le rencontre aussi dans l'Océan, notamment dans la Manche, mais il devient de plus en plus rare.

La meilleure manière de préparer les rougets, dit M. de Courchamps, c'est de les vider par les ouïes sans les écailler, de les faire griller sur de la cendre rouge et de les servir avec une sauce blanche où l'on ajoute des câpres et des boutons de capucines confites ainsi que les foies des rougets bien écrasés.

On les fait souvent cuire au court bouillon, mais nous ne le conseillerons pas, parce que la cuisson

sur le gril est, de toutes les préparations es-
sayées sur les rougets, celle qui réussit le
mieux.

Rougets en casserole. — Videz les rougets, coupez-
en les têtes, frottez un plat ou une tourtière de
beurre assaisonné de sel, poivre haché, fines épices, persil, ciboules entières ;arrangez-y vos rougets, assaisonnez dessus comme dessous, arrosez-
les de beurre fondu, panez-les de mie de pain
bien fine, faites-les cuire au four ou dans une
casserole faites une sauce hachée avec ciboules,
persil, champignons et truffes, que vous mettez
dans une casserole quand le beurre est fondu avec
sel et poivre ; mouillez d'un peu de bouillon de
poisson et laissez mitonner à petit feu ; si la sauce
est courte, liez-la d'un coulis d'écrevisses, mettez-
la dans un plat, arrangez vos filets autour, et servez les chaudement pour entrée.

Rougets grillés à la sauce aux anchois. — Vos rougets étant vidés, coupez-en les têtes, puis trempez-les dans du beurre fondu et du sel, faites-les
griller à petit feu ; quand ils sont grillés, dressez-
les dans un plat ; faites une sauce blanche avec du
beurre frais, une pincée de farine, une ciboule
entière, sel, poivre, muscade, un peu d'eau et de
vinaigre et deux anchois, liez votre sauce jetez-la
sur vos rougets et servez chaudement.

Filets de rougets aux fines herbes. — Apprêtez les
rougets comme ci-dessus, levez-en les filets et
mettez-les dans une casserole avec un peu de fi-

nes herbes hachées ; ajoutez-y beurre fondu, sel, poivre, persil et ciboules hachés, laissez prendre goût dans leur assaisonnement pendant une heure mettez-les ensuite sur des cendres chaudes afin que le beurre se fonde, panez-les de mie de pain bien fine et faites-les griller.

Faites un rémoulade avec de bonne huile, quelques câpres, du persil haché, un peu de ciboule, un anchois, poivre, sel, un peu de moutarde et un jus de citron, le tout mêlé ensemble, mettez cette sauce dans une saumure au milieu d'un plat, les filets grillés autour, et servez chaudement pour entremets.

ROULADE.— Tranche de viande roulée et farcie.

Roulade de bœuf ou de veau à l'ancienne mode. — Laissez mortifier un cuissot de veau de Pontoise, levez-en toutes les noix, ôtez toutes les peaux et coupez le maigre par tranches minces, battez ces tranches avec un couperet, étendez ensuite sur une table une crépine de veau trempée dans l'eau fraîche, couvrez-la avec les tranches de veau, que vous couvrez à leur tour de lard râpé et de jambon pilé avec sel, poivre , girofle, cannelle, muscade râpée, coriandre écrasée, persil, ciboules, échalotes, un peu d'ail, thym, basilic, champignons, tétines de veau en filets, ris de veau et bon beurre; roulez ensuite le tout comme une andouille, ficelez les deux bouts et le milieu, couvrez de bardes de lard, traversez la roulade avec

un hâtelet et attachez-la sur la broche enveloppée
de papier beurré ; faites cuire à petit feu, en l'arrosant de temps en temps ; lorsqu'elle est cuite,
ôtez la barde pour lui faire prendre couleur.

Servez avec une sauce piquante ou une purée
de tomates.

ROUX. — Le roux est d'un grand usage dans
les cuisines pour faire cuire les viandes à l'étuvée, à la braise etc.; cela augmente leur sapidité
et retient à l'intérieur une partie des sucs qui
autrement se délayeraient dans les mouille-
ments.

On s'en sert aussi pour colorer et lier les sauces.

Roux blanc et *roux brun.* — (V. Sauce.)

S

SAFRAN. — On donne ce nom aux pistils déta-
chés d'une plante du genre *crocus*; on en récolte
dans les environs de Paris et dans le Gatinais qui
est d'une qualité supérieure.

L'odeur de safran est extrêmement pénétrante,
elle peut causer des céphalalgies violentes et
même entraîner la mort. Sa saveur amère, aromatique, n'a rien de désagréable; sa couleur est
fortement marquée, et la jaune qu'elle produit
nuance promptement tous les objets qu'il touche.
Le safran est une des matières colorantes les plus
estimées, et les anciens en faisaient grand cas
comme aromate; les Romains en préparaient une
teinture alcoolique qui servait à parfumer les
théâtres. Il est quelques contrées où l'on emploie
cette fleur comme assaisonnement, ou pour donner de la couleur aux gâteaux au vermicelle, au
beurre, etc.

On ne s'en sert plus aujourd'hui que pour la composition des babas, du pilau, du riz à l'africaine et du scubac.

Conserve au safran. — Faites cuire du sucre à la petite plume, mêlez-y du safran torréfié et réduit en poudre, ajoutez-y un peu de liqueur de scubac d'Irlande, puis dressez vos conserves, faites-les sécher à l'étuve et servez-vous-en au besoin.

Mousse au safran. — Vous faites bouillir de la crème double avec un peu de fleur d'oranger sèche et pulvérisée, et vous y mêlez une assez forte décoction de safran du Gatinais. Cette composition étant refroidie, fouettez-la vigoureusement avec le fouet de buis, dressez-la dans vos gobelets à mousse, mettez-les dans la glace, où vous les maintiendrez jusqu'au moment de servir. C'est un des plats de *campagne* ou de *nécessité* qui, dans les repas nombreux, ont le double avantage de faire nombre et de mettre de la variété dans le service des entremets au sucre.

SAINDOUX. — Graisse de cochon, dont on fait un grand usage dans les cuisines, surtout pour les fritures et pour décorer la base ou les socles massifs de certains gros entremets froids.

SAINT-AUGUSTIN. — Espèce de poire automnale.

SAINT-GERMAIN. — Autre excellente poire.

SALADE. — Les salades s'assaisonnent avec sel, poivre, huile et vinaigre. Elles varient suivant les saisons. On commence à manger les chicorées

vers la fin de l'automne et on ne les assaisonne
qu'avec une croûte de pain rassis frottée d'ail, posée au fond du saladier et que l'on remue avec
la salade afin qu'elle s'en imprègne bien ; on
n'ajoute à cette salade aucune autre espèce de
fourniture,

Plus tard on emploie l'escarole, espèce de chicorée moins tendre et moins savoureuse que la
première et qui s'apprête également sans fournitures.

Les salades d'hiver se composent presque toujours de mâches, de raiponces et de céleri, coupé
en bâtonnets ; le céleri s'emploie aussi quelquefois seul en salade, mais il faut l'assaisonner alors
avec de l'huile battue, de la moutarde et du soya.
Le cresson de fontaine est aussi une salade d'hiver, et on l'assaisonne habituellement avec des
tranches de betteraves et quelques filets d'olives
tournés.

La barbe de capucin apparaît vers la fin de
l'hiver ; on l'assaisonne comme la chicorée blanche en y mélangeant de la bettrave coupée en
tranches.

La laitue parait habituellement vers Pâques.
C'est de toutes les salades celle qu'on aime le
mieux, et le plus généralement on y met des herbes de fournitures, des œufs durs coupés par quartiers, quelquefois des huîtres marinées, des
queues de crevettes, des œufs de tortue, des filets
d'anchois, des olives farcies et quelquefois aussi

des achards ou du soya de la Chine. Cette salade exige beaucoup d'huile, et l'huile verte d'Aramont est la meilleure qu'on puisse ajouter pour son assaisonnement. Vient ensuite la laitue romaine, moins tendre et moins aqueuse que la précédente mais pourvue d'une saveur sucrée. On ne la sert pas avec des œufs durs.

On fait aussi des salades avec toutes sortes de légumes cuits, ainsi que nous l'avons indiqué aux endroits concernant ces divers articles.

SALSIFIS. — Racine potagère. Il y en a deux espèces, l'une grise, et l'autre — la meilleure — noire. On les ratisse à blanc, on les jette à mesure dans l'eau avec un peu de vinaigre, puis, lorsqu'ils sont bien lavés, on les fait cuire à grande eau avec du sel et du vinaigre ; ils s'écrasent sous le doigt lorsqu'ils sont cuits ; alors on les retire, on les égoutte et on les sert avec une sauce au beurre.

On les sert aussi au gras, et pour lors, faites un roux léger, mouillez avec du jus, faites réduire et mettez-y vos racines.

Pour les mettre en friture, on les fait cuire dans une eau plus fortement vinaigrée ; on les trempe dans une bonne pâte, et on les fait frire dans du beurre affiné suivant la méthode ordinaire.

SANDWICHS, *ou tartines à l'anglaise.* — D'un pain rassis, de pâte serrée, tirez vingt-quatre tartines très-minces, mettez-en douze sur un linge blanc ; émincez soit du maigre de veau rôti, soit du filet de bœuf, rosbif, jambon cuit, langue à écarlate, volaille rôtie, gibier et poisson sec, rangez ces lames de viande sur vos douze tartines, poudrez-les d'un peu de sel blanc, recouvrez vos viandes avec les douze autres tartines, et servez-les à dîner pour hors-d'œuvre, ou en prenant le thé comme collation.

SANG. — Sauf la gélatine, le sang est composé des mêmes principes que la chair, c'est-à-dire de la fibrine, de l'albumine et de l'osmazome. On mange le sang de quelques animaux assaisonné de diverses manières : celui du lièvre comme liaison du civet, celui du pigeon comme sauce, enfin celui du cochon comme boudin : le sang des animaux est un aliment fort tonique et fort nutritif.

SANGLIER. — Porc à l'état sauvage.

Les quartiers du devant, la hure et les filets, sont les morceaux les plus honorables du sanglier ; on en fait également des côtelettes, comme on fait du porc, mais le peu de facilité qu'on a de le saigner fait qu'on ne peut pas toujours recueillir son sang pour en confectionner du boudin.

Côtelettes de sanglier à la Saint-Hubert. — Coupez parez, sautez vos côtelettes avec sel, poivre, sur un feu très vif ; lorsqu'elles sont cuites des deux côtés, vous les dressez en couronne, puis vous mettez dans le plat à sauter un verre de vin blanc, autant de sauce espagnole ; vous ferez réduire et verserez cette sauce sur vos côtelettes. La sauce espagnole peut se remplacer par un roux que l'on mouille avec du consommé.

Filet de sanglier à la Blaze. — Faites mariner deux jours un filet paré de sanglier, puis faites-le égoutter et mettez-le dans une casserole avec des bardes de lard, des parures de viande, carotte, oignon, sel, poivre, bouquet garni, mouillez le tout avec une égale quantité de vin blanc ou de consommé, donnez deux heures de cuisson, faites ensuite égoutter le filet, glacez-le et dressez-le sur une sauce piquante

Quartier de sanglier à la royale. — Échaudez, flambez une cuisse de laie, désossez-la jusqu'à la jointure du manche, lardez-la avec épices et aromates pilés; mettez-la ensuite dans une terrine avec beaucoup de sel, de poivre, genièvre, thym, laurier, basilic, oignons et ciboules. Vous laisserez mariner cette cuisse cinq jours; lorsque vous voudrez la faire cuire, vous ôterez de l'intérieure de ladite cuisse les aromates qui y seront, vous l'envelopperez dans un linge blanc, vous la ficellerez comme une pièce de bœuf, vous la mettrez dans une braisière avec la saumure dans laquelle elle a mariné, six bouteilles de vin blanc, autant d'eau, six carottes, six oignons, quatre clous de girofle, un fort bouquet de persil et ciboules, du sel si vous croyez que la saumure ne suffise pas pour lui en donner; vous la ferez mijoter pendant six heures, vous la sondez pour savoir si elle est cuite, sinon vous la laissez aller une heure de plus ; laissez-la une demi-heure dans sa cuisson, et en la retirant laissez-la dans sa couenne.

Sanglier à la daube. — Lardez un cuissot de sanglier, assaisonnez-le, mettez-le dans une marmite avec quelques bardes de lard, tranches d'oignon, carotte, panais, gros bouquet de persil, ciboules, deux gousses d'ail, quatre clous de girofle, deux feuilles de laurier, faites suer une demi-heure à petit feu, et mouillez avec un demi-verre d'eau-de-vie, un demi-setier de vin blanc et du bouillon, faites suer à petit feu six ou sept heures, laissez refroidir et servez froid, avec un pot de groseilles.

SARCELLE. — Variété du canard sauvage qui s'apprête et se mange comme lui.

Sarcelles aux cardons. — Videz trois sarcelles ; les flamber, les brider, les mettre à la broche, les envelopper avec du papier beurré, les déballer deux minutes avant de les débrocher ; les mettre alors dans une casserole avec quatre cuillerées à bouche de vin blanc, autant de glace fondue, poser la casserole sur le feu, réduire le mouillement de moitié, débrider les sarcelles, les dresser sur un plat et les entourer avec une garniture de cardons à l'espagnole, les arroser avec la réduction et les envoyer sur table.

Sarcelles sauce à l'orange. — Videz et bridez qua-

tre sarcelles les traverser avec une brochette, les
faire rôtir à feu vif pendant douze ou quatorze minutes en les arrosant au pinceau avec de l'huile ;
quand elles sont à point, les saler, les débrocher,
en détacher les filets, mettre ceux-ci dans une
casserole plate avec un peu de glace au fond, et
les chauffer une minute à feu très vif pour sécher l'humidité des filets ; les dresser ensuite sur
un plat et les masquer avec une sauce à l'orange.
(Voir SAUCE A L'ORANGE.)

Sarcelles en ragoût. — Troussez vos sarcelles,
lardez-les de gros lard, passez-les à la casserole
avec lard fondu, un peu de farine pour la liaison,
ou faites-les rôtir à moitié à la broche et empotez-les avec bon bouillon, sel, poivre, épices fines,
fines herbes en paquet, laissez cuire doucement
le tout ; à moitié de cuisson, mettez-y des navets
coupés par tranches et passés au roux, environ un
bon verre de vin ; puis, lorsque le ragoût sera cuit
et la sauce suffisamment liée, servez chaudement
pour entrée.

Sarcelles aux choux-fleurs. — Préparez vos sarcelles comme à l'ordinaire et faites-les cuire à la
broche ; épluchez ensuite des choux-fleurs, faites-
les blanchir et cuire dans un blanc de farine avec
de l'eau, du sel et un morceau de beurre. Quand
ils sont cuits, mettez-les égoutter ; mettez dans une
bonne essence du beurre frais avec du gros poivre, faites lier la sauce sur le feu, dressez les sarcelles dans un plat, les choux-fleurs autour, ver-

sez la sauce sur les choux-fleurs et servez chaudement.

Sarcelles aux navets. — Embrochez comme ci-
dessus, ou bien les ayant lardées de gros lard assaisonné, garnissez une marmite de bardes de
lard et de tranches de bœuf avec oignons, carottes, persil, tranches de citron, fines herbes, poivre, sel, clous de girolle, mettez-y vos sarcelles,
assaisonnez dessus comme dessous, et faites cuire
à la braise.

Coupez des navets en dés ou tournez-les en olives, passez-les dans un peu de saindoux pour leur
faire prendre couleur; égouttez-les ensuite et
mettez-les mitonner dans une casserole avec un
bon jus, liez-les d'un bon coulis, dressez vos sarcelles dans un plat, le ragoût de navets par-dessus,
et servez chaudement.

Sarcelles aux truffes. — Faites cuire vos sarcelles à la broche avec une farce légère dans le corps
et quelques truffes, et servez avec un ragoût de
truffes.

Potage de sarcelles aux navets. — Videz vos sarcelles, troussez-les proprement, faites-les refaire,
piquez-les de gros lard assaisonné, faites-les cuire
à demi à la broche, empotez-les ensuite dans une
marmite avec trois ou quatre oignons, panais et
carottes, mouillez de bon bouillon et faites cuire;
ratissez des navets, coupez-les en dés ou en long,
farinez-les un peu, faites-les frire de belle couleur
dans du saindoux, égouttez-les; mettez-les ensuite

dans une petite marmite avec de bon bouillon, servez-vous pour cela du bouillon où ont cuit vos sarcelles, après l'avoir dégraissé ; dressez les sarcelles au milieu du potage, garnissez les bords de navets, versez dessus le bouillon des navets et un jus de veau et servez chaudement.

Pâté de sarcelles. — Fendez les sarcelles par le dos, ôtez-en tous les os, excepté ceux des cuisses, lardez-les de moyen lard, assaisonnez-les de sel, poivre, muscade, clous de girofle, cannelle, laurier, bardes de lard, fines herbes, persil et ciboules, le tout pilé ; faites une abaisse de pâte ordinaire, couvrez et façonnez votre pâté, dorez-le avec des jaunes d'œufs et faites-le cuire au four

SARDINE. — Petit poisson de mer d'une saveur délicate ; on le trouve partout, mais principalement sur les côtes de Bretagne où les sardines sont très-abondantes ; aussi cette pêche est-elle pour les habitants une source de richesse ; on rapporte que dès le xviic siècle elle produisit un revenu immense, et que dans la seule ville de Port-Louis on faisait annuellement 4,000 barriques de sardines.

La sardine est aussi fort abondante dans la Méditerranée et surtout aux environs de la Sardaigne d'où elle tire son nom.

Il n'y a que les habitans des bords de la mer qui puissent manger des sardines fraîches et encore est-on obligé de les saler aussitôt pêchées, car c'est de tous les poissons celui qui se conserve le moins.

On prépare les sardines comme les harengs en les salant et les fumant. Les sardines du Nord sont beaucoup plus estimées, parce que dans la saumure on ajoute des aromates et des épices qui leur donnent un goût fort agréable ; mais ces sardines ne se conservent pas longtemps, et, quand elles sont gâtées, on les emploie pour amorce dans la pêche des maquereaux, des merlans, des raies et autres poissons de mer.

Sardines en caisse. — Prenez des sardines fraîches, coupez-leur la tête et le bout de la queue ; mettez de la farce de poisson au fond d'une caisse, arrangez les sardines dessus, couvrez-les de même farce, unissez avec un œuf battu, saupoudrez de mie de pain, couvrez d'une feuille de papier, faites cuire au four, égouttez la graisse, jetez par-dessus un coulis maigre, qui soit clair, et servous-en au besoin comme hors-d'œuvre.

SARRASIN. — Dans les cantons où le sarrasin constitue la nourriture habituelle des habitants, comme, par exemple, dans la basse Bretagne et dans la basse Normandie, on y fait la bouillie et la galette avec du lait ; cela lui donne un goût plus agréable et le rend plus léger, plus sapide et plus facile à digérer.

SAUCE. — On appelle ainsi un assaisonnement liquide auquel on joint du sel et des fines épices pour relever le goût de certains mets.

La manière de les préparer varie beaucoup ; nous allons donner les recettes de celles qui sont le plus usitées dans la cuisine.

Jus de bœuf. — Beurrez le fond d'une casserole : mettez-y, comme au blond de veau, quelques lames de jambon et bardes de lard, oignons en tranches et carottes ; couvrez le tout de lames de bœuf. épaisses de deux doigts, mouillez-le d'une cuillerée à pot de grand bouillon : faites-le partir sur un feu vif ; lorsqu'il commencera à s'attacher, piquez la viande avec la pointe d'un couteau ; couvrez de cendres votre fourneau pour empêcher que votre jus n'aille trop vite ; prenez bien garde qu'il ne brûle ; quand il sera fort attaché ; mouillez-le comme le blond de veau ; écumez-le, assaisonnez-le avec un bon bouquet de persil et ciboules, en y ajoutant quelques queues de champignons ; quand vous jugerez la viande cuite, dégraissez, passez votre jus dans une serviette, et servez-vous-en pour colorer vos potages et vos sauces, ou les entrées ou entremets qui exigent du jus.

Grande sauce. — Beurrez une casserole, foncez-la de lames de jambon ; coupez votre veau par morceaux ; mettez-en sur votre jambon, suffisamment pour la grandeur de votre casserole, mouillez-le avec une ou deux cuillerées de bouillon, de manière que votre veau soit presque couvert : mettez-y deux carottes tournées, un gros oignon que vous retirerez quand il sera cuit. Lorsque vo-

tre veau est tombé à glace, vous laissez très-peu
de feu sous votre casserole, et vous l'entourez de
cendres rouges pour faire descendre la glace ;
quand elle a pris sa couleur, vous la détachez avec
une cuillerée à pot de bouillon froid; sitôt qu'elle
est détachée, vous remplissez votre casserole de
bouillon ; quand votre veau est cuit, vous le retirez, et vous passez votre blond de veau dans une
serviette, vous avez votre roux dans une casserole,
vous le délayez assez pour que la sauce ne soit pas
trop épaisse, et vous la faites partir ; retirez-la
sur le bord du fourneau et remuez-la de temps en
temps pour que votre coulis soit d'une belle couleur : s'il en manquait, perfectionnez-le avec du
jus de bœuf; il se formera, durant la cuisson, une
peau dessus. Ne l'ôtez pas et ne le dégraisser
qu'à parfaite cuisson et au moment de le passer,
sans l'exprimer, à travers l'étamine. Votre sauce
passée, mettez une cuiller dedans, ayez soin de la
sasser et vanner jusqu'à ce qu'elle soit refroidie,
pour qu'il ne se forme point de peau dessus, et
servez-vous-en pour des petites sauces brunes.
(Recettes de M. de Courchamps.)

Espagnole. — Foncez une casserole de lard et
surtout de jambon, et procédez à cet égard comme
il est indiqué pour la *grande sauce*, mettez une
noix de veau dessus, avec une cuillerée de consommé, cinq ou six carottes et oignons; faites
partir le tout comme le coulis général, et mettez-
le sur un feu doux, jusqu'à ce que votre noix jette

son jus. Lorsque la glace sera formée, ce que vous reconnaîtrez au fond de la casserole, qui doit être jaune, retirez-la du feu, piquez alors vos noix avec votre couteau, pour que le reste du jus s'en exprime ; mouillez-les avec du consommé dans lequel vous aurez fait cuire une quantité suffisante de perdrix, de lapins ou de poulets ; mettez un bouquet de persil et ciboules assaisonné de deux clous de girofle par noix de veau, d'une demi-feuille de laurier, d'une gousse d'ail, d'un peu de basilic et de thym ; faites bouillir le tout ; retirez-le sur le bord du fourneau et dégraissez-le ; au bout de deux heures, liez votre espagnole avec le roux comme le coulis général ; lorsqu'elle sera liée de manière à être plus clair qu'épaisse, laissez-la bouillir une demi-heure ou trois quarts d'heure, pour que le roux s'incorpore ; alors dégraissez et passez cette espagnole à l'étamine dans une autre casserole, remettez-la sur le feu pour la faire réduire d'un quart ; elle pourra vous servir pour tous les ragoûts au brun, vous y metterez du madère, du champagne ou du bourgogne, selon les petites sauces dont vous aurez besoin. Ma coutume n'est pas de mettre le vin dans l'espagnole générale, attendu qu'on ne met point tout au vin, et qu'avec le vin elle peut s'aigrir du jour au lendemain, si tout n'est pas employé dans la journée ce qui serait *une perte ;* l'habitude des cuisiniers encore est de ne point faire réduire les vins seuls, ce qui leur donne souvent un goût d'alambic, et

fait évaporer toute la partie spiritueuse ; conséquemment ils le font réduire avec la sauce à une
demi-glace ou gros comme le pouce de glace, ou
même davantage.

Espagnole travaillée. — Lorsque vous voudrez
vous servir de l'espagnole pour des sautés, ou
comme simple sauce, prenez-en deux ou trois
cuillerées à pot, ou davantage, avec environ le
tiers de consommé, quelques parures de truffes
bien lavées et quelques queues de champignons,
faites réduire le tout sur un grand feu, et dégraissez-le avec soin. Si votre espagnole manque de
couleur, donnez-lui-en avec votre blond de veau;
faites-la réduire à consistance de sauce; passez-la
à l'étamine: mettez-la dans un bain-marie, pour
vous en servir au besoin.

Velouté, ou coulis blanc. — Mettez dans une casserole beurrée une noix ou sous-noix, ou une partie
d'un cuissot de veau, avec lames de jambon, cuillerée de consommé, carottes, oignons ; faites partir le tout sur un bon feu ; quand vous verrez que
votre mouillement est réduit, et qu'il pourait s'attacher, mouillez-le avec du consommé ; quand le
tout sera bien bouillant, retirez-le, ajoutez échalotes, tournures de champignons, mais *sans citron,*
mettez-y un bouquet assaisonné que vous retirerez cuit, en l'exprimant entre deux cuillers ; retirez également vos viandes lorsqu'elles seront cuites ; ayez soin, durant que votre sauce est sur le
feu, de faire un roux blanc pour la lier. Voici la

manière de vous y prendre : faites fondre 500 gr.
de beurre fin, tirez-le au clair dans une casserole,
puis vous mettez dans votre beurre, de la fleur de
farine de froment, vous remuez au point qu'il soit
parfaitement bu par la farine ; ensuite vous mettez la casserole sur un feu doux ; vous remuez
constamment, pour que votre roux ne prenne
point de couleur ; vous le flairez, et lorsque
vous sentez que la farine est cuite, vous délayez
le tout ou une partie, avec le mouillement de votre velouté. Cela fait, ayez soin de tourner continuellement votre farce, pour que la farine ne
tombe point au fond et qu'elle ne s'attache
pas ; dégraissez votre velouté ; tamisez, remettez
sur le feu, dégraissez de nouveau, faites réduire,
retirez, mettez dans un vase, passez et vannez.

Grand aspic. — Mettez dans une marmite un ou
deux jarrets de veau, une vieille perdrix, une
poule, des pattes de volaille si vous en avez, deux
ou trois lames de jambon ; ficelez vos viandes,
joignez-y deux carottes, deux oignons, un bouquet
bien assaisonné ; mouillez le tout d'un peu de
consommé, faites-le légèrement suer ; lorsque
vous verrez que votre aspic, tombant en glace,
prendra une teinte jaune, mouillez-le avec du
bouillon si vous en avez, sinon avec de l'eau, en
observant de laisser réduire davantage ; faites-le
partir, écumez-le, mettez-y le sel nécessaire, laissez-le cuire trois heures. Alors dégraissez-le, passez-le au travers d'une serviette mouillée et tordue

laissez-le refroidir ; cassez deux œufs avec blancs, jaunes et coquilles ; fouettez-les, mouillez-les avec un peu de votre bouillon, mettez-y une cuillerée à bouche de vinaigre d'estragon, et versez le tout dans votre aspic : posez-le sur le feu, agitez-le avec un fouet de buis ; quand il commencera à partir, retirez-le sur le bord du fourneau, afin qu'il ne fasse que frémir ; couvrez-le, et sur son couvercle mettez du feu. Quand vous verrez que cet aspic est clair, passez-le au travers d'une serviette mouillée et tordue que vous attacherez aux quatre pieds d'un tabouret, retournez, couvrez-le de nouveau, et sur son couvercle mettez un peu de feu. Quand il sera passé, servez-vous-en pour vos grands et petits aspics.

Sauce hollandaise. — Elle se fait avec la grande sauce au beurre ; mettez-en dans une casserole trois cuillerées à dégraisser, avec un citron coupé en dés, et duquel vous ôtez le blanc et les pepins ; joignez-y trois jaunes d'œufs coupés de même, un peu de persil haché, une pincée de mignonnette et un filet de bon vinaigre blanc.

Sauce à l'allemande. — Mettez un peu de beurre, des champignons hachés dans une casserole ; faites bien cuire vos champignons, joignez-y trois cuillerées à dégraisser de velouté travaillé et une cuillerée de consommé ; faites réduire, jetez-y du beurre, du persil blanchi ; passez et vannez le tout, mettez le jus de la moitié d'un citron, un peu de mignonnette, passez et servez.

Faute de velouté, singez vos champignons, délayez le tout avec d'excellent bouillon, mettez-
y un bouquet bien assaisonné d'un cl . de girofle, la moitié d'une gousse d'ail, thy a et laurier ; votre sauce cuite, retirez le bouquet ex-
primez-le et finissez cette sauce comme la précédente.

Sauce à la béchamel. — Mettez dans une casserole ce qu'il vous faut de velouté et un peu de
consommé. Si vous employez un demi-litre de
velouté, faites aller votre sauce sur un grand feu,
tournez-la avec soin, qu'elle se réduise d'un tiers
de son volume ; en même temps, faites réduire au
tiers une pinte de crème double, incorporez-la
peu à peu dans votre sauce que vous tournerez
jusqu'à ce qu'elle soit réduite au point où elle
était avant d'y avoir mis la crème. Cette sauce
ayant la consistance d'une légère bouillie, tordez-
la dans une étamine bien blanche, et mettez-la
au bain-marie avant de servir.

Sauce à la Sainte-Menehould. — Mettez dans une
casserole un morceau de beurre coupé, singez-le
de farine ; délayez votre sauce avec du lait ou de
la crème ; assaisonnez-la d'un bouquet de persil
et de ciboules, la moitié d'une feuille de laurier,
quelques champignons et échalotes ; mettez-la
sur le feu ; tournez-la comme la béchamel, et tordez-la à l'étamine ; remettez-la sur le feu ; mettez-
y du persil haché et un peu de mignonnette.

Sauce à la poulette. — Mettez dans une casserole

du velouté réduit, faites-le bouillir, ajoutez-y une liaison avec du persil haché et blanchi, un petit morceau d'excellent beurre et un jus de citron, et servez-vous-en si vous n'avez pas de velouté, faites un petit roux blanc, mouillez-le avec du bouillon, mettez-y un bouquet de persil et de ciboules, faites cuire et réduire votre sauce, dégraissez-la, passez-la à l'étamine et servez-vous-en.

Sauce italienne rousse. — Mettez dans une casserole champignons hachés, tranches de citron et dés de jambon (le citron ne devra plus avoir de pepins), ajoutez une cuillerée à bouche d'échalote hachée, lavée et passée dans le coin d'un torchon comme pour vos champignons; plus une demi-feuille de laurier et deux clous de girofle, et un quart de litre d'huile, passez le tout sur le feu; quand vous apercevrez que le citron et les ingrédients sont presque cuits, retirez le citron; mettez une cuillerée de persil haché, et une cuillerée d'espagnole, et un demi-litre de bon vin blanc, sans l'avoir fait réduire, ajoutez un peu de mignonnette, faites ensuite réduire votre sauce, dégraissez-la, ôtez le jambon, et lorsque votre sauce aura atteint son degré de réduction, retirez-la.

Sauce italienne blanche. — Même préparation que pour l'italienne rousse, excepté que vous emploierez pour celle-ci du velouté au lieu d'espagnole.

Sauce bavaroise. — Cette sauce peut s'appliquer

à plusieurs de nos poissons, mais particulièrement à deux espèces que vous rencontrerez, particulièrement dans le Nord, aux zanders et aux soudacs. Mesurez dans une casserole quatre cuillerées à bouche de bon vinaigre, faites réduire celui-ci de moitié, et éloignez-le du feu, mêlez-y trois ou quatre jaunes d'œufs selon la force de votre vinaigre, un morceau de beurre gros comme un œuf, et un petit morceau de racine de réforme; battez l'appareil, ajoutez un peu de sel et de muscade, tournez-le sur un feu modéré, transvasez-le dans une autre casserole au tamis fin, mêlez-y 100 grammes de beurre divisé en petites parties, mettez cette casserole nouvelle sur un feu doux, et battez l'appareil pour le faire mousser sans le laisser bouillir, enfin incorporez-lui 100 grammes de beurre d'écrevisses.

Sauce à la maître d'hôtel froide. — Mettez un morceau de beurre dans une casserole, joignez-y du persil haché, quelques feuilles d'estragon, une ou deux feuilles de baume, du sel fin en suffisante quantité, le jus d'un ou deux citrons, ou un filet de verjus, mariez le tout avec une cuiller de bois, jusqu'à ce qu'il soit bien incorporé; cette préparation vous servira pour les choses indiquées ci-après.

Sauce à la maître d'hôtel liée. — Mettez dans une casserole deux cuillerées de velouté, joignez-y gros de beurre comme un œuf, avec persil haché très fin et deux ou trois feuilles d'estragon ha-

chées de même ; mettez cette sauce sur le feu,
tournez-la avec une cuiller de bois pour bien incorporer votre beurre avec le velouté ; à l'instant
où vous voudrez les servir, passez et vannez votre
sauce, ajoutez-y un jus de citron ou un filet de
verjus.

Sauce au suprême. — Mettez dans une casserole
deux ou trois cuillerées de velouté réduit, ajoutez-y deux ou trois cuillerées de consommé de
volaille ; faites réduire le tout à la valeur de trois
cuillerées de velouté ; au moment de vous en
servir, mettez-y gros de beurre comme un œuf ;
faites aller cette sauce sur un bon feu, tournez-la
et passez-la ; qu'elle soit bien liée, sans être trop
épaisse ; arrivée à son degré, retirez-la ; mettez-y
un jus de citron ou un filet de verjus, vannez-la
et usez-en au besoin.

Sauce à la matelotte. — Mettez dans une casserole une cuillerée à pot d'espagnole réduite ; l'est-
elle à peu près, mettez-y des petits oignons que
vous aurez fait roussir et cuire dans le beurre,
des champignons tournés et des fonds d'artichauts. A l'instant où vous servirez votre sauce,
vous y mettrez gros de beurre comme une petite
noix ; remuez le tout de manière à bien mêler le
beurre sans écraser vos garnitures, et servez.

Sauce poivrade. — Coupez une lame de jambons
en douze petits dés, mettez-les dans une casserole
avec un petit morceau de beurre, cinq ou six
branches de persil, deux ou trois ciboules cou-

pées en deux, une gousse d'ail, une feuille de laurier, un peu de basilic, du thym et deux clous de girofle ; passez le tout sur un bon feu, lorsqu'il sera bien revenu, mettez-y une pincée de poivre fin, une cuillerée à dégraisser de vinaigre, quatre cuillerées d'espagnole sans être réduite ; remuez votre sauce, faites-la partir, retirez-la sur le bord du fourneau, laissez-la cuire trois quarts d'heure, dégraissez-la et passez-la dans une étamine.

Sauce hachée. — Mettez dans une casserole une petite cuillerée d'échalotes hachées et blanchies, autant de champignons, un peu de persil haché ; versez dessus deux ou trois cuillerées d'espagnole, autant de bouillon, deux cuillerées à dégraisser de bon vinaigre et une pincée de mignonnette ; faites bouillir et dégraissez ; hachez plein une cuiller à bouche de câpres et autant de cornichons. Lorsque vous voudrez vous servir de cette sauce, ajoutez-y le beurre d'un ou deux anchois ; passez et vannez le tout.

Il ne faut pas que les cornichons et les câpres bouillent.

Sauce piquante. — Hacher un oignon, le faire revenir avec du beurre dans une casserole sans le roussir, lui adjoindre un demi-verre de vinaigre, un bouquet de persil, deux feuilles de laurier, un peu de thym, poivre et girofle, faire réduire le liquide de moitié, mêler au liquide réduit la valeur d'un verre de bouillon ou de jus et autant de sucre ; faire bouillir le liquide, retirer

la casserole sur le côté du feu ; un quart d'heure
après dégraisser la sauce et la passer au tamis, lui
mêler deux cuillerées à bouche de câpres entières, et autant de cornichons coupés par morceaux.

Sauce Périgueux. — Pelez deux ou trois truffes
crues, préalablement brossées et épluchées avec
soin ; les couper en petits dés et les tenir à couvert ; verser dans un sautoir la valeur d'un verre
et demi de sauce brune, ainsi que quelques cuillerées à bouche de bon fond de veau, ajouter une
partie des parures, de truffes, poser la casserole
sur un feu vif, faire réduire la sauce en la tournant ; quand elle est réduite d'un tiers, lui incorporer peu à peu le tiers d'un verre de bon madère, le passer sur les truffes coupées ; lui donner deux minutes d'ébullition, et la retirer du feu.

*Sauce à la crème de crevettes, destinée à accompa-
gner un turbot.* — Mettre dans une casserole plate
la valeur de trois verres de béchamel passée au
moment, la faire réduire en lui incorporant trois
cuillerées à bouche d'une crème crue, et ensuite
quelques cuillerées de cuisson de champignons ;
quand elle est bien crémeuse, la retirer du feu,
lui incorporer 100 grammes de bon beurre frais,
et, en dernier lieu, 50 grammes de crème de crevettes ; masquer le turbot avec une partie de la
sauce ; mêler au restant quelques cuillerées à
bouche de queues de crevettes et la verser dans
une saucière ; orner le poisson avec quelques petits bouquets de feuilles de persil.

Sauce à la peluche. — Faites blanchir, rafraîchissez, mettez sur un tamis des feuilles de persil; mettez dans une casserole trois cuillerées de velouté réduit et deux de consommé; faites réduire le tout à l'instant où vous voudrez servir; jetez vos feuilles de persil dans votre sauce; si elle se trouvait trop salée, ajoutez-y un petit morceau de beurre.

Sauce à la purée de champignons. — Prenez deux maniveaux de champignons, épluchez-les, lavez-les bien à plusieurs eaux, en les frottant légèrement dans vos mains; cela fait, égouttez-les dans une passoire, ensuite émincez les têtes et queues; mettez-les dans une casserole, avec gros de beurre comme un œuf; faites-les fondre à petit feu, et lorsqu'ils seront presque cuits, mouillez-les avec du velouté, la valeur de deux cuillerées à dégraisser, laissez-les cuire trois quarts d'heure, passez-les à l'étamine à force de bras, et finissez votre purée avec de la crème double comme celle d'oignons blancs, néanmoins avec cette différence que celle-ci doit être un peu plus claire.

Sauce tortue. — Mettez dans une casserole la valeur d'une cuillerée à pot d'espagnole réduite, un bon verre de vin de Madère sec, une cuillerée de poivre kari, pleine, et la moitié de cette quantité de poivre de Cayenne; faites réduire le tout; dégraissez-le ensuite, ajoutez-y des crêtes de coq, des rognons, des fonds d'artichauts, des

champignons, une gorge de ris de veau, ou des
ris d'agneaux, si c'est la saison; faites bouillir le
tout afin que les ingrédients prennent le goût de
la sauce et sa couleur; mettez-y, au moment de
servir, six ou huit jaunes d'œufs bien entiers,
prenez garde de les écraser en remuant avec la
cuiller, et servez-vous de cette sauce pour les
mets en tortue. Par principe, faites toujours réduire vos garnitures dans le vin avant de les jeter
dans la sauce.

Sauce kari ou à l'indienne. — Mettez dans une
casserole trois cuillerées de velouté réduit et autant de consommé, une cuiller à café pleine de
poivre kari; prenez une pincée de safran, faites-
le bouillir dans un petit vase; quand la teinture
du safran sera formée, passez-la sur le coin d'un
tamis dans votre sauce; exprimez bien le safran
avec une cuiller; faites-en même passer une partie; faites ensuite bouillir, et dégraissez. Si cette
sauce n'était pas assez poivrée, vous y mettriez,
avec la pointe d'un couteau, un peu de poivre
rouge, autrement dit poivre de Cayenne.

Sauce tomate. — Ayez douze ou quinze tomates
bien mûres et surtout bien rouges; ôtez-en les
queues, ouvrez-les en deux avec votre couteau et
ôtez-en la graine; pressez-les dans votre main
pour en faire sortir la partie aqueuse qui se
trouve dans le cœur et que vous jetterez, ainsi
que la graine; mettez-les dans une casserole avec
un morceau de beurre gros comme un œuf, une

feuille de laurier et un peu de thym ; posez votre
casserole sur un feu modéré ; remuez vos tomates
jusqu'à ce qu'elles soient en purée. Durant leur
cuisson, mettez-y une cuillerée d'espagnole ou de
la partie grasse du bouillon, ce qui vaudrait
mieux ; lorsqu'elles seront au degré de purée,
passez-les à force de bras à travers l'étamine, ratissez le dehors de cette étamine avec le dos de
votre couteau ; mettez tout le résidu dans une
casserole, avec deux cuillerées d'espagnole, faites-le réduire à consistance d'une légère bouillie,
mettez-y du sel convenablement, et sur la pointe
d'un couteau un peu de poivre de Cayenne.

Sauce à l'ivoire. — Après avoir ôté les poumons
d'un poulet ordinaire, mettez-le dans une marmite qu'il faut avoir le soin de bien laver ; ajoutez-y deux carottes, deux oignons, dont un piqué
d'un clou de girofle et un bouquet assaisonné ;
mouillez le tout avec deux cuillerées à pot de
consommé, ou de bouillon qui n'ait point de
couleur ; faites écumer cette marmite, retirez-la
sur le coin du fourneau afin qu'elle mijote. Après
cinq quarts d'heure ou une heure et demie de
cuisson, passez ce consommé à travers une serviette ; prenez deux ou trois cuillerées de consommé, mettez-les dans une casserole, joignez-y
deux cuillerées de velouté, faites réduire à consistance de sauce. Lorsque vous serez sur le point
de servir, mettez-y gros de beurre comme la moitié d'un œuf ; passez et vannez bien cette sauce,

versez-y une cuiller à bouche pleine de jus de
citron, et servez.

Sauce ravigote blanche. — Épluchez et lavez
cresson alénois, cerfeuil, pimprenelle, estragon,
civette, céleri et feuilles de baume; mettez le
tout dans un vase; jetez dessus un poisson d'eau
bouillante; couvrez et laissez infuser trois quarts
d'heure; ensuite passez cette infusion, mettez-la
dans une casserole avec trois cuillerées à dégraisser de velouté; faites-la réduire à consistance de
sauce; mettez-y la valeur d'une cuillerée à bouche pleine de vin blanc, gros de beurre comme
la moitié d'un œuf; passez et vannez bien cette
sauce, et servez-la.

Sauce ravigote froide et crue. — Prenez la même
ravigote que celle énoncée ci-dessus, hachez-la
bien fin; joignez-y une cuillerée de câpres hachées de même, un ou deux anchois que vous
aurez concassés, un peu de poivre fin et du sel
convenablement; mettez le tout dans un mortier
de marbre ou de pierre, pilez-le jusqu'à ce qu'on
ne puisse plus distinguer aucun ingrédient;
ajoutez-y un jaune d'œuf cru; broyez, arrosez
avec un peu d'huile et, de temps en temps, un
peu de vinaigre blanc pour l'empêcher de tourner,
et cela jusqu'à ce que le tout soit à consistance
de sauce (si vous voulez votre ravigote très forte,
ajoutez-y un peu de moutarde); alors retirez-la du
mortier, et servez.

Sauce ravigote cuite. — Ayez la même ravigote

que celle ci-dessus; lavez-la, faites-la blanchir comme vous feriez blanchir des épinards; rafraîchissez-la quand elle sera cuite; mettez-la égoutter sur un tamis, pilez-la bien; quand elle le sera, passez-la, à force de bras, au travers d'un tamis ordinaire; cela fait, délayez-la avec de l'huile et du vinaigre; mettez-y sel et poivre, ainsi que vous feriez pour une rémolade; qu'elle soit d'un bon goût, et servez.

Sauce verte. — Vous ferez cette sauce comme la sauce au suprême, en y ajoutant une ravigote comme celle énoncée dans l'article ci-dessus et du vert d'épinards que vous ferez ainsi : lavez et pilez bien une poignée d'épinards, exprimez-en le jus en les mettant dans un torchon blanc et les tordant à force de bras; cela fait, mettez ce jus dans une petite casserole sur le bord d'un fourneau; il se caillebotte comme du lait; lorsqu'il le sera, jetez-le dans un tamis de soie pour le laisser égoutter; à l'instant de servir vous délaierez, soit le tout, soit une partie, pour faire votre sauce verte; de suite vous y mettrez le jus d'un citron, ou un filet de vinaigre; passez et servez aussitôt, de peur que votre sauce ne devienne jaune.

Sauce Colbert. — Par sa nature cette sauce s'applique aussi bien aux viandes qu'aux poissons et même à plusieurs espèces de légumes; Elle peut être servie avec des rôtis, des grillades et des fritures; cette sauce se fait ainsi :

Manier deux cents grammes de bon beurre avec une cuillerée à bouche de persil haché, une pointe de muscade et le jus de deux citrons. Versez dans une casserole les 2/3 d'un verre de glace de viande fondue, la faire bouillir, la retirer aussitôt sur le côté du feu et lui incorporer peu à peu en la tournant vivement à la cuiller, le beurre préparé, divisé en petites parties, mais en alternant le beurre avec le jus de deux citrons; éviter l'ébullition. Quand la sauce est bien liée, lui mêler une cuillerée à bouche d'eau froide et la retirer. Elle se sert pour les soles à la Colbert.

Sauce Robert. — Coupez en rouelles ou en dés six gros oignons, ou davantage si le cas le requiert; ayez soin de laver l'oignon pour enlever la partie amère; mettez-les dans une casserole avec du beurre à proportion; posez le tout sur un bon feu; singez-le avec un peu de farine, et faites qu'elle roussisse avec vos oignons; quand tout le sera, délayez avec du bouillon; laissez cuire; mettez sel et mignonnette, et lorsque votre sauce sera arrivée à son degré, joignez-y de la moutarde, et servez.

Sauce aux écrevisses. — Préparez une sauce au beurre avec 125 grammes de beurre et 125 gr. de farine en la mouillant avec de la cuisson de poisson dégraissée, passée et refroidie; quand la sauce est liée, la finir en lui incorporant 100 grammes de bon beurre frais, un morceau de beurre d'écrevisses ainsi que quatre à cinq cuil-

lerées de pattes et de queues d'écrevisses coupées
en petits dés.

Autre sauce au beurre d'écrevisses. — Lavez à
plusieurs eaux un demi-cent de petites écrevisses,
mettez-les dans une casserole, couvrez-les ; faites-
les cuire dans du grand bouillon avec un peu de
mouillement ; sitôt qu'elles commencent à bouillir, sautez-les pour que celles qui sont dessous
viennent dessus ; quand elles seront d'un beau
rouge, retirez la casserole du feu ; laissez dix
minutes vos écrevisses couvertes ; ensuite égouttez-les sur un tamis, laissez-les refroidir, séparez-en les chairs, comme les queues que vous
conservez pour faire les garnitures ; jetez le dedans
du corps après en avoir extrait les petites pattes ;
lavez-bien toutes ces écailles, jetez-les sur un
tamis ; faites-les sécher sur un four tiède ou sur un
couvercle posé sur une cendre chaude ; quand elles
le seront, pilez-les dans un mortier ; lorsqu'elles
seront presque entièrement pilées, joignez-y gros
de beurre comme un œuf ; pilez-les de nouveau
jusqu'à ce qu'on ne distingue presque plus les
écailles de vos écrevisses ; si ces écrevissees, en
les pilant, ne donnaient point assez de rouge à
votre beurre, ajoutez-y deux ou trois petites
racines qu'on nomme orcanètes ; cela fait, mettez
fondre sur un feu très doux votre beurre d'écrevisses environ un quart d'heure ; quand il sera
très chaud, mettez un tamis un peu serré sur un
vase rempli d'eau fraîche ; versez sur ce tamis

votre beurre, lequel se figera dans l'eau ; ensuite ramassez-le, mettez-le sur une assiette (afin de vous en servir pour vos sauces au beurre d'écrevisses) ; ensuite prenez trois cuillerées de velouté réduit et bien corsé ; incorporez votre beurre d'écrevisses et vannez bien le tout à l'instant de vous en servir.

Sauce aux homards. — Otez les chairs et les œufs d'un moyen homard, coupez les chairs en dés. détachez les fibrines des œufs ; mettez dans une casserole les œufs et les chairs sans mouillement, couvrez votre casserole d'un papier ou d'un couvercle, de crainte que vos chairs ne se hâlent ; lavez les coquilles de votre homard, détachez-en les petites pattes du plastron que vous supprimerez ; vos coquilles étant bien lavées, mettez-les sécher dans une étuve ; une fois séchées, pilez-les et faites-en un beurre, comme il est indiqué au beurre d'écrevisses, et finissez-le de même ; le beurre de votre homard refroidi, mettez-le dans une sauce blanche, vannez-la sur le feu sans la faire bouillir ; ajoutez-y, si vous le voulez, un peu de poivre de Cayenne ou de gros poivre, versez votre sauce sur les chairs de votre homard, mêlez bien le tout et servez-le dans une saucière.

Sauce échalote à la béarnaise. — Mettez dans une petite casserole deux cueillerées à bouche d'échalote hachée et quatre cueillerées de bon vinaigre d'Orléans ; la poser sur le feu et cuire les échalotes jusqu'à ce que le vinaigre soit réduit de moitié ; retirez alors la casserole, et quand l'appareil est à peu près refroidi, mêlez-lui quatorze jaunes d'œufs, broyez-les à la cuiller et joignez-leur quatre cuillerées à bouche de bonne huile. Posez alors la casserole sur un feu doux ; liez la sauce en la tournant, retirez-la aussitôt qu'elle est à point, et lui incorporez encore un demi-verre d'huile, mais en l'alternant avec le jus d'un citron ; finir la sauce avec un peu d'estragon ou de persil haché et un peu de glace de viande.

Sauce à la purée d'oseille. — Ayez deux poignées d'oseille, ou davantage si le cas le nécessite, ôtez-en les queues, lavez ensuite cette oseille, égouttez-la, hachez-la très menu, mettez-la dans une casserole avec un morceau de beurre que vous ferez fondre ; quand votre oseille sera cuite, passez-la à force de bras à travers une étamine, remettez-la dans une casserole après avoir ramassé avec le dos d'un couteau ce qui avait pu rester au dehors de cette étamine, versez-y une cuillerée ou deux d'espagnole, faites-la recuire environ trois quarts d'heure ; ayez soin de la remuer toujours, dégraissez-la et faites qu'elle soit d'un bon sel ; arrivée à la consistance d'une bouillie épaisse, retirez-la du feu, et servez-vous en.

Sauce à la purée d'oignons blancs. — Mettez dans une casserole avec un morceau de beurre une quinzaine d'oignons émincés, posez votre casserole sur un feu doux afin que votre oignon ne prenne point couleur ; faites-les cuire à petit feu.

ayant soin de le remuer souvent avec une cuiller
de bois ; quand vous voyez qu'il s'écrase facilement sous la cuiller, joignez-y une ou deux cuillerées de velouté et laissez cuire de nouveau ;
quand le tout sera bien cuit et réduit, passez-le
de nouveau dans une étamine comme pour la
purée d'oseille, remettez-le dans une casserole et
sur le feu, incorporez dans cette purée d'oignons
une chopine de crème que vous aurez fait bouillir
d'avance, mettez-y un peu de muscade râpée pour
que votre purée soit d'un bon goût ; lorsqu'elle
aura atteint le degré d'une bonne bouillie, retirez-la et usez-en au besoin.

Sauce à la purée de pois. — Marquez cette purée
de pois comme celle indiquée pour les potages,
faites-en autant que vous croirez nécessaire pour
une ou deux entrées, mettez-la réduire avec une
quantité suffisante de velouté ; lorsqu'elle sera à
son point, ajoutez-y un peu de vert d'épinards
pour lui donner la teinte qu'ont les pois verts :
finissez-la avec un morceau de beurre, une pincée
de sucre en poudre, qu'elle soit à consistance
d'une bouillie épaisse, et servez.

Purée de gibier. — Prenez un ou deux perdreaux
rôtis à la broche, un lapereau et une bécasse,
soit séparément, soit ensemble ; levez-en toutes
les chairs, hachez le tout très menu, mettez le
hachis dans un mortier et pilez bien ; lorsqu'il
sera pilé, mettez-le dans une casserole avec de
l'espagnole réduite et un peu de consommé, faites

chauffer le tout sur un feu doux et sans bouillir;
quand cette purée sera bien chaude, passez-la à
force de bras à l'étamine, ramassez ce qui peut
en rester dehors, remettez-la dans une casserole,
faites-la chauffer et placez-la au bain-marie; au
moment de vous en servir, finissez-la avec un
morceau de beurre. Si vous ne la trouvez pas
assez corsée, mettez-y un peu de glace et servez-
la soit avec des œufs pochés dessus, soit avec des
croûtons ou dans des croustades.

Sauce au pauvre homme. — Prenez cinq ou six
échalotes, ciselez et hachez-les, ajoutez une pincée
de persil haché bien fin, mettez le tout dans une
casserole soit avec un verre de bouillon, soit avec
du jus ou de l'eau en moindre quantité, et une
cuillerée à dégraisser de bon vinaigre, du sel,
une pincée de gros poivre, faites bouillir vos
échalotes jusqu'à ce qu'elles soient cuites, et
servez.

Glace ou consommé réduit. — Prenez un ou deux
jarrets de veau, et soit pour augmenter, soit pour
remplacer ces jarets, employez des parures de
carrés et des débris de veau; mettez le tout dans
une marmite fraîchement étamée, avec quatre ou
cinq carottes, deux ou trois oignons, et un bouquet de persil et de ciboules; mouillez le tout
avec d'excellent bouillon, ou quelques bons fonds;
faites écumer votre marmite et rafraîchissez-la
plusieurs fois avec de l'eau fraîche, mettez-la sur
le bord d'un fourneau, et lorsque vos viandes

quitteront les os, passez votre consommé à travers une serviette, que vous aurez mouillée et tordue ; laissez refroidir votre consommé, clarifiez-le, faites-le réduire à consistance de sauce en ayant soin de remuer toujours, vu que rien n'est plus sujet à s'attacher et à brûler ; à cet effet, ne la conduisez pas à trop grand feu, ce qui pourrait la noircir ; elle doit être d'un beau jaune et très transparente ; n'y mettez point de sel, elle en aura toujours assez. Cette réduction sert à donner du corps à vos sauces et ragoûts qui pourraient en manquer, et à glacer vos viandes. Vous ferez un petit pinceau avec des queues de vieilles poules, ôtez-en les barbes, ne laissez que le bout des plumes d'environ deux pouces de longueur ; mettez-les bien égales, qu'il n'y en ait pas une plus longue que l'autre ; liez-les fortement, ce qui formera votre pinceau ; lavez-le dans l'eau tiède, pressez-le, servez-vous en, mais prenez garde de le laisser bouillir dans votre glace, de peur de faire partir les barbes par parcelles, dans votre travail.

Marinade cuite. — Mettez dans une casserole gros de beurre comme un œuf, une ou deux carottes en tranches, ainsi que des oignons, une feuille de laurier, la moitié d'une gousse d'ail, un peu de thym, de basilic, du persil en branches, deux ou trois ciboules coupées en deux ; faites passer le tout sur un bon feu ; quand vos légumes commenceront à roussir, mouillez-les avec du vinaigre blanc, le double d'eau, mettez-y sel et gros poivre, laissez bien cuire cette marinade, passez-la à travers un tamis, et servez-vous en au besoin.

Poêle. — Prenez quatre livres de rouelle de veau, coupez-les en dés, ainsi qu'une livre et demie de jambon, une livre et demie de lard râpé que vous couperez de même, cinq ou six carottes coupées en dés, huit moyens oignons entiers; un fort bouquet de persil et de ciboules, dans lequel vous envelopperez trois clous de girofle, deux feuilles de laurier, du thym, un peu de basilic et un peu de massif; joignez à cela trois citrons, coupés en tranches, dont vous aurez supprimé la pelure et les pepins; mettez le tout dans une marmite fraîchement étamée, avec une livre de beurre fin, passez-le sur un feu doux, mouillez-le avec du bouillon ou du consommé; faites partir, écumez, laissez cuire quatre ou cinq heures, passez votre poêle à travers un tamis de crin, et servez-vous en au besoin.

Sauce à la mirepoix. — Cette sauce se fait comme la précédente, et n'en diffère qu'en ce que dans le volume de son mouillement il entre un quart de vin soit de Champagne, soit d'autre bon vin blanc.

Blanc. — Ayez une livre ou une livre et demie de graisse de bœuf, coupez-la en gros dés, mettez-la dans une marmite avec carotte coupée en tranches, oignons entiers, piqués de deux clous de girofle, une ou deux feuilles de laurier, un bouquet de persil et ciboules, une gousse d'ail, deux citrons coupés en tranches, dont vous aurez supprimé la peau et les pepins ; passez le tout sur le feu sans le faire roussir ; lorsque votre graisse sera aux trois quarts cuite, singez-la d'une cuillerée à bouche de farine, mouillez le tout avec de l'eau, joignez-y de l'eau de sel, ce qu'il en faut.

L'eau de sel se fait ainsi : mettez dans une casserole une ou deux poignées de sel avec de l'eau, faites-la bouillir, écumez-la, laissez-la reposer, tirez-la au clair, et servez-vous en.

Petite sauce à l'aspic. — Mettez dans une casserole un bon verre de consommé, faites-y infuser une partie suffisante de fines herbes dont on se sert pour la ravigote ; posez votre casserole sur de la cendre chaude environ un quart d'heure, ne laissez pas bouillir, passez le tout à travers un linge blanc, ne l'exprimez pas trop fort, mettez-y une cuillerée à bouche de vinaigre d'estragon, un peu de gros poivre, et servez-vous en.

Sauce au fumet de gibier — Mettez dans une casserole quatre cuillerées à dégraisser de consommé, prenez deux ou trois carcasses de perdreaux, que vous aurez concassées avec le dos de votre couteau ; un bon verre de vin blanc ; faites cuire environ trois quarts d'heure, passez le tout à travers un tamis de soie, faites réduire et tomber à glace. Cela fait, mettez deux ou trois cuillerées à dégrais-

ser d'espagnole, faites bouillir ; dégraissez et servez-vous-en.

Sauce au beurre d'ail. —Prenez deux gousse d'ail
pilez-les avec gros de beurre comme un œuf; lorsque le tout sera bien pilé ; mettez votre beurre
sur le fond d'un tamis de crin double, passez-le à
force de bras, avec une cuiller de bois, ramassez-le,
et servez-vous-en soit avec du velouté, soit avec de
l'espagnole réduite.

Sauce au beurre d'anchois. — Prenez trois ou quatre anchois, lavez-les bien, frottez-les avec une
serviette, afin qu'il n'y reste aucune écaille ; levez-
en les chairs, supprimez-en l'arête, pilez-les avec
gros de beurre comme un petit œuf; quand le
tout sera pilé, ramassez-le passez-le au tamis, et
mettez-le sur une assiette. Vous aurez fait réduire
quatre cuillerées à dégraisser d'espagno' ; à l'instant de saucer, vous incorporez votre beurre d'anchois soit en partie, soit en totalité, avec votre espagnole ; faites chauffer deux citrons pour la dé-
saler, passez et vannez ; si elle se trouvait trop
liée, ajoutez-y un peu de consommé, et servez-
vous-en.

Sauce à la tartare. — Hachez deux ou trois échalotes bien fin, un peu de cerfeuil et d'estragon;
mettez le tout dans le fond d'un vase de terre avec
de la moutarde et deux jaunes d'œufs, un filet de
vinaigre, sel et poivre, selon la quantité qu'il
vous en faut ; arrosez légèrement d'huile votre
sauce, et remuez-la toujours ; si vous voyez

qu'elle se lie trop, jetez-y un peu de vinaigre ; goutez si elle est d'un bon sel : si elle se trouvait trop salée, remettez-y un peu de moutarde et d'huile.

Sauce claire à l'estragon. — Penez votre grand aspic : si vous n'en aviez pas, employez quelques bons fonds, que vous clarifierez comme je l'ai indiqué à l'article *grand aspic.* Après l'avoir clarifié, mettez-y un filet de vinaigre à l'estragon, coupez quelques feuilles d'estragon en losanges ; faites-les bouillir, et au moment de servir, jetez-les dans votre aspic.

Sauce à l'estragon liée. — Mettez dans une casserole deux ou trois cuillerées à dégraisser de velouté réduit, si vous la voulez blanche, et d'espagnole réduite, si vous la voulez rousse ; ajoutez-y un filet de vinaigre à l'estragon, de l'estragon préparé comme le précédent, et finissez de lier votre sauce avec un pain de beurre.

Sauce mayonnaise. — Mettez dans un vase de terre trois ou quatre cuillerées à bouche d'huile fine, et deux de vinaigre d'estragon ; joignez-y estragon, échalotes, pimprenelle, haché très-fin, sel, gros poivre, en suffisante quantité, deux ou trois cuillerées à bouche de gelée d'aspic ; remuez bien le tout avec une cuiller ; la sauce se liera et formera une espèce de pommade. Goutez-la ; si elle est trop salée ou trop vinaigrée, mêlez-y un peu d'huile ; en cas que vous la vouliez claire concassez la gelée avec votre couteau, et mêlez-la légèrement avec votre assaisonnement.

Roux. — Mettez dans une casserole une livre de beurre ou davantage ; faites-le fondre sans le laisser roussir ; passez au tamis de la farine de froment, la plus blanche et la meilleure ; mettez-en autant que votre beurre en pourra boire (on le fait aussi considérable que le besoin l'exige) ; il faut que ce roux ait la consistance d'une pâte un peu ferme, menez-le au commencement sur un feu assez vif, ayant soin de le remuer toujours : lorsqu'il sera bien chaud et qu'il commencera à blondir, mettez-le sur de la cendre chaude, sous un fourneau allumé, en sorte que la cendre rouge de ce fourneau tombe sur le couvercle qui couvre votre roux ; remuez-le de demi-quart d'heure en demi-quart d'heure, jusqu'à ce qu'il soit d'un beau roux ; de cette manière votre roux n'aura point l'âcreté que les roux ont ordinairement.

Roux blanc. — Faites fondre le beurre le plus fin que vous aurez, mettez-y de la farine en suffisante quantité ; passez au tamis comme ci-dessus, de crainte qu'il ne se trouve dans votre farine des grumeaux ou de la malpropreté ; mettez-le sur un feu très-doux, afin qu'il ne prenne point couleur ; ayez soin de le remuer environ une demi heure et servez-vous-en à votre volonté.

Sauce aux truffes à la Saint-Cloud, ou en petit deuil. — Coupez une truffe en très-petits dés ; passez-les dans un petit morceau de beurre ; mouillez-les avec quatre cuillerées à dégraisser,

pleines de velouté, et deux de consommé ; faites
cuire et réduire votre sauce ; dégraissez-la et finissez-la avec un pain de beurre.

Sauce à la peluche verte. — Mettez dans une casserole quatre cuillerées de velouté réduit ; faites
bouillir et dégraissez au moment de servir ; mettez dans cette sauce des feuilles de persil blanchi, du gros poivre, un pain de beurre et le
jus d'un citron ; observez que ce jus doit dominer
un peu.

Court-bouillon. — Mettez dans une casserole un
morceau de beurre avec des oignons coupés en
tranches, et des carottes coupées en lames, deux
feuilles de laurier cassées, trois clous de girofle,
deux gousses d'ail, du thym, du basilic, et un peu
de gingembre ; passez le tout sur un feu vif, pour
donner à ces légumes un peu de couleur; faites
que le fond de votre casserole soit un peu attaché;
mouillez-les avec deux ou trois bouteilles de vin ;
si vous voulez que votre court-bouillon soit au gras
mettez quelques bons fonds de graisse ; faites-le
bouillir et servez-vous-en.

La d'Uxelle — Hachez champignons, persil, ciboules et échalotes, le tout par tiers ; mettez du
beurre dans une casserole avec autant de lard
râpé, passez ces fines herbes sur le feu, assaisonnez-les de sel, gros poivre, fines épices, un peu de
muscade râpée et une feuille de laurier ; mouillez
le tout de quelques cuillerées d'espagnole ou de
velouté ; laissez-le mijoter, ayant soin de le re-

59

muer lorsque vous croirez votre d'Uxelle suffisamment cuite, et l'humidité des fines herbes évaporée ; finissez-la avec une liaison que vous ferez cuire sans laisser bouillir ; ajoutez-y, si vous voulez, le jus d'un citron ; déposez-la dans une terrine, et servez-vous-en pour tout ce que vous voudrez mettre en papillote.

Sauce au vert-pré. — Mettez dans une casserole cinq cuillerées à dégraisser pleines de velouté et deux de consommé ; faites-les réduire, au moment de servir ajoutez-y un petit pain de beurre et gros comme une noix de vert d'épinards ; passez sans travailler votre sauce et servez-vous-en.

Sauce à l'orange. — Coupez par la moitié des oranges, exprimez-en le jus dans un tamis que vous poserez sur un vase de faïence ; coupez en deux vos moitiés d'oranges dont vous aurez exprimé le jus, ôtez-en toutes les chairs ; coupez le zeste en petits filets ; faites-le blanchir, égouttez-le, mettez-le dans un jus de bœuf bien corsé avec une pincée de gros poivre, retirez sur le bord du fourneau votre casserole ; mettez-y le jus de vos oranges, saucez-y vos filets et que le zeste soit dessus.

Eau de sel. — Mettez de l'eau dans un petit chaudron et du sel proportionnellement à la quantité de l'eau, avec quelques ciboules entières, du persil en branche, une ou deux gousses d'ail, deux ou trois oignons coupés en tranches ; zestes de carottes, thym, laurier, basilic, deux clous de girofle ; faites bouillir trois quarts d'heure, écumez votre eau, descendez-la du feu, couvrez-la d'un linge blanc, laissez-la reposer une demi-heure ou trois quarts d'heure ; passez-la au travers d'un tamis de soie sans y verser le fond, servez-vous-en pour faire cuire votre poisson et tout ce qui nécessite de l'eau de sel.

Beurre lié. — Cassez deux œufs, supprimez-en les blancs, mettez les jaunes dans une casserole ; faites fondre environ un quarteron de beurre sans le laisser roussir ; broyez, rompez vos jaunes avec une cuiller de bois, versez votre beurre au fur et à mesure sur ces jaunes ; posez votre casserole sur un feu doux, mettez-y du jus de citron et servez-vous-en pour faire vos parures.

Verjus, et la manière de le faire pour qu'il se conserve. — Prenez du verjus avant qu'il ne commence à mûrir, séparez les grains de la grappe, ôtez-en les queues ; mettez les grains dans un mortier avec un peu de sel, pilez-les, exprimez-en le jus à travers un linge à force de bras ou sous une pierre ; ayez une chausse de futaine, ou deux si la quantité de verjus que vous voulez faire l'exige ; mouillez cette chausse, enduisez-la de farine du côté plucheux de la futaine, suspendez-la de manière qu'elle soit ouverte ; versez votre verjus en plusieurs fois jusqu'à ce qu'il devienne limpide comme de l'eau de roche ; vous aurez auparavant rincé des bouteilles, ou vous en aurez de

neuves, pour qu'elles n'aient aucun mauvais goût ;
vous les soufrerez en agissant ainsi : ayez un bouchon qui puisse aller à toutes les bouteilles, passez dedans un fil de fer, arrêtez-le sur le haut du
bouchon et faites-lui faire un crochet à l'autre
extrémité : il faut que ce fil de fer ne passe pas la
moitié de la bouteille ; mettez au crochet un morceau de mèche soufrée comme celle qu'on emploie pour mécher les tonneaux, allumez-la, mettez-la dans les bouteilles l'une près de l'autre ;
lorsque vous apercevrez que la bouteille est remplie de la vapeur, ôtez-en la mèche et bouchez-la
ainsi des autres ; au bout d'un instant videz-y votre verjus et bouchez bien vos bouteilles, que
vous mettez debout dans la cave, et quand vous
voudrez vous en servir, supprimez la petite pellicule qui doit s'être formée dans le goulot ; vous
pourrez vous servir de ce verjus en place de citron ; vous pourrez vous en servir aussi pour les
liqueurs fraîches et le punch, en y ajoutant un peu
d'esprit-de-vin ou du zeste de citron. Ce verjus est
bon pour obvier aux inconvénients des chutes ; il
suffit, à cet effet, d'en prendre un verre, lorsque
l'accident vient d'arriver.

*Sauce ravigote chaude pour cervelles de veau et au-
tres.* (Recette d'Urbain Dubois). — Mettez dans
une casserole la valeur d'un demi-verre de vinaigre blanc ; ajoutez au liquide un bouquet d'estragon, quelques échalotes et grosses épices , faites
réduire le liquide de moitié, adjoignez-lui alors

quelques cuillererées de sauce blonde un peu consistante, faites-la bouillir pendant quelques minutes, passez-la au tamis et la tenez au chaud, hachez fin une pincée de feuilles de persil, une ou deux feuilles d'estragon, une de pimprenelle et une de cerfeuil ; les mettre dans le coin d'une serviette, tremper celle-ci dans l'eau chaude ; exprimez l'humidité des fines herbes, mêlez-les à la sauce, et incorporez à celle-ci hors du feu trois ou quatre cuillerées à bouche de bonne huile d'olive.

Sauce aux moules. — Vos moules ratissées et passées à plusieurs eaux, vous les mettez dans une casserole avec ail, persil, sur un feu vif, et vous faites sauter les moules de temps en temps jusqu'à ce qu'elles soient ouvertes ; alors ôtez les moules de leurs coquilles, et après les avoir laissées reposer et tiré au clair l'eau qu'elles ont rendue, faites-en une sauce au beurre, jetez vos moules dans cette sauce, et tenez-la bien chaude pour vous en servir.

Sauce froide à la polonaise. — Exprimez dans une saucière le suc de quatre citrons et celui d'une bigarade ; joignez-y une forte pincée de mignonnette avec trois cuillerées *à café* de bonne moutarde et six pleines cuillerées à bouche de *sucre* pur et bien pulvérisé ; mélangez et délayez, servez avec gibier noir froid.

Sauce dite à la génevoise. — Mettez dans une casserole avec une une bouteille de vin rouge oignons,

persil, échalotes, ail, laurier, thym et épluchures
de champignons ; faites réduire le tout au quart,
mettez une cuillerée à pot de consommé, mouillez avec le fond du poisson que vous aurez disposé
pour votre service ; faites travailler votre sauce
comme celle à la matelote réduite, passez-la à l'é-
tamine ; vous la finirez avec un beurre de deux
anchois, un bon quart de beurre fin ; ayez soin que
votre sauce se trouve bien liée, pour qu'elle puisse
marquer, servez-vous de cette sauce pour le poisson d'eau douce.

Sauce dite à la talpage. (pour manger le lièvre et
le lapin rôtis). — Faites fondre du lard pour en
faire un roux, mettez-y de l'ail et des échalotes,
mouillez avec du vin, salez, poivrez, faites griller
le foie, écrasez-le avec du vinaigre et joignez-le à
la sauce.

Au moment de servir, passez cette sauce et
ajoutez-y le jus de la bête. Cette sauce doit être
très relevée.

SAUCISSES. — Composition dont les principaux
éléments sont des viandes hachés et enveloppées
soit dans un morceau de crépine, soit dans un
boyau de porc ou de mouton.

SAUCISSON. — Viande hachée et enfermée
dans un intestin de bœuf. Il y a des villes dont les
bons saucissons ont fait la réputation. Il y a les
saucissons de Lyon, il y a les saucissons de Strasbourg, il y a les saucissons d'Arles ; mais, il faut
l'avouer, la beauté des femmes d'Arles a fait plus

encore pour la réputation de la ville que la sapidité de ses saucissons.

SAUGE. — Herbe aromatique qui, en médecine s'il faut en croire l'école de Salerne, a de puissantes qualités, mais dont on ne se sert en cuisine que pour faire mariner les grosses pièces de venaison, et composer les brouets destinés à faire cuire les jambons et les andouilles.

SAUMON. — Poisson du Nord et du Midi, poisson d'eau douce pendant la belle saison, poisson de mer pendant le reste de l'année. Il quitte la mer au printemps pour frayer et voyage par troupes nombreuses.

Saumon roulé à l'irlandaise. — Prenez la moitié d'un saumon que vous désossez et blanchissez; saupoudrez le côté de l'intérieur d'un mélange fait avec du poivre, du sel, de la muscade, quelques huîtres hachées, du persil et de la mie de pain; vous roulez le saumon sur lui-même, vous le mettez dans un plat creux et le faites cuire dans un four bien chaud; quand il est cuit, servez-le avec le produit de sa cuisson.

Saumon à la génevoise. — Mettez dans une casserole une hure de saumon ficelée, avec oignons coupés en tranches, zestes de carottes, bouquet de persil et ciboules, du laurier, un ou deux clous de girofle, sel et fines épices, mouillez le tout avec du vin rouge; faites cuire votre saumon, et, sa cuisson achevée, passez dans une casserole à travers un tamis de soie une partie de son assaison-

nement; mettez autant de roux que vous avez mis
d'assaisonnement, faites réduire à consistance de
sauce, ajoutez-y un peu de beurre, passez et liez
votre sauce, égouttez votre saumon, dressez-le et
servez-le garni de croûtons frits.

Queue de saumon grillée. — Nettoyez une queue
de saumon, mettez-la sur un plat; marinez-la
avec un peu d'huile, sel fin, feuille de laurier,
persil et ciboules coupées en deux; retournez-la
et, à cet effet, servez-vous d'un couvercle de casserole, et reglissez-la sur le gril; arrosez-la de
temps en temps de sa marinade (son épaisseur
déterminera le temps de sa cuisson). Pour vous
assurer si elle est cuite, écartez un peu la chair
de l'arête : si elle est encore rouge, laissez-la
cuire; la cuisson faite, renversez-la sur le couvercle, supprimez en la peau, saucez avec une
sauce au beurre, parsemez-la de câpres confites
ou de fleurs de capucines au vinaigre.

Sauté de saumon. — Levez la peau d'un morceau
de saumon cru, coupez-le par minces escalopes,
aplatissez-les avec le manche de votre couteau
que vous aurez trempé dans l'eau pour qu'il ne
tienne pas à la chair du saumon; puis vous aurez
fait fondre du beurre dans une sauteuse, vous y
aurez rangé vos escalopes sans les mettre les unes
sur les autres; saupoudrez-les d'un peu de sel fin
et de gros poivre; mettez dans une casserole, si
c'est au gras, trois cuillerées à dégraisser de
velouté réduit; si c'est au maigre, de l'espagnole

maigre et gros de beurre comme deux œufs ; faites chauffer et lier votre sauce, sautez vos escalopes, retournez-les, et, leur cuisson faite, égouttez-les ; dressez-les en couronne sur votre plat, auquel vous aurez fait une garniture ; supprimez une partie du beurre dans lequel vous avez fait sauter vos escalopes, conservez-en le jus, mettez ce fond dans votre sauce, liez-la de nouveau, ajoutez jus de citron, persil, muscade.

Galantine de saumon. — Prenez le manchon d'un fort saumon, fendez-le par le ventre, retirez-en la forte arête, étendez-le sur un linge blanc, piquez-le de gros lardons, d'anchois, de thon mariné, de cornichons et de truffes ; étalez sur toute la superficie des chairs des quenelles de poisson quelconque ; reformez votre manchon de saumon dans sa forme naturelle, serrez-le bien dans une serviette et faites-le cuire dans un bon court-bouillon, laissez-le refroidir, déballez, parez, dressez, glacez et garnissez de croûtons. Servez avec un beurre de Montpellier.

Pâté chaud de saumon. — Otez la peau et l'arête d'un morceau de saumon, piquez-le de filets d'anguilles et de filets d'anchois ; passez ces morceaux au beurre avec des fines herbes, comme il est indiqué à l'article *Esturgeon en fricandeau;* assaisonnez de sel, gros poivre, épices ; laissez-les refroidir, mêlez vos fines herbes avec des quenelles de poisson, mettez le tout dans une croûte de pâté et finissez comme il est indiqué à l'article *Pâtisserie ;* servez et saucez d'une italienne.

Saumon fumé. — Prenez du saumon fumé, coupez-le par lames, mettez de l'huile sur un plat d'argent, sautez vos filets ; leur cuisson faite, ajoutez-en l'huile, passez par-dessus un jus de citron, et servez.

Saumon salé. — Faites dessaler votre saumon, mettez-le dans une casserole avec de l'eau fraîche ; faites-le cuire, écumez-le, et quand vous le verrez près de bouillir retirez votre casserole du feu, couvrez-la d'un linge blanc et au bout de cinq minutes égouttez-le et servez-le en salade.

Saumonneaux du Rhin. — Faites-les cuire au bleu pour les dresser en grillage et les servir en entremets avec une sauce à l'huile verte et au jus d'orange amère : il est rare que les saumonneaux arrivent assez frais à Paris pour y être mis en friture, et c'est cependant la préparation qui leur convient le mieux.

Saumonneaux à la poêle. — Faites-les cuire une heure sur un feu doux, avec du consommé, du vin de Champagne, quelques lames de jambon cuit ; assaisonnez avec bouquet garni, échalotes, quatre épices, passez la sauce réduite au tamis et servez.

SELTZ (EAU DE). — L'eau minérale de Seltz doit à l'acide carbonique qu'elle tient en dissolution la double propriété de communiquer aux différentes boissons avec lesquelles on la mélange une saveur piquante qui favorise l'activité de l'appa-

reil digestif; il est difficile, à Paris du moins, de
se procurer de l'eau de Seltz naturelle et qui n'ait
rien perdu de ses propriétés; mais comme on a
trouvé le moyen de l'imiter exactement, et même
de donner à l'imitation un goût plus agréable que
le goût naturel, il n'est pas d'été si brûlant ni de
lieux si déserts où l'on ne puisse se procurer de
l'eau de Seltz en la fabriquant soi-même. Pour
composer de l'eau minérale de Seltz artificielle, il
est suffisant de mettre par chaque bouteille d'eau
filtrée un demi-gros de bicarbonate de soude avec
un demi-gros d'acide tartrique; on aura soin de
bien ficeler les bouchons sur ces bouteilles et de
les coucher à la cave ou dans un lieu frais, afin
que le gaz qui se dégage par la réaction des deux
sels ne puisse faire sauter les bouchons ni faire
éclater les bouteilles.

SEMOULE. — Pâte en petit grain de la même
substance que le vermicelle et qu'on emploie également pour des potages et des entremets sucrés.
La meilleure semoule est celle de Gênes, où l'on
en fabrique de deux sortes, savoir : la semoule
blanche, qui se fait avec de la farine de riz, et la
jaune qui se fait avec de la fleur de froment dans
laquelle on ajoute de la teinture de safran, de la
coriandre et des jaunes d'œufs. C'est celle qui
convient le mieux pour toutes les préparations de
la semoule au lait et au sucre.

La semoule au lait et au sucre se mange très-
bien froide, comme on mangerait une crème.

SIROP. — Il existe deux procédés pour la préparation des sirops *à froid* : faites fondre dans de l'eau le double de son poids de sucre, environ deux livres dans dix-huit ou vingt onces de liquide, tel que les sucs de limons, d'oranges, de roses, de violettes passées au tamis, et mettez au froid dans des bouteilles bien bouchées.

On peut mettre aussi dans un vase de faïence un lit de sucre, un autre lit de fruits, tels que groseilles, oranges, cerises, remettre par-dessus un lit de sucre, et ainsi alternativement en ayant soin que le premier et le dernier lit soient de sucre; le sucre se dissout dans le jus des fruits, lequel en deux jours est transformé en sirop; cette sorte de sirop est très-agréable, mais ne se conserve pas longtemps.

Il faut apporter une grande attention dans la confection des sirops : pas assez cuits, ils se conservent mal ; trop cuits, ils se candissent.

Les sirops par coction se font ainsi : mettez dans votre liquide du sucre à raison d'une livre par pinte, et faites évaporer; la cuisson n'a pour but que de concentrer les sucs; d'autres praticiens font évaporer le suc avant d'y mettre le sucre; ce moyen donne un sirop plus agréable, mais qui ne se garde point aisément.

Le sucre doit toujours être en double proportion, à froid immédiatement, à chaud au moyen de l'évaporation.

Nous ne donnons aucune recette particulière

pour la préparation des sirops d'orgeat, framboises, au verjus, aux grenades, etc., ces préparations étant du domaine du confiseur et non du cuisinier.

SOLE. — La meilleure sole est de couleur grislin; on la trouve dans les eaux de Dieppe : les soles pêchées à Calais ou à Roscoff sont inférieures à celle-là.

Soles frites pour rôt. — Ayez une belle sole, ratissez-la, ou mieux encore arrachez-lui la peau grise, videz-la en faisant une petite incision au-dessous de l'ouïe, lavez-la, égouttez-la ; faites-lui une incision au dos, passez la lame de votre couteau le long de l'arête pour en détacher les chairs ; au moment de servir, trempez votre sole des deux côtés, farinez-la et faites frire. Soutenez sa friture par un bon feu : il faut que ce poisson, comme tous ceux qu'on fait frire, se tienne roide en sortant de la poêle. Sa cuisson faite et d'une belle couleur, égouttez-le sur un linge blanc, saupoudrez-le d'un peu de sel fin, mettez sur un plat une serviette pliée proprement, posez votre sole dessus, et servez à côté des citrons entiers ou des bigarades.

Soles à la flamande. — Comme la précédente, puis mettez-les dans une poissonnière et mouillez-les d'une eau de sel, faites cuire, égouttez, et dressez avec du beurre fondu dans une saucière ou avec une sauce aux huîtres.

Soles au four. — Fendez vos soles par le dos,

soulevez-en les chairs des deux côtés, emplissez
le dos de fines herbes hachées, passées au beurre
et refroidies ; étendez un morceau de beurre dans
le fond de votre plat, posez-y vos soles sur le dos,
dorez-les avec une plume trempée dans du beurre
fondu, saupoudrez-les d'un peu de sel fin, d'épices
fines, panez-les de mie de pain, mouillez-les d'un
peu de vin blanc ou de bouillon, faites-les cuire
au four ou sous un four de campagne.

Filets de soles en friture. — Coupez des filets de
soles, marinez-les avec du sel, du poivre, un jus
de citron ; au moment de servir vous les passerez
dans de l'œuf, puis de la mie de pain, et vous les
ferez frire. On doit les servir en cordon autour
d'une rémolade ou d'une sauce Robert.

Sauté de filets de soles. — Coupez deux ou trois
soles en filets de manière que chacune d'elles
vous en donne huit ; marinez ces filets avec du
sel, du poivre, une échalote ou un oignon, du
persil et des truffes, le tout bien haché, et un jus
de citron ; vous les mettrez ensuite dans un sautoir enduit en dessous d'une couche de beurre ;
posez le tout sur le feu ; les filets roidis d'un côté
vous les retournerez de l'autre, et lorsqu'ils seront
au point vous les retirerez et vous les dresserez
sur un plat ; vous pencherez le sautoir pour en
faire découler le beurre et le remplacerez par un
demi-verre de vin blanc sec, dans lequel vous
ferez bouillir des tranches de truffes jusqu'à ce
qu'il soit réduit à moitié ; vous ajouterez alors un

peu d'espagnole ; dégraissez votre sauce et versez-
la sur les filets.

Filets de soles à la Orly. — Nettoyez et videz vos
soles, fendez-les par le dos, depuis la tête jusqu'à
la queue, levez-en les chairs, c'est-à-dire faites
quatre filets dans votre sole ; parez-les, mettez-
les mariner dans une terrine, avec sel fin, persil
en branches, ciboulettes et tranches d'oignons,
et le jus d'un ou plusieurs citrons ; remuez vos
filets dans cette marinade où il faut les laisser
environ trois quarts d'heure ; un instant avant de
servir, égouttez-les, farinez-les, faites-les frire,
qu'ils soient fermes et d'une belle couleur, dressez-les sur votre plat et servez dessus une sauce
italienne aux tomates. (Sauce tomate lisse.)

Sauté de filets de soles à la maître d'hôtel. — Levez
vos filets de soles comme je l'ai indiqué précédemment, levez-en la peau ; la peau levée, coupez
vos filets en plusieurs morceaux égaux et parez-
les ; vous aurez fait fondre du beurre dans une
sauteuse assez grande pour contenir vos filets ;
arrangez-les dans cette sauteuse ; saupoudrez-les
d'un peu de sel fin, recouvrez-les d'un peu de
beurre fondu ; au moment de servir, posez-les sur
le feu, et lorsqu'ils seront roidis d'un côté, retournez-les de l'autre ; leur cuisson faite, égouttez-les,
dressez-les en miroton, et saucez-les d'une bonne
maître d'hôtel où vous aurez mis du velouté
réduit que vous forcerez d'un peu de citron.

Soles au gratin. — Levez vos filets comme il est

dit ci-dessus; levez-en la peau; étendez sur ces filets de la farce cuite, soit au gras, soit au poisson, de l'épaisseur d'une pièce de cinq francs; roulez-les entièrement en commençant par le bout le plus mince, et faites qu'ils soient d'une égale grosseur; à cet effet, mettez plus de farce sur les filets qui se trouvent être les plus faibles; étendez dans le fond de votre plat de la farce environ l'épaisseur d'un travers de doigt; posez-les sur le plat et formez-en une couronne, afin qu'il se trouve un vide au milieu; garnissez de farce tous les intervalles, en dedans ainsi qu'en dessus, de sorte que vos filets ne fassent qu'une masse; unissez le tout avec la lame de votre couteau, que vous tremperez dans de l'eau tiède; panez les mies de pain, arrosez-les d'un peu de beurre, mettez-les cuire au four ou sous un four de campagne; la cuisson de votre gratin faite et d'une belle couleur, égouttez-les, et mettez dans son puits une provençale ou une italienne.

Filets de soles à l'italienne. — Prenez des soles frites et froides, ou de desserte; levez-en les filets, supprimez-en les peaux, parez-les avec soin; mettez un peu de bouillon dans une sauteuse ou une casserole; arrangez-y vos filets, mettez-les chauffer sur de la cendre chaude; prenez garde qu'ils ne bouillent; au moment de servir, égouttez-les sur un linge blanc, dressez-les sur votre plat comme des lames de jalousie; saucez-les d'une sauce italienne et servez.

Filets de soles à la sauce de Provence. — Lever les filets de deux soles, les diviser chacun en deux parties, les assaisonner, les fariner et les plonger dans de la friture d'huile bien chaude; quand ils sont cuits, les égoutter et les dresser sur un plat avec du persil tout autour; puis vous enverrez à part la sauce suivante : ôtez les arêtes du poisson, délayez des aromates et du vin blanc ; vous tirerez un peu d'essence de poisson, vous la dégraisserez, vous la passerez au tamis, et vous la ferez réduire en demi-glace; vous lui mêlerez une cuillerée à bouche de purée de tomates au naturel et passée à l'étamine, ainsi qu'une cuillerée de sauce; faire réduire ce liquide pendant quelques minutes, le retirer sur le côté du feu, lui incorporer cent cinquante grammes de bon beurre divisé en petites parties; l'incorporation doit se faire peu à peu et sans cesser de tourner la sauce; quand celle-ci est bien liée, la finir avec le jus d'un citron et une pointe de Cayenne.

Sole grillée. — Otez entièrement la peau de la sole; assaisonnez-la avec du sel, du poivre et un jus de citron; oignez-la ensuite de beurre fondu et passez-la enfin dans la mie de pain ; c'est quand elle est ainsi préparée qu'il faut la faire griller à petit feu; faites fondre en même temps un anchois avec un morceau de beurre; mouillez ce mélange avec un quart de vin blanc sec et un jus de citron, et versez-le sur votre sole.

Sole farcie aux huîtres. — Fendez la sole par le

dos, enlevez-en l'arête et tous les cartilages, farcissez-la avec un peu de farce de poisson et un ragoût d'huître bien truffé ; vous la ferez cuire au four avec feu dessus feu dessous, dans un sautoir, avec un peu de beurre au fond ; assaisonnez la sole avec du sel, une tranche de carotte et de citron, recouvrez-la avec des bardes de lard, et mouillez avec un demi-verre de vin blanc sec ou bouillon de poisson ; posez un rond de papier dessus ; après cuisson vous la servirez sur un ragoût d'huîtres et de truffes préparées et mêlées en égale quantité ; le tout doit être saucé avec une allemande.

Soles à la mode de Trouville. — Retirer la peau noire à deux soles fraîches et propres, les diviser chacune en deux ou trois parties, beurrer un plat à gratins, les saupoudrer avec deux cuillerées à bouche d'oignons hachés, ranger les morceaux de soles dans le fond du plat, les assaisonner, les mouiller à hauteur avec du cidre et poser le plat sur un feu vif ; faire bouillir le liquide pendant quelques instants et poser le plat au four ; dix minutes après poser les morceaux de soles sur le plat, faire bouillir vivement le fond de cuisson pendant deux minutes, le retirer du feu et le lier en lui incorporant cent cinquante grammes de bon beurre, et à défaut de ce bon beurre lier le fond avec un petit morceau de beurre manié. et lui incorporer le beurre frais et une pincée de persil haché ; la verser sur les soles.

Filets de soles en mayonnaise. — Prenez des soles frites et froides ou de desserte, levez-en les filets, parez-les, coupez-les de la longueur de deux pouces ; dressez-les en couronne sur le plat et masquez-les d'une mayonnaise.

Filets de soles en salade. — Préparez vos filets comme il est dit aux articles précédents, et procédez pour ces filets comme il est indiqué à la *salade de volaille.*

SOUDAC. — Un des bons poissons que l'on rencontre dans tous les cours d'eau de Russie, et dont la grandeur se mesure au bassin dans lequel on le trouve ; il a la forme du brochet, dont il a à peu près le goût. Il s'arrange comme lui.

STERLET ou PETIT ESTURGEON. — Poisson pour lequel les Russes ont une grande prédilection.

T

TANCHE. — Les tanches destinées à la nourriture doivent être choisies fortes et bien nourries ; le goût en est plus où moins savoureux selon qu'elles sont d'une eau courante, d'une eau limpide ou d'une eau stagnante ; on les mange de toute façon.

Tanche à la poulette. — Après avoir trempé votre tanche dans un chaudron d'eau presque bouillante, raclez-en le limon et les écailles ; vous la coupez par morceaux et la faites dégorger ; vous mettez ensuite du beurre dans la casserole, vous le faites tiédir avec vos morceaux de tanche, vous les sautez dans le beurre ; joignez-y plein une cuiller à bouche de farine que vous mêlez ensemble ; vous mouillez votre ragoût avec une bouteile de vin blanc, du sel, du gros poivre, une feuille de laurier, un bouquet de persil, de la ciboule, des petits oignons et des champignons ; vous ferez alors votre ragoût un peu vite, dès qu'il sera cuit vous y mettrez une liaison de trois jaunes d'œufs. Garnissez ce plat d'écrevisses, de foies de lottes ou de langues de carpes.

Tanche grillée. — Raclez le limon et les écailles en commençant par la queue, mais sans toucher la peau ; mettez dans le corps de ces poissons un morceau de beurre manié de fines herbes avec une pointe d'ail, persil et ciboules hachés, sel et poivre ; faites tiédir la marinade et mettez-y les tanches ; laissez-les prendre goût pendant une couple d'heures, retirez-les, essuyez-les et farinez-les pour les faire frire. On fait aussi cuire les tanches dans un court-bouillon au vin bien assaisonné, et on les sert avec une sauce aux câpres et aux capucines.

TAPIOCA. — Fécule de manioc, extraite de la racine râpée.

TARTE. — Pâtisserie feuilletée dont on couvre les abaisses, avec des crèmes, des fruits en compote ou des confitures.

TERRINE. — On lit dans le *Dictionnaire général de la cuisine française :* Entrée qui tire son nom de l'usage où l'on était autrefois de servir la viande dans la terrine même où elle avait été cuite, sans aucune autre sauce que le mouillement qu'elle avait produit. Aujourd'hui la terrine est composée de plusieurs sortes de viandes cuites

à la braise, qu'on sert dans un vase appelé terrine,
soit d'argent ou de porcelaine, avec telle sauce,
coulis, ragoût ou purée qu'on trouve bien d'y
ajouter.

Les terrines de foies de canard de Toulouse et
celles de Nérac, qui sont garnies de perdreaux
aux truffes, ont une juste réputation; mais tout
cela doit céder à l'ancienne *terrine du Louvre*, ainsi
qu'elle est formulée par Leclercq.

Terrine à l'ancienne mode. — Faites cuire avec
du bouillon un poulet gras, une perdrix, le râble
d'un lièvre, une noix de veau et une noix de mouton, le tout piqué de lard moyen bien assaisonné
de fines herbes et d'épices. Laissez tout cela
bouillir ensemble. Pelez ensuite des marrons
grillés, nettoyez-les convenablement et mettez-les
à cuire avec les viandes. Fermez bien la terrine
et lutez-là de pâte ferme, afin que tout cela cuise
en son jus. Dégraissez la sauce avant de la servir,
et ajoutez-y pour lors un gobelet de vin des
Canaries.

THÉ. — Il y a sept ou huit espèces de thé, mais
nous n'en consommons guère que trois espèces :
le thé perlé, dont la feuille est parfaitement roulée sur elle-même; le thé souchong, dont les
feuilles sont d'un vert sombre, un peu noirâtre
et bien roulées; enfin, le pékao, en pointes blanches, celui dont l'odeur est la plus aromatique et
la plus agréable.

Le thé perd facilement son odeur ou en contracte non moins facilement une désagréable. Il est donc important pour la conservarion des thés qu'ils soient enfermés dans des boîtes de porcelaine.

Il y a en outre cinq ou six autres espèces de thés : il y a le thé jaune, qui vaut en Russie jusqu'à trente et quarante francs la livre ; on n'en prend d'habitude qu'une seule tasse après dîner comme on prend du café. Il y a encore le thé camphou, qui veut dire thé de feuilles choisies : il est en effet composé des meilleures feuilles du thé bonni, tendres et de bonne grandeur ; il est de beaucoup préférable à d'autres, mais il est très rare.

Le meilleur thé se boit à Pétersbourg, et en général par toute la Russie : la Chine y confluant par la Sibérie, le thé n'a pas besoin de traverser la mer pour venir à Moscou ou à Pétersbourg, et les voyages par mer nuisent beaucoup au thé.

Le thé est rarement usité en France ; il est légèrement pourvu d'une propriété plus ou moins enivrante, qu'il manifeste par son action sur les nerfs quand on le prend trop fort et en trop grande quantité. Le thé se fait par infusion ; on en mêle à dose convenable dans une théière, et on verse par dessus une demi-tasse d'eau bouillante ; on attend que les feuilles soient développées, et alors on achève de remplir la théière.

THON. *Procédé pour mariner les thons.* — Videz le thon aussitôt pêché, coupez-le par morceaux, rô--

tissez sur le gril, faites frire dans l'huile, assaisonnez de sel et de poivre, et encaquez dans de petils
barils dans de l'huile et du vinaigre.

Thon à la broche. — Prenez une forte tranche de
thon, lardez avec anguilles et anchois ; faites-le
rôtir, arrosez-le en cuisant avec une marinade
maigre : oignons en tranches et citron, ciboules,
sel, poivre et laurier, une livre de beurre que vous
mettez dans la lèchefrite ; dégraissez ensuite
cette marinade, liez-la d'un fort coulis roux en
y ajoutant quelques câpres, et versez-la sur le
thon.

Thon en caisse. — Foncez une caisse de papier
avec des tranches de thon, avec des herbes fines parez et mettez la caisse dans une tourtière ;
faites cuire prestement entre deux feux vifs, et
servez.

Thon frais en salade. — Servez avec une rémoulade des tranches de thon rôti.

Thon frit. — Servez avec une rémoulade des tranches de thon mariné et frit.

THYM. — Plante aromatique qu'on emploie
comme assaisonnement.

TOMATES. — Fruit qui nous vient des peuples
méridionaux, chez lesquels il est en grand honneur : on mange sa pulpe en purée, et on emploie
son sucre comme assaisonnement.

Tomates à la Grimod de la Reynière. — Après
avoir ôté les pepins de vos tomates beurrez-les
d'un hachis de viande fines, et si vous n'en avez

pas, de chair à saucisses, auquel vous aurez mêlé une gousse d'ail, du persil, de la ciboule et de l'estragon haché, mettez le tout cuire sur le gril, ou, ce qui vaut mieux encore, dans une tourtière sous un four de campagne avec beaucoup de chapelure, pressez dans la tourtière même un jus de citron pour achever l'assaisonnement et servez.

TORTUE. *Potage à la tortue.* — Pour le potage à la tortue, vous mettez toutes vos chairs maigres dans une marmite, puis vous ajoutez 10 kilogrammes de tranches de bœuf, deux jarets de veau, trois vieilles poules ; vous mouillez de trois grandes cuillerées de bon bouillon et laissez tomber à grand feu le fond à demi-glace ; remplissez ensuite votre marmite d'un grand bouillon, vous la garnissez de quatre oignons piqués de clous de girofle, un bouquet de basilic et romarin, puis vous laissez cuire le tout à petit feu pendant six heures.

Quand tout sera préparé comme on vient de le dire, vous prenez les peaux que vous avez retirées du plastron et de la carapace et vous les coupez en morceaux de trois centimètres carrés ainsi que les nageoires, à moins que vous n'ayez l'intention de servir ces dernières comme relevé ; puis vous mettez ces morceaux dans une casserole foncée de bardes de lard, avec une bouteille de vieux Madère, et vous finisssez de mouiller avec le consommé préparé et passé. Laissez cuire le tout ensemble en vous assusant de temps en temps, en sondant, si la cuisson est arrivée à point ; elle doit conserver un ferment pareil à la tête de veau qui ne demande que peu de cuisson.

On sert ce potage de deux manières, clair ou lié, et on le termine par une infusion de menthe, basilic, romarin, serpolet, le tout mouillé d'un grand verre de Madère sec que l'on fait réduire à un quart ; ajoutez-y une pointe de Cayenne et finissez-le. Goutez avant de servir s'il est de bon goût ; il doit avoir une saveur agréable et être monté de ton.

TOURTE. — Pâte feuilletée dans laquelle on sert des ragoûts variés pour entrées.

TOURTEREAUX ET TOURTERELLES. — Variété du pigeon sauvage dont la chair est toujours plus grasse que celle du ramier ; on la sert rôtie, enveloppée de feuilles de vigne et d'une grande lame de tétine de veau.

TRIPES. — *Préparation de la tripe de bœuf.* Frottez et lavez la tripe dans un océan d'eau, taillez-la ensuite large de trois doigts, faites-la bouillir avec un bon bouquet de persil et de thym, ajoutez du beurre et de l'ail, mettez du sel, du poivre, trois ou quatre oignons ; faites cuire le tout pendant deux bonnes heures, puis tirez de leur cuisson tous les morceaux de tripes, et faites-les égoutter. Il est d'habitude de faire cuire la tripe de cette façon avant de l'assaisonner de quelque manière que ce soit.

Tripes à la mode de Caen. — Quand vous aurez gratté et nettoyé à plusieurs eaux, faites blanchir à l'eau bouillante et mettez vingt-quatre heures dégorger dans de l'eau froide plusieurs fois renouvelée.

Foncez une daubière d'oignons, carottes en tranches, lames, clous de girofle, bouquet garni, ail, feuille de laurier, gros poivre, morceau de pied de bœuf; égouttez les tripes, mettez sel et muscade râpés ; placez les tripes dans une terrine avec jarret de jambon ; baignez de vin blanc coupé d'eau, couvrez de bardes de lard.

Posez le couvercle et fermez-le hermétiquement avec de la pâte, faites cuire pendant sept heures à four très doux et servez chaud, avec la cuisson dégraissée et liée.

Tripe de bœuf sur le gril. — La partie la plus consistante de la tripe est la meilleure. Après l'avoir bien grattée et bien lavée, vous la ferez cuire dans l'eau, avec carottes, oignons, persil, laurier, thym, clous de girofle, sel, poivre en grain ; quand elle est cuite, vous la faites égoutter, vous la taillez par morceaux de la largeur de quatre doigts, vous la couvrez de beurre frais fondu ou d'huile avec persil, oignons, un tout petit peu d'ail, du sel et du poivre ; vous l'enveloppez dans du pain écrasé et vous faites cuire le tout sur le gril, puis vous les mangez à la sauce piquante. Au reste, on peut manger la tripe comme le palais de bœuf à l'italienne, à la française, à la lyonnaise,

à la milanaise, à la sauce Robert et à la provençale.

Tripe de bœuf en crépinette. — Après avoir fait
cuire la tripe, taillez-la en petits morceaux pareils
à de petits dés, avec un nombre égal de champignons et une demi-livre de lard, ajoutez-y un peu
de mie de pain et deux jaunes d'œufs; du tout faites un amalgame, saupoudrez-la de sel, de poivre
de noix de muscade réduite en poudre, de clous
de girofle et d'une pointe d'ail, enfermez le tout
dans de la voilette de porc en la divisant en morceaux gros comme un œuf, aplatissez-les, mettez-
les sur le gril quelques moments avant de les
porter sur la table et quand ils sont passés du
gril sur le plat couvrez-les de sauce tomate et servez.

Tripe de bœuf à la lyonnaise (recette de Lucotte.)
— Faites frire dans le beurre une douzaine d'oignons coupés par quartiers quand ils seront d'un
beau blond mettez-y une cuillerée de farine, laissez la sauce se faire un instant, joigez-y une bouteille de vin blanc, des champignons, du sel, du
poivre, laissez-y cuire la tripe à petit feu, et au
moment de la manger ajoutez-y un suc de limon.

Tripe en fricassée de poulet. — Grattez et nettoyez
avec le plus grand soin, lavez dans trois ou quatre
eaux diverses et bouillantes; vous mettez enfin votre tripe dans l'eau fraîche, après quoi vous la faites cuire avec des oignons taillés, de l'ail et des
clous de girofle; vous la faites égoutter, vous

l'enveloppez bien de beurre et de farine baignée
dans du bouillon, vous ajoutez des champignons,
vous liez la sauce avec des jaunes d'œufs et vous
la servez avec un suc de limon.

Tripe de bœuf à la sauce piquante. — Alors que votre tripe sera bien lavée, taillez-la en morceaux
carrés, mettez-la dans une casserole, avec un gra-
velet, quelques oignons, sel, poivre, deux cuillerées de bouillon et un peu de moutarde; quand
tout sera bien lié, servez sans laisser refroidir :
c'est un mets des plus indigestes.

TRUFFES. — Nous avons en France, dit le
Dictionnaire de la Conservation, plusieurs espèces
de truffes : la noire, la grise, la violette et la
truffe à odeur d'ail. Beaucoup de nos départements récoltent ces variétés. La chaîne calcaire
qui sillonne les départements de l'Aube, de la
Haute-Marne, de la Côte-d'Or, fournit la truffe
grise presque aussi délicate que la truffe blanche
à odeur d'ail du Piémont. La truffe noire est en
abondance dans les terres du Périgord, de l'An-
goumois, du Quercy; elle nous arrive encore du
Gard, de la Drôme, de l'Isère, du Vaucluse, de
l'Hérault, du Tarn, des Pyrénées orientales, des
montagnes du Jura, de l'Ardèche, de la Lozère.
Plusieurs forêts de la Touraine produisent des
truffes d'une bonne qualité.

Truffes à la cendre. — Brossez les truffes dans
l'eau pour en enlever la terre qu'elles retiennent
toujours, essuyez-les, mettez-les sur une feuille

de papier en double, bien enveloppées de bardes
de lard assaisonné de sel et poivre, repliez le
papier et recouvrez le tout d'une troisième feuille
de papier mouillé; faites cuire dans la cendre
chaude avec un feu modéré par-dessus; étant
cuites, retirez-les pour les essuyer, servez sous
une serviette pliée. On peut aussi les faire cuire à
sec dans du papier beurré, afin d'en user en
maigre.

Truffes au vin de Champagne. — Pelez de grosses
truffes, foncez une casserole de tranches de veau
et de jambon, mettez des truffes dessus avec un
bouquet garni, quelques champignons entiers,
du lard fondu, sel et poivre; couvrez de bardes
de lard, mouillez avec de bon petit vin blanc un
peu sucré, faites cuire à petit feu; quand elles
sont cuites retirez-les, passez la cuisson un peu
dégraissée.

Truffes à la vapeur. — Mettez dans une casserole
deux verres de vin blanc, un petit verre d'eau-de-
vie et un clayon comme il est prescrit pour les
pommes de terre; couchez vos truffes l'une à côté
de l'autre sur ce clayon, couvrez la casserole de
son couvercle; aussitôt que vous verrez les vapeurs
sortir de la casserole, fermez-la d'un torchon
mouillé, les vapeurs se condenseront et retombe-
ront bouillantes sur les truffes. Lorsqu'elles seront
cuites, retirez-les, laissez-les un instant se ressuyer à l'air, et servez-les en colline sur une
assiette. Vous pouvez conserver aux truffes leur

saveur naturelle, il n'y a pour cela qu'à les envelopper une à une dans un papier beurré, et qu'à
les faire cuire à la vapeur de l'eau bouillante.

Truffes au court-bouillon. — Mettez dans une
marmite, avec ciboules, laurier, clous de girofle,
oignons, sel, poivre et vin de Bordeaux, vos truffes
bien appropriées, essuyez et dressez-les sur une
serviette en forme de bastion.

Truffes en roche. — Brossez, lavez, faites égoutter
des truffes à la passoire, assaisonnez-les, maniez-
les avec du lard fraîchement haché et pilé que
vous diviserez en deux parties, l'une pour enduire
la surface d'une abaisse de feuilletage, sur laquelle
vous aurez posé les truffes en forme de pyramide,
et la seconde pour être posée à leur sommet :
cette dernière portion doit être recouverte d'une
plaque de lard, et le tout d'une deuxième abaisse
qui, s'adaptant aux truffes posées les unes sur les
autres, simule les aspérités d'un rocher. Il faut
ensuite dorer la pièce et pratiquer un petit trou
sur le couvert, et l'exposer pendant une heure au
four chaud; ce temps écoulé, retirez-la, tracez le
couvercle avec la pointe d'un couteau pour enlever les bardes de lard; cette opération faite,
replacez le couvert, et servez bien chaud pour
entremets. (Recette Courchamps et Alexandre
Dumas.)

Émincé de truffes. — Émincez les truffes et passez-les au beurre, avec échalotes, persil haché,
sel et gros poivre, mouillez avec un verre de bon

vin blanc de Sauterne et deux cuillerées de jus ou
de bouillon réduit à moitié ; au moment de servir,
mettez une cuillerée d'huile ou un morceau de
beurre.

Truffes blanches. — C'est le Piémont, on le sait,
qui fournit ces excellentes truffes, d'une espèce
particulière et si estimée des gourmets que quel-
ques-uns les préfèrent à nos truffes noires de
France. Cette truffe a cela de remarquable, qu'elle
n'a pas besoin d'être cuite ; lavez-la, essuyez-la,
puis avec un petit couteau enlevez un petit point
noir de la surface ; émincez les truffes en tranches
aussi minces que possible, faites-les chauffer simplement dans la sauce ou avec la garniture avec
laquelle elles doivent être associées.

On sert aussi les truffes blanches en salade ; en
ce cas il faut les émincer, puis faire chauffer de
l'huile avec quelques filets d'anchois passés au
tamis ; quand l'huile est bien chaude, lui adjoindre les truffes, les assaisonner et les retirer hors
du feu en les sautant.

Truffes au gratin. — Choisir sept à huit belles
truffes, rondes et crues, les couper en deux, les
vider à l'aide d'une cuiller à légumes, couper en
petits dés les chairs enlevées, les mêler avec une
égale quantité de foies gras cuits, assaisonner
l'appareil, le lier avec un peu de sauce brune
réduite avec lui ; emplir les moitiés de truffes
l'une à côté de l'autre dans une casserole plate,
avec un peu de vin dedans, faire bouillir le liquide

et pousser la casserole au four; dix minutes après dresser les truffes sur un plat.

Salade aux truffes à la toulousaine. — Un cuisinier français d'un grand mérite, mais qui exerce à l'étranger, M. Urbain Dubois, nous donne cette recette en l'accompagnant de cet éloge :

« Ce mets est une création récente de la science toulousaine; elle prouve qu'en France le grand art de la gastronomie est partout cultivé avec un égal empressement et toujours avec succès.

« Choisir cinq ou six truffes noires, fraîches et d'un bon arome, ainsi que trois artichauts bien tendres. Brosser les truffes avec soin, les laver, les peler, les émincer très-fin et les enfermer dans un vase. Parer les artichauts des feuilles dures, pour ne laisser que celles qui sont d'une tendreté certaine; les diviser alors par le milieu et sur leur longueur; émincer chaque moitié en tranches aussi fines que les truffes et les faire macérer avec un peu de sel pendant dix minutes; les éponger ensuite sur un linge.

« Passer au tamis trois jaunes d'œufs cuits, les mettre dans une terrine, y mêler un peu de moutarde et les délayer avec un demi-verre d'huile la plus fine et un peu de bon vinaigre à l'estragon, frotter le fond d'un saladier avec une gousse d'ail. et ranger dans celui-ci les truffes et les artichauts par couches alternées, en les assaisonnant avec sel et poivre ainsi qu'avec une partie des œufs délayés avec l'huile; dix minutes après, sauter les truffes et les artichauts (dans le saladier) afin d'opérer le mélange de l'assaisonnement. Cette salade est digne de porter un grand nom. »

Salade de truffes noires à la russe. — Peler quelques truffes noires, les mettre dans une casserole plate avec un peu de madère, les saler et les faire cuire pendant trois ou quatre minutes, les émincer, les déposer aussitôt dans une terrine, les assaisonner, les arroser avec un peu d'huile, les couvrir et les faire macérer pendant dix minutes, les saupoudrer ensuite avec une pincée d'estragon, de ciboulettes et de persil haché, les lier avec trois ou quatre cuillerées à bouche de mayonnaise, dresser alors la salade sur un plat, la masquer avec une couche de mayonnaise, finir avec une cuillerée de moutarde anglaise.

TRUITE. — Il y a plusieurs espèces de truites, les unes blanches, les autres rosées et de grandeur différente.

La truite est le poisson qui ressemble le plus au saumon; les meilleures truites sont celles dont la substance est rougeâtre et qu'on appelle à cause de cela truite saumonnée.

Truite à la montagnarde. — Quand elle sera restée une heure dans l'eau salée, faites-la cuire avec une bouteille de vin blanc, trois oignons, bouquet, clous de girofle, deux gousses d'ail; laurier, thym, basilic et beurre manié de farine; faites bouillir à feu vif; ôtez les oignons et le bouquet, servez la truite avec sa sauce, et jetez dessus, en servant, un peu de persil blanchi.

Truite au court-bouillon. — Videz une truite, lavez, ficelez-lui la tête, puis faites-la cuire dans une poissonnière avec du vin blanc, des oignons coupés par tranches, une poignée de persil, quelques clous de girofle, trois feuilles de laurier, une branche de thym et du sel; quand elle aura mijoté pendant une heure, dressez-la sur une serviette et sur un lit de persil vert, mettez à côté une sauce faite avec du court-bouillon lié de beurre et de farine et réduit.

Truite à la Chambord. — Commencez par vider, échauder et tremper votre truite dans l'eau bouillante, enlevez-en toutes les peaux, lavez-la à plusieurs eaux, laissez-la égoutter, piquez-la avec de gros clous de truffes, faites cuire votre truite dans une bonne marinade au vin: au moment de servir égouttez-la, dressez-la sur un grand plat ovale, garnissez-la de quatre ris de veau piqués et glacés de quatre pigeons, de huit écrevisses, saucez d'une financière.

Truites à la Saint-Florentin (formule de l'ancien hôtel de la Reynière). — Prenez les plus belles de celles que vous trouverez, écaillez et videz-les, jetez dans le corps du beurre manié avec sel, poivre et fines herbes; mettez-les dans une poissonnière avec deux ou trois bouteilles de vin blanc, pour que le vin dépasse d'un bon doigt; ajoutez sel, poivre, oignons, clous, muscade, bouquet, croûtes de pain, faites cuire à feu clair,

de sorte que le vin s'enflamme comme un punch ;
lorsque la flamme commence à diminuer, jetez-y
du beurre et vannez avant de servir.

Truites farcies. — Videz, lavez, égouttez quatre
truites, remplissez les corps de farce composée
de quenelles de carpe, de truffes coupées en gros
dés, de champignons, ficelez les têtes de vos
truites, faites-les cuire dans un court-bouillon ;
leur cuisson terminée, mettez-les refroidir et
égoutter, panez-les deux fois à l'œuf, et au moment de servir faites-les frire et servez avec sauce
aux tomates.

Truites aux anchois. — Incisez sur le côté vos
truites écaillées et vidées, faites-les mariner avec
sel, gros poivre, ail, persil, ciboules, champignons hachés, thym, laurier, basilic en poudre,
huile fine, mettez-les dans une tourbière avec
une marinade, panez et faites cuire au four, servez-les avec une sauce aux anchois.

Sauté de filets de truites. — Levez les filets de cinq
à six jeunes truites, coupez-les en petites lames,
veillez à ce que tous soient égaux, parez vos morceaux, enlevez-en la peau du côté de l'écaille,
rangez-les les uns à côté des autres dans votre
sautoir, semez dessus du persil haché et bien
lavé, du sel, du gros poivre, de la muscade râpée ;
vous ferez tiédir un morceau de beurre que vous
verserez sur les filets au moment de servir ; vous
mettez votre sautoir sur un feu vif. Lorsque votre
sauté est roidi d'un côté, vous le retournez et ne

le laissez qu'un instant au feu, vous le dressez en
miroton autour du plat et vous placez le reste
dans le milieu ; servez avec une italienne.

Truites à la hussarde. — Dépouillez-les et mettez dans le corps du beurre manié de fines
herbes, assaisonnez de bon goût, faites mariner
et griller ensuite, et servez-les avec une poivrade.

Pâté de truites. —Lardez vos truites d'anguilles
et d'anchois, dressez le pâté, foncez-le de beurre
frais, faites un godiveau de chair de truite, de
champignons, de truffes, de persil, de ciboules,
de beurre frais avec fines herbes, épices, sel et
poivre, couvrez de beurre frais, faites cuire, dégraissez et servez avec une sauce aux écrevisses.

TURBOT. — Prenez, si vous en croyez Vincent
de la Chapelle, le plus beau et le plus grand turbot sans tache que vous puissiez trouver, surtout
qu'il soit très épais, très blanc et très frais ; fendez-
le jusqu'au milieu du dos, plus près de la tête
que de la queue, et de la longueur de trois à
quatre pouces, mais plus ou moins, selon sa
grandeur; relevez-en les chairs des deux côtés ;
coupez-en les arêtes, de la longueur de l'ouverture; supprimez-en trois ou quatre nœuds; arrê-
tez la tête avec une aiguille à brider et de la ficelle
passée entre l'arête et l'os de la première nageoi-
re; frottez votre turbot avec du jus de citron;
mettez-le dans une turbotière où vous le mouillerez avec une bonne eau de sel et une ou deux

pintes de lait; joignez à cela deux ou trois écorces de citrons en tranches, desquels vous aurez ôté la chair et les pepins; faites-le partir sur un feu assez vif, si vous êtes en été, car le menant alors à un feu trop doux, vous risqueriez de le voir se dissoudre en morceaux. Dès que votre assaisonnement commencera à frémir, couvrez le feu et laissez cuire votre turbot sans le faire bouillir; couvrez-le d'un papier beurré et laissez-le dans son assaisonnement jusqu'au moment de le servir : un demi-quart d'heure avant, égouttez-le; arrangez une serviette sur le plat, garnissez-la en dessous avec des bottes de persil, afin que votre turbot soit posé droit et que le milieu rebondisse sur le plat; faites-le glisser dessus; coupez très également avec de gros ciseaux celles de ses barbes qui pourraient être décharnées, ainsi que le bout de la queue; mettez autour de votre turbot du persil en branche, et s'il avait quelques déchirures, masquez-les avec du persil; servez à côté une saucière garnie d'une sauce blanche, avec des câpres, et une saucière garnie d'une sauce piquante ou au coulis gras, ou au jus de poisson. ou une bonne hollandaise.

On doit ajouter ce qui suit à cette bonne prescription de Vincent de la Chapelle : servez, avec un relevé de turbot, une sauce hollandaise ou bien une sauce aux huîtres, une sauce aux tomates au gras, une sauce blanche au raifort épicé, et de préférence à toutes les autres, une sauce au beurre de homard et au hachis de ce poisson.

Turbot à l'anglaise. — Les Anglais, naturellement grands mangeurs de poisson, ont, pour chaque espèce, des sauces arrêtées d'avance avec lesquelles ils le servent invariablement.

Ainsi, avec le turbot on mange généralement une sauce homard ou une sauce crevette; avec le saumon bouilli, une sauce au persil, souvent accompagnée d'une salade de concombres; avec le cabillaud, une sauce aux huîtres : cette sauce est rigoureusement exigée par les gourmets ; avec le merlan, une sauce aux œufs; avec les maquereaux bouillis, une sauce au persil ou une sauce aux groseilles à maquereau; avec les poissons frits, merlans, truites, éperlans, soles, une sauce au beurre d'anchois.

Choisir un turbot frais, blanc, épais, le vider et l'ébarber tout autour et le fendre sur le côté noir, tout le long de l'arête principale; le déposer alors dans un grand vase d'eau froide pour le faire dégorger pendant une heure, l'égoutter, lui brider la tête, le poser sur la grille d'une turbotière en l'appuyant sur le côté noir, le saupoudrer avec une poignée de sel et le mouiller à couvert avec de l'eau froide; poser la turbotière sur le feu vif, pour faire bouillir le liquide ; au premier bouillon le retirer sur le côté et le tenir ainsi pendant quarante à cinquante minutes au même degré, sans cependant le faire bouillir.

D'autre part, cuire un homard à l'eau salée, le

laisser refroidir, en retirer les chairs de la queue
entière sans endommager la coquille, couper ces
chairs en tranches, les déposer dans une petite
casserole, couper les parures, ainsi que les chairs
des pattes en petits dés, et les tenir également à
couvert: préparez une sauce au beurre bien lisse;
quand elle est fini, lui adjoindre le salpicon de homard et la tenir au bain-marie. Au moment de le
servir, égoutter le turbot, le débrider et le glisser
sur un large plat dont le fond est couvert avec une
planche de forme ovale; percez deux trous et masquez avec une serviette.

Il n'est presque pas nécessaire de dire que la
surface blanche du turbot doit se trouver en dessus. Posez le homard cuit sur le centre du turbot
dressez aussitôt sur la coquille du homard les
chairs de la queue découpées en tranches, et traversez l'épaisseur de la coquille avec un hatelet
garni de deux écrevisses et une truffe ; entourez
le turbot avec des feuilles de persil, envoyez la
sauce séparément.

Turbot à la crème gratinée. — Farie cuire à l'eau
salée la moitié d'un turbot, l'égoutter de sa cuisson, lui enlever ses arêtes depuis la première jusqu'à la dernière et le côté noir de sa peau ; diviser
les chairs en portions coupées d'avance, les ranger l'une à côté de l'autre sur un plat creux, les
saupoudrer avec une pincée de champignons hachés et cuits, les masquer aussitôt avec quelques
cuillerées à bouche de bonne béchamel, réduite et

assaisonnée; monter l'appareil en dôme, le masquer aussi en dessus avec la sauce, le saupoudrer avec de la mie de pain, l'arroser avec du beurre fondu, enfin le pousser au four vif pour lui faire prendre couleur pendant dix à douze minutes, et, en sortant le plat du four, le poser sur un autre plat. N'oubliez pas une bordure de purée de pommes de terre à l'œuf.

Turbot à la régence (ancienne formule du Palais-Royal). — Faites cuire dans une casserole deux ou trois livres de veau en tranches, bardées de lard avec sel et poivre, persil en bouquet, fines herbes, oignons piqués de clous de girofle et deux feuilles de laurier; faites suer; le tout étant attaché, mettez du beurre frais avec un peu de farine. Le roux fait, mouillez avec du bouillon, détachez le fond avec la cuiller, bardez le turbot, et faites-le cuire avec une bouteille de vin de Champagne ou autre vin, avec le jus de veau et le veau par-dessus; étant cuit, laissez-le mitonner sur des cendres chaudes, dressez-le; servez dessus un ragoût d'écrevisses et liez d'un coulis d'écrevisses.

Turbot matelote normande. — Fendez par le dos un jeune turbot, séparez les chairs et l'arête, mettez entre la chair et l'arête une bonne maître-d'hôtel crue; coupez six gros oignons en petits dés, ayez un plat d'argent de la grandeur de votre turbot, mettez des oignons par-dessus avec un bon morceau de beurre assaisonné de sel, gros poivre, thym, laurier en poudre, persil haché et un peu de muscade râpée ; mettez votre turbotin sur vos oignons, poudrez-les de sel, ajoutez-y du citron et un peu de beurre fondu, mouillez d'une bouteille de bon cidre mousseux, mettez votre plat sur un petit fourneau couvert d'un four de campagne à feu très doux. Arrosez pendant la cuisson.

Turbot gratiné au fromage de Parme. — Votre turbot cuit au court-bouillon et refroidi, enlevez-lui les peaux et les arêtes, et mettez-en les chairs dans une béchamel maigre, faites chauffer le tout sans le faire bouillir, dressez sur un plat qui puisse aller au feu, saupoudrez-le de mie de pain mélangée de parmesan râpé, arrosez-le avec du beurre fondu, posez-le sur un feu doux, et faites lui prendre couleur sous un four de campagne.

Turbotins sur le plat. — Videz, lavez, égouttez un, deux ou trois turbotins ; fendez-leur le dos, étendez du beurre dans le fond d'un plat, saupoudrez-le d'un peu de sel et de fines herbes hachées ; posez vos turbotins sur le plat, panez-les avec de la chapelure de pain et de fines herbes, un peu de sel en poudre et d'épices fines ; arrosez-les légèrement de beurre fondu ; mettez dessous du vin blanc en suffisante quantité ; faites-les partir sur un fourneau, mettez-les sous un four de campagne ou dans un grand four, si vous en avez la commodité ; assurez-vous de leur cuisson en posant le doigt dessus : ils seront cuits s'ils ne vous résistent point ; servez-les avec leur mouillement ou égouttez-les et servez-les avec une italienne.

Mayonnaise ou salade de turbot. — Parez, coupez en rond les filets d'un turbot de desserte, mettez-les dans un vase, assaisonnez-les de sel, de gros poivre, de ravigote hachée, d'huile et de vinaigre à l'estragon, dressez votre filet en couronne sur votre plat avec une guirlande d'œufs durs, décorez-les de filets d'anchois, de cornichons, de feuilles d'estragon, de truffes, de bettraves et de câpres; mettez des jolis croûtons de gelée autour de votre plat et au milieu une mayonnaise ou, pour mieux faire, une sauce verte.

Filets de turbot à la bigarade. — Levez les filets d'un turbotin : après les avoir coupés en aiguillettes, faites-les mitonner avec un jus de citron, sel, gros poivre, un peu d'ail ; au moment de servir, égouttez sur un linge blanc, farinez-les, faites-les frire d'une belle couleur, dressez-les sur un plat, et servez-les sur une sauce au coulis de poisson et au jus d'oranges amères.

V

VANILLE. (*Épidendrum vanilla.*) — Plante exotique de la famille des orchidées ; elle croît toujours à l'ombre, soit dans des fentes de rochers, soit au pied des grands arbres ; l'arome de la vanille, d'une finesse extrême, est si parfaitement suave que l'on s'en sert pour aromatiser les crèmes, les liqueurs et les chocolats.

VANNEAU. — Oiseau remarquable par la beauté de son plumage et la finesse de sa chair. Il y a un proverbe qui dit : « N'a pas mangé un bon morceau qui n'a mangé ni bécasse ni vanneau. » Ses œufs sont encore plus estimés que lui ; au mois d'avril et de mai on les mange ou plutôt on les gobe par milliers en Belgique ; en Pologne on en fait des omelettes d'un excellent goût; en Hollande où ces oiseaux sont fort communs, on les mange à toutes les sauces. On suppose que le vanneau, *vanellus* des gourmands de l'ancienne Rome, n'était pas celui-là ; et que le *vanellus apicianus*, c'est-à-dire le vanneau d'Apicius, était le pluvier doré. Dans l'antiquité comme de nos jours, lui et ses œufs, au reste, étaient fort appréciés.

VEAU. — Les meilleurs veaux sont ceux de Pontoise, de Rouen, de Caen, de Montargis, de Picardie ; on en élève aussi dans les environs de Paris qui ne sont point à dédaigner ; leur viande se mange à Paris plus succulente qu'en aucun lieu.

Tête de veau au naturel. — Choisissez-la bien blanche, ôtez les deux côtés de la mâchoire inférieure, désossez aussi le bout du mufle jusqu'auprès des yeux, en relevant la peau sans l'endommager ; coupez le museau sans blesser la langue ; mettez dégorger cette tête à grande eau, faites-la blanchir, épluchez-la, frottez-la avec un citron : cela fait, mettez-la dans un blanc, après l'avoir enfermée dans un torchon dont vous aurez attaché les quatre bouts : faites-la partir, laissez-la cuire deux ou trois heures, retirez-la, et après l'avoir développée laissez-la égoutter, découvrez la cervelle en levant la calotte, parez-la, dressez-la et servez-la avec une sauce au pauvre homme, ou toute autre sauce piquante, poivrade ou ravigote.

Tête de veau farcie. — Ayez une tête veau échaudée, bien blanche, dressez-la en laissant tenir les yeux à la peau et prenant garde de la percer avec le couteau ; mettez-la dégorger, ainsi que la langue dont vous aurez supprimé le gosier : faites

une farce avec une livre de veau et une livre et
demi de graisss de rognons de bœuf ; hachez ces
deux objets séparément ; pilez le veau ; cette opération faite, joignez-y votre graisse et pilez le tout
ensemble de manière qu'il ne puisse être distingué
joignez à cela la mie d'un pain à potage que vous
aurez trempée dans la crème et ensuite desséchée
par des fines herbes hachées et passées dans le
beurre, telles que champignons, persil et ciboules, que vous laisserez refroidir pour incorporer
avec votre farce ; assaisonnez-la de sel, épices fines et poivre ; pilez le tout ensemble, mouillez
cette farce avec peu d'eau à la fois ; ajoutez trois
ou quatre œufs, l'un après l'autre ; si elle se trouvait trop ferme pour l'étendre sur la tête de veau,
mettez-y un peu d'eau. Cette farce finie, égouttez
cette tête, essuyez-la, flambez-la, si elle en a besoin ; ensuite mettez-la sur un linge, étendez sur
ces chairs l'épaisseur de deux doigts de farce ; cela
fait, mettez sur cette farce un salpicon froid, dont
vous aurez coupé les dés un peu plus gros que
pour les croquettes ; remettez la langue après l'a-
voir fait blanchir ; ôtez la peau qui l'enveloppe à
la position où elle était quand la tête était entière;
recouvrez votre salpicon avec la farce, ayant soin
de donner à cette tête sa première forme ; couvrez-
la, et du côté du collet enveloppez-la de bardes de
lard ou d'une toilette de veau (ce qui vaut mieux)
afin que la farce n'en sorte pas ; roulez-la dans une
serviette ou étamine, ayant soin de lui coucher

les oreilles; ficelez-la par-dessus la serviette, toujours en ménageant sa forme; foncez une marmite avec quelques débris de viande de boucherie; mettez-y sel, oignons, carottes, deux feuilles de laurier, deux gousses d'ail, bonne qualité, quelques fonds de braise ou de bon bouillon; laissez-la cuire deux ou trois heures, surtout qu'elle n'arrête pas. Quand elle sera cuite, égouttez-la sur un couvercle et servez avec le ragoût ci-après :

Mettez dans une casserole deux cuillerées à pot d'espagnole et un demi-setier de vin blanc; faites réduire le tout; ajoutez-y six ou huit grosses quenelles de la farce énoncée plus haut, et que vous aurez fait pocher dans du bouillon; joignez-y des champignons tournés, des fonds d'artichauts quelques tranches de gorges de ris de veau; faites mijoter le tout, dégraissez-le; déballez votre tête dressez-la sur le plat; mettez ce ragoût autour, garnissez-le d'écrevisses, de ris de veau piqués et glacés, ainsi que de truffes, et servez.

Tête de veau en tortue. — Ayez une tête de veau échaudée, désossez-la comme la précédente; mettez-la dégorger, faites-la blanchir, ainsi que la langue; coupez-la en deux; flambez-la, frottez-la de citron; mettez-la cuire dans un blanc, comme celle à la *bourgeoise;* lorsqu'elle sera cuite, coupez-la proprement en douze morceaux; égouttez et dressez ces morceaux sur un plat; placez-y la langue que vous aurez panée à l'anglaise et fait gril- d'une belle couleur; joignez-y la cervelle que vous

aurez divisée en cinq ou six parties, fait cuire
dans une marinade, mise dans une pâte et fait
frire ; saucez les morceaux de la tête de veau avec
le ragoût en tortue ; garnissez-les de six œufs
frais pochés, d'une douzaine de belles truffes, d'autant d'écrevisses, de quelques ris de veau piqués,
et servez.

Oreilles de veau farcies. — Ayez des oreilles,
flambez-les, mettez-les cuire dans un blanc (voyez
Blanc, à son article) ; lorsque ces oreilles seront
cuites, tirez-les de leur blanc, laissez-les refroidir, remplissez-les de farce cuite (voyez *Farce
cuite,* à son article) ; unissez cette farce avec la
lame de votre couteau ; cassez quelques œufs
comme pour une omelette, trempez-y vos oreilles,
panez-les, retrempez-les une seconde fois dans
les œufs, et panez-les de nouveau ; mettez-les sur
un couvercle, couvrez-les du reste de votre mie
de pain ; un peu avant de servir, retirez-les, faites-
les frire : observez que votre friture ne soit pas
trop chaude, afin que ces oreilles ne prennent
pas trop de couleur et que votre farce ait le temps
de cuire ; retirez-les, dressez-les sur un plat, la
pointe en haut ; mettez dessus une pincée de
persil frit, et servez.

Oreilles de veau en marinade. — Faites cuire cinq
oreilles de veau dans un blanc, comme vous
l'avez fait ci-dessus ; lorsqu'elles seront cuites,
coupez-les dans leur longueur en quatre morceaux,
faites-les mariner avec vinaigre, sel et gros poi-

vre; égouttez-les et trempez-les dans une pâte à
frire qui soit très légère (voyez *Pâte à frire*, à son
article); couchez les morceaux les uns après les
autres dans la friture avec assez de vivacité pour
qu'ils soient frits également; retournez-les avec
une écumoire, menez-les à un feu vif; lorsque
votre friture sera d'une belle couleur et sèche,
retirez-la, égouttez-la sur un linge blanc, dressez-
la sur le plat, et couronnez-la avec du persil frit.

Oreilles de veau à la ravigote. — Préparez ces
oreilles comme les précédentes; ayez attention
qu'elles soient bien blanches; au moment de
servir, coupez-en les pointes et ciselez-en les cartilages, égouttez-les, servez-les sur une ravigote
froide ou chaude.

Tête de veau à la poulette. — Vous coupez par
morceaux une tête de veau, que vous faites cuire
comme d'habitude, vous mettez un morceau de
beurre dans une casserole, vous passez des fines
herbes dans le beurre, vous y mettez un peu de
farine, vous mouillez avec du bouillon, vous salez
et poivrez, vous faites bouillir environ pendant
un quart d'heure, vous jetez les morceaux de tête
dedans, vous les faites mijoter afin qu'ils soient
chauds; au moment de servir vous mêlez une
liaison de deux ou trois jaunes d'œufs, selon que
votre ragoût sera fort; seulement, à partir de ce
moment, vous tournerez votre ragoût, ne le laissant pas bouillir avec votre liaison, attendu qu'au
premier bouillon qu'il jetterait la sauce tourne-

rait; au moment de servir, mêlez-y un jus de citron ou un filet de vinaigre.

Tête de veau à la Sainte-Ménehould. — Prenez un
morceau de beurre, une demi-cuillerée de farine,
sel, gros poivre, jus de citron ou du vinaigre, délayez le tout ensemble, ajoutez un peu de bouillon, faites lier la sauce épaisse, couvrez-en des
morceaux de tête préalablement cuits, panez-les
avec de la mie de pain, dorez les morceaux avec
du beurre, panez-les une seconde fois, mettez-les
sous un four de campagne jusqu'à ce qu'ils aient
pris une belle couleur, et servez.

Tête de veau frite. — Faites mariner, trempez
dans de la pâte et faites frire des morceaux de
tête de veau cuite; que la friture soit modérément chaude.

Longe de veau rôtie. — Roulez le flanchet, assu-
jettissez-le de petits hatelets, afin que la longe soit
bien carrée et qu'elle n'ait pas l'air plus épaisse
d'un côté que de l'autre; pour réussir à cela, supprimez une partie des os de l'échine qui avoisine
le rognon, cela fait, couchez sur le feu votre longe,
c'est-à-dire embrochez-la et assujettissez-la avec
un grand hatelet, que vous attacherez fortement
des deux bouts sur la broche; il faut deux heures
et demie ou trois heures pour la cuire; cela dépend de la quantité de feu et de l'épaisseur de la
pièce.

Ragoût de veau à la ménagère. — Mettez un morceau de beurre dans une casserole, faites-le fon-

dre, mettez deux cuillerées de farine que vous
faites roussir, mettez-y votre morceau de veau
que vous remuerez avec le roux jusqu'à ce qu'il
soit ferme, ayez de l'eau chaude ou du bouillon
que vous verserez sur le ragoût, que vous remuerez jusqu'à ce qu'il bouille ; mettez-y du sel,
du poivre, une feuille de laurier, un peu de thym,
laissez bouillir une heure, puis mettez-y trois oignons, champignons, carottes ou morilles.

Noix de veau à la bourgeoise (d'après l'excellente
recette de Vincent de la Chapelle, reproduite par
M. Beauvilliers). — Prenez une noix de veau,
celle d'un veau femelle s'il vous est possible ;
conservez la panoufle dans tout son entier, mettez-la entre deux linges blancs, battez-la avec le
plat du couperet ; cela fait, lardez-la dans l'épaisseur des chairs et dans toute leur longueur, sans
endommager la panoufle. Assaisonnez vos lardons comme je l'ai indiqué à *Noix de bœuf et culotte de bœuf à l'écarlate ;* foncez une casserole de
quelques parures ou débris de veau, posez votre
noix dessus ; mettez deux ou trois oignons autour,
quelques carottes tournées, un bouquet de persil
et ciboules ; mouillez-la avec un bon verre de
consommé ou de bouillon ; couvrez-la, mettez-la
sur la paillasse, avec feu dessous et dessus ; laissez-la cuire près d'une heure et demie ou deux
heures ; le temps de sa cuisson dépend et de sa
qualité et de sa grosseur. Sa cuisson terminée,
égouttez-la, passez son fond, faites-le réduire à

glace; détachez bien le tout, dégraissez-le, finissez-le avec la moitié d'un pain de beurre, et
saucez.

Si vous n'aviez point d'espagnole, vous feriez
un petit roux, vous le mettriez, votre noix étant
glacée, dans le reste de sa glace; mêlez bien le
tout, mouillez-le avec un quart de verre de vin
blanc et un verre de bouillon, faites-le réduire,
dégraissez et finissez-le comme ci-dessus.

Cette noix peut se servir sur de la chicorée, de
l'oseille, des épinards, de la purée d'oignons, sur
des petites racines tournées et des montants de
cardes.

Cervelles de veau en friture. — Pelez les cervelles
et faites-les dégorger dans l'eau fraîche; faites-les
blanchir ensuite trois ou quatre minutes dans de
l'eau bouillante; vous aurez d'abord mis un peu
de sel et un filet de vinaigre; écumez-les, après
quoi vous les égoutterez et les mettrez de nouveau
dans de l'eau fraîche, et marinez-les au vinaigre;
quand vous voudrez les employer, trempez-les
dans une pâte à frire.

Coquilles de cervelle au naturel. — Blanchissez
toujours vos cervelles de la même manière, assaisonnez-les ensuite avec du sel et du poivre, mêlez-
y une échalote, des truffes et du persil hachés ensemble; faites sauter le tout un moment pour
répandre l'assaisonnement, arrosez avec de l'huile
ou bien mettez-y un peu de lard râpé ou de beurre
ajoutez un peu de jus de citron, après quoi vous

remplirez les coquilles frottées à l'intérieur avec du beurre et un peu d'anchois ; mettez dessus de la râpure de pain et faites griller à l'ordinaire.

Foie de veau à la poêle. — Ayez un foie de veau bien blond, c'est-à-dire bien gras ; émincez-le par petites lames de l'épaisseur d'une pièce de cinq francs ; mettez dans une poêle un morceau de beurre en raison du volume de foie que vous préparez ; posez cette poêle sur un bon feu et remuez-la souvent. Lorsque votre foie sera roide, singez-le d'une pincée de farine ; remuez-le de nouveau, pour que la farine ait le temps de cuire. Cela fait, saupoudrez-le d'un peu de persil et de ciboules ou échalotes hachées ; assaisonnez-le de sel et de poivre ; mouillez-le avec une demi-bouteille de vin rouge ; remuez le tout sur le feu sans le laisser bouillir, de crainte de faire durcir votre foie. Si la sauce était trop courte, allongez-la avec un peu de bouillon, et finissez, si vous le voulez, avec un filet de vinaigre ou de verjus, et servez.

Foie de veau à la bourgeoise ou à l'étouffade. — Ayez un foie de veau comme il est indiqué ci-dessus ; lardez-le de gros lardons en travers, lesquels auront été assaisonnés de sel, poivre, épices fines, balic et thym mis en poudre, persil et ciboules hachés. Votre foie étant bien lardé, mettez-le dans une casserole foncée de bardes de lard, avec oignons, carottes, deux clous de girofle, une feuille de laurier, une gousse d'ail, quelques débris de veau et une demi-bouteille de vin blanc ; achevez de le

mouiller avec du bouillon, faites-le partir, écumez-
le, couvrez-le de bardes de lard et d'un rond de papier ; mettez dessus un couvercle et lutez-le ; cela
fait, mettez-le environ cinq quarts d'heure sur une
paillasse, avec feu dessus et dessous. Lorsqu'il
sera cuit, passez dans une casserole au tamis de
soie une partie de son mouillement ; mettez ce
mouillement sur le feu avec un pain de beurre
manié dans de la farine pour lier votre sauce ;
faites réduire, ajoutez-y, si vous le voulez, un peu
de beurre d'anchois, sassez, masquez-en votre foie,
et servez.

Foie de veau à la broche. — Choisissez un beau foie
blond, lardez-le en dessous de gros lard, que vous
aurez assaisonné comme ceux de foie à l'étouffade
piquez-le comme le filet de bœuf (Voy. *Filet de
bœuf piqué* à son article), mettez-le ensuite sur un
plat de terre avec quelques branches de persil et
des ciboules coupées en trois ou quatre, deux
feuilles de laurier et un peu de thym ; saupoudrez
d'un peu de sel, arrosez-le avec de l'huile
d'olive et laissez-le mariner ainsi. Lorsque vous
voudrez le mettre à la broche, passez-y quatre ou
cinq hatelets en travers, et un grand dans sa longueur, que vous fixerez sur la broche, en l'attachant
assez fortement des deux bouts pour qu'il ne
puisse tourner sur lui-même ; enveloppez-le de
papier beurré que vous attacherez de même sur
la broche ; arrosez-le, faites-le cuire environ cinq
quarts d'heure : sa cuisson dépend de sa grosseur

et du plus ou moins de feu que vous ferez ; déballez-le, et, après l'avoir glacé, servez-le avec une bonne poivrade dessus. (V. *Poivrade* à son article.)

J'ai déjà dit qu'avec toutes les précautions voulues, le foie de veau tournait toujours dans sa broche, attendu qu'il n'a pas de corps. Le moyen infaillible de le faire tenir jusqu'à cuisson, c'était de faire rougir la broche au milieu, enfiler le foie, et, saisi, il se tient très bien.

Langues de veau à la sauce piquante. — Ces langues s'accommodent comme celles du bœuf. (Voyez article *Langues de bœuf.*)

Pieds de veau. — Les pieds de veau se font cuire comme la tête et se mangent au naturel, en marinade, à la ravigote. Ils sont ennemis de toutes sauces fades.

Cervelles de veau en matelote. — Prenez cervelles de veau bien lavées, faites-les cuire dans de l'eau en suffisante quantité ; leur cuisson faite, dressez-les sur le plat; garnissez-les d'écrevisses, de croûtons coupés en queue de paon et passés dans le beurre ; saucez-les avec la sauce matelote indiquée à son article et servez.

Cervelles en marinade. — Préparez deux cervelles de veau comme les précédentes et faites-les cuire de la même manière; après les avoir égouttées, divisez-les en cinq morceaux, mettez-les dans une marinade passée au tamis (Voy. *Marinade* à son article); faites une pâte à frire assez légère (Voy.

Pâte à frire à son article *Sauce*); trempez-y vos morceaux, égouttez-les pour qu'ils ne soient pas trop chargés de pâte et mettez dans la friture; faites qu'ils aient une belle couleur, égouttez-les dressez-les en les surmontant d'une pincée de persil frit et servez.

Cervelles de veau au beurre noir. — Préparez et faites cuire ces cervelles comme celles dites à l'allemande; lorsque vous serez prêt à servir, égouttez-les et, après les avoir dressées, saucez-les avec le beurre noir qui se prépare ainsi:

Mettez une demi-livre de beurre dans un diable (poêle à courte queue); posez-le sur le feu; faites-le roussir sans le brûler, ce qui s'évite en agitant la poêle. Lorsqu'il est suffisamment noir, retirez-le et tirez-le au clair; après l'avoir écumé, essuyez votre poêle; versez dedans une cuillerée à dégraisser de vinaigre, une pincée de sel; faites chauffer, versez-le dans votre beurre noir, agitez le tout, saucez-en vos cervelles, garnissez-les de persil frit, soit autour, soit dessus, et servez de suite.

Cervelles de veau à la ravigote. — Prenez également trois cervelles que vous préparez de la même manière que ci-dessus; lorsqu'elles seront cuites dressez-les et servez-les avec une sauce à la ravigote indiquée à son article: vous pouvez servir autour des petits oignons que vous aurez fait blanchir et cuire ensuite dans du consommé.

Mou de veau à la poulette. — Ayez un mou de veau

bien blanc, coupez-le en gros dés, faites-le dégorger et changez-le d'eau afin d'en exprimer le
sang; faites-le blanchir en le mettant à l'eau froide
faites-lui jeter un bouillon, rafraîchissez-le, c'est-
à-dire jetez-le dans l'eau froide, égouttez-le, mettez dans une casserole convenable un morceau de
beurre; ce beurre une fois fondu, jetez-y votre
mou; faites-le revenir sans qu'il roussisse, singez-
le de farine, retournez-le avec une cuiller afin que
la farine s'incorpore avec le mou, mouillez-le doucement avec du bouillon, ayant soin de le remuer
toujours; assaisonnez-le de sel, poivre et d'un
peu de persil garni d'une feuille de laurier, d'un
clou de girofle, d'une gousse d'ail; faites partir à
grand feu, toujours en le remuant, afin que la farine ne tombe pas au fond et ne s'attache point;
aux trois quarts cuit, mettez-y des petits oignons
et des champignons; la cuisson faite du tout, si
la sauce se trouvait trop longue, versez-en dans
une autre casserole la majeure partie, faites-la
réduire, dégraissez-la; arrivée à son point, liez-la
avec quelques jaunes d'œufs, mettez-y un peu de
persil haché, un filet de verjus ou le jus d'un citron; goûtez s'il est d'un bon sel et servez ensuite.

Pieds de veau au naturel. — Nous avons dit que
les pieds de veau ne se prêtaient pas aux sauces
fades; il y a cependant trois ou quatre préparations auxquelles on peut les soumettre : désossez
des pieds de veau, coupez-en les batillons, nettoyez-

les, ficelez-les et faites-les blanchir dans l'eau bouillante; après cela, mettez-les dans une casserole ou dans un pot, couvrez-les d'eau et d'une barde de lard, mettez-y une carotte, un oignon piqué, une demi-feuille de laurier, quelques tranches de citron et du sel, et faites-les bouillir pendant trois heures; avant de les servir, hachez séparément du persil et des échalotes, ou, à défaut, des oignons que vous mettrez à côté des pieds après avoir ôté les os de ces derniers.

Pieds de veau en friture.— Faites-les cuire comme au numéro précédent, coupez-les en morceaux, mettez-les dans la pâte et faites-les frire.

Pieds de veau en poulette. — Après les avoir préparés comme ci-dessus, coupez-les en morceaux et mettez-les dans une casserole, avec un peu de velouté et de persil haché, liez-les avec deux jaunes d'œufs, après quoi vous exprimerez par-dessus un peu de jus de citron, qu'on peut au besoin remplacer par un filet de vinaigre.

Pieds de veau en poulette à la bourgeoise. — Après les avoir préparés au naturel il faut les désosser, les couper par morceaux, et les passer un instant sur le feu avec une plaque de lard fondu; liez-les d'abord avec une pincée de farine, puis mouillez-les avec du bouillon ou de l'eau bouillante; ajoutez un bouquet, une truffe coupée en tranches, un peu de sel et de poivre, et faites bouillir lentement; quand la sauce sera réduite en moitié, vous la lierez avec deux jaunes d'œufs, et vous y exprimerez le jus d'un citron, que vous pouvez remplacer par un filet de vinaigre.

Fraise de veau à la Montsoreau.— Ayez une fraise de veau bien blanche et grasse, ayez soin de l'approprier comme il faut ; faites-la dégorger et blanchir en lui faisant jeter quelques bouillons, rafraîchissez-la, mettez-la cuire dans un blanc comme la tête de veau (voir *Blanc* à son article) ; la cuisson faite, égouttez-la et servez-la avec une sance au pauvre homme, que vous mettrez dans une saucière. (Voyez *Sauce au pauvre homme.*)

Fraise de veau à la Monselet. — Faites cuire cette fraise comme pour la servir au naturel ; sa cuisson achevée, coupez-la en morceaux égaux ; mettez-les dans une italienne bien réduite et bien corsée ; la fraise étant fade par elle-même, au moment de la servir relevez-la d'un jus de citron, d'un peu d'huile et d'ail râpé.

Ris de veau à la dauphine. — Ayez cinq ris de veau, séparez-en les gorges, mettez-les dégorger, changez-les d'eau plusieurs fois afin qu'ils soient bien blancs ; faites-les blanchir légèrement, qu'ils ne soient que roidis pour les piquer plus facilement ; foncez une casserole de quelques parures de veau, garnissez-la d'oignons et de carottes, mettez autour de cette cassarole des bardes de lard, posez vos ris sur ce fond, qu'ils se touchent sans être pressés ; mouillez-les avec du consommé, en sorte que le lard ne trempe pas ; couvrez-les avec un rond de papier beurré, faites-les partir,

posez-les sur une paillasse, couvrez-les, mettez
du feu sur leur couvercle, que ce feu soit assez
ardent pour qu'ils prennent une belle couleur
dorée; laissez-les cuire environ trois quarts d'heure; égouttez-les sur un couvercle, glacez-les,
mettez-les sur une bonne chicorée blanche réduite
(voyez *Ragoût à la chicorée blanche* à son article),
ajooutez-y si vous voulez quatre grandes croûtes
de pain passées dans le beurre.

Si vous n'avez pas de glace, passez le fond de
vos ris au travers d'un tamis de soie; faites-le
réduire en glace et servez-vous en pour glacer
vos ris.

Ris de veau à l'anglaise. — Préparez et faites
cuire ces ris comme les précédents; mettez dans
une casserole du beurre gros comme un œuf,
faites-le fondre sans trop le chauffer; délayez-y
deux jaunes d'œufs, assaisonnez votre beurre
d'un peu de sel, dressez vos ris de veau sur une
tourtière, dorez-les avec votre beurre et vos jaunes
bien mêles, panez-les avec de la mie de pain dans
laquelle vous aurez mis un peu de parmesan
rapé, arrosez-les avec ce beurre, en vous servant
de ciboules fendues en forme de pinceau; mettez
ces ris au four, ou sous un four de campagne,
pour leur faire prendre une belle couleur dorée;
dressez-les sur le plat, saucez-les avec une bonne
italienne blanche et servez.

Vous pouvez servir panée la moitié de ces ris,
et l'autre moitié piquée et glacée.

Ris de veau à la poulette. — Faites cuire ces ris comme il est énoncé ci-dessus; mettez dans une casserole du velouté ce que vous jugerez à propos, coupez vos ris par tranches; vous aurez eu soin de ne pas les laisser trop cuire; mettez-les dans votre velouté avec des champignons que vous aurez fait cuire (voyez *Sauce aux champignons à son article*); laissez réduire votre ragoût à son degré, et liez-le avec deux ou trois jaunes d'œufs (voyez *Liaison et la manière de lier*, à leurs articles); mettez-y du persil haché et blanchi, si vous le voulez, un demi-pain de beurre, un jus de citron, et servez.

Poitrine de veau farcie à la bourgeoise. — Vous préparez une farce à la ménagère, c'est-à-dire qu'ayant quatre ou cinq onces de veau, quatre de lard, deux de graisse, deux de moelle de bœuf, deux de rognon, deux de mitonnage, c'est-à-dire de pain blanc trempé dans le lait, vous prenez une bonne poignée d'herbes : des épinards, de l'oseille, du cerfeuil, de la poirée, un peu d'estragon, que vous hachez bien menu, et dans lesquelles vous jetez un peu de sel, moins pour les saler que pour leur faire rendre l'eau que vous extrairez en les pressant fortement dans la main; mêlez ces herbes à votre farce, ajoutez-y trois jaunes d'œufs, une once de lard, pareille quantité de jambon, moitié gras, moitié maigre, coupez ces derniers objets en petits dés, et joignez-les à votre farce.

Ayez une belle poitrine de veau, pratiquez entre les côtes et la poitrine une poche que vous remplirez de cette farce; cousez l'ouverture et mettez à cuire : la poitrine farcie peut se préparer à la broche ou dans une braise, avec une garniture de laitues ou de choux.

Rognons de veau au vin. — Pelez des rognons, émincez-les bien fin, sautez-les dans une casserole avec un peu de beurre et de lard fondus, assaisonnez avec du sel, du poivre, une échalote, du persil et des truffes, le tout bien haché; quand les rognons seront cuits, ôtez-les, posez-les sur une assiette, versez dans la cuisson un demi-verre de vin blanc, et faites réduire à moitié, ajoutez alors un peu de coulis et faites bouillir un instant. Vous jetterez ensuite les rognons dans la sauce, vous la ferez un peu bouillonner, la verserez dans le plat et y mêlerez un peu de jus de citron.

Amourettes de veau. — Ce qu'on appelle amourettes est tout simplement la moelle allongée des quadrupèdes. Celles de veau sont préférées pour leur délicatesse. On emploie celles de bœuf, de mouton, comme on pourrait employer toutes celles des animaux à quatre pieds. Voici la manière de les approprier et de les accommoder :

Ayez des amourettes, mettez-les dans l'eau, ôtez-en les membranes qui les enveloppent; changez-les d'eau, laissez-les dégorger; coupez-les par morceaux d'égale longueur, autant que possible; faites-les blanchir comme les cervelles de veau;

quand elles le seront, mettez-les dans une marinade (Voy. *Marinade* à son article); lorsque vous
voudrez vous en servir, égouttez-les, mettez-les
dans une légère pâte à frire, faites-les frire,
qu'elles soient d'une belle couleur; dressez-les
et servez.

Quartier de veau de derrière.—Si vous avez besoin
d'une longe, vous la couperez à trois doigts plus
bas que la hanche; vous roulerez le flanchet, vous
l'assujettirez avec des petits hatelets, afin que
votre longe soit bien carrée et qu'elle n'ait pas
l'air plus épaisse d'un côté que de l'autre; pour
réussir à cela, supprimez une partie des os de
l'échine qui avoisinent le rognon; cela fait, couchez sur le fer votre longe, c'est-à-dire embrochez-
la, et assujettissez-la avec un grand hatelet que
vous attacherez fortement des deux bouts sur la
broche; enveloppez cette longe de plusieurs
feuilles de papier que vous beurrerez en dessus,
de crainte qu'elles ne brûlent; il faut deux heures
et demie ou trois heures pour la cuire, cela
dépend de la quantité de feu et de l'épaisseur de
la pièce.

Cuissot de veau et les manières d'en tirer parti. —
Ayez un cuissot de veau, commencez par en lever
la noix. On appelle noix la chair qui se trouve en
dedans de la cuisse, et qui en est la partie la plus
grasse et la plus tendre. Vous parviendrez à la
lever en passant le bout de votre couteau le long
du quasi, à l'endroit où la chair est découverte.

et vous irez jusqu'à ce que vous trouviez une séparation des chairs ; vous la suivrez jusqu'à l'os proche du genou, et vous continuerez de glisser votre couteau sur l'os pour lever votre noix bien entière ; ensuite levez la sous-noix qui est la plus voisine. Il y a une autre noix qu'on appelle la *noix du pâtissier*, laquelle se trouve proche la fesse du veau et la naissance de la queue. Cette sous-noix sert ordinairement à faire le godiveau et les farces cuites. Levez votre quasi, coupez le jarret dans le genou et le bout de la crosse. Ils vous serviront pour vos consommés ; la noix pour vous faire une entrée, la sous-noix pour faire votre farce cuite, et la noix du pâtissier pour faire votre godiveau, ou, si vous l'aimez mieux, pour tirer un peu de velouté, ce qu'on appelle *sauce tournée;* le quasi, l'os et les chairs qui restent après, vous pouvez en tirer une espagnole.

Noix de veau piquée. — Battez une noix de veau, posez-la sur la table, levez-en la panoufle, retournez-la et parez-la ; cela fait, piquez-la toute entière, marquez-la dans une casserole, comme la précédente ; mettez vos oignons sous votre noix, pour lui donner une forme bombée ; mouillez-la avec du consommé ou du bouillon, de façon que le lard de cette noix ne trempe point dans le mouillement ; glacez-la, et servez-la sur une espagnole réduite.

Hâtereaux. — Ayez une noix de veau ; coupez-la par lames, un peu plus minces que les précéden-

tes ; battez-les de même ; coupez-les en plus petits
morceaux, à peu près de la longueur de trois
pouces sur quatre de large ; piquez-les avec soin
dans toute leur longueur, après posez-les sur un
linge, du côté du lard ; étendez dessus le côté non
piqué la farce ci-après :

Prenez de la farce cuite ce qu'il vous en faut
pour faire neuf hâtereaux, en incorporant dans
cette farce un tiers en sus de petits foies gras, des
truffes, des champignons coupés en petits dés ;
maniez bien le tout avec une cuiller de bois ;
joignez-y deux ou trois jaunes d'œufs, du sel en
suffisante quantité et un peu d'épices fines, mettez
de cette farce, comme il est déjà dit, sur vos hâtereaux ; roulez-les en sorte que les deux bouts de
veau se joignent, embrochez-les d'un hatelet,
fixez-le sur la broche ; enveloppez-les de papier,
arrosez-les, durant leur cuisson, avec du beurre,
dressez-les, et servez dessous une italienne corsée
rousse ou blanche.

Popiettes de veau. — Prenez une partie de noix
de veau, coupez en tranches fort minces ; battez-
les bien sur tous les sens, comme nous l'avons
dit pour les hâtereaux ; mettez dessus une farce
cuite de volaille ou de veau, roulez-les comme
j'ai indiqué pour les hâtereaux, ficelez-les pour
qu'elles ne se déforment pas ; foncez une casserole de bardes de lard, mettez vos popiettes avec
une petite cuillerée à pot de consommé, un bon
verre de vin blanc, un bouquet de persil et cibou-

les, assaisonné d'un clou de girofle, d'une gousse
d'ail et un peu de basilic ; faites cuire à peu près
trois quarts d'heure, passez le fond au travers
d'un tamis de soie, mettez-y deux cuillerées à
dégraisser d'espagnole, faites-le réduire, dégraissez-le, égouttez vos popiettes, glacez-les et servez
ensuite.

Escalopes de veau à la manière anglaise. — Prenez
une noix de veau bien blanche et bien tendre,
coupez-la par filets carrés, d'un pouce et demi en
tous sens, et de ces filets faites des escalopes,
c'est-à-dire, coupez-les de deux lignes d'épaisseur,
ensuite aplatissez-les légèrement sur une table
bien propre où vous aurez mis un peu d'huile,
parez chaque morceau en lui donnant la forme
d'un écu, et qu'il en ait à peu près l'épaisseur ;
vous aurez fait fondre et clarifier du beurre que
vous aurez tiré au clair dans une sauteuse, ou,
faute de celle-ci, dans un couvercle de marmite
bien étamé ; rangez-y ces escalopes, de manière
qu'elles se touchent, sans être les unes sur les
autres, posez-les sur un feu ordinaire, quand elles
seront roidies d'un côté, retournez-les de l'autre
avec la pointe de votre couteau, pour qu'elles roi-
dissent de même ; égouttez le beurre, mettez une
cuillerée à dégraisser de gelée ou de bon consommé, faites aller vos escalopes sur un feu plus vif,
remuez-les en totalité ; lorsque vous verrez qu'elles
tombent à glace, retirez-les, dressez-les en cordons
autour de votre plat ; mettez au milieu un ragoût

de godiveau et servez. (Voyez *Ragoût de godiveau* à son article.)

Filets mignons de veau. — Ayez six filets mignons de veau piqués en trois et décorez les trois autres, soit de truffes ou de jambon; marquez-les comme les fricandeaux; faites-les cuire de même; glacez-les et dressez-les sur un ragoût de chicorée, d'oseille ou d'autres ragoûts à votre volonté.

Quartier du devant du veau. — Dans ce quartier il y a l'épaule, le carré et les tendrons; l'épaule se sert à la broche; on s'en sert aussi, étant rôtie, pour faire des blanquettes; on peut en tirer des sauces comme du cuissot, mais elle a moins de sucs nourriciers.

Elle renferme des parties de chair fort délicates elle a aussi à la partie la plus proche du collet une noix enveloppée de graisse, qui, pour sa délicatesse, est fort estimée des gourmets.

Blanquettes de veau. — Lorsque vous aurez servi une épaule de veau à la broche et qu'il y sera resté assez de chair pour faire une blanquette, levez la chair qui reste par morceaux, que vous aplatirez avec la lame de votre couteau, parez-les, ôtez-en les peaux rissolées, émincez les filets que vous aurez levés, faites réduire le velouté et jetez-y vos filets, sans les laisser bouillir; liez votre blanquette avec autant de jaunes d'œufs qu'il en faut; mettez-y un filet de verjus ou jus de citron, un petit morceau de beurre, un peu de persil et de ciboules hachés, si vous le jugez à propos, et servez.

Tendrons de veau à la poulette ou au blanc. — Parez une poitrine de veau, levez-en la chair qui couvre les tendrons, séparez-les des côtes ; posez vos tendrons sur la table et coupez-les en forme d'huîtres en inclinant votre couteau de la droite à la gauche ; donnez-leur l'épaisseur de trois quarts de pouce ; arrondissez-les, mettez-les dégorger ; faites-les blanchir et rafraîchissez-les ; foncez une casserole de bardes de lard ; mettez dans le fond quelques parures de veau, posez dessus vos tendrons, joignez-y un bouquet assaisonné, quelques tranches de citron, trois ou quatre carottes tournées et autant d'oignons ; mouillez-les avec du consommé ; faites-les partir et mettez-les mijoter sur la paillasse deux ou trois heures ; avant de les retirer, sondez-les avec la pointe du couteau : si elle entre sans effort, retirez-les du feu, égouttez-les et servez-vous-en de toutes les manières.

Tendrons de veau en macédoine. — Préparez ces tendrons comme ceux énoncés ci-dessus, soit en huître, soit en queue de paon ; leur cuisson faite, préparez la macédoine comme il est indiqué à son article.

Tendrons de veau en mayonnaise. — Lorsque vos tendrons seront bien cuits, faites-les refroidir ; parez-les de nouveau, dressez-les en cordon autour de votre plat : mettez autour une bordure de petits oignons que vous aurez fait blanchir et cuire dans du bouillon ou du consommé et des cornichons tournés en petits oignons, en les entremêlant ; ne les arrangez autour du plat que quand vous aurez masqué vos tendrons avec votre mayonnaise et servez. (Voyez *Sauce mayonnaise.*)

Tendrons de veau à la ravigote. — Préparez vos tendrons comme ceux coupés en huîtres, dont il est parlé ci-dessus ; leur cuisson faite, mettez-les refroidir et parez-les ; vous aurez fait un bord de plat avec du beurre que vous décorez à votre fantaisie ; dressez vos tendrons en cordon sur votre plat et masquez-les avec une ravigote froide (Voyez *Ravigote froide* à son article). Si vous serviez vos tendrons à la ravigote chaude, vous feriez un bord de plat avec des croûtons.

Tendrons de veau à la marinade. — Faites cuire et mettez dans une marinade vos tendrons (voyez *Marinade* à son article) ; faites-leur jeter un bouillon ; laissez-les refroidir ; égouttez-les un demi-quart d'heure ; avant de vous en servir, trempez-les dans une légère pâte à frire, couchez-les dans la friture l'un après l'autre, ayant soin de les égoutter pour qu'ils aient une forme agréable ; faites-leur prendre une belle couleur ; retirez-les alors de la friture ; égouttez-les sur un linge blanc ; faites frire une pincée de persil, dressez vos tendrons, mettez dessus votre persil, dressez vos tendrons, persillez et servez.

Tendrons de veau à la Villeroy. — Préparez vos

tendrons comme ils sont indiqués à la poulette ; forcez-les d'un peu plus de liaison et de citron ; laissez-les refroidir ; garnissez-les bien de leur sauce, passez-les, trempez-les dans une omelette, passez-les une seconde fois, faites-les frire, dressez-les, mettant dessus ou dessous une pincée de persil frit et servez.

Cotelettes de veau. — Ayez un carré de veau bien blanc, coupez-le par côtés de même grosseur ; ôtez-leur l'os de l'éclime ; à cet effet coupez dans la jointure à la jonction de la côte avec l'échine ; parez le filet de la côtelette ; ôtez-en les nerfs et aplatissez légèrement avec le plat du couperet, après en avoir ôté les peaux, en prenant bien garde d'altérer ce filet ; arrondissez votre côtelette, supprimez une partie de la chair du haut en découvrant le bout de la côte ; grattez l'os avec le dos de votre couteau, en sorte qu'il n'y reste aucune chair ; recoupez le bout de l'os, de façon qu'étant cuit, il ne soit pas trop long et que votre côtelette ait de la grâce ; vous pourrez vous en servir, soit au naturel, soit pour les faire quitter, ou de toute autre manière.

Cotelettes de veau à la provençale. Cuisine méridionale. — A peine le touriste qui voyage en France, du nord au midi, a-t-il dépassé Valence et atteint Mornas, qu'il sent qu'une saveur nouvelle se mêle aux mets qu'on lui sert ; cette saveur est celle de l'ail. Comme pour la plupart du temps, toute la différence qui existe entre la cuisine du

nord et celle du midi est cette saveur d'ail qui se
fait sentir plus fortement, ce n'est pas la peine de
faire un livre de cuisine spécial sur la Provence,
mais il suffit de dire la quantité d'ail qui doit
entrer dans chaque plat.

Ainsi, pour les côtelettes de veau à la provençale, émincer cinq ou six oignons blancs, les mettre dans la poêle avec une gousse d'ail et du saindoux pour les faire revenir à feu modéré jusqu'à
ce qu'ils soient de belle couleur, les assaisonner
avec sel et poivre, les saupoudrer avec un peu de
farine, les mouiller avec du vin et du jus, puis
cuire le ragoût pendant dix à douze minutes à feu
très doux; d'autre part, faire revenir au saindoux
des deux côtés, et dans une casserole plate, sept
à huit côtelettes de veau parées, assaisonnées et
farinées; aussitôt que les chairs sont roidies,
égouttez la graisse de la casserole et mouillez les
côtelettes à moitié de hauteur avec du bouillon,
les faire bouillir, retirer la casserole sur un feu
modéré, la couvrir et la tenir ainsi jusqu'à ce que
les côtelettes soient cuites et le fond réduit en demi-glace; leur mêler alors les oignons, épicer
d'une pointe de Cayenne et saupoudrer de persil
haché; deux minutes après, dressez les côtelettes
en couronne sur un plat et versez le ragoût dans
le puits de cette couronne.

Côtelettes piquées.— Lorsque vous aurez paré vos
côtelettes comme il est dit ci-dessus et que vous
aurez conservé la panoufle, liez cette panoufle

et l'os de la côtelette, afin qu'elle ne se détache
point, piquez vos côtelettes d'une deuxième,
comme je l'ai indiqué à l'article *Noix de veau ;* foncez une casserole des parures de vos côtelettes,
joignez deux oignons, trois ou quatre morceaux
de carottes et un bouquet assaisonné, tel qu'il est
indiqué plusieurs fois, mouillez-les avec du bouillon, du consommé ou de l'eau; si vous employez
de l'eau, mettez un peu de sel, couvrez vos côtelettes d'un rond de papier beurré et faites les
cuire comme il est indiqué à l'article *Grenadins ;*
vos côtelettes cuites, égouttez-les, faites-en réduire le fond à glace et servez-vous-en pour les
glacer, surtout si vous n'avez point de glace. Vous
pourrez servir ces côtelettes sur de l'oseille, de la
chicorée, des concombres, des petits pois, une
sauce tomate, une purée de champignons, ou avec
une bonne espagnole réduite.

Cotelettes de veau sautées. — Prenez sept côtelettes de veau, parez-les et aplatissez-les, ensuite
faites fondre à peu près 125 gr. de beurre dans
une sauteuse, trempez dans ce beurre vos côtelettes des deux côtés et rangez-les de manière
qu'elles ne soient pas les unes sur les autres, faites-les partir sur un feu moyen et retournez-les
souvent; lorsqu'elles auront atteint les trois quarts
de leur cuisson, égouttez-en le beurre et mettez
dans vos côtelettes gros de glace comme deux
fois le pouce, une cuillerée à dégraisser de bouillon, et menez-les à grand feu ; ayez soin de les re-

tourner souvent, de les appuyer sur le fond de la
sauteuse afin qu'elles se pénètrent bien de la glace
lorsqu'elles seront cuites et qu'elles seront glacées, dressez-les sur un plat comme les précédentes, remettez un peu de consommé dans le fond
de votre sauteuse pour en détacher toute la glace;
quand votre consommé sera réduit, mettez-y un
demi-pain de beurre et le jus d'un citron; liez
le tout sans le laisser bouillir en agitant votre sauteuse, arrosez-en vos côtelettes et servez.

Côtelettes de veau au jambon. — Préparez sept côtelettes comme les précédentes et faites-les cuire
de même; lorsque vous les servirez, mettez entre
elles des lames de noix de jambon, comme l'on
met des lames de langue à l'écarlate entre les côtelettes à la Chingara ou jambon.

Côtelettes de veau au naturel. — Prenez autant
qu'il vous en faut de ces côtelettes, parez et aplatissez-les comme celles ci-dessus, saupoudrez-les
d'un peu de sel, trempez-les dans du beurre
fondu et mettez-les sur le gril, ayez soin de les retourner, arrosez-les du reste de leur beurre durant leur cuisson pour qu'elles soient d'une belle
couleur. Vous pourrez vous assurer qu'elles sont
cuites, si, en appuyant le doigt dessus, elles sont
fermes; alors dressez-les, saucez-les avec un bon
jus de bœuf réduit ou une sauce au pauvre homme
et servez.

Côtelettes de veau panées. — Elles se préparent de
même que celles énoncées plus haut, sinon qu'a-

près les avoir trempées dans le beurre, on les pane et qu'elles exigent un feu plus doux.

Côtelettes de veau en papillottes. — Prenez ce qu'il vous faut de ces côtelettes; faites-les revenir dans le beurre, mettez-y persil, champignons et ciboules hachés (un tiers de chaque), un peu de lard râpé, avec sel, poivre et épices fines; laissez mijoter le tout; quand ces côtelettes seront cuites, retirez-les des fines herbes, et mettez dans ses fines herbes une cuillerée ou deux à dégraisser d'espagnole ou du velouté, selon la quantité de côtelettes que vous avez ; laissez réduire votre sauce, en sorte que l'humidité en soit évaporée ; goûtez si vos fines herbes sont d'un bon goût; liez-les avec des jaunes d'œufs, selon la quantité de la sauce ; laissez-la refroidir ainsi que vos côtelettes; coupez votre papier de la forme d'un petit cerf-volant, huilez-le dans l'endroit où votre côtelette doit poser; mettez sur le papier des petites bardes de lard très minces; mettez la moitié d'une cuillerée à bouche de fines herbes sur le lard ; posez dessus votre côtelette, et couvrez-la de fines herbes et d'une petite barde; renfermez votre papillote, *videlez-la ;* nouez la pointe du côté de l'os avec une ficelle; faites que vos côtelettes soient d'une belle couleur, et servez.

Carré de veau à la broche. — Prenez un carré de veau bien gras et bien blanc; ôtez le bout qui se trouve dessous l'épaule, afin que votre carré soit entièrement couvert ; levez-en l'arête de l'échine

dans toute sa longueur. Coupez-la avec le couperet dans les jointures des côtés comme je l'ai dit
(article *Côtelettes*); cela fait, coupez-le de toute sa
longueur du côté de la poitrine, afin de le mettre
bien carré ; passez quelques hatelets dans le filet,
faites-leur rejoindre les côtes ; afin que votre
carré se soutienne, couchez-le sur fer, en passant
un grand hatelet au-dessus du filet, pour l'assujettir sur la broche; liez l'hatelet fortement des
deux bouts ; enveloppez votre carré de papier
beurré; faites-le cuire environ une heure et demie
en l'arrosant avec soin ; de suite ôtez-en le papier
et faites-lui prendre un belle couleur; servez-le
avec un bon jus de bœuf.

Carré de veau piqué. — Prenez un beau carré
de veau ; ôtez-en l'os de l'échine, comme il est dit
précédemment; cela fait, coupez legèrement et
dans toute sa longueur la peau qui couvre le filet,
surtout sans l'endommager ; de même levez-en le
nerf ainsi que les peaux qui le couvrent encore, en
faisant glisser votre couteau entre ce nerf et la
chair du filet; parez-le bien et battez-le légèrement; ensuite piquez-le, comme il est indiqué à
l'article du *Ris de veau*, et marquez-le dans une
casserole ainsi que je l'ai énoncé pour la noix
de veau, à son article ; sa cuisson faite, glacez-
le et servez-le sur tel ragoût que vous jugerez à
propos.

Petites noix d'épaule de veau. — Ayez quinze petites noix d'épaule de veau; faites-les blanchir,

rafraîchissez-les parez-les, sans en supprimer la
graisse qui les entoure ; foncez une casserole de
deux carottes, de deux oignons, quelques débris
de veau, un bouquet de persil et ciboules, une
demi-feuille de laurier et deux clous de girofle ;
posez ces noix sur ce fond, mouillez-les avec un
peu de bouillon ou de consommé ; couvrez-les de
bardes de lard, et d'un rond de papier ; une heure
avant de servir, faites-les partir ; mettez-les cuire
sur la paillasse avec feu dessous et dessus ; leur
cuisson achevée, égouttez-les sur un couvercle ;
glacez-les et servez-les sur une purée de champignons (voyez *Sauce à la purée de champignons*, à son
article), ou sur toute autre purée. Si vous n'aviez
point de glace, prenez le fond de ces noix et faites-le réduire à glace, en sorte qu'elle soit d'une
belle couleur dorée.

Ris de veau à la Zurich. — Prenez trois ris de
veau du cœur, piquez-les, retournez-les et clouez-
les avec des truffes. Faites-les cuire dans un bon
fond bien glacé. Quand vous les servirez, vous les
placerez sur une croustade de pain déjà préparée
sur un plat au milieu duquel vous aurez disposé
un croûton en pain, un peu plus élevé que les ris
Sur le croûton, vous placerez une quenelle de volaille ronde plate, un peu plus large que celui-ci,
et par-dessus la quenelle, une grosse truffe. Entre les trois ris de veau, dressez de belles crêtes
debout. Vous garnirez le tour, au bas du plat, de
six truffes, six bouquets de rognons de chapon,

et six quenelles de gibier. Saucez le tout avec une
bonne demi-glace et servez le reste dans une saucière. Faites aussi présenter dans une casserole
d'argent une bonne soubise. — (Recette de Ferdi-
nando Grandi).

Côtelettes de veau panées et grillées. — Prenez six
ou huit côtelettes, bien appropriées et bien parées, saupoudrez-les de sel et de poivre, trempez-
les dans du beurre fondu, panez-les avec de la
mie de pain bien rassis, mettez-les sur le gril, retournez-les de cinq minutes en cinq minutes, arrosez-les de leur beurre pendant leur cuisson,
pour qu'elles soient d'une belle couleur, et dès
que vous serez assuré qu'elles sont cuites dressez-
les, saucez-les avec un bon jus de bœuf, une sauce
au pauvre homme, ou bien encore avec une poivrade aiguisée d'un jus de citron.

Côtelettes de veau au vert-pré. — On met les côtelettes dans une casserole avec un morceau de
beurre et un bouquet garni, on les passe sur le
feu, on y jette une pincée de farine, on mouille
avec du bouillon un verre de vin blanc, on assaisonne de sel et gros poivre, on fait cuire à petit
feu, on dégraisse la cuisson faite et la sauce réduite, on y ajoute gros comme une noix de bon
beurre manié de farine, une bonne pincée de cerfeuil blanchi et haché, on lie la sauce, et on y met
un jus de citron et un filet de vinaigre.

Rouelle de veau à la crème. — Coupez votre rouelle
par petits morceaux que vous lardez en travers,

avec du gros lard assaisonné de sel, de fines épices, de persil, de ciboules et de champignons hachés ; vous la mettrez dans une casserole, avec un
peu de beurrre, vous la passerez sur le feu, vous
mettrez alors une bonne pincée de farine mouillée avec du bouillon et un verre de vin blanc ;
votre rouelle cuite, et la sauce bien réduite,
vous ajouterez une liaison de trois jaunes d'œufs
délayés avec de la crème, que vous ferez lier sur
le feu.

Blanquette de veau à la duchesse. — Faites cuire à
la broche un morceau de veau, soit du cuissot,
soit de la petite longe : lorsqu'elle est cuite à point
et refroidie, levez-en adroitement le filet, mettez-
le en petits morceaux gros comme des pièces de
deux sous, puis ensuite dans une casserole, entre
des bardes de lard ; faites-le chauffer pendant une
demi-heure dans une étuve au bain-marie ; on
fait clarifier et réduire deux cuillerées à pot de
coulis blanc, ou de consommé, on lie avec trois
jaunes d'œufs, et on ajoute à cela un quarteron
de beurre frais, un jus de citron et une pincée de
persil blanchi ; on jette la blanquette de veau dans
cette sauce et on la sert vivement et chaudement
avec des croûtons autour ; on peut, si on le juge à
propos, la mettre dans un vol-au-vent.

Blanquette de veau aux truffes. — Vous prenez du
maigre de veau rôti d'avance, et pour en faire une
blanquette, levez la chair qui reste par morceaux
que vous aplatirez avec la lame de votre couteau.

parez-les, ôtez-en les peaux rissolées, émincez les
filets que vous aurez levés, faites réduire du velouté, jetez-y vos filets sans les laisser bouillir, liez
votre blanquette avec autant de jaunes d'œufs
qu'il en faut, mettez-y un filet de verjus ou un jus
de citron, un petit morceau de beurre, un peu de
persil et de ciboules hachés, et joignez-y finalement des truffes émincées et cuites d'avance dans
du court-bouillon ou dans du consommé.

Tendron de veau en terrine. — Faites revenir dans
du beurre les tendrons parés, blanchis et rafraîchis, saupoudrez-les de farine, mouillez-les avec
un peu de consommé et un peu de velouté, ajouter un bouquet garni, du gros poivre, des champignons, des petits oignons, des ris de veau, des
crêtes et des rognons de coq; le tout étant cuit,
vous dresserez ces ingrédients dans une terrine,
puis vous passerez la sauce, vous la lierez avec
des jaunes d'œufs, et vous verserez dessus.

Tendron de veau à la jardinière. — La cuisson
comme ci-dessus ; dressez vos tendrons en couronne, mettez autour des laitues cuites dans du
consommé et dans des navets et des carottes tournées en petits bâtons.

Poitrine de veau à la mousquetaire. — Faites cuire
une poitrine de veau, avec moitié bouillon, moitié
vin blanc, un bouquet garni, sel et poivre ; quand
elle est cuite, dressez-la sur un plat, et renversez
la peau sur les côtés, pour laisser les tendrons
à découvert ; dégraissez la cuisson, liez-la avec

du beurre manié de farine, ajoutez une pincée de
persil blanchi haché, et versez sur la poitrine
braisée.

Poitrine de veau aux petits pois. — Coupez par
morceaux, faites blanchir et ensuite revenir au
beurre votre poitrine de veau, ajoutez une bonne
pincée de farine mouillée avec du bouillon, assaisonnez avec du poivre et un bouquet garni; ne
mettez pas de sel, à cause du bouillon qui de-
vait être déjà salé. Lorsque la poitrine est à moitié
cuite, ajoutez-y les petits pois avec une ou deux
feuilles de sarriette, et un très petit morceau de
sucre; au moment de servir, mettez une liaison
de quatre jaunes d'œufs.

Poitrine de veau aux oignons glacés. — Parez et
bridez votre poitrine, mettez dans le fond d'une
casserole des bardes de lard, coupez en tranches
des oignons que vous mettez dans le fond de votre casserole; vous y placez votre poitrine, vous
la couvrez de lard, vous mettez par-dessus deux
feuilles de laurier, des oignons coupés, un peu de
thym, la moitié d'une cuiller à pot de consommé
et de plus une pincée de gros poivre; vous faites
cuire alors votre poitrine avec feu dessus et dessous pendant deux heures et demie; quand elle est
cuite vous l'égouttez, vous la glacez avec la glace
de vos oignons, et la mettez sur le plat avec des
oignons glacés à l'entour, vous versez dans votre
glace deux cuillerées à dégraisser d'espagnole travaillée avec une cuillerée de consommé, vous dé-

tachez votre glace avec votre sauce, et vous servez
le plus chaudement possible.

Poitrine de veau à la Villageoise. — Vous faites
blanchir un chou et un morceau de petit lard
coupé en tranches, vous ficelez l'un et l'autre à
part, vous y joignez votre poitrine de veau coupée
par morceaux et blanchie, vous faites cuire le tout
ensemble avec du bouillon, en ayant soin de ne
point saler à cause du lard : quand tout est cuit,
vous retirez le chou et la viande que vous dressez dans un plat, vous dégraissez le bouillon et
vous faites réduire la sauce ; si elle est trop longue et si, en la goûtant, vous la trouvez trop salée, vous pouvez en corriger l'âcreté en y mêlant
un peu de lait et de cassonade blanche.

Épaule de veau en musette champêtre. — Désossez une épaule de veau, piquez-la avec du petit
lard, de la langue à l'écarlate, salez et poivrez
l'intérieur, puis troussez l'épaule en forme de
musette, et ficelez-la de manière à la maintenir
dans cette forme ; étant ainsi préparée, mettez-la
dans une braisière avec des bardes de lard, carottes, oignons, bouquet garni, mouillez avec du consommé ; l'épaule étant cuite, faites-la égoutter,
passez et dégraissez votre fond de cuisson, faites-
la réduire à demi-glace, puis remettez l'épaule dedans arrosez-la, et faites bouillir doucement avec
feu dessous et dessus. Cette épaule se servait an-
ciennement sur un matelas de petites fèves de marais, apprêtées à la crème et à la sarriette.

Épaule de veau en galantine. — Désossez une épaule de veau, faites une farce avec la moitié de la chair et une égale quantité de lard, étendez les chairs que vous avez réservées, mettez dessus une couche de farce, sur cette farce arrangez de gros lardons, de la langue à l'écarlate coupée comme les lardons, et des truffes coupées comme la langue ; faites une nouvelle couche de farce, mettez les mêmes ingrédients dessus, et ainsi de suite jusqu'à ce que toute la farce soit employée ; roulez ensuite l'épaule de veau, ficelez-la fortement, couvrez-la de bardes de lard, enveloppez-la dans un linge, faites-la cuire comme un fricandeau, et faites aussi de la gelée avec le fond comme avec le fond de fricandeau, parez la galantine et servez-la avec des tranches de gelée dessus et autour.

Gros de veau rôti. — Piquez votre gros de veau de lard, faites-le rôtir longtemps à feu doux ; il doit être bien cuit sans être desséché ; afin d'éviter la déperdition de ses sucs, lorsqu'il est embroché on applique légèrement sur toutes les parties de la surface une pelle rouge qui crispe la chair et retient les sucs en dedans.

On peut rendre ce rôti plus agréable encore en l'arrosant avec une marinade composée d'huile, de jus de citron, de chair d'anchois, de sel et de poivre ; lorsqu'il est cuit, on le sert avec ce qui reste de la marinade dans la lèchefrite après avoir dégraissé.

Épaule de veau rôtie. — Parez une épaule de

veau, faites-la cuire à la broche, servez-la de belle couleur sans autre sauce que votre jus.

Cuisse de veau rôtie. — Faites mariner une cuisse de veau pendant deux jours dans du vin blanc avec du poivre, du sel et des herbes aromatiques, piquez-en le dessus avec du lard moyen et mettez-la à la broche ; bien cuite, vous la servirez avec une sauce à la ravigote.

Carré de veau à la ménagère. — Piquez un carré de veau avec du lard moyen, faites-le cuire dans une casserole avec carottes, oignons, un bouquet garni, le tout mouillé avec du bouillon ; lorsque le carré de veau sera cuit, vous le ferez égoutter et vous le dresserez sur une sauce aux tomates.

Ris de veau en fricandeau. — Faites-les dégorger et blanchir, ôtez-en le cornet, piquez-les de lard fin assaisonné, faites-les cuire dans une bonne braise, trois quarts d'heure suffiront ; retirez-les quand ils sont cuits, passez la cuisson, faites-la réduire, et quand il n'y en a presque plus, passez les ris pour les glacer du côté du lard, mettez auparavant dans la cuisson un peu de caramel ou de sucre en poudre, servez sur une purée de champignons, de tomates, de marrons, d'oseille, ou bien sur un ragoût de truffes, de concombres, de chicorée ou d'épinards ; vous mettez un peu de bouillon dans la casserole pour détacher la glace, et vous vous en servirez pour assaisonner la purée dont vous aurez fait choix.

Ris de veau glacés. — Faites dégorger et blanchir

des ris de veau et piquez-en le dessus avec un
lard fin, des parures de viande, un jarret de veau,
quelques carottes et oignons, un bouquet garni,
des clous de girofle et une feuille de laurier;
mouillez le tout avec du bouillon, de manière que
le bouillon ne couvre pas tout à fait les ris de veau,
étendez à la surface un rond de papier beurré et
faites cuire avec feu dessous et feu dessus ; une
heure de cuisson suffit, on dresse ensuite les ris
sur une italienne.

Ris de veau en cassolettes. — Modelez des morceaux de beurre dans un coupe-pâte ou dans un
moule quelconque, puis passez-les, en les trempant d'abord dans des œufs battus et assaisonnés
comme pour une omelette, et ensuite dans la mie
de pain mêlée de fromage de Parme râpé ; répétez cette opération, puis vous ferez à l'une des ex-
témités de chacun de ces morceaux de beurre
ainsi garnis une petite ouverture dans laquelle
vous introduisez un hachis de ris de veau mêlé de
truffes et bien assaisonné, jetez-les tous en même
temps dans de la friture chaude et servez-les
sur un jus clair où vous ajouterez celui d'un citron.

Ris de veau en papillottes. — Faites cuire des ris
de veau comme il est dit ci-dessus, puis faites-les
égoutter, mettez-les sur un plat, versez dessus une
sauce à la D'Uxelles ; le tout étant refroidi, vous
mettez du jambon coupé par tranches bien minces sur chaque ris de veau, et vous l'envelopperez

ainsi garni de sauce et de tranches de jambon, dans du papier huilé que vous plisserez tout autour, afin qu'il ne puisse rien s'en échapper, quelque temps avant de servir ces papillotes, faites-leur prendre couleur sur le gril.

Oreilles de veau aux champignons. — Faites-les cuire à la braise et puis faites sauter au beurre des champignons bien épluchés, versez dessus un peu de consommé, autant de velouté ; faites réduire ce mélange, liez-le avec des jaunes d'œufs, dressez vos oreilles de veau, et versez cette préparation dessus.

Cervelles de veau en crépinette. — Coupez en deux des cervelles de veau cuites ; coupez en morceaux carrés quelques gros oignons, faites-les cuire dans du beurre avec de la muscade râpée, du sel et du poivre, une feuille de laurier, un peu d'ail ; lorsque ces oignons seront bien jaunis, vous les mouillerez avec du velouté et vous ferez bien bouillir le tout pendant quelques instants ; ôtez ensuite cette préparation de dessus le feu, liez-la avec des jaunes d'œufs, mettez dedans des cervelles cuites et coupées comme nous venons de le dire, laissez refroidir le tout, prenez l'un après l'autre les morceaux de cervelle, ayez soin qu'ils soient bien garnis de tous côtés de la préparation que nous venons d'indiquer ; enveloppez chaque morceau dans de la crépinette de cochon, faites prendre couleur et dressez sur une sauce aux tomates.

Langue de veau à l'étuvée pour hors-d'œuvre. —

Blanchissez, rafraîchissez une langue de veau dé-
gorgée, piquez-la de lard bien assaisonné d'épices
et de fines herbes, mettez-la dans une casserole
avec un bouquet garni, deux carottes et deux oignons dont un piqué de deux clous de girofle,
mouillez avec du consommé et faites bouillir à
petit feu pendant quatre heures ; débarrassez ensuite la langue de veau de la peau qui la couvre,
dressez-la sur une sauce piquante et glacez-la. On
peut remplacer la sauce piquante par une ravigote
ou une poivrade.

Filets mignons de veau bigarrés à la Bellevue. —
Piquez un filet mignon de veau avec du lard fin,
piquez-en un autre avec des truffes bien noires,
un troisième avec des filets de cornichons très
verts, le quatrième avec de la langue à l'écarlate;
faites revenir le filet piqué de lard dans de la glace
de viande, et les autres dans du beurre ; mettez
ces quatre filets sur un plat avec de la glace de
viande, faites-les cuire à un feu doux avec un
four de campagne par-dessus; lorsqu'ils seront
cuits, dressez-les sur un ragoût à la financière, où
vous n'épargnerez ni les truffes, ni les crêtes, ni
les rognons de coqs. C'est une des plus fines entrées de la cuisine moderne.

Fraise de veau au naturel. — Faites-la blanchir
dans l'eau bouillante pendant un quart d'heure ;
retirez-la et faites-la égoutter, faites-la cuire avec
des bardes de lard, du vin blanc, du bouillon, un
oignon piqué de clous de girofle, sel et gros poivre.

faites cuire à petit feu ; quand elle est cuite, faites réduire la cuisson, ajoutez-y des cornichons et un filet de vinaigre ; servez cette sauce dans une saucière, à proximité du hors-d'œuvre auquel elle est destinée.

Fraise de veau au kari. — Faites-la cuire comme ci-dessus, faites réduire la cuisson, ajoutez-y un peu de safran coupé, une bonne pincée de poudre de kari.

Fraise de veau frite. — Faites cuire comme ci-dessus, coupez la fraise en morceaux, et laissez-la tremper pendant une heure dans une marinade tiède, roulez les morceaux en les trempant dans la marinade, laissez refroidir, faites-les frire ensuite après les avoir trempés dans une pâte légère.

Pieds de veau à la fermière. — Faites-les cuire dans la marmite, servez-les avec une sauce composé de vinaigre, de gros poivre, de bouillon et de nes herbes hachées.

Pieds de veau à la Sainte-Menehould. — On fend par le milieu les pieds de veau bien échaudés, on les ficelle dans une bonne braise ; lorsqu'ils sont cuits, et qu'il n'y a plus que très-peu de sauce, on les fait refroidir à moitié pour les paner de mie de pain, qu'on arrose avec la graisse de la braise ; on les fait griller de belle couleur et on les sert pour hors-d'œuvre.

Veau mariné pour servir en hors-d'œuvre. — Faites mortifier une belle noix de veau pendant quatre joursen hiver et un en été. Qu'il ne fasse pas trop chaud ; ôtez-en la peau, la graisse et les nerfs, coupez-la en quatre ; vous aurez préalablement 152 grammes de sel bien sec, que vous pilerez ou écraserez, et que vous passerez au tamis, vous en frotterez bien votre veau dans tous les sens comme nous croyons l'avoir indiqué à l'endroit du *bœuf salé et fumé*. Vous le mettrez ensuite dans une terrine de grès avec quelques tranches d'oignons, du persil en branches, un peu de thym, du gingembre, une gousse d'ail, une douzaine de belle baies de genièvre, du poivre noir concassé, et trois anchois lavés et pilés ; remuez le tout dans la terrine, et couvrez-la d'un linge blanc de lessive que vous attacherez à une ficelle ; au bout de quatre jours retournez le veau, laissez-le quatre jours encore, et après ce temps faites-le égoutter en laissant un tiers seulement du jus que le veau a rendu : vous le mettrez, ainsi que la viande et l'assaisonnement, dans une casserole ; ajoutez-y une bouteille de très-bon vin blanc ; faites-le bouillir ; couvrez le feu pour qu'il ne fasse que mijoter et quand il sera cuit, ce que vous saurez en enfonçant une fourchette dedans, retirez-le du feu, mettez-le dans la terrine où il a mariné, laissez-le refroidir dans son assaisonnement ; alors vous le mettrez soit dans un pot, soit dans un bocal de verre, où vous verserez de la bonne huile d'olive, en suffisante quantité pour que la viande s'y baigne complètement. Recouvrez-le avec du parche-

min, et vous l'emploierez comme si c'était du thon
mariné. Les industriels vendent généralement
cette préparation sous le nom de thon conservé.

VELOUTÉ RÉDUIT. — On travaille le velouté
comme l'espagnole en le faisant se consommer et
en y ajoutant des champignons et des parures de
truffes.

VERJUS. — Jus d'un raisin vert dont la principale espèce est connu sous le nom de farineau
ou bordelaise. On appelle verjus de grain celui
qu'on tire par expression de la grappe avant la
maturité de son fruit ; il va sans dire que c'est le
meilleur ; c'est pour les cerneaux surtout un assaisonnement indispensable. On appelle verjus to-
pette celui que l'on prépare pour la conservation et qu'on peut améliorer, soit en y mêlant du
sel, soit en y laissant tomber quelques gouttes de
vinaigre.

VESPÉTRO. — Ratafia qui se fait avec de la
graine d'angélique, du carvi, de la coriandre, du
fenouil, des zestes de citron et d'orange, de l'eau-
de-vie et du sucre.

VINS. — Les premiers crus de Bordeaux, en
vins rouges, portent les noms de Laffitte-du-Châ-
teau, Château-Latour, Château-Margaux, Château-
Haut-Brion, Premier-Grave et Ségur-Médoc.

Ceux de la seconde classe sont les vins de Mou-
ton-Canon, Médoc-Canon, Saint-Émilion, Rosans,
Margaux, la Rose-Médoc, Pichon-Longueville,
Médoc-Potelet, Saint-Julien-lès-Ville, et Saint-Ju-

len ; vin du Pape (Grave rouge), vin de la Mission (Grave rouge), et tout le haut Pessac : ces vins sont également estimés, et tous ceux nommés de Pauillac ont cela de particulier, qu'il faut s'attendre à les voir tomber malades deux mois après leur mise en bouteille ; dans cet état ils sont beaucoup moins bons que lorsqu'on les avait goûtés en futaille. Il suffit alors de les laisser cinq ou six mois en flacon pour qu'ils s'améliorent, et qu'ils puissent acquérir la bonne qualité qui leur est propre.

Parmi les vins blancs de Bordeaux, le haut Barsac, le haut Prégnac, le Château-d'Yquem, sont de qualité première ; les autres sont considérés comme de qualité secondaire ; mais bien longtemps avant les qualités précieuses du vin de Champagne et du vin de Bordeaux, on avait découvert les brillantes qualités du vin de Bourgogne.

Le vin de Beaune, par exemple, rivalise avec les premiers crus de Bourgogne, lorsqu'il est de bonne année. Il ne faut cependant pas lui laisser passer sa quatrième ou cinquième feuille si l'on ne veut pas qu'il perde de sa vigueur et de son bouquet.

Arrivent ensuite les vins de Pommart, de Volnay, de Nuits, de Chassagne, de Saint-Georges, de Vosnes, de Chambertin, du Clos-Vougeot et de la Romanée. La Romanée-Conti est le meilleur vin rouge de Bourgogne. Comme vins blancs, ceux de Chablis, le Musigny, le Richebourg, le Vosnes.

le Nuits, le Chambolle, sont agréables, et ceux de Meursault les surpassent; mais ceux-ci sont encore surpassés par le Chevalier-Montrachet. Il est reconnu que le vin de Montrachet, proprement dit, est le meilleur de tous les vins français.

Justice rendue aux vins de Bourgogne, aux vins de Bordeaux, les deux premiers grands vins de France, il est juste que nous revenions à ce pauvre vin de Champagne, que les gastronomes étrangers mettent au premier rang et que nous ne mettons qu'au troisième.

Le meilleur de tous ces vins est le vin de Silery ou le vin de la Maréchale; beaucoup lui préfèrent cependant le vin d'Aï à cause de son bouquet aromatique qui tient de l'odeur de la pomme de pin. Les vins d'Autevilliers, d'Épernay, de Château-Pierry, de Bouzy, et le clos de vins rouges, de Saint-Thierry, près de Reims, rivalisent avec ceux d'Aï.

Les vins de Romanée, de Chambertin, du Clos-Vougeot, de Richebourg et de Saint-Georges, qui sont cependant excellents, ne peuvent voyager sans danger, surtout par mer; ils ont en outre une acidité désagréable lorsqu'on ne les soigne pas. Quant au vin de l'Ermitage, près de Valence, en Dauphiné, le rouge est plein de corps; sa couleur est pourpre foncé, son bouquet exquis, sa saveur celle de la framboise. Le blanc n'est pas estimé. Ceux de Côte-Rôtie, bruns et blonds, pourraient le disputer à ceux de l'Ermitage; celui de

Saint-Georges-d'Orques, près de Montpellier, vaut le vin de l'Ermitage par son odeur, sa consistance et son velouté ; ceux de Cahors sont très noirs, très chauds, très estimés quand ils ont vieilli. Les muscats blancs du Roussillon et des côtes du Languedoc, tels que Lunel, Frontignan et Rivesaltes, sont les meilleurs de tous les vins blancs. Le Sauterne est justement célèbre parmi ceux-ci. Ceux de Bourgogne tiennent le second rang : ils sont forts, couleur œil de perdrix, agréables au goût, et supportent l'eau ; comme ils sont peu acides, ils conviennent aux vieillards et aux hypocondriaques. Ceux de Bordeaux sont fort estimés ; on dit que rien n'est plus rare à Paris que les vins de Bordeaux des premiers crus et d'une bonne année, parce que les Anglais, qui les aiment beaucoup, les font enlever. Ceux d'Orléans, quoique bons, portent à la tête ; les vins blancs de Poitou approchent un peu de ceux du Rhin, mais leur sont inférieurs.

En Provence, nous avons dans le Var les vins de la Gaude, ceux de Cagne et de Saint-Laurent ; le Saint-Tropez est de ceux qui ont besoin de vieillir ; à Toulon, le vin de Lamalgue a une réputation, qu'il mérite. Les vins fins des Bouches-du-Rhône sont les vins de la Ciotat, de Sainte-Marguerite, près de Marseille et d'Erargue ; ceux de Cassis, ceux de la Crau et Roquevaire sont fort estimés ; ce dernier fournit les meilleurs vins cuits ; à la Ciotat, à la Valette, près Toulon, on fait des

vins cuits qui approchent de ceux de Tokay. La
manière de les cuire entre pour beaucoup dans
leur bonté.

L'Italie fournit aussi des vins fameux, mais en
général ils ont plus de réputation que de valeur.
Au premier rang il faut mettre le Lacryma-Christi,
dont le plant a été recouvert par la lave du Vé-
suve ; on l'appelait de ce nom poétique parce qu'il
coulait en forme de larmes avant qu'on eût coulé
le raisin ; les rares échantillons qui restent de ce
vin sont d'une couleur vermeille, agréable et pénétrante.

Le vin d'Albe est estimé. Il en y a de rouge et
de blanc ; on cite aussi le muscat de Toscane et
de Monte-Fiascone. On compare à notre vin de
Champagne, malgré la différence qui existe entre eux, le vin d'Orvieto ; on l'appelle aussi vin
d'*Est*.

Le vin de Marcimien, près de Vicence, est agréable à boire ; les vins de Rhétie, de la vallée Théli-
vienne, sont excellents ; ils sont couleur de sang,
laissent un goût un peu austère sur la langue, et
sont stomachiques.

L'Espagne fournit son contingent : l'Alicante,
le Bénicarlo, le vin de Xérès, le vin de Pacaret, de
Rota, de Malaga, ne déparent pas les meilleures
tables. On estime le vin de Canarie, qui croît aux
environs de Palma ; celui de Malvoisie, qui se
transporte en tous lieux. La Grèce nous fournit encore aujourd'hui, mais gâtés par l'introduction

et le mélange de la pomme de pin, les mêmes vins
que dans l'antiquité: vins de Candie, de Chio, de
Ténédos, de Lesbos, de Chypre, de Samos et de
Santorin.

Le vin de Saint-Georges, en Hongrie, est le
même qu'on nous vend à Paris sous le nom de
Tokay; il est vrai qu'il en approche beaucoup,
mais les gourmets ne sauraient s'y laisser trom-
per. A Saint-Georges, ainsi qu'à Raterstoff, on en
récolte de deux qualités : celui qu'on destine à fabriquer du vermout, et celui qu'on destine à la
vente en Europe.

Quant au véritable vin de Tokay, comme le plant
qui le rapporte appartient par moitié à l'empereur
de Russie et à l'empereur d'Autriche, inutile de
dire qu'il faut une révolution, pendant laquelle on
pille les caves de ces deux empereurs, pour que
des lèvres vulgaires touchent ce nectar destiné
aux dieux.

Celui de Constance, moins rare heureusement,
rivalise avec lui non-seulement de réputation,
mais d'excellence réelle ; et cependant tous deux
le cèdent aux vins persans qu'on récolte aux environs de Schiraz, et qui portent le nom de cette
ville.

L'usage de consommer ou de goûter plusieurs
sortes de vins pendant le même repas est souvent
nuisible à la santé, mais surtout lorsqu'on fait
succéder des vins sucrés à des vins acidulés,
ou des vins qui ont beaucoup de corps à des vins

légers, et spécialement après une alimentation
surabondante ; mais les vins légers et mousseux,
les vins vieux, généreux et secs, c'est-à-dire qui
ont peu de sucre et de matière colorante, n'ont
pas les mêmes inconvénients, parce qu'ils ne
font qu'accélérer la digestion des aliments in-
gestés.

Vin de pêche à la façon de Strasbourg. — Prenez
cent pêches de vigne, et douze pêches d'espalier
bien mûres, ôtez-en la peau et les noyaux, écrasez la pulpe du fruit dans une terrine, ajoutez-y
un demi-litre d'eau avec une once de bon miel,
passez au tamis, et soumettez ce qui ne passera
pas au tamis à l'action d'une presse ; versez tout
le liquide dans une cruche de grès, ajoutez-y quatre livres de sucre, cinq onces de feuilles de pêcher, un gros de cannelle, deux gros de vanille,
et autant de bon vin blanc que vous aviez de suc
de pêche ; laissez fermenter en couvrant bien le
vase, et lorsque vous aurez séparé les feuilles,
que le liquide sera éclairci, vous mettrez en bouteilles.

Quelques personnes ajoutent un litre d'eau-de-
vie au mélange, mais cela n'est pas nécessaire. Ce
vin est très agréable au goût, est un excellent stomachique, et les chimistes anglais disent qu'il facilite les digestions laborieuses.

Il va sans dire que l'on peut également faire du
vin de prunes ou d'abricots ; seulement comme
ces fruits sont plus sucrés que la pêche, on met-

trait moins de sucre, et on suivrait du reste le
même procédé.

*Vin de groseilles ou de cerises à la manière d'An-
gleterre.* — Prenez six parties de groseilles rouges
bien mûres et six parties de cerises de la grosse
espèce, une partie de cerises noires si vous proje-
tez de faire du vin de cerises, ou bien une partie
framboises si vous voulez faire du vin de groseilles ; écrasez les fruits pour en avoir le sucre que
vous verserez dans un baril ; ajoutez une livre de
cassonade par dix bouteilles de sucre ; ayez soin
que le baril soit plein, et conservez en outre une
bouteille de ce sucre pour remplir le baril, et remplacez ce que la fermentation fera sortir par la
bonde ; lorsque la mousse s'arrêtera, fixez la bonde
et laissez reposer pendant un mois, tirez la bonde
et mettez en bouteilles.

Vin chaud à la mode anglaise, ou négus. — Breuvage originaire des Indes, et qui s'opère
avec du vin blanc, du sucre, du jus de limon et
de la râpure de muscade. Quand on peut joindre
à tout ceci de l'eau-de-vie de France ou du jus
de tamarin, c'est un breuvage anglais qui ne laisse
rien à désirer.

Ordre de service des vins à table.

Sur ce point nous ferons un emprunt au petit
livre de M. Maurial.

Selon les usages, la succession des vins dans leur ordre de
service varie d'après leurs caractères généraux ou leur re-

nommée particulière, ou encore le goût et la couleur qui leur
sont propres ; mais la règle la plus hygiénique, qui est celle
de Brillat-Savarin, c'est de les consommer dans l'ordre des
plus tempérés aux plus généreux et aux plus parfumés.

Les coutumes des grandes maisons, dont on consulte à cet
égard plus volontiers les usages, consistent à offrir après le potage du Xérès ou du Madère sec ; ces vins, très toniques, ai-
dent à l'assimilation de ce premier et aqueux aliment.

Avec les huîtres, les hors-d'œuvre, on offre du vin blanc de
Bourgogne ou de Bordeaux, ou les deux simultanément, et
dans les meilleurs vins fins possible. Au premier service le
Bordeaux d'abord, et le Bourgogne rouge ensuite ; ils devront
être pris parmi les plus inférieurs qu'on se propose d'offrir.
Outre le premier et le second service, on offre un verre de Madère, de vieux cognac ou de rhum, ou bien encore du Wermuth de première qualité, suivant le désir ou le goût des convives ; c'est là ce qu'on appelle le *coup du milieu*. Au second
service, on offre alternativement du Bordeaux, du Bourgogne
ou de l'Ermitage, mais de qualité dite des *grands ordinaires*. Aux entremets, il faut offrir les vins fins dans l'ordre hygiénique ci-dessus, de toute provenance, mais rouges. Au commencement du dessert on doit présenter les vins à grande
réputation des grands crus, de divers pays et de diverses couleurs, en commençant par les rouges. Le vin de Champagne,
Sillery frappé, se sert le dernier des vins qu'on boit en mangeant. A défaut de glace et même de Sillery, on remplace par
le meilleur Champagne mousseux dont on dispose. Pour terminer le repas, et lorsque les convives s'attaquent aux pâtisseries sèches, on offre du vin de liqueur ; mais il serait plus prudent de n'en pas boire, car, en cet état, cette nature de vin
trouble la digestion sans aucune compensation, à moins cependant qu'on puisse offrir du Tokay, Constance, Schiraz, Chypre et leurs pareils.

Dans les repas où on n'offre pas ces vins riches de réputation
l'ordre se suit en offrant un verre de Xérès, Marsala ou Madère ordinaires après le potage ; le vin blanc avec le poisson
ou les hors-d'œuvre, le vin de Bordeaux et à la suite le vin de
Bourgogne ordinaires rouges pour le premier service, entre
les deux services, le coup du milieu ; au second service, du

meilleur vin rouge ; à l'entremets, le vin fin, et au dessert le Champagne.

Pour servir ces liquides avec une certaine pompe, huit verres sont nécessaires: 1º le verre ordinaire à pied pour mouiller le vin ; 2º le verre à Bordeaux ou à Bourgogne ; 3º le verre à Madère un peu plus petit que ce dernier ; 4º le verre vert pour le vin du Rhin ; 2e la coupe en cristal brillant pour faire ressortir la couleur d'or du Johannisberg ; 6º le verre allongé pour le Champagne mousseux ; 7º la coupe pour le Champagne frappé ; 8º et enfin le verre à liqueur.

Les verres à servir avec le couvert, sont au nombre de trois le grand verre à boire, le verre à Madère et le verre à Bordeaux ou Bourgogne ; au second service, on les enlève pour les remplacer par ceux qui sont destinés à contenir les vins désignés pour ce service.

VINAIGRE. — Vin qui a subi la fermentation acétique. Le vinaigre est susceptible de plusieurs falsifications, qui ont toutes pour objet d'augmenter sa force: on y ajoute dans ce but, ou de l'acide acétique concentré, qu'on obtient par la carbonisation du bois en vase clos, ou de l'acide sulfurique. Ces falsifications sont assez difficiles à reconnaître ; le meilleur moyen de s'y soustraire c'est de faire soi-même son vinaigre. Le procédé suivant est très simple et très économique.

Prenez un baril de vingt-cinq à trente litres bien cerclé en fer ; il n'est pas nécessaire qu'il ait un trou de bonde en dessus ; s'il en a un, fermez-le hermétiquement ; faites ouvrir sur un des fonds à un pouce environ du jable, un trou de dix-huit lignes de diamètre ; lorsque le tonneau est en place, ce trou doit se trouver en haut ; faites pla-

cer sur le même fond, à quatre pouces du jable
inférieur, un petit robinet en étain ; placez le baril à demeure dans un endroit habituellement
chauffé, au moins dans les temps froids ; assujet-
tissez-le de manière qu'on ne puisse facilement
l'ébranler.

Ces dispositions étant prises, faites bouillir quatre litres de bon vinaigre avec une demi-livre de
tartre ; versez-le tout bouillant dans le baril, servez-vous pour cela d'un entonnoir dont la douille
soit recourbée un peu moins qu'à l'angle droit ;
bouchez le trou et roulez le baril en tous sens,
pour que son bois s'imprègne partout de vinaigre ; vous ne l'assujettirez qu'après cette opération ; versez immédiatement dans le tonneau
quatre litres de vin. On emploie pour cela les
braisières des tonneaux ; à cet effet on les tire
avec la lie et on les filtre au papier gris. Cette
filtration est fort simple : on attache, par les quatre coins, entre deux tréteaux, deux chaises, ou,
de toute autre manière, un linge blanc ; on le couvre d'une feuille de papier à filtrer et on verse le
vin sur le papier : il passe clair et on le reçoit dans
une terrine, pour le mettre ensuite dans des bouteilles de verre ou de grès, qu'on tient couchées
jusqu'au moment du besoin.

Le premier vin qu'on ajoute au vinaigre est
très longtemps à s'acidifier complètement ; mais
ensuite l'opérations s'accélère de plus en plus,
jusqu'à ce qu'enfin huit jours suffisent pour con-

vertir de un litre à un litre et demi de vin en vinaigre.

On accélère la première acidification en jetant dans le tonneau environ un quarteron de rognures de vignes hachées grossièrement, ou pareille quantité de fleurs de sureau ou de pétales de roses.

Quand la première acidification est opérée, on ajoute tous les huit jours un litre ou un litre et demi de vin, et on continue ainsi jusqu'à ce que le baril soit à peu près à moitié plein ; alors chaque fois qu'on doit ajouter du vin, on tire auparavant une quantité égale de vinaigre.

Le trou latéral doit toujours rester ouvert ; mais pour empêcher que la poussière ou des insectes ne s'y introduisent, on place, au devant, une plaque d'étain percée de petits trous, laquelle étant attachée avec un seul clou, peut être détournée, à droite ou à gauche, lorsqu'il est nécessaire que l'ouverture soit libre.

Le baril peut fonctionner pendant plusieurs années.

Si on veut du vinaigre très-fort, on ajoute de l'eau-de-vie au vin, dans la proportion d'un huitième ; il n'y a en effet que l'eau-de-vie contenue dans le vin qui se convertit en vinaigre ; si le vin n'en contient pas assez, on remédie à ce défaut en en ajoutant.

Les vins qu'on appelle piqués, c'est-à-dire qui commencent à tourner à l'aigre, se convertissent facilement en vinaigre, et en donnent de bon : on n'en obtient que de mauvais avec les vins qui tournent à l'amer.

Vinaigre rosal, suivant l'ancienne et bonne méthode indiquée par madame Fouquet. — Prenez un quarteron de feuilles de roses, d'églantier ou de roses communes, autant de mûres sauvages qui ne seront pas à leur parfaite maturité ; ajoutez une once d'épines-vinettes bien mûres ; faites sécher le tout à l'ombre ; quand cela sera bien sec, vous le pilerez et réduirez en poudre très fine ; vous mettrez ensuite une demi-once de cette poudre dans un demi-setier de bon vin rouge ou blanc, vous délayerez ce mélange et le laisserez ensuite reposer, vous le passerez au travers d'un linge, et vous aurez du vinaigre rosal.

Un ancien auteur a dit qu'on obtenait le même résultat avec de la moelle de lièvre ; il indique son procédé de cette manière : un gros de de moelle de lièvre que vous mettez dans une chopine de vin.

Vinaigre à l'estragon. — Mettez dans une cruche 3 litres de bon vinaigre blanc d'Orléans et 750 gr. de feuilles d'estragon, que vous aurez laissées se flétrir à l'ombre, ayant bien soin de les étendre afin qu'elles ne s'échauffent pas ; quand l'estragon sera fané, mettez-le dans la cruche avec le vinaigre, en y ajoutant un petit nouet de clous de girofle et les zestes de deux citrons ; puis vous boucherez bien le vase, que vous exposerez à l'ardeur

du soleil pendant quinze jours, ou bien vous le
mettrez deux ou trois fois dans le four, après que
le pain en aura été retiré. Vous pourrez après cela
vous en servir. Il est inutile d'y mettre du sel,
ainsi qu'on a coutume de le faire. Vous décante-
rez votre vinaigre, c'est-à-dire que vous le tirerez
à clair ; vous exprimerez les feuilles d'estragon, et
vous passerez le vinaigre au papier gris ou à la
chausse de futaine, comme il est indiqué pour le
verjus (**V.** *Verjus*) ; ou bien prenez un grand tamis
de crin sur lequel vous mettrez un rond de papier
gris, formé de deux feuilles étendues l'une sur
l'autre, de manière à couvrir tout le fond du tamis et à dépasser ses rebords de deux à trois
pouces ; vous verserez le vinaigre dessus et
quand vous l'aurez obtenu bien clair, versez-le
dans des bouteilles que vous boucherez soigneusement.

Vinaigre à la ravigote. — Prenez feuilles d'estragon flétries à l'ombre, feuilles de pimprenelle, civette et échalotes épluchées, de chaque deux onces ; de fleurs fraîches de surau, une once et
demi ; les zestes de deux citrons, le zeste d'une
bergamote ou d'un cédrat, et finalement une douzaine de clous de girofle concassés. Mettez le tout
dans une cruche de grès ou de terre qui ne soit
pas vernie, avec six pintes de bon vinaigre blanc
d'Orléans, le plus fort possible. Faites macérer
cet appareil et laissez infuser le tout ensemble
environ dix-huit ou vingt jours, au bout duquel

temps vous achèverez ce vinaigre aromatique ainsi qu'il est indiqué ci-dessus pour le vinaigre à l'estragon.

Vinaigre du connétable. — Dans un pot de terre verni, de la capacité de trois pintes, mettez deux pintes d'excellent vinaigre rosat, une livre de raisin d'Alexandrie nouveau que vous épepinerez avant de le mettre dans le vinaigre ; vous exposerez ce mélange sur de la cendre chaude, l'espace de dix heures ; après ce temps, vous lui ferez jeter quelques bouillons ; quand il sera à moitié refroidi, vous le passerez au travers d'un linge ; versez-le ensuite dans des bouteilles propres que vous boucherez bien.

Vinaigre à la rose pour la toilette. — Le procédé est le même que pour celui à l'estragon flétri à l'ombre ; seulement, au lieu d'estragon vous mettrez la même quantité de fleurs de roses épluchées et séchées. En place d'un nouet de girofle vous mettrez un chapelet de racines d'iris de Florence bien séches ; quand votre vinaigre sera fait, vous pourrez faire resservir plusieurs fois le chapelet en le faisant sécher après que vous vous en serez servi.

Vinaigre de lavande pour la toilette. — Procurez-vous un pot comme on vient de l'indiquer, et selon la quantité que vous voudrez avoir de vinaigre. Vous mettez deux onces de fleurs de lavande nouvelle, et quelques zestes de citron par pinte de vinaigre ; vous laisserez infuser le tout pendant

vingt-quatre heures. Exposez votre vase bien luté
sur de la cendre chaude ; laissez-le pendant huit
ou dix heures, mais sans le faire bouillir ; passez
ensuite à la chausse ou au filtre de papier gris, et
conservez ce vinaigre dans des bouteilles hermétiquement bouchées.

VIOLETTES. — Elle prête son arome aux su-
creries, aux liqueurs, aux sorbets, aux conserves,
et aux autres compositions de l'office.

Les glaces aux violettes sont une des chatteries
les plus estimées des friands.

Glaces aux violettes. — Épluchez des fleurs de
violettes que vous pilerez au mortier de verre avec
du sucre, en y joignant un peu d'iris de Florence
en poussière impalpable, travaillez cet appareil à
la sabotière, servez en tasses, en plaçant quelques
violettes pralinées sur votre sorbet.

Sirop de violettes. — Quel est le vieillard quel que
soit son âge, et si près de la tombe qu'il soit arrivé, qui ne voit à l'autre extémité de l'horizon sa
mère s'approchant de son berceau une tasse fu-
mante à la main, et approchant de sa bouche la liqueur parfumée? Cette liqueur parfumée, c'était
du sirop de violettes.

Épluchez une demi-livre de fleurs de violettes
(celles des bois sont les meilleures), mettez-la
dans une terrine ou autre vase susceptible d'être
bouché vous ferez bouillir trois demi-setiers d'eau
et ne mettrez l'eau sur vos violettes que dix minutes après que vous l'aurez retirée du feu, parce

que votre infusion, qui doit être d'un beau violet,
serait verte si l'eau était versée dessus trop bouillante ; vous mettrez votre infusion à l'étuve, pour
qu'elle se tienne chaude jusqu'au lendemain, que
vous en retirerez la fleur en exprimant bien le
tout dans une serviette pour en retirer la teinture ; vous la mettrez dans une terrine avec trois
livres de sucre en poudre que vous y ferez fondre
vous remettrez encore la terrine à l'étuve pendant
vingt-quatre heures, en remuant de temps en
temps ; tenez l'étuve chaude pendant tout ce
temps, comme pour le candi, cela vous produira
deux bouteilles de sirop ; vous aurez attention
avant de les mettre en bouteilles, d'en opérer la
cuisson, qui doit être au fort lissé pour qu'il se
conserve et qu'il ne fermente point: de tous les
sirops, c'est le seul qui se fait sans aller au feu.

VIVE. — La vive est la terreur des pêcheurs de
la Manche. Ce poisson est armé sur le dos, ainsi
qu'aux ouïes, de plusieurs arètes infiniment ai-
guës, dont on ne saurait assez se garantir en la tirant du filet, ou en la préparant. S'il arrive qu'on
en soit piqué, il faudrait commencer par faire
saigner la plaie, et finir par la frotter avec un espèce d'onguent composé d'un oignon qu'on pèle-
rait avec le foie de la vive, et où l'on ajouterait du
sel et de l'esprit-de-vin: c'est le spécifique employé
dans toutes les familles riveraines de la côte de
Cherbourg et de Barfleur.

Vives à la maître d'hôtel. — Tranchez les formidables arêtes du dos hirsuté des vives, videz-les, lavez-les, ciselez-les légèrement des deux côtés, faites-les mariner dans l'huile avec du persil et du sel, placez-les ensuite sur le gril, et après leur cuisson dressez-les sur un plat, masquez-les d'une sauce à la maître d'hôtel ou d'une sauce sur laquelle vous aurez fait pleuvoir une grêle de câpres.

Vives à la normande. — Préparez des vives ainsi qu'il est dit à l'article ci-dessus, coupez-leur la tête et la queue, piquez-les avec des filets d'anguilles et d'anchois, faites-les cuire ensuite dans une casserole avec du beurre et du persil, des carottes, des oignons, un clou de girofle, laurier et basilic; mouillez avec du vin blanc après cuisson, passez la sauce au tamis dans une casserole, à cette sauce ainsi tamisée joignez du beurre manié de farine, faites cuire et liez le tout ensemble dressez les vives sur le plat et masquez-les avec cette sauce, sur laquelle vous exprimerez un jus de citron.

VOLAILLE. — Il est bon de recommander aux gens de basse-cour, et à la cuisinière, de ne jamais tuer la volaille pendant que son estomac est rempli (celui de la volaille): on aura soin de ne jamais la renfermer lorsqu'elle est morte (la volaille toujours), avant qu'elle ne soit devenue rigidement froide.

Pour engraisser les chapons, les poulardes, etc. on les enferme dans un poulailler bien clos qui abonde en orge et en froment, et où l'on a soin de leur donner de l'eau et du son bouilli de temps en temps. En Normandie et dans le Maine, pays réputés pour fournir à Paris les plus fines poulardes et les meilleurs chapons, on les met dans des cuves couvertes d'un drap où on les nourrit avec de la pâte de millet, d'orge ou d'avoine; on trempe ces morceaux de pâte dans du lait pour leur faire une chaire délicate et blanche; dans les commencements on ne leur en donne pas abondamment, afin de les accoutumer à cette nourriture, et de jour en jour on augmente en les obligeant à en avaler autant qu'ils peuvent en contenir; trois fois par jour on les empâte; le matin, à midi et le soir; on engraisse les canards et les dindons de la même manière avec les aliments qui leur conviennent le mieux, et qui sont ordinairement de la farine de maïs et des pommes de terre que l'on a fait bouillir avec de la farine d'avoine et du babeurre.

VOL-AU-VENT. — Pâté chaud dont l'abaisse et les parois doivent être feuilletées; pour le contenu en ris de veau, en foie de poulet, en blanc de volaille en champignons, voir *Petits pâtés*.

W

WATTER-FISH. — Sorte de court-bouillon hollandais.

WELCH-RABBIT (lapin gallois). — Espèce de rôties à l'anglaise. Faites avec de la mie de pain des tartines que vous ferez griller de belle couleur ; ayez du fromage anglais de Glocester ou d'une espèce analogue ; coupez-en de petits morceaux que vous ferez fondre avec un peu d'eau dans une timbale ; ajoutez-y du poivre de Cayenne étendez sur ces rôties le fromage fondu ; glacez-le avec une pelle rouge (mais en la tenant à distance), et mettez délicatement sur chacune de ces rôties un peu de beurre frais avec un scrupule de moutarde anglaise.

WERMUTH. — Vin de Tokay, de Saint-Georges, de Ratterstoff, ou autres vins de Hongrie qu'on mélange avec de l'extrait d'absinthe et dont on use au commencement du repas.

WHITE-BAIT. — Le *white-baït*, poisson blanc, est à coup sûr un des mets les plus populaires de Londres.

Le white-baït est un tout petit poisson qu'on appelle *yanchette* en Italie, *pontin* à Nice et tout simplement *poisson blanc* à Bordeaux.

On lave ces poissons dans de l'eau glacée, on les étale sur un linge on les égoutte et on tient ce linge sur la glace pendant vingt minutes. Au moment de servir on roule les poissons dans de la mie de pain, on les met dans une serviette avec une poignée de farine, on prend la serviette par les deux bouts en la serrant et secouant vivement pour faire passer d'une seule avalanche dans une passoire en fil de fer, assez étroite pour ne laisser passer que la farine ; on agite cette passoire et on la plonge avec le poisson dans une friture très chaude, une minute de cuisson suffit. Quand le poisson est de belle couleur, on l'enlève avec la passoire, on le saupoudre de sel et d'un peu de poivre de Cayenne, puis on le dresse en buisson sur une serviette pliée et on l'envoie aussitôt.

X

XÉRÈS. — Vin liquoreux qu'on récolte en I
pagne et dont nous avons suffisamment pa
dans notre article sur les vins étrangers.

———————

Z

ZANDER. — Le zander est un poisson commun dans tout le nord de l'Europe. Il est connu sous différents noms : en Russie on l'appelle *soudac*, dans l'Allemagne du Sud on l'appelle *schills*. En Prusse les Zanders sont très abondants et généralement de qualité parfaite, ceux surtout qui sont pêchés dans les grands fleuves.

La chair du zander a quelque analogie avec celle du millan de la Méditerranée.

ZESTE. — On nomme ainsi l'épiderme jaune de l'écorce des citrons, des oranges et des cédrats on la lève en tranches minces ; l'huile à laquelle les fruits de ce genre doivent leur arome, réside spécialement dans le zeste ; le blanc qui est en dessous en est complètement dépourvu, d'ailleurs il est d'une amertume assez désagréable, et c'est

pourquoi on recommande toujours de l'en séparer avec soin.

ZUCHETTI. — Ragoût italien où les oranges et
les courges entrent comme principal élément.

———

MENUS

MENUS DRESSÉS PAR M. DUGLÉRÉ

DU CAFÉ ANGLAIS

PRINTEMPS

Menu de cinq couverts

Hors-d'œuvre.

Beurre, radis, anchois, huîtres
marinées.
Potage printanier.
Petite truite à la meunière.
Côte de bœuf à la Conti.

Petits poulets nouveaux
à la polonaise.
Salade de laitue garnie d'œufs.

Entremets.

Choux-fleurs au parmesan.
Charlotte de nouilles à la viennoise.
Dessert.

Menu de quinze couverts

Hors-d'œuvre.

Petits canapés, huîtres marinées.
Anchois, olives farcies.

Deux potages.

A la régence.
A la Bagration.

Deux grosses pièces.

Carpe farcie à la Chambord.
Aloyau à la Sunderland.

Quatre entrées.

Suprême aux petits pois nouveaux.
Filet de caneton bigarade
Croustade à la polonaise.
Homards à la royale.
Punch romain.

Sorbets à l'espagnole.

Rôts.

Poulardes flanquées d'ortolans.
Pintades d'Amérique piquées.
Deux salades.

Entremets.

Asperges en branches.
Fonds d'artichauts garnis
de macédoine.
Pudding à la d'Orléans.
Timbale à la Fontange.

Deux pièces de pâtisserie.

Biscuit glacé en surprise.
Meringue à la Sardanapale.
Dessert.
(On peut servir ce dîner à la russe.)

ÉTÉ

—

Menu de six couverts

Hors-d'œuvre.
Beurre, radis, olives, anchois,
melons.
Potage a la Germiny.
Filets de maquereau à la dieppoise.
Longe de veau glacée, garnie
à la jardinière.

Escaloppe de lapereau au sang.
Dindonneaux nouveaux.
Salade romaine.
Écrevisses à la bordelaise.
Napolitain garni de crème
de cerneaux.
Dessert.

Menu de quinze à vingt couverts

Hors-d'œuvre.
Melon, saumon fumé, canapé,
beurre.

Deux potages.

A la Demidoff.
A la princesse.

Deux hors-d'œuvre chauds.

Soufflés à la reine.
Bâton de Charles VII

Deux grosses pièces.

Tortue à la Victoria.
Agneau du Gard garni de
croustades Soubise.

Quatre entrées.

Filets de poularde à la maréchale.
Filets de lapereau à la Conti.

Laitance de carpe suprême
aux truffes.
Salade à la Bagration.
Sorbet au marasquin.
Granit au champagne.

Rôts.
Chapons du Maine.
Pluvier et guignards sur canapé.
Deux salades.

Entremets.

Asperges en branches.
Petits pois à l'anglaise.
Timbale de fraises au champagne.
Pain de pomme à la Pompadour.

Deux pièces de pâtisserie.
Gâteau vénitien aux avelines.
Sultane à la crème d'ananas.
Dessert.
(Ce dîner peut être servi à la russe.)

AUTOMNE

—

Menu de six couverts

Hors-d'œuvre.

Melons d'Espagne, huîtres
d'Ostende.
Saumon fumé, caviar.

Deux potages.

A la princesse.
Aux nids d'hirondelles.

Quatre entrées.

Filets de perdreaux, purée de gibier.
Cailles à la bohémienne
Escaloppes de foie gras aux truffes.
Darte de saumon belle vue.

Sorbet au rhum.
Punch à la romaine.

Deux rôtis.

Black-coq et gross.
Bécasses flanquées d'ortolans.
Deux salades.

Deux grosses pièces.

Coquilles de homard.
Rissolée à l'italienne.
Turbot garni de laitance de carpe.
Trompe d'éléphant, garnie
d'holothuries et de squales
de requin à la Hong-Kong.

Entremets.

Cardons à la moelle.
Fonds d'artichauts aux queues
d'écrevisses.
Pudding à la Victoria.
Croustades à la Fontange.

Deux pièces de pâtisserie.

Gâteaux feuilletés à la Chantilly.
Croquembouche praliné.
Dessert.
(Ce dîner peut se servir à la russe.)

Menu de quinze à vingt couverts

Hors-d'œuvre.

Beurre, radis, royans,
harengs marinés.
Potage à la milanaise.
Barbue à la portugaise.
Quartier de mouton

à la Cradok, purée bretonne.
Bécasses sur canapé.
Salade russe.
Ravioli à la milanaise.
Pudding à la Nesselrode.
Dessert.

HIVER

Menu de six couverts

Hors-d'œuvre.
Canapé, pantarde, huîtres marinées
Caviar, langue de buffle.

Deux potages.
De tortue.
Au grand veneur.

Deux hors-d'œuvre chauds.
Petit pâté à la Monglas.
Friture italienne.

Deux grosses pièces.
Esserlet garni d'ogourcies
à la Dolgorowsky.
Dindonneau truffé à la Périgueux.

Quatre entrées.
Filets de bécasses à la Moncey.
Filets de poularde à la Mazarine.
Croustade garnie de mauviettes.
Pain de foie gras à la gelée
en cerise.

Sorbet marasquin.
Punch glacé.

Deux rôtis.
Faisan de Bohême flanqué
d'ortolans.
Chevreuil sauce Corinthe
Deux salades.

Entremets.
Asperges en branches.
Truffes serviettes.
Plum-pudding
à la Northumberland.
Charlotte de pommes glacées
à la polonaise.

Deux pièces de pâtisserie.
Génoise aux abricots.
Nougat parisien à la Chantilly
Dessert.
(Ce dîner peut se servir à la russe

Menu de quinze à vingt couverts

Hors-d'œuvre.

Caviars du Volga, pantarde,
saucisson.
Potage à la Condé.
Laitance de hareng en caisse.
Côtelettes de mouton à la provençale.
Poularde truffée à la Périgueux.

Salade de pommes de terre
et haricots.

Entremets.
Choux de Bruxelles
garnis de marrons glacés.
Poularde à la milanaise
Biscuit glacé praliné.
Dessert.

MENUS DRESSÉS PAR M. VERDIER

DE LA MAISON DORÉE

Menu d'un diner de douze personnes

Huitres Ostendes et Marennes.

Deux potages.

Croûte au pot.
Bisque.

Un relevé.

Turbot, sauce crevette, garni
d'eperlans frits.

Deux entrées.

Culotte de bœuf au madère.

Filets de canard sauvage purée
de gibier.

Deux rôtis.

Dinde truffée.
Bécasses des Ardennes.

Entremets.

Asperges en branches.
Biscuit glacé,

Dessert.

Fruits de saison.

Menu d'un diner

Deux potages.

Printanier aux œufs pochés.
Saint-Germain.

Un relevé.

Truite saumonée a la genevoise.

Quatre entrées.

Côtelettes d'agneau pointes
d'asperges.
Ris de veau petits pois.
Poulet sauté bordelaise.
Mayonnaise de homard.

Rôti.

Caneton de Rouen.

Quatre entremets.

Asperges en branches
Haricots verts nouveaux.
Plombière dans une croustade.
Gelée d'ananas.

Dessert.

Fruits de saison.

Vins rouges.

Bordeaux et Bourgogne.

Vins blancs.

Clos Saint-Robert (Poncet-Deville)
et champagne Saint-Marceaux.

Menu d'un souper de dix couverts

Dix assiettes d'huitres et citron.
Consommés aux œufs pochés.
Beurre, anchois, crevettes,
Filets sole anglaise.
Côtelettes d'agneau pointes
d'asperges.

Poularde truffée.
Salade de légumes.
Glace au café.
Compotes mandarines.
Corbeille de fruits.

Menu d'un dejeuner de chasseur

Bœuf en daube à la gelée.
Fricassée de poulet froide.
Terrines de cailles et becassines.
Salade de légumes,
Brioche.

Fruits.

Vins.

Chablis, Bordeaux, Champagne,
Cliquot.

MENUS DRESSÉS PAR M. MAGNY

RESTAURATEUR

Menu d'un déjeuner de deux couverts

Huîtres d'Ostende.
Beurre.
Deux côtelettes de pré salé purée de marrons.
Sole au vin blanc.
Deux cailles rôties.

Écrevisses à la bordelaise.
Fruits assortis.
Café et liqueurs.
Vins de Chablis-Moutonne, Corton, demi-Rœderer.

Menu d'un diner de quatre couverts

Huîtres de Marennes.
Beurre et crevettes.
Potage à la bisque d'écrevisses.
Truite, sauce à la hollandaise.
Filets à la Rossini.
Bécasse flanquée d'ortolans.

Cardons à la moelle.
Parfait au café.
Corbeille de fruits.
Vins de Sauterne, Sur, Salme, Léoville, Las-Casco, Richebourg, Cliquot frappé.

Menu

Potage.
Parmentier

Poisson.
Filets de sole vénitienne.
Poulet à la chasseur.
Côtelettes d'agneau aux pointes d'asperges.

Bécasses flanquées de mauviettes.
Haricots verts maîtres d'hôtel.
Cèpes à la bordelaise.
Gâteau de Compiègne au kirsch.
Crème bavaroise au chocolat.
Ramequins au fromage.
Glace à l'orange.

Menu

Potage.
Faubonne aux quenelles.
Poisson.
Filets de sole à la dieppoise.
Entrées.
Crépinettes de gibier à la Custine.
Côtelettes d'agneau aux concombres.
Relevé.
Selle de mouton duchesse.

Rôt.
Dindonneau au cresson.
Entremets.
Asperges à la hollandaise.
Abricots à la Bourdaloue.
Gelée macédoine au champagne.
Relevé.
Pailles à la Sifton.
Biscuit glacé aux avelines.

Menu

Potage.
Vermicelle au consommé.
Poisson.
Sole à la Colbert.
Pieds de mouton à la poulette.

Poulet de grain rôti.
Choux de Bruxelles au beurre.
Beignets de pommes.
Mendiants.
Fromage.

Monu

Potage.

Tortuo liéo à l'anglaise.
Printanier à la royale.

Poisson.

Filets de saumon à la Daumont.
Turbot sauce homard
et hollandaise.

Entrées.

Friantines à la Talleyrand.
Cailles à la bohémienne.
Côtelettes d'agneau à la Maintenon.

Relevés.

Filet de bœuf à la Richelieu.

Poulardes à l'africaine.

Rôts.

Levrauts.
Canctons.

Entremets.

Pois à la française
Artichauts espagnols.
Soufflé mousseline à la viennoise
Pains de fruits moscovite.

Relevés.

Talmouses au fromage.
Bombe à la cardinal.

MENUS DRESSÉS PAR M. VUILLEMOT

DE LA TÊTE-NOIRE (SAINT-CLOUD)

PRINTEMPS

—

Diner de huit couverts

(Menu de surprise pour huit personnes, dont quatre survenues
inopinément)

Potage croûte au pot.

Hors-d'œuvre.

Radis, beurre, sardines.
Bœuf garni de carottes nouvelles.
Rognons glacés.
Tourte au godiveau à l'ancienne.
Pigeons de volière à la broche.
Friture de goujons.
Salade de laitues aux œufs.

Dessert.

Brioche (milieu), fromage crème
fraises ananas (de serre),
nouveautés, mendiants, pommes
de Calville.

Vins.

Madère, Bordeaux, Saint-Émilion,
Volnay, Champagne Pommery
et Greno.
Café, Cognac, fine champagne,
liqueurs.

Déjeuner de huit couverts

Hors-d'œuvre.

Radis, beurre, huîtres d'Ostende,
canapé d'anchois.

Relevé.

Matelotte marinière, carpe
et anguille.

Entrée.

Côtelettes de mouton panées
sauce piquante.

Rôt.

Poulet nouveau rôti, cresson.
Salsifis frits.

Salade chicorée sauvage.

Dessert.

Profiteroles au chocolat, fromage Roquefort, poires Saint-Germain,

mendiants, biscuits de Reims.

Vins.

Chablis, Saint-Émilion, Chambertin. Café et liqueurs.

ÉTÉ

—

Déjeuner de vingt couverts

Huîtres de Marennes.

Hors-d'œuvre divers.

Crevettes, melon cantaloup.

Relevé.

Pâtés à la Monglas.
Soles normandes.

Entrées.

Poulets Marengo.
Côtelettes d'agneau pointes
d'asperges.
Salade de chicorée.

Entremets.

Artichauts lyonnaise.

Haricots panachés.
Madeleine.

Desserts.

Corbeilles de fruits, flans
de cerises, fromage,
pâtisserie, petits fours.

Rôts.

Rognon de veau rôti.
Éperlans frits.

Vins.

Malvoisie, Moulin-à-Vent.
Haut-Sauterne, Château-Latour,
Champagne rafraîchi. Café,
fine champagne, anisette Marie-
Brisard, rhum Jamaïque.

Dîner de vingt couverts

Hors-d'œuvre divers. Melons.

Potages.

Julienne, vermicelle.

Relevés.

Truites en barils, sauce Chambord.
Selle de mouton rôtie
aux oignons glacés.

Entrées.

Canetons à l'orange.
Ris de veau glacés, chicorée.
Sorbets au rhum.

Rôts.

Poulets gras rôtis, cresson.

Mayonnaise de homard.

Entremets.

Haricots verts à la crème.
Laitues au jus.
Plum-pudding diplomate.

Dessert.

Fromage, fruits assortis
et pâtisserie.

Vins.

Malaga, Musigny, Beaune
première, Champagne.
Moët frappé. Café, cognac,
fine champagne, crème de noyau,
genièvre de Hollande.

MENUS DRESSÉS PAR M. BRÉBANT

RESTAURATEUR

PRINTEMPS

Diner de huit couverts

Potage printanier.
Hors-d'œuvre.
Radis, beurre, sardines fraîches.
Petits merlans à la Bercy.
Côtelettes d'agneau aux pommes
de terre nouvelles sautées
au beurre.

Poulets de grain nouveaux
rôtis, au cresson.
Œufs mollets à la purée d'oseille.
Écrevisses en hattelettes.
Fromage à la Chantilly.
Dessert.
Fraises (primeur).

Diner de douze couverts

Potages.
A la pelucne.
A la Saint-Cloud.
Petites andouillettes au céleri.
Grenadins d'esturgeon
à l'oseille nouvelle.
Côtelettes d'agneau jardinière
Poulets nouveaux à la mariée.
Pigeons rôtis bordés cresson.
Éperlans frits.

Salade de romaine.
Pois nouveaux a la bonne femme.
Haricots verts nouveaux
maître d'hôtel.
Petites tartes aux cerises.
Bombes aux fraises.
Paupiettes de veau
au vin de Champagne.
Sorbets au kirsch.
Savarin.
Dessert.

HIVER

Diner de douze couverts

Potages.
Croûtes aux morilles.
Macreuses aux écrevisses.
Petites truites de rivière
à la gendarme.
Culotte de bœuf à la Gascogne.
Ris de veau à la Darmagnac.
Langues de mouton en surprise.
Poularde a la favorite.

Sorbets au marasquin.
Coq de bruyère rôti
flanqué d'ortolans.
Terrine de bécasses aux truffes.
Salade de scaroles.
Choux de Bruxelles rissolés.
Fonds d'artichauts a l'italienne.
Brioche mousseline.
Parfait au café.
Dessert.

Dîner de quinze couverts

Potages.

A la Conti.
A la dauphine.

Hors-d'œuvre.

Cervelas à la Mazarine.
Bouchées aux crevettes.
Carpe du Rhin à la Liroux.
Gigot de mouton de sept heures.

Poulets à la cavalière.
Sorbets.
Perdreaux rouges aux truffes.
Terrine à la flamande.
Salade de barbe de capucin.
Ravioles à la génoise.
Épinards nouveaux à la Bertault.
Fondus en caisse à l'orange.
Glace Ceylan.
Dessert.

MENUS DRESSÉS PAR MM. POTEL & CHABOT

GRENET ET L'HERMITTE, SUCCESSEURS

PRINTEMPS

Menu d'un dîner de dix-huit couverts

Potages.

Consommé aux quenelles
printanières.
Melons glacés.

Relevé.

Truite du Lac à la Chambord.

Entrées.

Filet de bœuf à la bouquetière.
Suprême de poulardes aux truffes.
Côtelettes de cailles
à la Pompadour.

Petits aspics de homards ravigote.
Punch à la romaine.
Poulets nouveaux truffés
sauce Périgueux.
Timbale de foies gras au madère.

Entremets.

Salade à la russe.
Aubergines farcies.
Mazarines à l'ananas.
Charlotte parisienne aux pistaches.
Gâteau des îles.
Alhambra glacé.
Dessert.

Menu d'un dîner de seize couverts

Potages.

Renaissance Brunoise.

Hors-d'œuvre.

Duchesses de volaille à la crème.

Bouchées à la Toulouse.

Relevé.

Saumon du Rhin à la hollandaise.

Entrées.

Filet de bœuf à la Richelieu.

Timbales de homards
à l'Indienne.
Jambon de Virginie au xérès
Aspics de cailles financière.
Sorbets au cliquot.

Rôts.

Canetons de Rouen rôtis.

Entremets.
Asperges en branches.
Niokys aux truffes.
Suprêmes d'abricots au madère.
Crèmes diplomatiques
au marasquin.
Gâteau ambroisie.
Nélusko glacé.
Dessert.

AUTOMNE

—

Menu d'un diner de seize couverts

Potages.

Tortue à l'anglaise.
Consommé aux profiteroles.

Relevé.

Barbue sauce vénitienne.
Filet de bœuf à la hussarde.

Entrées.

Suprême de volaille
aux pointes d'asperges.
Petites timbales de gibier
aux truffes.

Caisses de homards
au beurre d'écrevisses.
Chaudfroids de foies gras.
Sorbets à l'italienne.

Rôts.

Chevreuil sauce groseille.
Faisans et perdreaux rôtis.

Entremets.

Haricots verts nouveaux.
Cèpes à la bordelaise.
Crèmes de patates au malaga.
Suedoise de pommes à l'anisette.
Dessert.

HIVER

—

Menu d'un diner de vingt couverts

Potages.
Croûtes au pot.
Purée de perdreaux à la Beaufort.
Hors-d'œuvre.
Crépinettes de gibier.
Petits vol-au-vent à la Monglas.

Relevés.
Carpe du Rhin à la Chambord
Dinde truffée à la périgourdine.
Entrées.
Filets de perdreaux
à la Richelieu.

Gâteaux de volaille à la Tourville.
Noisettes de chevreuil aux truffes.
Salade de homards à la Bagration.
Punch rosé.

Rôts.

Poulardes truffées.

Pâtés de foies gras.

Entremets.

Cardons à la moelle.
Truffes au vin de Champagne.
Petites timbales Sans-Souci.
Brioche mousseline à la d'Orléans.

Paris. — Typ. Ch. Unsinger, 83, rue du Bac.

www.ingramcontent.com/pod-product-compliance
Lightning Source LLC
Chambersburg PA
CBHW060413220326
41598CB00021BA/2167